新编运维电工技术指南

中国华油集团有限公司北京物业分公司　编

石油工业出版社

内 容 提 要

本书收集整理了电工基础知识、电子电路、常用电工仪表、常用低压电器、电动机控制、照明装置、电容器、低压配电系统与接地装置、变压器、仪用互感器与电能计算、高压电器、继电保护装置与二次回路、高压成套配电设备、变配电室事故处理与倒闸操作等相关内容，内容紧密联系电工运维现场施工技能及相关需要掌握的知识。

本书适合从事电工运行与维修的技能员工、技术人员，设备维修保养人员和管理人员学习，以及新员工的培训学习，也可作为职业院校相关专业的教学参考书。

图书在版编目（CIP）数据

新编运维电工技术指南 / 中国华油集团有限公司北京物业分公司编著 .—北京：石油工业出版社，2022.7

ISBN 978-7-5183-5265-4

Ⅰ . ①新… Ⅱ . ①中… Ⅲ . ①电工技术－指南 Ⅳ . ① TM

中国版本图书馆 CIP 数据核字（2022）第 036795 号

出版发行：石油工业出版社
（北京安定门外安华里 2 区 1 号　100011）
网　址：www.petropub.com
编辑部：（010）64256770
图书营销中心：（010）64523633
经　　销：全国新华书店
印　　刷：北京晨旭印刷厂

2022 年 7 月第 1 版　2022 年 7 月第 1 次印刷
710 × 1000 毫米　开本：1/16　印张：33.5
字数：620 千字

定价：115.00 元
（如发现印装质量问题，我社图书营销中心负责调换）

《新编运维电工技术指南》

编委会

CONTENTS

前言

为适应当前技术工人、技能型人才的培养模式，结合全方位、多途径的培养需求，在听取行业专家和参照了相关国家标准的基础上，结合多年的一线工作经验，在上一版编著的《新编实用电工技术指南》的前提下，根据人才强企的工作方针，组织相关专业人员编写了《新编运维电工技术指南》一书。

本书立足于现代电气技术、工业与民用建筑、物业电工管理工作等相关技术人员的工作需求，本着“易学、易懂、易用”的原则，为培养应用型技能人才，从电工技术人员的实际工作出发，融入了编者多年的教学经验和工作实际经验，进行归纳编纂。

《新编运维电工技术指南》一书在内容上，本着理论与实际相结合的原则。从电工应有的基础理论知识和基本技能入手，到常用仪器仪表的使用，扩展到常用的低压元件、电气照明回路、低压配电系统、电动机控制系统、高压配电系统和配电室的故障与诊断等。突出维修电工工作中的应用性和针对性，以必须和够用为度，不但在理论上简单易懂，还避免了过多的理论推导和复杂的计算，结合工作案例和插图，做到学以致用，使读者能够根据书上的知识分析和解决实际问题，来培养读者理论分析和动手能力，突出综合素质的提升。

本书符合国家及行业最新标准与技术规范，在保证施工和操作规范的同时，也培养了技术工人的职业规范和素养。

本书是电气运行维护、电气检修、电气设计等人员日常工作使用的综合性技术文献，同时也可作为中、高职实操技能提升教材。不仅能够满足中、高级维修电工考试的培训教材，还可对农民工、下岗人员岗前培训有着重要的参考价值。

本书由刘志军主编，图片由陈继亮制作。第一章由刘志军、王琼、韩炜、严莉、刘拥军、张涛、雷振杰、柴晓荣、朱丽敏合编；第二章至第十二章由刘志军、张保镇、曲军合编；第十三章至第十四章由刘志军、郑守臣、王琼合编；附录由邹影、邹淑丽、李洪军、刘拥军合编；本书内容由刘志军统稿，北京物业分公司高级工程师陈继亮担任主审。

本书编写得到了林川、李源等同志的大力支持，为本书撰写提出了宝贵的意见，在此表示衷心的感谢。尽管主观上努力想使每一位读者满意，但是由于水平所限，难免会有不足之处，敬请谅解。同时欢迎读者和各位专家提出宝贵意见和建议。

编　者

2021年11月

CONTENTS 目录

第一章　电工基础知识……1

第一节　直流电路……2

第二节　电与磁……13

第三节　交流电……20

第四节　导线与电流的估算……25

第二章　电子电路……33

第一节　半导体元器件……34

第二节　UPS 与 EPS 电源……52

第三章　电工仪表……67

第一节　电工仪表的简述……68

第二节　万用表……70

第三节　电流表与电压表……81

第四节　接地电阻测量仪……87

第五节　兆欧表……93

第六节　钳形电流表……97

第七节　功率因数表……105

第四章　常用低压电器……115

第一节　主令电器……116

第二节　熔断器、热继电器、交流接触器……129

第三节　继电器……138

第四节　开关电器……143

第五节　漏电保护器（R、C、D）……155

第六节　自动转换开关……162

第五章　电动机控制……166

第一节　电动机……167

第二节　电动机的启动……173

第三节　软启动器……186

第四节　变频器…………………………………………………………… 198

第六章　照明装置…………………………………………………………… 208

第一节　照明灯具…………………………………………………………… 209

第二节　电气照明装置施工及验收技术要求……………………………… 213

第三节　装饰、装修电气…………………………………………………… 230

第七章　电容器与电抗器…………………………………………………… 239

第一节　电容器基础知识…………………………………………………… 240

第二节　电力电容器………………………………………………………… 251

第三节　电抗器……………………………………………………………… 260

第八章　低压配电系统与保护装置………………………………………… 265

第一节　低压配电系统……………………………………………………… 266

第二节　过电压及防雷保护装置…………………………………………… 271

第三节　接地装置与保护接零……………………………………………… 287

第九章　变压器……………………………………………………………… 299

第一节　变压器概述………………………………………………………… 300

第二节　油浸式变压器……………………………………………………… 305

第三节　干式变压器………………………………………………………… 309

第四节　H 级干式变压器…………………………………………………… 316

第五节　变压器投运前检查、试运行及并列运行………………………… 318

第六节　变压器异常运行及常见故障处理………………………………… 325

第七节　变压器的运行及维护……………………………………………… 331

第十章　仪用互感器与电能计量…………………………………………… 336

第一节　电压互感器………………………………………………………… 337

第二节　电流互感器………………………………………………………… 341

第三节　有功电能表………………………………………………………… 349

第四节　电价与电费………………………………………………………… 364

第十一章　高压电器………………………………………………………… 370

第一节　高压熔断器………………………………………………………… 371

第二节　高压隔离开关……………………………………………………… 374

第三节　高压负荷开关……………………………………………………… 378

第四节　（10kV）断路器 ………………………………………………… 381

第十二章　继电保护装置与二次回路……………………………………… 404

第一节　继电保护概述……………………………………………………… 405

第二节　10kV 变（配）电所的继电保护 ………………………………… 410

第三节 二次回路基本知识…………………………………………………… 427
第四节 直流电源成套装置…………………………………………………… 438
第十三章 高压成套配电装置…………………………………………………… 450
第一节 高压成套配电装置的概述…………………………………………… 451
第二节 高压环网柜…………………………………………………………… 463
第十四章 变配电室异常运行与倒闸操作……………………………………… 471
第一节 变（配）电所高压配电事故处理概述……………………………… 472
第二节 变配电室事故跳闸的分析、判断与处理…………………………… 474
第三节 变配电室倒闸操作…………………………………………………… 482
第四节 KYN28A-12 金属铠装中置移开式开关柜倒闸操作票 …… 492
附录 智能化配电室智能技术…………………………………………………… 514
第一节 智能化配电室的概述………………………………………………… 515
第二节 运维系统应达到的要求或技术条件………………………………… 519

第一章 电工基础知识

电流通过的路径称为电路。按电路中流过的电流种类可把电路分为直流电路和交流电路两种。电路的形式千变万化，归纳起来有两种类型：一是进行能量的转换、传输、分配；二是进行信息的处理。

第一节　直流电路

一个电路一般有三种状态：通路、断路和短路。通路是负载经导线、开关或其他用电设备与电源形成一完整的回路，属电路正常工作状态；断路是电路未接通或闭合或电路中的某一部分发生了断开，运行设备停止工作，出现异常，断路状态电流为零，断路电压等于电源电动势；短路状态是电流不经负载，通过导线直接接通，短路为电路的非正常状态，短路电流为电源电动势除以电源内阻和线路电阻之和，电流很大，其后果是导致电气设备过热、烧毁或引起火灾。

一、电路的基本概念

电路一般包括四个部分，即电源、负载、连接导线与开关，是电流所经之路，如图 1–1 所示。

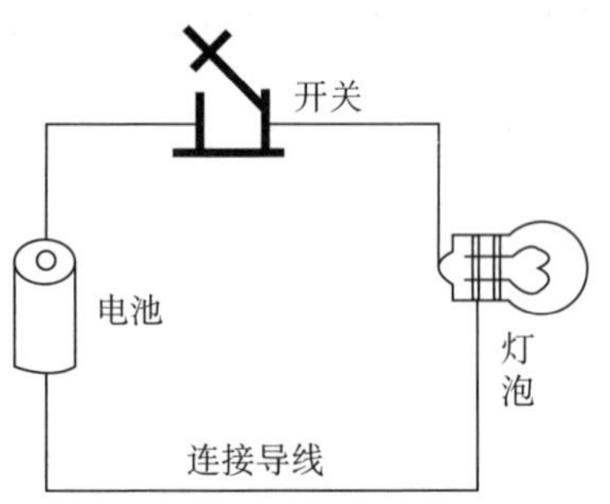

图1–1　简单电路示意图

（一）电阻、电导、电容和电感

1. 电阻

反映导体对电流起阻碍作用的物理量称为电阻。用符号“R”表示，单位是 Ω（欧姆）、kΩ（千欧）或 MΩ（兆欧）。

对于一段材质和线径均匀的导体，在一定温度下，它的电阻与其长度成正比，与材料的截面积成反比，并与材料的种类有关。用公式表示即：

$$R=\rho\frac{l}{S} \tag{1–1}$$

式中　l——导体长度，m；

S——导体截面积，mm^2；

ρ——电阻率，$\Omega \cdot m$ 或 $\Omega \cdot mm^2/m$（取决于材料）。

导体的电阻除了与材料的尺寸、种类有关外，还与温度有关。一般认为导体电阻随温度的升高而增大。常用导体的电阻率及电阻率温度系数见表 1–1。

表1–1　常用导体的电阻率和电阻率平均温度系数

材料名称	电阻率ρ（20℃）$/\Omega \cdot mm^2 \cdot m^{-1}$	电阻率平均温度系数α
银	0.0162	0.0035
铜	0.0175	0.004
铝	0.0285	0.0042

2. 电导

电阻的倒数称为电导，电导用符号“G”表示，即：

$$G=\frac{1}{R} \tag{1-2}$$

导体的电阻越小，电导就越大，表示该导体的导电性能就越好。电导的单位是 1/Ω，称为西门子，简称“西”，用字母“S”表示。

3. 电容

凡是用绝缘物隔开的两个导体的组合就构成了一只电容。电容具有储存电荷的性能，电容储存电荷的能力，用电容量来表示。如果把电容的两个极板分别接到直流电源的正负极上，如图 1–2 所示，在电源的作用下两极板分别带数量相等而符号相反的电荷，其中任一极板上的电荷量 Q 与两极板间的电压 U 成正比，且 Q/U 是一个常数，常将 Q/U 称为电容器的电容量。简称“电容”，用字母“C”表示。即：

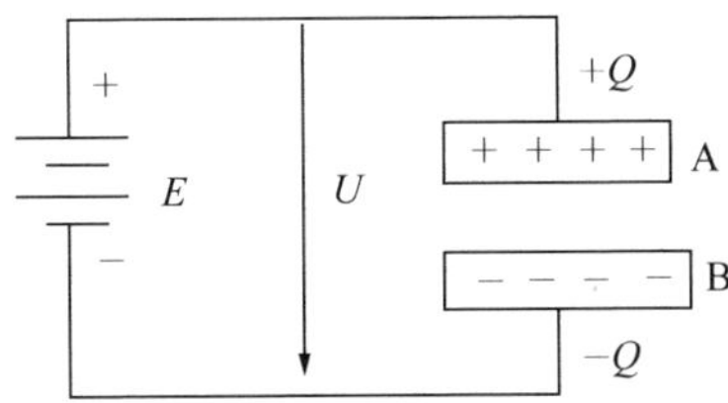

图1–2　接于电源上的电容

$$C=\frac{Q}{U} \tag{1-3}$$

其中 Q 是任意极板上的电荷量，单位 C（库仑）；U 为两极板间的电压，单位 V（伏特）；电容的单位为 F（法拉）。由于 F 这个单位太大，常用 μF（微法）、pF（皮法）表示。

$$1F=10^{6}\mu F \qquad 1F=10^{12}pF \qquad 1\mu F=10^{6}pF$$

4. 电感

导体中电流的变化，会在导体周围产生磁场，产生磁场的大小，与流过导体中的电流、导体的形状及周围的介质有关。把导体周围产生的磁场与导体中流过的电流之比叫电感。用字母“L”表示，其单位是 H（亨利），简称“亨”。

$$L=\frac{\Phi}{i} \tag{1-4}$$

其中 Φ 是线圈中流过电流 i 时产生的磁通量，单位是 Wb（韦伯）；i 是流过线圈的交变电流，单位是 A；L 是电感，单位是 H（亨利）。常用的单位是 mH（毫亨）、μH（微亨）。

$$1H=10^{3}mH \qquad 1H=10^{6}\mu H$$

（二）电流、电压、电位、电动势

1. 电流

金属导体内有大量的自由电子，在电场力的作用下，自由电子有规律的运动，就形成电流。衡量电流大小的物理量叫电流强度，简称“电流”。用字母“I”或“i”表示，单位是“A”（安培）。具体来说，1s 内流过导体的电量为 1 库仑时（1 个电子的电荷量 $=1.6\times10^{-19}$C)，则电流为 1A。计算微小电流的单位常用毫安(mA)、微安（μA）表示，计算大电流的单位常用 kA（千安）表示。

电流的流动具有方向性，习惯上规定正电荷运动的方向为电流的方向。常定为一个方向为“参考方向”。电流的实际方向是确定的，而参考方向可人为选定。在图 1–3 中，选定电流的参考方向从 A 到 B，而这时电流的方向也正好是从 A 到 B，则电流 I_{AB} 为正值。若选参考方向由 B 到 A，这时电流 I_{AB} 为负值。

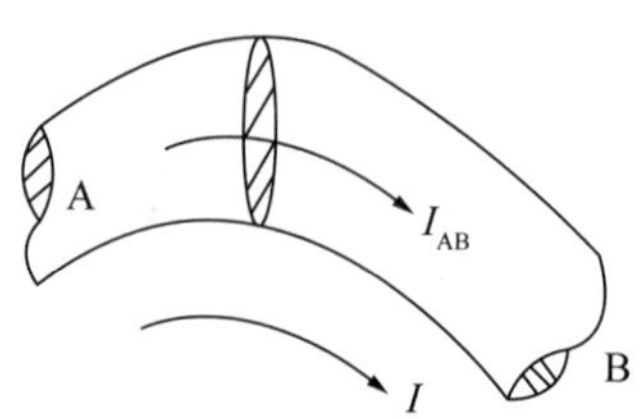

图1–3　电流的参考方向与实际方向

2. 电压

电压是指电场中任意两点之间的电位差，是衡量电能做功本领的一个物理量。当负载与电源接通后，负载上就有电流通过，电能就开始做功，此时电流就从电源的高电位向电源的低电位流动，就像水从高处向低处流一样，电位差越大电压就越高。

电压通常用字母“U”或“u”表示,单位是“伏特”简称“伏”,用字母“V”表示。

3. 电位

电位是指电路中某一点和参考点（常定为零电位）之间的电位差。如果在电场中指定一特殊点“0”（也称参考点），那么电场中任意一点 X 与参考点 0 之间的电压，称为 X 点的电位，用符号“φ”表示，单位是“V”。一般把参考点作为零电位，实际上电位是电荷在电场中具有的位能大小的反映。

4. 电动势

电动势与电压的定义有相似之处，但还有着本质的区别：电压是电场力做功，在电场力的作用下，正电荷由电位高的地方向电位低的地方移动；电动势是非电场力做功，而在电动势的作用下，正电荷由低电位移到高电位；电压的正方向是正极指向负极，即高电位指向低电位;电动势的正方向是负极指向正极，即低电位指向高电位；电压是存在于电源外部，而电动势是存在于电源内部的物理量。

二、电路的基本定律

（一）欧姆定律

欧姆定律是反映电路中电压、电流、电阻三者之间关系的定律。一个完整的电路包括电源与负载，如图 1–4 所示。该电路 A、B 两点左边包括一个电源及内阻 r_0，我们称之为含源电路；右边部分不包含电源，称之为无源电路。

实验证明，对于右边的无源电路，存在如下规律：

$$I=\frac{U_{AB}}{R} \tag{1–5}$$

而对于左边的含源电路存在如下规律：

$$I=\frac{E-U_{AB}}{r_0} \tag{1–6}$$

由式（1–5）可得：$U_{AB}=IR$；由式（1–6）可得：$U_{AB}=E-Ir_0$

由式（1−5）、式（1−6）可得：$IR=E-Ir_0$，整理得：$I=E/(R+r_0)$

这就是全电路欧姆定律：在整个闭合回路中，电流的大小与电源的电动势成正比，与电路中的电阻（包括电源内电阻及外电阻之和）成反比。欧姆定律是分析和计算电路的基本定律。

（二）基尔霍夫定律

电路的基本定律除了上述的欧姆定律外，还有一个是基尔霍夫定律，它包括第一定律和第二定律。是分析计算复杂电路不可缺少的定律。

1. 基尔霍夫第一定律

基尔霍夫第一定律，又称节点电流定律。

流入节点的电流之和恒等于流出节点的电流之和。节点是多条分支电路的交汇点，如图 1−5（a）中的 A 点所示。按上述定律，对于节点 A 可以得到：

$$I_1+I_2=I_3+I_4+I_5 \tag{1-7}$$

实际上，节点可以是电路的实际交汇点，也可以是假设点，如图 1−5（b）中的半导体三极管。可以把圆圈内看作是节点，由基尔霍夫第一定律，可以得到：$I_b+I_c=I_e$。

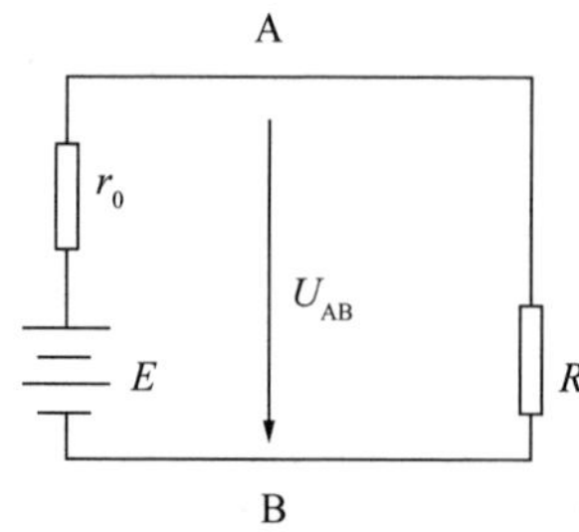

图1−4　一个含电源与负载的完整电路

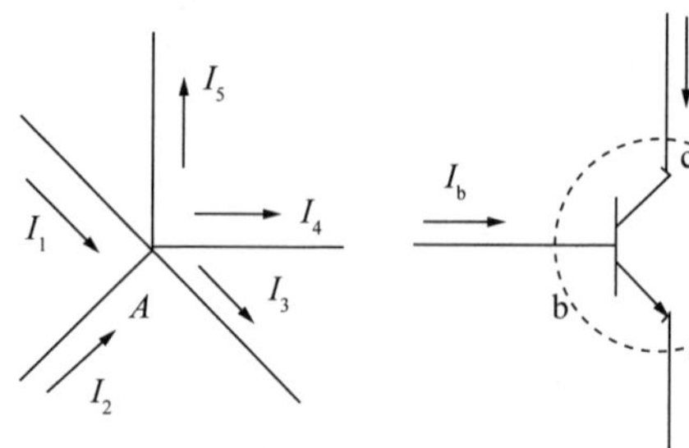

（a）节点A电流　（b）半导体三极管

图1−5　基尔霍夫第一定律

2. 基尔霍夫第二定律

基尔霍夫第二定律，又称回路电压定律。

在任一闭合回路中，沿一定方向绕行一周，电动势的代数和恒等于电阻上电压降的代数和。

即：

$$\Sigma E=\Sigma IR \tag{1-8}$$

由式（1−8）及上述方法与步骤，可列出如图 1−6 电路的回路方程：

$$E_1-E_2=I_1R_1-I_2R_2-I_3R_3+I_4R_4 \tag{1-9}$$

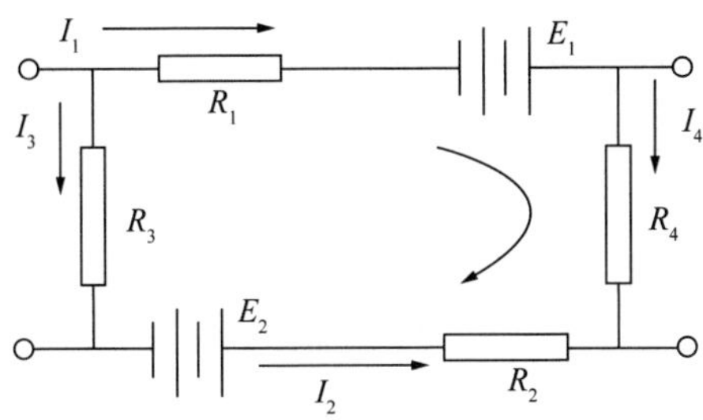

图1–6　基尔霍夫第二定律

注意：在列回路电压方程时必须考虑电压（电动势）的正负。确定正号、负号的方法与列回路方程的步骤如下（图 1–6）：

（1）首先在回路中假定各支路电流的方向。

（2）假定回路绕行方向（顺时针或逆时针，如图 1–6 顺时针方向）。

（3）流过电阻的电流参考方向与绕行方向一致，则电阻上的电压降为正，反之取负。

（4）凡电动势方向与绕行方向一致，该电动势为正，反之取负。

三、电路的连接关系及计算

（一）电阻串联、并联和混联

在实际电力线路中，电源和负载不止一个，根据需要按一定的连接方式将它们连接起来，应用最广泛的连接方式有：串联、并联和混联。

1. 电阻串联电路

两个或两个以上的电阻首尾相接，各电阻流过同一个电流的电路称为电阻的串联电路。如图 1–7(a)为三个电阻的串联电路。电阻串联电路具有以下特点：

（1）各电阻上流过同一电流，即：

$$I=I_1=I_2=I_3 \tag{1–10}$$

（2）电路的总电压等于各电阻上电压的代数和，即：

$$U=U_1+U_2+U_3 \tag{1–11}$$

（3）电路的等效电阻（总电阻）等于各串联电阻之和，即：

$$R=R_1+R_2+R_3 \tag{1–12}$$

所以图 1–7（a）的电路可用图 1–7（b）来等效代替。

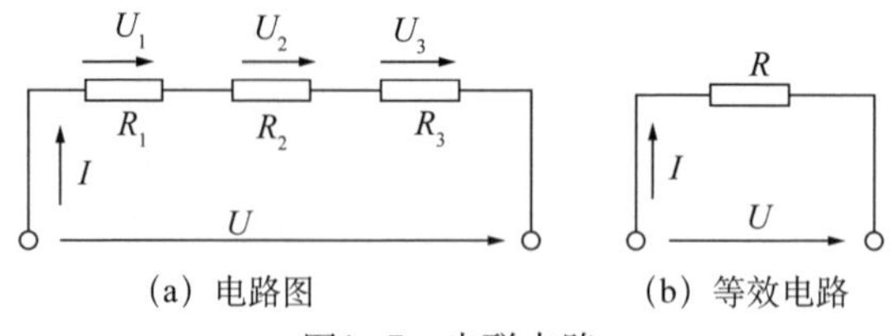

(a) 电路图　　(b) 等效电路

图1–7　串联电路

(4) 各电阻上的电压降与各电阻的阻值成正比。

(5) 各电阻上消耗的功率之和等于电路所消耗的总功率。

2. 电阻并联电路

两个或两个以上电阻头与头，尾与尾连接在一起，使每一个电阻承受同一个电压，这样的连接方式称为电阻并联。如图 1–8 (a) 所示，并联电路具有如下特点：

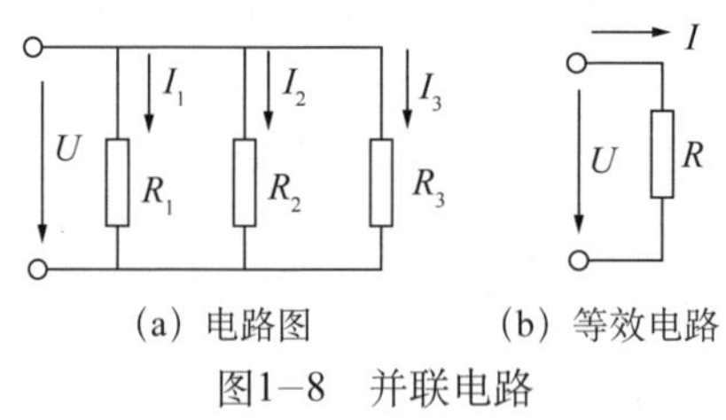

(a) 电路图　　(b) 等效电路

图1–8　并联电路

(1) 并联的各电阻上承受的是同一电压，即：

$$U=U_1=U_2=U_3 \tag{1–13}$$

(2) 电路的总电流等于各支路电流之和，即：

$$I=I_1+I_2+I_3 \tag{1–14}$$

(3) 并联电路的等效电阻 R 的倒数等于各并联支路电阻的倒数之和，即：

$$\frac{1}{R}=\frac{1}{R_1}+\frac{1}{R_2}+\frac{1}{R_3} \tag{1–15}$$

结论：等效电阻必定小于并联电阻中最小阻值的电阻。

特别对于两个电阻并联，结论有$\frac{1}{R}=\frac{1}{R_1}+\frac{1}{R_2}$，即：$R=R_1R_2/(R_1+R_2)$。

【例 1】 有一只磁电式仪表的表头，表头允许流过的最大电流为 I_G=80μA，内阻 R_G=1000Ω，若将其改制成量程为 250mA 的电流表，需并联多大的分流电阻？

解：满量程时，分流电阻上流过的电流为：$I_f=I-I_G=250-0.08=249.92$ (mA)

此时表头承受的电压为：$U_G=I_GR_G=80\times10^{-6}\times1000=0.08$ (V)

由于分流电阻与表头并联，故分流电阻两端的电压与表头的电压相等。分流电阻阻值为：

$$R_f=U_G/I_f=\frac{0.08}{249.92\times10^{-3}}\approx 0.32\ (\Omega)$$

在表头两端并联一只 0.32Ω 的分流电阻，就可改制成量程为 250mA 的电流表。

（4）各并联电阻中的电流及电阻所消耗的功率均与各电阻的阻值成反比，即：

$$I_1:I_2:I_3=P_1:P_2:P_3=\frac{1}{R_1}:\frac{1}{R_2}:\frac{1}{R_3} \tag{1-16}$$

3. 混联电路

既有电阻串联又有电阻并联的电路称为混联电路。如图 1–9 所示三种混联电路。

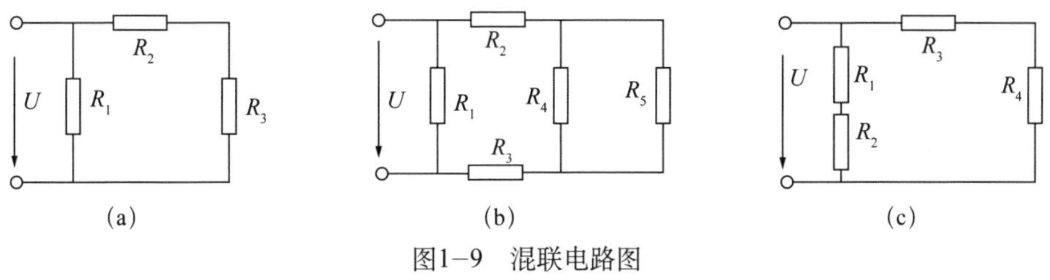

图1–9　混联电路图

混联电路的计算方法：先按串联、并联等效简化的原则，将混联电路简化为一个无分支电路，再进行电压、电流的计算，根据要求利用分压、分流公式求出所需的电压及电流值。

【例 2】 如图 1–10（a）所示电路中，已知 $R_1=R_2=100\Omega$，$R_3=R_4=150\Omega$，电压 $U=100V$。

求：电流 I。

解：先求电路的等效电阻，图 1–10（a）中 R_1 与 R_2 并联，其等效电阻为：

$$R_{1,2}=R_1R_2/(R_1+R_2)=\frac{100\times100}{100+100}=50\ (\Omega)$$

这样可将电路简化为图 1–10（b），在图 1–10（b）中，$R_{1,2}$ 与 R_4 串联，其等效电阻为：

$$R_{1,2,4}=R_{1,2}+R_4=50+150=200\ (\Omega)$$

电路又进一步简化为图 1–10（c）显然 R_3 与 $R_{1,2,4}$ 并联，所以：

$$R=\frac{R_3R_{1,2,4}}{R_3+R_{1,2,4}}=\frac{150\times200}{150+200}\approx85.7\ (\Omega)$$

得到最后的无分支电路图 1–10（d），有欧姆定律可求得电流为：

$$I=\frac{U}{R}=\frac{100}{85.7}\approx1.17\ (\text{A})$$

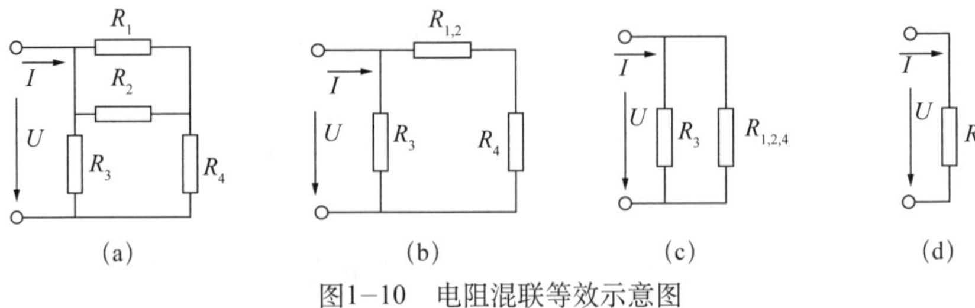

图1–10　电阻混联等效示意图

（二）电路中各点的电位分析计算

首先选参考点，常选大地为参考点，在无接地的电路中可选许多元件汇集的公共点。

【例 3】 如图 1–11 所示电路，已知 E_1=12V，E_2=9V，R_1=4Ω，R_2=2Ω，求电路中各点的电位。

解：第一步，计算电路中的电流和各电阻上的电压。

因为 $E_1>E_2$，所以电流方向与 E_1 一致，由欧姆定律得：

$$I=\frac{E_1-E_2}{R_1+R_2}=\frac{12-9}{4+2}=0.5\ (\text{A})$$

$$U_{ab}=IR_1=0.5\times4=2\ (\text{V})$$

$$U_{bc}=IR_2=0.5\times2=1\ (\text{V})$$

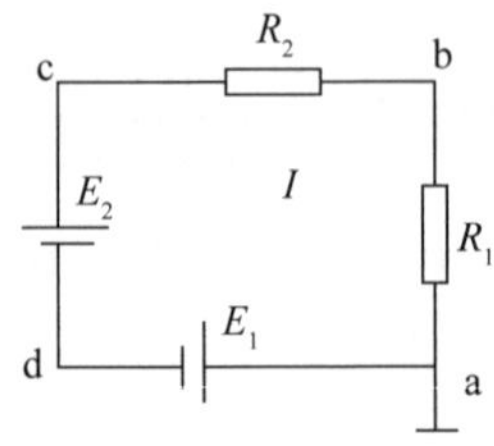

图1–11　电位选参考点示意图

第二步，选参考点，从参考点出发，顺（逆）电流方向依次求出各点的电位。当选 a 点为参考点时：$\phi_a=0$（V），由于 $U_{ab}=\phi_a-\phi_b$，所以 b 点电位 $\phi_b=\phi_a-U_{ab}=0-2=-2$（V）；又由于 $U_{bc}=\phi_b-\phi_c$，所以 C 点电位 $\phi_c=\phi_b-U_{bc}=-2-1=-3$（V）；由于 $U_{cb}=\phi_c-\phi_d=E_2$，所以 d 点电位 $\phi_d=\phi_c-E_2=-3-9=-12$（V）。当选 b 点为参考点时：$\phi_b=0$（V），因 $U_{bc}=\phi_b-\phi_c$，所以 $\phi_c=\phi_b-U_{bc}=-1$（V）；又因 $U_{cb}=\phi_c-\phi_d=E_2$，所以 $\phi_d=\phi_c-E_2=-1-9=-10$（V），由于 $U_{da}=\phi_d-\phi_a=-E_1$，所以 $\phi_a=\phi_d+E_1=-10+12=2$（V）。

四、电能与电功率

（一）电能

在直流电路中，当两点间的电压为 U，电路中形成的电流为 I，在 t 时间内电流 I 所做的功被电阻 R 吸收并全部转换为热能，此时电阻元件消耗（或吸收）的电能为 W。即：

$$W=I^2Rt \tag{1-17}$$

根据欧姆定律，也可表示为：$W=UIt$

电能 W 的单位是焦耳（J），1 焦耳表示 1 安培电流流过 1 欧姆的电阻，时间为 1s 产生全部热量时所消耗的电能。在工作中，电能的常用单位是千瓦时（kW · h），俗称度。

电能与焦耳的换算关系为：$1\text{kW}\cdot\text{h}=3.6\times10^6\text{J}=3.6\text{MJ}$

电气设备或元件是通过吸收电能转换成其他形式的能量，例如热能、光能等。

（二）电功率

电气设备在单位时间内所做的电功叫电功率，简称功率，用字母“P”表示。即：

$$P=\frac{A}{t} \tag{1-18}$$

单位为“瓦”（W），常用的单位还有千瓦（kW）、兆瓦（MW）。

换算关系为：$1\text{MW}=1000\text{kW}=10^3\text{kW}$，$1\text{kW}=1000\text{W}=10^3\text{W}$。

在直流电路或纯电阻交流电路中，电功率等于电压与电流的乘积，电功率为 $P=UI$。当用电设备两端的电压为 1V，通过的电流为 1A，则用电设备的功率就是 1W。

根据欧姆定律，电阻消耗的电功率还可以用下式表达：

$$P=UI=\frac{U^2}{R}=I^2R \tag{1-19}$$

式（1–19）表明，当电阻一定时，电阻上消耗的功率与其两端电压的平方成正比，或与通过电阻上电流的平方成正比。

工业上也有用马力作为功率单位的，它们之间的换算关系如下：

“马力”有公制马力（PS）与英制马力（hp）之区别。

$$1\text{hp} \approx 0.746\text{kW} \quad 1\text{PS} \approx 0.735\text{kW}$$

【例 4】 灯泡额定电压为 220V，分别求出 15W、40W、100W 灯泡内钨丝的热态电阻。

解：根据 $P=\frac{U^2}{R}$

所以 $R_{15}=\frac{U^2}{P_1}=\frac{220^2}{15}=3227$（Ω）

$R_{40}=\frac{U^2}{P_2}=\frac{220^2}{40}=1210$（Ω）

$R_{100}=\frac{U^2}{P_3}=\frac{220^2}{100}=484$（Ω）

由例 4 的计算结果可以看出，功率小的灯泡内钨丝的热态电阻阻值大。

【例 5】 某一稳压电源输出端所接负载电阻为 100Ω，输出电压为 6V。

求：该电阻消耗的功率为多少?

解：$P=\frac{U^2}{R}=\frac{6^2}{100}=0.36$（W）

【例 6】 已知 150W 的电烙铁，如每天使用 4h，求每月（按 22 天）耗电量是多少?

解：$A=Pt=150\times4\times22=13200\text{W}\cdot\text{h}=13.2\text{kW}\cdot\text{h}$（度）

五、电流的热效应

电流通过导体时，要克服导体中的电阻而做功，将其所消耗的电能转换为热能，从而使导体温度升高的现象，称为“电流的热效应”。

实验证明：电流通过导体所产生的热量（Q）与通过导体电流的平方（I^2）、导体电阻（R）及通电时间（t）成正比。

即：

$$Q=0.24I^2Rt \tag{1-20}$$

式中 Q——导体产生的热量，cal（卡）；

I——通过导体的电流，A；

R——导体的电阻，Ω；

t——通电时间，s。

注：1J 电能可产生 0.24cal 的热量。

上述这一定律，是由英国物理学家焦耳于 1814 年和俄国物理学家楞次在 1842 年各自独立发现的，所以“电流的热效应”有时又称为“焦耳—楞次定律”。

电流热效应在生产和生活中应用广泛，如电烙铁、电炉、熔丝等。但也有它不利的一面，如变压器、电动机、线路等电气设备，都是使用各种导线绕制或敷设而成，具有一定的电阻值。当电流通过时，根据式（1–20）及上述定律，必然会发热，促使电气设备温度升高。如果温升过高，会使其绝缘加速老化变质，甚至烧毁脱落，从而引起电气设备漏电、短路，造成事故。所以在生产和生活中，安装、维修和使用电器设备时，应首先考虑其额定功率、额定电压及额定电流等参数。注意采取保护措施，如加装熔断器、热继电器、继电保护装置等，用来保护用电设备。

第二节　电与磁

电与磁是电学中两个基本现象，有着不可分割的联系，很多设备，如发电机、电动机、电工仪表、继电器、接触器、电磁铁等，都是根据“电动生磁、磁动生电”电磁作用原理制作的，所以有电流就有磁现象，有磁现象就有电流存在，二者既相互联系，又相互作用。

一、磁的基本知识

磁铁两端磁性最强的区域称为磁极。用小磁针做实验，会发现小磁针转动，静止时停留在南北方向，磁铁指北的一端称为 N 极（北极）；指南的一端称为 S 极（南极）。

磁铁有一个重要性能：同性磁极相互排斥，异性磁极相互吸引；即两个磁铁，如果是两个 S 极或两个 N 极靠近时，就会相互排斥；如果是 S 极和 N 极靠近时，会相互吸引。

（一）磁场与磁力线

磁体周围存在着磁力作用的空间称为磁场，即磁体的磁力所能达到的范围叫磁场。磁场的磁力用磁力线来表示，如果连接小磁针在各点上 N 极的指向，就构成一条由 N 极到 S 极的光滑曲线，此曲线称为磁力线，如图 1–12 所示。

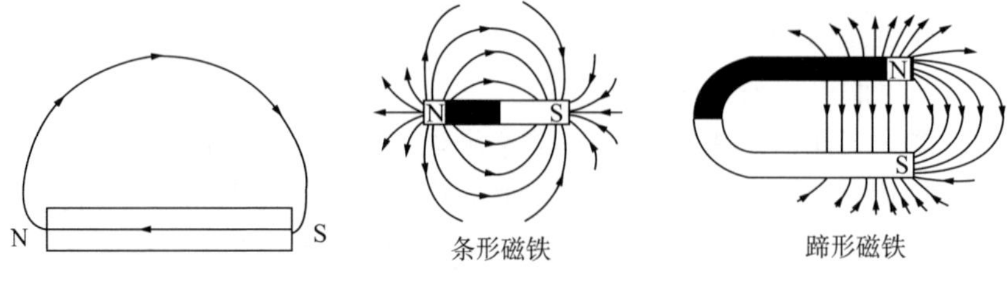

图1–12　磁力线示意图

磁力线描述：

(1)磁力线是一系列的互不相交的闭合曲线。在磁体的外部由 N 极指向 S 极，在磁体的内部由 S 极指向 N 极。

(2) 磁力线上任一点的切线方向，就是该点的磁场方向。

(3) 磁力线的疏密程度反映了磁场的强弱。磁力线越密表示磁场越强，磁力线越疏表示磁场越弱。

（二）通电导体产生的磁场

一根导体通过电流，其周围产生磁场，通过的电流越大，周围产生的磁场也越强，反之越弱。电流方向改变，则周围磁场方向也随之改变。磁场的方向可用右手定则来判别。

1. 载流直导线的磁场

磁场的方向可用右手螺旋定则确定，如图 1–13 所示，用右手握住直导体，大拇指所指方向表示电流的方向，弯曲四指所指的方向即为磁场方向。

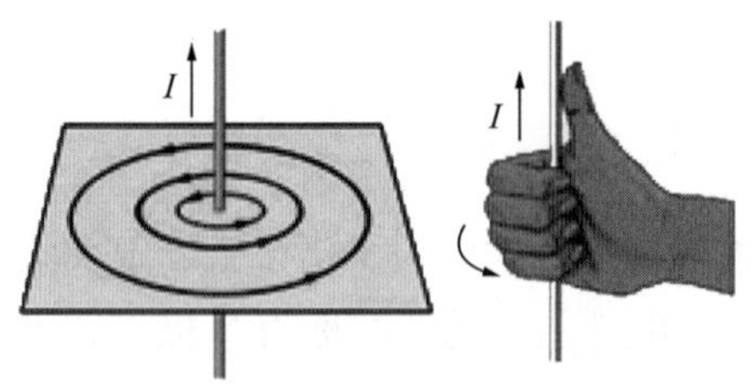

图1–13　直线电流磁场判别

2. 直螺管线圈的磁场

一个线圈中通有电流，该线圈就在周围产生磁场，线圈产生的磁场与磁铁相似，产生磁场的强弱与线圈通电电流的大小有关，通过电流越大，产生的磁场越强，反之越弱。另外与线圈的圈数也有关，圈数越多磁场就越强。磁场的方向可用右手螺旋定则判别。如图 1–14 所示，用右手握住螺旋管，弯曲四指表

示电流的方向，则拇指所指方向便是N极方向（磁场方向）。

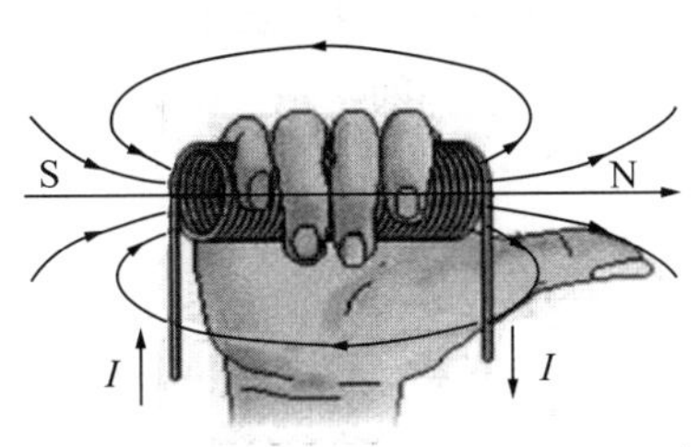

图1–14　直螺管线圈的磁场判别

二、磁场的基本物理量

（一）磁通量

通过与磁场方向垂直的某一面积上的磁力线总数，称为通过该面积的磁通量,简称“磁通”。用符号“Φ”表示,磁通的单位是“韦伯”,用字母“Wb”表示，简称“韦”，常用的单位是“麦克斯韦”，用字母“Mx”表示，简称“麦”。即：$1\text{Wb}=10^8\text{Mx}$。

磁通是描述在一定面积上分布情况的物理量，面积一定时，如果通过该面积的磁通越多，则表示磁场越强。

（二）磁感应强度

表示磁场中某点磁场强弱和方向的物理量，用字母B表示。磁场中某点磁感应强度B的方向就是该点磁力线的切线方向。

如果磁场中各处的磁感应强度B相同，则这样的磁场称为均匀磁场，在均匀的磁场中，磁感应强度可用下式表示：

$$B=\frac{\Phi}{S} \tag{1–21}$$

在均匀的磁场中，磁感应强度B等于单位面积的磁通量，如果通过单位面积的磁通量越多，则磁场就越强。所以磁感应强度有时也称为磁通密度。

磁感应强度的单位是“特斯拉”，简称“特”用字母“T”来表示。

在工程上，常用“高斯（Gs）”作为磁感应强度的单位，一般不采用特斯拉（T）。即：$1\text{T}=10^4\text{Gs}$。

（三）导磁率

不同材料其导磁性能不同。通常用导磁率（导磁系数）μ来表示该材料的导磁性能。导磁率μ的单位是“H/m”（亨 / 米）。

（四）磁场强度

磁场强度是一个矢量，常用字母“H”表示，其大小等于磁场中某点的磁感应强度 B 与媒介质导磁率 μ 的比值。即：

$$H=\frac{B}{\mu} \tag{1–22}$$

磁场强度的单位是 A/m（安 / 米），较大的单位是“奥斯特”，简称“奥”，用字母 Oe 表示。

换算关系为：1Oe=80A/m。

在均匀媒介质中，磁场强度 H 的方向和所在点的磁感应强度 B 的方向一致。

三、电磁感应

（一）磁场对载流直导体的作用

载流导体在磁场中受力的方向（左手定则，“左手定动”即：左手判断电动机）伸平左手，使拇指与四指垂直，让磁力线穿过手心，使四指指向电流的方向，则拇指所指的方向即为电磁力的方向，又称为电动力的方向。实践证明：载流导体所受到的电磁力与导体中的电流 I、导体的有效长度 L 和磁感应强度 B 成正比。即：

$$F=BIL\sin\alpha \tag{1–23}$$

式中 F——通电导体所受电磁力，N；

B——磁感应强度，T；

I——导体中的电流，A；

L——直导体长度，m。

导体的有效长度：导体在与 B 垂直方向的投影 L_1 为导体的有效长度，即 $L_1=L\sin\alpha$ 如图 1–15 所示。

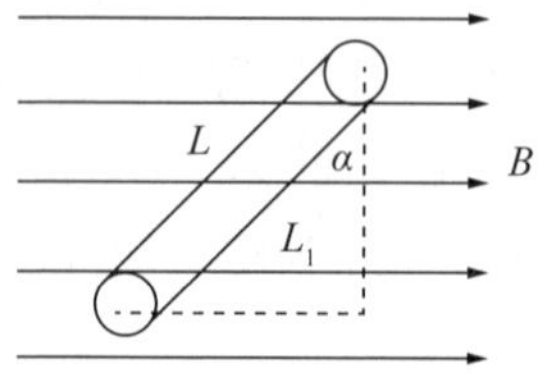

图1–15 磁场对载流直导体的作用示意图

【例 1】 如图 1–15 所示，在均匀的磁场中放一根 L=0.8m，I=12A 的载流导体，它与磁感应强度的方向成 α=30° 角，若这根载流导体受到的电磁力

F=2.4N。

求磁感应强度 B 及 α'=60° 时导体所受到的作用力 F'。

解：根据题意得：L=0.8m，$\sin\alpha=\sin30°=\frac{1}{2}$，$F$=2.4N，$\alpha'$=60°，$I$=12A。

由公式：$B=\frac{F}{IL\sin\alpha}=\frac{2.4}{12\times0.8\times\sin30°}=0.5$（T）

$F'=BIL\sin\alpha'=0.5\times12\times0.8\times\sin60°\approx4.2$（N）

载流导体在磁场中与磁感应强度的方向所构成的夹角不同，导体所受到的作用力就不同。

结论：两根平行的载流导体，各在其周围产生磁场，并使得每根导体都处在另一根导体产生的磁场中，而且还与该磁力线的方向垂直。因此，两根平行载流导体都会受到电磁力的作用。如果两根平行导体中的电流方向相同，导体受到相互吸引的力；若两根平行导体中通过的电流方向相反，导体受到相互排斥的力。发电站、变配电所等场所的母线一般平行敷设，短路时电流巨大，(有公式 $F=BIL\sin\alpha$，$\sin90°=1$)，其侧向电动力将成百倍的增大，因此安装母排时必须牢固。

（二）磁场对通电矩形线圈的作用

磁场对通电短形线圈的作用，如图 1–16（a）（b）所示；若线圈在转矩 M 的作用下，顺时针方向旋转，当线圈平面与磁力线的夹角为 α 时，则线圈的转矩为：

（1）单匝线圈表达式：$M=BILb\cos\alpha$　（1–24）

（2）N 匝线圈表达式：$M=NBILb\cos\alpha$　（1–25）

式中　M——转矩，N · m；

B——磁感应强度，T；

I——电流强度，A；

b——线圈的宽度，m；

L——线圈的有效边长，m；

$\cos\alpha$——线圈平面与磁力线夹角的余弦。

【例 2】　绕在转子中的矩形线圈通有电流 I=6A，其中受到电磁作用力的有效边 A 和 B 长度为 20cm，导线的位置如图 1–16（a）（b）所示，磁感应强度 B=0.9T，转子直径 D=15cm。

求：每根导线所受到的电磁力以及线圈在该位置时所受到的转矩是多少？

解：由图 1–16（a）（b）可知，电流 I 与 B 的方向垂直，而线圈平面与磁力线平行。

（1）每根导线（A 或 B）所受电磁力为：$F=BIL=0.9\times6\times0.2=1.08$（N）

（2）作用在矩形线圈上的转矩为：$M=Fb=1.08\times0.15=0.162$（N · m）

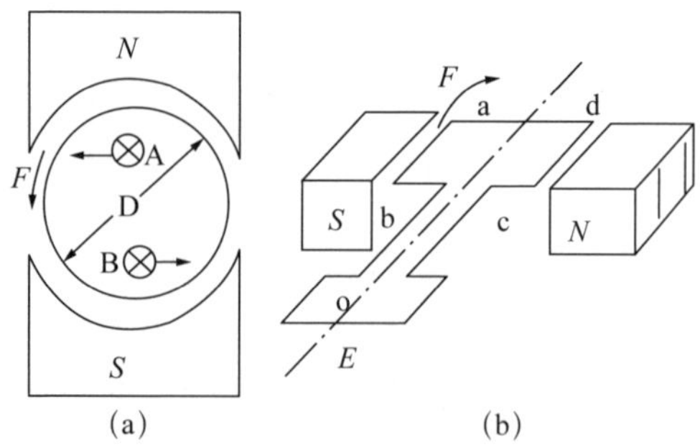

图1–16　磁场对通电线圈的作用示意图

（三）法拉第电磁感应定律

线圈中感应电动势的大小与通过同一线圈的磁通变化率（即变化快慢）成正比，这一规律称为法拉第电磁感应定律，通常称为电磁感应定律。

即：
$$e=-N\frac{\Delta\Phi}{\Delta t} \tag{1–26}$$

式中　e——N 匝线圈产生的感应电动势，V；

N——线圈的匝数；

$\Delta\Phi$——线圈内磁通的变化量，Wb；

Δt——磁通变化 $\Delta\phi$ 所用的时间，s。

式中的负号表示感应电动势的方向与线圈中磁通的变化趋势相反。

【例 3】 在一个磁感应强度为 0.01T 的均匀磁场中放一个面积为 0.001m^2 的线圈，匝数为 500 匝，在 0.1s 内把线圈平面从平行于磁力线的位置转过 90°，变成与磁力线垂直，求这一过程中感应电动势的平均值是多少？

解：根据题意，在线圈的转动过程中，穿过线圈的磁通变化率是不均匀的，不同时刻，感应

电动势的大小也不相等，可以根据穿过线圈磁通的平均变化率来求得感应电动势的平均值。在时间 0.1s 内，线圈转过 90°，穿过它的磁通由 0 变为：

$$\phi_2=BS=0.01\times0.001=1\times10^{-5}\ \text{(Wb)}$$

在这段时间里，磁通的平均变化率为：

$$\frac{\Delta\phi}{\Delta t}=\frac{\phi_2-\phi_1}{\Delta t}=\frac{1\times10^{-5}}{0.1}=1\times10^{-4}\text{Wb/s}=1\times10^{-4}\ \text{(V)}$$

线圈感应电动势的平均值为：

$$e=-N\frac{\Delta\phi}{\Delta t}=-500\times10^{-4}=-5\times10^{-2}\ \text{(V)}$$

负号表示感应电动势的方向与线圈中磁通的变化趋势相反。

（四）楞次定律

（1）右手定则：伸平右手，拇指与其余四指垂直，让磁力线穿过手心，拇指指向导体运动的方向，则四指所指的方向即为感应电动势或感应电流的方向（“右手定流”判断发电机感应电流的方向）。

（2）当穿过线圈的磁通变化时（原有磁通）感应电动势的方向总是企图使它的感应电流产生的磁通阻止原有磁通的变化。

（五）自感电动势

对于一个具有 N 匝的空心线圈而言，当忽略其绕线电阻时，可视为线性电感，自感电动势的大小与电感 L 和电流的变化率$\dfrac{\Delta i}{\Delta t}$的乘积成正比。

即：

$$e_L=-L\frac{\Delta i}{\Delta t} \tag{1–27}$$

【例 4】 电感量 L=0.12H 的线圈在 0.5s 内电流自 2A 均匀地降到 0.5A，求此线圈所产生的自感电动势 e_L。

解：根据题意：$e_L=-L\dfrac{\Delta i}{\Delta t}=-0.12\times\dfrac{0.5-2}{0.5}=0.36$（V）

（六）互感电动势

当两个线圈的互感量 M 为常数时，互感电动势的大小与互感量和另一个线圈中的电流变化率乘积成正比，如第一个线圈中的电流 i_1 发生变化时，将在第二个线圈中产生互感电动势 e_{M2}，表示公式为：

$$e_{M2}=-M\frac{\Delta i_1}{\Delta t} \tag{1–28}$$

同理，第二个线圈中的电流 i_2 发生变化时，将在第一个线圈中产生互感电动势 e_{M1}，表示公式为：

$$e_{M1}=-M\frac{\Delta i_2}{\Delta t} \tag{1–29}$$

式中　e_{M1}，e_{M2}——互感电动势，V；

M——互感量，H。

注：在同一个变化的磁通作用下，两个线圈中感应电动势极性相同的端子为同名端，极性相反的端子为异名端。

第三节　交流电

大小与方向都随时间变化的电流（电压、电动势）叫交流电。

一、基本概念

交流电中电流（电压、电动势）大多是按一定规律循环变化的，经过相同的时间后，又重复循环原变化规律，这种交流电称为周期性交流电。周期性交流电中应用最广泛的是按正弦规律变化的交流电，称之为正弦交流电。一般所说的交流电大多是指正弦交流电。

（一）正弦交流电的“三要素”

代表交流电瞬间大小与方向的数值叫瞬时值，正弦交流电的瞬时值表达式是随时间变化的正弦函数，一般表达式为：

$$u=U_m\sin(\omega t+\varphi)$$

$$i=I_m\sin(\omega t+\varphi)$$

$$e=E_m\sin(\omega t+\varphi)$$

上述表达式中 U_m（I_m、E_m）、φ、ω 三个量决定了该式的具体形式，其中 U_m（I_m、E_m）叫最大值，ω 叫角频率、φ 叫初相位。这三个量就是正弦交流电的三要素。一个正弦交流电用图形表示，如图 1–17 所示。

一个正弦交流电随时间的变化可快可慢。为了衡量交流电变化的快慢，常用周期或频率来表示。在图 1–17（a）中，交流电由 0 变化到 a 所需的时间就是一个周期，用符号“T”表示。在我国，工频交流电的周期是 0.02s（秒），一个周期对应的电角度是 2π 弧度或 360°。一秒钟内交流电重复变化的次数叫频率，用符号“f”表示，频率的单位是 1/s 或 Hz（赫兹）。如周期为 0.02s 的交流电，在一秒内变化的次数即频率 $f=\frac{1}{0.02}$=50Hz，50Hz 的交流电称为工频（工业频率）交流电。频率与周期之间为倒数的关系。即：

$$f=\frac{1}{T} \tag{1–30}$$

对于直流电 f=0。由于交流电变化一周，对应的电角度是 360° 或 2π 弧度，又定义为单位时间内变化的电角度为角频率，用“ω”表示，周期、频率、角频

率都是反映交流电变化快慢的参数。

即：
$$\omega=\frac{2\pi}{T}=2\pi f \tag{1-31}$$

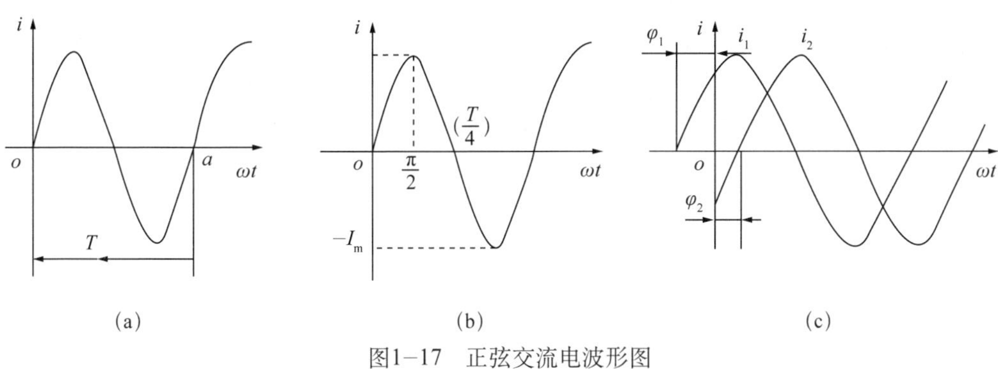

图1－17　正弦交流电波形图

交流电在一个周期中所出现的最大瞬时值称为交流电的最大值，如图 1－17（b）所示，它是一个与时间无关的量。

在交流电的表达式中，符号“sin”后的总角度（$\omega t+\varphi$）称为相位，把 t=0 瞬间的相位称为初相位，一般用“φ”表示，见图 1－17（c）中 i_1 的初相位 φ_1，i_2 的初相位 φ_2。初相位表示交流电在计时起点 t=0 时刻的起始变化趋势，它对于描述同频率的几个正弦量间的相互关系是非常重要的。

（二）正弦交流电的几个参数及计算

除了上述的“三要素”外，正弦交流电的计算还经常用到有效值、平均值等参数。有效值是指一个交流电流 i 与一直流电流 I 分别流过相同的电阻 R，如果在相同的时间内产生相等的热量，则这个交流电流 i 的有效值就等于直流电流 I 的值。交流电压有效值定义也是如此，用大写字母 E、U、I 表示，有效值描述了交流电做功本领的大小。以下如无特别说明，交流电气设备中提到的电压、电流以及通常所说的交流电压、交流电流均指有效值。最大值与有效值的关系式为：

$$I=I_m/\sqrt{2}\ ；\ U=U_m/\sqrt{2}$$

从交流电的波形看，一个周期内横轴以上及横轴以下的面积相等，所以平均值为零。一般交流电的平均值是这样定义的，半个周期内交流电平均数值称为交流电的平均值。

平均值：$I_p=\frac{2}{\pi}I_m$；$U_p=\frac{2}{\pi}U_m$ 或 $I_p\approx 0.637I_m$；$U_p\approx 0.637U_m$

二、三相正弦交流电的概述

三个频率相同，最大值相同，相位上依次互差 120° 的交流电，称之为三相交流电。由于在发电、配电、用电等方面三相交流电比单相交流电优越，所以三相交流电得到广泛的应用。三相交流电是用三相发电机产生的，三相发电机有三个绕组、六根引出线，每相绕组相当于一个单相电源，把三个绕组产生的互差 120° 的同频率单相交流电按一定规律连接，就产生出三相交流电。

（1）三相正弦交流电动势的瞬时值表达式：

$$e_u=E_m\sin\omega t$$

$$e_v=E_m\sin（\omega t+120°）$$

$$e_w=E_m\sin（\omega t-120°）$$

（2）三相正弦交流电的波形图与向量图，如图 1–18 所示。

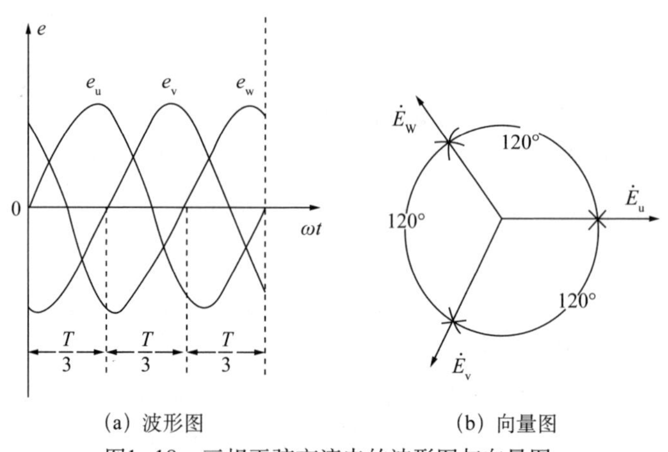

（a）波形图　（b）向量图

图1–18　三相正弦交流电的波形图与向量图

三、三相电路的连接

三相电路的连接有星形连接与三角形连接两种基本接法。

（一）负载的连接

（1）负载为星形连接时，中性线电流为各相电流的相量之和；如果三相平衡，其三相电流之和为零。表达式如下：

$$\dot{I}_N=\dot{I}_U+\dot{I}_V+\dot{I}_W=0 \tag{1–32}$$

$$\dot{I}_{Y相}=\frac{U_{Y相}}{Z_{相}} \tag{1–33}$$

$$\varphi=\arctan\frac{X}{R} \tag{1–34}$$

①负载为星形连接时，在任意时刻，一相电流恰好与其他两相的电流之和大小相等方向相反。

②对于三相交流电电源的星形连接，可以由中性点引出一条导线，（已采取工作接地的）称为零线。这时就得到两种不同的电压，即相电压和线电压，在三相四线制系统中作为中性线，它能使星形连接不对称负载的相电压保持对称，使负载能正常工作，如果负载发生故障，也可缩小故障影响范围。

【例 1】 加在星形连接的三相异步电动机上的对称电源线电压为 380V，若每相的电阻为 6Ω，感抗为 8Ω。

求：此时流入电动机每相绕组的相电流及各线电流是多少?

解：根据题意：由于电源电压对称，各相负载也对称，因此星形接线各相的线电流与相电流相等。

因为：$U_{相}=\frac{U_{线}}{\sqrt{3}}=\frac{380}{\sqrt{3}}=220$（V）　$Z=\sqrt{R^2+X^2}=\sqrt{6^2+8^2}=10$（Ω）

所以：$I_{相}=\frac{U_{相}}{Z}=\frac{220}{10}=22$（A）　$I_{线}=I_{相}=22$（A）

由以上例题可得：在三相交流电的星形接法中，当三相平衡时，线电压为相电压的 $\sqrt{3}$ 倍，线电流等于相电流。

即：　$U_L=\sqrt{3}\ U_\varphi I_L=I_\varphi$

③对称负载为三角形连接。若三相负载对称，则各相的电流也是对称的，各相电流的数值相等，它们的大小都等于各相的电压除以各相的阻抗。

即：

$$I_{\Delta相}=\frac{U_{\Delta相}}{Z_{\Delta相}}$$

各相负载电压与该相电流之间的相位差为：$\varphi=\arctan\frac{X}{R}$。有以上计算可知，不管负载作为三角形连接或星形连接，其计算公式都是一样的。

【例 2】 将上例中的电动机三相绕组改为三角形连接后，接入电源，其他条件不变。

求：相电流和线电流的大小及相电压与相电流之间的相位差各为多少?

解：根据题意：因为在三角形连接中，线电压等于相电压：

$$I_{\Delta相}=\frac{U_{\Delta相}}{Z}=\frac{U_{\Delta线}}{Z}=\frac{380}{10}=38\ (\text{A})$$

$$I_{\Delta线}=\sqrt{3}\,I_{\Delta相}=\sqrt{3}\times 38\approx 66\ (\text{A})$$

$$\varphi=\arctan\frac{X}{R}=\arctan\frac{8}{6}=53.1°$$

由以上例题得：

a. 相电流、线电流比值：$\frac{I_{\Delta相}}{I_{Y相}}=\frac{38}{22}=\sqrt{3}\ \frac{I_{\Delta线}}{I_{Y线}}=\frac{66}{22}=3$。

b. 在三相交流电的三角形接法中，当三相平衡时，线电压等于相电压，线电流等于 $\sqrt{3}$ 倍的相电流。即：$U_L=U_\varphi I_L=\sqrt{3}\ I_\varphi$。

由此可见：负载接成三角形的相电流是接成星形时相电流的 $\sqrt{3}$ 倍；负载接成三角形时的线电流是接成星形时线电流的 3 倍。

结论：一个采用三角形接法的三相异步电动机，在启动过程中可采用星形接法，以减少启动时过大的电流，常称为 Y—△降压启动。

（二）三相电路的功率

(1) 一个三相电源发出的总有功功率等于电源每相发出的有功功率之和；一个三相负载接受（即消耗）的总有功功率等于每相负载接受（即消耗）的有功功率之和。即：

$$P_U+P_V+P_W=U_UI_U\cos\varphi_U+U_VI_V\cos\varphi_V+U_WI_W\cos\varphi_W \tag{1–35}$$

式中：U_U、U_V、U_W、为各相电压，I_U、I_V、I_W 为各相电流，$\cos\varphi_U$、$\cos\varphi_V$、$\cos\varphi_W$ 为各相的功率因数。

(2) 在对称的三相电路中，各相电压、相电流的有效值均相等，功率因数也相同。因而可得出：

$$P=3U_{相}I_{相}\cos\varphi=3P_{相} \tag{1–36}$$

(3) 对于 Y 形连接，相电流等于线电流，而相电压等于 $\frac{1}{\sqrt{3}}$ 倍的线电压。即：

$$P_Y=3U_{Y相}I_{Y相}\cos\varphi=3\times\frac{U_{线}}{\sqrt{3}}\times I_{Y线}\times\cos\varphi=\sqrt{3}\,U_{Y线}I_{Y线}\cos\varphi$$

(4) 对于三角形连接，相电压等于线电压，而相电流等于 $\frac{1}{\sqrt{3}}$ 的线电流。即：

$$P_\Delta=3U_{\Delta相}I_{\Delta相}\cos\varphi=3U_{\Delta线}\times\frac{I_{\Delta线}}{\sqrt{3}}\times\cos\varphi=\sqrt{3}\,U_{\Delta线}I_{\Delta线}\cos\varphi$$

(5) 负载对称时，不论何种接法，求总功率的公式都是相同的。

$$P=\sqrt{3}\ U_{线}I_{线}\cos\varphi=3U_{相}I_{相}\cos\varphi \quad (1-37)$$

进行功率计算时应注意式中的 φ 角，是负载电压与相电流之间的相位差，即负载的阻抗角，而不是负载电压与线电流之间的相位差。

（6）对称三相负载无功功率和视在功率的表达式如下：

$$Q=3I_{相}U_{相}\sin\varphi=\sqrt{3}\ U_{线}I_{线}\sin\varphi \quad (1-38)$$

$$S=\sqrt{P^2+Q^2}=\sqrt{3}\ U_{线}I_{线}=3U_{相}I_{相} \quad (1-39)$$

一般的三相发电机、三相变压器，铭牌上标注的额定功率均指的是三相总功率。

【例 3】 已知：有一台三相电阻炉，每相电阻为：R=5.78Ω

求：①在 380V 线电压下，接成△和 Y 时，各从电网取用的功率是多少？

②在 220V 线电压下，接成△时所消耗的功率是多少？

解：①接成△时的线电流为：$I_{\Delta线}=\sqrt{3}\ I_{Y相}=\sqrt{3}\dfrac{U_{线}}{R}=\sqrt{3}\ \times\dfrac{380}{5.78}\approx 114$（A）

接成△时的功率为：$P_{\Delta}=\sqrt{3}\ U_{线}I_{线}\cos\varphi=\sqrt{3}\ \times 380\times 114\times 1\approx 75$（kW）

接成 Y 时的线电流为 $I_{Y线}=I_{Y相}=\dfrac{380}{\sqrt{3}\times 5.78}\approx 38$（A）

接成 Y 时的功率为 $P_{Y}=\sqrt{3}\ U_{线}I_{线}\cos\varphi=\sqrt{3}\ \times 380\times 38\times 1\approx 25$（kW）

② $P_{\Delta}=\sqrt{3}\ U_{线}I_{线}\cos\varphi=\sqrt{3}\ \times 220\times\left(\sqrt{3}\ \times\dfrac{220}{5.78}\right)\times 1\approx 25$（kW）

答：①线电压不变时，负载做△形连接时的功率为做 Y 形连接时的功率的 3 倍。②只要每相负载所承受的相电压相等，那么不管负载接成 Y 形还是△形，负载所消耗的功率相等。

有的三相电动机有两种电压，在铭牌上写有 220/380—△ /Y，表示这个电动机可在 220V 接成△，或在线电压 380V 以下接成 Y 形，两者的功率是不变的。

第四节　导线与电流的估算

导线截面积的选择要考虑多方面的因素，不同的导线、不同的敷设方式、不同线路的长度其机械强度、线路末端的压降及所通过的电流也不同，所以合理的选用导线截面与计算导线通过的电流是对电工的基本要求。

一、导线截面的选择

合理选用导线的截面，不但可节省有色金属，保证供电质量，更重要的是可以保证供电安全。导线（电缆）截面选择要考虑到下列因素：按机械强度确定导线的最小截面、按负荷大小确定导线允许电流、按环境温度与导线的运行温度确定导线允许温升、按导线输送距离的远近确定允许电压降等。

（一）导线允许电流估算法

（1）适用条件绝缘铝芯导线，明设，环境温度按 25℃考虑。

（2）选线方法用导线截面的倍数来估算其允许电流值。

（3）经验口诀三句话。

第一句：十下五；百上二；二五、三五、四、三界；七零、九五、两倍半。以上表示导线的载流密度，即导线单位截面的载流量 A/mm^2。

第二句：穿管、温度、八九折。

第三句：铜线升级算；裸线加一半。

【例 4】 热力站循环水泵电压 380V 的三相电动机功率为 15kW，管暗配线，选择导线截面积。

解：首先估算电动机额定电流 380V、15kW 三相异步电动机，其额定电流约为 15×2=30A。按选线口诀第一句；十下五，即选 10mm^2 塑料绝缘铝芯导线，其允许通过的电流约为 10×5=50（A）。

判断：折扣后允许电流再与电动机额定电流进行比较，即：50×0.8×0.9=36（A）（36A ＞ 30A）。

若采用铜线要升级算，用 6mm^2 铜线、载流量等同于 10mm^2 铝线。

此电动机可用 BV–6 绝缘铜线。

（二）绝缘材料的耐热分级

绝缘材料的耐热分级见表 1–2。

表1–2　绝缘材料的耐热分级

级别	Y级	A级	E级	B级	F级	H级	C级
允许工作温度	90℃	105℃	120℃	130℃	155℃	180℃	180℃以上
主要绝缘材料举例	纸板、纺织品、有机填料、塑料	棉花、漆包线的绝缘	高强度漆包线的绝缘	高强度漆包线的绝缘	云母片制品、玻璃丝、石棉	玻璃、漆布、硅有机弹性体、石棉布	电磁石英

（三）允许电压损失核算导线截面

工矿企业电力线路，允许电压损失见表 1–3 的标准。

表1–3　允许电压损失核算导线截面

供、配电线路	允许电压损失，%
在正常状态下运行的高压供电线路（从地方电力网至用户）	5～8
在故障状态下运行的高压供电线路	10～12
正常状态下，室外低压配电线路	3.5～5
小区照明及事故照明	6～10
小区投光灯照明	6

（四）新旧标准绝缘导线截面积的结构

新旧标准绝缘导线截面积的结构（BXBLX300V/500V）见表 1–4。

表1–4　新旧标准绝缘导线截面积的结构表

标准截面积 mm^2	GB5023—85 股数/每股直径 股/mm	旧标准股数 /每股直径 股/mm	标准截面 mm^2	GB5023—85 股数/每股直径 股/mm	旧标准股数 /每股直径 股/mm
1	1/1.13	1/1.13	70	19/2.14	19/1.83
1.5	1/1.38	1/1.37	95	19/2.52	19/2.50
2.5	1/1.78	1/1.76	120	37/2.03	37/2.0
4	1/2.25	1/2.24	150	37/2.25	37/2.24
6	1/2.76	1/1.73	185	37/2.52	37/2.5
10	7/1.35	7/1.33	240	61/2.25	61/2.24
16	7/1.70	7/1.70	300	61/2.52	61/2.50
25	7/2.14	7/2.12	400	61/2.85	61/2.85
35	7/2.52	7/2.50	500	91/2.65	91/2.62
50	19/1.83	19/1.78	630	127/2.52	—

二、电力电缆

（一）电缆型号的文字代号

电缆型号的文字代号见表 1–5。

表1–5 电缆型号的文字代号

用途代号	绝缘类别代号	线芯	内护层代号	结构特征	外保护层	
					铠装层	外被层
A–安装电缆	Z–纸	L–铝芯	Q–铅套	D–不滴流	0–无	0–无
B–绝缘电缆	V–聚氯乙烯	G–钢芯	L–铝套	P–贫油屏蔽	2–双层钢带	1–纤维质
C–船用电缆	Y–聚乙烯塑料	J–钢绞线芯	V–聚氯乙烯护套	F–分相	3–细钢丝	2–聚氯乙烯
P–信号电缆	YJ–交联聚乙烯	铜–不表示	Y–聚乙烯护套	CY–充油	4–粗钢丝	3–聚乙烯
K–控制电缆	X–橡胶	—	F–氯丁橡胶	C–滤尘	—	4–粗钢丝铠装
Y–移动电缆	—	—	H–橡胶	T–耐热型	—	—
R–软电缆	—	—	—	R–柔软	—	—

如：XV–0.5 3×185+1×50 橡胶绝缘铜芯电力电缆 0.5kV 聚氯乙烯护套四芯，相线 185mm^2 保护线 50mm^2；YJV–6/10 3×70 交联聚乙烯绝缘铜芯 10kV（U_0=6kV）聚氯乙烯护套 3 芯 70mm^2；YJY$_{40}$–8.7/10 3×150 交联聚乙烯绝缘铜芯 10kV（U_0=8.7kV）聚乙烯护套粗钢丝铠装 3 芯 150mm^2；YJY$_{22}$–8.7/10 3×185 交联聚乙烯绝缘铜芯 10kV（U_0=8.7kV）聚乙烯护套钢带铠装 3 芯 185mm^2 外护层为聚氯乙烯。

（二）常用电力电缆的概述

电缆的概述见表 1–6、表 1–7、表 1–8、表 1–9。

表1–6 聚氯乙烯绝缘护套电力电缆

型号	名称	适用范围
VV VLV	聚氯乙烯绝缘护套电力电缆	敷设在室内、隧道及管道中，电缆不能承受压力和机械外力作用
VV22 VLV22	聚氯乙烯绝缘钢带铠装护套电力电缆	敷设在室内、隧道及直埋土壤中，电缆能承受压力和其他外力作用
VV32 VLV32	聚氯乙烯绝缘细钢丝铠装护套电力电缆	敷设在室内、矿井中，水中，电缆能承受相当的拉力
VV42 VLV42	聚氯乙烯绝缘粗钢丝铠装护套电力电缆	敷设在竖井、水下等垂直场合，能承受相当的轴向拉力
ZR–VV ZR–VLV	聚氯乙烯绝缘护套阻燃电力电缆	敷设在室内、隧道及管道中，电缆不能承受压力和机械外力作用
ZR–VV22 ZR–VLV22	聚氯乙烯绝缘钢带铠装护套阻燃电力电缆	敷设在室内、隧道及直埋土壤中，电缆能承受压力和其他外力作用

续表

型号	名称	适用范围
ZR-VV32 ZR-VLV32	聚氯乙烯绝缘细钢丝铠装护套阻燃电力电缆	敷设在室内、矿井中、水中，电缆能承受相当的拉力
ZR-VV42 ZR-VLV42	聚氯乙烯绝缘粗钢丝铠装护套阻燃电力电缆	敷设在竖井、水下等垂直场合，能承受向上相当的轴向拉力

表1-7　聚氯乙烯绝缘护套耐火电力电缆

型号	名称
NH-VV	聚氯乙烯绝缘和护套耐火电力电缆
NH-VV22	聚氯乙烯绝缘和护套钢带铠装耐火电力电缆

表1-8　交联聚乙烯绝缘电力电缆

型号	名称
YJV YJLV	铜芯或铝芯交联聚乙烯绝缘，聚氯乙烯护套电力电缆
YJV22 YJLV22	铜芯或铝芯交联聚乙烯绝缘，钢带铠装聚氯乙烯护套电力电缆
YJV32、42 YJLV32、42	铜芯或铝芯交联聚乙烯绝缘，钢丝铠装聚氯乙烯护套电力电缆

表1-9　用途说明

型号/铜芯	名称	用途
NA-YJV/NB-YJV	交联聚乙烯绝缘聚氯乙烯护套A（B）类耐火电力电缆	可敷设在对耐火有要求的室内、隧道及管道中
NA-YJV22/ NB-YJV22	交联聚乙烯绝缘钢带铠装聚氯乙烯护套A（B）类耐火电力电缆	适宜对耐火有要求时埋地敷设，不适宜管道内敷设
NA-VV/NB-VV	聚氯乙烯绝缘聚氯乙烯护套	可敷设在对耐火有要求的室内、隧道及管道中
NA-VV22/NB-VV22	聚氯乙烯绝缘钢带铠装聚氯乙烯护套A（B）类耐火电力电缆	适宜对耐火有要求时埋地敷设，不适宜管道内敷设
WDNA-YJY/ WDNB-YJY	交联聚乙烯绝缘聚烯烃护套A（B）类无卤低烟耐火电力电缆	可敷设在对无卤低烟且耐火有要求的室内、隧道及管道中
WDNA-YJY23/ WDNB-YJY23	交联聚乙烯绝缘钢带铠装聚烯烃护套A（B）类无卤低烟耐火电力电缆	适宜对无卤低烟且耐火有要求时埋地敷设，不适宜管道内敷设

注：①阻燃电缆在代号前加 ZR；耐火电缆在代号前加 NH；防火电缆在代号前加 DH。

②外护套结构从里到外用加强层、铠装层、外被层的代号组合表示。绝缘种类、导体材料、内护层代号及各代号的排列次序以及产品的表示方法与 35kV 及以下电力电缆相同。如 CYZQ102 220/1 × 4 表示铜芯、纸绝缘、铅护套、铜带径向加强、无铠装、聚氯乙烯护套、额定电压 220kV、单芯、标称截面积 400mm 的自容式充油电缆。

三、电流的估算

（一）电流的计算公式

1. 单相负载电流的计算

（1）单相负载电流：

$$I=\frac{P}{U\cdot\cos\varphi} \tag{1-40}$$

式中 I——负载电流，A；

P——功率，W 或 kW；

U——相电压，V 或 kV；

$\cos\varphi$——功率因数。

（2）单相电动机的额定电流：

$$I_e=\frac{P}{U\cdot\cos\varphi\eta} \tag{1-41}$$

式中 I_e——额定电流，A；

P——功率，W 或 kW；

U——相电压，V 或 kV；

$\cos\varphi$——功率因数；

η——效率。

2. 三相负载电流的计算

（1）三相负载电流：

$$I=\frac{P}{\sqrt{3}U\cdot\cos\varphi} \tag{1-42}$$

式中 I——负载电流，A；

P——功率，W 或 kW；

U——线电压，V 或 kV；

$\cos\varphi$——功率因数。

（2）三相电动机额定电流：

$$I_e=\frac{P}{\sqrt{3}U\cdot\cos\varphi\eta} \tag{1-43}$$

式中 I_e——额定电流，A；

P——功率，W 或 kW；

U——相电压，V 或 kV；

$\cos\varphi$——功率因数；

η——效率。

（3）三相变压器额定电流：一次额定电流：

$$I_{e_1}=\frac{S}{\sqrt{3}U_1} \tag{1-44}$$

二次额定电流：

$$I_{e_2}=\frac{S}{\sqrt{3}U_2} \tag{1-45}$$

式中　I_{e_1}——一次额定电流，A；

S——变压器容量，kV · A；

U_1——变压器一次额定电压，kV；

I_{e_2}——二次额定电流，A；

U_2——变压器二次额定电压，kV。

（4）三相平衡电流：

$$I=\sqrt{A^2+B^2+C^2-AB-AC-BC}$$

式中　I——三相平衡电流，A；

A、B、C——分别为三相额定电流，A。

此公式只适用于含中性点的供配电系统。

（二）电流的估算举例

1. 单相

（1）阻性负载 $\cos\varphi=1$（例如：白炽灯、电炉等）。

每千瓦按 4.5A 估算：$I=\dfrac{1000\text{W}}{220\text{V}}\approx 4.5\text{A}$

例如：单相 2000W 的热水器电流约为 $2\times4.5=9\text{A}$

（2）日光灯。

①（电感式）$\cos\varphi=0.5$，每千瓦按 9A 估算：$I=\dfrac{1000}{220\times0.5}\approx 9$（A）

例如：25 盏 40W 的电感式日光灯电流约为 9A。

②（电子式）$\cos\varphi=0.9$，每千瓦按 5A 估算：$I=\dfrac{P}{U\cdot\cos\varphi}=\dfrac{1000}{220\times0.9}\approx 5$（A）

例如：25 盏 40W 的电子式日光灯电流约为 5A。

（3）单相电动机：（cosφ=0.75，η=0.75）每千瓦按 8A 估算：

$$I=\frac{P}{U\cdot\cos\varphi\eta}=\frac{1000}{220\times0.75\times0.75}\approx8\text{（A）}$$

电动机空载时：$I_0=I_e\left(\frac{1}{2}\sim\frac{1}{4}\right)=I$（50% ～ 25%）。

（4）空调：1.5 匹→ 1.5P → 1.5hp，1hp=746W=0.746kW

1.5P 匹空调的电流 =1.5P × 0.746kW × 8A/kW=8.95A ≈ 9A

2. 三相

（1）阻性负载 cosφ=1，每千瓦按 1.5A 估算：$I=\frac{P}{\sqrt{3}U}=\frac{1000}{\sqrt{3}\times380}\approx1.5\text{（A）}$

例如：三相 12kW 热水器电流约为 12 × 1.5=18A。

（2）三相电动机：cosφ=0.85、η=0.9 每千瓦按 2A 估算：（实际值是 1.986A/kW）

$$I=\frac{P}{\sqrt{3}U\cdot\cos\varphi\eta}=\frac{1000}{\sqrt{3}\times380\times0.85\times0.9}\approx2\text{（A）}$$

例如：30kW 的三相电动机电流约为 60A。

（3）三相电容器：每千乏按 1.5A 估算例如：30kvar 的三相电容器电流约为 45A。

（4）变压器：一次电流的估算：每 100kV · A 按 6A（5.8A）估算；即 6A/100kV · A。

二次电流的估算：每 100kV · A 按 150A（144A）估算；即 150A/100kV · A。

例如：500kV · A 的变压器一次电流约为 30A，二次电流约约为 750A。

（5）三相平衡电流计算举例：当 A=6A、B=6A、C=6A 时；

$$\sqrt{6^2+6^2+6^2-6\times6-6\times6-6\times6}=0$$

第二章

电子电路

自然界中不同的物质按其导电性能分为三类：导体、绝缘体和半导体。第一类，原子对其外围电子束缚能力较差，有大量的自由电子，称为导体，该类物质可加工成各种导线。第二类，原子对其外围电子束缚能力强，自由电子极少，称为绝缘体，常用它对带电导体隔离，保证电气设备的正常工作及安全运行。第三类，介于导体与绝缘体之间，本身的特性又受外界条件影响极大，称为半导体。常用的半导体材料有硅（Si）和锗（Ge），由于具有热敏性、光敏性和掺杂性，因此得到广泛的应用。

第一节 半导体元器件

在纯净的半导体材料中，如硅、锗、硫化镉（CdS）、砷化镓（GaAs）中按重量比掺入百万分之一的砷、锑、磷等元素，就会在半导体正常晶格结构之外有很多带负电荷的电子，就形成了N型半导体。在它们中以同样的比例掺入铝、铟、硼等元素，就会在半导体正常晶格结构内有很多带有正电荷的空穴，就形成了P型半导体。掺杂后的N型半导体、P型半导体内部的自由电子或空穴排列杂乱无章，如图2–1所示。

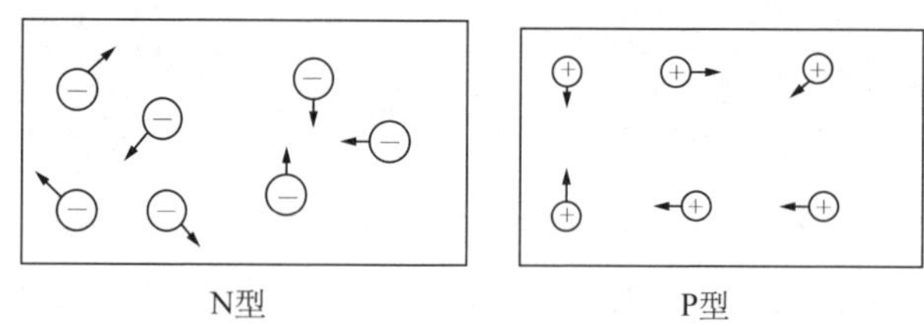

图2–1 掺杂后的N型、P型半导体内部自由电子、空穴排列示意图

当P型半导体与N型半导体通过一定的工艺结合在一起，由于P型半导体的空穴浓度高，自由电子浓度低，而N型半导体的自由电子浓度高，空穴浓度低，所以在P型半导体与N型半导体的交界处就形成了一个特殊的薄层，交界处的P区中的空穴向N区中扩散；N区中的电子向P区中扩散，这就是扩散运动。

由于扩散运动，有一些自由电子从N区向P区扩散，并与P区的空穴复合；也有一些空穴要从P区向N区扩散，并与N区的电子复合。在P区和N区的接触面就产生正、负离子层，N区失掉电子产生正离子，P区得到电子产生负离子。一般称这个正、负离子层为PN结，如图2–2所示。

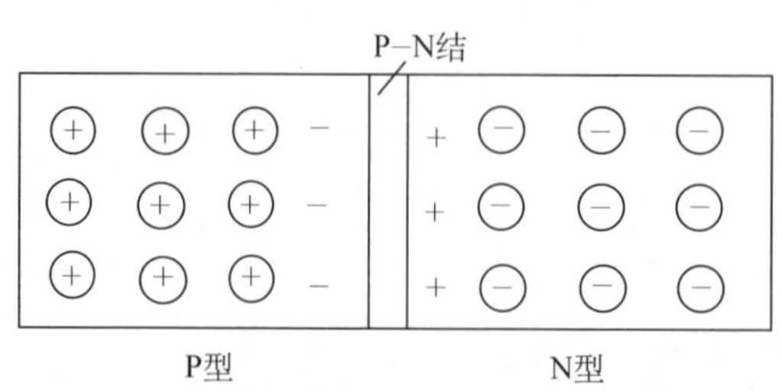

图2–2 PN结形成后的电子、空穴排列示意图

一、半导体管

把PN结与电池、小灯泡串联，如图2—3所示，电池的正极接P区、电池的负极经灯泡接N区，PN结的正、负离子层变薄，于是自由电子和空穴便大量跑向对方而形成电流，小灯泡发光。如图2—3（a）所示（PN结正向接法），因正向接法的电阻值为几十至几百欧姆，处于导通状态，所以它的导电性能与导体接近。变换接法，将电池的正极接N区，电池的负极经小灯泡接P区，PN结的正、负离子层将被加厚，使自由电子、空穴无法通过，半导体中几乎没有电流，小灯泡不亮。如图2—3（b）的接法（PN结反相接法），反向时仅有很小的反向电流流过，它的电阻在几十千欧至几百千欧以上，认为不导电，导电性能近似绝缘体。

通过试验证明，PN结加正向电压时，电阻很小处于导通状态；PN结加反向电压时，电阻很大，处于截止状态。这种现象称为PN结的单向导电性。

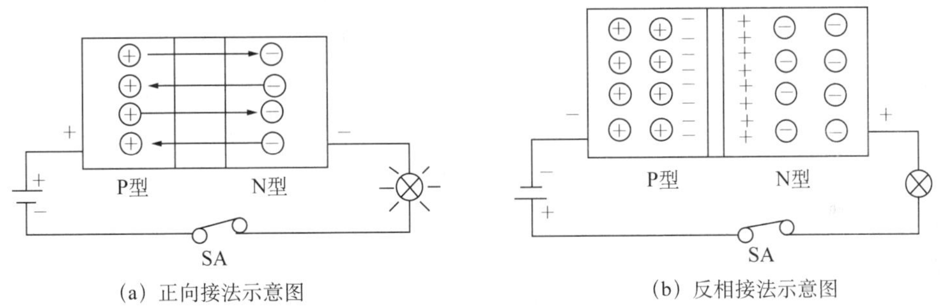

（a）正向接法示意图　（b）反相接法示意图

图2—3　PN结的单向导电性示意图

利用PN结单向导电性能，将不同的PN结巧妙地结合在一起，就可制造出不同的晶体管。如一个PN结可做成二极管，两个PN结可做成三极管，三个PN结可做成晶闸管。这些管子统称为晶体管（半导体管）。

二、半导体二极管

半导体二极管是由一个PN结加上引出线和管壳构成的。P型半导体一侧的引出线称为阳极或正极，N型半导体一侧的引出线称为阴极或负极。

（一）半导体二极管的结构与命名

1. 半导体二极管的结构

二极管PN结的构成常见的有两种：点接触型和面接触型。

（1）点接触型是用一根金属丝与一块半导体熔结在一起，构成二极管的两个极。如图2—4（a）所示。由于接触面积小，所以通过的电流就小，结电容也小，多用于较高频率下工作，一般用于检波或脉冲电路，也可用于小电流整流。

（2）面接触型二极管的 PN 结，如图 2–4（b）所示。由于接触面积大所以通过的电流就大，但因结电容大，只适应较低频率下工作，一般用于整流。

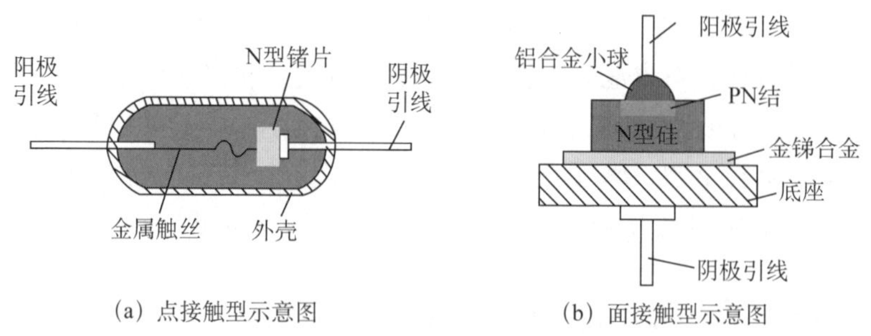

（a）点接触型示意图　（b）面接触型示意图

图2–4　二极管结构图

硅二极管与锗二极管基材不同，但结构基本一样。这两种管子的显著差别是，起始导通电压差别较大，起始导通电压也叫作结电压。PN 结与电源正向接通后，电源电压由零开始逐渐升高，当升高到一定值时，PN 结突然导通。二极管在电路中相当于一个导通的开关，能使 PN 结突然导通的电压最小值称为该 PN 结的结电压。一般硅二极管结电压为 0.6 ~ 0.7V，锗二极管结电压为 0.2 ~ 0.3V。

2. 半导体二极管的命名

根据国家标准规定的统一命名法，半导体二极管的型号由五部分构成，其含义如图 2–5 所示。

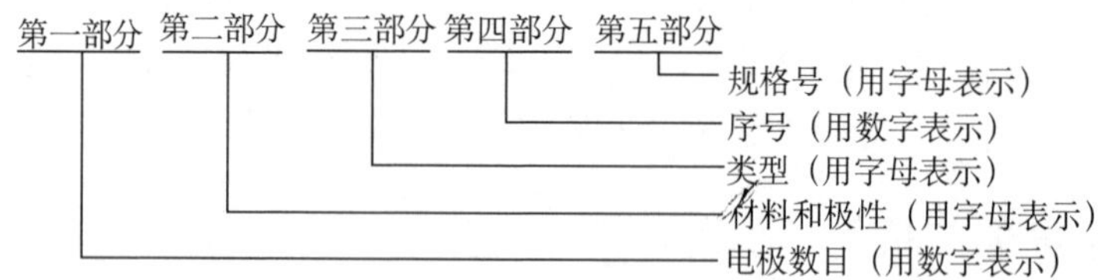

图2–5　半导体型号含义

标准国产二极管的型号命名分为五个部分：

第一部分用数字“2”表示，称为二极管。

第二部分用字母表示二极管的材料与极性。A：N 型锗材料；B：P 型锗材料；C：N 型硅材料；D：P 型硅材料；E：化合物材料。

第三部分用字母表示二极管的类别。P：小信号管（普通管）；W：电压调整管和电压基准管（稳压管）；L：整流堆；N：阻尼管；Z：整流管；U：光电管；K：

开关管；B 或 C：变容管；V：混频检波管；JD：激光管；S：遂道管；CM：磁敏管；H：恒流管；Y：体效应管；EF：发光二极管。

第四部分用数字表示同一类别产品序号。

第五部分用字母表示二极管的规格号。

例　如：2CW、2DW、BYW27、1F1–1F7、RU1–RU4、ERA34–10、RL3–RL3C、BY228、BZS55、1N914 等。

（二）半导体二极管的分类

1. 按封装材料分类

如图 2–6 所示，半导体二极管按封装材料可分为陶瓷环氧树脂封装型、玻璃封装型、塑料封装型、金属封装型、大型金属封装型。

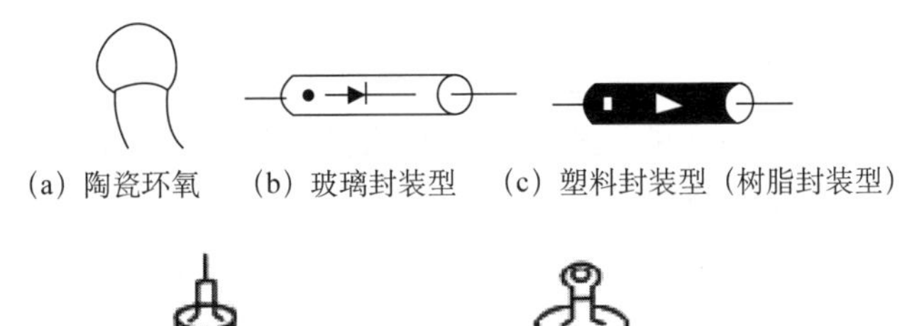

（a）陶瓷环氧　（b）玻璃封装型　（c）塑料封装型（树脂封装型）

（d）金属封装型　（e）大型金属封装型

图2–6　半导体二极管外形图

2. 按材料分类

半导体二极管按材料可以分成：以锗为基材的，称为锗二极管；以硅为基材的，称为硅二极管。

3. 按用途分类

半导体二极管按用途可以分为整流管、检波管、稳压管和开关管等。

4. 按特殊用途分类

半导体二极管按特殊用途可以分为光敏二极管、发光二极管、热敏二极管、微波二极管、变容二极管和隧道二极管等。

5. 按功率大小分类

按功率大小可以分为大功率、中功率和小功率二极管。

（三）半导体二极管的符号与极性识别

1. 半导体二极管的符号

在电路中二极管的符号用三角形及通过三角形中线的短直线构成，三角形一侧为二极管的正极，短直线方向为二极管的负极。二极管用字母“V”或“VD”表示，如图 2–7 所示。

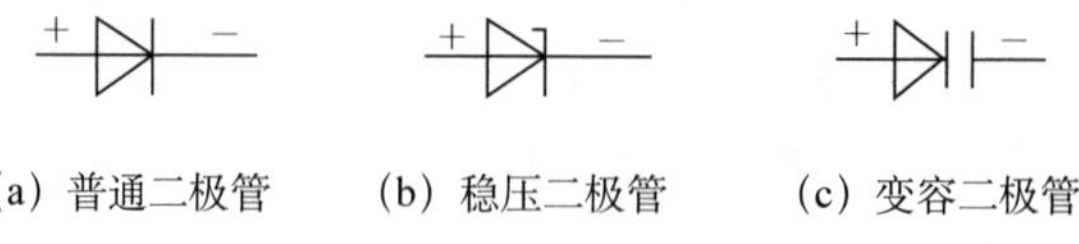

（a）普通二极管　（b）稳压二极管　（c）变容二极管

图2–7　半导体二极管的符号

2. 半导体二极管的极性判断

（1）根据标志识别，玻璃封装的二极管其外壳一般印有色点来作为极性标志，印有红色点的一端表示二极管的正极；印白色点为标志的，表示二极管的负极。塑料封装及金属封装的一般印有二极管图形符号为标志，图形符号的正极一端表示二极管的阳极。

（2）标志不清时，对于整流二极管可利用干电池小灯泡识别，如图 2–7（a）所示，小灯泡亮，干电池的正极所接二极管的一端为二极管的正极，对于点接触二极管，不可用此法判断极性。

（3）标志不清时，用指针式万用表 Ω 挡判断，将指针式万用表的欧姆挡调至 R×100 挡或 R×1k 挡，红表笔插入万用表“+”端，黑表笔插入万用表的“COM”端。由于红表笔接的是万用表内部电池的负极，而黑表笔接的是万用表内部电池的正极。二极管正向接通电阻很小，表针偏转角度大，此时黑表笔所接二极管的一端为二极管的正极，红表笔所接二极管的一端为二极管的负极。再将万用表的表笔颠倒，由于二极管的反向电阻很大，所以表针偏转角度较小。此时黑表笔所接的一端为二极管的负极，而红表笔所接的一端为二极管的正极。

（四）半导体二极管的主要参数及使用

1. 半导体二极管的主要参数

（1）最大整流电流，也叫最大正向电流，它是指在一定温度下，允许长期通过二极管的平均电流的最大值。在实际应用中，通过二极管的平均电流不能超过这个值。当温度过高时应减小最大电流值。为降低温度，需要给大功率二极管安装散热片，防止二极管烧坏。

（2）最高反向工作电压，是表明二极管反向所能承受的最高直流电压值。它反映了二极管反向工作的耐压程度。当二极管两端加反向电压时，反向电流很小，二极管处于截止状态，且基本上不随外加电压而变化。对二极管来说，反向电流越小，表明反向特性越好，反之，反向特性越差。一般硅管的反向电流比锗管小得多。当反向电压增加到一定程度时，电流突然剧增，这种现象称为反向击穿。之所以产生击穿，因为加在 PN 结中的很强的外电场可以把价电子直接从共价键中拉出来成为载流子，这种现象称为齐纳击穿。此外，强电场使 PN 结中的少数载流子获得足够的动能，去撞击其他的原子，把更多的价电子从共价键中拉出来，这些撞击出来的载流子，又去撞击其他的原子，如同雪崩一样，故此称为雪崩击穿。以上两种击穿效应能产生大量的电子—空穴对，致使反向电流剧增。无论是齐纳击穿还是雪崩击穿，如去掉反向电压，二极管仍能恢复工作，这属于电击穿。所以使用时反向工作电压不要超过这个值，否则有被击穿的危险。手册上给出的最高反向工作电压是击穿电压的 0.5 倍。

（3）最高反向工作电压下的反向漏电电流，是指二极管在一定温度下加上最高反向工作电压之后出现的反向漏电电流。温度越高漏电电流越大，漏电电流越大，PN 结温度也越高，所以漏电电流值越小越好。

（4）最高工作频率是二极管能起单向导电作用的最高频率，超过该频率二极管就不能正常工作。

2. 半导体二极管的整流电路

整流就是把大小、方向都随时间变化的交流电变换成直流电，称为整流。常见的整流电路有：单相半波、全波、桥式和倍压整流电路。其中单相桥式整流电路用的最为普遍，用来完成整流的器件种类很多，如真空二极管整流器、机械整流器、半导体整流器等。

1）半波整流

如图 2-8 所示，这是最简单的一种整流方式，只用一个半导体二极管担任整流。当输入整流器的交流电处在正半周时，二极管导通，在负载电阻 R_f 上获得上正下负的电压；当交流电处在负半周时，二极管截止负载电阻 R_f 上没有电压，因此负载电阻 R_f 上便得一个脉动直流电，由于交流电只有半周被利用，所以称这种整流方式为半波整流。

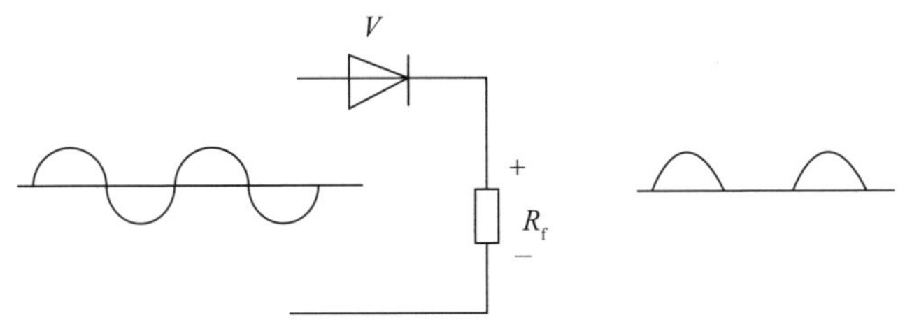

图2-8　半波整流接线图

2）全波整流

如图 2-9 所示，由两个二极管组成的整流电路。当交流电为正半周时 VD_1

导通，负载电阻 R_f 得到电压上正下负；当交流电为负半周时 VD_2 导通，负载电阻 R_f 得到的电压仍是上正下负。这样在负载电阻 R_f 上便得到方向固定不变的全波脉动电压。要使全波整流正常工作，就要使两个波形正好相反，而大小完全相同的交流电源，分别加在两个半波整流管两端，才能使负载电阻 R_f 上得到连续不断的全波脉动电流。全波整流比半波整流好，电流的脉动成分少，但全波整流器需要两个对称的交流电源，使用的变压器必须在二次绕组上设置中间抽头，制作比较麻烦，一般不采用此种整流电路。

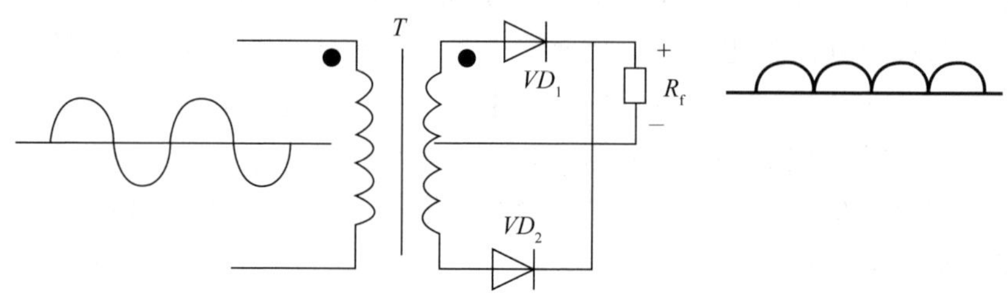

图2−9　全波整流接线图

3）桥式全波整流

如图 2−10 所示，把四个二极管组合成桥式电路，对交流电进行全波整流。

单相桥式整流电路如图 2−10（a）所示，图中 T 为电源变压器，它的作用是将交流电压 U_1 变成整流电路要求的交流电压 U_2，R_L 是要求直流供电的负载电阻,4 只整流二极管 V_1 ~ V_4（二极管的符号用 VD 或 V 皆可）接成电桥的形式，故称为桥式整流电路。图 2−10（b）是它的另一种画法，图 2−10（c）是它的简化画法。

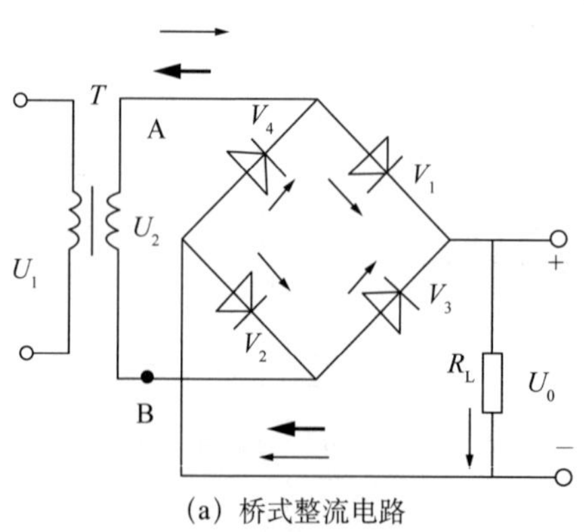

（a）桥式整流电路

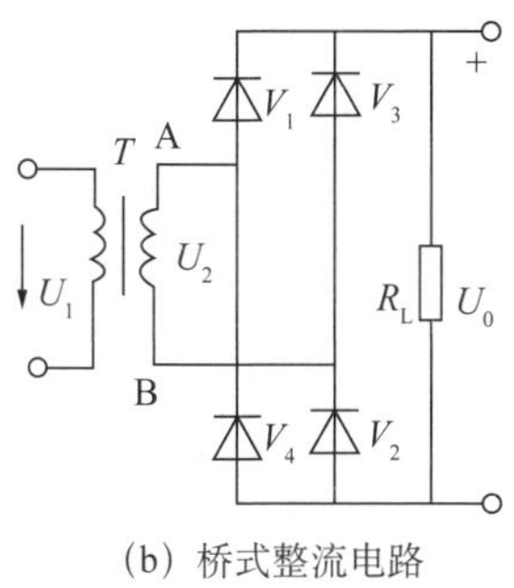

(b) 桥式整流电路

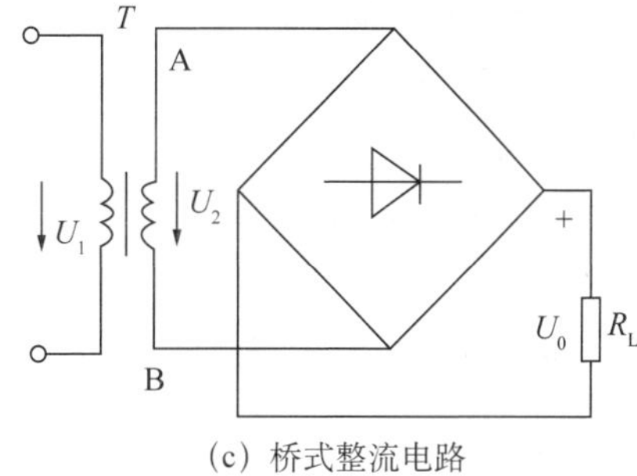

(c) 桥式整流电路

图2-10　桥式全波整流接线图

在 U_2 正半周由于 A 端为正，B 端为负，所以二极管 V_1 和 V_2 受到正向电压作用而导通，电流由次级绕组的 A 端，依次通过 V_1、R_L、V_2 回到绕组 B 端，构成导通回路，二极管 V_3 和 V_4 因承受反向电压而截止。在 U_2 的负半周变压器的 A 端为负，B 端为正，所以 V_3 和 V_4 受到正向电压作用而导通，电流由次级绕组的 B 端，依次通过 V_3、R_L、V_4 回到绕组 A 端，构成导电回路。

三、半导体三极管

如果在 P 型半导体两侧各结合一块 N 型半导体可组合成 N–P–N 型晶体三极管，或者在 N 型半导体两侧各结合一块 P 型半导体可组合成 P–N–P 型晶体三极管。在每一种半导体上各引出一根导线，并用管壳封装就制成了半导体三极管，如图 2–11 所示。这样三极管就由两个 PN 结三个区构成，两边的两个区分别为发射区、集电区，而中间的一个区为基区。发射区与基区之间的 PN 结为发射结，集电区与基区之间的 PN 结为集电结。发射区是发射载流子的，集电区是收集载流子的，而基区是控制发射结、集电结载流子通过的。各区的引线分别为发射极用字母“e”表示；集电极用字母“c”表示；基极用字母“b”表示，三极管的符号如图 2–12 所示。

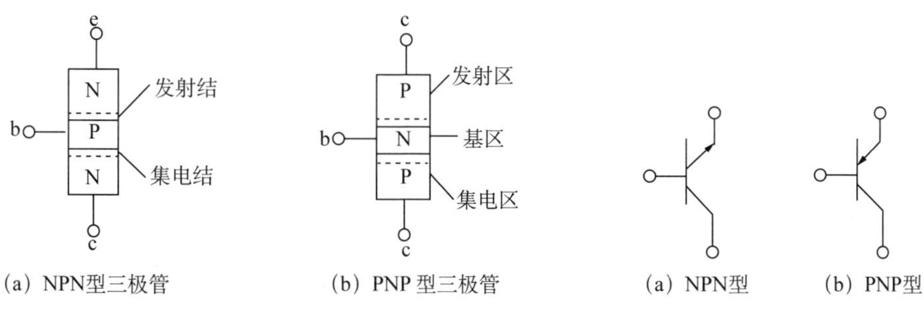

(a) NPN型三极管　(b) PNP 型三极管

图2–11　三极管的结构示意图

(a) NPN型　(b) PNP型

图2–12　三极管的符号

（一）半导体三极管的分类

1. 按外形分类

（1）陶瓷环氧封装超小型管。这种管子以陶瓷作为基片，其上附以管芯，外面用环氧树脂封装。它的特点是体积特别小，缺点是散热差，引线易折断。

（2）塑料封装型。将做好的管芯涂以保护涂料固化之后，外面用硅酮塑料膜压制成型。它的特点是体积小、重量轻、绝缘强度高、防潮性能好。

（3）金属外壳小、中功率半导体管。这类三极管的管芯用金属外壳封装，圆柱形而且带有边沿。该管坚固可靠，散热性能好。对于超高频三极管，外壳接地后还可以起到屏蔽作用。

（4）金属外壳大功率半导体管。大功率三极管为了有较好的散热效果常采用金属壳封装，且外壳一般做的大而厚，以利于安装散热器。

2. 按使用材料分类

（1）基材为锗材料的三极管叫锗管，基材为硅材料的三极管叫硅管。

（2）按制造工艺有合金管、平面管之分。

（3）按 PN 结分类有 P−N−P 型、N−P−N 型两种。

（4）按最大耗散功率分类有小功率三极管、中功率三极管及大功率三极管。

（5）按工作频率分类有低频管、高频管和超高频管。

（6）按用途分类有放大三极管和开关三极管等。

例如：IRFU020、BS170、2SC4038、2SB1316、2SA1444、2N3055、TRP102 等。

（二）三极管的作用、原理、特点

（1）二极管、三极管所有功能首先是由单相导电性决定的，PN 结的特性是：正向导通且有导通电压，反向截止且有漏电流、有反向齐纳击穿、雪崩击穿，把两个 PN 做到一块且基区做的很薄（基电流不会大），再给 b、e 的 PN 结加正向电压，另一 PN 结加反向电压，即一个 PN 结正向导通，另一个 PN 结反向电击穿，形成了用 b、e 电流控制 c、e 电流的效果，即小电流控制大电流，即电流放大作用，由所加 PN 结电压的不同，三极管就有了放大、饱和、截止三种状态。

（2）三极管、电容、电感都是“非线性”器件，有用三极管的线性区模仿线性器件使用，进行近似计算。

二极管的主要应用是整流、稳压；三极管的主要应用是放大（电流放大→电压放大→功率放大→差分放大→运算放大→滤波、比较、积分、微分、波形等非线性应用）。利用饱和与截止，可形成稳态电路中表示数字电路中的 0、1，从而应用到数字电路中。

（3）三极管在饱和导通（发射结和集电结都是正偏置）时，其 c、e 极间电压很小，比 PN 结的导通电压还要低（硅管在 0.5V 以下），c、e 极间相当于“短路”，即呈“开”的状态；三极管在截止状态（发射结、集电结都是反偏置）时，c、e 极间的电流极小（硅管基本上量不到，相当于“断开”即“关”的状态）。

（4）三极管开关电路的特点是开关速度极快，远比机械开关快；无机械接点，不产生电火花；开关控制灵敏，对控制信号的要求较低；导通时开关的电压降比机械开关大，关断时开关的漏电流比机械开关也要大；不宜直接用于高电压、强电流的控制。

（三）半导体三极管的简易测量及应用

1. 半导体三极管脚的判别

1）管脚排列规律

常用的中、小功率三极管的管脚有三种排列方法：一种是按等腰三角形排列，三极管的三个引出极排列成一个等腰三角形。鉴别时把管脚朝上，使三角形在上半个圆内，顺时针从左到右 e、b、c，如图 2–13（a）所示。这样排列方式的三极管有 3AG1 ～ 24，3AX21 ～ 24，3AX31 等。另一种排列方式是在管壳外沿上有突出部，由突出部按顺时针方向读 e、b、c，如图 2–13（b）所示。此排列方式的三极管有金属封装的 3DG6，3DG12，3DK3 ～ 4，3CG3 ～ 5。

还有一种一字型排列的三极管，它分为等距一字形排列如图 2–13（c）所示和不等距一字形排列，如图 2–13（d）所示。等距形的管壳有色点表示为三极管的 c 极，由远到近的顺序为 e、b、c；不等距的中间脚为 b 极，与 b 极近的为 e 极，离 b 极远的为 c 极。所有的半导体三极管并不都是按上述方法排列的。使用时要查看晶体管手册或用万用表进行判别。

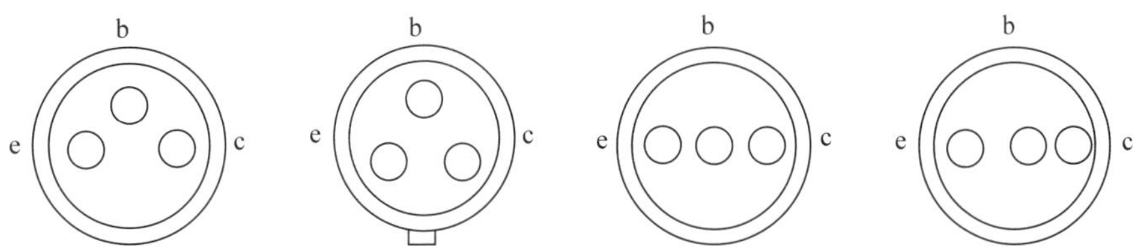

（a）等腰三角形排列 （b）外沿凸出三角形排列 （c）等距一字排列 （d）不等距一字排列

图2–13 三极管管脚排列

2）指针式万用表判别法

用万用表 $R \times 100$ 挡或 $R \times 1k$ 挡，首先判别出基极，剩下的就是发射极和集电极了。

(1) 基极与管型的判别：用指针式万用表的 $R\times100$ 挡或 $R\times1\text{k}$ 挡。首先假定三个管脚中的一个管脚为基极，接万用表的红表笔；万用表的黑表笔再分别接触另两个脚，阻值都较大或都较小。如不是这样可另换一管脚再进行测试。直到得出上述结果为止，那么万用表的红表笔所接的管脚为该三极管的基极。

基极判定后，如果是红表笔接在基极上，黑表笔分别对另两个管脚进行测试，如阻值都很小则该管是 PNP 型，如阻值都很大，则该管是 NPN 型。

(2) 集电极与发射极的判别：设该管为 NPN 型，在确定了基极后，以指针式万用表的黑表笔接基极，红表笔经（1 ~ 10kΩ）电阻分别接三极管的另外两极，指针偏转角度大的是集电极；设该管为 PNP 型，在确定了基极后，以万用表的红表笔接基极，黑表笔经（1 ~ 10kΩ）电阻分别接三极管的另外两极，指针偏转角度大的是集电极。

2. 半导体三极管的应用

1）晶体三极管的放大作用

三极管的最基本的功能是放大，如果把 PNP 型三极管接入电路，如图 2-14 所示。基极、发射结加正向电压，集电结加反向电压，三极管就能起到放大作用。晶体三极管要处于放大状态就必须满足发射结正向偏置、集电结反向偏置。

调节电位器 W，从微安表和毫安表的读数可以看出，基极电流 I_b 有微小变化，集电极电流 I_c 就有较大变化。这就是三极管的放大作用。如果基极电流 I_b 从 10μA 变化到 20μA，集电极电流 I_c 则从 1mA 变化到 2mA。那么基极电流变化量 ΔI_b 是 0.01mA，而集电极电流的变化量 ΔI_c 是 1mA。集电极电流的变化量 ΔI_c 是基极电流变化量 ΔI_b 的 100 倍。其实，三极管本身不会产生能量，所谓放大只不过是用基极较小的电流控制了集电极的较大电流。能量还是来自电源。

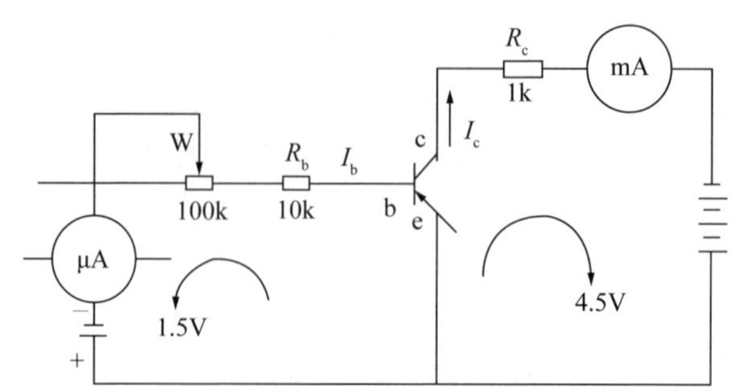

图2-14　晶体三极管放大原理

放大作用是半导体三极管的基本特性，利用这个特性可以组成各种各样的放大电路。这样的放大电路又称为模拟电路。半导体三极管既然能用基极电流控制集电极电流的大小，也就可以控制集电极电流的“有”“无”，因此认为它可以起到开关的作用，利用它的开关作用组成的电路就是数字电路。

半导体三极管的三种基本放大电路，作为电路有输入端就有输出端，半导体三极管有三端，即 e、b、c 三极。因此，只能有一个管脚做公共端，既是输入端又是输出端。设哪一个管脚是公共端，则该电路就称为共 × 极电路。这样半导体三极管的基本放大电路就有以下三种，如图 2–15 所示。

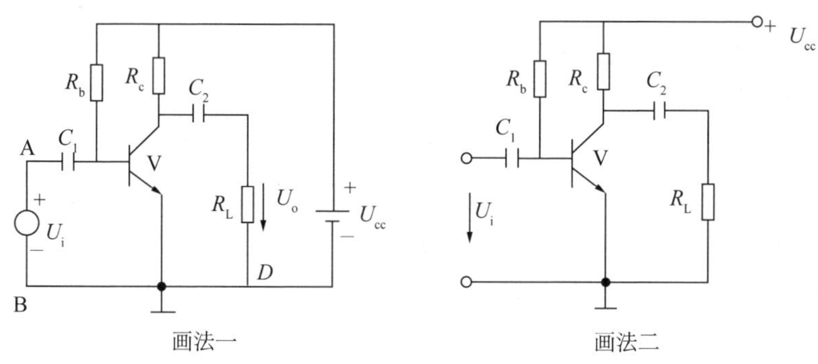

(a) 共发射极电路

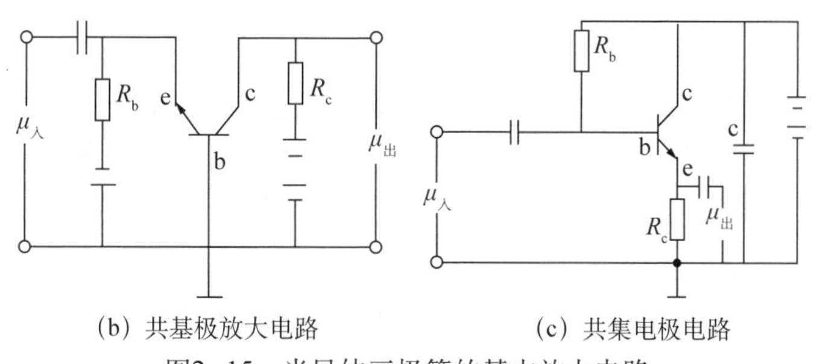

(b) 共基极放大电路 (c) 共集电极电路

图2–15 半导体三极管的基本放大电路

2）共发射极电路

如图 2–15（a）所示，当基极输入一个较小的交流信号电流，在集电极上就产生一个比输入电流大很多倍的集电极交流信号电流，该电流通过集电极电阻 R_c 时，在集电极与发射极之间就会产生一个较高的电压 U。所以共发射极电路的电压放大倍数很大，它的功率放大倍数也较大。

3）共基极放大电路

如图 2–15（b）所示，将输入信号从发射极与基极输入，由基极与集电极输出。由于集电极电流略小于发射极电流，所以输入的 I_c 发射极电流没有得到放大，它的放大倍数等于 1。这种电路除在超高频电路中应用外，一般电路不使用。

4）共集电极电路

如图 2–15（c）所示，信号从晶体管的基极与集电极输入，从基极与发射极输出。当基极输入较小的信号交流电流 I_b 时，在发射极便可输出大于输入电流很多倍的发射极电流 I_e，所以它是一种电流放大电路。但它的输出电压变化不大，它将随着输入电压的变化而变化。故共集电极电路又称为射极跟随器。

共集电极电路有输入阻抗高，输出阻抗低的特点，在某些放大电路中常用作阻抗变换器。

（四）晶体三极管使用一般要求

1. 合理选择晶体三极管

（1）电流放大倍数的选择，应考虑前级与后级的关系，如在功放电路中的前置管放大倍数应小一些，选得太大会造成严重失真。在对称电路中，如乙类放大电路和差分电路等，不仅要放大倍数大小相同，而且要求集电极与发射极之间的穿透电流 I_{ceo} 也要尽量相同。否则会严重失真。根据国产三极管特性选择范围应在 10 ～ 200 倍之间为宜。

（2）频率参数的选择主要决定于实际工作频率，只要能满足需要，比实际工作频率略高一些就可以。不要刻意追求高频率，一般三极管特征频率比实际工作频率高 3 倍以上为宜。

（3）最大反向击穿电压的选择，最大反向击穿电压是当某一极开路时，加在两极之间的最大反向电压。如基极开路时，加在集电极与发射极之间的最高反向电压 BV_{ceo}；及集电极开路时加在发射极与基极之间的最高电压 BV_{ebo}。小功率三极管的最大反向击穿电压应大于电源电压。有些电路应注意，如负载为感性，易产生反电动势，因此，选择三极管时 BV_{ebo} 应比信号电压高出 2 倍左右。对某些脉冲电路则要求更高，约 10 倍左右。

（4）集电极最大耗散功率 P_{cm} 的选择，要根据半导体三极管的用途考虑。一般前置放大级，由于功率很小，不必考虑，但对于功放则选择大一些。使用较大的耗散功率及半导体三极管的放大倍数，不但不会因温度影响，造成管子的损坏，同时还可以保证输出失真度不致太大。

（5）稳定性的选择，应选择集电极与发射极穿透电流小的，温度变化小的。但是一个三极管的极限参数不能同时达到两项。

2. 使用半导体三极管的注意事项

（1）焊接。将管脚插入印刷线路板后，用镊子夹住管脚以利散热；用低熔点焊锡及助焊剂（或松香加酒精配制）焊接，不要用焊锡膏；焊接应迅速，一般一个焊点不大于 3s。焊接前最好先在管脚及线路板上搪锡；管脚长度及弯曲处离管壳都不应小于 10mm ；焊接顺序应先焊基极、发射极再焊集电极。拆下时顺序相反。

（2）焊接后，应检查三极管的三个管脚间以及和其他元件间有无短接。

（3）功放管应远离热源，需要加散热器的必须按要求装上散热器。

（4）对于超高频三极四脚管，如 3DG79B，除 e、b、c 外，还有一只 g 管脚，它与外壳相接为防止高频自激，应接地。

四、晶闸管

晶闸管（Thyristor）是晶体闸流管的简称，又称可控硅整流器，以前简称为可控硅；它是一种大功率开关型半导体器件，在电路中用文字符号“V”“VT”表示（旧标准中用字母“SCR”表示）。它有三个极：阳极 A，阴极 K 和门极 g；晶闸管具有硅整流器件的特性，能在高电压、大电流条件下工作，且工作过程可以控制，被广泛用于可控整流、交流调压、无触点电子开关、逆变及变频等电子电路中。晶闸管 VT 在工作过程中，它的阳极 A 和阴极 K 与电源和负载连接，组成晶闸管的主电路；晶闸管的门极 g 和阴极 K 与控制晶闸管的装置连接，组成晶闸管的控制电路。

（一）晶闸管的结构、分类及图形符号

1. 晶闸管的结构

在三极管的基础上加一个 P 型半导体或 N 型半导体就组成了一个晶闸管，如图 2–16 所示。

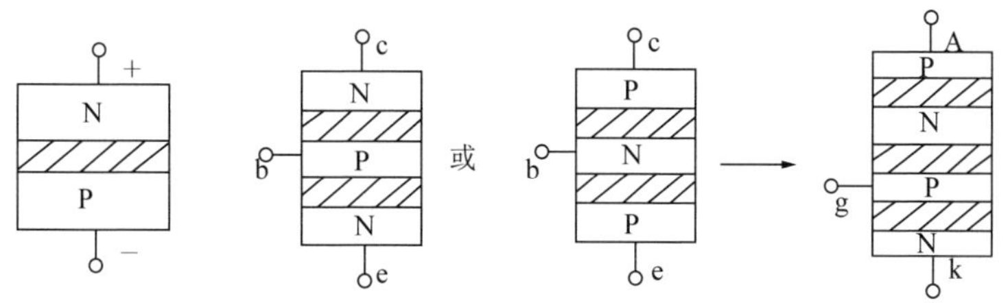

图2–16　晶闸管组成示意图

2. 晶闸管的分类

1）按关断、导通及控制方式分类

晶闸管按其关断、导通及控制方式可分为普通晶闸管、双向晶闸管、逆导晶闸管、门极关断晶闸管（GTO）、BTG 晶闸管、温控晶闸管和光控晶闸管等多种。

2）按引脚和极性分类

晶闸管按引脚和极性可分为二极晶闸管、三极晶闸管和四极晶闸管。

3）按封装形式分类

晶闸管按封装形式可分为金属封装晶闸管、塑封晶闸管和陶瓷封装晶闸管三种类型。其中，金属封装晶闸管又分为螺栓形、平板形、圆壳形等多种；塑封晶闸管又分为带散热片型和不带散热片型两种。

双向晶闸管和普通晶闸管一样，有螺栓式、平板式、压膜塑封式；塑料封装型（压膜塑封式）元件的电流容量只有几安培，目前台灯调光、家用风扇调速等多用此种形式，螺栓型电流容量为几十安培，大功率双向晶闸管元件都是平板压接型结构。从外部看双向晶闸管有三个引出端，分别是主端子 A1、主端子 A2 和门极 g，其中主端子 A1 和门极 g 从同一面引出，主端子 A2 从另一面引出。

双向晶闸管主端子在不同极性下都具有导通和阻断能力，门极电压相对于主端子 A1 的正负都有可能控制双向晶闸管的导通，因而按门极极性和主端子的极性组合可能有四种触发方式。

（1）第一象限Ⅰ+：U_{A1A2} 为+，U_{gA2} 为+。

（2）第二象限Ⅰ−：U_{A1A2} 为+，U_{gA2} 为−。

（3）第三象限Ⅲ+：U_{A1A2} 为−，U_{gA2} 为+。

（4）第四象限Ⅲ−：U_{A1A2} 为−，U_{gA2} 为−。

其中由于“Ⅲ+”触发方式的灵敏度较低，故一般不用。双向晶闸管主要在交流电路中，其常用的触发方式有两组，即（Ⅰ+、Ⅲ−）和（Ⅰ−、Ⅲ−）。

双向晶闸管的额定电流与普通晶闸管不同，是以最大允许有效电流来定义的。额定电流 100A 的双向晶闸管其峰值为 141A，而普通晶闸管的额定电流是以正弦半波平均值表示，峰值为 141A 的正弦半波，它的平均值为 $141/\pi \approx 45$A。所以一个 100A 的双向晶闸管与反并联的两个 45A 的普通晶闸管，电流容量相等。

3. 晶闸管电路图符号

晶闸管电路图符号，如图 2–17 所示。

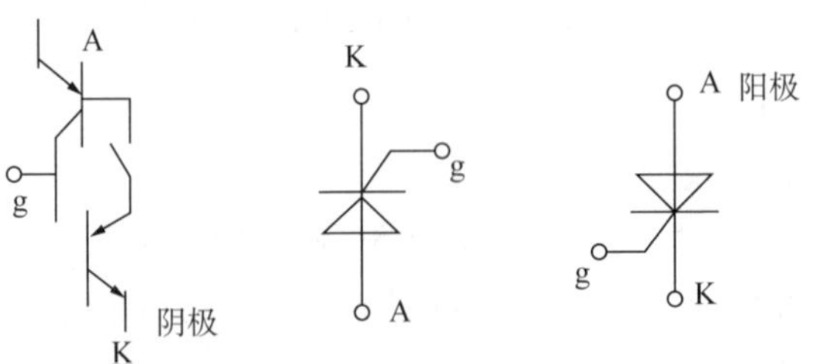

（a）双向晶闸管图　（b）单向晶闸管一图　（c）单向晶闸管二

图2–17　晶闸管图形符号

（二）晶闸管工作原理

（1）在电工技术中，常把交流电的半个周期定为180°，称为电角度π。这样，在U_2的每个正半周，从零值开始到触发脉冲到来瞬间，所经历的电角度称为控制角α；在每个正半周内晶闸管导通的电角度叫导通角θ。α和θ都是用来表示晶闸管在承受正向电压半个周期的导通或阻断范围的。通过改变控制角α或导通角θ，来改变负载上脉冲直流电压的平均值U_L，实现了可控整流。

（2）晶闸管是一种大功率的整流元件，它的整流电压可以控制，当供给整流电路的交流电压一定时，输出电压能够均匀调节，它是一个四层三端的半导体器件。在整流电路中，晶闸管在承受正向电压的时间内，改变触发脉冲的输入时刻，即改变控制角的大小，在负载上可得到不同数值的直流电压，因而控制了输出电压的大小。

（3）晶闸管导通的条件是阳极承受正向电压，处于阻断状态的晶闸管，只有在门极加正向触发电压，才能使其导通。门极所加正向触发脉冲的最小宽度，应能使阳极电流达到维持通态所需要的最小阳极电流，导通后的晶闸管压降很小。使导通了的晶闸管关断的条件是使流过晶闸管的电流减小到一定的数值，其方法有两种：

①减小正向阳极电压至一个数值以下，或加反向阳极电压。

②增加负载回路中的电阻。

（三）晶闸管的工作条件

（1）晶闸管承受正向阳极电压时，仅在门极承受正向电压的情况下晶闸管才导通，这就是晶闸管的闸流特性，即可控特性。

（2）晶闸管在导通情况下，只要有一定的正向阳极电压，不论门极电压如何，晶闸管保持导通，即晶闸管导通后，门极失去作用，门极只起触发作用。

（3）晶闸管在导通情况下，当主回路电压（或电流）减小到接近于零时，晶闸管关断。

（4）普通晶闸管最基本的用途就是可控整流。因为二极管整流电路属于不可控整流电路，如果把二极管换成晶闸管，就可以构成可控整流电路、逆变、电动机调速、电动机励磁、无触点开关及自动控制等。

（四）晶闸管的型号

国产普通晶闸管的型号有3CT（JB1144–71）系列和KP系列（JB114–75），各部分含义如图2–18、图2–19所示。

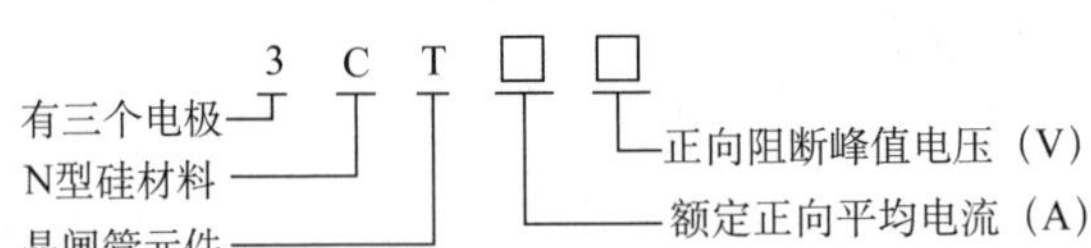

图2–18　晶闸管3CT系列型号解释

如 3CT–5/500 表示额定电流 5A，额定电压 500V 的普通晶闸管。

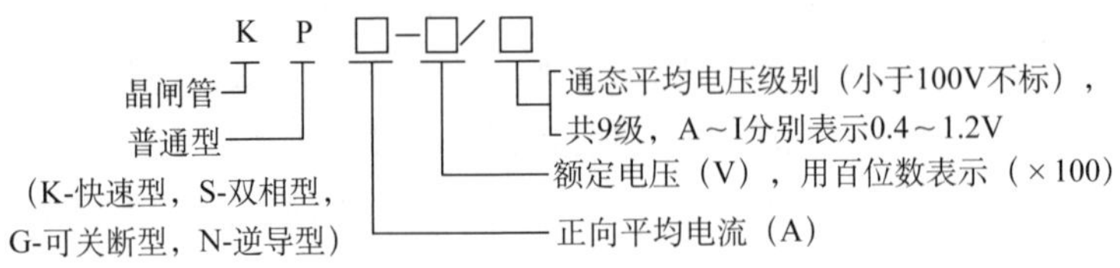

图2–19　晶闸管KP系列型号解释

如 KP100—12/G 表示额定电流 100A，额定电压 1200V，正向通态电压级别为 G（1V）的普通反向阻断型晶闸管；KP5—10 表示通态平均电流 5A，正向重复峰值电压 1000V 的普通反向阻断型可控硅元件。

（五）晶闸管的应用及保护

1. 晶闸管的应用

根据晶闸管的工作原理及状态（导通→保持→阻断），晶闸管具有硅整流器件的特性，能在高电压、大电流条件下工作，且工作过程可以控制、被广泛应用于可控整流、交流电压、无触点电子开关、逆变及变频等电子电路中。下面用一个小实验来说明晶闸管的应用，如图 2–20 所示。

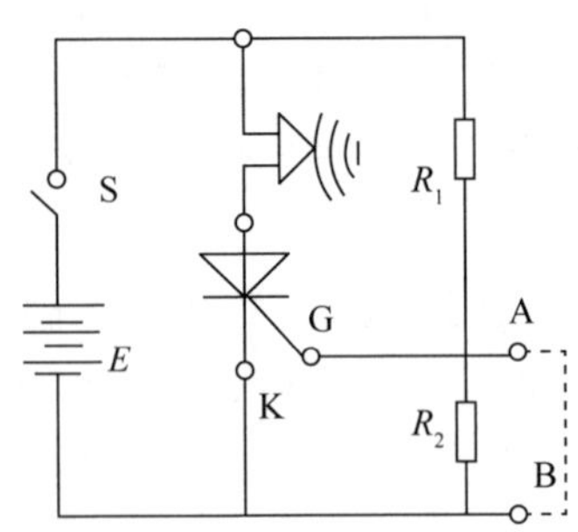

图2–20　晶闸管的应用图

开关 S 闭合，电路处于警戒状态，此时控制极与阴极之间被 AB 线短路，无触发电压，处于截止状态。短路线 AB 开路后，电源经 R_1 和 R_2 分压，提供控制极触发电压，单相晶闸管触发导通，防盗报警器发声报警。

如果将 AB 短路线换成声控开关，有声音时动作，将声音转为电信号就做成了一个声控报警器。

如果将 AB 短路线换成烟雾传感器，将烟雾转为电信号就做成了一个烟雾报警器。

如果将 R_1（R_2）换成热敏电阻，温度变化电阻值就变化，就做成了温控开关。

如果人到警戒区域人身上有红外线，如果将红外线转换为电信号就做成了一个红外控制开关。

2. 晶闸管的保护

1）过电流保护

晶闸管过电流的主要原因是电网电压波动太大，负载超过允许值，电路中管子误导通以及管子击穿短路等。因为晶闸管承受过电流的能力比一般电器元件差，所以应在极短的时间内把电源断开或把电流降下来，常用的方法是快速熔断器（熔断时间小于 20ms）。大容量的熔断器有：RTK、RS3、RS0。小容量的熔断器有 RSL 系列。

2）过电压保护

晶闸管元件过压能力较差，当加在晶闸管两端的电压达到反向击穿电压时，短时晶闸管损坏。

过压原因：

（1）变压器初、次级合闸时产生的过电压，称为操作过电压。

（2）晶闸管由正向导通转为反向阻断引起的过电压，称为换向过电压。

（3）直流侧快速熔断器熔断引起的过电压，称为直流侧过电压。

为了抑制过电压，常在晶闸管电路中串入阻容吸收电路，因为电路断开时，电路中电感储存的能量在极短的时间里要释放出来，电路中接入电容的目的一方面将电感储存的磁场能量转化为电场能量。另一方面利用电容 C 两端的电压不能突变来抑制过电压。

3）过热保护

晶闸管在电流通过时，会产生一定的压降，压降的存在会产生一定的功耗，电流越大则功耗越大，产生的热量也就越大。因此要求使用晶闸管模块时，一定要安装散热器。良好的散热条件不但能够保证模块可靠工作、防止模块过热烧毁，而且能够提高模块的电流输出能力。在使用大电流规格模块时尽量选择带过热保护作用的模块。即便模块带过热保护作用，而散热器和风机也是不可缺少的。

在使用中，当散热条件不符合规定要求时，如室温超过 40℃、强迫风冷的出口风速不足 6m/s 等，则模块的额定电流应立即降低使用，否则模块会由于芯片结温超过允许值而损坏。如按规定应采用风冷的模块而采用自冷时，则电流额定值应降低到原有值的30% ~ 40%，反之如果改为采用水冷时，则电流的额定值可以增大30% ~ 40%。

3. 晶闸管模块的使用注意事项

(1) 选用晶闸管模块的额定电压时,应考虑实际工作条件下峰值电压的大小，并留有一定的余量。

(2) 选用晶闸管模块的额定电流时，除了考虑通过元件的平均电流外，还应注意正常工作时导通角的大小、散热通风条件等因素。在工作中还应注意管壳温度不超过相应电流下的允许值。

(3) 使用晶闸管模块之前，应用万用表检查晶闸管模块是否良好。发现有短路或断路现象时，应立即更换。

(4) 严禁用兆欧表（即摇表）检查元件的绝缘情况。

(5) 电流为5A以上的晶闸管模块要装散热器，且保证所规定的冷却条件。为保证散热器与晶闸管模块管心接触良好，之间应涂上一薄层有机硅油或硅脂，以便于良好的散热。

(6) 按规定对主电路中的晶闸管模块采用过压及过流保护装置。

(7) 要防止晶闸管模块控制极的正向过载或反向击穿。

第二节 UPS与EPS电源

UPS（Uninterruptible Power System ）是一种含有储能装置，以逆变器为主要组成部分的恒压恒频不间断电源。UPS主要用于计算机网络系统或其他电力电子设备为其提供不间断的电力供应。当市电输入正常时，UPS将市电稳压后供给负载使用，此时UPS就是一台交流市电稳压器，同时它还向机内电池充电；当市电中断（事故停电）时，UPS立即将机内电池的电能，通过逆变转换的方法向负载继续供应交流电，使负载维持正常工作并保护负载软、硬件不受损坏。

EPS（Emergency Power Supply）是应急电源，当输入电压消失或异常时，将直流蓄电池组的直流电通过逆变的形式转换成近似于交流的工作电压，供给负载使用，为负载提供后备电源。EPS主要应用于应急照明、消防水泵、卷帘门、电梯等。

一、逆变的基本原理

将直流电变换为交流电的过程称为逆变，其工作原理如图 2–21 所示。当晶闸管 V_1 和 V_4 被触发导通时负载上得到左正右负的电压 U，如图 2–21（a）所示。

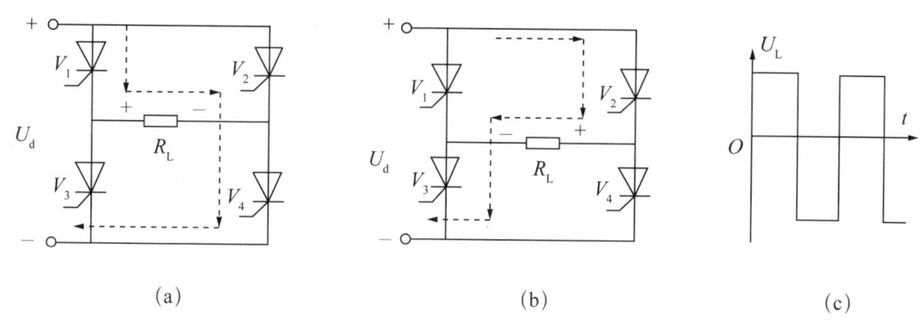

图2–21　逆变器的工作原理图

当 V_2 管和 V_3 晶闸管触发导通时，负载上的电压极性就改变，如图 2–21（b）所示。若能控制两组晶闸管的轮流导通，就可将直流电逆变成交流电，只要能控制晶闸管切换的频率就可实现变频。

（一）逆变电路的分类

一般将逆变电路分为两类：一类是有源逆变，它是将直流电逆变成和电网同频率的交流电送到交流电网中；另一类是无源逆变，将直流电逆变为某一频率（或频率可调）的交流电并直接供给用电器。无源逆变器简称逆变器，其实逆变器就是变频器的一种。根据直流电源的性质，逆变器可分为两类。

（1）一类是电压型逆变器：直流输出电压具有电压源的特性（内阻小，输出直流电压稳定）。

（2）另一类是电流型逆变器：直流输出具有电流源的特性（输出直流电流稳定）。

（二）单相电压型逆变器

单相电压型逆变器电路原理如图 2–22 所示。

（1）图 2–22 中，$L_1=L_2$ 为同一桥臂上紧耦合的两个电感线圈，$C_1=C_2$ 为换流电容，VD_1 和 VD_2 为续流用的二极管，R 为环流衰减电阻。

（2）V_1 和 V_2 两个晶闸管作为可控开关元件，它们轮流导通时，在负载上就可得到波形为矩形的交流电压如图 2–21（c）所示，流过负载的电流要根据负载性质而定，在电感性负载中，电流的波形近似于正弦波。

（三）单相电流型逆变器

单相电流型逆变器的电路原理如图 2–23 所示。V_1、V_4 同时被触发导通，V_2、V_3 也同时触发导通。在这两组晶闸管被轮流触发导通时，利用换流电容的作用，在负载 R_L 上可获得频率可调的交流电压。

这种逆变器输出的交流电流为矩形波，如图 2–21（c）所示，交流电压的波形与负载性质有关，当负载为感性时，其波形接近正弦波。

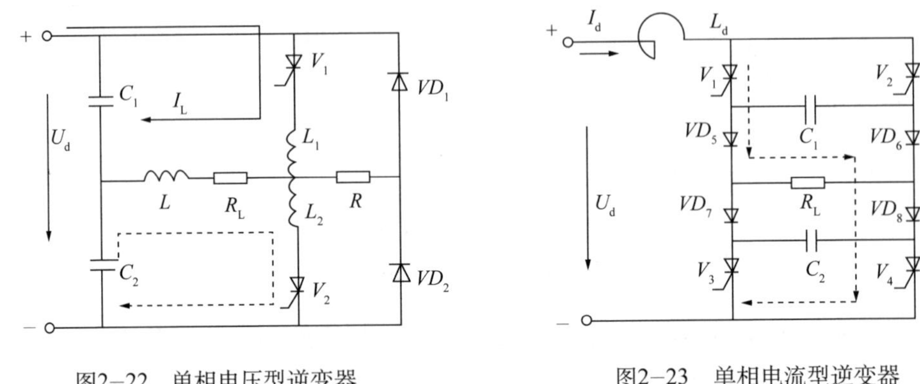

图2–22　单相电压型逆变器　　　图2–23　单相电流型逆变器

二、交流不停电电源UPS

交流不停电电源装置的类型很多，大致可分为单台 UPS 供电系统、并联 UPS 供电系统、多重化 UPS 供电系统三大类。此外还可按无交流旁路、蓄电池接线方式等进行分类。通常情况下不间断电源常使用蓄电池来提供电力，UPS 电能流程图，如图 2–24 所示。

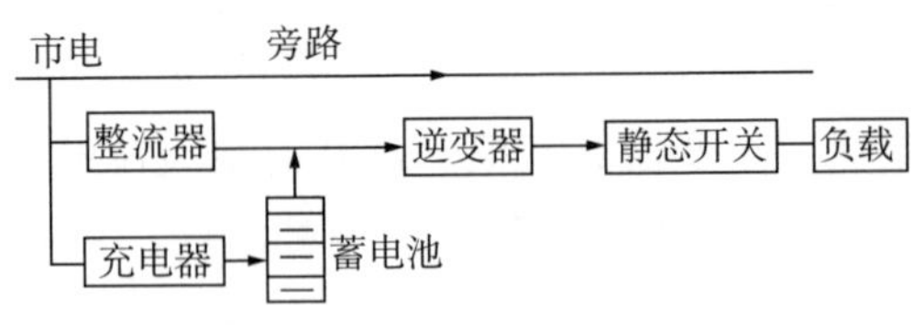

图2–24　UPS电能流程图

UPS 按工作原理分为后备式、在线互动式与在线式三大类。

（1）后备式 UPS 在市电正常时直接由市电向负载供电，当市电超出其工作范围或停电时，通过转换开关转为电池逆变供电。

特点：结构简单，体积小，成本低，但输入电压范围窄，输出电压稳定精度差，有切换时间，且输出波形一般为方波。最常用的是后备式 UPS，如四通 HO 系列与 SD 系列，它具备自动稳压、断电保护等特点，是 UPS 最基础也最重要的

功能。虽然一般有 10ms 左右的转换时间，逆变输出的交流电是方波而非正弦波，由于结构简单、价格便宜，可靠性高等优点，广泛应用于微机、POS 机等领域。

（2）在线互动式 UPS 在市电正常时直接由市电向负载供电，当市电偏低或偏高时，通过 UPS 内部稳压线路稳压后输出，当市电异常或停电时，通过转换开关转为电池逆变供电。

特点：有较宽的输入电压范围，噪声低，体积小等特点，但同样存在切换时间。

在线互动式 UPS，同后备式相比较，在线互动式具有滤波功能，抗市电干扰能力强，转换时间小于 4ms，逆变输出为模拟正弦波，所以能配备服务器、路由器等网络设备，或者用在电力环境较恶劣的地区。

(3)在线式 UPS 在市电正常时，由市电进行整流提供直流电压给逆变器工作，由逆变器向负载提供交流电，在市电异常时，逆变器由电池提供能量，逆变器始终处于工作状态，保证无间断输出。

特点：有极宽的输入电压范围，基本无切换时间且输出电压稳定精度高，适合对电源要求较高的场合，但成本高。目前，功率大于 3kVA 的 UPS 为在线式。UPS 同时具备稳压、滤波等功能，有些 UPS 可以在故障或过载时改由市电旁路供电。在线式始终使用逆变电路工作，其电压的稳定性高，基本上在 220V ± 5% 范围内，对蓄电池不存在转换时间；与市电旁路转换采用静态开关，转换时间可达到微秒级。输出精度高、转换时间快，造价较高（约为 EPS 的两倍），平时能耗大（在线式），主机寿命较短（8 ~ 10 年）。

在线式 UPS 结构复杂，但性能完善，能解决电源问题，如四通 PS 系列，其显著特点是能够持续零中断地输出纯净正弦波交流电，能够解决尖峰、浪涌、频率漂移等全部的电源问题；由于需要较大的投资，通常应用在重要设备与网络中心等对电力要求较高的环境中。

（一）交流不停电电源（简称 UPS）装置

1.UPS 基本原理

UPS 基本原理如图 2–25、图 2–26 所示。

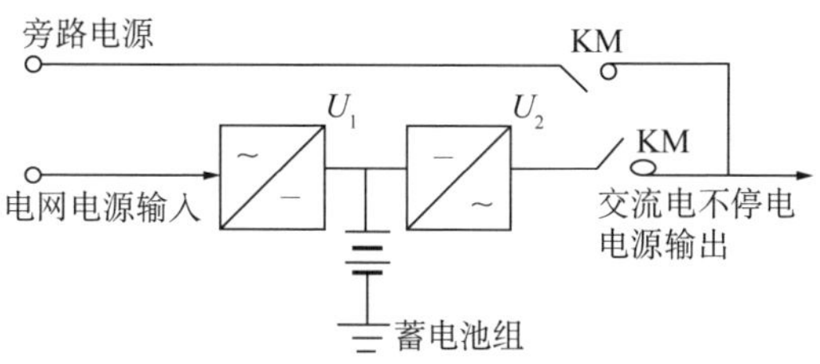

图2–25　单相交流不停电电源

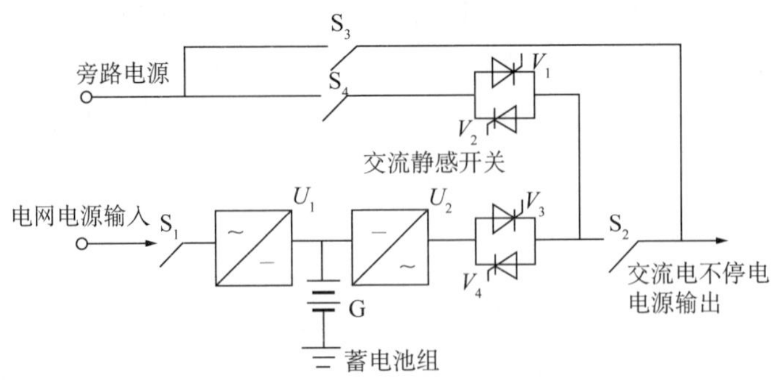

图2–26 三相交流不停电电源

市电电源（220/380V 单相或三相交流电）输入后，经硅整流器 U_2 或晶闸管整流器整流，并经滤波与稳压等环节后成为直流，对蓄电池组 G 进行浮充电，同时又经逆变器 U_2 将平稳的直流电逆变为交流电对负载输出。当市电突然停电时，它虽然停止工作，但可由 G 提供直流电源，经 U_2 继续向负载提供交流电源。

U_2 一般是由晶闸管元件构成的桥式电路，利用晶体振荡器和电子电路产生频率精确的控制信号，从而使晶闸管按一定规律准确地导通和关断，这样就可不停地输出交流电而成为交流不停电电源。

由于 UPS 装置与城市电网经过直流储能环节实施了隔离，因此它将不受电网电压频率突然变化和波形畸变的干扰与影响。对于供电给计算机、通信设备、灵敏的电子设备和仪表来说，该特性尤为重要。

UPS 装置主要由电子电路和蓄电池组 G 等组成，可称为静态交流不停电电源装置。它与另一类使用发电机组的旋转型交流不间断电源相比，具有体积小、效率高、占地少、安装使用方便、无旋转噪声、维护费用少及可靠性高等优点。

2. 系统组成

1）总控站（后台）

总控站（后台）由监控站、工程维护站、系统接口等构成，运用管理分析软件处理接收的数据并通过 Web 发布。工程维护人员登录服务器可查看所有在线设备的运行状态以及完善的历史、实时数据分析统计。

2）UPS 不间断电源的基本参数

（1）负载可分三类：10kV · A 以下为小负载，10 ～ 60kV · A 为中负载，60kV · A 以上为大负载。

（2）输出电压的谐波含量（失真）：谐波电压对电路中的参考电压及低电压工作的逻辑电路会造成噪声。

（3）阶跃负载：当一部分负载接通或断开时，会使负载产生阶跃变化。由于 UPS 不能瞬时更正这种突然变化的电流就输出电压会产生相应的变化。小负载由于连接很少的设备，有时会出现 100% 的阶跃负载。中等负载出现的阶跃不超过 50%。而大负载只有在不正常的运行状态下才可能出现超过 25% 的阶跃负载。一般的逆变器设计都能满足小于 25% 的阶跃负载。

（4）非线性负载：指电感性负载或电容性负载。在计算机系统中，非线性负载主要是主机、打印机（特别是激光打印机）和显示终端等；线性负载主要是磁盘和磁带设备。一般小负载是非线性负载；中负载是线性与非线性负载相近或其中一种稍大；而大负载一般是线性负载，因为大负载由多台设备构成，运行中此起彼伏，宏观看起来总负载比较稳定。

（5）效率：对于一个大系统来说，效率必须足够高。比如一个 125kV · A 的 UPS，若只有 85% 的效率，那么每年多消耗的费用相当于初始投资的 30%。

（6）安时数（AH）：反映电池容量大小的指标之一，即按规定的电流进行放电的时间。相同电压的电池，安时数大的容量大；相同安时数的电池，电压高的容量大。通常以电压和安时数共同表示电池的容量，如 12V/7AH、12V/24AH、12V/65AH、12V/100AH。

（7）体积：中小型 UPS 要求体积要尽可能小。

（8）噪声：UPS 不间断电源的噪声不应超过它所在环境要求的噪声。

3. 选购

根据设备情况、用电环境、想达到的电源保护目的，可选择合适的 UPS；如对内置开关电源的小功率设备一般可选用后备式 UPS，在用电环境较恶劣的地方应选用在线互动式或在线式 UPS，而对不允许有间断时间波形要求正弦波交流电的设备，选用在线式 UPS。

（1）确定设备的功率，如一般普通 PC 机或工控机的功率在 200W 左右，苹果机在 300W 左右，服务器在 300W 与 600W 之间。

（2）UPS 的额定功率有两种表示方法：视在功率（单位：VA）与实际输出功率（单位：W），由于无功功率的存在所以造成了这种差别。

换算关系：视在功率 × 功率因数 = 实际输出功率。

即：

$$\cos\varphi=\frac{P}{S} \tag{2-1}$$

后备式、在线互动式的功率因数在 0.5 ～ 0.7 之间，在线式的功率因数一般为 0.8。

设备配备 UPS 时，应以 UPS 实际输出功率为匹配的依据，注意 VA 与 W 的区别。

根据使用环境选择可以分为工业级 UPS 和商业级 UPS，工业级 UPS 适应于环境比较恶劣的地方，商业级 UPS 对环境的要求比较高。

UPS 分为工频机和高频机两种。工频机由可控硅 SCR 整流器、IGBT 逆变器、旁路和工频升压隔离变压器组成。因整流器和变压器工作频率均为工频 50Hz，故称工频 UPS。

高频机通常由 IGBT 高频整流器、电池变换器、逆变器和旁路组成，IGBT 可以通过控制加在其门极的驱动来控制 IGBT 的开通与关断，IGBT 整流器开关频率通常在几千赫兹到几十千赫兹，甚至高达上百千赫兹。

(3) UPS 的“集中式”与“分散式”配备方式的区别。

①如需配备 UPS 的设备较多,可采用“集中式”或“分散式”两种配备方式。

“集中式”，配备方式是用一台大功率的 UPS 负责所有设备，如设备之间距离较远，还需要单独敷设线路，大型数据中心、控制中心常采用这种方式，虽然便于管理，但成本较高。

“分散式”配备方式是现在比较流行的一种配备方式，根据设备的需要分别配备合适的 UPS，如对一个局域网的电源保护，可采取给服务器配备在线式 UPS，各个节点分别配备后备式 UPS，这样配备的成本较低并且可靠性高。

②这两种供电方式的优缺点如下：

集中供电方式便于管理，布线要求高，可靠性低，成本高；

分散供电方式不便管理，布线要求低，可靠性高，成本低。

4. 注意事项

(1) UPS 的使用环境应注意通风良好，利于散热，保持环境清洁。

(2) 切勿带感性负载，如点钞机、电感式日光灯、空调等，以免造成损坏。

(3) UPS 的输出负载应控制在 60% 左右为最佳，可靠性最高。

(4) UPS 带载过轻（如 1000VA 的 UPS 带 100VA 的负载）有可能造成电池深度放电，会降低电池的使用寿命，应尽量避免。

(5) 适当放电，有助于电池的激活，如果长期不停市电，应每隔三个月人为断掉市电，用 UPS 带负载放电一次，这样可以延长电池的使用寿命。

(6) 对于多数小型 UPS，如下班时关闭 UPS，上班时再开 UPS，开机时要避免带载启动；对于网络机房的 UPS，由于多数网络是 24h 工作的，所以 UPS 必须全天时运行。

(7) UPS 放电后应及时充电，避免电池因过度自放电而损坏。

5. 使用技巧

1) 延长不间断电源系统的供电时间有两种方法

(1) 外接大容量电池组：可根据所需供电时间外接相应容量的电池组，但必须注意此种方法会造成电池组充电时间的相对增加，另外也会增加占地面积与维护成本。

（2）选购容量较大的不间断电源系统，不仅可减少维护成本，当负载设备扩充，较大容量的不间断断电源系统可立即投运。

2）UPS 电源系统开机、关机

（1）第一次开机。

①按以下顺序合闸：储能电池开关→自动旁路开关→输出开关依次置于“ON”位置。

②按 UPS 启动面板“开”键，UPS 电源系统将缓缓启动，“逆变”指示灯亮，延时 1min 后，“旁路”灯熄灭，UPS 转为逆变供电，完成开机。经空载运行约 10min 后，按照负载功率由小到大的开机顺序启动负载。

（2）日常开机。

只需按 UPS 面板“开”键，约 20min 后，即可开启电脑或其他仪器使用。通常等 UPS 启动进入稳定工作后，方可打开负载设备电源开关。

注：手动维护开关在 UPS 正常运行时，呈“OFF”状态。

（3）关机。

先将电脑或其他仪器关闭，UPS 空载运行 10min，待机内热量排出后，再按面板“关”的按键完成关机。

6.UPS 应与交流稳压电源搭配使用

因电网突然停电或来电时电压不稳，忽高忽低，高电压涌流，瞬态脉冲电压过高，频率误差太大，用 UPS 只能解决断电，而无法对电网的杂质进行过滤。

常用解决的方法：对电压忽高忽低、电流增加或减弱、相位不正确及电网中的杂质只能用净化稳压电源来解决。由于电网突然断电或瞬态干扰和频率误差较大将影响系统信息的传导和重要资料被删除，需要 UPS 来解决。故 UPS 电源应同净化稳压器一起搭配使用，可解决电源的质量问题，才能符合计算机的要求。

7.UPS 购买须知的信息

（1）UPS 电池供电的时间长短。

（2）UPS 在使用待机电源时是否向服务器提供警告系统。

（3）UPS 是否包含可以消除输入瞬态噪声的电源调节功能。

（4）电池的寿命、性能如何随时间而降低。

（5）当电池再不能够提供后备功率时设备是否发出警告。

（二）蓄电池

在使用不间断电源系统的过程中，认为蓄电池是免维护的。但有资料显示，因蓄电池故障而引起 UPS 主机故障或工作不正常的比例占 30%。所以，加强对 UPS 电池的正确使用与维护，对延长蓄电池的使用寿命，降低 UPS 系统故障率，有着重要的意义。

1. 正确地使用蓄电池

1）保持适宜的环境温度

（1）影响蓄电池寿命的重要因素是环境温度，一般电池要求的最佳环境温度是在 20 ～ 25℃之间。虽然温度的升高对电池放电能力有所提高，但是却缩短了电池的使用寿命，当环境温度超过 25℃，每升高 10℃，电池的寿命要缩短一半。目前 UPS 所用的蓄电池一般都是免维护的密封铅酸蓄电池，寿命为 5 年，这在电池生产厂家要求的环境下才能达到，达不到规定的环境要求，其寿命的长短就有很大的差异。

（2）环境温度的提高，会导致电池内部化学活性增强，从而产生大量的热能，促使周围环境温度升高，这种恶性循环，会加速缩短电池的寿命。

2）定期充电放电

（1）UPS 电源中的浮充电压和放电电压，在出厂时均已调试到额定值，而放电电流的大小是随着负载的增大而增加的，使用中应合理调节负载，比如控制微机等电子设备的使用台数。一般情况下，负载不宜超过 UPS 额定负载的 60%。在这个范围内，电池的放电电流就不会出现过度放电。

（2）UPS 因长期与市电相连，在供电质量高，很少发生市电停电的使用环境中，蓄电池会长期处于浮充状态，时间长会导致电池化学能与电能相互转化的活性降低，加速老化而缩短使用寿命。因此，一般每隔 2 ～ 3 个月应完全放电一次，放电时间可根据蓄电池的容量和负载大小确定。一次全负荷放电完毕后，按规定再充电 8h 以上。

3）利用通信功能

大型、中型 UPS 都具备与微机通信和程序控制等可操作性能。在微机上安装相应的软件，通过串 / 并口连接 UPS，运行该程序，就可以利用微机与 UPS 进行通信。一般具有信息查询、参数设置、定时设定、自动关机和报警等功能。通过信息查询，可以获取市电输入电压、UPS 输出电压、负载利用率、电池容量利用率、机内温度和市电频率等信息；通过参数设置，可设定 UPS 基本特性、电池维持时间和电池电容量用完告警等。

4）及时更换损坏的电池

目前大、中型 UPS 电源配备的蓄电池数量，从 3 只到 80 只不等。电池通过电路连接构成电池组，以满足 UPS 直流供电的需要。在 UPS 连续不断的运行使用中，因性能和质量上的差别，个别电池性能下降、储电容量达不到要求而损坏是难免的。当电池组中某只或部分电池出现损坏时，维护人员应当对每只电池进行检查测试，排除损坏的电池。在更换新的电池时，应力求购买同厂家同型号的电池，禁止不同规格的电池混合使用。

2. 日常维护

（1）储能电池组目前采用了免维护电池，这只是免除了以往的测比、配比、定时添加蒸馏水的工作。不正常的工作状态对电池造成的影响没有变，维护检修工作仍是非常重要的，UPS 电源系统的维护检修工作主要在蓄电池部分。

①储能蓄电池的工作全部是在浮充状态，在这种情况下至少应每年进行一次放电。放电前先对电池组进行均衡充电，以达到全组电池的均衡。放电前记录电池组已存在的落后电池。放电过程中如有一只达到放电终止电压时，应停止放电，消除落后电池后再继续放电。

②核对性放电，不是关注放出容量的百分之多少，而是要关注发现和处理落后的电池，经对落后电池处理后再作核对性放电实验。

（2）日常维护中经常检查的项目：

①清洁并检测电池两端电压、温度；

②连接处有无松动，腐蚀现象、检测连接条压降；

③电池外观是否完好，外壳是否变形和渗漏；

④极柱、安全阀周围是否有酸雾逸出，主机设备是否正常。

当UPS电池系统出现故障时，应先查明原因，分清是负载还是UPS电源系统，是主机还是电池组。虽然 UPS 主机有故障自检功能，但它对面而不对点，即便更换配件很方便，但要维修故障点，仍需做大量的分析、检测工作。如自检部分发生故障，显示的故障内容则可能有误。

（3）对主机出现击穿，熔断器熔断或烧毁器件的故障，一定要查明原因并排除故障后才能重新启动，否则会连带发生相同的故障。

（4）当电池组中发现电压反极、压降大、压差大和酸雾泄漏现象的电池时，应及时采用相应的方法恢复和修复，对不能恢复和修复的要更换。不能把不同容量、不同性能、不同厂家的电池连在一起，否则可能对整组电池带来不利的影响。对寿命已过期的电池组要及时更换，以免影响主机正常运行。

三、EPS应急电源

EPS 应急电源是允许短时电源中断的应急电源装置。当市电出现故障能自动转入到应急工作状态，由电池组经高效逆变提供后备电力供应。

（一）EPS 应急电源概述

一些重要的公共建筑，一旦中断供电，将造成重大的影响或经济损失，所以现行的《高层民用建筑设计防火规范》及《民用建筑电气设计规范》有严格规定："一级负荷应由两个电源供电，当一个电源发生故障时，另一个电源不致同时受到损坏。一级负荷中特别重要的负荷，除上述两个电源外，还必须增设应急电源。

1. 常用的应急电源

独立于正常电源的发电机组。

（2）供电网络中有效地独立于正常电源的专门供电线路。

（3）“蓄电池”。电网供电时采用两路独立的电源。若主供电线路停电，则由备用线路供电，采用这种方式虽然简单、可靠，但供电线路复杂。当发生大面积停电时，两路电源均可能发生停电事故。近年来，EPS 蓄电池作为应急电源，被广泛应用，尤其是被用作消防应急电源。

2.EPS 应急电源组成

EPS 应急电源是根据消防设施、应急照明、事故照明等一级负荷供电设备需要而组成的电源设备。产品由互投装置、自动充电机、逆变器及蓄电池组等组成。

（2）EPS 应急电源系统主要包括整流充电器、蓄电池组、逆变器、互投装置和系统控制器等部分。

3.EPS 应急电源应用

（1）在交流电网正常时逆变器不工作，经过互投装置给重要负载供电。当交流电网断电后，互投装置将会立即投切至逆变电源供电。当电网电压恢复时，互投装置将会投切至交流电网供电。

（2）逆变器的作用则是在市电非正常时，将蓄电池组存储的直流电能变换成交流电输出，供给负载稳定持续的电力；互投装置保证负载在市电及逆变器输出间的顺利切换；系统控制器对整个系统进行实时控制，并可以发出故障告警信号和接收远程联动控制信号，并可通过标准通信接口由上位机实现 EPS 系统的远程监控。

（3）整流充电器的作用是在市电输入正常时，实现对蓄电池组适时充电。

4.EPS 应急电源工作原理

应急电源工作原理，如图 2–27 所示。

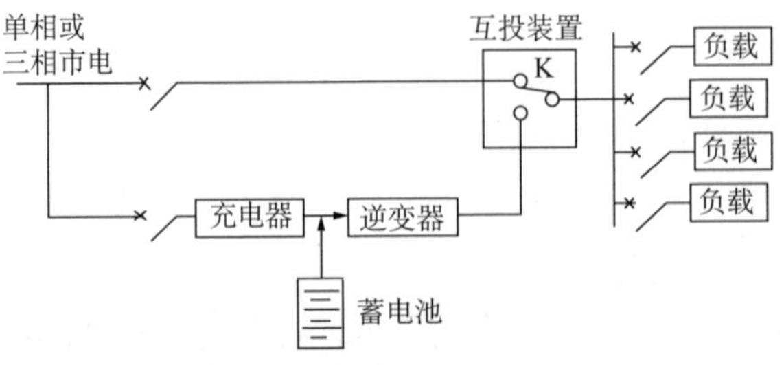

图2–27　EPS应急电源工作原理图

（1）当市电正常时，由市电经过互投装置给重要负载供电，同时进行市电检测及蓄电池充电管理，然后再由电池组向逆变器提供直流能源。在这里，充电器是一个仅需向蓄电池组提供相当于 10% 蓄电池组容量（Ah）的充电电流的小功率直流电源，它并不具备直接向逆变器提供直流电源的能力。此时，市电经由 EPS 的交流旁路和转换开关所组成的供电系统向用户的各种应急负载供电。在 EPS 逻辑控制板的调控下，逆变器停止工作处于自动关机状态。负载实际使用的电源是来自电网的市电，因此，EPS 应急电源也是通常说的一直工作在睡眠状态。

（2）当市电供电中断或市电电压超限（±15% 或 ±20% 额定输入电压）时，互投装置将立即投切至逆变器供电，在电池组所提供的直流能源的支持下，负载所使用的电源是通过 EPS 的逆变器转换的交流电源，而不是来自市电。

（3）当市电电压恢复正常工作时，EPS 的控制中心发出信号对逆变器执行自动关机操作，同时还通过它的转换开关执行从逆变器供电向交流旁路供电的切换操作。EPS 在经交流旁路供电通路向负载提供市电的同时，还通过充电器向电池组充电。

5.EPS 应急电源分类

（1）EPS 应急电源规格很多，按输入方式可分为单相 220V 和三相 380V。

（2）按输出方式可分为单相、三相及单、三相混合输出。

（3）按安装形式分为落地式、壁挂式和嵌墙式三种，容量从 0.5kW 到 800kW 各个级别。

（4）按服务对象可分为动力负载和应急照明两种；其备用时间一般有 90 ～ 120min，如有特殊要求还可按设计要求配置备用时间。

6.EPS 应急电源的特点

可以完全实现微机监控、微机处理，全部为自动化、模块化，对消防应急照明、卷帘门，消防电梯、水泵、排烟风机等消防设施实现自动控制。

（1）电网有电时，处于静态，无噪声，小于 60dB，不需排烟、防震处理，而且具有无公害、无火灾隐患的特点。

（2）自动切换，可实现无人值守，节能，电网供电与 EPS 电源供电相互切换时间为 0.1—0.25S。

（3）带载能力强，EPS 适应于电感性，电容性及综合性负载的设备，如消防电梯、水泵、风机、应急照明等，尤其在事故或火灾强切时，电源可以在 120%过载情况下工作，一直到电池完全耗尽。

（4）使用可靠，在重要场合可以采用双机热备方式，确保事故和火灾情况下供电可靠，同时主机寿命可长达 20 年以上，电池 5 ～ 10 年以上。

(5) 适应恶劣环境，可放置于地下室或配电室，甚至建筑竖井，可以紧靠应急负荷使用场所就地设置，减少供电线路。可就地控制，也可以由消防联动控制。

(6) 对于某些功率较大的用电设施，如：消防水泵、风机，EPS 还可直接与电动机相连变频启动后，再进入正常运行状态，可省去电动机的软启动和控制箱等设置。

(7) 应急备用时间，标准型为 90min（有延时接口），可长可短。

（二）选型原则

1. 负载容量选型原则

因电动机的启动冲击，与其配用的集中应急电源容量按以下容量选配：

(1) 电动机变频启动时，应急电源容量可按电动机容量的 1.2 倍选配。

(2) 电动机软启动时，应急电源容量应不小于电动机容量的 2.5 倍。

(3) 电动机 Y－△启动时，应急电源容量应不小于电动机容量的 3 倍。

(4) 电动机直接启动时，应急电源容量应不小于电动机容量的 5 倍。

(5) 混合负载中，最大电动机的容量应小于 EPS 应急电源总容量的 1/7。

2. 选型容量计算方法

(1) YJ 系列 EPS 消防照明应急电源或 YJS 系列消防混合动力 EPS 应急电源用于带应急灯具负载时：

①当负载为电子镇流器日光灯，EPS 容量计算方法：

EPS 容量 = 电子镇流器日光灯功率和 ×1.1 倍。

②当负载为电感镇流器日光灯，EPS 容量计算方法：

EPS 容量 = 电感镇流器日光灯功率和 ×1.5 倍。

③当负载为金属卤化物灯或金属钠灯，EPS 容量计算方法：

EPS 容量 = 金属卤化物灯或金属钠灯功率和 ×1.6 倍。

(2) 当 YJS 系列用于带混合负载 EPS 应急电源时，EPS 容量的计算方法：

①当 EPS 带多台电动机且都同时启动时，则 EPS 的容量应遵循如下原则：

EPS 容量 = 变频启动电动机功率之和 ×1.2+ 软启动电动机功率之和 ×2.5+ 星三角启动电动机功率之和 ×3+ 直接启动电动机功率之和 ×5 倍；

②当 EPS 带多台电动机且都分别单台启动时（不是同时启动），则 EPS 的容量应遵循如下原则：

EPS 容量 = 各台电动机功率之和，但必须满足以下条件：

a. 上述电动机中直接启动的最大的单台电动机功率是 EPS 容量的 1/7；

b. 星三角启动的最大的单台电动机功率是 EPS 容量的 1/4；

c. 软启动的最大的单台电动机功率是 EPS 容量的 1/3；

d. 变频启动的最大的单台电动机功率不大于 EPS 的容量；

e. 如果不满足上述条件，则应按上述条件中的最大数调整 EPS 的容量，电动机启动时的顺序为直接启动在先，其次是星三角启动，再是软启动器启动，最后是变频启动。

③当 YJS 系列 EPS 带混合负载时，EPS 应遵循如下原则：

EPS 容量 = 所有负载总功率之和，但应符合以下六个条件，若不满足，再按照其中最大的容量确定 EPS 容量。

a. 负载中直接同时启动的电动机功率之和是 EPS 容量的 1/7；

b. 负载中星三角同时启动电动机功率之和是 EPS 容量的 1/4；

c. 负载中软启动同时启动的电动机功率之和是 EPS 容量的 1/3；

d. 负载中变频启动同时启动电动机功率之和不大于 EPS 的容量；

e. 同时启动的电动机功率之和不大于 EPS 的容量：

电动机功率容量 = 直接启动的电动机总功率 ×5+ 星三角同时启动的电动机总功率 ×3+ 软启动同时启动的电动机总功率 ×2.5+ 变频启动且同时启动的电动机总功率

电动机前后启动时间相差大于 1min 均不视为同时启动；

f. 同时启动的所有负载（含非电动机负载）的容量功率之和不大于 EPS 的容量。

同时启动的所有负载功率之和 = 同时启动的非电动机总功率 × 功率因数 + 电动机总功率。

（三）注意事项

1. 场地的维护

（1）检查室内是否通风透气、室温是否符合要求 EPS 所配的蓄电池环境温度（消防行业要求不高于 30℃），前面已经讲到温度对蓄电池使用寿命影响较大，25℃以上每升高 10℃蓄电池使用寿命减半，有条件的用户应安装空调。

（2）EPS 必须远离火源及易燃易爆物品，杂物不要堆放于 EPS 放置的室内，既不利于防火安全，也容易引来鼠类藏匿啃咬电缆引发事故。潮湿季节的空气易使 EPS 内部控制线路板上结露，使 EPS 出现控制故障，因此潮湿季节应对室内进行防潮。

（3）室内灰尘不能太多太脏，灰尘一般带正电荷，如果 EPS 控制板上积压的灰尘太多就可能造成控制板故障。EPS 的放置点不能靠窗户太近，以防水浸、雨淋、日晒。

2. 市电输入端的维护

（1）经常检测市电电压是否正常，零线、火线是否错位，尤其是 EPS 前端是具有双路市电或带有备用发电机组的电网，更要经常检查第一路主电与第二路备用电供电的零、火线是否一致，如发现错位必须立刻纠正，否则易引起EPS故障。

(2) EPS前端装有防雷器的用户，应定期检查防雷器及接地线是否正常。鼠类较多的场地一般应对输入输出的电缆线外加装防护套管。

3. EPS输出回路的线路维护

根据EPS各输出断路器的现状判断输出回路是否短路，使用钳形电流表等检测各回路是否超载，用手触摸电缆的方式感知电缆的温度是否异常。

（四）EPS消防应急与柴油发电机的区别

柴油发电机的容量较大，可并机运行且连续供电时间长，随着需求的提高，这种传统的做法也暴露出许多问题：

(1) 柴油发电机噪声大，产生公害。

(2) 排烟中有大量的二氧化硫，污染大气，严重影响环保。

(3) 在高层建筑中，柴油发电机组一般放置地下室，设计难度大，造价高，进风、冷却、排烟、减震，消音等设施都需要充分考虑。

(4) 油罐非常危险，存在火灾隐患，日常维护必须到位，工作量大。

EPS消防应急电源则不存在以上问题。

第三章

电工仪表

用来测量电流、电压、电阻、功率因数等电参数的仪器、仪表统称为电工仪表。电工仪表按使用方式的不同一般可分为便携式仪表和安装式仪表。常用的便携式电工仪表有万用表、钳形电流表、兆欧表、接地电阻测量仪、电桥等；常用的安装式仪表有电能表、电流表、电压表、功率因数表等。

第一节　电工仪表的简述

电工仪表的分类：指示仪表、比较仪器、数字仪表、巡回检测装置、记录仪表、示波器、扩大量程装置和变换器。电工仪表按测量对象不同，分为电流表（安培表）、电压表（伏特表）、功率表（瓦特表）、电度表（千瓦时表）、欧姆表等；按仪表工作原理的不同分为磁电系、电磁系、电动系、感应系等；按被测电量种类的不同分为交流表、直流表、交直流两用表；按使用性质和安装方式的不同分为固定式（开关板式）、携带式和智能式；按误差等级不同又分为 0.1 级、0.2 级、0.5 级、1.0 级、1.5 级、2.5 级、5 级七个等级。

一、基本知识

（一）常用仪表的符号

（1）常用仪表的测量单位符号见表 3–1。

表3–1　常用仪表测量单位符号

名称	符号	名称	符号	名称	符号	名称	符号	名称	符号
千安	kA	千伏	kV	兆欧	MΩ	兆瓦	MW	法拉第	F
安培	A	伏特	V	千欧	kΩ	千瓦	kW	微法	μF
毫安	mA	毫伏	mV	欧姆	Ω	瓦特	W	皮法	pf
微安	μA	微伏	μV	毫欧	mΩ	兆赫	MHz	亨利	H
库仑	C	相位角	ϕ	微欧	μΩ	千赫	kHz	毫亨	mH
		功率因数	$\cos\varphi$	韦伯	Wb	赫兹	Hz	微亨	μH

（2）电工仪表常用图形符号见表 3–2。

表3–2　电工仪表常用图形符号

符号	名称	符号	名称
	磁电系仪表		I 级防外电场（例如静电系）
	磁电比率表		I 级防外磁场（例如磁电系）

续表

符号	名称	符号	名称
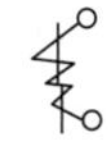	电磁系仪表	Ⅱ Ⅱ	Ⅱ级防外磁场及电场
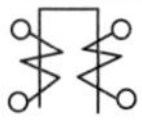	电磁系比率表	Ⅲ Ⅲ	Ⅲ级防外磁场及电场
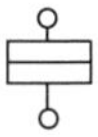	电动系仪表	Ⅳ Ⅳ	Ⅳ级防外磁场及电场
	感应系仪表	 ☆0	不进行绝缘强度试验
	静电系仪表	 ☆2	绝缘强度试验电压为2kV
	整流系仪表	 △C	C组仪表
——	直流表	1.0	以标度尺量限百分数误差表示的准确度等级，例如1.0级
~	单相交流表	\/ 1.0	以标度尺长度百分数误差表示的准确度等级，例如1.0级
—~	交直流两用表	(1.5)	以指示值百分数的误差表示准确度等级，例如1.5级
≋	三相交流表	⊥	表盘位置应为垂直放置（安装）
 △A	A组仪表	⊓	表盘位置应为水平放置（安装）
 △B	B组仪表	∠20°	表盘位置应水平面倾斜成一角度，例如20°

（二）仪表使用技巧

口诀记忆法：

(1)“压禁短流禁开、压一百 流五安”，便于记住互感器的正确使用及额定值。

①电压互感器二次侧严禁短路，额定电压为 100V，电流互感器二次侧严禁开路，额定电流为 5A；

②电压互感器二次侧工作于开路状态，可以接熔断器，电流互感器二次侧工作于短路状态，不能接熔断器。

(2)“内因基本、外因附加”，八个字概括了引起基本误差和附加误差的原因。

①由内部因素引起的误差为基本误差，如仪表活动部分存在摩擦、仪表零部件装配不当等引起的误差；

②由外部因素引起的误差为附加误差，如仪表周围存在外磁场或电场的干扰、温度变化、仪表没有按正常位置放置等引起的误差。

③仪表准确度等级的数字，是表示仪表本身在正常工作条件下（位置正常，环境温度为 20℃左右，基本无外磁场、外电场的干扰）最大误差的百分数，即可能发生的最大绝对误差与仪表的额定值的百分比，为最大引用误差。如果仪表的最大引用误差是 ±0.5%，那么此仪表的准确度等级为 0.5 级。由此可见，仪表的准确度是用来说明仪表的准确程度。准确度越高的仪表，测量的误差就越小。当仪表的准确度等级确定时，被测量的实际值越接近满刻度，其相对误差就越小。因此在选择仪表时，应尽可能使被测值在仪表满量程的 1/2 ～ 2/3 的范围内最宜。

(3)“左测受力右测感应”八个字，左、右手定则在分析各类仪表工作原理中的应用，即判定受力用左手定则，判定感应电流用右手定则。

(4) 单双臂电桥的运用总结：“兆欧大、双桥小，测中则须用单桥”“桥臂之中，较臂争功；愈‘–’愈减，愈‘+’愈增；四挡全用，电桥平衡”的口诀。这几句口诀概括了电桥的使用注意事项及选用原则，即测量大电阻应选用兆欧表，精确测量小电阻应选用双臂电桥，测量中等阻值电阻应选用单臂电桥；电桥在使用中选好比较臂电阻很关键，当检流计指针向“+”方向偏转时，应增加比较臂电阻，反之，应减少比较臂电阻；只有当比较臂的四个挡（对单臂电桥）全部都用上时，电桥才能真正平衡。

第二节　万用表

万用表是一种多功能、多量程便携式仪表，可以测量：直流电流（I_-）、交直流电压（$U_\sim$、U_-）、电阻（R）、晶体三极管的直流放大倍数（h_{FE}）、电平（dB）、电感量（L）、电容量（C）、有的还可以测量交流电流（$I_\sim$）等。万用表有指针式和数字式两种基本类型。

一、万用表简介

万用表的功能设置包括：转换开关、机械调零、电气调零、插座、表笔及测试线等。选择开关是万用表适应被测量内容和大小的元件。在测量之前，根据测量内容和被测量的大小来调整选择开关。万用表的插孔是用来插万用表的测试表笔的，是万用表的对外连接端子。有两个插孔的万用表，在插孔旁分别标有“+”和“–”的标记，有两个以上插孔的万用表，其中一个标有“*”形符号，此插孔永远插黑表笔，而红表笔应根据被测对象，插在相应的测量孔内。

（一）指针式万用表盘面简介

万用表盘面，如图 3−1、图 3−2 所示。

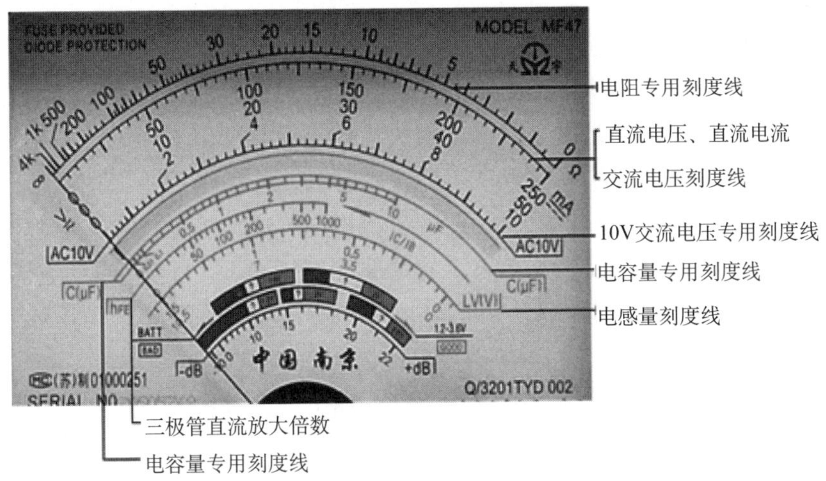

图3−1　万用表标度盘外形图

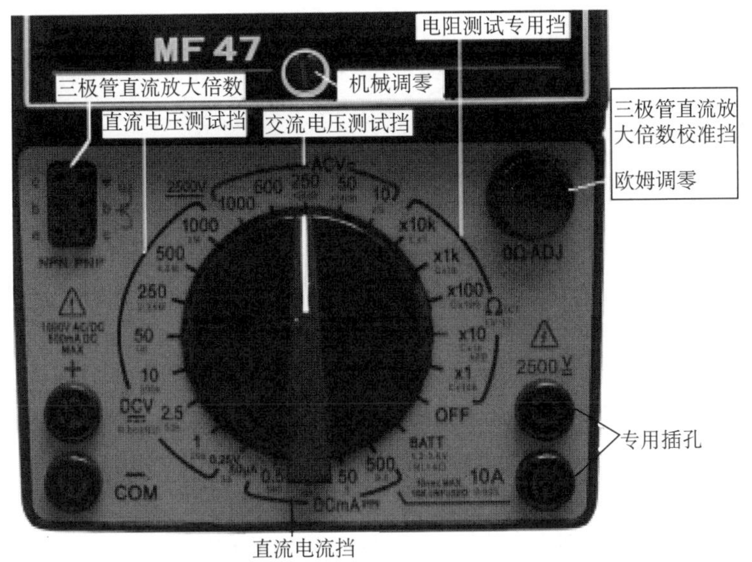

图3−2　万用表开关盘外形图

刻度盘与挡位盘：刻度盘与挡位盘印制成红，绿，黑三色。表盘颜色分别按交流红色，晶体管绿色，其余黑色对应制成，便于读数。刻度盘共有六条刻度线：第一条专供测电阻用；第二条供测交直流电压（10V 电压有专用刻度线），直流电流之用；第三条供测晶体管放大倍数用；第四条供测量电容之用；第五条供测电感之用；第六条供测音频电平用。除交直流电压 2500V 和直流电流 10A 分别有单独插孔之外，其余各挡只需转动选择开关即可。

（二）特点

采用磁电系仪表作为测量机构，在测量电阻时，是利用表内电池作为电源的，这就是测量绝缘电阻不使用万用表而使用兆欧表的主要原因。因为使用万用表测量绝缘电阻时，由于万用表测量电阻所用的电源是利用表内电池做电源，电压低，在低压下呈现的绝缘电阻值不能反映在高压作用下的绝缘电阻值。另外由于绝缘电阻的阻值大，万用表在此测量范围内不能准确地读取其电阻值。采用兆欧表测量时，电气设备是在高压的情况下进行测量，能够真实地反映电气设备在高压运行时的工作情况。

（三）使用方法

使用前应检查指针是否指在机械零位，如不指在零位，可旋转表盖上的调零旋钮使指针指在零位，然后将测试笔红、黑插头分别插入“+”“−”插孔中，如测量交直流电压 2500V 或直流电流 10A 时，红插头则应分别插到标有“2500V”或“10A”的专用插孔中。

1. 直流电流的测量

将测试笔串接于被测电路中，测量 0.05 ～ 500mA 时，转换开关拨至所需的电流挡。如不知被测值，转换开关应调至 500mA 直流电流量的上限进行试测，并逐级降挡测量，测量 10A 时，应将红插头插入 10A 的专用插孔内。

2. 交直流电压测量

测量交流 10 ～ 1000V 或直流 0.25 ～ 1000V 时，转动开关至所需电压挡。测量交直流 2500V 时，开关应分别调至交、直流 1000V 位置上，然后将测试笔跨接于被测电路两端。若配以高压探头，可测量电视机不大于 25kV 的高压。测量时，开关应调至 50μA 的位置上，高压探头的红、黑插头分别插入“+”“−”插孔中，接地夹与电视机金属底板连接，然后握住探头进行测量。测量交流 10V 电压时，读数在交流 10V 的专用刻度（红色）线上直接取值。

3. 直流电阻测量

由于电阻是无源器件，万用表无法显示，因此在万用表内部装有电池，作为测量电阻时的电源。测量电阻时，装上电池（R14 型 2 号 1.5V 及 6F22 型 9V 各一只）转动开关至所需测量的电阻挡，将测试笔两端短接，调整欧姆旋钮，使指针对准欧姆“0”位上，即为欧姆调零，然后分开测试笔进行测量。测量电路中的电阻时，应先切断电源，如电路中有电容应先进行放电。当检查有极性电解电容器漏电电阻时，可转动开关至 R × 1k 挡，红表笔必须接电容器负极，黑表笔接电容器正极。注意：当 R × 10k 挡不能调至零位时，或者红外线检测挡发光管亮度不足时，则更换 6F22（9V）层的电池。R × 1k 及以下挡不能调至零位时，应更换 R14 型 2 号 1.5V 的电池。

4. 通断检测

检测蜂鸣器•))BUZZ 。首先，同欧姆挡一样将仪表进行电气调零，此时蜂鸣器工作发出约 1kHz 长鸣叫声,即可进行测量。当被测电路阻值低于 10Ω 左右时，蜂鸣器发出鸣叫声，此时不必观察表盘即可了解电路通断情况。音量与被测线路电阻成反比，此时表盘指示值约为 R × 3，低于 10Ω 时蜂鸣器响（参考值）。

5. 温度测量

装上电池（R14 型 2 号 1.5V 一只）转动开关至所需测量的温度挡（R × 1k），将测试笔两端短接，调整欧姆旋钮，使指针对准欧姆“0”位上，然后移去测试笔，插入温度探头进行测量。

6. 红外线遥控发射器检测

⎍⌐ 该挡是为判别红外线遥控发射器工作是否正常设置的。旋至此挡时，将红外线发射器的发射头垂直对准红外接收窗口（偏差不超出 ±15°），按下需检测功能按钮。如红色发光管闪亮，表示该发射器工作正常。在一定距离内（1 ～ 30cm）移动发射器，还可以判断发射器的输出功率状态。使用该挡时应注意：发射头必须垂直于接收窗口 ±15° 内进行检测；当有强烈光线直射接收窗口，红色发光管闪亮时，红色指示灯会点亮，并随入射光线强度不同而变化（此时可做光照度计参考使用）。所以检测红外遥控器时应将万用表红外接收窗口避开直射光。

7. 音频电平测量

在一定的负荷阻抗上，用来测量放大器的增益和线路输送的损耗，测量单位以分贝表示，音频电平是以交流 10V 为基准刻度，如指示值大于 +22dB 时，可在 50V 以上各量限测量，按表上对应的各量限的增加值进行修正。测量方法与交流电压基本相似，转动开关至相应的交流电压挡，并使指针有较大的偏转。如被测电路中带有直流电压成分时，可以在“+”插孔中串接一个 0.1μF 的隔直流电容器。

8. 电容测量

使用 C(μF) 刻度线。首先将开关旋至与被测电容容量大约接近的挡位上(表 3–3)，用欧姆调零旋钮校准调零。被测电容接在测试笔两端，表针摆动的最大指示值即为该电容容量。随后表针将逐步退回，表针停止位置即为该电容的品质因数（损耗电阻）值。

注：每次测量完应将电容彻底放电后，再进行测量，否则测量误差将增大；有极性的电容应按正确极性接入，否则测量误差及损耗电阻将增大。

表3–3　挡位对应的测量范围

挡位C（μf）	C × 0.01	C × 0.1	C × 1	C × 10	C × 100	C × 1k	C × 10k
测量范围（μF）	1×10^{-4} ~ 0.01	1×10^{-3} ~ 0.1	0.01 ~ 1	0.1 ~ 10	1 ~ 100	10 ~ 10000	100 ~ 10000

9. 电感测量

使用L（H）刻度线。先准备交流10V/50Hz标准电压源一只，将开关旋至交流10V挡，需测电感串接于任一测试笔，然后跨接于10V标准电源输出端，此时表盘（LH）刻度值即为被测电感值。

10. 晶体管放大倍数测量

转动开关至R × 10h_{FE}处，同欧姆挡相同的方法调零后，将NPN或PNP型晶体管脚插入对应的N或P孔内，表针指示值即为该晶体管的直流放大倍数。如指针偏转指示大于1000时应首先检查管脚是否插错；晶体管是否损坏。

注：三极管管脚极性的辨别（将万用表置于R × 1k挡）。

判定基极b：由于b到c、b至e分别是两个PN结，它的反向电阻很大，而正向电阻很小。测试时可任取晶体管一管脚假定为基极,将红测试笔接“基极”，黑测试笔分别去接触另两个管脚，如此时测得都是低阻值，则红测试笔所接触的管脚为基极b，并且是P型管（如用上述方法测得均为高阻值，则为N型管）。如测量时两个管脚的阻值差异很大，可另选一个管脚为基极b，直至满足上述条件为止。

判定集电极c：对于PNP型三极管，当集电极接负电压，发射极接正电压时，电流放大倍数才比较大，而NPN型管则相反。测试时假定红测试笔接集电极c，黑测试笔接发射极e，记下其阻值，而后红黑测试笔交换测试，将测得的阻值与第一次阻值相比，阻值小的红测试笔接的是集电极c，黑测试笔接的是发射极e，而且可判定是P型管（N型管则相反）。

二极管极性判别：测试时选R × 10k挡，黑测试笔一端测得阻值小的一极为正极。万用表在欧姆电路中，红测试笔为电池负极，黑测试笔为电池正极。注意：以上介绍的测试方法，一般都用R × 100，R × 1k挡。如果用R × 10k挡，则因该挡用1.5V的较高电压供电，可能将被测三极管的PN结击穿，若用R × 1挡测量，因电流过大（约90mA），也可能损坏被测三极管。

10. 电池电量测量

使用BATT刻度线，该挡位可供测量1.2 ~ 3.6V、9V各类电池（不包括纽扣电池）的电量，测9V电池时，负载电阻R_L=190Ω，其余R_L=7.5 ~ 8Ω。测量时将电池按正确极性搭接在两根测试笔上，观察表盘上BATT对应刻度，分别为1.2V、1.5V、2V、3V、3.6V、9V刻度。绿色区域表示电池电力充足，“？”

区域表示电池尚能使用，红色区域表示电池电力不足。测量纽扣电池及小容量电池时，可用直流 2.5V 电压挡（R_L=50kΩ）进行测量。

11.220V 火线判别（测电笔功能）

将仪表旋至 220V 火线判别挡位，首先将正负极测试笔插入 220V 电源插孔内，此时红色指示灯应发亮，将其中一根测试笔拔出电源插孔后，红色指示灯仍点亮的一端为火线端。使用此挡时如发光管亮度不足应及时更换 9V 层的电池以免发生误判。

（四）万用表使用中注意事项

（1）使用前首先对万用表进行外观检查，表面各部位及表笔应完好无损，表针摆动应灵活，转换开关转动应无卡阻等。

（2）测量前，要观察表头指针是否处于零位（电压、电流标度尺的零点），若不在零位，应调整表头下方的机械调零旋钮，使其指零。

（3）测量前，还要根据被测量的类别和大小，把转换开关拨到合适的位置。量程的选择应尽量使表头指针偏转到标度尺满刻度的三分之二左右为宜。如果事先无法估计被测量值的大小，可在测量中从最大量程挡逐渐减小到合适的挡位。每次测量时，都要再次校对一下测量类别、量程是否拨对、拨准。

（4）测量时，要根据选好的测量类别和量程挡，明确应在哪一条标度尺上取读数，并应清楚标度尺上一个小格代表多大数值，读数时眼睛应位于指针正上方。对有弧形反射镜的表盘，当看到指针与镜里的像重合时，读数最准确。除了应读出整数值外，还要根据指针的位置再估计读取一位小数值。

（5）测量直流电流及电压时，为防止指针反方向偏转，在将万用表接入电路时，要注意“+”“−”端的位置。测电流时，应使被测电流从仪表“+”端流进，从“−”端流出；测直流电压时，仪表“+”端应接被测电压的正极，“−”端接负极。如果事先不知道被测电流的方向和被测电压的极性，可将任意一支表笔先接触被测电路或元器件的任意一端，另一支表笔轻轻地试触一下另一被测端，若表头指针向右（正方向）偏转，说明表笔正负极性接法正确，若表头指针向左（反方向）偏转，说明表笔极性反接，交换表笔再进行测量。

（6）测量电流时，万用表必须串联在被测电路中。如将万用表误与负载并联，因它的内阻很小，近似于短路，会导致仪表被烧坏，也不可将万用表直接接在电源的两端，将造成更恶劣的后果。

（7）测量电压时，万用表必须并联在被测电压的两端。当测量高电压时，则要在测量前将电源切断，将表笔与被测电路的测试点连接好，待两手离开后，再接通电源，读取读数，以保证人身安全。

（8）测量电阻前必须先将被测电路的电源切断，决不可在被测电路带电的情况下进行测量；在测试中严禁调整欧姆零点，每次更换倍率挡时，都应重新调整；然后将表笔跨接在被测电阻或电路的两端再进行测量。

（9）在测量过程中，严禁拨动转换开关选择量程，以免损坏转换开关触点，同时也可避免误拨到过小量程挡而撞弯指针或烧坏表头。

测量结束，应将万用表转换开关置于“OFF”位置或拨到最高交流电压挡，防止下次测量时不慎损坏表头。这样做可以避免将转换开关拨到欧姆挡，两支表笔相碰短路，消耗表内电池的电能。

二、数字式万用表

数字万用表亦称为数字多用表（DMM），其种类繁多，型号各异。其测量值由液晶显示屏直接以数字的形式显示，读取方便，有些还带有语音提示功能。万用表的表头是公用的，集电压表、电流表和欧姆表于一体的仪表。可以测量交直流电压、直流电流、晶体管的主要参数以及电容器的电容量等，如图 3–3 所示。

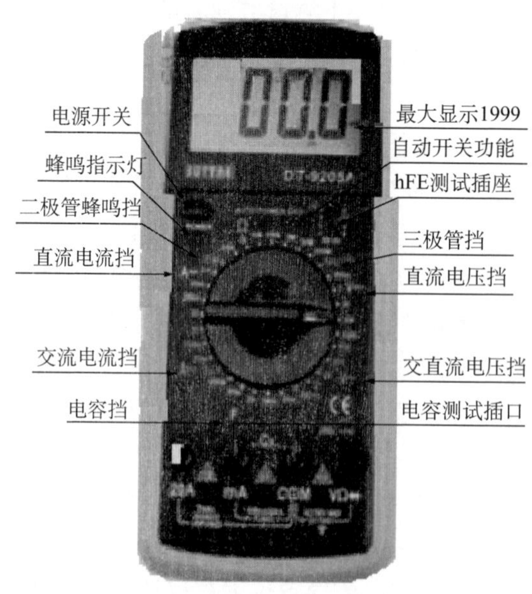

图3–3　数字万用表外形图

（一）万用表的概述

数字式万用表是由功能选择开关把各种被测量分别通过相应的功能变换成直流电压，并按照规定的线路送到量程选择开关，然后将相应的直流电压送到

A–D 转换器，数字万用表的表头一般由一只 A/D（模拟 / 数字）转换芯片 + 外围元件 + 液晶显示器组成，万用表的精度受表头的影响，由于 A/D 芯片转换出来的数字，再经数字电路处理后通过 LCD 显示出被测量的数值。故数字式万用表一般也称为 $3\frac{1}{2}$位数字万用表，$4\frac{1}{2}$位数字万用表等。

1. 数字万用表的基本组成框图

数字万用表的基本组成框图，如图 3–4 所示。

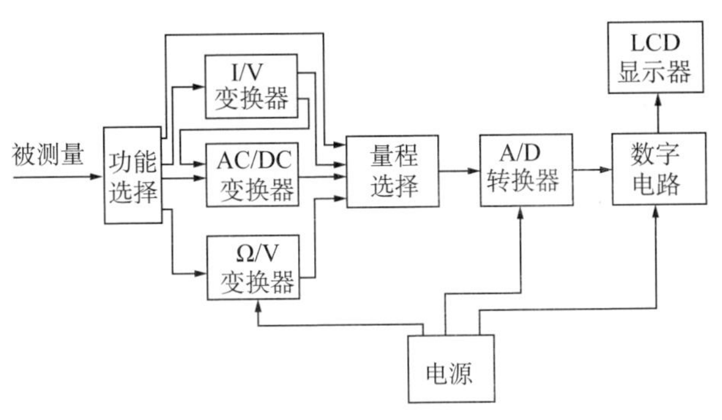

图3–4　数字万用表的基本组成框图

从图 3–4 中可以看出，整个数字万用表由四个基本部分组成：模拟电路 、A–D 变换器、数字电路、显示器电路。

（1）模拟电路包括功能选择电路、各种变换器电路、量程选择电路。

（2）A–D 转换器是数字万用表的核心部分。上述部分大都是集成电路（IC）。如用于 $3\frac{1}{2}$位仪表中的 ICL7106 集成电路，它将包括 A–D 转换器和数字电路两大部分。

2. 测量线路

测量线路是用来把各种被测量转换到适合表头测量的微小直流电流的电路，它由电阻、半导体元件及电池组成，将各种不同的被测量（如电流、电压、电阻等）、不同的量程，经过一系列的处理（如整流、分流、分压等）统一变成一定量限的微小的直流电流送入表头进行测量。

3. 转换开关

转换开关是用来选择各种不同的测量线路，以满足不同种类和不同量程的测量要求。转换开关一般是一个圆形拨盘，在其周围分别标有功能和量程。

4. 工作原理

万用表的基本原理是利用一只灵敏的磁电式直流电流表（微安表）做表头。当微小电流通过表头，就会有电流指示。但表头不能通过大电流，所以，必须在表头上并联或串联一定数值的电阻进行分流或降压，从而测出电路中的电流、电压和电阻。

（二）数字万用表的显示位数及显示特点

1. 数字式万用表的显示位数

数字式万用表的显示位数通常为 $3\frac{1}{2}$位～ $8\frac{1}{2}$位。判定数字仪表的显示位数有两条原则：

（1）能显示从 0 ～ 9 中所有数字的位数是整位数。

（2）分数位的数值是以最大显示值中最高位数字为分子，用满量程时计数值为 2000，表明仪表有 3 个整数位，分数位的分子是 1，分母是 2，称之为 $3\frac{1}{2}$位，读作“三位半”，其最高位只能显示 0 或 1（0 通常不显示）。$3\frac{2}{3}$位（读作“三又三分之二位”）数字万用表的最高位只能显示 0 ～ 2 的数字，故最大显示值为 ±2999。在同样情况下，要比 $3\frac{1}{2}$位的数字万用表的量限高 50%，尤其在测量 380V 的交流电压时很有价值。

普及型数字万用表一般属于 $3\frac{1}{2}$位显示的手持式万用表，$4\frac{1}{2}$位、$5\frac{1}{2}$位（6 位以下）数字万用表分为手持式、台式两种。$6\frac{1}{2}$位以上大多属于台式数字万用表。

2. 准确度（精度）

数字万用表的准确度远优越于模拟指针万用表。万用表的准确度是一个很重要的指标，它反映万用表的质量和工艺能力，准确度差的万用表很难表达出真实的值，容易引起测量上的误判。

3. 分辨率

数字万用表分辨率是指仪表能显示的最小数字（零除外）与最大数字的百分比，即在最低电压量程上末位 1 个字所对应的电压值，它反映仪表灵敏度的高低。数字仪表的分辨率随显示位数的增加而提高。不同位数的数字万用表所能达到的最高分辨率指标不同。

需要指出，分辨率与准确度是两个不同的概念。前者表征仪表的“灵敏性”，对微小电压的“识别”能力；后者反映测量的“准确性”，即测量结果与真值的一致程度。两者毫无联系，更不得将分辨率误以为是类似于准确度，则取决于仪表内部 A/D 转换器、功能转换器的综合误差以及量化误差。从测量角度看，分辨率是“虚”指标，与测量误差无关；准确度才是“实”指标，决定测量误差的大小。

4. 测量范围

在多功能数字万用表中，不同功能均有其对应的最大值和最小值。

5. 测量速率

数字万用表每秒钟对被测电量的测量次数叫测量速率，其单位是“次 /s”。它主要取决于 A/D 转换器的转换速率。有的手持式数字万用表用测量周期来表示测量的快慢。完成一次测量过程所需要的时间称为测量周期。通常是准确度越高，测量速率越低，二者难以兼顾。

6. 输入阻抗

（1）测量电压时，仪表应具有很高的输入阻抗，这样在测量过程中从被测电路中吸取的电流极少，不会影响被测电路或信号源的工作状态，能够减少测量误差。

（2）测量电流时，仪表的输入阻抗很低，接入被测电路后，可尽量减小仪表对被测电路的影响，但是在使用万用表电流挡时，由于输入阻抗较小，很容易烧坏仪表，所以在使用时必须注意。

（三）使用方法

（1）使用前，认真阅读使用说明书，熟悉电源开关、量程开关、插孔、特殊插口的作用。

（2）将电源开关置于 ON 位置。

（3）交直流电压的测量：根据需要将量程开关拨至 DCV（直流）或 ACV（交流）的合适量程，红表笔插入 V/Ω 孔，黑表笔插入 COM 孔，并将表笔与被测线路并联，读数随即显示。

（4）交直流电流的测量：将量程开关拨至 DCA（直流）或 ACA（交流）的合适量程，红表笔插入 mA 孔（< 200mA 时）或 10A 孔（> 200mA 时），黑表笔插入 COM 孔，将万用表串联在被测电路中。测量直流量时，数字万用表能自动显示极性。

（5）电阻的测量：将量程开关拨至 Ω 的合适量程，红表笔插入 V/Ω 孔，黑表笔插入 COM 孔。如果被测电阻值超出所选择量程的最大值，万用表将显示“1”，这时应选择更高的量程。测量电阻时，红表笔为正极，黑表笔为负极，这与指针式万用表正好相反。因此，测量晶体管、电解电容器等有极性的元器件时，必须注意表笔的极性。

（四）对 9205A 数字式万用表的简述

（1）9205A 数字式万用表代表的符号的意义。

如：power 表示电源开关、HOLD 表示锁屏按键、B/L 表示背光灯、V− 或 DCV 表示直流电压挡、V ～或 ACV 表示交流电压挡、A− 或 DCA 表示直流电流挡、A ～或 ACA 表示交流电流挡、Ω 表示电阻挡、二极管挡也称蜂鸣挡、F

表示电容挡、H 表示电感挡、h_{FE} 表示三极管电流放大系数测试挡。

（2）数字式仪表一般有四个插孔：V/Ω 孔、COM 孔、mA 孔、10A 孔或 20A 孔，分别用来测量直流电压，交流电压，电阻，电容，二极管，三极管，检查线路通断等。将红表笔插入 V/Ω 孔，黑表笔插入 COM 孔。测量 mA 级的电流或 μA 级的电流时，将红表笔插入 mA 电流专用插孔，黑表笔插入 COM 孔；测量高于 mA 级的电流将红表笔插入 10A 或 20A 插孔，黑表笔插入 COM 孔，COM 孔也称公共端，是专门插入黑表笔的插孔；测量电压时选好量程，如果是测量直流电压，拨到直流电压挡 V–（DCV），如果测量交流电压，拨到交流电压挡 V ～（ACV），将红表笔插入 V/Ω 孔，黑表笔插入 COM 孔；然后与电路并联测量电压，如果不知道被测值，则要选择最大量程挡试测。

（3）数字表在测量电流时，根据被测电流大小选择合适插孔，如果测量小电流将红表笔插入 mA 孔，黑表笔插入 COM 孔。将红、黑表笔串入线路中测量电流，测量值显示”1“说明超过量程，则需要增大量程测量。mA 孔一般设置一个 200mA 的熔断管，测量大电流时将红表笔插入 10A 或 20A 插孔，黑表笔插入 COM 孔，10A 孔或 20A 孔一般不设熔断器，测量大电流时要注意时间，正确测量时间是在 10 ～ 15s，如果长时间测量，由于电流挡康铜或锰铜分流电阻过热将引起阻值变化，出现测量误差。

（4）测量电阻时将万用表量程挡拨到合适的电阻挡，如果不知被测电阻阻值大小，则应该选择最大量程，然后将红表笔插入 V/Ω 孔，黑表笔插入 COM 孔，接在电阻的两端，不分正负极，因为电阻没有正负极。

①如果测量中发现万用表显示“1”则要再使用最大挡测量一遍，如果使用最大挡测量后该电阻阻值还是“1”则说明该电阻开路。

②如果测量中发现电阻值为 001，说明该电阻内部击穿。

③测量电阻时，先短接表笔测出表笔线的电阻值，一般在 0.1 ～ 0.3Ω，阻值不能超过 0.5Ω，否则说明万用表电源电压 9V 偏低引起的，或者是刀盘与电路板接触松动引起的，测量时不要用手去握表笔金属部分，以免引入人体电阻，引起测量误差。

（5）测量二极管时应使用二极管挡，数字表二极管挡 V/Ω 和 COM 孔的开路电压为 2.8V 左右，将红表笔插入 V/Ω 孔，黑表笔插入 COM 孔，将红表笔接二极管正极，黑表笔接负极，测量出正向电阻值，反之测量二极管的反向电阻值，因为数字表红表笔接触表内电池正极带正电，而黑表笔接触表内电池负极带负电，与指针式仪表正好相反。

①如正向电阻值为 300 ～ 600Ω，反向电阻值为 1000Ω，则说明管子是好的；

②如果正反向电阻值均为“1”说明管子开路，如正反向电阻值均为 001 说

明管子击穿，如正反向电阻值差不多，则说明管子质量差。

（五）使用注意事项

（1）如果无法预先估计被测电压或电流的大小，则应先拨至最高挡试测一次，再视情况逐渐把量程减小到合适挡位。测量完毕，应将量程开关拨到最高电压挡并关闭电源。

（2）满量程时，仪表仅在最高位显示数字“1”，其他位均消失，这时应选择更高的量程。

（3）测量电压时，应将数字万用表与被测电路并联；测量电流时应与被测电路串联；测量直流量时不必考虑正、负极性。

（4）当误用交流电压挡去测量直流电压，或误用直流电压挡去测量交流电压时，显示屏将显示“000”，或低位上的数字出现跳动。禁止在测量高电压（220V 以上）或大电流（0.5A 以上）时换量程，以防止产生电弧，烧毁开关触点。当显示“BATT”或“LOW BAT”时，表示电池电压低于工作电压。

第三节　电流表与电压表

电流表是根据通电导体在磁场中受磁场力的作用而制成的。电流表内部有一永久磁体，在极间产生磁场，在磁场中有一线圈，线圈两端各有一游丝弹簧，弹簧各连接电流表的一个接线柱，在弹簧与线圈间由一转轴连接，在转轴相对于电流表的前端，有一指针。当有电流通过时，电流沿弹簧、转轴通过磁场，电流切割磁力线，所以受磁场力的作用，使线圈发生偏转，带动转轴、指针偏转。由于磁场力的大小随电流增大而增大，所以就可以通过指针的偏转程度来观察电流的大小。

一、电流表

电流表又称“安培表”，是测量电路中电流大小的工具，主要采用磁电系电表的测量机构。分流器的电阻值要使满量程电流通过时，电流表满偏转，即电流表指示达到最大。对于几安的电流，可在电流表内设置专用分流器。电流表在电路图中的符号为“Ⓐ”，电流表分为交流电流表和直流电流表。交流电流表不能测量直流电流，直流电流表也不能测量交流电流，否则会把仪表烧坏。

（一）电流表的接线

电流表应串联在被测电路中。从电流表的接线方式可以看出，电流表有两个接线端子（多量程电流表的接线端子可能多一些），被测导线被切断后，直接接到这两个端头处。电流从一端流入，由另一端流出，电流表的指示结构就显示出被测电流的数值。

电流表有交流和直流之分。直流电流表的接线端子旁边标有“+”和“−”，电流一定要从标有“+”的一端流入，从标有“−”的一端流出。另外，用电流表测量电流要注意量程的选择，测量前需进行机械调零。

电流表测量直流电流时，如果需要测量的直流电流大大超过这个数值，就需要通过扩大仪表的量程来解决。测量直流大电流时，用并联电阻分流的方法来扩大电流表的量程；而扩大交流电流表的量程，一般采用电流表配用电流互感器的方法。

电流表的功能是测量导线中的电流，如图 3−5 所示是电流表三种不同的接线方式。

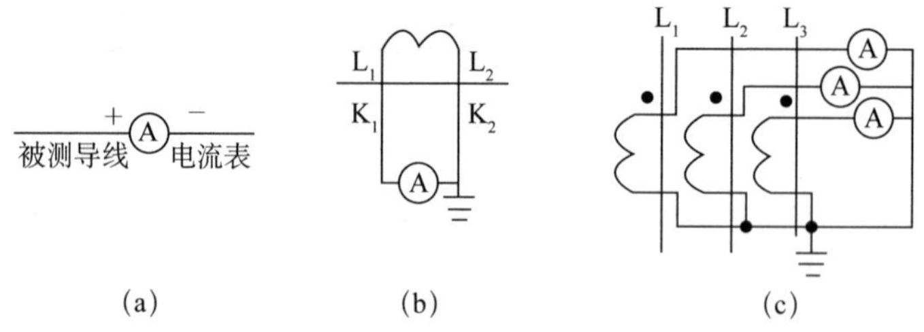

图3−5　电流表接线图

1. 直流电流表的接线方式

直流电流表的接线方式如图 3−5（a）所示。

直流电流表主要采用磁电系仪表的测量机构。一般可直接测量微安或毫安数量级的电流，如果要测量更大的电流，电流表应并联电阻器（又称分流器）。对于几安的电流，可在电流表内设置专用分流器；对于几安以上的电流，则采用外附分流器。大电流分流器的电阻值很小，为避免引线电阻和接触电阻附加于分流器而引起误差，分流器要制成四端形式，即有两个电流端，两个电压端。例如，当用外附分流器和毫伏表来测量 200A 的大电流时，若采用的毫伏表标准化量程为 45mV（或 75mV），则分流器的电阻值为 0.045/200=0.000225Ω（或 0.075/200=0.000375Ω）。若利用环形分流器，可制成多量程电流表。

2. 交流电流表的接线方式

交流电流表的接线方式如图 3−5（b）、图 3−5（c）所示。

（1）电流互感器的基本结构是在一个闭合的铁芯上绕有两个线圈，一次线圈的两个接线端为 L_1 和 L_2，二次线圈的两个接线端子为 K_1 和 K_2。接线时，将被测导线断开，两端分别接到电流互感器的一次线圈两端（L_1 和 L_2），二次线圈的两端 K_1 和 K_2 则接到电流表上，如图 3–5（b）所示。

（2）电流互感器在工作时，一次线圈流过被测电流，称为电流互感器的一次电流，即为 I_1。通过电磁感应，在二次线圈中产生感应电动势，并与电流表构成回路，产生二次电流 I_2，通过电流表的正是这个电流（在实际测量中，要求电流表的内阻越小越好）。

（3）电流互感器一次绕组的额定电流标准数值有：50A、75A、100A、150A、200A、300A、400A、600A、750A 等。一般按照计算电流或最大负荷电流的 1.5 倍选择电流互感器的容量。

（4）只有一个绕组的电流互感器，称为母线式（或穿心式）电流互感器。安装时，把被测导线穿过它的铁芯，就代替了一次绕组。以上介绍的有两个线圈的电流互感器则称为线圈式（或羊角式）电流互感器。连接时，将导线断开与电流互感器一次线圈串联连接。电流互感器的两个绕组两端的标号在接线时应特别注意，如果把绕组的标号弄错，会导致仪表指示错误，甚至电流互感器发热。

如测量一根导线中的电流，只需要一台电流互感器和一块电流表，如图 3–5（b）所示。但是，在三相电路中，经常需要测量三相电流，需采用 3 台（或 2 台）电流互感器如图 3–5（c）所示。

3. 使用规则

（1）电流表要与用电器串联在电路中（否则将造成短路，烧毁电流表）。

（2）电流要从“+”接线柱接入，从“–”接线柱接出（否则指针反转，容易将表针打弯）。

（3）被测电流不要超过电流表的量程（可以采用试触的方法）。

（4）绝对不允许不经过用电器把电流表直接连到电源的两极上。因为电流表内阻很小，相当于一根导线，若将电流表连到电源的两极上，轻则指针反转，重则烧坏电流表、电源、导线。

4. 使用步骤

（1）校零，用一字改锥调整校零旋钮。

（2）选用量程（用经验估计或采用试触法）。

把电流表的正负接线柱接入电路后，观察指针位置，取读数。可以先试触一下，若指针摆动不明显，则换小量程的仪表。若指针摆动大，则换大量程的仪表。一般指针在表盘中间左右，读数较合适。取读数时一般采用“三看”的原则即：

一看量程：电流表的测量范围；

二看分度值：表盘的一小格代表多少；

三看指针位置：指针的位置包含了多少个分度值。

5. 读数

(1) 看清量程。

(2) 看清分度值（一般量程 0 ～ 3A 分度值为 0.1A、0 ～ 0.6A 为 0.02A)。

(3) 看清表针停留位置（一定从正面观察)。

（二）将灵敏电流计改装成电流表

指针式电流表是由灵敏电流计改装的，如图 3–6 所示。灵敏电流计即使灵敏度再高，通过的电流最多不超过 30μA，而常用的电流表满量程电流是 0.6A 或者 3A，远远超出最大值。电流表既要让电路上的全部电流通过，又不允许通过线圈的电流超过安全限度。因电流表与被测电器是串联的，所以改装时要分流。将灵敏电流计与一个阻值较小的电阻并联，就会使大部分电流通过电阻，小部分经过表头，再将表头标上新的刻度即可。改装时计算电阻阻值的公式：

$$R_1=R/[(I_1/I)-1] \tag{3-1}$$

式中 R_1——改装时所需的电阻阻值，Ω；

R——灵敏电流计的线圈阻值，Ω；

I_1——改装后电流表最大量程，A；

I——灵敏电流计最大量程，A。

图3–6 改装前的电流表

二、电压表

电压表是常用的电工仪表之一。根据被测量的电压性质，电压表分为交流电压表和直流电压表两大类型。如果测量电阻 R 两端的电压，要用导线把电压

表并接在电阻两端，如图 3–7 所示，电阻两端的电压就被引入到电压表。当直流电压表量程不够时，需串联分压电阻，如图 3–8 所示。从接线方式上看，电压表和电阻是并联连接的。要测量单相交流电源电压，应采用图 3–9 的接线方法，把电压表并联接到两根电源线上。当测量交流高电压时，电压表的量程不够，需配设电压互感器（PT）进行测量，如图 3–10 所示。在实际工作中，要求电压表的内阻越大越好。测量较高直流电压时，采用串联电阻分压以扩大电压表的量程。

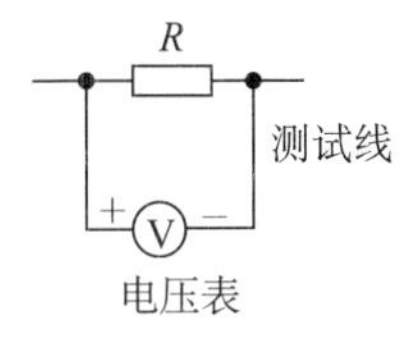

图3–7　测直流电压

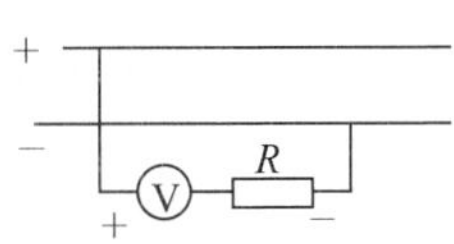

图3–8　带分压电阻测直流电压

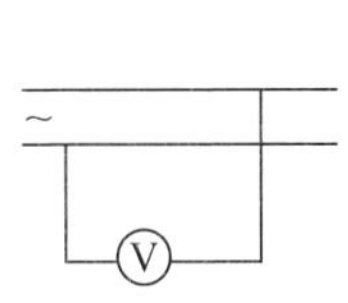

图3–9　测单相交流电压

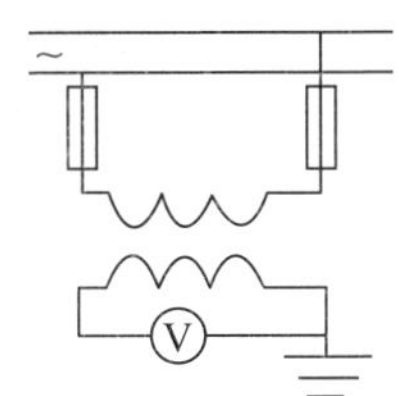

图3–10　带PT测交流电压

（一）直流电压的测量

（1）直流电压表有极性，如果极性接错，指针会反方向偏转，根本无法测量。因此，直流电压表的接线端子必须标出极性。最普通的标注方法是：一个接线端子标“+”号，另一个接线端子标“–”号。接线时，标“+”号的一端接被测电路的高电位端；标“–”号的一端接被测电路的低电位端，如图 3–7 所示。

（2）测量直流电压应使用磁电系仪表，使用磁电系仪表应注意极性，如果事先不知道电压的极性，常采用点试法来确定。先将测试线接到被测电压的一端，将另一根测试线轻点一下被测电压的另一端，表针如果正偏，说明极性接对，反之说明极性接反。

（3）用电压表测量电压，还要注意仪表量程的选择。所谓量程，指仪表所能测量的最大值。因此，仪表的量程应当大于被测电压的数值。仪表量程选小了，仪表会过载，表针会冲过满刻度线，轻则把表针打弯，重则可能损坏仪表；但仪表的量程也不应选得过大，否则表针的偏转角度很小，测量的准确度会降低，如果仪表指针指示在非直读区范围内，甚至看不出读数，测量的误差就大了。

所以，在测量时尽量使仪表的指针指在满刻度值 1/2 ～ 2/3 的位置较为准确。

测量前，要检查电压表指针是否指在零位，如果不指在零位，则需要人工调零,这项工作称为机械调零。在表针的根部,有一调节螺钉,用旋具旋转该螺钉,表针会随之摆动，直至调到零位为止。

测量电压时，为了防止触电，人不能接触测试系统中导体的任何裸露部位，人体与带电体应该保持 0.1m 的安全距离。

（二）数字式电压表

数字式直流电压表，如图 3−11 所示。

图3−11　数字式电压表

（1）数字式直流电压表是由一块大规模集成电路为主体组成的，它有很高的灵敏度和准确度,与指针式仪表相比,它的测量精度较高（仪表的输入阻抗高）。但是它对使用环境的要求也较高，不同型号的仪表有不同的特点。

（2）电压表不能串联在电路中，因为电压表内阻很大，如果将其串联在电路中，将使测量电路呈断路状态，导致仪表不能正常工作且无法显示指示值。

（三）注意事项

（1）测量电流时，电流表应与被测量电路串联；测量电压时，电压表应与被测量电路并联。测量直流电流和电压时，必须注意仪表的极性，应使仪表的极性与被测量电路的极性一致。

（2）测量高电压或大电流时，必须采用电压互感器或电流互感器。电压表和电流表的量程应与互感器二次测量的额定值相符。一般电压为 100V，电流为 5A。

（3）当电路中的被测量值超过仪表的量程时，可采用外附分流器或分压器，但是应该注意其准确度等级应与仪表的准确度等级相符。

（4）仪表的使用环境要符合要求，应远离外磁场。

第四节　接地电阻测量仪

接地电阻测量仪适用于电力、铁路、通信、矿山等部门，测量各种装置的接地电阻以及测量低电阻导体的电阻值；接地电阻测量仪还可以测量土壤电阻率及地电压。

一、对接地电阻值的要求

接地电阻是指接地体的流散电阻与接地线的电阻之和。接地体与接地线统称为接地装置。接地的目的就是为了保证电气设备正常工作和人身安全。要想达到这个目的，就要使接地体的接地电阻必须控制在一定的范围之内。

（1）在 TT、TN 配电系统中，各种电气设备外露可导电部分接地装置的接地电阻应不大于 4Ω。

（2）1kV 及以上的电力设备（大接地电流系统）接地电阻应不大于 0.5Ω。

（3）1kV 及以上的电力设备（小接地电流系统，高、低压设备共用的接地装置以及仅用于高压设备的接地装置）接地电阻应小于 10Ω。

（4）当低压电力设备（中性点直接接地系统与非直接接地系统）与并联运行的电气设备总容量为 100kV · A 以上时，接地电阻应不大于 4Ω。

（5）当低压电力设备（中性点直接接地系统与非直接接地系统）与并联运行电气设备的总容量不超过 100kV · A 时的重复接地，接地电阻应小于 10Ω。

（6）TT 系统中用电设备保护接地的接地装置，接地电阻应不大于 10Ω。

（7）防雷保护装置的独立避雷针的接地装置，接地电阻应小于 10Ω。

（8）防雷保护装置的电力线路架空避雷线的接地装置，接地电阻应为 10 ～ 30Ω。

（9）防雷保护装置的变（配）电所母线上避雷器的接地装置，接地电阻应小于 5Ω。

（10）防雷保护装置的低压进户线上绝缘子铁脚接地的接地装置，接地电阻应小于 30Ω。

（11）防雷保护装置的高大建筑物避雷针或避雷线的接地装置，接地电阻应小于 30Ω。

（12）储易燃油、气罐的防静电接地装置，接地电阻应不大于 30Ω。

（13）露天管道防感应过电压的接地装置，接地电阻应不大于 30Ω。

二、指针式接地电阻测试仪

接地电阻测试仪是检验测量接地电阻的常用仪表，是电气安全检查与接地工程竣工验收不可缺少的工具，常用的接地电阻测试仪有 ZC–8 型、ZC29–1 型，如图 3–12 所示。

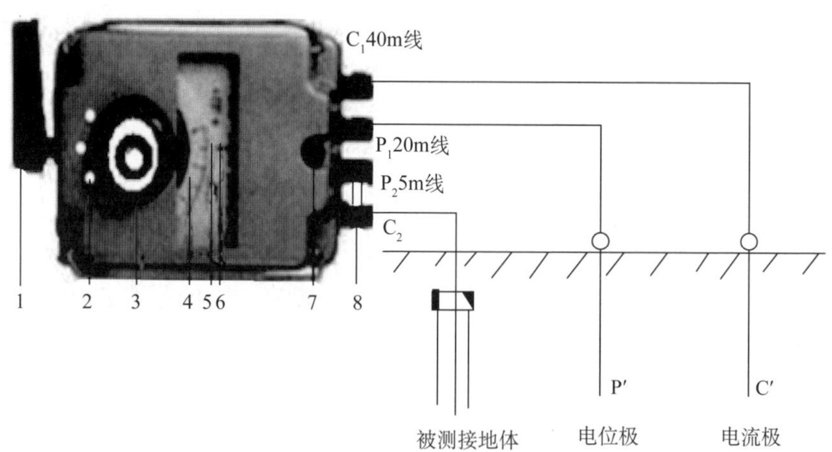

图3–12　ZC–8型指针式接地电阻测试仪接线图

1—摇把；2—倍率挡位；3—倍率选择旋钮，刻度盘调节旋钮；4—刻度盘
5—基线；6—检流计；7—检流计指针零位调整螺钉；8—检流计指针

（一）接线

接地电阻测试仪有三接线端子和四接线端子两种，它的组成形式很多，如电位计式、电桥式、电动系流比计式等。它们的使用方法是一样的，只是端子的名称和接线方法略有区别。三接线端子接地电阻测试仪的端子名称是 C、P、E；四接线端子的端子名称是 C_1、C_2、P_1、P_2。以四接线端子的接地电阻测试仪为例，P_1 端接电位极 P′，C1 端接电流极 C′，P_2 与 C_2 端短接后，与被测接地体连接。接地电阻测试仪（以下简称测试仪）在测量时应靠近被测接地体水平放置，从测试仪的 P_2C_2 端（将 P_2、C_2 短接）引出一根 5m 测试线，接到被测接地体的断口上，在被测接地体外 20m 处设置一个辅助接地极 P′（在地上插一根铁钎子），称为电位极，并用一根测试线接到测试仪的“P_1”端；此线称为 20m 线；再在延长线上，距被测接地体外 40m 处同样设一个辅助接地极 C′，称为电流极。也用一根测试线接到测试仪的“C_1”端，这根线称为 40m 线，插入深度为 400mm，左右。

（二）仪表的使用方法及环境条件

测试仪有一个选择开关，用来选择测试仪表的倍率。通常它有三个挡位：

R×1、R×10 和 R×100，或者是 R×0.1、R×1 和 R×10，可根据被测接地体的接地电阻的数值来选择合适挡位。

测试仪的指针位于中间位置，可向两边偏转。它的刻度盘是圆形的，由外面的一个调节旋钮带动旋转。测试时，转动测试仪的摇把，开始慢摇，保持 120r/min 的转速，此时测试仪指针将会偏离中线，旋转测试仪刻度盘的调节旋钮，指针也会随之摆动，直到指针摆回中线位置，此时指针对准刻度盘的数字就是要测量的数值。

计算公式：接地电阻值 = 倍率 × 测量标度读数。

停止摇动，记下读数，测试工作结束。收回测量线、接地钎子和仪表，并将其存放在干燥、无尘、无腐蚀性气体且不受振动的处所。

（1）仪表工作位置为水平放置，工作环境温度为 −20 ~ +35℃。

（2）仪表的基本误差以基准值的百分数表示，其基本误差的极限为量程的 ±3%。

（3）仪表因温度变化引起指示值变化，换算成每变化 10℃时不大于基本误差。

（4）仪表工作环境湿度为 25% ~ 95% 时，由此引起指示值的变化不大于基本误差。

（5）仪表自水平工作位置向任一方向倾斜 5°，由此引起指示值的变化不大于基本误差的 1/2。

（6）仪表在外磁场强度为 0.4kA/m 的影响下，由此引起指示值的变化不大于基准值的 1.5%。

（7）仪表线路与外壳间的绝缘电阻不低于 20MΩ，电压试验为 500V。

（8）仪表发电机手柄额定转速为 120r/min，额定电压 100V，额定频率 90 ~ 115Hz。

（9）仪表的外壳防护性能为防溅式。辅助探测针的接地电阻在其阻值不大于规定值时，对测量无影响。

（三）接地电阻测试仪使用时的注意事项

（1）使用前，要对仪表进行外观检查，各部位均应完好无损，连接线应使用绝缘良好的软铜导线，防止有漏电现象，接地钎子应无锈蚀，以防影响测量值。

（2）根据需要对测试仪的检流计进行机械调零，使指针位于中间位置。

（3）短路试验：将测试仪的所有接线端子全部短接，以 120r/min 的转速转动测试仪摇把，然后旋转调节旋钮，当指针回到零位时，刻度盘正在零位，否则，说明测试仪的准确度不准确。测试仪只做短路试验，不做开路试验。

（4）测试前应将接地体与被测设备的接地线断开。断口打磨干净，以保证测量结果的准确性。

(5) 注意电流极插入土壤的位置，应使接地极处于零电位的状态。被测接地体和两个辅助接地极应形成一直线。

(6) 当检流计灵敏度过高时,可将电位极与电流极插入土壤中的深度浅一些，当检流计灵敏度不够时，可沿钎子注水使其湿润。

(7) 测试时宜选择土壤电阻率较大的季节进行，如春秋或干燥季节时进行。

(8) 被测接地体与两个接地极的连线不应与地下的金属管道或高压架空线路平行走向；其中电流极远离 10m 以上，电位极远离 50m 以上，如上述金属体与接地网没有连接时，可缩短距离 1/2 ～ 1/3。

(9) 不可在雷雨天气测量防雷设备接地体的接地电阻。

三、数字式接地电阻测试仪

正确使用数字式接地电阻测试仪测量接地装置的接地电阻，必须了解其测量原理。数字接地电阻测试仪本身能产生一个电源电势，在任何有回路系统中就能产生电流，其测量原理是根据全电路欧姆定律，它测出的是这支回路系统的环路电阻值。

(一) 常用的智能式接地电阻测试仪

常用的智能式接地电阻测试仪不但功能强大，而且还可以应付现场各种复杂情况；

(1) DF9000 大型地网变频大电流接地特性测量系统：系统输出功率大 (2 ～ 20kW)、电压高 (0 ～ 1000V)、输出电流大 (0 ～ 50A)。精确测量接地阻抗、接地电抗、接地电阻、接触电压、跨步电位差、场区地表电位梯度、接触电压、接触电位差、跨步电压、转移电位、导通电阻、土壤电阻率等参数，可全面测量大型地网的各项特性参数。

(2) DF910K 大型地网变频大电流接地阻抗测量系统：系统输出功率大 (5 ～ 20kW)、输出电压高 (0 ～ 1000V)、输出电流大 (0 ～ 50A)。精确测量接地阻抗、接地电阻、接触电位差、接地电抗、导通电阻、土壤电阻率等参数，可满足常规接地测量。

(3) DF902K 变频抗干扰接地阻抗测量仪：系统输出功率为 2kW、输出电压为 0 ～ 200 ～ 400V、测试输出电流为 0 ～ 10A。精确测量接地阻抗、接地电阻、接地电抗、导通电阻、土壤电阻率等参数。

(二) 典型介绍

1DF9000 大型地网变频大电流接地特性测量系统如图 3–13 所示。

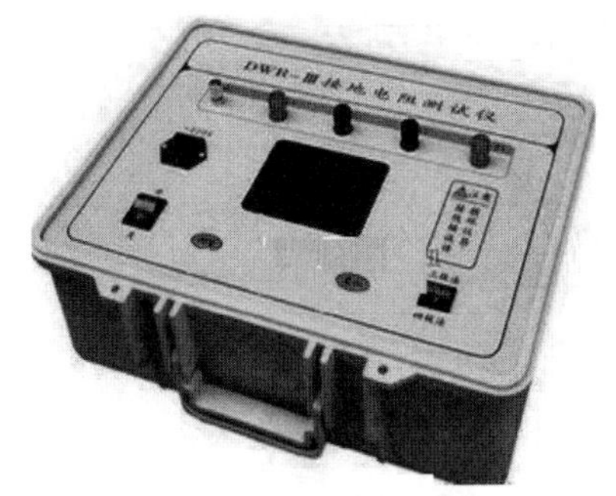

图3–13　大型地网变频大电流接地电阻测试仪

1. 产品概述

DF9000变频大电流多功能地网接地特性测量系统采用先进的数字选频测量（电子对抗）技术，具有超强的抗干扰能力，彻底消除了由工频感应、零序电流、谐波和杂散信号的干扰给测量带来的误差；采用纯正弦波大功率信号源做为测试电源，多频点采集数据，克服了双点异频插值法的局限性；特别适用于大型、超大型接地网接地阻抗及其他特性参数的测量。

2. 原理

本装置应用调频、调压软件技术，SPWM原理和IPM整体模块设计。输出经特制滤波器和隔离变压器升压获得不同频率的纯正弦波高电压、大电流，再接入接地网测量回路，测量真实性高，满足了大、中型接地网接地阻抗、土壤电阻率、地网连通性测量的要求。

3. 技术特点

（1）系统输出功率大（2 ~ 20kW）、电压高（0 ~ 1000V）、输出电流大（0 ~ 50A），彻底解决了同类设备输出功率和电压偏小，现场难以升流的问题。目前的地网测量设备大多功率偏小，如常见的设备输出为100V/5A（500W），150V/10A（1500W）。由于输出功率和输出电压较小，现场大多难以产生足够的电流，远远无法达到设备标称的试验电流（如5A），很多情况下被测信号变得很小而难以准确测量。

（2）逐点步进精确选频测试，非误差较大的双点变频。本系统采用40 ~ 70Hz步进1Hz多点变频测试，克服了双点变频法的局限性，从而可得接地系统的频率特性。能明确发现和剔除因同频谐波干扰而产生的测量坏值，测量结果更加符合实际值。

（3）可准确测量接地阻抗、跨步电位差、接触电位差、土壤电阻率、场区地表电位分布、地网电流分布等参数。

（4）自动转换量程。采用高级增益编程放大技术，保证了在高低量程范围的测量精度，无须手动换挡，简单方便。

(5) 高稳定度的变频源，纯正弦波输出，保证了测试结果的等效性，并有过压、过流和过热等保护功能。

(6) 可保存 2000 组以上数据，与计算机联机上传数据，方便分析处理，带 SD 数据存储卡，方便下载数据。

(7) 内置可充电电池，可连续工作 8h 以上。

4. 系统参数

电源电压：AC220V 或 380V，50Hz；

输出功率：10kW（2kW ～ 20kW 可选）；

输出电压：0 ～ 600V 或 1000V；

测试输出电流：0 ～ 50A；

频率调节范围：45 ～ 65Hz；

步进频率：1Hz；

抗干扰能力：通频带 ±0.3Hz，衰减 >80dB/Hz；

测量范围：0.001 ～ 1000Ω；

分辨率：1mΩ；

测量精度：1.0 级；

使用环境温度：−20 ～ +35℃。

5. 土壤电阻率的测量

参照 DL/T475—2006《接地装置特性参数测量导则》土壤电阻率的测量。一般采用四级等距法（温纳法）接线，如图 3−14 所示，两电极之间的距离 a 应不小于电极埋设深度的 20 倍，试验电流流入外侧两个电极，接地阻抗测试仪通过测得试验电流和内侧两个电极间的电位差得到 R，通过如下公式得到被测场地的视在土壤电阻率 ρ。

计算公式：$\rho=2\pi aR$

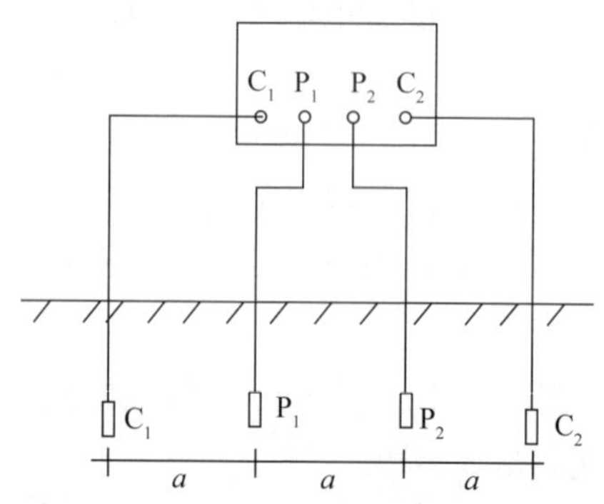

图3−14　土壤电阻率的测量四级等距法接线

第五节　兆欧表

兆欧表（Megger）俗称摇表，兆欧表大多采用手摇发电机供电，它的刻度是以兆欧（MΩ）为单位。兆欧表是电工常用的一种测量仪表。兆欧表主要用来检查电气设备、家用电器、电气线路对地及相间的绝缘电阻。保证设备、电器和线路工作在正常状态，避免发生触电及设备损坏事故。兆欧表分指针式、数字式两种，如图 3–15 所示。

(a) ZC–7型指针式兆欧表　　(b) KD2675数字式兆欧表

图3–15　兆欧表

一、指针式兆欧表

指针式兆欧表是一种用于检查和测量大电阻（100kΩ 以上）的便携式仪表，由手摇直流发电机和磁电系比率表两部分组成。

(1) 兆欧表在使用时，首先要了解兆欧表的规格与基本参数：即电压等级和测量范围。

(2) 经常使用的兆欧表有四个电压等级：500V、1000V、2500V 和 5000V 四种。选用兆欧表，首先要选择它的电压等级。

(3) 测量范围指的是兆欧表所能够测量的从最小值到最大值的范围。其测量范围是指“0”至“∞”以内的有效刻度。还有的兆欧表，能够测量的绝缘电阻最小值是 1MΩ，这样的兆欧表，用来测量绝缘电阻的合格值小于 1MΩ 的设备或线路，就不标准了。

（一）兆欧表使用前的检查

（1）外观检查：检查兆欧表各部分是否完好，表针是否灵活，水平放置时应偏向“∞”侧为宜，手摇发电机的摇把应灵活无卡阻，测试线应使用单根的软绝缘铜线，不可使用麻花线或平行线。

（2）开路试验：把兆欧表的两根测试线分开，置以绝缘物上，按兆欧表的规定转速，开始慢摇，当转速达到 120r/min 时，相当于测量电阻为无穷大的电阻值，兆欧表的指针应当稳定指在无穷大的位置上。

（3）短路试验：把兆欧表的表线“L”和“E”端短接，按规定转速转动兆欧表，开始慢摇，当达到 120r/min 时，兆欧表的指针应当稳定指在零位为合格。

（二）兆欧表的使用方法

（1）选择良好的测试环境：电气设备绝缘电阻的测量受环境因素的影响比较大，湿度过大，温度过高或过低时，都会给测量结果造成偏差。一般情况下应当选择相对湿度 80% 以下，温度在 0 ～ 35℃的良好天气下测量，较为合适，否则应进行换算。另外还要注意，雷雨时不得摇测室外线路或设备的绝缘电阻。

（2）额定输出电压的选用：被测设备的额定电压在 500V 以下时，应选用 500V 的兆欧表；额定电压在 500 ～ 3000V 时，应使用 1000V 的兆欧表；额定电压为 3 ～ 10kV 的高压设备时，可选用 2500 ～ 5000V 的兆欧表；额定电压为 1000V 以上的变压器绕组采用 2500V 的兆欧表；1000V 以下绕组采用 1000V 的兆欧表。

（3）测量前要对兆欧表分别进行一次开路和短路试验，检查仪表是否良好。若开路时摇动兆欧表的手柄，表针应稳定指向“∞”处，短路时指针应稳定指向“0”处。

（4）在使用兆欧表之前，首先必须切断被测设备的电源，拆除或断开设备对外的一切连线，并进行人工放电，放电时应使用绝缘工具进行，防止发生人身事故。

（5）测量时，被测电阻接在“L”线、“E”线之间；接地端（E）与被测设备的地线（或外壳）连接，电路端（L）用屏蔽线与被测设备的测量部位连接，如遇表面泄漏电流较大（如电缆）的被测设备时，为了排除表面电流之影响，还需要使用保护环“G”端，接电缆所测相的绝缘层。

（6）被测设备的表面应干净、干燥，必要时用干布或适当的清洁剂洗净，以减小测量误差。

（7）测量时，摇动手柄的速度应由慢逐渐加快，并保持转速在 120r/min，匀速摇动，经 1min 后取读数。

（8）测量结束时，断开“L”线，停摇兆欧表，以防被测设备的电容放电。断开连接线，将被测设备充分放电。

（9）仪表的使用原则：“先摇后搭”“先撤后停”“测完放电”。记录测量日期，环境温度和湿度及使用仪表的型号。

（三）兆欧表在使用中的注意事项

兆欧表在工作中能发出很高的电压，不注意时可能会遭到电击，所以在工作时，要特别注意人身安全。

（1）使用兆欧表测量绝缘电阻，至少两人参与工作，一人摇动兆欧表，一人监护。

（2）测量前，对兆欧表进行外观检查，外观完好无损、摇把应灵活、表针自由摆动，并做开路、短路试验。

（3）对于电容器、电力电缆、变压器，在测量前与测量后，都要进行人工放电，对于容量较大的电动机也要进行放电，以保证测量人员的安全。

（4）在测量过程中，兆欧表的转速应始终保持在120r/min，应匀速摇动，不能时快时慢，更不能停摇。

（5）测量时，一定要遵守先摇动兆欧表、再接通“L”线的原则；工作进行到读数完毕、测量结束时，务必要先断开“L”线，再停止摇动兆欧表。因为兆欧表本身就是一台手摇发电机，在测量较大电容设备（大型电动机、变压器、电容器、500m以上的电力电缆等）绝缘电阻时，设备在摇测时已被兆欧表充了较高的电压，带有较多的电荷。如果在未撤“L”线前立即停止摇动兆欧表，那么，已被充电的电气设备将向兆欧表进行放电，可能损坏仪表。所以继续摇动兆欧表，待撤除“L”线后，再停摇动兆欧表。

（6）工作中，不允许触及兆欧表、测试线及被测电器的带电部位。

（7）测试线应采用专用加厚绝缘的塑料软铜线，不能用普通的麻花线或平行线代替。

测量时，测试线不能拖在地上；测试线不应当过长或过短。

（8）兆欧表在结构上有一个特点，它没有固定的零位，表针可停在随机位置。因此，兆欧表在使用之前不需要机械调零，也没有机械调零的装置。

二、数字式兆欧表

数字式兆欧表输出功率大，短路电流值高，输出电压等级多（每种机型有四个电压等级）。它适用于测量各种绝缘材料的电阻值及变压器、电动机、电缆及电器等设备的绝缘电阻。

（一）工作原理

数字兆欧表由大中规模集成电路组成。由机内电池作为电源经 DC/DC 变换产生的直流高压由 E 极出，经被测试品到达 L 极，从而产生一个从 E 极到 L 极的电流，经过 I/V 变换经除法器完成运算直接将被测的绝缘电阻值由 LCD 显示出来。

（二）兆欧表的特点

（1）输出功率大、带载能力强，抗干扰能力强。

（2）外壳由高强度铝合金组成，机内设有等电位保护环和四阶有源低通滤波器，对外界工频及强电磁场起到有效的屏蔽作用。对容性试品测量由于输出短路电流大于 1.6mA，很容易使测试电压迅速上升到输出电压的额定值。对于低阻值测量由于采用比例法设计，故电压下落并不影响测试精度。

（3）不需人力做功，由电池供电，量程可自动转换。

（4）输出短路电流可直接测量，不需带载测量进行估算。

（三）选表

兆欧表的电压等级应高于被测物的绝缘电压等级。测量额定电压在 500V 以下的设备或线路的绝缘电阻时，可选用 500V 或 1000V 兆欧表；测量额定电压在 500V 以上的设备或线路的绝缘电阻时，应选用 1000 ~ 2500V 兆欧表；测量绝缘子时，应选用 2500 ~ 5000V 兆欧表。一般情况下，测量低压电气设备绝缘电阻时可选用 0 ~ 2000MΩ 量程的兆欧表。

（四）使用维护

（1）测量前先切断被测设备的电源，并将设备的导电部分与大地接通，并充分放电，以保证安全。测量前要先检查兆欧表是否完好，即在兆欧表未接上被测物之前，打开电源开关，检测数字兆欧表电池的情况，如果电池欠压应及时更换电池，否则测量数据不准确。

（2）将测试线插入接线柱“线（L）和地（E）”，选择测试电压，断开测试线，按下测试按键，观察是否显示数字、是否显示无穷大。将接线柱“线（L）和地（E）”短接，按下测试按键，观察是否显示“0”。如液晶屏不显示“0”，表明数字兆欧表有故障，应检修后再用。

（3）数字兆欧表上一般有三个接线柱，分别标有 L（线路）、E（接地）和 G（屏蔽）。其中 L 接在被测物和大地绝缘的导体部分，E 接被测物的外壳或大地，G 接在被测物的屏蔽上。接线柱 G 是用来屏蔽表面电流的。如测量电缆的绝缘电阻时，由于绝缘材料表面存在漏电电流，将使测量结果不准确，尤其是在湿度很大的场合及电缆绝缘表面又不干净的情况下，会使测量误差很大。为避免表面电流的影响，在被测物的表面加一个金属屏蔽环，与数字兆欧表的“屏蔽”接线柱相连。这样，表面泄漏电流 IB 从发电机正极出发，经接线柱 G 流回发电机负极构成回路。IB 不再经过兆欧表的测量机构，因此从根本上消除了表面泄漏电流的影响。

(4) 接线柱与被测设备间连接的导线不能用双股绝缘线或绞线，应用单根软绝缘铜线分开单独连接，避免因绞线绝缘不良而引起误差。

(5) 测量具有大电容设备的绝缘电阻，读数后不能立即断开兆欧表，否则已被充电的电容器将对兆欧表放电，有可能烧坏兆欧表。应在读数后应首先断开测试线，然后再停止测试，在兆欧表和被测物充分放电以前，不能用手触及被试设备的导电部分。测量设备的绝缘电阻时，还应记下测量时的温度、湿度、被试物的有关状况等，以便于对测量结果进行分析。

（五）注意事项

(1) 禁止在雷电或高压设备附近时测量绝缘电阻，只能在设备不带电又无感应电的情况下测量。

(2) 摇测过程中 . 被测设备上人员全部撤离。

(3) 表线不能绞在一起，应分开。

(4) 测量结束时，对于大电容设备要充分放电。

(5) 兆欧表接线柱引出的测量软线绝缘导线应良好，两根导线之间和导线与地之间应保持适当距离，以免影响测量精度。

(6) 为了防止被测设备表面泄漏电流，使用兆欧表时，应将被测设备的中间层（如电缆壳芯之间的内层绝缘物）接于保护环。

(7) 要定期校验其准确度。

第六节　钳形电流表

钳形电流表是一种便携式电工仪表，与普通的电流表相比，钳形电流表不需要断开导线，可在带负荷的情况下测量电流。一般用于低压系统，它分为交流钳形电流表和交直流两用钳形电流表两种。它的准确度不高，一般为 2.5 级或 5 级。测量范围 5 ~ 1000A。用来测量交流电流的钳形电流表，是由一块测量交流的电流表与一个能自由开闭的铁芯，与有多个二次抽头的电流互感器组成。它有一个可以随意张开的钳口。测量时，使钳口张开，将被测导线含入钳口内，仪表即可显示被测电流的数值。测量完毕后，把导线从钳口中退出。

常用钳形电流表的型号：T−301（T 为热带型）、T−302、MG−AV、MG20、MG24、MGS2、SB6266 等。有些钳形电流表除了能测量交流电流以外，还能测量电压和电阻，成为一个万用表。原则上说，除了测量交流电流以外，新增加这些功能都不属于钳形电流表的功能。

一、指针式钳形电流表

钳形电流表上有一个转换开关，用来选择钳形电流表的量程。使用前，先进行机械调零，然后估计被测电流的大小，并选择比测量值稍大一点的挡位。

（一）钳形电流表的用途，选用和用前检查

（1）用途：可以在不断开导线的条件下，测量运行中的低压线路上的交流电流。

（2）选用：其精度及最大量程应满足测试的需要。

（3）用前检查：

①外观检查：各部位应完好无损，钳把操作应灵活，钳口铁芯应无锈蚀，闭合应严密，铁芯的绝缘护套应完好，指针应能自由摆动，挡位变换应灵活，手感应明显。

②调整：将表平放，指针应指在零位，否则调至零位（有机械调零，无电气调零）。

（二）测量

（1）选择合适的挡位，选挡的原则是：

①已知被测电流的大小时，选择大于被测值但又与之最接近的一挡。

②不知被测电流的大小时，可先置于电流的最高挡试测（或根据导线的截面并估算其安全载流量适当选挡）。根据测量的情况决定是否需降挡测量。总之应使表针的偏转角度尽可能的大。一般应使指针偏转满刻度值的 2/3 较为准确。

（2）测试人应戴手套，将表平端，张开钳口，将被测导线含入钳口后再闭合钳口。

（3）读数：根据所使用的挡位，在相应的刻度线上读取读数（挡位值即是满偏值）。

（4）如果在最低挡位上测量，表针的偏转角度仍很小（表针的偏转角度小就意味着相对误差就大）可将导线在钳口的铁芯上缠绕几匝，闭合钳口后读取读数。

导线的电流值 = 读数 ÷ 匝数（匝数的计算：钳口内侧有几条导线就算几匝）

（三）测量中应注意的安全问题

（1）测量前应对仪表进行充分的检查，并正确的选挡。

（2）测量时应戴手套（干燥清洁的线手套或绝缘手套），必要时应设监护人。

（3）需要换挡测量时应先将导线由钳口内退出，换挡后再钳入导线测量。

（4）不可测量裸导体上的电流。

（5）测量时注意与附近带电体保持一定的安全距离，注意不要造成相间短路或相对地短路。

（6）使用后将挡位置于电流最高挡，有表套将其放入表套，存放在干燥无尘，无腐蚀性气体且不受震动的场所。

如判断三相电路是否平衡，可将U、V、W三相导线都钳入钳口内，如电流为零，说明三相平衡，如电流不为零，有读数，表明出现了零序电流，说明三相不平衡。钳入三相中的两根导线的电流值与未钳入的那相导线的电流值大小相等，方向相反。在实际工作中常用钳形电流表来判断运行中的三相电动机电流是否平衡。

二、数字式钳形电流表

数字式钳形电流表是一种能测量2000A电流的常用仪表。整机电路设计以双积分A/D转换器为核心，全功能用单片机管理，在不打开外壳的情况下校准所有量程。具有过载保护，仪表装有防浪涌放电器，更好地保护了仪表不被烧坏。常用的便携式数字钳形电流表有：DT3266L、DT3266A、DT266、DM6052、DM6050、MS2108A等。

（一）特性

（1）显示方式：液晶显示。

（2）最大显示：1999（电阻挡：1980）。

（3）钳口最大测量线径：50mm。

（4）自动负极性指示：显示“–”。

（5）电池不足指示：显示“”。

（6）工作环境：温度0 ~ 40℃，湿度小于75%。

（7）储存环境：温度–10 ~ 50℃，湿度小于80%。

（8）电源：9V电池（IEC6F22，NEDA1604，JIS006P或等效型）。

（二）使用方法

操作面板说明如图3–16所示。

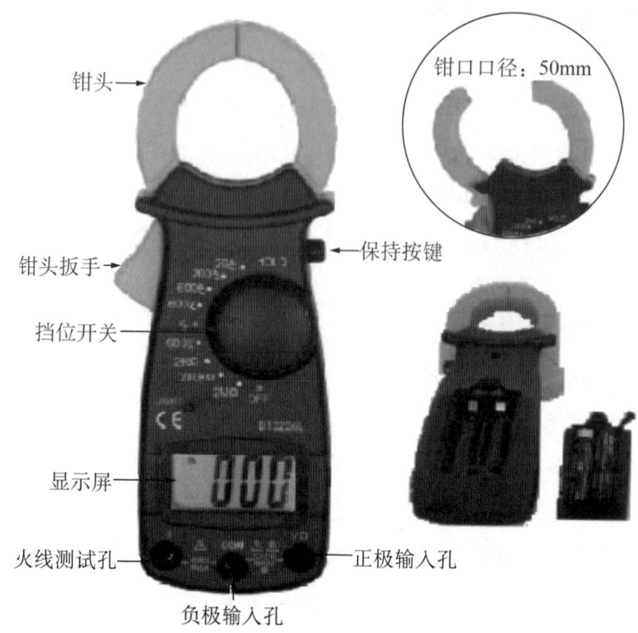

图3-16　数字式钳形电流表操作面板说明

1. 交流电压测量

（1）将旋转开关拨至“AC700V”挡，将黑表笔插入“COM”插孔，红表笔插入“VΩ”插孔。

(2)将表笔并接于被测电路读取读数。当显示大于36V时,仪表显示“”符号，提醒操作人注意安全。当显示大于710V时，仪表显示OL，表示输入电压已超过仪表允许值。

2. 直流电压测量

（1）将旋转开关拨至“DC1000V”挡，将黑表笔插入“COM”插孔，红表笔插入“VΩ”插孔。

（2）将表笔并接于被测电路读取显示读数。当显示读数小于20V时，用DC20V量程测量。当显示大于51V时,仪表显示“”符号,提醒操作人注意安全。当显示大于1010V时，仪表显示OL，表示输入电压已超过仪表允许值。

3. 交流电流测量

（1）将旋转开关拨至交流电流最高量程“AC2000A”挡。

（2）按下扳机，张开钳口，含入一根单独的导线（应尽量将导线置于闭合钳口的中心，钳口应完全闭合）直接读取读数。

（3）当读数较小时，可将旋转开关拨至低量程挡。

（4）测量电流前应确保测试表笔没有与仪表相连接。

（5）如钳入两根以上导线进行测量，将无法读取单根导线的电流值。

4. 直流电流测量

（1）在没有钳入导线的前提下，将量程开关拨至直流电流量程“DC2000A”挡，待仪表自动显示“0.0”时，仪表自动调零完毕，蜂鸣器会自动叫一声，然后再开始测量电流值。

（2）将量程开关拨至直流电流最高量程“DC2000A”挡。钳入被测导线，应尽量将导线置于闭合钳口的中心位置，钳口应完全闭合，直接读取读数。当读数较小时，可将量程选择旋钮拨至低量程挡再进行测量。

（3）每次开机后需测量直流电流时，须先拨到 200A 挡等待回零，回零后只要不关机，一般不需要重新调零。如果连续长时间使用后，仪表显示不回零，可在直流电流挡长按“ZERO”键 2s，仪表会自动调零。

5. 电阻测量

（1）将旋转开关拨至 2kΩ 挡。

（2）将黑表笔插入“COM”插孔，红表笔插入“VΩ”插孔。

（3）将表笔并接到测试电路或元件两端，读取电阻值。

（4）当表笔开路时或输入过载时，显示屏会显示“OL”。

6. 二极管正向压降测量

（1）将旋转开关拨至二极管功能挡，当输入端开路时仪表显示为过量程状态（即显示“OL”）。

（2）将黑表笔插入“COM”插孔，红表笔插入“VΩ”插孔（红表笔极性为“+”）。

（3）将表笔并接在被测二极管两端，读取正向压降。

（4）当二极管反接或输入端开路时，显示屏会显示“OL”。

7. 通断测试

（1）将旋转开关拨至二极管功能挡，当输入端开路时仪表显示为过量程状态（即显示“OL”）。

（2）将黑表笔插入“COM”插孔，红表笔插入“VΩ”插孔。

（3）将表笔并接在被测电路两端，若被检查两点之间的电阻值小于约 50Ω 时，蜂鸣器便会发出响声。

（4）被测电路必须在切断电源状态下检查通断，因为任何负载信号都可能会使蜂鸣器发声，导致错误判断。

8. 读数保持功能（DH）键

按一下 DH 键可锁定显示数值，屏幕上会显示“DH”，再按一次“DH”键，取消保持功能。

9. 最大值保持功能（MAX）键

按一下“MAX”键可锁定当前显示最大数值，只有当被测值大于锁定值时，显示才会刷新。屏幕上会显示“MAX”，再按一次“MAX”键取消保持功能。

10. 峰值测量功能（PEAK）键

将量程开关旋转到交流电压或交流电流量程，按一下“PEAK”键，待仪表显示“PH”符号后，再开始测量，仪表能捕捉 10ms 峰值。断开测量后，如需要显示归零或测其他功能，按一下“PEAK”键，仪表回到正常测量状态。

11. 背光源（B/L）

当在弱光条件下进行测量时，可按一下背光源按钮（B/L），使背光源发光，以便清晰地读数。背光源耗电较大，使用时间超过 6s 时会自动关闭。

（三）面板校正

（1）在长期使用中，当仪表的准确度降低到需要校准时，具有面板校正功能的仪表不用打开仪表外壳，只需从仪表的测量输入端输入标准信号（源），利用面板上的功能按键就可对仪表的准确度重新校准，使之达到出厂时的准确度。如果用于校验信号源的准确度不够高，只要辅以一只高精度的监测仪表也可以进行校验。

（2）校正方法：

①在关机状态下按住“MAX”键不放，转动旋钮开机，同时再按下“B/L”键约 3s，直到听到“嘀”的一声后，释放“MAX”键和“B/L”键，仪表的左下角会显示“Calibrate”（Calibrate 是校准的意思），此时仪表进入校准状态。

②转动旋钮到所需要校准的挡位，输入需要校准点的准确值。输入准确值在本量程最大值的 1/3 到 2/3 之间，以保证校准后全量程测量值都准确。

③按“MAX”键使仪表的显示值递增，或按“B/L”键使仪表的显示值递减，直到仪表的显示值与所输入的准确值相同。此时仪表的右下角显示“↑ ↓”符号，表示已调节但未保存。

④按下“DH”键，当听到“嘀、嘀”两声连响时，该挡已被校准。同时“↑ ↓”符号消失。

⑤校准 2000A 挡时，只能用准确值小于 800A 的电流进行校准。

⑥各挡都校准完毕后，需关机后重新开机，校准的值才能起作用。

（四）仪表保养

在打开表壳或电池盖之前，应关闭电源及断开表笔和任何输入信号，以防止电击危险。

（1）当仪表显示“”符号时，需更换电池。打开电池盖，换上一节新的 9V 电池，以保证该仪表正常工作。

（2）保持仪表和表笔的清洁、干燥和无损，可用干净的布或去污剂来清洁表壳，不要用研磨剂或有机溶剂。

（3）避免机械损毁、震动、冲击，避免放置高温位置以及强磁场内。

（4）仪表应每年校准一次。

（五）钳形电流表操作规程

1. 注意事项

（1）不要在潮湿、尘埃或危险的环境中使用仪表。

（2）测量时要使用正确的端子、功能挡和量程。

（3）切勿在测试导线插入输入插孔时，测试电流。

（4）任何一个端子与接地点之间施加的电压不能超过仪表上标示的额定值。

（5）对 30V 交流（有效值），42V 交流（峰值）或 60V 直流以上的电压，应格外小心，这类电压有造成触电的危险。

（6）为避免因读数错误而导致触电或伤害，显示电池电量低指示符号时应更换电池。

（7）在打开后盖更换电池前，要先取下测试导线并断开仪表与被测电路的连接。在电池盖取下或机壳打开时，请勿操作仪表。

（8）如果钳口内的磨损标记已经看不清，请不要使用该钳型电流表。

2. 操作规程

钳形电流表 DT3266L 操作示意图，如图 3−17 所示。

（六）安全注意事项

（1）测量时，任一量程不要超过规定的最大输入值。

（2）在电阻挡，不要加电压到输入端。

（3）在测量过程中，不要任意拨动旋转开关改变量程，以防损坏仪表。

（4）DC36V 以上的直流或 AC25V 以上的交流电压都可能产生电击危险，测量时应小心操作。

（5）钳入非绝缘导线时，要特别小心，避免电接触而产生电击。

（6）测电流时，手指必须放在护手的后面。

（7）仪表应避免阳光直射、高温、潮湿。

（8）使用完毕，须将关闭电源。

（9）长期不用，应取出表内电池，以免电池漏液，损坏部件。

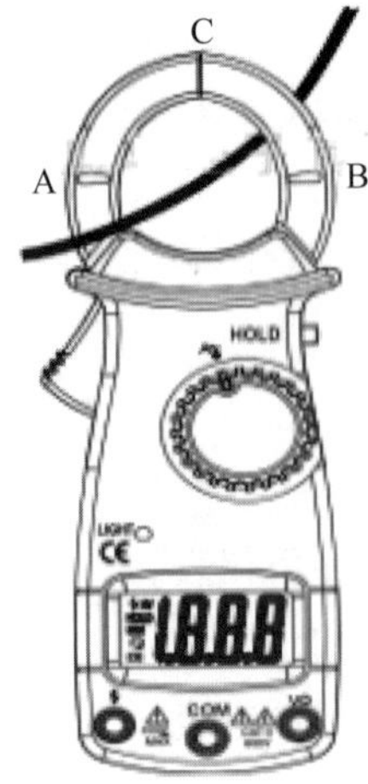

用钳头卡住单根的被测导线，调整被测导线与钳头垂直，并检查钳头应闭合良好；若同时测两根或两根以上的导线，测量读数是错误的。

（a）单线电流测量

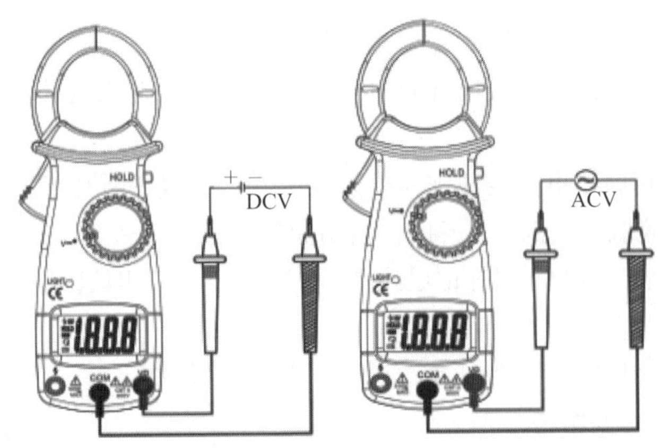

（b）直流电压测量　　（c）交流电压测量

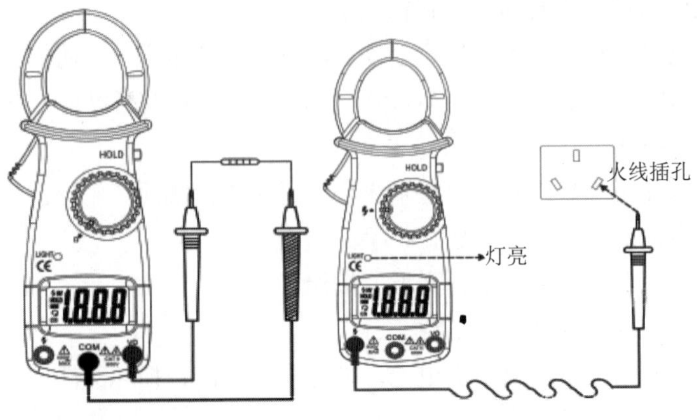

（d）电阻测量　　（e）火线测量

图3–17　钳形电流表的测量示意图

第七节　功率因数表

电路消耗的有功功率占电源供给总功率的比例称为功率因数。功率因数越高，表示在电源和电路之间传递的无功能量越少。因此，在电力工程中希望功率因数越高越好。功率因数指有功功率和视在功率的比值，一般用符号λ表示，即：$\lambda=\frac{P}{S}$在正弦交流电路中，功率因数等于电压与电流之间的相位差（φ）的余弦值，用符号 $\cos\varphi$ 表示。此时，$\cos\varphi=\lambda$。

一、电业部门制定的《功率因数调整电费办法》对功率因数的规定

（一）功率因数的规定

（1）功率因数标准 0.90，适用于 160kV · A 以上的高压供电工业用户（包括社队工业用户）、装有带负荷调整电压装置的高压供电电力用户和 3200kV · A 及以上的高压供电电力排灌站。

（2）功率因数标准 0.85，适用于 100kV · A（kW）及以上的其他工业用户（包括社队工业用户），100kV · A（kW）及以上的非工业用户和 100kV · A（kW）及以上的电力排灌站。

（3）功率因数标准 0.80，适用于 100kV · A（kW）及以上的农业用户和趸售用户，但大工业用户未划由电业直接管理的趸售用户，功率因数标准应为 0.85。

（二）功率因数的计算

凡实行功率因数调整电费的用户，应装设带有防倒装置的无功电度表，按用户每月实用的有功电量和无功电量，计算月平均功率因数。

凡装有无功补偿设备且有可能向电网倒送无功电量的用户，应随其负荷和电压变动及时投入或切除部分无功补偿设备，电业部门并应在计费计量点加装有防倒装置的反向无功电度表，按倒送的无功电量与实用无功电量两者的绝对值之和，计算月平均功率因数。

根据电网需要，对大用户实行高峰功率因数考核，加装记录高峰时段内有功、无功电量的电度表，据以计算月平均高峰功率因数；对部分用户可实行高峰、低谷两个时段分别计算功率因数。

（三）电费的调整

根据计算的功率因数，高于或低于规定标准时，在按照规定的电价计算出其当月电费后，再按照“功率因数调整电费表”（表3–4、表3–5、表3–6）所规定的百分数增减电费。如用户的功率因数在“功率因数调整电费表”所列两数之间，则以四舍五入计算。

根据电网的具体情况，对不需要增设补偿设备的用电功率因数就能达到规定标准的用户，或离电源点较近，电压质量较好、无须进一步提高用电功率因数的用户，可以降低功率因数标准或不实行功率因数调整电费办法，但须经省、市、自治区电力局批准，并报电网管理局备案。降低功率因数标准用户的实际功率因数，高于降低后的功率因数标准时，不减收电费，但低于降低后的功率因数标准时，应增收电费。

表3–4　以0.90为标准值的功率因数电费调整表

<table>
<tr><th colspan="2">减收电费</th><th colspan="4">增收电费</th></tr>
<tr><th>实际功率因数</th><th>月电费减少，%</th><th>实际功率因数</th><th>月电费增加，%</th><th>实际功率因数</th><th>月电费增加，%</th></tr>
<tr><td>0.90</td><td>0.00</td><td>0.89</td><td>0.5</td><td>0.75</td><td>7.5</td></tr>
<tr><td>0.91</td><td>0.15</td><td>0.88</td><td>1.0</td><td>0.74</td><td>8.0</td></tr>
<tr><td>0.92</td><td>0.30</td><td>0.87</td><td>1.5</td><td>0.73</td><td>8.5</td></tr>
<tr><td>0.93</td><td>0.45</td><td>0.86</td><td>2.0</td><td>0.72</td><td>9.0</td></tr>
<tr><td>0.94</td><td>0.60</td><td>0.85</td><td>2.5</td><td>0.71</td><td>9.5</td></tr>
<tr><td></td><td></td><td>0.84</td><td>3.0</td><td>0.70</td><td>10.0</td></tr>
<tr><td></td><td></td><td>0.83</td><td>3.5</td><td>0.69</td><td>11.0</td></tr>
<tr><td></td><td></td><td>0.82</td><td>4.0</td><td>0.68</td><td>12.0</td></tr>
<tr><td></td><td></td><td>0.81</td><td>4.5</td><td>0.67</td><td>13.0</td></tr>
<tr><td rowspan="5">0.95～1.00</td><td rowspan="5">1.10</td><td>0.80</td><td>5.0</td><td>0.66</td><td>14.0</td></tr>
<tr><td>0.79</td><td>5.5</td><td>0.65</td><td>15.0</td></tr>
<tr><td>0.78</td><td>6.0</td><td colspan="2" rowspan="3">功率因数自0.64及以下，每降低0.01，电费增加2%</td></tr>
<tr><td>0.77</td><td>6.5</td></tr>
<tr><td>0.76</td><td>7.0</td></tr>
</table>

表3–5　以0.85为标准值的功率因数电费调整表

减收电费		增收电费			
实际功率因数	月电费减少，%	实际功率因数	月电费增加，%	实际功率因数	月电费增加，%
0.85	0.0	0.84	0.5	0.70	7.5
0.86	0.1	0.83	1.0	0.69	8.0
0.87	0.2	0.82	1.5	0.68	8.5
0.88	0.3	0.81	2.0	0.67	9.0
0.89	0.4	0.80	2.5	0.66	9.5
0.90	0.5	0.79	3.0	0.65	10.0
0.91	0.65	0.78	3.5	0.64	11.0
0.92	0.80	0.77	4.0	0.63	12.0
0.93	0.95	0.76	4.5	0.62	13.0
0.94～1.00	1.10	0.75	5.0	0.61	14.0
		0.74	5.5	0.60	15.0
		0.73	6.0	功率因数自0.59及以下，每降低0.01，电费增加2%	
		0.72	6.5		
		0.71	7.0		

表3–6　以0.80为标准值的功率因数电费调整表

减收电费		增收电费			
实际功率因数	月电费减少，%	实际功率因数	月电费增加，%	实际功率因数	月电费增加，%
0.80	0.0	0.79	0.5	0.65	7.5
0.81	0.1	0.78	1.0	0.64	8.0
0.82	0.2	0.77	1.5	0.63	8.5
0.83	0.3	0.76	2.0	0.62	9.0
0.84	0.4	0.75	2.5	0.61	9.5
0.85	0.5	0.74	3.0	0.60	10.0
0.86	0.6	0.73	3.5	0.59	11.0
0.87	0.7	0.72	4.0	0.58	12.0
0.88	0.8	0.71	4.5	0.57	13.0
0.89	0.9	0.70	5.0	0.56	14.0
0.90	1.0	0.69	5.5	0.55	15.0
0.91	1.15	0.68	6.0	功率因数自0.54及以下，每降低0.01电费增加2%	
0.92～1.00	1.3	0.67	6.5		
		0.66	7.0		

二、功率因数表的简述

功率因数表是指单相交流电路或电压对称负载平衡的三相交流电路中测量功率因数的仪表。常见的功率因数表有电动系、铁磁电动系、电磁系和变换器式等几种。

（一）指针式功率因数表的原理

可动部分由两个互相垂直的动圈组成。如图3–18所示，动圈1与电阻器R串联后接以电源电压U，并和通以负载电流I的固定线圈（静圈）组合，相当于一个功率表，可动部分受到一个与功率$UI\cos\varphi$和偏转角正弦$\sin\alpha$的乘积成正比的力矩M_1；$M_1=K_1UI\cos\varphi\sin\alpha$，$K_1$为系数，$\cos\varphi$为负载功率因数。动圈2与电感器$L$（或电容器$C$）串联后接以电源电压$U$并与静圈组合，相当于无功功率表，可动部分受到一个与无功功率$UI\sin\varphi$和偏转角余弦$\cos\alpha$的乘积成正比的力矩M_2；$M_2=K_2UI\sin\varphi\cos\alpha$。$K_2$为系数。

对纯电阻负载，$\varphi=0°$，$M_2=0$，仪表可动部分在M_1的作用下指针转到$\varphi=0°$即$\cos\varphi=1$的标度处。对纯电容负载$\varphi=90°$，$M_1=0$，电表可动部分在M_2的作用下指针逆时针转到$\varphi=90°$即$\cos\varphi=0$（容性）的标度处。对纯电感负载，由于静圈电流I及力矩M_2改变了方向，仪表可动部分在M_2的作用下，指针顺时针转到$\varphi=90°$即$\cos\varphi=0$（感性）的标度处。对一般负载在力矩M_1和M_2的作用下，指针转到相应的$\cos\varphi$值的标度处。

应用电动系单相功率因数表可用来测量单相电路的功率因数，也可用来测量中性点接地对称三相电路的功率因数，这时仪表的电压端应接相电压。对中性点不接地对称三相电路，可采用三相功率因数表来测量。

（二）指针式功率因数表的结构与接线

(1) 功率因数表的结构如图3–18所示。

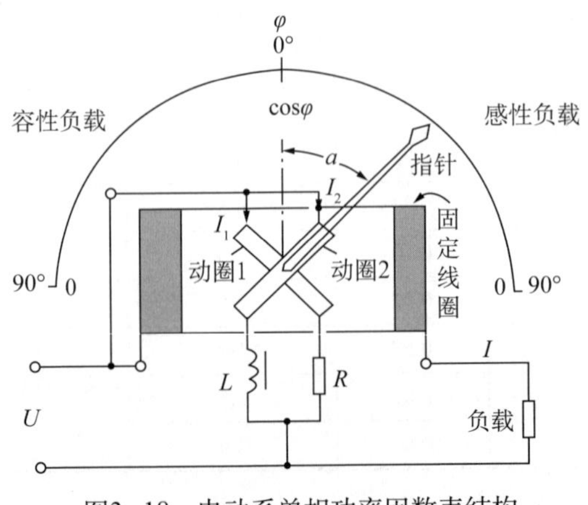

图3–18　电动系单相功率因数表结构

图3–19　电动系单相功率因数表外形图

（2）指针式功率因数表在设计时，取 B、C 相电压和 A 相的电流，当功率因数等于 1 时，指针在中间“1”的位置。低压供电网络的功率因数一般是滞后的，极少等于 1。网络负荷显容性时功率因数则超前。停电时的功率因数表指针在中间“1”的位置。正常供电时功率因数表很少指在“1”的位置。如图 3–19 所示。220V 指针式功率因数表接线图如图 3–20 所示，380V 指针式功率因数表接线图如图 3–21 所示。

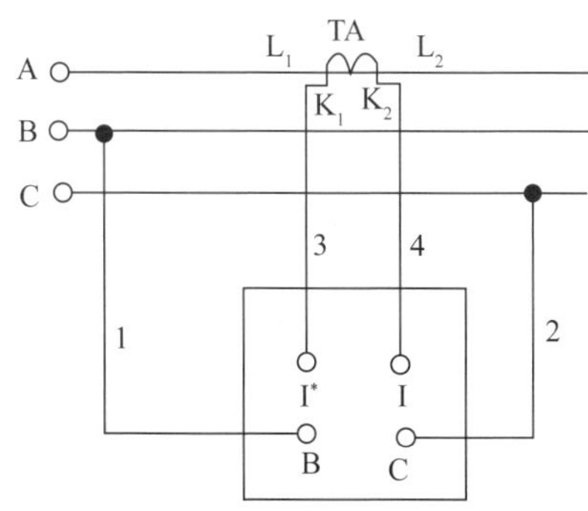

图3–20　220V指针式功率因数表接线图

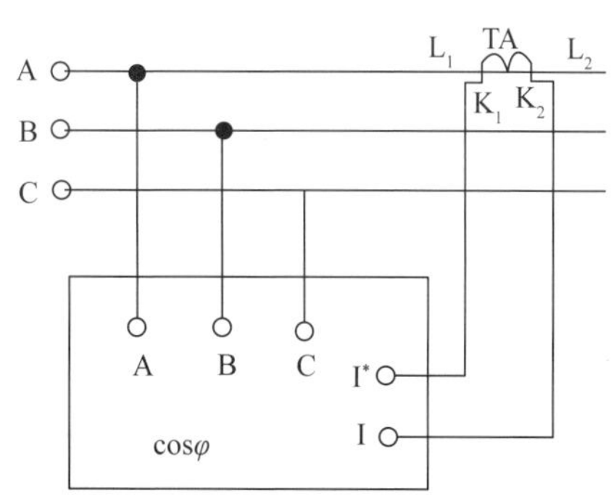

图3–21　380V指针式功率因数表接线图

三、数字式功率因数表

全数字化设计，交流采样，人机界面采用大屏幕 LCD 中文液晶显示器。可实时显示电网功率因数、电压、电流、有功功率、无功功率、电压总谐波畸变率、电流总谐波畸变率、频率的平均值及电容投切状态等信息。具有手动补偿/自动补偿两种工作方式。控制器具有 RS–485，MODBUS 标准现场总线通信接口，方便接入智能开关柜系统。常用的数字式功率因数表的型号有：APM–4700、LYJKW–C01 等。

（一）使用环境与接线

1. 环境条件

海拔高度：≤ 2000m；工作温度：–20 ~ + 40℃；存储温度：–25 ~ + 50℃；周围环境无腐蚀性气体，无导电尘埃，无易燃易爆的介质存在，安装地点无剧烈振动、无雨雪侵蚀。

2. 接线方法

APM–4700 数字式功率因数表的接线图，如图 3–22、图 3–23 所示。

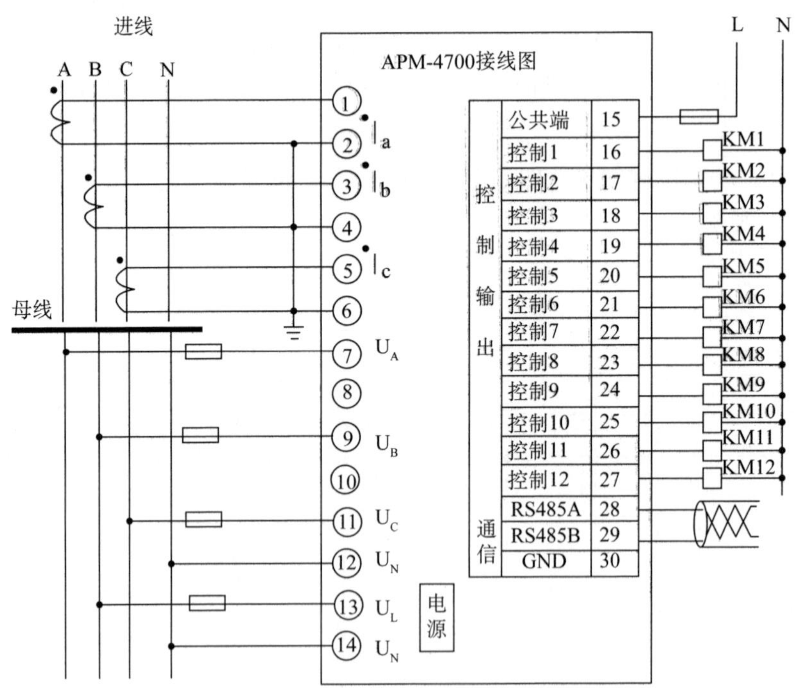

图3–22 数字式功率因数表三相引入接线图

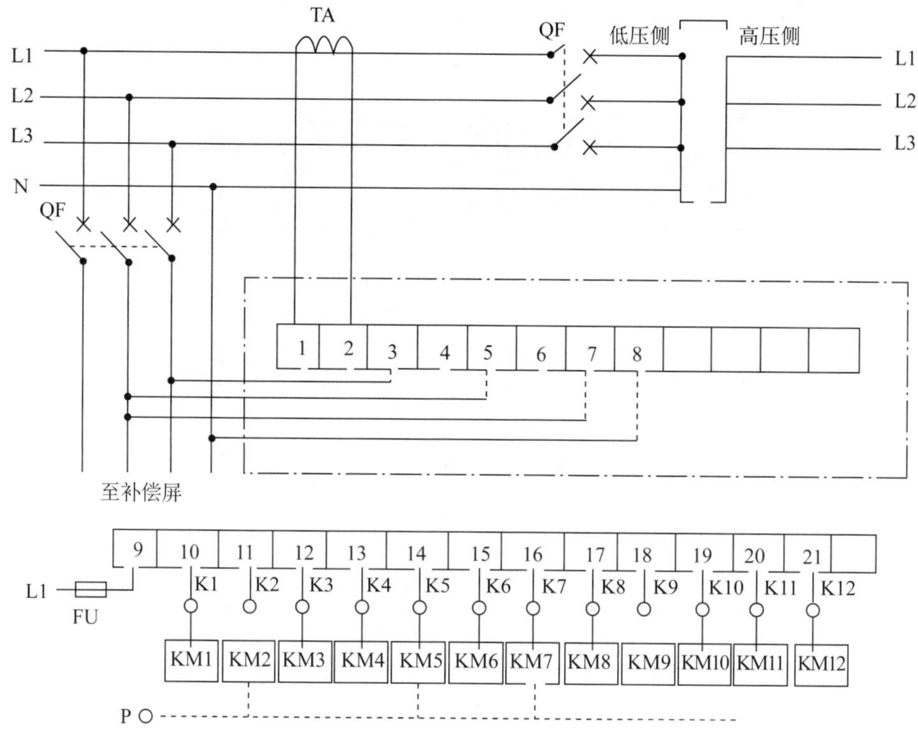

图3–23　数字式功率因数表单相引入接线图

注：(1) 如果接触器线圈为380V，则P点接L2相，如果接触器线圈为220V，则P点接N相。

(2) 屏蔽双绞线的屏蔽层应该连接每一个RS—485设备的屏蔽端子，屏蔽层只允许一点接地。(3) L1线相当于“–”，L2线相当于“+”。

（二）面板操作（以APM–4700数字式功率因数表为例）

1. 电参数显示

电参数显示操作说明，如图3–24所示。APM–4700装置的当地监控功能是通过面板上的LCD显示器及简易的键盘操作实现的。

数字式功率因数表电参数显示界面仅在控制器自动运行工作模式下操作，点动操作“↑、↓”按键切换三组不同的电参数显示界面为：电现场的母线电压U；主进线电流I；功率因数$\cos\varphi$。

(1)当显示$\cos\varphi$为正时表示滞后，为负时表示超前。当出现电压显示值频闪，并出现“报警”，说明控制器处于保护状态，原因为电压越上/下限；当出现电流显示值频闪，并出现“报警”，说明控制器处于保护状态，小电流闭锁。

(2) 显示用电现场的有功功率、无功功率、频率，显示本机升级版，序号显示用电现场的HV（总谐波电压畸变率，%）、HI（总谐波电流畸变率，%）。

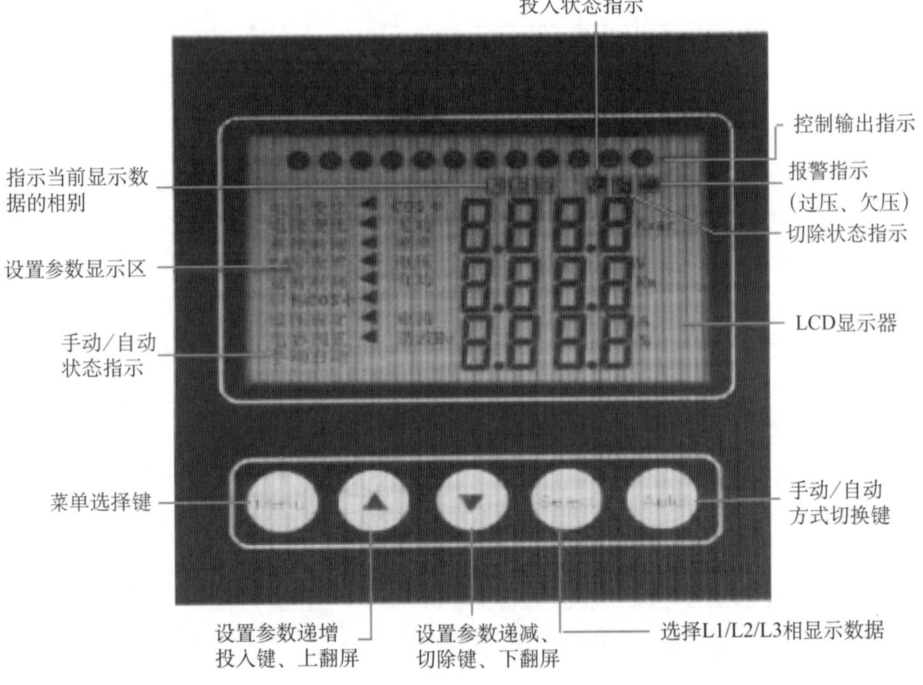

图3-24　数字式功率因数表电参数显示操作说明

2. 设置参数操作说明

(1) 控制器在“自动”“手动”运行模式下，10s内连续点动操作“↑、↓”按键三次，即可进入菜单设置项。

(2) 电流变比设置：此项显示进线电流互感器变比的比率值，操作“↑、↓”按键，步进修改量值，连续按“↓”或“↑”键，数字将快速变化，按键进入下一项参数设置，并保存已修改的数据。

例如：1000/5电流互感器，输入200即可。输入范围为1～200，步长为1。设置参数内容包括5/5～6000/5全系列电流互感器。

此项设置值非常重要，必须正确输入，否则将影响控制器测量电流的显示值和无功补偿精度。

(3) 投切延时设置：此项为分组投切电容器的间隔延时时间，范围为：

①动态0.1～30s；

②静态5s～100s，操作“↑、↓”按键，步进修改量值，连续按“↓”或“↑”键，数字将快速变化，按“菜单”键进入下一项参数设置。

(4) 目标功率因数设置：数据范围为滞后0.80至超前0.80，步长为0.01。

推荐使用设置值为 1.00。

（5）过压保护设置：范围为 420V ～ 480V，步长为 2V，回差为 10V。欠压默认保护为 300V，此项量值不能手动修改，需要修改可通过 485 通信接口连接后台软件修改。当参数设置值为 0.0% 时，控制器将自动取消此项保护功能（推荐使用设置值为 430V）。

（6）投切门限参数设置，数据范围为 0.5 ～ 1.2，步长为 0.1，当前设置为投入门限。切除门限 =1.2 为当前设置值（推荐使用设置值为 1.00）。

（7）谐波保护设置此项为谐波电压（Hv）保护参数设置，数据范围为 0.0 ～ 50%，步长为 0.5%。当参数设置值为 0.0% 时，控制器将自动取消此项保护功能（推荐使用设置值为 8.0%）。

此项也为谐波电流(Hi)保护参数设置,数据范围为 0.0 ～ 100%,步长为 0.5%。当参数设置值为 0.0% 时，控制器将自动取消此项保护功能（推荐使用设置值为 0.0%）。

（8）电容容量设置：此项为每组电容容量参数设置，数据范围为 0 ～ 999kvar，步长为 1。C01 表示第一组电容器，15 表示电容器容量为 15kvar，以下类同。

（9）ID 号 / 通信速率设置:此项为控制器地址号设置，数据范围为 1 ～ 255。

再次操作“菜单”键，进入此项显示。上部为已设定的 ID 号，下部为通信速率，操作键修改通信速率，按键退出，并保存所有设定参数。

3. 手动控制操作说明

控制器 LCD 液晶显示器左下角显示手动表示控制器工作在手动投切状态，显示自动表示控制器工作在自动投切状态，如需更改工作方式，按“菜单”按键切换。

（三）常见问题解决

因一些可能出现的接线、设置、硬件故障，会造成整个电容补偿系统不能正常工作，现将经常出现的故障及检查排除方法分述如下：

（1）控制器测量电流显示值错误或为 000，检查参数设置菜单“电流变比”设置项，其设置的值必须与主进线电流互感器的比值相同，如主进线取样电流互感器变比为 800/5,控制器“电流变比”设置值应为 160;当电流显示 0000A 时，表示没有电流信号，应检查电流互感器与控制器电流连接端子线路有开路或没有负载两种情况。

（2）控制器电参数显示中的电压、谐波测量，显示值闪烁属于正常工作状态，表示控制器测量的电压、谐波测量值超出设定的上 / 下限保护值。控制器中“”是故障报警，有提示控制器的功能，将按“5s”间隔时间切除已投入的电容器，还应适当调整上限保护值。

（3）功率因数显示错误应检查控制器的测量电流和测量电压的相位关系，测量电流与测量电压不能同相，当取样电流为 A 相时，测量电压应取 B、C 相。

（4）补偿效果不好应检查控制器参数设置项，与补偿精度相关的参数有“目标 $\cos\varphi$”“门限”“电容值”三个参数，可提高“目标 $\cos\varphi$”值，减小“门限”设定值，推荐设置为目标 $\cos\varphi$：1.00，门限 1.0，每组电容值设定与实际电容值相同即可。因一些设计电容量分配级差较大，推荐使用电容编码方式，调整电容器容量，将会达到理想补偿效果。

（5）判断问题出在外接线路时，可换一台控制器，如出现相同的故障现象，应按以上提示进行检查。

第四章

常用低压电器

低压电器一般指用于交流频率 50Hz（或 60Hz），额定电压 1200V 及以下，直流额定电压 1500V 及以下的电路内起通断、保护、控制或调节作用的电器。低压电器分为配电电器和控制电器，是低压成套电气设备的基本组成元件。配电电器主要是开关，如：刀开关、负荷开关、熔断器、断路器等；控制电器主要是各种控制器，如：接触器、启动器、电阻器、电磁铁、主令电器、继电器等。

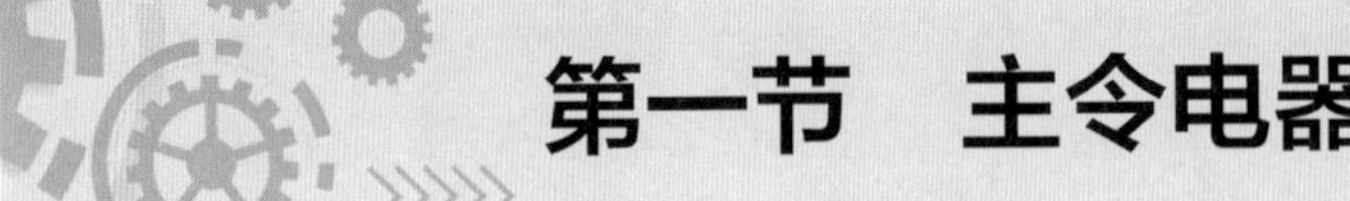

第一节　主令电器

依据 GB/T 2900.18—2008 定义，主令电器是用作闭合或断开控制电路、以发出指令或操作程序控制的开关电器。

一、控制器中的主令电器

常用的主令电器包括：按钮、凸轮开关、行程开关 、转换开关、倒顺开关、紧急开关、钮子开关、接近开关等。一般把接近开关单独列为一种，因为它是一种无触点控制开关。

（一）按钮开关

按钮开关是一种在电气自动控制电路中，用于手动发出控制信号以控制接触器、继电器、电磁启动器等的一种电器元件。控制按钮的一般结构是上方有两个静触点，通过下方的公共桥式触点构成一对动断的自复位常闭触点，在下方又有两个静触点，桥式动触点与它们又构成一对动合的常开触点。它用于交流 50Hz 或 60Hz 电压 380V 或直流 220V、额定电流不大于 5A 的控制电路中。主要用于远距离控制接触器、电磁启动器、继电器的线圈以及其他电器控制线路，也可用于电器联锁和点动等线路。

按钮开关的种类很多，分为普通式、蘑菇头式、自锁式、自复位式、旋柄式、带指示灯及钥匙式等，有单钮、双钮、三钮及不同组合形式，一般是采用积木式结构，由按钮帽、复位弹簧、桥式触头和外壳等组成，通常做成复合式，有一对常闭触头和常开触头，有的产品可通过多个元件的串联增加触头对数。还有一种自保持式按钮，按下后即可自动保持闭合位置，断电后才能打开。 为了标明各个按钮的作用，避免误操作，通常将按钮帽做成不同的颜色，以示区别，常用的按钮颜色有红、绿、黑、黄、蓝、白等。如：红色表示停止按钮，绿色表示启动按钮等。常用的产品如图 4–1 所示。

（二）行程开关

行程开关是利用生产机械运动部件的碰撞使其触头动作来实现接通或分断控制电路，来达到一定的控制目的。通常，这类开关被用来限制机械运动的位置或行程，使运动机械按一定位置或行程自动停止、反向运动、变速运动或自动往返运动等，外形如图 4–2 所示。

限位开关，又称位置开关，是一种将机械信号转换为电器信号，以控制运动部件位置或行程的自动控制电器。是一种常用的小电流主令电器。

YD37（LY37，Y090）

YD38（LY38）

YD5（XB2，ZB2）

B25-21、B30-21

急停开关

图4-1　常用按钮开关外示意

YBLX-3

YBLX-2

Lx22-1

图4-2　常用的行程开关示意图

1. 作用

在电器控制系统中，位置开关的作用是实现顺序控制、定位控制和位置状态的检测。

2. 分类

（1）一类是以机械行程直接接触驱动，作为输入信号的行程开关和微动开关。

（2）另一类是以电磁信号（非接触式）作为输入动作信号的接近开关。

（三）万能转换开关

万能转换开关，是一种多挡位、多段式、控制多回路的主令电器，当操作手柄转动时，带动开关内部的凸轮转动，从而使触点按规定顺序闭合或断开。一般用于控制线路的转换、电压表的换相测量控制、配电装置线路的转换和遥控等。适用于交流 50Hz、额定工作电压 380V 及以下、直流电压 220V 及以下，额定电流至 16A 的电气线路中，还可以用于直接控制小容量电动机的启动、调速和换向。

1. 技术特点

万能转换开关适用性广，派生产品有挂锁型开关和暗锁型开关（63A 及以下），可用做重要设备的电源切断开关，防止误操作以及控制非授权人员的操作。具有体积小、功能多、结构紧凑、绝缘良好、转换操作灵活、安全可靠的特点。

2. 结构组成

万能转换开关是由多组相同结构的触点组件叠装而成的多回路控制电器。它由操作机构、定位装置、触点、接触系统、转轴、手柄等部件组成，如图 4–3 所示。

触点是在绝缘基座内，为双断点触头桥式结构，动触点设计成自动调整式以保证通断时的同步性，静触点装在触点座内。使用时依靠凸轮和支架进行操作，控制触点的闭合或断开。

3. 使用条件

（1）周围空气温度 −5 ～ 40℃，且 24h 内平均温度不超过 35℃。

（2）最高温度 40℃时，空气的相对湿度不超过 50%，在温度较低时可以允许有较高的相对湿度，例如在 20℃时，湿度允许达 90%。对于温度变化偶尔产生的凝露应采取特殊的措施。

（3）周围环境应无易燃及可燃危险物、无足以损坏绝缘及金属的气体、无导电尘埃。

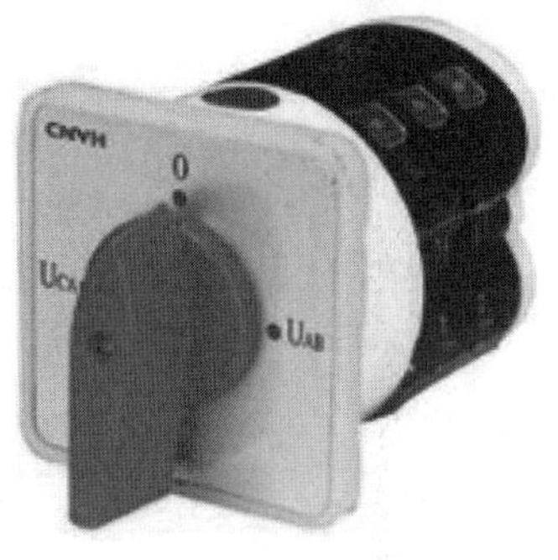

Lw5–16转换开关

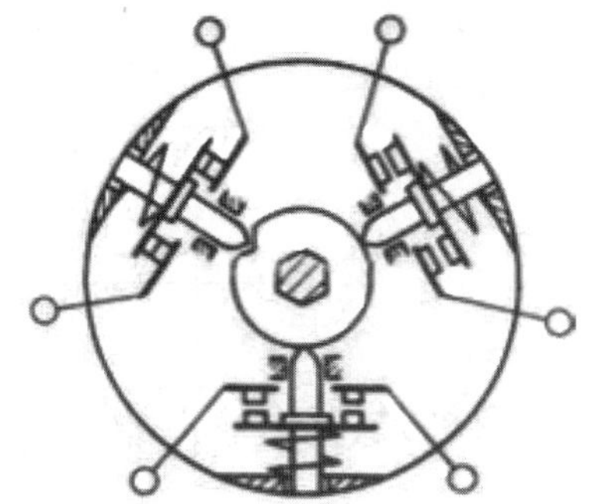

转换开关单层结构图

LW39A（安全型）

LW39（一般型）

图4–3 万能转换开关示意图

4. 主令控制转换开关的型号及含义

主令控制转换开关的型号及含义，如图 4–4 所示。

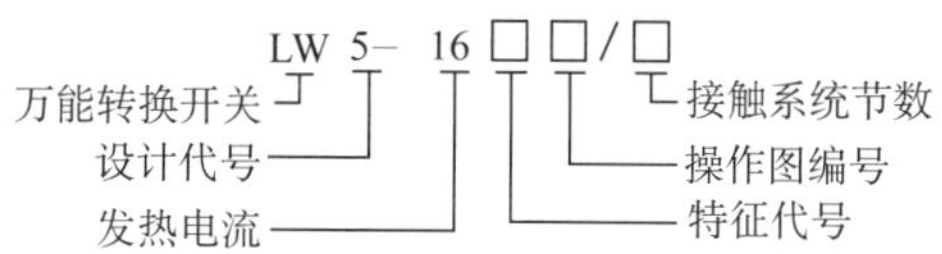

图4–4 转换开关的型号及含义

常用的转换开关有：LW2、LW5、LW6、LW8、LW12、LW15、LW16、LW26、LW30、LW39、CA10、HZ5、HZ10、HZ12 等。万能转换开关的电流等级有：5A、10A、16A 等。

5. 万能转换开关的接线

（1）万能转换开关控制的电动机接线，如图 4–5 所示。

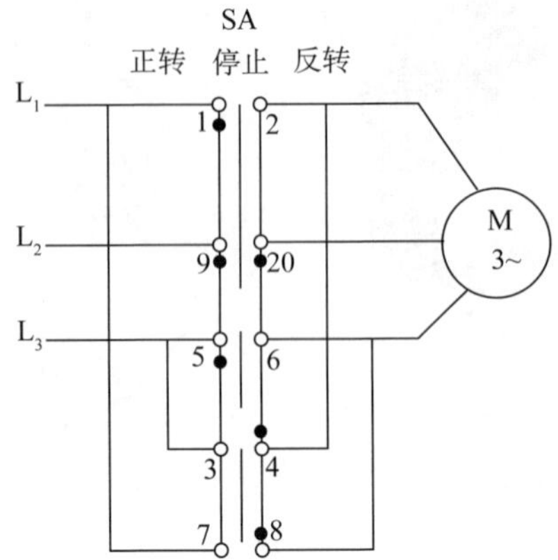

图4–5 万能转换开关控制的电动机原理图

（2）LW2 万能转换开关经一块电压表，测三相线电压的接线，如图 4–6 所示。

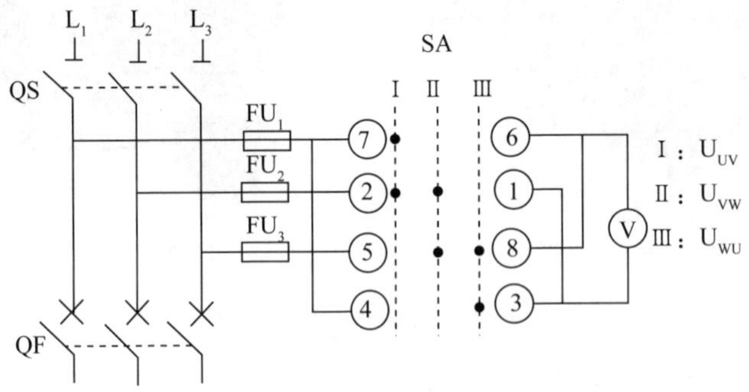

图4–6 万能转换开关测三相线电压的原理图

（3）LW5–16YH3/3 万能转换开关经一块电压表测三相线电压的接线，如图 4–7 所示。

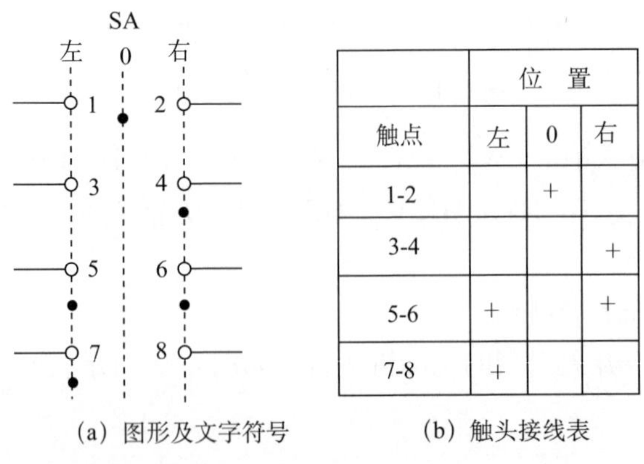

	位置		
触点	左	0	右
1-2		+	
3-4			+
5-6	+		+
7-8	+		

（a）图形及文字符号　　（b）触头接线表

图4–7 LW5转换开关测三相线电压的接线

二、接近开关

接近开关又称无触点开关，是理想的电子开关量传感器。接近开关又称位移传感器。利用位移传感器对接近物体的敏感特性达到控制开关通或断的目的。当金属检测体接近开关的感应区域时，接近开关就能无接触，无压力、无火花、迅速发出电气指令，准确反映出运动机构的位置和行程，即使用于一般的行程控制，其定位精度、操作频率、使用寿命、安装调整的方便性和对恶劣环境的适用能力，是一般机械式行程开关所不能相比的。在自动控制系统中可作为限位、计数、定位控制和自动保护环节等。目前，国内的接近开关产品主要是集成元件的 LJ5 系列。

（一）分类

（1）按作用原理分，接近开关有高频振荡式 、电容式、感应电桥式、永久磁铁式和霍尔效应式等，其中以高频振荡式为最常用。

（2）高频振荡式又分为电感式或电容式。工作原理由 LC 元件组成的振荡回路于电源供电后产生高频振荡，当检测体远离开关检测面时，振荡回路通过检波、门限、输出等回路，使开关处于某种工作状态。当检测体接近检测面达到一定距离时，维持回路振荡的条件被破坏，振荡停止，使开关改变原有工作状态（常开型为“通”状态 ，常闭型为“断”状态）。检测体再次远离检测面后，开关又恢复到原始状态。这样，接近开关就完成了一次“开”“关”动作。

（二）种类简介

接近开关按其形状可分为圆柱型、方型、沟型、穿孔（贯通）型和分离型。圆柱型比方型安装方便，其检测特性相同，沟型的检测部位是在槽内侧，用于检测通过槽内的物体，贯通型可用于小螺钉或滚珠之类的小零件和浮标组装成水位检测装置等。

1. 电感式接近开关

（1）无源接近开关，这种开关不需要电源，通过磁力感应控制开关的闭合状态。当磁体或者铁质触发器靠近开关磁场时，和开关内部的磁力作用控制闭合。

特点：不需要电源，非接触式，免维护，环保。

（2）涡流式接近开关也叫电感式接近开关，是利用导电物体在接近这个能产生电磁场的接近开关时，使物体内部产生涡流。涡流反作用到接近开关，使开关内部电路参数发生变化，由此识别出有无导电物体靠近，进而控制开关的通或断。这种接近开关所能检测的物体必须是导电体。

①原理：由电感线圈和电容及晶体管组成振荡器，产生一个交变磁场，当有金属物体接近这一磁场时就会在金属物体内产生涡流，从而导致振荡停止，

这种变化被放大处理后转换成晶体管开关信号输出。

②特点：抗干扰性能好，开关频率高，大于 200Hz，但只能感应金属物体。

③应用在各种机械设备上做位置检测、计数信号拾取等。如图 4–8 所示。

图4–8　涡流式接近开关

2. 电容式接近开关

电容式接近开关的测量通常是构成电容器的一个极板，而另一个极板是开关的外壳。外壳在测量过程中通常是接地或与设备的机壳相连接。当有物体靠向接近开关时，不论它是否为导体，由于它的接近，总要使电容的介电常数发生变化，从而使电容量发生变化，使得和测量头相连的电路状态也随之发生变化，由此便可控制开关的接通或断开。这种接近开关检测的对象，不限于导体，可以是绝缘液体或粉状物等。

3. 霍尔接近开关

霍尔元件是一种磁敏元件。利用霍尔元件做成的开关，称为霍尔开关。当磁性物件移近霍尔开关时，开关检测面上的霍尔元件因产生霍尔效应而使开关内部电路状态发生变化，由此识别附近是否有磁性物体存在，进而控制开关的通或断。这种接近开关的检测对象必须是磁性物体。

4. 光电式接近开关

利用光电效应做成的开关叫光电接近开关。将发光器件与光电器件按一定的方向装在同一个检测头内。当有反光面（被检测物体）接近时，光电器件接收到反射光后便有信号输出，由此可“感知”有物体接近。

5. 其他型式

当观察者或系统对波源的距离发生改变时，接近到的波的频率会发生偏移，这种现象称为多普勒效应。声呐和雷达就是利用这个效应的原理制成的。利用多普勒效应可制成超声波接近开关、微波接近开关等。当有物体移近时，接近开关接收到的反射信号会产生多普勒频移，由此可以识别出有无物体接近。

（三）接近开关的主要功能

1. 检验距离

检测电梯升降设备的停止、启动、通过位置；检测车辆的位置，防止两物体相撞检测；检测工作机械的设定位置，移动机器或部件的极限位置；检测回转体的停止位置，阀门开或关的位置。

2. 尺寸控制

（1）金属板冲剪的尺寸控制装置；自动选择、鉴别金属件长度；检测自动装卸时堆放物体高度；检测物品的长、宽、高和体积等。

（2）检测物体是否存在有否；检测生产包装线上有无产品包装箱；检测有无产品零件等。

3. 控制特点

（1）当有物体移向接近开关，接近到一定距离时，位移传感器才有“感知”，开关才会动作。通常把这个距离叫“检出距离”。不同的接近开关检出距离也不同。

（2）有时被检测的物体是按一定的时间间隔，一个接一个地移向接近开关，又一个一个地离开，这样不断地重复。不同的接近开关，对检测对象的响应能力是不同的。这种响应特性被称为“响应频率”。

（3）转速与速度的控制，控制传送带的速度；控制旋转机械的转速与各种脉冲发生器一起控制转速和转数。

（4）计数及控制，检测生产线上流过的产品数；高速旋转轴或盘的转数计量；零部件计数。

（5）计量控制，产品或零件的自动计量；检测计量器、仪表的指针范围而控制数或流量；检测浮标控制液面高度、流量；检测不锈钢桶中的铁浮标；仪表量程上限或下限的控制；流量控制，水平面控制。

4. 检测异常

检测瓶盖有无；产品合格与不合格判断；检测包装盒内的金属制品缺乏与否；区分金属与非金属零件；产品有无标牌检测；起重机危险区报警；安全扶梯自动启停。

5. 识别对象

根据载体上的编码识别设备及型号。

6. 信息传送

ASI（总线）连接设备上各个位置上的传感器在生产线（50 ~ 100m）中的数据往返传送等。

（四）接近开关接线图

（1）接近开关有两线制和三线制之区别，三线制接近开关又分为 NPN 型和 PNP 型，它们的接线是不同的，如图 4–9 所示。

(2) 两线制接近开关的接线比较简单,接近开关与负载串联后接到电源即可。

(3) 三线制接近开关的接线：红（棕）线接电源正端；蓝线接电源0V端；黄（黑）线为信号，应接负载。负载的另一端，对于NPN型接近开关，应接电源正端；对于PNP型接近开关，则应接电源0V端。

(4) 接近开关的负载可以是信号灯、继电器线圈或可编程控制器PLC的数字量输入模块。

(5) 接到PLC数字输入模块的三线制接近开关的型式选择。PLC数字量输入模块一般可分为两类:一类是公共输入端为电源0V，电流从输入模块流出（日本模式），此时，要选用NPN型接近开关；另一类是公共输入端为电源正端，电流流入输入模块，即阱式输入（欧洲模式），此时要选用PNP型接近开关。

(6) 两线制接近开关受工作条件的限制，导通时开关本身产生一定压降，截止时又有一定的剩余电流流过。三线制接近开关虽多了一根线，但不受剩余电流之类不利因素的困扰，工作可靠。

(7) 有的将接近开关的“常开”和“常闭”信号同时引出,或增加其他功能，此种情况应按产品说明书接线。

(8) 接线说明

①直流三线接近开关的三根线分别是：棕色线—电源正极，蓝色线—电源负极，黑色线—输出信号。

②交流二线型开关：将负载和接近开关串联后接在交流电源端。

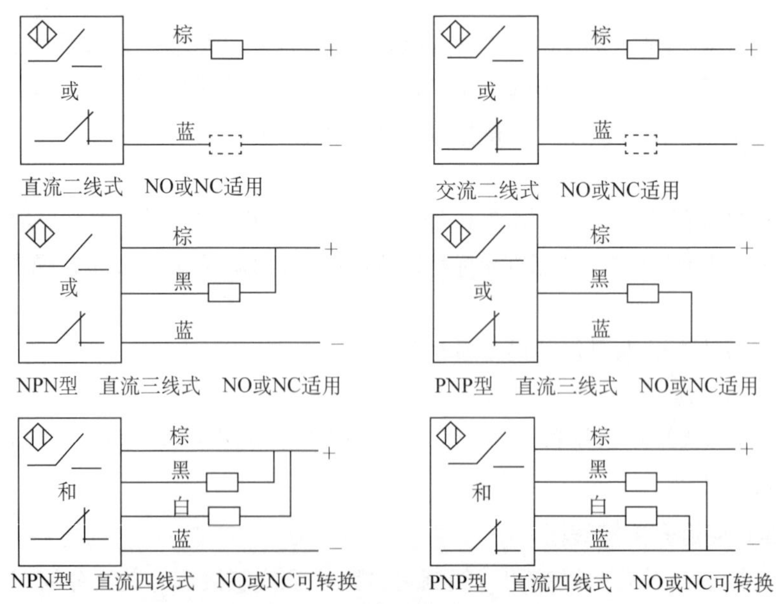

图4−9　常用接近开关接线图

（五）选型与检测

1. 选型

（1）一般的工业生产场所，通常选用涡流式接近开关和电容式接近开关。因为这两种接近开关对环境的要求条件较低。

（2）当被测对象是导电物体或可以固定在一块金属物上的物体时，一般选用涡流式接近开关，因为它的响应频率高、抗环境干扰性能好、应用范围广、价格较低。

（3）所测对象是非金属（或金属）、液位高度、粉状物高度、塑料、烟草等。则应选用电容式接近开关。这种开关的响应频率低，但稳定性好。

（4）被测物为导磁材料或者为了区别和它在一同运动的物体而把磁钢埋在被测物体内时，应选用霍尔接近开关，它的价格最低。

（5）在环境条件比较好、无粉尘污染的场合，可采用光电接近开关。光电接近开关工作时对被测对象几乎无任何影响。因此，在要求较高的传真机上、烟草机械上被广泛使用。

（6）在防盗系统中，自动门通常使用热释电接近开关、超声波接近开关、微波接近开关。有时为了提高识别的可靠性，上述几种接近开关往往被复合使用。

无论选用哪种接近开关，都应注意对工作电压、负载电流、响应频率、检测距离等各项指标的要求。

2. 检测

（1）MICR090NAR 系列接近开关动作距离测定：当动作片由正面靠近接近开关的感应面时，使接近开关动作的距离为接近开关的最大动作距离，测得的数据应在产品的参数范围内。

（2）释放距离的测定：当动作片由正面离开接近开关的感应面，开关由动作转为释放时，测定动作片离开感应面的最大距离。

（3）动作频率测定：用调速电动机带动胶木圆盘，在圆盘上固定若干钢片，调整开关感应面和动作片间的距离，约为开关动作距离的 80% 左右，转动圆盘，依次使动作片靠近接近开关，在圆盘主轴上装有测速装置，开关输出信号经整形，接至数字频率计。此时启动电动机，逐步提高转速，在转速与动作片的乘积与频率计数相等的条件下，可由频率计直接读出开关的动作频率。

（4）重复精度测定：将动作片固定在量具上，由开关动作距离的 120% 以外，从开关感应面正面靠近开关的动作区，运动速度控制在 0.1mm/s 上。当开关动作时，读出量具上的读数，然后退出动作区，使开关断开。如此重复 10 次，最后计算 10 次测量值的最大值和最小值与 10 次平均值之差，差值大者为重复精度误差。

（六）常见接近开关型号说明

下面以狮威（LIONPOWER）接近开关举例：

（1）SN04–N、SN04–P（应用最广），型号含义：SN——表示方形；04——表示感应距离 4mm；N——表示输出是 NPN 型；P——表示 PNP 型。

（2）TL–Q5MC1 为 NPN 型，TLQM5B1 为 PNP 型，方形，感应距离 5mm。

（3）PL–05N 是 NPN 型，PL–05P 是 PNP 型，为方形，感应距离 5mm。

（4）W–05N/W–05P 扁形，上（侧）面感应，感应距离 5mm。

（5）LP–8N2C/LP–8P2C 圆柱形，直径 8mm，感应距离 2mm。

（6）LP–12N4C/LP–12P4C 圆柱形，直径 12mm，感应距离 4mm。

（7）LP–18N8C/LP–18P8C 圆柱形，直径 18mm，感应距离 8mm。以上是直流三线电感式接近开关，供电为 DC10 ~ 30V，均有 NPN 和 PNP 两种输出。标准导线长度是 1.5m。负载能力：阻性负载≤ 100mA，感性负载≤ 50mA。

（8）SN04–Y 交流二线式方形接近开关，感应距离 4mm，交流 90 ~ 250V 供电。

（9）LP–12Y4C 圆柱形交流二线式接近开关，直径 12mm，感应距离 4mm，90 ~ 250VAC 供电。

（10）LP–18Y8C 圆柱形交流二线式接近开关，直径 18mm，感应距离 8mm，90 ~ 250VAC 供电。

（11）CP–18R8DN/CP–18R8DP 圆柱形电容式接近开关，感应距离 8mm，可感应非金属。

三、KG316T微电脑时控开关

KG316T 微电脑时控开关（以下简称时控开关）可根据用户设定的时间，自动打开和关闭各种用电设备的电源。

（一）性能与操作

1. 性能

（1）标准工作电源 220V/50Hz；计时误差＜ ±0.5s/d；适用电源范围 160 ~ 240V。

（2）环境温度 –25 ~ +40℃；相对湿度 <95%；消耗功率 2V · A。

（3）时控范围 1min ~ 168h；

（4）开关容量：阻性负载 25A；感性负载 20A；有 12 组开关时间，手动、自动两用。

2. 操作

1）键盘锁的使用

在键盘上连按四下“取消 / 恢复”键，符号“ㅁ”消失，此时键盘处于开锁状态，可接受操作指令，过 15s 后，自动上锁。

2）定时设置

（1）先按以上说明，使键盘处于开锁状态，再按“时钟”键，查看显示屏显示的时间是否与当前时间一样，如需重新校准，分别按“校星期”“校时”“校分”键，将时钟调到当前时间。

（2）按一下“定时”键，显示屏左下方出现“1开”字样（表示第一次开启时间）；然后按“校星期”选择五天工作制，每日相同、每日不同的工作模式，再按“校时”“校分”键，输入所需开启的时间。

（3）再按一下“定时”键，显示屏左下方出现“1关”字样（表示第一次关闭时间）再按“校星期”“校时”“校分”键，输入所需关闭的日期和时间。

（4）继续按动“定时”键，显示屏左下方依次显示“2开、2关、～ 12开、12关”字样，参考第（2）、（3）设置以后各次开关时间。

（5）如果每天不需设置 12 组开关，则必须按“取消 / 恢复”键，将多余各组的时间消除，使其在显示屏上显示“—— ： ——”图样。

（6）定时设置完毕后，应按“时钟”键，使显示屏显示当前时间。

（7）按“自动 / 手动”键将显示屏下方的“▼”符号调到“自动”位置，此时，时控开关才能根据所设定的时间自动开、关电路。如在使用过程中需要临时开、关电路，则只需按“自动 / 手动”键将“▼”符号调到相应的“开”或“关”的位置。

【例 1】 某电器需每天 19 ： 00 通电，次日 08 ： 00 断电：

①按照第（1）、（2）项，使显示器显示如图 4–10（a）所示。

②按照第（3），使显示屏显示如图 4–10（b）所示。

③按照第（5）使以后各组“2开、2关、～ 12开、12关”的时间在显示屏上显示为“—— ： ——”。

④重复按“定时”键，检查各组开关时间是否与要求的一样，如不正确，还应重复 A–C。

⑤按照第（6）、（7）项，将“▼”符号调到“自动”位置。

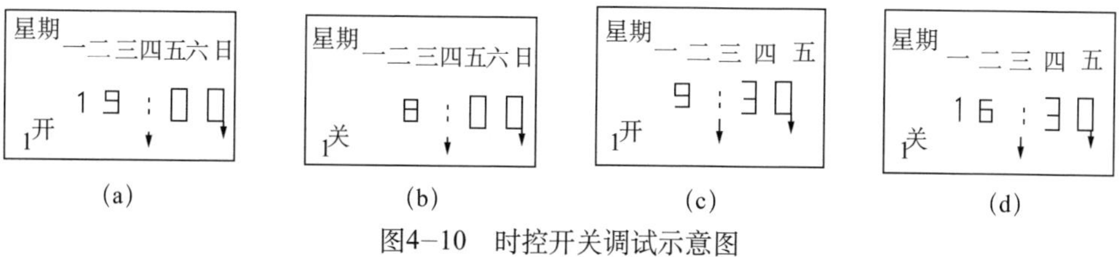

图4–10　时控开关调试示意图

【例 2】 某电器需要每星期一至星期五上午 9：30 通电，下午 4：30 断电。按上述 A–E 的方法使显示屏分别显示如图 4–10（c）、图 4–10（d）所示。

（二）接线方法、故障处理与注意事项

1. 接线方法

（1）直接控制方式的接线：被控制的电器是单相供电，功耗不超过开关的额定容量（阻性负载 25A，感性负载 20A），可采用直接控制方式；接线方法如图 4–11 所示。

单相扩容方式接线：被控制的电器是单相供电，但功耗超过开关的额定容量，则需要一个容量超过该电器功耗的交流接触器来扩容；接线方法如图 4–12 所示。

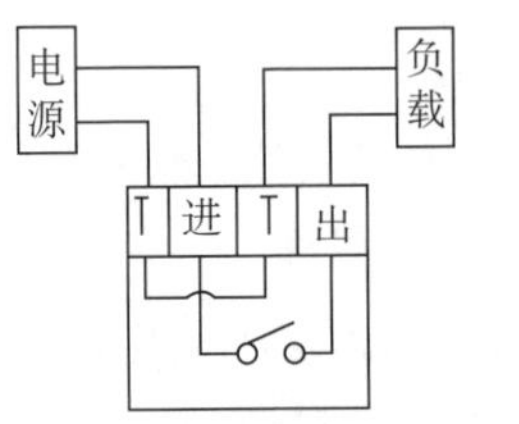

图4–11 直接控制接线图

图4–12 单相扩容接线图

（2）三相工作方式的接线：被控制的电器是三相供电，需要外接交流接触器。控制接触器的线圈电压为 AC220V，50Hz 的接线方法如图 4–13（a）所示。控制接触器的线圈电压为 AC380V，50Hz 的接线方法如图 4–13（b）所示。

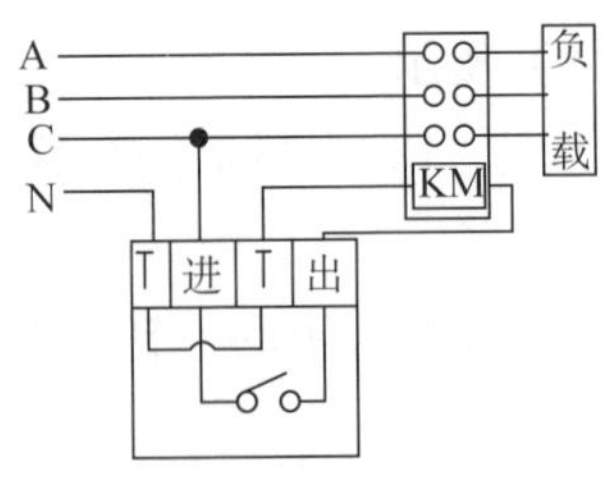

（a）三相（线圈220V）接线图

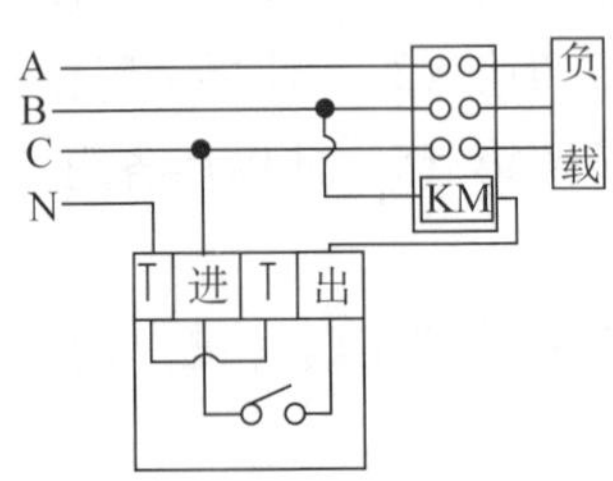

（b）三相（线圈380V）接线图

图4–13 三相工作方式的接线图

2. 事故处理

（1）如果时控开关该开的时间未开或者开了以后到关的时间没关，可能是因为在定时设置时“星期”没调对，应按照“定时设置”中介绍的方法检查或重调。

（2）如果确认“开启”和“关闭”时间调的完全正确，但在不该开的时间开了，

或不该关的时候关了，可能是因为多余的几组开关时间没有消除，可参照“定时设置”中介绍的方法消除。

（3）开关时间显示“-- ： --”才表示消除，不要以为“00 ： 00 表示消除”。

（4）如果以上两条全部正确，而仍然动作不正常，有可能是“自动 / 手动”键被人为动作，检查“开、自动、关”的标志“▼”，将其调到当前时间所处的状态，再调回到自动位置。

（5）如果开关还不能正常工作，打开后座保险盖（端子盖板），检查熔断管是否已经熔断，如已熔断，换上新的 0.1 ～ 0.3A 的熔断。

3. 注意事项

（1）对于因定时开关出错而可能发生人命相关的事故或对社会产生重大影响的设备不能使用此定时开关。

（2）对于因定时开关出错而发生重大财产损失的设备，在使用此定时开关时，务必使特性和性能的数值有足够的能量，并采取二重电路等安全措施。

（3）接通电源后请勿接触端子部分，以防触电。

（4）开关工作在无潮湿、腐蚀及高金属含量气体环境中且勿使其沾染油或水。

第二节　熔断器、热继电器、交流接触器

熔断器是短路和过电流的保护电器；热继电器是过热保护电器；交流接触器是失压保护电器。这些电器广泛应用于高低压配电系统和控制系统以及用电设备中，是应用较普遍的保护电器。

一、熔断器的概述

熔断器由绝缘底座（或支持件）、触头、熔体等组成，熔体是熔断器的主要工作部分，熔体相当于串联在电路中的一段特殊的导线，当电路发生短路或过载时，电流过大，熔体因过热而熔化，从而切断电路。熔体常做成丝状、栅状或片状。熔体材料具有相对熔点低、特性稳定、易于熔断的特点。一般采用铅锡合金、镀银铜片、锌、银等金属。在熔体熔断切断电路的过程中会产生电弧，为了安全有效地熄灭电弧，一般均将熔体安装在熔断器壳体内，以便快速熄灭电弧。常用熔断器的外形，如图 4–14 所示。

图4–14　低压熔断器外形

（一）分类

(1)螺旋式熔断器(RL)：在熔断管内装有石英砂，熔体埋于其中，熔体熔断时，电弧喷向石英砂及其缝隙，可迅速降温而熄灭。为了便于监视，熔断器一端装有色点，不同的颜色表示不同的熔体电流，熔体熔断时，色点跳出，示意熔体已熔断。螺旋式熔断器额定电流为 5 ~ 200A，主要用于短路电流大的分支电路或有易燃气体的场所。

（2）有填料管式熔断器（RT）：是一种有限流作用的熔断器。填有石英砂的瓷熔管、触点和镀银铜栅状熔体组成。填料管式熔断器均装在特制的底座上，如带隔离刀闸的底座或以熔断器为隔离刀的底座上，通过手动机构操作。填料管式熔断器额定电流为 50 ~ 1000A，主要用于短路电流大的电路或有易燃气体的场所。

（3）无填料管式熔断器（RM）：无填料管式熔断器的熔丝管是由纤维物制成。使用的熔体为变截面的锌合金片。熔体熔断时，纤维熔管的部分纤维物因受热而分解，产生高压气体，使电弧很快熄灭。无填料管式熔断器具有结构简单、保护性能好、使用方便等特点，一般均与刀开关组成熔断器刀开关组合使用。

（4）有填料封闭管式快速熔断器（RS）：是一种快速动作型的熔断器，由熔断管、触点底座、动作指示器和熔体组成。熔体为银质窄截面或网状形式，熔体为一次性使用，不能自行更换。由于其具有快速动作性，一般作为半导体整流元件保护用。

（5）敞开式熔断器结构简单，熔体完全暴露于空气中，由瓷柱作支撑，没有支座，适于低压户外使用。分断电流时在大气中产生较大的声光。

（6）半封闭式熔断器的熔体装在瓷架上，插入两端带有金属插座的瓷盒中，适于低压户内使用。分断电流时，所产生的声光被瓷盒挡住。

（7）管式熔断器的熔体装在熔断体内。然后插在支座或直接连在电路上使用。熔断体是两端套有金属帽或带有触刀的完全密封的绝缘管。这种熔断器的绝缘管内若充以石英砂，则分断电流时具有限流作用，可大大提高分断能力，故又称作高分断能力熔断器。若管内抽真空，则称作真空熔断器。若管内充以 SF_6 气体，则称作 SF_6 熔断器，其目的是改善灭弧性能。由于石英砂，真空和 SF_6 气体均具有较好的绝缘性能，故这种熔断器不但适用于低压也适用于高压。

（8）喷射式熔断器是将熔体装在由固体产气材料制成的绝缘管内。固体产气材料可采用电工反白纸板或有机玻璃材料等。当短路电流通过熔体时，熔体随即熔断产生电弧，高温电弧使固体产气材料迅速分解产生大量高压气体，从而将电离的气体带电弧在管子两端喷出，发出极大的声光，并在交流电流过零时熄灭电弧而分断电流。绝缘管通常是装在一个绝缘支架上，组成熔断器整体。有时绝缘管上端做成可活动式，在分断电流后随即脱开而跌落，此种喷射式熔断器俗称跌落式熔断器。一般适用于电压高于 6kV 的户外场合。

（二）低压管装熔断器分类举例

（1）用于居住场所和类似场合，类型 gG。

（2）用于工业场合，类型 gG、gM、aM。

第一个字母表明熔断范围："g" 表示全范围熔断容量的熔断器；"a" 表示部分范围熔断容量的熔断器。第二个字母表明应用类别，准确说明了时间电流特性，常规的时间和电流。例如："gG"表示通用的全范围熔断容量的熔断器。"gM" 表示用于保护电动机电路的全范围熔断容量的熔断器。"aM" 表示用于保护电动机电路的部分范围熔断容量的熔断器。

有些熔断器 "熔断器熔断" 有机械式指示器。当流经熔断器的电流超过给定值一定时间后，熔断器装置通过熔断器熔丝切断电路。

标准定义了两类熔断器：

用于居所，筒装，额定电流 100A，指定类型为 gG（IEC60269-1 和 3）。

用于工业场合，筒装，类型 gG（通用）；gM、aM（用于电动机电路），IEC60269-1 和 2。

（三）熔断器使用

1. 熔断器使用注意事项

（1）熔断器的保护特性应与被保护对象的过载特性相适应，考虑到可能出现的短路电流，选用相应分断能力的熔断器。

（2）熔断器的额定电压要适应线路电压等级，熔断器的额定电流要大于或等于熔体的额定电流。

（3）线路中各级熔断器熔体额定电流要相应配合，保持前一级熔体额定电流必须大于下一级熔体额定电流。

（4）熔断器的熔体要按要求使用相配合的熔体，不允许随意加大熔体或用其他导体代替熔体。

2. 熔断器巡视检查

（1）检查熔断器和熔体的额定值与被保护设备是否匹配。

（2）检查熔断器外观有无损伤、变形，瓷绝缘部分有无闪络放电痕迹。

（3）检查熔断器各接触点是否完好，接触紧密，有无过热现象。

（4）熔断器的熔断信号指示器是否正常。

（四）熔断器的选择

电动机保护（aM/gM 特性）：电动机线路通常由熔断器、接触器、热继电器、电动机等组成。根据经验，选择熔断器额定电流约为电动机额定电流的倍数时，一般规定如下：

（1）笼式异步电动机主回路熔断器熔体的额定电流，可在电动机额定电流的 I_{FU}=（1.5 ～ 2.5）I_e 范围内选取。

（2）绕线式异步电动机主回路熔断器熔体的额定电流，可在电动机额定电流的 I_{FU}=（1 ～ 1.25）I_e 范围内选取。

（3）启动时间较长的鼠笼式异步电动机主回路熔断器熔体的额定电流，在电动机额定电流的 3 倍范围内选取。

（4）连续工作制的直流电动机主回路熔断器熔体的额定电流，与电动机额定电流相同。

（5）反复短时工作制的直流电动机主回路熔断器熔体的额定电流，是电动机额定电流的 1.25 倍。

（6）降压启动的笼式异步电动机主回路熔断器熔体的额定电流，在电动机额定电流的 1.05 倍范围内选取。

（7）电动机控制回路熔断器，熔体的额定电流为 1 ～ 3A。

（8）100kV·A 及以下变压器一次侧熔体额定电流为一次侧额定电流的 2 ～ 3 倍。

（9）100kV·A 以上变压器一次侧熔体额定电流为一次侧额定电流的 1.5 ～ 2 倍。

（10）变压器二次侧熔体的额定电流或空气断路器的脱扣电流为二次侧额定电流的 1.0 ～ 1.5 倍。

（11）单台电容器的熔体保护，保护熔体的额定电流 I_{FU}=（1.5 ～ 2.5）I_{ce} 电容器的额定电流。

（12）电容器组的熔体保护，保护熔体的额定电流 I_{FU}=（1.3 ～ 1.8）I_{ce} 电容器组的额定电流。

（13）10kV 电压互感器一次侧装设熔断器一般选择 RN4 型或 RN2 型户内高压熔断器。其熔体的额定电流为 0.5A，1min 内熔体熔断电流为 0.6 ～ 1.8A，最大开断电流为50kA，三相最大断流容量为1000MV · A，熔体具有（100±7）Ω的电阻，且熔管内采用石英砂填充，因此这种熔断器具有良好的灭弧性能和较大的断流能力。

（14）一般户内配电装置中的电压互感器二次侧，装设熔断器选择容量为10/（3 ~ 5）A，型号有：R1 型、RL88 型、RL8D 型等。

（15）导线保护（gG/gL 特性）：线路中过载电流和短路电流会造成导线、电缆温度过高，导致导线、电缆的绝缘老化，甚至断裂。熔断器做导线、电缆过载保护可布置在导线、电缆的进线端或出线端，熔断器额定电流约为线路电流的 1.25 倍；作短路保护时熔断器必须安装在导线、电缆的进线端，熔断器额定电流约为脱扣电流的 1.5 倍。

二、热继电器

热继电器是一种电气保护元件。它是利用电流的热效应来推动动作机构使触头闭合或断开的保护电气，主要用于电动机的过载保护、断相保护、电流不平衡保护以及其他电气设备发热状态时的控制。

（一）热继电器的工作原理

由电阻丝做成的热元件，电阻值小，工作时将它串接在电动机的主电路中，电阻丝所围绕的双金属片是由两片膨胀系数不同的金属片压合而成，左端与外壳固定。当热元件中通过的电流超过其额定值而过热时，由于双金属片上面热膨胀系数小，而下面大，使双金属片受热后向上弯曲，导致扣板脱扣，扣板在弹簧的拉力下将常闭触点断开。常闭触点是串接在电动机的控制电路中的，使得控制电路中的接触器线圈断电，从而切断电动机的主电路。

（二）热继电器的种类

热继电器的种类很多，常用的有 JR0、JR16、JR16B、JRS 和 T 系列。热继电器的符号及外形，如图 4-15 所示。

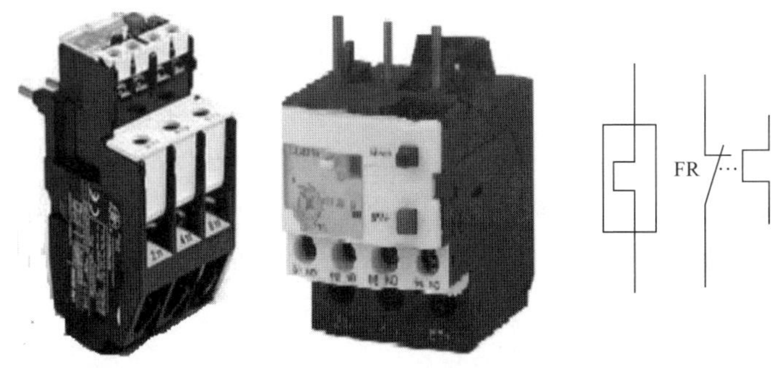

图4-15 热继电器外形及符号

（三）技术参数

（1）额定电压：热继电器能够正常工作的最高电压值，一般为交流 220V、380V。

（2）额定电流：热继电器的额定电流主要是指通过热继电器的电流。

（3）额定频率：一般而言，其额定频率按照 45 ～ 62Hz 设计。

（4）整定电流范围：在一定的电流条件下热继电器的动作时间和电流的平方成正比。

（四）选择方法

热继电器主要用于保护电动机的过载，因此选用时必须了解电动机的工作环境、启动电流、负载性质、工作制、允许过载能力等。

（1）原则上应使热继电器的安秒特性尽可能接近甚至重合电动机的过载特性，或者在电动机的过载特性之下，同时在电动机短时过载和启动的瞬间，热继电器应不受影响。

（2）当热继电器用于保护长期工作制或间断长期工作制的电动机时，一般按电动机的额定电流来选用。例如，热继电器的整定值可等于 1.1 ～ 1.25 倍的电动机的额定电流，或者取热继电器整定电流的中值等于电动机的额定电流，然后进行调整。

（3）当热继电器用于保护反复短时工作制的电动机时，热继电器仅有一定范围的适应性。如果短时间内操作次数很多，就要选用带速饱和电流互感器的热继电器。

（4）对于正反转和通断频繁的特殊工作制电动机，不宜采用热继电器作为过载保护装置，而应使用埋入电动机绕组的温度继电器或热敏电阻来保护。

（五）安装方法

热继电器安装方向、使用环境和所用连接线都会影响动作性能，安装时应引起注意。

1）热继电器的安装方向

热继电器是电流通过发热元件发热，推动双金属片动作。热量的传递有对流、辐射和传导三种方式。其中对流具有方向性，热量自下向上传输。在安放时，如果发热元件在双金属片的下方，双金属片就热得快，动作时间短；如果发热元件在双金属片的旁边，双金属片热得较慢，热继电器的动作时间长。当热继电器与其他电器装在一起时，应装在电器下方且远离其他电器 50mm 以上，以免受其他电器发热的影响。

2）使用环境

热继电器周围介质的温度，应和电动机周围介质的温度相同，否则会破坏已调整好的配合情况。例如，当电动机安装在高温处、而热继电器安装在温度较低处时，热继电器的动作将会滞后（或动作电流大）；反之，其动作将会提前(或动作电流小)。

3）连接线

如果连接线太细，则连接线产生的热量会传到双金属片，加上发热元件沿导线向外散热少，从而缩短了热继电器的脱扣动作时间；反之，如果采用的连接线过粗，则会延长热继电器的脱扣动作时间。所以连接导线截面不可太细或太粗，应尽量采用说明书规定的或相近的导线截面积。

三、交流接触器

可快速切断交流与直流主回路和频繁接通与大电流控制电路的装置，经常用于电动机作为控制对象，也可用作控制工厂设备、电热器、各种电力机组等电力负载，接触器不仅能接通和切断电路，而且还具有低电压释放保护作用。接触器控制容量大，适用于频繁操作和远距离控制。接触器的型号很多，电流在 5 ～ 1000A 不等，用处广泛。常用的接触器如图 4–16 所示。

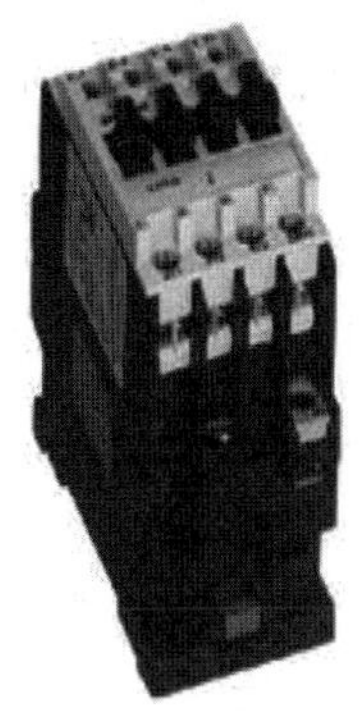

图4–16　常用接触器外形

（一）接触器的分类

（1）按主触点连接回路的形式分为：直流接触器、交流接触器。

（2）按操作机构分为：永磁式接触器、电磁式接触器。

（3）按驱动方式分为：液压式接触器、气动式接触器、电磁式接触器。

（4）按动作方式分为：直动式接触器、转动式接触器。

（二）工作原理与工作条件

1. 工作原理

当交流接触器线圈通电后，线圈电流会产生磁场，产生的磁场使静铁芯产生电磁吸力吸引动铁芯，接触器动作，常闭触点断开，常开触点闭合，两者是联动的。当线圈断电时，电磁吸力消失，衔铁在释放弹簧的作用下释放，触点复原，常开触点断开，常闭触点闭合。直流接触器的工作原理与温度开关的原理相似，不再单独介绍。

2. 工作条件

（1）周围空气温度上限 40℃；周围空气温度下限 −5℃；周围空气温度 24h 的平均值不超过 35℃。

（2）安装地点，海拔不超过 2000m。

（3）月平均最大相对湿度为 90%，同时该月的月平均最低温度 25℃，并考虑到因温度变化发生在产品表面上的凝露。

（4）污染等级为 3 级。

（四）技术参数

1. 额定电压

（1）接触器铭牌上额定电压是指主触头上的额定电压。常用的电压等级为：直流接触器：110V，220V，440V，660V 等档次；交流接触器：127V，220V，380V，500V 等档次。如某负载是 380V 的三相感应电动机，则应选 380V 的交流接触器。

（2）额定工作电压是与额定工作电流共同决定接触器使用条件的电压值，接触器的接通与分断能力、工作制种类以及使用类别等技术参数都与额定电压有关。对于多相电路来说，额定电压是指电源相间电压（即线电压）。另外，接触器可以根据不同的工作制和使用类别规定许多组额定工作电压和额定电流的数值。例如：CJ20−40 型的交流接触器，额定电压为 220V 时可控制电动机为 5kW，额定电压为 380V 时可控制电动机为 20kW。

（3）额定绝缘电压是与介电性能试验、电气间隙和爬电距离有关的一个名义电压值，除非另有规定，额定绝缘电压是接触器的最大额定工作电压。在任何情况下，额定工作电压不得超过额定绝缘电压。

2. 额定电流

（1）接触器铭牌额定电流是指主触点的额定电流。常用的电流等级为：直流接触器：25A，40A，63A，100A，250A，400A，630A。交流接触器：5A，10A，20A，40A，63A，100A，150A，250A，400A，630A。上述电流是指接触器安装在敞开式控制屏上，触点工作不超过额定温升，负载为间断、长期工作制时的电流值。

3. 额定工作电流

（1）主触头额定工作电流根据额定工作电压、额定功率、额定工作制、使用类别以及外壳防护型式等决定的，保证接触器正常工作的电流值。

（2）辅助触点额定工作电流是考虑到额定工作电压、额定操作频率、使用类别以及电寿命而规定的辅助触点的电流值，一般不大于 5A。

（3）使用类别是根据接触器的不同控制对象在运行过程中各自不同的特点而规定的。不同使用类别的接触器对接通、分断能力以及电寿命的要求是不一样的。

（五）保养检修

经常或定期检查接触器的运行情况，进行必要的维修是保证其运行可靠延长其寿命的重要措施。

1. 外观检查

清除灰尘，可用棉布蘸少量汽油擦去油污，然后换新的棉布擦干净；拧紧所有压接导线的螺丝，防止松动脱落、引起连接部分发热。

2. 灭弧罩检修

对于栅片灭弧罩，应注意栅片是否完整或烧损变形、严重松脱、位置变化等，若不易修复则应更换。

3. 触点系统检查

（1）检查动静触点是否对准，三相是否同时闭合，并调节触点弹簧使三相一致。

（2）摇测相间绝缘电阻值。使用 500V 摇表，其相间阻值不应低于 10MΩ。

（3）触点磨损厚度超过 1mm，或严重烧损、开焊脱落时应更换新件。轻微烧损或接触面发毛、变黑不影响使用，可不予处理。若影响接触，可用细锉磨平打光。

（4）经维修或更换触点后应注意触点开距，超行程。触点超行程会影响触点的压力。

（5）检查辅助触点动作是否灵活，静触点是否有松动或脱落现象，触点开距和行程要符合要求，可用万用表测量接触电阻，发现接触不良且不易修复时，要更换新触点。

4. 铁芯的检修

（1）用棉纱沾汽油擦拭端面，除去油污或灰尘等。

（2）检查各缓冲件是否齐全，位置是否正确。

（3）检查有无铆钉断裂、导致铁芯端面松散的情况。

(4) 检查短路环有无脱落或断裂，特别要注意隐裂。如有断裂或造成严重噪声，应更换短路环或铁芯。

(5) 检查电磁铁吸合是否良好，有无错位现象。

5. 电磁线圈的检修

(1) 交流接触器的吸引线圈在电源电压为线圈额定电压的 75% ~ 105% 时，应能可靠工作。

(2) 检查电磁线圈有无过热，线圈过热反映在外表层老化、变色，线圈过热一般是由于匝间短路造成的，此时可测其阻值和同类线圈比较，不能修复则应更换。

(3) 引线和插接件有无开焊或将要断开的情况。

(4) 线圈骨架有无裂纹、磨损或固定不正常的情况，如发现应及早固定或更换。

第三节 继电器

电磁式继电器一般由铁芯、线圈、衔铁、触点弹簧片等组成。在线圈两端加上一定的电压，线圈中就会流过一定的电流，从而产生电磁效应，衔铁就会在电磁吸引力的作用下克服返回弹簧的拉力吸引铁芯，从而带动衔铁的动触点与静触点（常开触点）吸合。当线圈断电后，电磁吸力也随之消失，衔铁就会在弹簧的反作用力下返回原来的位置，使动触点与原来的静触点（常闭触点）吸合。这样吸合、释放，从而达到在电路中的导通、切断的目的。对于继电器的“常开、常闭”触点，是这样来区分：继电器线圈在未通电时处于断开状态的静触点，称为“常开触点”；处于接通状态的静触点称为“常闭触点”。

一、时间继电器

时间继电器（time relay）是一种利用电磁原理或机械原理实现延时控制的自动开关装置。当加入（或去掉）输入的动作信号后，其输出电路经过规定的准确时间产生跳跃式变化（或触头动作）的一种继电器。还可以在较低的电压或较小电流的电路上，用来接通或切断较高电压、较大电流的电器元件。时间继电器分为通电延时型和断电延时型两种。它的种类很多，有空气阻尼型、电动型和电子型等。常用的电子式时间继电器如图 4–17 所示。

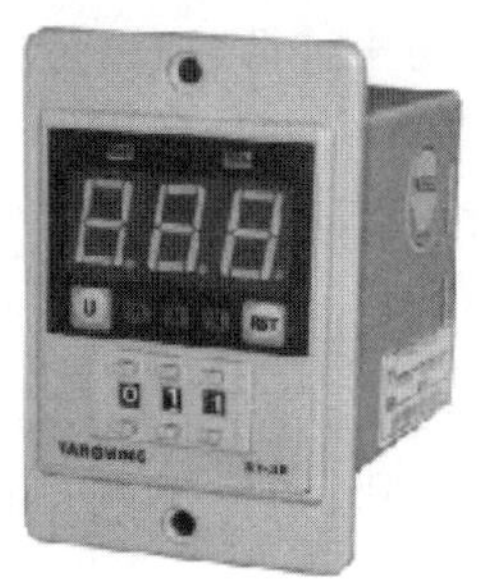

图4–17　电子式时间继电器

（一）举例

1.NJS2 系列时间继电器适用于交流 50Hz，额定控制电源电压 240V 及直流控制电源电压 240V 的控制电路中作延时元件，按预定的时间接通或分断电路。

2. SY–3D 时间继电器

延时精度：设定值延时误差 <0.1%，重复延时误差 <0.1%；

复位时间：最大值 0.3s；

复位方式：断电复位；

绝缘强度：100MΩ/500VDC；

电源：100 ～ 240VAC，24VAC/DC，12VAC/DC；

输出方法：继电器触点 AC250V3A，DC24V3A（阻性）；

介电强度：2.5kV/min；

功耗：最大值 5V · A；

使用环境温度：–20 ～ 40℃。

（二）继电器的作用

（1）扩大控制范围。多触点继电器控制信号达到某一定值时，可以按触点组的不同形式，同时换接、开断、接通多路电路。

（2）放大。灵敏型继电器、中间继电器等，用一个微小的控制量，可以控制大功率的电路。

（3）综合信号。当多个控制信号按规定的形式输入多绕组继电器时，经过比较综合，达到预定的控制效果。

（4）自动、遥控、监测。自动装置上的继电器与其他电器一起，可以组成程序控制线路，从而实现自动化运行。

（三）特点与符号

1. 特点

（1）空气阻尼式时间继电器又称为气囊式时间继电器，它是根据空气压缩产生的阻力来进行延时的，其结构简单，价格便宜，延时范围大（0.4 ~ 180s），但延时精确度低。

（2）电磁式时间继电器延时时间短（0.3 ~ 1.6s），结构简单，常用在断电延时场合和直流电路中。

（3）电动式时间继电器的原理与钟表类似，是由内部电动机带动减速齿轮转动而获得延时的。这种继电器延时精度高，延时范围宽（0.4 ~ 72h），结构复杂，造价高。

（4）晶体管式时间继电器又称为电子式时间继电器，是利用延时电路来进行延时的。这种继电器精度高，体积小，使用方便。

2. 符号

继电器所用符号，如图 4–18 所示。

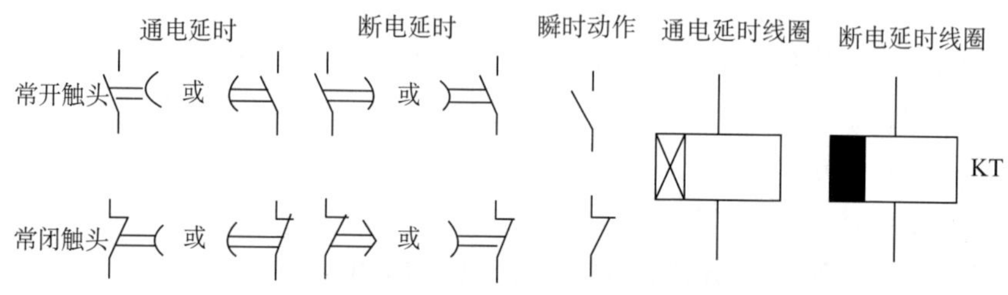

图4–18　时间继电器电器符号

（四）以空气阻尼式时间继电器为例来说明时间继电器的工作原理

(1)空气阻尼型时间继电器的延时范围大(有 0.4 ~ 60s 和 0.4 ~ 180s 两种)，结构简单，准确度较低。

当线圈通电时，衔铁及托板被铁芯吸引而瞬时下移，使瞬时动作触点接通或断开。但是活塞杆和杠杆不能同时跟着衔铁一起下落，因为活塞杆的上端连着气室中的橡皮膜，当活塞杆在释放弹簧的作用下开始向下运动时，橡皮膜随之向下凹，上面空气室的空气变得稀薄而使活塞杆受到阻尼作用而缓慢下降。经过一定时间，活塞杆下降到一定位置，便通过杠杆推动延时触点动作，使动断触点断开，动合触点闭合。从线圈通电到延时触点完成动作，这段时间就是继电器的延时时间。延时时间的长短可以用螺丝刀调节空气室进气孔的大小来改变。

吸引线圈断电后，继电器依靠恢复弹簧的作用而复原；空气经出气孔被迅速排出。

（2）在电动机 Y– △降压启动的控制线路中，时间继电器的延时控制使电动机在 Y 形启动切换至△形运行起到有效的控制。时间继电器的应用如图 4–19 所示。

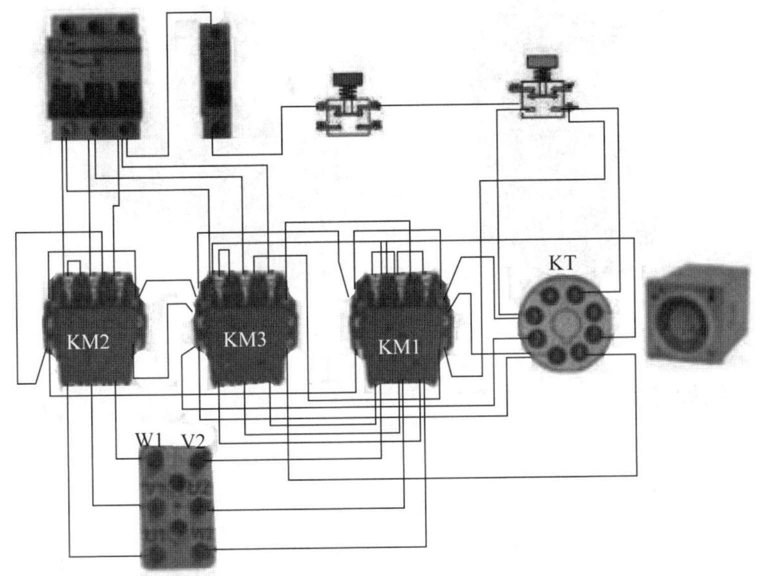

图4-19　时间继电器延时控制的电动机Y-△运行

(3) 利用时间继电器控制的通电延时的照明灯泡，如图 4-20 所示。

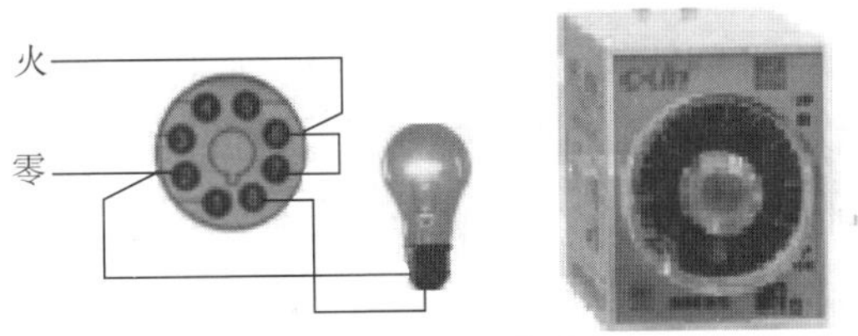

图4-20　时间继电器控制通电延时照明灯泡示意图

二、中间继电器

中间继电器用于继电保护与自动控制系统中，以增加触点的数量及容量。在控制电路中传递中间信号。其结构和原理与交流接触器基本相同，多用于控制电路中。中间继电器新国标字母表示是 K，老国标是 KA。一般使用于直流电源供电。少数使用于交流电源供电。常用的中间继电器外形如图 4-21 所示。

常用的型式有：RZ-D 系列、安装方式、固定式、凸出式、嵌入式、导轨式。

电源类型：交流、直流。

图4-21 常用的中间继电器外形

（一）结构及原理

（1）线圈装在“U”形导磁体上，导磁体上面有一个活动的衔铁，导磁体两侧装有两排触点弹片。在非动作状态下触点弹片将衔铁向上托起，使衔铁与导磁体之间保持一定的间隙。当气隙间的电磁力矩超过反作用力矩时，衔铁被吸向导磁体，衔铁压动触点弹片，使常闭触点断开，常开触点闭合，完成继电器工作。当电磁力矩减小到一定值时，由于触点弹片的反作用力矩，使触点与衔铁返回到初始位置，准备下次工作。

（2）继电器的“U”形导磁体采用双铁芯结构，即在两个边柱上均可装设线圈。对于 DZY、DZL 和 DZJ 型只装一个线圈，而对于 DZB，DZS，DZK 型可根据需要在另一个铁芯上装以保持线圈或延时用的阻尼片等。从而使线圈类型大不相同的继电器都通用一个导磁体。

（二）技术参数要求

（1）动作电压：不大于 70% 额定值。

（2）返回电压：不小于 5% 额定值。

（3）动作时间：不大于 0.02s（额定值下）。

（4）返回时间：不大于 0.02s（额定值下）。

（5）电气寿命：继电器在正常负荷下，电寿命不低于 1 万次。

（6）功率消耗：直流回路不大于 4W，交流回路不大于 5V · A。

（7）触点容量：在电压不超过 250V、电流不超过 3A 的交流回路中为 250V · A（其功率因数 $\cos\varphi=0.4\pm0.1$），允许长期接通 5A 电流在电压不超过 250V、电流不超过 1A 的直流有感负荷（时间常数 $\tau=5\pm0.75$ms）中，断开容量为 50W。

（8）绝缘电阻：下列部位用 500V 兆欧表测量其绝缘电阻应 ⩾ 300MΩ（常温下）。

①导电端子与外露非带电金属或外壳之间。

②动、静触点之间。

③常开触点与常闭触点之间。

④触点与电压回路之间。

（三）额定值

（1）电压额定值：额定电压DC：12V、24V、48V、110V、220V；AC：110V、220V、380V。

（2）动作值：动作电压直流应不大于额定电压70%，交流应不大于额定电压75%。

（3）返回值：返回电压应不小于10%额定电压。

（4）动作时间和返回时间不大于15ms。

（5）功率消耗：在额定电压下不大于5W/5V · A。

第四节　开关电器

主要用于配电电路，对电路及设备进行通断及保护、转换电源或负载的电器。属于此类电器的有断路器、负荷开关、隔离开关、转换开关等。

一、低压断路器简述

低压断路器又称自动空气开关或自动空气断路器，简称断路器。它是一种既能手动操作又能自动进行失压、欠压、过载、和短路保护的电器。用来分配电能，不频繁地启动电动机。对电源线路及电动机等实行保护，当发生严重的过载或短路及欠压等故障时能自动切断电路。按照结构低压断路器分为：微型断路器，简称MCB，是建筑电气终端配电装置中使用最广泛的一种终端保护电器；塑壳断路器，塑料外壳式断路器所有结构元件都装在一个塑料外壳内，结构紧凑、体积小，一般小容量断路器多采用塑料外壳式结构；框架断路器，框架式断路器所有结构元件装在同一框架或底板上，可有较多结构变化方式和较多类型脱扣器，一般大容量断路器多采用框架式结构；智能型万能断路器，是一种新研发的产品，控制电路采用电子模块控制，结构紧凑、体积小，一般用于酒店、写字楼等场所。

国产断路器型号有DW系列、DZ系列，引进技术生产的AH、ME、C45等系列，常用的断路器如图4–22所示。

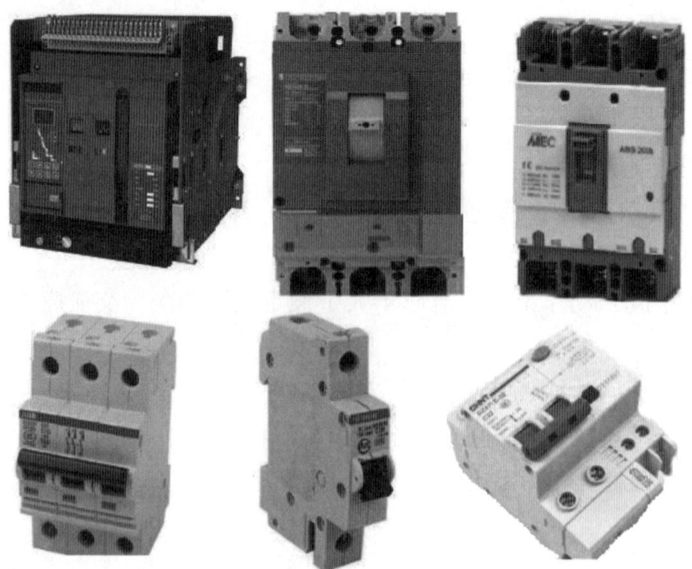

图4–22 常用的断路器外形（CM1–63L/3300、EZD系列）

（一）框架式断路器

1. 用途

常用在控制容量较大的线路上，一般作为变压器二次出线总开关之用。其适用于交流频率 50Hz 或 60Hz，交流电压 660V 及以下，直流电压 440V 及以下的电力线路中作为过负载、短路或欠电压保护，以及在正常工作条件下进行线路的不频繁转换，具有较好的保护性能。

2. 基本结构

按照电流等级框架式断路器分为：600 ~ 1600A、2000A、3200 ~ 4000A。断路器主要由触头及灭弧系统、操作结构、过电流脱扣器、可选附件（分励脱扣器、欠电压脱扣器、辅助开关、过电流报警开关及脱扣表示开关）、隔离触头、抽屉座等部分组成。断路器及操作机构组成如图 4–23 所示。

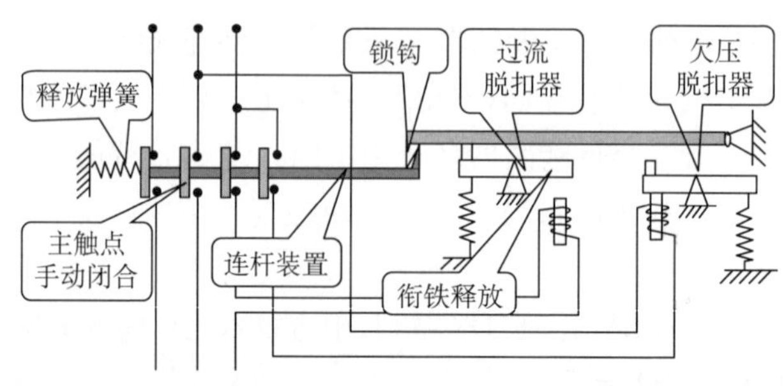

图4–23 断路器及操作机构组成图

3. 脱扣器的技术性能

（1）过电流脱扣器：有电子型和电磁型两种形式。配电用的断路器电子型脱扣器具有过负载长延时、短路短延时、特大短路瞬时保护特性。保护电动机用的断路器电子型脱扣器则具有过负载长延时、短路短延时和预报警特性。电磁型脱扣器只有瞬时保护特性；电子型与电磁型过电流脱扣器可装在同一台断路器上。

（2）分励脱扣器：是对断路器进行远距离分闸的装置，其额定电压交流为：440V、380V、220V、110V，直流：220V、110V、48V、24V。

（3）欠电压脱扣器：在电源电压降至 70% ~ 35% 额定电压时能使断路器断开。

4. 框架式断路器的型号及含义

框架式断路器的型号及含义如图 4–24 所示。

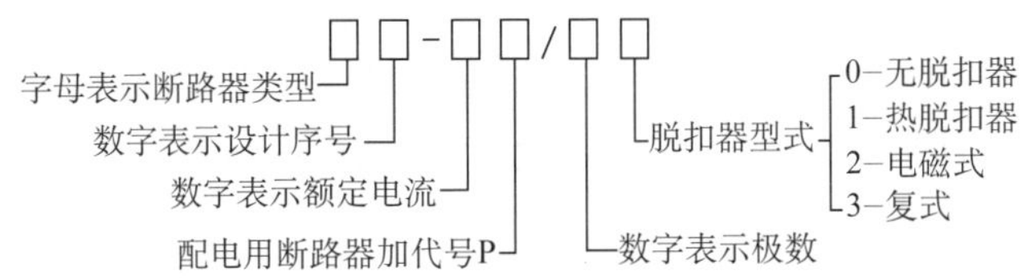

图4–24　框架式断路器的型号及含义

（二）塑料外壳式低压断路器

塑料外壳式低压断路器结构紧凑、体积小。它具有封闭式的塑料绝缘外壳，其导电部分全部封闭在塑料外壳之内，只有操作手柄外露，因此操作比较安全。此类断路器短路保护为瞬动的电磁脱扣器；过电流保护为热脱扣器。常用的型号有 DZ20、DZ15、DZX19、DZ30、DZ47；还有国外引进的 H、D、3VE、CM1、NS、CW1 等系列。

（1）塑壳式断路器的型号及含义，如图 4–25 所示。

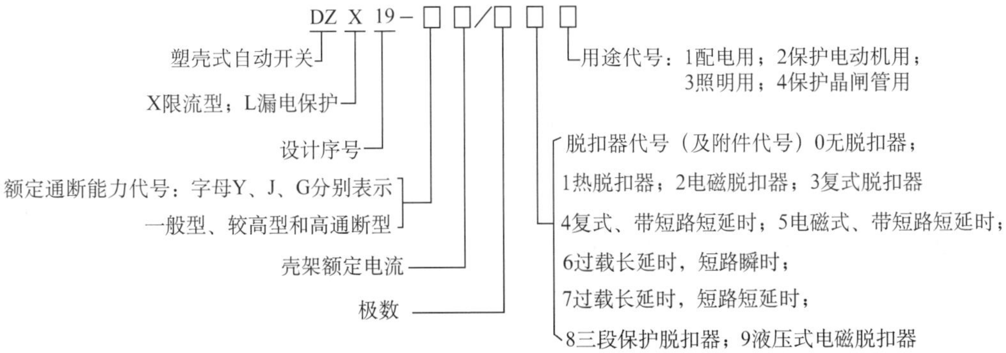

图4–25　塑壳式断路器的型号及含义说明

（2）结构性能：塑壳指的是用塑料绝缘体来作为装置的外壳，用来隔离导体之间以及接地金属部分。塑壳断路器通常含有热磁跳脱单元，大型号的塑壳断路器会配备固态跳脱传感器。

（三）结构特点

1. 触头

主要用于断路器分、合状态的显示，接在断路器的控制电路中通过断路器的分合，对其相关电器实施控制或联锁。例如向信号灯、继电器等输出信号。万能式断路器有六对触头（三常开、三常闭），DW45 有八对触头（四常开、四常闭）。塑壳断路器壳架等级额定电流 100A 为单断点转换触头，225A 及以上为桥式触头结构，约定发热电流为 3A；壳架等级额定电流 400A 及以上可装两常开、两常闭，约定发热电流为 6A。

用于断路器事故的报警触头，此触头只有当断路器脱扣分断后才动作，主要用于断路器的负载出现过载短路或欠电压等故障时而自由脱扣，报警触头从原来的常开位置转换成闭合位置，接通辅助线路中的指示灯或电铃、蜂鸣器等，显示或提醒断路器的故障脱扣状态。

2. 脱扣器

（1）分励脱扣器是一种远距离操纵分闸的附件。当电源电压等于额定控制电源电压的 70% ~ 110% 之间的任一电压时，就能可靠分断断路器。分励脱扣器是短时工作制，线圈通电时间一般不能超过 1s，否则线圈会被烧毁。塑壳断路器为防止线圈烧毁，在分励脱扣线圈上串联一个微动开关，当分励脱扣器通过衔铁吸合，微动开关从常闭状态转换成常开，由于分励脱扣器电源的控制线路被切断，即使人为地按住按钮，分励线圈始终不再通电，这就避免了线圈的烧损。当断路器再扣合闸后，微动开关重新处于常闭位置。

（2）欠电压脱扣器是在它的端电压降至某一规定范围时，使断路器有延时或无延时断开的一种脱扣器，当电源电压下降（甚至缓慢下降）到额定工作电压的 70% 至 35% 范围内，欠电压脱扣器应动作，欠电压脱扣器在电源电压等于脱扣器额定工作电压的 35% 时，欠电压脱扣器应能防止断路器闭合；电源电压等于或大于 85% 欠电压脱扣器的额定工作电压时，在热态条件下，应能保证断路器可靠闭合。因此，当受保护电路中电源电压发生一定的电压降时，能自动断开断路器切断电源，使该断路器以下的负载电器或电气设备免受欠电压的损坏。使用时，欠电压脱扣器线圈接在断路器电源侧，欠电压脱扣器通电后，断路器才能合闸，否则断路器合不上闸。

3. 释能电磁铁

释能电磁铁适用于万能式断路器有电动机预储能机构（由电动储能机构使它的操作弹簧机构储能）。当按下按钮，电磁铁线圈激磁后，电磁铁闭合使储能弹簧释放，断路器合闸。

4. 转动操作手柄

适用于塑壳断路器，在断路器的盖上安装转动操作手柄的机构，手柄的转轴安装在它的机构配合孔内，转轴的另一头穿过抽屉柜的门孔，旋转手柄的把手，装在成套装置的门上面所露出的转轴头，把手的圆形或方形座用螺钉固定在门上，这样的安装能使操作者在门外通过手柄的把手顺时针或逆时针转动，来确保断路器的合闸或分闸。同时转动手柄能保证断路器处于合闸时，柜门不能开启；只有转动手柄处于分闸或再扣，开关板的门才能打开。在紧急情况下，断路器处于“合闸”而需要打开门板时，可在手柄座边上按动释放按钮。

5. 加长手柄

该手柄是一种外部加长手柄，直接装于断路器的手柄上，一般用于600A及以上的大容量断路器上，进行手动分合闸操作。

6. 手柄闭锁装置

手柄框上装设卡件，在手柄上打孔然后用挂锁锁起来。主要用于断路器处于合闸工作状态时，不允许他人分闸而引起停电事故，或断路器负载侧电路需要维修或不允许通电时，以防被人误将断路器合闸，从而保护维修人员的安全或用电设备的可靠使用。

7. 接线方式

断路器的接线方式有板前、板后、推入式、抽屉式，板前接线是常见的接线方式。

（1）板后接线方式：板后接线最大特点是在更换或维修断路器时，不必重新接线，只需将前级电源断开即可。由于该结构特殊，产品出厂时已按设计要求配置了专用安装板和安装螺钉及接线螺钉，需要特别注意的是由于大容量断路器接触的可靠性将直接影响断路器的正常使用，因此安装时必须引起重视，应严格按照制造厂的要求进行安装。

（2）推入式接线：在成套装置的安装板上，先安装一个断路器的安装座，安装座上有6个插头，断路器的连接板上的6个插座。安装座的上面有连接板或安装座且后有螺栓，安装座预先接上电源线和负载线。使用时，将断路器直接插进安装座。它的更换时间比板前，板后接线要短。由于推入、拉至需要一定的人力。目前我国的推入式产品，其壳架电流值最大限制在400A。节省了维修和更换时间。推入式断路器在安装时应检查断路器的插头是否压紧，并应将断路器安全紧固，以减少接触电阻，提高可靠性。

（3）抽屉式接线：断路器的进出抽屉是由摇杆顺时针或逆时针转动的，在主回路和二次回路中均采用了推入式结构，省略了固定式所必需的隔离器，做到一机二用，提高了使用的经济性，同时给操作与维护带来了很大的方便，增加了安全性、可靠性。特别是抽屉座的主回路触刀座，可与 NT 型熔断器触刀座通用，这样在应急状态下可直接插入熔断器供电。

（四）事故原因分析

1. 操作失灵

操作失灵表现为断路器拒动或误动，导致操作失灵的主要原因有：

（1）操作机构、操作（控制）电源缺陷。

（2）断路器本体机械缺陷。

2. 绝缘事故

断路器绝缘事故,可分为内绝缘事故与外绝缘事故。内绝缘事故造成的危害，通常比外绝缘更大。

1）内绝缘事故

内绝缘事故主要有套管和电流互感器事故，其原因主要是进水受潮；其次是油质劣化和油量不足。

2）外绝缘事故

外绝缘事故主要是由于污闪和雷击引起断路器闪络、爆炸事故。污闪的原因主要是瓷瓶泄漏距离较小，不适于污秽地区使用；其次是断路器渗油、漏油，使其瓷裙上容易积聚污秽而引起闪络。

3）开断、关合性能事故

开断、关合任务是对断路器最严酷的考验。绝大多数开断、关合事故的主要原因是由于断路器有明显的机械缺陷，其次是缺油或油质不符合要求。也有的是由于断路器断流能力不足。但前者较多，因为有相当数量的事故发生于分、合小容量，甚至是分、合负荷电流。

4）导电性能不良事故

现场事故统计资料分析表明，导电性能不良故障主要是由机械缺陷引起的。其中有：

（1）接触不良。包括接触面不清洁，接触压力不足。

（2）脱落、卡阻。如铜钨触头脱落等。

（3）接触部位螺钉松动，软连接折断等。

（五）低压断路器的选用及安装

1. 一般的选用原则

（1）要使断路器的额定电压略大于或等于线路的额定电压，其额定电流应略大于或等于线路计算的最大负载电流。

（2）断路器的极限通断能力等于或略大于线路中最大短路电流。

（3）欠电压脱扣器额定电压要等于线路的额定电压。

2. 低压断路器及操作机构的安装要求

（1）一般应垂直安装，裸露在箱体外部且容易触及的导线端子应加绝缘保护。

（2）操作手柄或传动杠杆的分、合位置应正确，操作力不应大于产品规定值。

（3）电动操作机构的接线应正确，触头在闭合和断开过程中，可动部分与灭弧室的零件不应有卡阻现象。

（4）触头的接触面应平整，合闸后接触应紧密。

（5）有半导体脱扣装置的低压断路器，其接线应符合相应的要求，脱扣装置动作应安全可靠。

3. 直流快速断路器安装、调整、试验的要求

（1）断路器的极间中心距离及断路器与相邻设备或建筑物的距离均应不小于 500mm。小于 500mm 时，应加装隔弧板，隔弧板的高度不应小于单极断路器的总高度。

（2）灭弧室内的绝缘衬件应完好，电弧通道应畅通。

（3）有极性快速断路器的触头及线圈，其接线端应标出正、负极性，接线时应与主回路极性一致。

（4）对触头的压力、开距及分断时间等应进行检查，并符合技术条件。

（5）断路器应按产品的技术条件进行交流工频耐压试验，不得有击穿、闪络现象。

（6）脱扣装置必须按设计整定值校验，动作准确、可靠，在短路情况下合闸时，脱扣装置应能立即自动脱扣。

（7）试验后，触头表面如有灼痕，可以进行修复。

二、实例分析

以 ABB 低压空气断路器为例（E3L20）如图 4–26 所示。

设备应符合国家现行技术标准的规定，有合格证件，严禁使用不合格产品，设备应有铭牌标示。

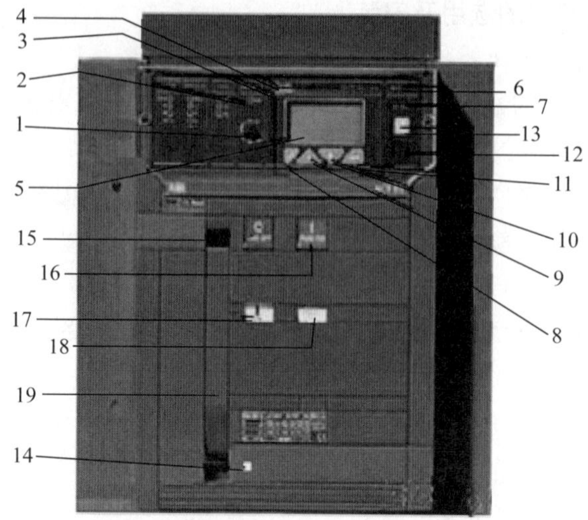

图4-26　框架式低压空气断路器外形

1—耐压试验隔离器；2—电源供电指标LED；3—LED预告警指示；4—LED告警指示；5—背景灯式图形显示（屏幕左下方显示），ABB表明正常操作；6—保护脱扣器的序列号；7—额定电流插块；8—退出（ESC）；9—光标向上移动键；10—光标向下移动键；11—输入数据确认键；12—通过外部装置（PRO30/B供电单元，BT030蓝牙通信单元或PR010/T单元）来连接和测试脱扣器的接口；13—“iTest”测试盒信息键；14—断开位置锁；15—手动分断操作按钮；16—手动闭合操作按钮；17—断路器闭合“I”与断开“O”的指示；18—弹簧储能指示；19—闭合弹簧的手动储能操作杆

（一）断路器分断与闭合操作

(1) 合闸弹簧手动储能：确定指示（17）显示“O”断路器分断，确定指示（18）为白色弹簧未储能，可上下重复搬动杠杆（19）直到指示（18）转为黄色。

(2) 合闸弹簧电动储能：当有以下附件时，可实现断路器电动操作，对闭合弹簧储能的电动机（合闸线圈、分闸线圈），在每次合闸后，电动机会自动对弹簧进行储能操作到指示变为黄色（18），如果储能期间断电，电动机会停止并在恢复电力后重新储能。当然，也可手动完成储能操作。

(3) 断路器闭合：只有在合闸弹簧完成储能后，断路器才能闭合，按带字母“I”的按钮（16）可手动合闸。如果有合闸线圈，还可以使用控制回路进行远程操作。闭合后，指示（17）会显示“I”。而且弹簧状态指示（18）会变为白色。即使是弹簧已释放能量，操作机构也有足够的能量进行分断操作。电动机（如有配置）会马上对弹簧进行储能。

(4) 断路器分断：按带字母“O”的按钮（15），可手动分断断路器，如果有分闸线圈，还可以使用控制回路进行远程操作。分断后，指示（17）会显示“O”。

（5）拉至和推入操作：在推入或拉至之前，必须断开断路器，因断路器拉至部分和固定部分之间有防错装置，防止不同额定电流的拉至部分推入到固定部分。进行推入操作时要检查防错装置以免误操作。

（6）断路器拉至部分相对于固定部分有以下几种位置：

①拉至：拉至部分与固定部分连接，但没有与一次回路及二次回路连接。在此位置上，断路器无法进行电气操作（有的断路器正面的指示显示DISCONNECTED，开关柜门可以闭合）。

②测试断开：拉至部分推入固定部分中，没有与一次回路连接，但与二次回路已连接。在此位置上，断路器可以进行无负载测试（指示显示TESTISOLATED）。

③推入：拉至部分完全推入固定部分中，与一次回路及二次回路都连接。断路器在运行状态（指示显示 CONNECTED）。

（7）将拉至部分推入至固定部分的 DISCONNECTED 位置。

只有当拉至部分到达稳固的位置后，才可以对断路器进行所有的检查。即推不动为止，关闭小室门。

（二）维护

采取任何操作前，必须进行如下步骤：

（1）断路器分闸，并确保操作机构的弹簧已释能。

（2）对于抽出式断路器，将断路器从固定部分拉出，确保操作人员的安全。

（3）要在固定式或抽出式的固定部分进行维修时，要将电源电路和辅助电路切断。同时把电源和负载侧的端子接地。断路器正常工作的情况下，必须定期进行维护保养。

（4）操作次数很少或长时间断开或闭合的断路器必须隔一段时间就让它动作一两次，以免开关黏住。

（5）检查触头弹簧的压力有无过热失效现象，各传动部件动作是否灵活、可靠、无锈蚀和松动现象。

（6）运行过程中要注意断路器的外观是否有灰尘、污垢或有损坏等。对于带 SACEPR122/P 或 PR123/P 的断路器，要注意检查其触头磨损情况，应定期对各机构的摩擦部分涂注润滑油，确保其完整性和清洁程度。

（7）对于带 SACEPR121 的断路器，建议安装机械操作计数器。PR122 和 PR123 脱扣器可以显示断路器的操作次数。它还能提供用于控制断路器状态的有用信息。

(8）断路器每次检查完毕后应做几次操作试验，确认其工作正常，方可再次投入使用。

（三）断路器故障和排除

1. 手动操作断路器不能闭合的原因和处理方法

原因：

(1) 失压脱扣器上无电压;失压脱扣器上有电压,但不能吸合;储能弹簧变形,闭合能力减小。

(2）反作用弹簧过大；机构不能复位再扣；手动脱扣器连杆没调整好；漏电断路器线路漏电或接地。

处理方法：

(1）检查线路及线圈，必要时调换线圈。

(2）检查控制电压装置，检查衔铁的压紧装置，必要时调整压紧片弹簧。

(3）更换储能弹簧；调整弹簧反作用力；调整再扣接触面至规定值；调整调节螺钉。

(4）检查线路，排除漏电或接地故障。

2. 电动操作断路器不能闭合的原因和处理方法

原因：

(1）控制电源电压过低或电源容量不够；电动机终端限位开关在断开位置没有断开。

(2）电磁铁拉杆行程短；控制回路不良，整流元件或电容器损坏。

处理方法：

(1）调换电源；对电动机终端限位开关进行调整。

(2）调整或更换拉杆；检查线路，更换损坏零部件。

3. 有一相触头不能闭合的原因和处理方法

原因：普通型断路器的一相连杆断裂；限流型断路器拆开机构的可拆连杆之间的角度变大。

处理方法：更换连杆，调整到技术条件规定值。

4. 分离脱扣器不能使断路器断开的原因和处理方法

原因：线圈断线或匝间短路；电源电压过低；线路故障或螺钉松动；再扣接触面过大。

处理方法：更换线圈；调整电源电压；检查线路或拧紧螺钉；重新调整。

5. 欠压脱扣器不能使断路器断开的原因和处理方法

原因：脱扣力小；如果是储能释放，则是储能弹簧力变小或机构卡住。

处理方法：调整弹簧，提高拉力；调整储能弹簧的同时，查找并清除卡住原因（如生锈、变形）。

6. 起动电动机时断路器立即断开的原因和处理方法

原因：过流脱扣器瞬动整定值太小；电子式过流脱扣器零件参数变化导致。

处理方法：调整瞬动整定值；更换损坏零部件。

7. 欠电压脱扣器噪声大的原因和处理方法

原因：反作用力弹簧力太大；铁芯工作面有油污；短路环断裂。

处理方法：调整反作用力弹簧；清除油污；更换衔铁或铁芯。

8. 辅助开关故障的原因和处理方法

原因：辅助开关动触桥卡死或脱落；辅助开关传动杆断裂或滚轮脱落。

处理方法：拨正或重新装好触桥；更换传动杆或更换辅助开关。

9. 半导体脱扣器误动作，使断路器分断的原因和处理方法

原因：半导体脱扣器个别零件损坏；外界电磁干扰。

处理方法：更换损坏零件；消除外界电磁干扰，采取隔离或调整安装装置。

10. 断路器温升较高的原因和处理方法

原因：触头压力小；主回路连接螺钉松动；触头磨损严重，触头形成小颗粒金属屑。

处理方法：

（1）调整触头弹簧压力或更换触头弹簧；清除氧化层，拧紧螺钉。

（2）超行程和接触压力要及时调整，必要时更换触头；予以铲除，保持原有平整状态。

11. 漏电断路器经常自行断开的原因和处理方法

原因：线路漏电。

处理方法：检查线路是否绝缘损坏，改进线路绝缘状况。

三、负荷开关

负荷开关是介于断路器和隔离开关之间的一种开关电器，具有简单的灭弧装置，能切断额定负荷电流和一定的过载电流，但不能切断短路电流。适用于电动机控制中心、开关柜等场合，并可作为各种装置与机电设备的主开关。从单极至 8 极，与转换开关、旁路开关和倒顺开关均可结合使用。常用的负荷开关如图 4–27 所示。

西门子3k GL1600/3国产

图4-27 常用的负荷开关外形

（一）负荷开关的型号含义

负荷开关的型号含义，如图 4-28 所示。

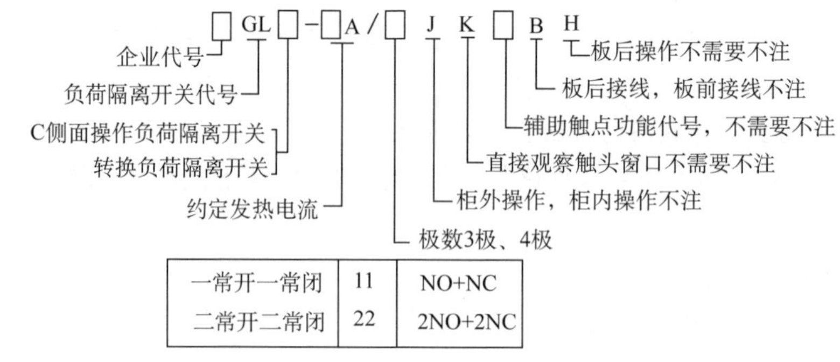

一常开一常闭	11	NO+NC
二常开二常闭	22	2NO+2NC

图4-28 负荷开关的型号含义

（二）负荷开关概述

低压负荷开关又称开关熔断器组。适用于交流工频电路中，以手动不频繁地通断有载电路；也可用于线路的过载与短路保护。

1. 负荷开关与熔断器的正确配合

负荷开关合分工作电流，熔断器开断短路电流。当出现故障时，由于三相电流不一定相同，不可避免出现三相熔断器之间的熔断时间差，首先切除故障后，如负荷开关不能及时分断负荷电流，则会造成产生转移电流和两相运行，对用电设备不利。带有撞击器的熔断器，配合具有脱扣装置的负荷开关，则可解决缺相运行问题。当熔断器的熔件熔断时，负荷开关脱扣装置在撞击器的操作下立即断开。现在多采用四连杆机构，当负荷开关合闸操作时，合分闸弹簧同时储能，当四连杆机构过死点时，合闸弹簧的能量释放，开关作合闸操作，此时分闸弹簧的能量仍由半轴机构所保持，一旦撞击器出击，半轴解列，分闸弹簧的能量释放，开关作分闸操作。因此，在使用中一定要选择带撞针的熔断器和具有机械脱扣装置的负荷开关。

2. 工作原理

使用中的熔断器多为后备保护熔断器，这种熔断器有一个最小开断电流，其值为熔断器额定电流的 2.5 ～ 3 倍，当小于开断电流时，后备熔断器不能开断此电流，这就是它与全范围熔断器的区别。全范围熔断器在引起熔体熔断至额定开断电流（40kA）之间，任何电流均能可靠断开，但价格贵。当故障电流小于后备熔断器的最小开断电流时，熔断器虽然不能保证其开断，但熔件会熔断，其内存的撞击器会击出，撞击负荷开关断开。

3. 选用方法

负荷开关根据灭弧原理可区分为产气、压气、SF_6 和真空等形式。产气开关由分闸的触头间产生的电弧炽热灭弧管，产生气体将电弧熄灭，随着开断次数的增加，灭弧管逐渐烧坏，因此要不断更换灭弧管。产气式负荷开关大约只能开断 1000A 以下的电流。压气式开关靠其动触杆分闸运动时产生气体来灭弧，动触杆是空心的铜杆，内装固定活塞，靠分闸运动时产生气体来灭弧。压气式负荷开关大约开断电流在 1350 ～ 1850A 之间，低于此范围值将会使产品的可靠性降低。SF_6 开关主要优点是体积小，不受外界气候影响，但 SF_6 气体消耗臭氧资源，不符合环保潮流。它的电流开断能力在 2000 ～ 3500A 之间。

（三）注意事项

（1）垂直安装，开关框架、合闸机构、电缆外皮、保护钢管均应可靠接地（不能串联接地）。

（2）运行前应进行数次空载分、合闸操作，各转动部分无卡阻，合闸到位，分闸后有足够的安全距离。

（3）负荷开关串联使用的熔断器熔体应选配得当，应使故障电流大于负荷开关的开断能力时保证熔体先熔断，然后负荷开关才能分闸。

（4）合闸时接触良好，连接部位无过热现象，巡检时应注意检查瓷瓶脏污、裂纹、掉瓷、闪络放电现象；开关不能用水冲洗（户内型）。

第五节　漏电保护器（R、C、D）

漏电电流动作保护器简称漏电保护器，又叫漏电保护开关。在反应触电和漏电保护方面具有高灵敏性和动作快速性，这是其他保护电器，如熔断器、自动开关等无法比拟的。

一、漏电保护器的简述

漏电保护器是利用剩余电流反应和动作，正常运行时剩余电流几乎为零，动作整定值可以整定得很小（一般为mA级），当设备或线路接地故障或人触及外壳带电设备时，即由高灵敏度的零序电流互感器检测出漏电电流，将漏电电流与基准电流值相比较，当超过基准值时，漏电保护器动作，切断电源，起到漏电保护作用。

（一）漏电保护器的型号

漏电保护器常用的型号：DZL18–20、DZL3、DBK2、DZL43、E4FL、F360、ZSLL1、SZB45LE、ZS108L1–32等系列。

（1）低压漏电保护器有“DZL18–20系列漏电开关（两极）、DZL31漏电保护器（两极）、K系列漏电保护器（2、3、4极）、DBK2系列漏电保护开关、DZL43、FIN系列漏电保护开关、E4FL系列漏电保护器、F360系列漏电保护开关、DZL29系列漏电保护开关等系列型号。

（2）低压漏电保护器的漏电动作电流分为：10mA、20mA、30mA、100mA、300mA、500mA等规格，额定电流分为：10A、16A、20A、25A、32A、40A、63A、80A、100A、120A、150A等。

（二）电流动作型漏电保护器原理图

电流动作型漏电保护器原理图如图4–29所示。

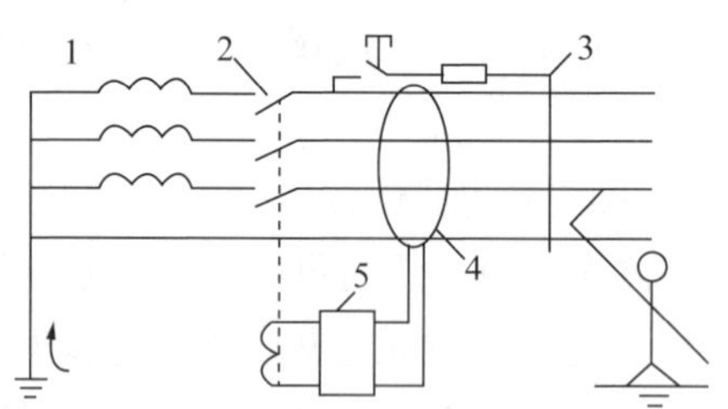

图4–29 电流动作型漏电保护器原理图

1—变压器 2—主开关 3—试验回路 4—零序电流互感器 5—脱扣线圈

1. 原理

（1）电流动作型漏电保护器，是以被保护设备的对地泄漏电流或接地电流作为输入信号而工作。这种保护器常采用剩余电流互感器作为取得触电或漏电信号的检测元件。所有电源线（二线、三线或四线）穿过剩余电流互感器的环形铁芯构成一次线圈，其二次线圈与主开关脱扣器的脱扣线圈相连接。在正常情况下，一次电流的矢量和为零，即 $\dot{I}_A + \dot{I}_B + \dot{I}_c=0$，在铁芯中的磁通矢量和也为零。因此，正常时在二次线圈上没有感应电压或电流，脱扣线圈 5 中无电流。当发生漏电或人身触电时，在剩余电流互感器 4 的二次线圈中有剩余电流通过，脱扣器 5 中有电流通过，当电流达到整定值时，使脱扣机构动作，主开关 2 掉闸，切断故障电路，从而起到保护作用。

（2）电流动作型漏电保护器不需要专用接地线，可装于电源与负载之间，能防止间接接触电击和直接接触电击，从而得到了广泛的应用。用于人身保护的漏电保护器应采用高灵敏度漏电保护器（动作电流为 30mA 及以下者），为了防止漏电导致火灾，可采用中灵敏度（动作电流 30 ~ 1000mA）和低灵敏度（动作电流大于 1000mA）的漏电保护器。

（3）如果用于重要设备或多台设备供电的电路保护。为了减少因误动作引起的停电，或从安全角度考虑不能立即断开的供电电路，选用延时型漏电保护器，其动作时间为 0.2 ~ 2s。

电子式漏电保护器具有以较小的剩余电流，通过放大器输出控制较大功率脱扣器的特点。在控制方面有较高的灵活性。但是，电子式漏电保护器在使用时，需要控制电源。如果不设独立电源，就要对漏电保护器装设处发生事故时的电源电压进行验算，电源电压如小于产品规定值，漏电保护器就不能可靠地动作，另外电子式漏电保护器的性能不太稳定，易受强磁场、强电场等环境的影响。

（三）接线方式

TN 系统是指配电网的低压中性点直接接地，电气设备的外露可导电部分通过保护线与该接地点相接。

TN 系统可分为：

TN–S 系统整个系统的中性线与保护线是分开的。

TN–C 系统整个系统的中性线与保护线是合一的。

TN–C–S 系统整个系统干线部分的前一部分保护线与中性线是共用的，后一部分是分开的。

相线（英文 LIVE）L 一般为红色或棕色（IEC 体系）或白色（UL 体系）。

中性线（英文 NEUTRAL）N（中性线）一般为蓝色（IEC 体系）或黑色（UL 体系）。

地线（英文 EARTH）E 一般为黄色或黄绿色。

1. 漏电保护器的安装接线要求

（1）漏电保护器的安装应符合生产厂家产品说明书的要求；漏电保护器的安装应充分考虑供电线路、供电方式供电电压及系统接地形式。

（2）漏电保护器的额定电压、额定电流、短路分断能力、额定漏电动作电流、分断时间应满足被保护供电线路和电气设备的要求。

（3）漏电保护器的安装接线应正确，在不同系统的接地形式如单相、三相四线、三相三线供电系统中漏电保护器的正确接线方式如图 4–30、图 4–31 所示。

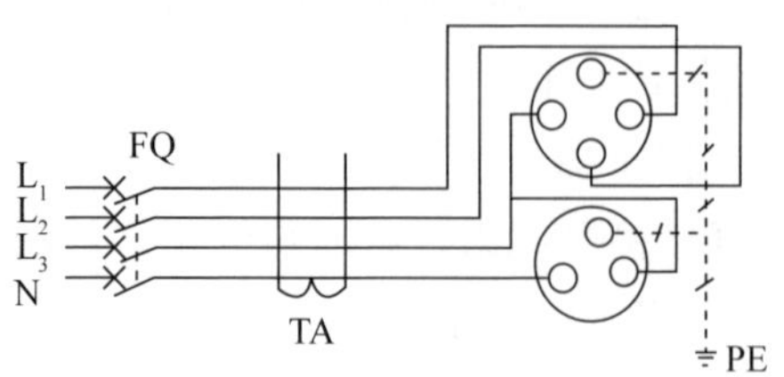

图4–30　三相四线漏电保护器与负载接线图

如图 4–30 所示三相四线漏电保护开关（FQ）用于既有三相负载又有单相负载时的接线图（图中以插座代表负载）。

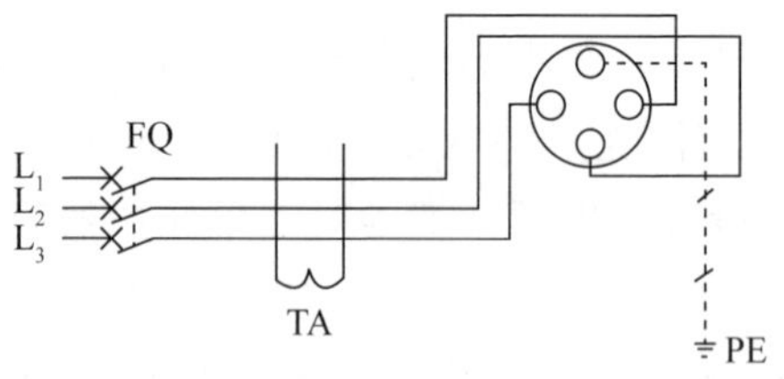

图4–31　三相三线漏电保护器与负载接线图

图 4–31 中表明了，负载侧的保护接线端（PE 端子）用在不同的配电系统中有不同的接法。

二、漏电保护器选用及安装

购买漏电保护器时应购买正规厂家生产的产品，且产品质量合格。漏电保护器有不少是不合格产品，有的不能正常分断短路及漏电电流，起不到人身触电时的保护作用。

（一）选用漏电保护器时应遵循的主要原则

（1）应根据保护范围、人身设备安全和环境要求确定漏电保护器的电源电压、工作电流、漏电电流及动作时间等参数。

（2）电源采用漏电保护器做分级保护时，应满足上、下级开关动作的选择性。一般上一级漏电保护器的额定漏电电流不小于下一级漏电保护器的额定漏电电流，这样既可以保护人身和设备安全，又能避免越级跳闸，缩小事故范围。

（3）手持式电动工具（除Ⅲ类外）、移动式生活用的家电设备（除Ⅲ类外）、其他移动式机电设备，以及触电危险性较大的用电设备，必须安装漏电保护器。

（4）《施工现场临时用电安全技术规范》（JGJ 46–2005）中明确要求，建筑施工场所、临时线路的用电设备，应安装漏电保护器。

（5）机关、学校、企业、住宅建筑物内的插座回路，宾馆、饭店及招待所的客房内插座回路，也必须安装漏电保护器。

（6）安装在水中的供电线路和设备以及潮湿、高温、金属占有系数较大及其他导电良好的场所，如机械加工、冶金、纺织、电子、食品加工等行业的作业场所，以及锅炉房、水泵房、食堂、浴室、医院等场所，必须使用漏电保护器进行保护。

（7）固定线路的用电设备和正常生产作业场所，应选用带漏电保护器的动力配电箱。临时使用的小型电器设备，应选用漏电保护插头（座）或带漏电保护器的插座箱。

（8）漏电保护器作为直接接触防护的补充保护时（不能作为唯一的直接接触保护），应选用高灵敏度、快速动作型漏电保护器。一般环境选择动作电流不超过 30mA，动作时间不超过 0.1s，这两个参数是保证人体触电时，不会使触电者产生病理性生理危险效应。在浴室、游泳池等场所，漏电保护器的额定动作电流不宜超过 10mA。在触电后可能导致二次事故的场合，应选用额定动作电流为 6mA 的漏电保护器。

（9）对于不允许断电的电气设备，如公共场所的应急照明、通道照明、消防设备的电源、用于防盗报警的电源等，应选用报警式漏电保护器接通声、光报警信号，通知管理人员及时处理故障。

（10）国标 GB 50096—2011《住宅设计规范》中明确每户、每单元、整栋楼应装设低压漏电保护器。一般选用漏电动作电流为 10mA、20mA、30mA，额定电流 32A（建筑面积 140m^2 以内）、63A（建筑面积 160m^2 以上）。

（11）中国强制标准 GB 17790–2008 家用和类似用途空调器安装规范 2010–01–01 实施空调安装必须配备漏电保护装置。

（二）漏电保护器安装前的检查

（1）设备到达现场后，应及时做下列验收检查：

①包装和密封应良好，规格型号应符合设计要求。

②技术文件、资料齐全（合格证、说明书等），按规程要求做外观检查。

（2）漏电保护器安装前的检查，应符合下列要求：

①设备铭牌、型号、规格应与被保护线路、电器或设计相符合。

②外壳、漆层、手柄应无损坏变形。

③内部灭弧罩瓷件、塑料件应无裂纹、破损的伤痕。

④螺丝应拧紧，附件应齐全。

（三）漏电保护器的安装基本要求

(1) 被保护回路的电源线，包括相线和中性线均应穿入零序电流互感器。

(2) 穿入零序互感器的一段电源线应用绝缘带包扎紧，捆成一束后由零序电流互感器孔的中心穿入。主要是消除由于导线位置不对称而在铁芯中产生不平衡磁通。

(3) 由零序互感器引出的零线上不得重复接地，否则在三相负荷不平衡时生成的不平衡电流，不会全部从零线返回，而有一部分由大地返回，因此通过零序电流互感器电流的向量和不为零，二次线圈有输出，可能会造成误动作。

(4) 每一保护回路的零线，均应专用，不得就近搭接，不得将零线相互连接，否则三相的不平衡电流，或单相触电保护器相线的电流，将有部分分流到相连接的不同保护回路的零线上，会使两个回路的零序电流互感器铁芯产生不平衡磁动势。

(5) 三极漏电保护器只适用于三相平衡的电动机使用，日常用电是不可以使用的，用电就掉闸，因为只有一相通过保护器，零线不过保护器，总电流不是零，用电就会跳闸，不跳闸就是漏电保护器出了故障。

三、运行维护及注意事项

漏电保护器适用于电源中性点直接接地或经过电阻、电抗接地的低压配电系统。

（一）漏电保护器的运行维护

(1) 应制定制度，专人维护，定期试跳，并做好运行记录。在使用中按照说明书的要求使用漏电保护器，并按规定每月检查一次，即操作漏电保护器的试验按钮，检查其是否能正常断开电源。在检查时应注意操作试验按钮的时间不能太长，一般以点动为宜，次数也不能太多，以免烧毁内部元件。

(2) 遇有问题，不得擅自退出运行，或有意识使其失效。漏电保护器在使用中发生跳闸，如未发现开关动作原因时，允许试送电一次，如果再次跳闸，应查明原因，找出故障，不得连续强行送电。

(3) 正常运行时跳闸，若因为电动机启动或大电流冲击，则采取交替启动，适当调整定位，或带短延时躲过冲击电流。因下雨等原因使漏电电流增加，则可临时调整灵敏度。

（4）漏电保护器一旦损坏不能使用时，应立即请专业电工进行检查或更换。如果漏电保护器发生误动和拒动，其原因一方面是由漏电保护器本身引起的，另一方面是来自线路的缘由，应认真地具体分析，不要私自拆卸和调整漏电保护器的内部器件。

（二）注意事项

（1）对于电源中性点不接地的配电系统，不宜采用漏电保护器。因为不能构成泄漏电气回路，即使发生了接地故障，产生了大于或等于漏电保护器的额定动作电流，该保护器也不能及时动作切断电源回路；或者依靠人体接通故障点去构成泄漏电气回路，促使漏电保护器动作，切断电源回路，这对人体仍不安全。必须具备接地装置的条件，电气设备发生漏电时，且漏电电流达到动作电流时，能在 0.1 秒内立即跳闸，切断电源主回路。

（2）漏电保护器保护线路的工作中性线 N 要通过零序电流互感器。否则，就会有一个不平衡电流使漏电保护器产生误动作。

（3）接零保护线（PE）不准通过零序电流互感器。因为保护线路（PE）通过零序电流互感器时，漏电电流经 PE 保护线又回穿过零序电流互感器，导致电流抵消，而互感器上检测不出漏电电流值。在出现故障时，造成漏电保护器不动作，起不到保护作用。

（4）控制回路的工作中性线不能进行重复接地。一方面，重复接地时，在正常工作情况下，工作电流的一部分经由重复接地回到电源中性点，在电流互感器中会出现不平衡电流。当不平衡电流达到一定值时，漏电保护器便产生误动作；另一方面，因故障漏电时，保护线上的漏电电流也可能穿过电流互感器的中性线回到电源中性点，抵消了互感器的漏电电流，而使保护器拒绝动作。

（5）漏电保护器后面的工作中性线 N 与保护线（PE）不能合为一体。如二者合为一体时，当出现漏电故障或人体触电时，漏电电流经电流互感器回流，造成漏电保护器拒动。

（6）被保护的用电设备与漏电保护器之间的各线不能碰接。如果出现线间相碰或零线间相交接，会立刻破坏了零序平衡电流值，引起漏电保护器误动；另外，被保护的用电设备只能并联安装在漏电保护器之后，接线保证正确，也不许将用电设备接在实验按钮的接线处。

第六节　自动转换开关

自动动转换开关是利用微机控制技术研制的。开关以断路器或负荷开关为执行元件，配以机电一体化、带机电双重联锁的新型控制机构，适合用在不允许断电的重要供电场所，自动转换开关可实现自投自复、自投不自复、互为备用三种不同的工作方式。

一、自动转换开关

自动转换开关根据工作电源的电压状态，以及工作方式，决定是否从一个电源转向另一个电源。它的功能取决于其所配制的控制器，控制器分为A型、B型和D型三种。

（一）型号说明

自动转换开关型号说明如图4–32所示。

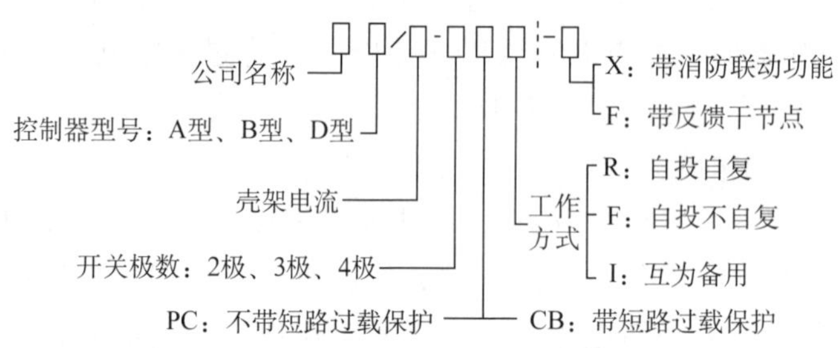

图4–32　自动转换开关型号说明

（二）接线

（1）开关配有常用电源 U_n、备用电源 U_r 指示，断路器闭合指示，断路器脱扣指示，同时还提供这些指示型号的外接输出端子（有源），可根据所需要确定外接指示灯。

（2）对带有B型控制器的开关有一组发电机启动信号端子（无源），可根据需要连到发电机启动回路中所提供消防端子可接受消防中心的控制信号，使开关转到0位（即：双分位），切掉非优先级负载。

① B型控制器的发电机启动端子在常用电源正常时常闭触点断开，当常用电源故障时，常闭触点闭合，以接通发电机启动电路；常开触点与之相反。

②两台断路器的主回路相序必须一致。三极开关必须将系统中性线接入开

关中性线端子。

a. 接地线必须可靠，以确保操作人员的使用安全。

b. 四级开关的中性线应各自接到（常用电源）、（备用电源）断路器的进线端，不得将中性线公用。

（三）控制器及其设置

1. A 型控制器

1）自动 / 手动工作方式切换

（1）自动操作：将自动 / 手动切换开关置于自动位置。

（2）手动操作：将自动 / 手动切换开关置于手动位置。

2）延时时间及工作状态的设定

（1）转换延时 t_1：0、5、15、30s。

（2）返回延时 t：0、5、15、30s。

（3）工作状态：自投自复、互为备用、自投不自复。

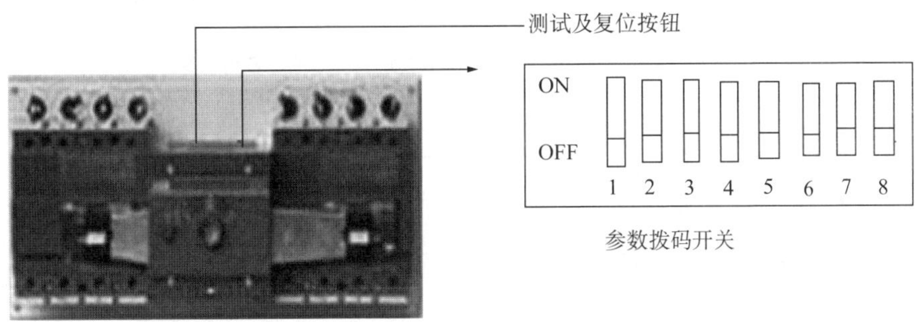

图4—33　A型控制器外形图

3）指示灯

H1 指示灯：常亮—常用电源表示正常，闪亮—常用电源表示故障。

H2 指示灯：常亮—备用电源表示正常，闪亮—备用电源表示故障。

H3 指示灯：灯亮—常用电源表示闭合。

H4 指示灯：灯亮—备用电源表示闭合。

H5 指示灯：灯亮—常用电源过流保护正常（仅对 NS 执行断路器型开关）。

H6 指示灯：灯亮—备用电源过流保护正常（仅对 NS 型执行断路器型开关）。

2. B 型控制器

B 型控制器如图 4—34 所示。

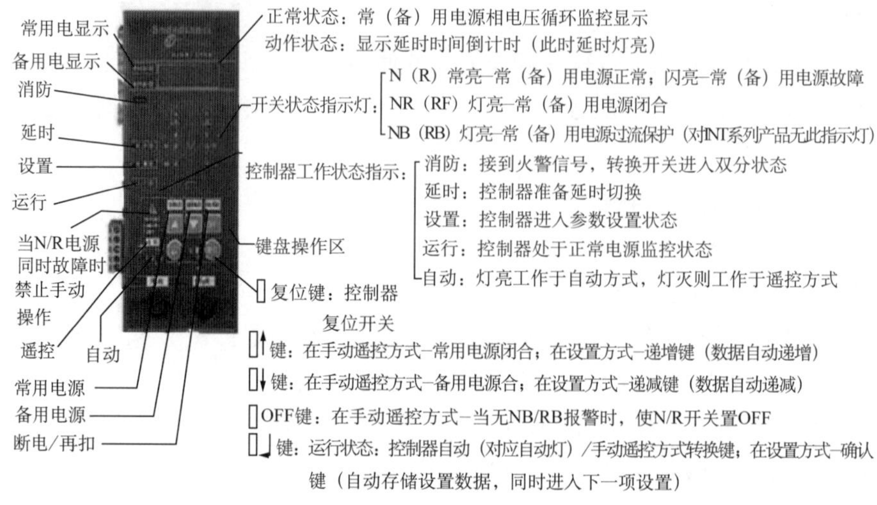
常用电显示
备用电显示
消防
延时
设置
运行
当N/R电源同时故障时禁止手动操作
遥控
自动
常用电源
备用电源
断电/再扣
正常状态：常（备）用电源相电压循环监控显示
动作状态：显示延时时间倒计时（此时延时灯亮）
开关状态指示灯：
N（R）常亮—常（备）用电源正常；闪亮—常（备）用电源故障
NR（RF）灯亮—常（备）用电源闭合
NB（RB）灯亮—常（备）用电源过流保护（对NT系列产品无此指示灯）
控制器工作状态指示：
消防：接到火警信号，转换开关进入双分状态
延时：控制器准备延时切换
设置：控制器进入参数设置状态
运行：控制器处于正常电源监控状态
自动：灯亮工作于自动方式，灯灭则工作于遥控方式
键盘操作区
复位键：控制器复位开关
↑键：在手动遥控方式—常用电源闭合；在设置方式—递增键（数据自动递增）
↓键：在手动遥控方式—备用电源合；在设置方式—递减键（数据自动递减）
OFF键：在手动遥控方式—当无NB/RB报警时，使N/R开关置OFF
↵键：运行状态：控制器自动（对应自动灯）/手动遥控方式转换键；在设置方式—确认键（自动存储设置数据，同时进入下一项设置）

图4–34　B型控制器外形图

B 型控制器（B 型自动转换开关）接线原理图，如图 4–35 所示。

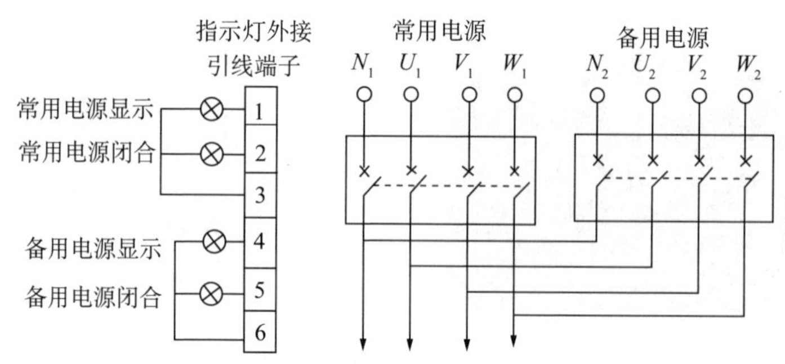
指示灯外接引线端子
常用电源
备用电源
N1 U1 V1 W1
N2 U2 V2 W2
常用电源显示
常用电源闭合
备用电源显示
备用电源闭合
1
2
3
4
5
6

图4–35　B型控制器接线图

3. 自动方式操作

将断路器进线端的接线端子根据接线图 4–35 分别接常用电源和备用电源，将开关手动 / 自动置于自动位置，将控制器设为自投自复工作方式，通电后，如常用电源正常，开关将自动使常用电源断路器闭合。如常用电源不正常，常用电源断路器断开，备用电源断路器闭合。当常用电源恢复正常时，开关自动恢复到常用电源断路器闭合状态。

4. 手动方式操作

将手动 / 自动切换开关扳至手动位置，使电气操纵机构的控制电路开路，然后根据开关当前的工作位置插入手柄，并将手柄压到底，旋至所需要的工作位置。

5. 手动遥控方式操作（对 B 型开关）

在控制器通电正常，且自动 / 手动开关处于自动位置时，可通过回车键进行

自动 / 手动遥控方式的切换，当处于手动遥控状态时，遥控灯亮，然后可通过↑键使常用电源合上；通过↓键使备用电源合上；通过 OFF 键在无 NB/RB 报警时使开关置于 0 位。返回自动方式，操作时通过回车键切换。

(1) 当发生脱扣故障（对应脱扣指示灯亮），故障排除后需将自动 / 手动转换开关置于手动位置，手动使相应断路器再扣（可通过闭合指示灯显示，加以确认），然后将自动 / 手动转换开关恢复到自动位置（B 型开关还需通过复位键使控制器复位），系统恢复到正常自动运行状态。

(2) 通电情况下，禁止插拔控制器的接线端子。

(3) 在常用电源、备用电源均故障情况下，禁止手动合闸。

(4) 手动方式操作后，如欲恢复到自动操作状态需将自动 / 手动切换开关置于自动位置，并按复位按钮使控制器复位。

（四）维护与故障排除

1. 维护

为保证开关工作的可靠性，应每三个月进行一次切换试验，以便确认开关工作的正常状态，保证重要负荷供电的连续性。

2. 常见故障及排除

当开关不能正常工作情况时，参考表 4–1 进行常见故障的排除。

表4–1 自动转换开关故障检查、排除表

<table>
<tr><th>故障</th><th colspan="2">故障检查</th><th>故障排除</th></tr>
<tr><td rowspan="9">接入电源自动转换开关不正常工作</td><td rowspan="3">控制器电源灯不亮</td><td>断路器进线端接线端子上接线脱落</td><td rowspan="2">将对应线接好</td></tr>
<tr><td>3级开关，系统中性线未接入中性端子</td></tr>
<tr><td>熔断器熔断</td><td>更换熔断器</td></tr>
<tr><td rowspan="2">控制器电源灯亮</td><td>自动/手动切换开关在手动位置</td><td>将自动/手动切换开关置于自动位置</td></tr>
<tr><td>控制器延时设置在最大位置</td><td>调整延时或等延时后工作</td></tr>
<tr><td rowspan="2">控制器电源灯闪烁</td><td>对应电压断路器进线接触不良、单相断相或电源电压超出正常范围</td><td>消除电源线故障</td></tr>
<tr><td>若蜂鸣器报警，则中性线与相线反接</td><td>调整为正确接线</td></tr>
<tr><td colspan="2">脱扣灯亮</td><td>对应断路器脱扣，负载故障消除后，手动使其再扣</td></tr>
<tr><td colspan="2">自动灯或遥控灯闪烁</td><td>两路电源均故障，排除故障</td></tr>
</table>

电动机控制

电动机是生产机械设备的拖动装置，其转向取决于工作需要及机械设备工艺生产的要求。机械设备不仅需要电动机单方向运转，还需要正反两个方向运转。所以对电动机的启动、运行、制动进行控制以达到对生产、生活及工作的需要。

第一节　电动机

实现电能与机械能相互转换的电器设备称为电动机。电动机是利用电磁感应原理实现电能与机械能的相互转换。把机械能转换成电能的设备称为发电机。

一、三相异步电动机的结构、原理和转差率

三相交流异步电动机是根据电磁感应原理制成的，所以异步电动机又称为感应式电动机。常用的电动机系列有：Y、YR、Y−W、Y−F、Y−WF、YD、YLD、YCT、YCTD 等系列。

（一）三相异步电动机的基本结构

三相交流异步电动机主要由定子和转子组成。定子和转子之间有一个很小的空气隙。另外，还有机座、端盖、风扇等零部件。

1. 定子部分

定子是由定子铁芯、定子绕组和机座三部分组成。

定子铁芯是电动机磁路的一部分，由 0.35 ~ 0.5mm 厚的硅钢片（硅：防磁滞；钢：防磁阻；片：防涡流）叠压而成，片间有绝缘，以用来减少涡流损耗。定子铁芯的内圆开有凹槽，嵌放定子绕组。

定子绕组是电动机的电路部分，是由绝缘的漆包线或丝包线（圆线或扁线）绕制而成，并嵌放于定子铁芯的凹槽内，以槽楔固定。每个绕组为一相，三个绕组在空间相差 120° 的电角度构成三相绕组。

三相的引出线分别用 U_1、U_2、V_1、V_2、W_1、W_2 来标注，下角注 1、2 分别为各相的首端、末端。共有六个出线头，这六根引线引至接线盒上，根据使用需要，通过连接片可将三相绕组做成 Y 形或△形连接如图 5−1 所示。机座是用来固定并保护定子铁芯和定子绕组、安装端盖、支撑转子及其他零部件的固定部分。另外，机座还能起到热量传导和散发热能的作用。

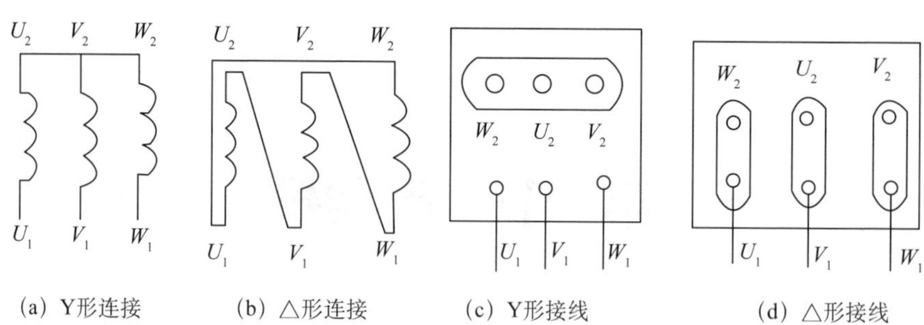

(a) Y形连接　(b) △形连接　(c) Y形接线　(d) △形接线

图5-1　三相异步电动机定子绕组连接方式

2. 转子部分

转子有鼠笼式转子和绕线式转子两种。其作用是切割磁场，产生感应电动势和电流，由旋转磁场力使转子转动。前者称为鼠笼式三相异步电动机，后者称为绕线式三相异步电动机，转子的结构组成如下：转子铁芯和定子铁芯相似，由 0.35 ～ 0.5mm 厚的硅钢片叠压而成。转子绕组分笼型和绕线型两种。鼠笼式转子绕组由铸铝导条或铜条组成，端部用短路环短接。绕线式转子绕组和定子绕组相似。转轴由中碳钢制成，转轴能固定和支撑转子，转子铁芯和绕组起传递转矩和机械功率的作用，用来输出转矩；转轴上还装有风扇，用来帮助电动机散热。

鼠笼式转子绕组在转子铁芯的每一个槽内放入一根导条，在伸出铁芯的两端分别用两个导电端环把所有的导条连接起来，形成一个自行闭合的短路绕组。如果去掉铁芯，剩下来的绕组形状就好像一个松鼠笼子，如图 5-2 所示。

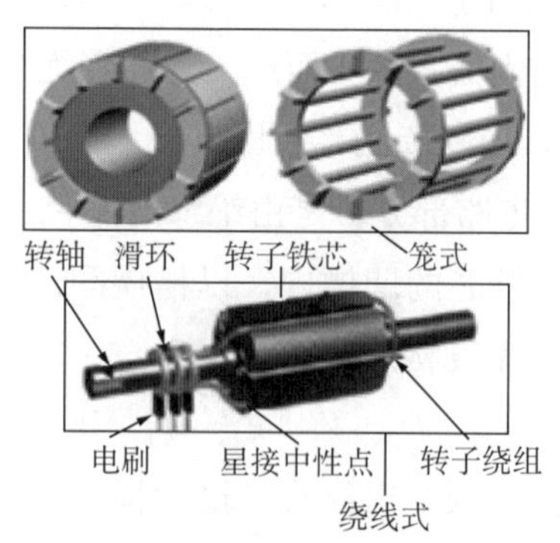

图5-2　鼠笼式、绕线式异步电动机转子结构图

绕线式转子绕组与定子绕组一样，如图 5-3 所示，绕线型转子绕组是一个对称三相绕组。一般接成星形，三根引出线分别接到转轴上的三个与转轴绝缘的集电环上，通过电刷装置与外电路相接。

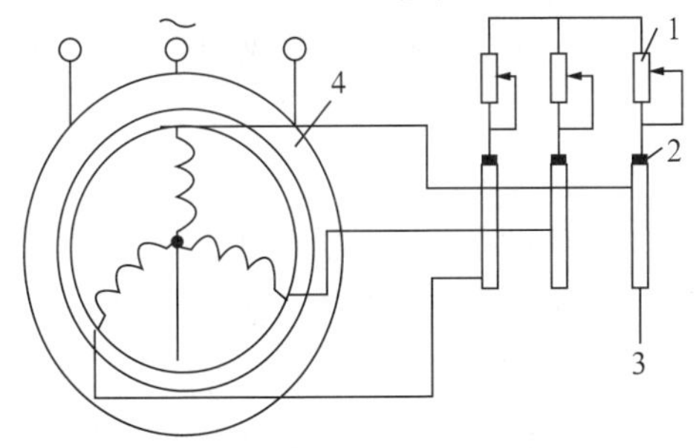

图5–3　绕线式异步电动机转子结构图

（二）三相异步电动机的工作原理和转差率

1. 工作原理

三相异步电动机定子的三相对称绕组接入三相对称电源后，就会流过三相对称电流，从而在电动机中就会产生三相旋转磁场，以同步转速旋转。在旋转磁场的作用下，转子导体中的感应电动势产生出感应电流。转子电流在转子铁芯上产生转子磁场，转子磁场与旋转磁场相互作用的结果使转子转动，这就是电动机的工作原理。

2. 旋转磁场的方向和转速

三相定子绕组内电流流过的先后顺序，称为相序。三相电流的相序定为 U、V、W，旋转磁场的方向为顺时针方向。如任意对调其中的两根相线，磁场就会按照反方向即逆时针方向旋转。如电源的频率为 f，定子绕组的极对数为 p，那么旋转磁场转速为：

$$n_1=\frac{60f}{p} \tag{5–1}$$

如果电动机的磁极对数定为：

P=1（二极），　$n_1=\frac{60\times50}{1}$ r/min=3000r/min；

P=2（四极），　$n_1=\frac{60\times50}{2}$ r/min=1500r/min；

P=3（六极），　$n_1=\frac{60\times50}{3}$ r/min=1000r/min；

P=4（八极），　$n_1=\frac{60\times50}{4}$ r/min=750r/min。

（1）三相交流电通入定子绕组会产生旋转磁场，旋转磁场旋转切割转子绕组，感应出电动势 e，方向用右手定则判定，在感应电动势的作用下，由于转子绕组闭合，导体中就有电流流过。

（2）定子空间有旋转磁场，转子绕组中有感应电流，由左手定则可知，转子绕组将受到电磁力的作用，该力对转轴形成力矩，称为电磁转矩，方向与定子旋转磁场的方向一致。

3. 转差率

旋转磁场的旋转速度 n_1 称为同步转速。由于转子运动的方向与磁场的旋转方向是一致的，如果 $n=n_1$ 则磁场与转子之间就没有相对运动，它们之间就不存在电磁感应关系，也就不能在转子导体中产生感应电动势和电流，从而就不能产生电磁转矩。所以，感应电动机的转子速度永远小于磁场旋转的速度（$n < n_1$），因此，这种电动机称为三相异步电动机。

转子转速 n 与旋转磁场转速 n_1 之差称转差 Δn，转差 Δn 与磁场转速 n_1 之比，称为转差率 S。

即：

$$S=\frac{n_1-n}{n_1}=\frac{\Delta n}{n_1}$$

故异步电动机的转速公式：

$$n=n_1(1-S)=\frac{60f}{p}(1-S) \tag{5-2}$$

转差率 S 是决定三相异步电动机运行情况的一个基本数据，其范围一般为 $0 < S < 1$，它也是异步电动机的一个重要参数。它对电动机的运行有着极大的影响。

普通三相异步电动机，为了使额定运行时的效率提高，通常设计为使其额定转速略低于（但很接近于）它的同步转速。因此额定转差率 S 很小，一般在 0.02 ~ 0.06 之间。

二、异步电动机的转矩、铭牌技术数据

每台电动机上都设有一块铭牌，它表明了电动机的型号和主要技术数据。

（一）转矩

1. 额定转矩

电动机在长期持续工作时，其轴上所输出的最大允许转矩称为额定转矩 M_e。当电动机在额定状态下运行时，其额定转矩可根据额定功率 P_e 和额定转速 n_e 求出，即：

$$M_e=975\frac{P_e}{n_e}\text{（单位：千克力 · 厘米，kgf · cm）} \tag{5-3}$$

$$M_e=9550\times\frac{P_e}{n_e}\text{（单位：牛顿 · 米，N · m）} \tag{5-4}$$

2. 启动转矩

电动机接上电源，转子还未转动（即转速 n=0）的瞬间，电动机所产生的电磁转矩称为启动转矩。启动转矩越大，电动机的启动性能越好。一般电动机的启动转矩为电动机额定转矩的 1.1 ～ 1.2 倍。启动转矩的大小与下列因素有关：

（1）与电压有关：启动转矩与加在电动机定子绕组上电压的平方成正比。改变加在电动机定子绕组上的电压便可以改变电动机启动转矩的大小。

（2）与漏电抗有关：当电动机的漏电抗增大时，启动转矩就会减小；而电动机的漏电抗减小时启动转矩就会增大。由于电动机漏电抗与绕组匝数的平方成正比，同时也与电动机的气隙大小有关。因此，当电动机启动困难时，适当减少定子每相绕组的匝数，或适量的增加气隙的长度，均可以减少电动机的漏电抗，从而增大电动机的启动转矩。

（3）与转子电阻有关：电动机转子电阻的大小与启动转矩有关。当转子电阻增大时可使启动转矩增加。因此，绕线型电动机启动时，在转子绕组回路中串入适当的附加电阻就可以增大启动转矩，减少启动电流。

3. 最大转矩

三相异步电动机在启动过程中，电动机的转速由零逐渐增加到稳定转速，在速度增加的过程中，电动机的电磁转矩是变化的，电磁转矩有一最大值，称其为电动机的最大转矩，用字母 M_m 表示，单位是 N · m。最大转矩也用其额定转矩的倍数来表示。电动机带负载运行时，可能发生短时的过负荷情况。如果电动机的最大转矩小于过负荷时的转矩，则电动机便会停止转动，俗称堵转。最大转矩倍数表明电动机的过载能力。最大转矩越大，电动机的过载能力就越强。一般三相异步电动机的过载能力为 1.8 ～ 2.5 倍的额定转矩。最大转矩的大小与下列因素有关：

（1）与电压有关：启动转矩与加在电动机定子绕组上电压的平方成正比。改变加在电动机定子绕组上的电压便可以改变最大转矩，即可以改变其过载能力（电动机一般不允许长时间过载运行）。

（2）与漏电抗有关：当电动机的漏电抗增大时，其最大转矩就会减小；而电动机的漏电抗减小时，其最大转矩就会增大。异步电动机的最大转矩与转子电阻无关。最大转子电阻只能增加电动机的启动转矩，但不能改变其最大转矩。

4. 过载能力

电动机的额定转矩应小于最大转矩 M_m，而使用中不能过于靠近最大转矩，否则当电动机稍有过载时，就会立即停转。因此，在实际应用中，常使电动机的额定转矩比最大转矩小得多，其比值称为电动机的过载系数，用符号 λ 表示，即：$\lambda=\dfrac{M_m}{M_e}$；（异步电动机的过载系数 λ 一般为 1.8 ～ 2.5）。应该指出，异步电动机的转矩与定子绕组的外加电压 U_1 的平方成正比。电动机外加电压的变动对异步电动机的转矩影响较大。

（二）三相异步电动机的铭牌及主要技术数据

为了适应不同用途和环境的需要，电动机制成不同的系列，各种系列用不同的型号表示。它由汉语拼音字母、国际通用符号和阿拉伯数字三部分组成，如图 5–4 所示。

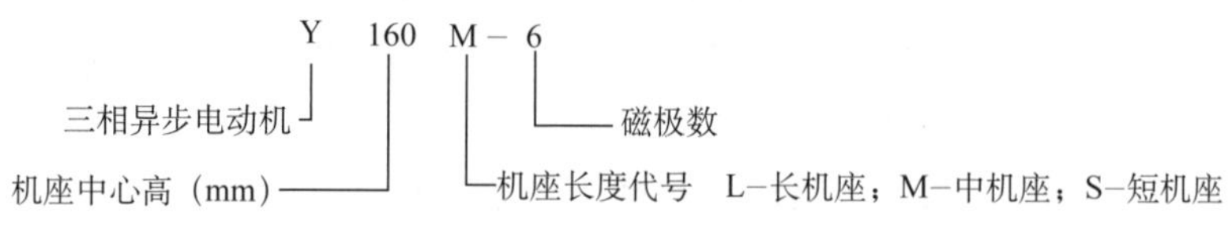

图5–4 三相异步电动机型号说明

电动机的大小分类：定子铁芯的直径；大—990mm 以上，中—560 ～ 990mm，小—120 ～ 560mm。

转轴中心对机座的平面高度：大—630mm 以上，中—355 ～ 630mm，小—80 ～ 355mm。

（三）三相异步电动机主要技术数据

（1）额定功率（P_e）：指三相异步电动机在额定运行时转轴上输出的总机械功率，单位用字母 W 或 kW 表示。

（2）额定电压（U_e）：指三相异步电动机额定运行时电网应加在定子绕组上的线电压，单位用字母 V 或 kV 表示。

（3）额定电流（I_e）：指三相异步电动机在额定电压下，输出额定功率时，定子绕组中流过的线电流，单位用字母 A 表示。对于额定电压为 380V 的电动机来说，额定电流可以按 2A/kW 估算。

（4）额定转速（n_e）：指三相异步电动机在额定电压下，转轴为额定功率输出时转子的转速，单位用字母 r/min 表示。

（5）额定频率（f）：指三相异步电动机所接电源的频率，单位用字母 Hz 表示。

（6）额定效率（η）：指三相异步电动机在额定运行情况下，电动机输出的机械功率与输入电功率的比值；额定负载下的效率约为 73% ～ 94%。

（7）接法：表示在电动机额定值运行时，定子绕组采用的连接方式；Y 或△两种接法。一般是：3kW 以下的电动机，额定电压 U_e 为 380V，一般为 Y 形接法；功率在 4kW 及以上的，额定电压为 380V，采用△形接法。

（8）噪声限值：分为 N 级（普通级）、R 级（一级）、S 级（优等级）和 E 级（低噪声级）四个等级。

（9）防护等级（IP）：为适应不同环境，对电动机的外壳规定多种防护等

级；带有 IP23、IP44、IP55，IPW23、IPW24、IPW44。例如 IP44；指直径不小于 1mm，不大于 2kg/cm^2 的水枪从各角度射不进去。

（10）温升：指电动机在额定状态下运行时，电动机绕组的允许温度与周围环境温度之差。单位是 K（开）。

第二节　电动机的启动

异步电动机接通交流电源后，转速由零逐渐加速到稳定转速的过程称为电动机的启动。

一、对异步电动机启动的一般要求

（1）有足够大的启动转矩，因为启动转矩必须大于启动时电动机的反抗转矩才能启动。启动转矩越大，加速越快，启动时间就越短，工作效率就越高。

（2）在具有足够大的启动转矩的前提下，启动电流应尽可能地小。启动电流过大，将造成电网电压降低，影响其他电器设备的正常运行。

（3）启动设备应结构简单、经济可靠、操作方便、启动时的能量损耗要小。异步电动机的结构决定了电动机的启动电流。在启动瞬间，电动机转速 n=0，旋转磁场切割转子导体的速度最大，感应电动势最大，转子电流最大，定子电流也最大。这时的定子电流称为异步电动机的启动电流，数值可达额定电流的 4 ～ 7 倍。容量较大、极数较多的电动机，启动电流的倍数较小。

（4）电动机启动电流的大小，与转子的结构有关，鼠笼式异步电动机转子结构分为三种。普通型：启动电流 6–7 倍；深槽型：启动电流 5 ～ 6 倍；双笼型：启动电流 4 ～ 5 倍；如图 5–5 所示。

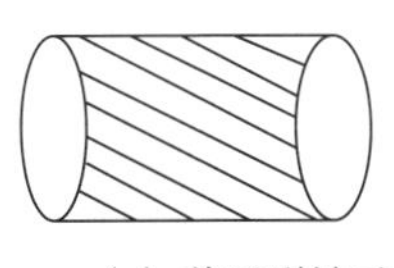

（a）普通型转子

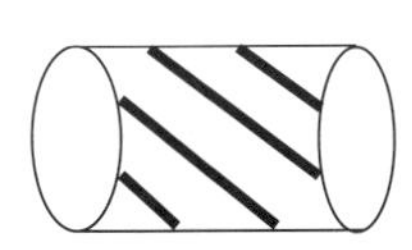

（b）深槽型转子

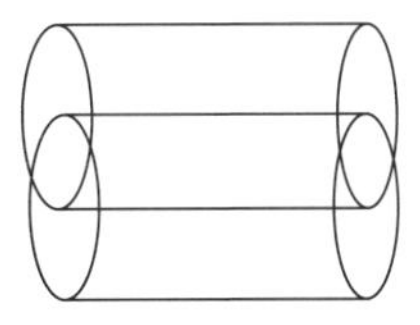

（c）双笼型转子

图5–5　鼠笼式异步电动机转子

二、笼型异步电动机的启动方式

笼型异步电动机的启动方式有两种：一种是直接启动；另一种是降压启动。

（一）三相电动机直接启动

直接启动：又称为全压启动，是将电动机的定子绕组直接接到额定电压的电源上启动。

直接启动的优点是：操作方便、设备简单、启动转矩较大、启动快；其缺点是：启动电流大、造成电网电压波动大，从而影响同一电源供电的其他负载的正常运行。影响的程度取决于电动机的容量与电源（变压器）容量的比例大小。

1. 三相异步电动机直接启动的规定

（1）供电变压器容量的大小。

（2）电动机启动的频繁程度。

（3）电动机与供电变压器间的距离。

（4）同一变压器供电的负载种类及允许电压波动的范围。

综合上述因素，各地电业部门对允许直接启动的电动机容量均有相应的规定。

例如《北京地区电气安装标准》中规定如下：

由公用低压电网供电时，容量在 10kW 及以下者，可直接启动。

由小区配电室供电时，容量在 14kW 及以下者，可直接启动。

由专用变压器供电时，经常启动的电动机电压损失值不应超过 10%；不经常启动的电动机不应超过 15%，允许直接启动。

2. 电动机直接启动常用接线图

（1）长动控制原理图，如图 5–6 所示。

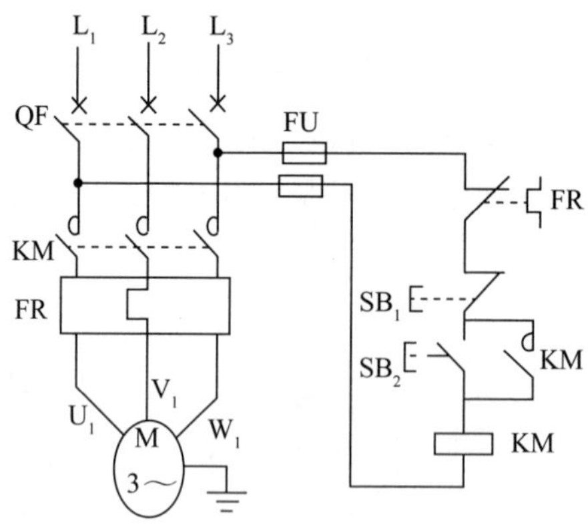

图5–6　三相异步电动机长动控制原理图

工作原理分析如下：需要启动时，合上电源开关 QF，按下启动按钮 SB_2，交流接触器 KM 线圈得电，交流接触器 KM 主触头吸合，KM 辅助触点自锁，电动机运转。如需电动机停止，按下停止按钮 SB_1，KM 线圈失电，主触头断开，解除 KM 辅助触点自锁，电动机停止运转，此电路为长动控制线路。

(2) 点动与连续运行控制原理图，如图 5−7 所示。

工作原理分析如下：需要点动控制时，合上电源开关 QF，按下点动按钮 SB_3，其常闭触点先断开 KM 的自锁电路，随后 SB_3 常开触点闭合，电动机启动运转，松开 SB_3 时，KM 线圈失电，KM 主触头断开，电动机停转。需要连续控制时，按下启动按钮 SB_2，KM 线圈得电，交流接触器主触头吸合，KM 辅助触点自锁，电动机运转。按下停止按扭 SB_1，KM 线圈失电，主触头断开，电动机停止运转，此电路为点动与连续控制线路。

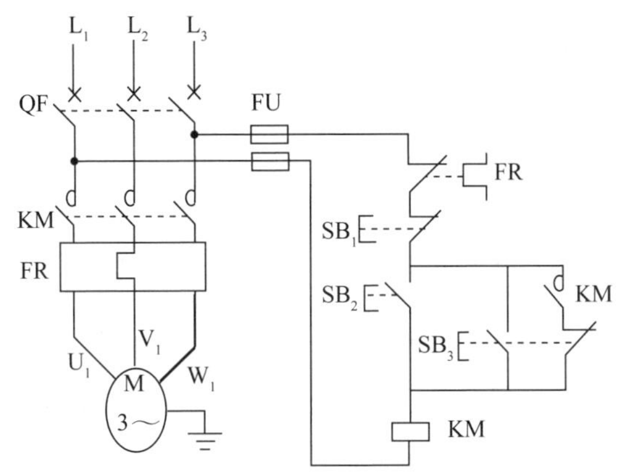

图5−7　三相异步电动机点动与连续控制原理图

(3) 按钮、接触器联锁正反转控制原理图，如图 5−8 所示。

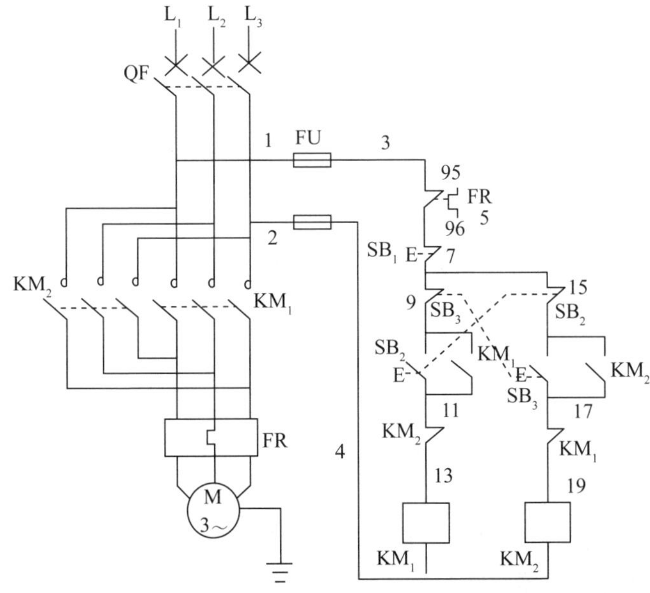

图5−8　按钮、接触器联锁正反转控制原理图

工作原理分析如下：合上电源开关 QF，按下正车按钮 SB_2，接触器 KM_1 线圈得电，KM_1 主触头吸合，电动机启动正转运行，KM_1 辅助常闭触点打开，KM_2 线圈不能得电。如反转运行，按下 SB_1 停止按钮，KM_1 线圈失电，同时 KM_1 辅助常闭触点闭合，电动机停止运行，再按下反车按钮 SB_3 时，KM_2 线圈得电，KM_2 主触头吸合，电动机反转运行，KM_2 常闭辅助触点断开，防止 KM_1 线圈得电。如需电动机停止运行，按下 SB_1，KM_2 线圈失电，电动机停止运行。此电路为按钮、接触器联锁正反转控制原理图。

由于这种正反车的控制在实际应用中较广泛，故此将这种正反车的接线图描绘如图 5–9、图 5–10 所示。

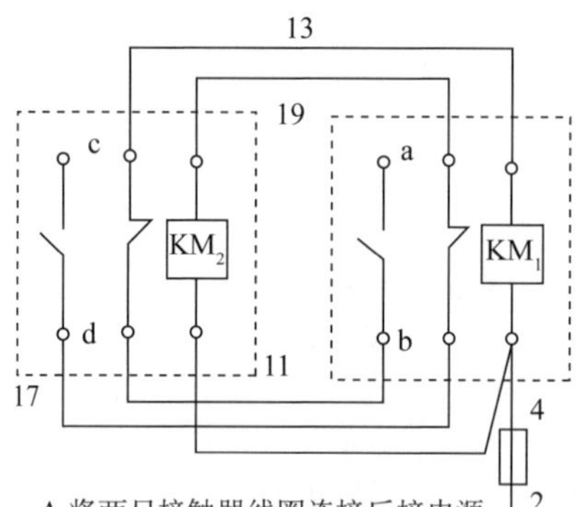

A.将两只接触器线圈连接后接电源

B.正车线圈接反车常闭（13#）

C.反车线圈接正车常闭（19#）

D.正车常闭接反车常开（17#）

E.反车常闭接正车常开（11#）

F.a、b接正车自锁，c、d接反车自锁

G.有线对无线，无线接有线

图5–9　正反车接触器接线图

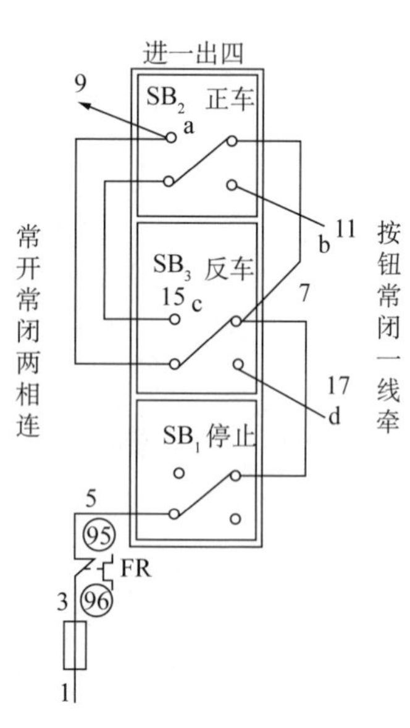

图5–10　正反车复合按钮接线图

（4）接触器联锁的点动和长动正反转原理图：如图 5–11 所示。

工作原理分析如下：合上电源开关 QF，按钮 SB_3、SB_5 分别为正反转的点动按钮，由于它们的动断触点分别与正反转接触器 KM_1、KM_2 的自锁触点相串联，因此操作点动按钮 SB_3、SB_5 时接触器 KM_1、KM_2 的自锁支路被切断，自锁触点不起作用。按钮 SB_2、SB_4 分别为电动机长动正反转的启动按钮，SB_1 为停止按钮。当按下 SB_2（或 SB_4）时，KM_1（或 KM_2）线圈得电，交流接触器主触头吸合，辅助常开触点自锁，电动机正转（或反转）运转，需要停止时按下停止按钮 SB_1。此电路为接触器联锁的点动和长动正反转原理图。

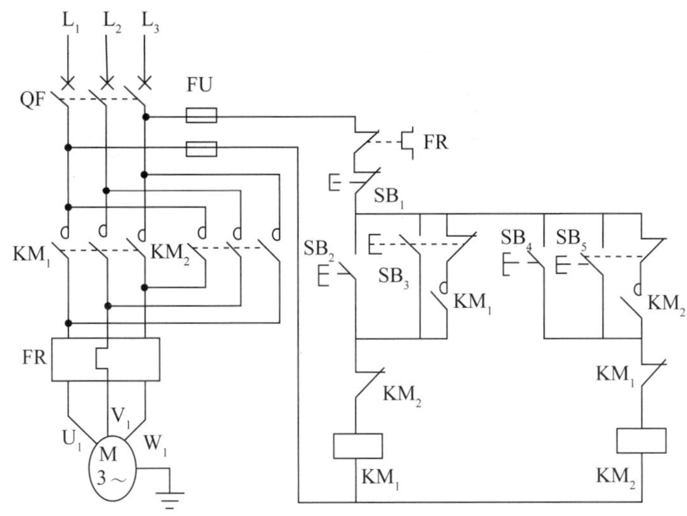

图5-11　接触器联锁的点动和长动正反转原理图

（二）单相异步电动机的启动

单相异步电动机是有单相交流电源供电，它有两套定子绕组，一套是用以产生磁场的工作绕组（又称主绕组）；另一套是用以产生启动力矩的启动绕组（又称为辅助绕组）。转子为笼型。例如：吸尘器、洗衣机、电冰箱、吹风机、医疗器材等。单相异步电动机的优点是使用方便，不需要三相电源；缺点是它与同容量的三相异步电动机相比体积大，运转性能较差。

1. 类型

单相异步电动机不能产生启动转矩，因此单相电动机不能自行启动。为了使单相电动机启动，必须使电动机在启动时获得一个旋转磁场，为此采取不同的措施获得了不同的启动方法。根据启动方法不同，单相电动机主要分为分相启动电动机、电容运转电动机、罩极电动机和串励电动机。

1）分相启动式

分相启动式电动机分为电容分相启动电动机与电阻分相启动电动机，以电容分相启动电动机为例进行讲解。

（1）单相电动机单电容分相启动：其电容器一般安装在基座顶上，并通过启动装置接在启动绕组的电路中，两绕组的出线端“1、2”“3、4”接在接线板并接于同一单相电源上。如果电容选用恰当，可以使启动绕组电流在时间相位上超前于运行绕组电流 90°。

单相电动机的两个在空间互差 90° 的绕组，通以互差 90° 电角度相位的电流所产生的两相合成磁场是一个旋转磁场。因而可以在电动机转子中产生一个启动转矩。

单相电动机转子的旋转方向同三相电动机一样，和旋转磁场的方向一致。因此只要将两相绕组中任一相的头尾对调接至电源，就可以改变两相合成磁场的旋转方向，从而改变启动转矩和单相电容启动电动机的旋转方向。接线原理图如图 5–12 所示。

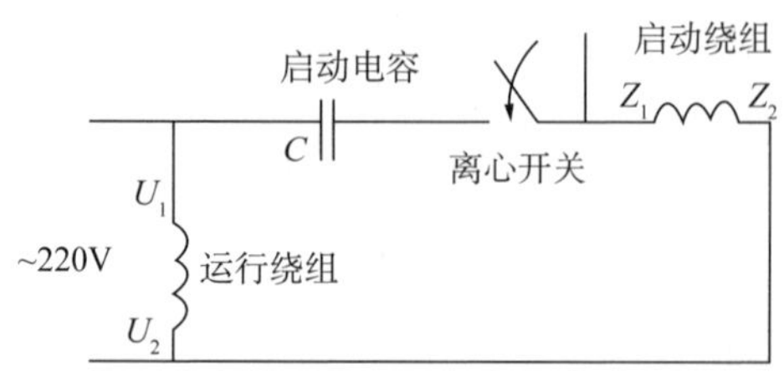

图5–12　单相电动机单电容分相启动原理图

单相电动机接线端有时只引出 3 条线，U_2 和 Z_2 会在电动机内部合并，运行绕组阻值较小，启动绕组阻值较大（吊扇除外，正好反过来）。运行绕组直接接电源，启动绕组串接启动电容再与运行绕组并联。

单电容启动的电动机，体积较大，主绕组线径较粗，启动时由启动线圈加启动电容进行移相启动，启动后由电动机内部离心开关自动将启动绕组和启动电容切除，由主绕组单独运行。

（2）单相电动机双值电容启动：双值电容电动机体积较小，主绕组线径较细，不够标称的瓦数，电动机启动后，只由离心开关切断容量较大的启动电容，启动线圈由串联容量较小的电容接入电路继续运行，等于增加一台小功率电动机参与运行，它的功率大约占总功率的 30%。两者相比较，前者由于使用一个绕组，体积较大散热性能较好。启动绕组参与运行的电动机，由于体积小，靠启动线圈运行补偿功率的不足，其散热情况、和磁场的不均匀性，性能不及单电容电动机，只是制作成本较低。接线原理图如图 5–13 所示。

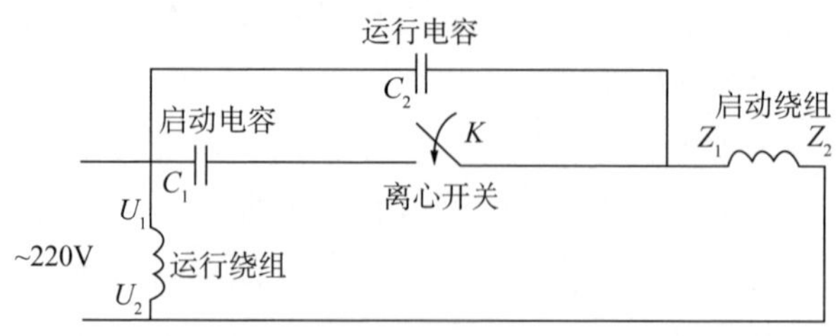

图5–13　单相电动机双电容分相启动原理图

原理：电动机静止时，离心开关是接通的，通电后启动电容参与启动；工

作当转子转速达到额定值的 70% 至 80% 时离心开关便会自动跳开，启动电容完成任务后并被断开。而运行电容串接到启动绕组一起参与运行工作。这种接法一般用在空气压缩机、切割机、木工机床等负载大而不稳定的地方。带有离心开关的电动机，如果电动机不能在很短的时间内启动成功，那么绕组将被很快烧毁。双值电容电动机，启动电容容量大，运行电容容量小，耐压一般都大于400V。

2）单只电容运转电动机

由于电容运转电动机的辅助绕组和电容器长期接在电源上工作，因此这种电动机实质上已经构成了两相电动机，具有较好的运行性能，其功率因数、效率、过载能力均比其他单相电动机高，并且省去了启动装置，如图 5-14 所示。但是，这种电动机的启动转矩比电容分相电动机要小，通常不超过额定转矩的30%，这是因为电容器是根据运行性能要求选取的，因此电容运转电动机适用于启动比较容易运转的机械上。

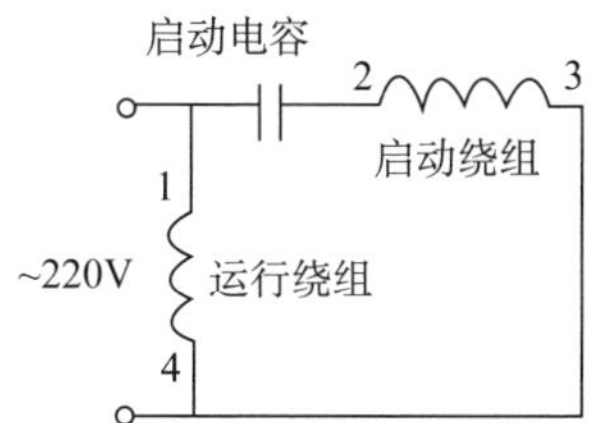

图5-14　单相电动机电容运行启动原理图

电容运转电动机所使用的电容器是纸介质电容器或油浸纸介质电容器，而不是电解电容器，这是因为电容器长期接在电源上工作而决定的。

电动机改变方向可以通过对调辅助绕组接至接线板上的两根线来完成。

3）单相罩极电动机

单相罩极电动机，接线原理图如图 5-15 所示。

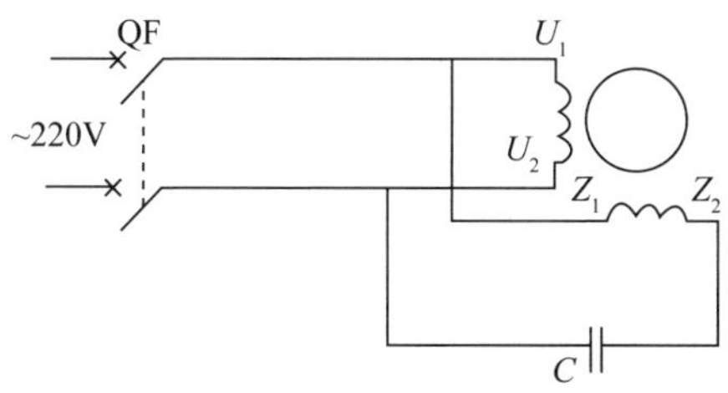

图5-15　单相罩极电动机接线原理图

在单相电动机中，产生旋转磁场的另一种方法称为罩极法，又称单相罩极式电动机。此种电动机定子做成凸极式的，有两极和四极两种。每个磁极在1/4 ~ 1/3全极面处开有小槽，把磁极分成两个部分，在小的部分上套装上一个短路铜环，好像把这部分磁极罩起来一样，所以叫罩极式电动机。单相绕组套装在整个磁极上，每个极的线圈是串联的，连接时必须使其产生的极性依次按N、S、N、S排列。当定子绕组通电后，在磁极中产生主磁通，根据楞次定律，其中穿过短路铜环的主磁通在铜环内产生一个在相位上滞后90°的感应电流，此电流产生的磁通在相位上也滞后于主磁通，它的作用与电容式电动机的启动绕组相当，产生旋转磁场使电动机转动。

2. 双电容单相电动机正反转

（1）单相电动机有两组绕组，一组是运行绕组（主绕组），一组是启动绕组（副绕组），有的电动机启动绕组不是启动后就不用了，而是一直工作在电路中。启动绕组的电阻比运行绕组电阻值稍大一些。启动绕组与电容器串联，串联了电容器的启动绕组与运行绕组并联，接到220V的电压上，这就是电动机的接线。串联电容器的启动绕组与运行绕组并联时，并联二对接线的头尾决定了电动机的正反转。

单相电动机有启动电容、运行电容、离心开关等辅助装置，结构复杂；单相电动机运行绕组和启动绕组不一样，不能互为代用，弄错可能烧毁电动机。如图5–16所示双电容单相电动机接线盒上的接线图，反映了电动机主绕组、副绕组和电容的接线位置，按图接电源线即可。用连接片连接Z_2和U_2，UI和VI，电动机顺转，用连接片连接Z_2和U_2，U_2和VI，电动机反转。

（2）单相电动机各元件的鉴别：电容在外面，能直接看清接线位置，如图5–16所示，启动电容接V_2—Z_1位置，运行电容接V_2—Z_1之间，从里面引出的导线也容易鉴别，接UI—U_2位置的是运行绕组，接Z_1—Z_2位置的是启动绕组、接V_1—V_2位置的是离心开关。用万用表区分6根线，阻值最大的是启动绕组，阻值比较小的是运行绕组，阻值为零的是离心开关。如果运行绕组和启动绕组阻值相同，说明这两个绕组可以互为代用。单相电动机的绕组两端和电容两端不分极性，任意接都可以，但启动绕组和运行绕组不能接反，启动电容和运行电容不能接反，否则烧毁启动绕组。

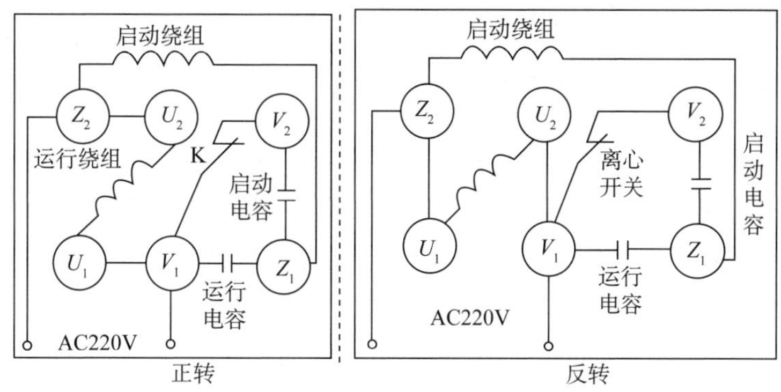

图5-16 双电容单相电动机正转、反转接线盒

3. 按钮控制的电容运转单相电动机正反接线

按钮控制的电容运转单相电动机正反接线（可以正反转的电动机，启动绕组、运行绕组阻值接近）原理图如图 5-17 所示。

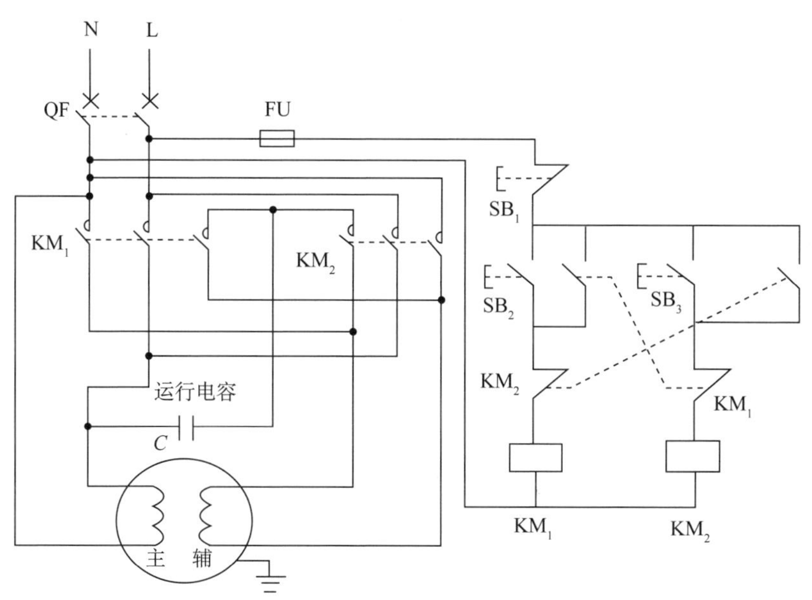

图5-17 电容运转单相电动机正反转接线图

工作原理分析如下：合上电源开关 QF，按下正车按钮 SB_2，接触器 KM_1 线圈得电，KM_1 主触头吸合，电动机启动正转运行，KM_1 辅助常闭触点打开，KM_2 线圈不能得电。电动机反转：按下停止按钮 SB_1，接触器 KM_1 线圈失电，电动机正转停止运行，同时 KM_1 辅助常闭触点闭合；按下反车按钮 SB_3，KM_2 线圈得电，KM_2 主触头吸合并自锁，电动机反转运行，KM_2 常开辅助触点断开，

防止 KM_1 线圈得电。按下 SB_1，电动机停止运行。

三、三相异步电动机降压启动

鼠笼型三相异步电动机的降压启动是利用一定的设备先行降低电压，待转速接近额定转速时，再加额定电压运行。降压启动的目的减小启动电流，但由于启动转矩与电压的平方成正比，所以启动转矩相应将减小。

电动机的启动电流与定子的电压成正比，降低定子电压来限制启动电流，即为降压启动。对于因直接启动冲击电流过大而无法承受的场合，常采用降压启动。启动时，启动转矩下降，启动电流也下降，只适合必须减小启动电流，又对启动转矩要求不高的场合使用。

（一）主要特点

降压启动的电动机从 11kW 开始就有需要的，但不能以电动机功率的大小来确定是否需要采用降压启动。一般情况下鼠笼型电动机的启动电流是运行电流的 4 ～ 7 倍，而对电网的电压要求一般是 ±10%，为了不形成对电网电压过大的冲击，所以要采用降压启动。对鼠笼型电动机的功率超过变压器额定频率的 10% 时就要采用降压启动。常用的降压启动方法有：绕线式异步电动机定子串电阻器或电抗器启动、鼠笼式异步电动机星 – 三角降压启动、自耦减压启动、延边三角形启动等。由于电子行业的迅猛发展软启动器、变频器将逐渐代替原来的降压启动。

笼型异步电动机的降压启动是利用一定的设备先降低电压启动电动机，待转速接近额定转速时，再加额定电压运行。

降压启动的目的在于减小启动电流，但由于启动转矩与电压的平方成正比，所以启动转矩将相应的减小。

（二）电动机降压启动常用原理图

1. 定子串电阻器或电抗器启动

（1）原理：启动时，在定子回路中串接电阻器或电抗器，以降低加在定子绕组上的电压，待转速接近额定转速时，再将电阻器或电抗器短路，电动机全压运行。

定子串电阻器启动优缺点：优点是设备简单、造价低；缺点是能量损耗较大。以前常用于中、小容量电动机的空载或轻载启动。

定子串电抗器启动优缺点：优点是能量损耗小，缺点是电抗器成本高，常用于高压电动机的启动。

（2）电动机定子串电阻器减压启动自动切除电阻器控制原理如图 5–18 所示。

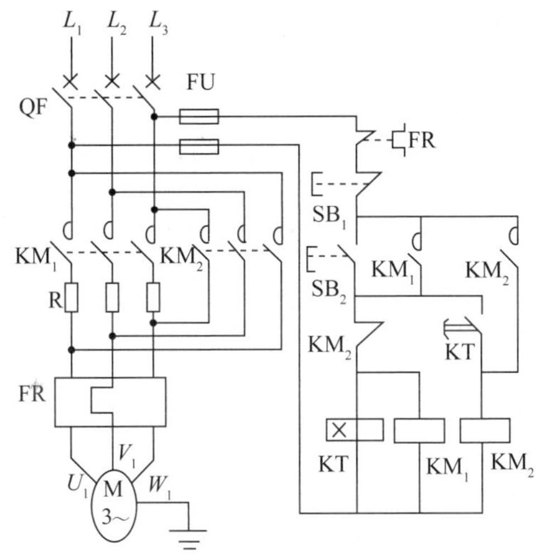

图5−18　定子串电阻器减压启动自动切除电阻器原理图

工作原理分析如下：合上电源开关 QF，按下启动按钮 SB_2，KM_1 线圈得电的同时，时间继电器 KT 线圈也得电，接触器 KM_1 常开辅助触点闭合，形成自锁，电动机降压启动。经时间继电器延时动作，通电延时闭合的常开触点闭合。交流接触器 KM_2 线圈得电并自锁，KM_2 主触头闭合，KM_2 常闭触点断开，KM_1、KT 线圈失电，KM_1 主触头断开，电动机全压运行。若电动机停止运行，只需按下停止按钮 SB_1，接触器 KM_2 线圈失电，交流接触器 KM_2 主触头断开，电动机停止运转。

2. 星－三角启动

正常运行时为三角形接法的电动机可采用星－三角形（Y－△）启动方式。即在启动时将定子绕组接成 Y 接法，以使得加在每相绕组上的电压降至额定电压的 $1/\sqrt{3}$，因而启动电流就可减小到直接启动时的 1/3，待电动机转速接近额定转速时，再通过开关改接为Δ接法，使电动机在额定电压下运转。由于电压降为 $1/\sqrt{3}$，启动转矩与电压的平方成正比，所以启动转矩也降为Δ接法直接启动时的 1/3。

Y－△启动器有空气式和油浸式两种。常用的手动空气式 Y－△启动器有：QX1、QX2 两个系列，控制电动机的最大容量为 30kW；自动空气式 Y－△启动器有：QX3、QX4 两个系列。QX3 控制的电动机最大容量为 50kW；QX4 控制的电动机最大容量为 125kW。他们都具有过载及保护功能。另外，在无成套 Y－△启动器时，也可以用交流接触器、热继电器等组成 Y－△启动装置，以按钮来操作。

时间继电器控制的自动 Y－△降压启动原理图如图 5−19 所示。

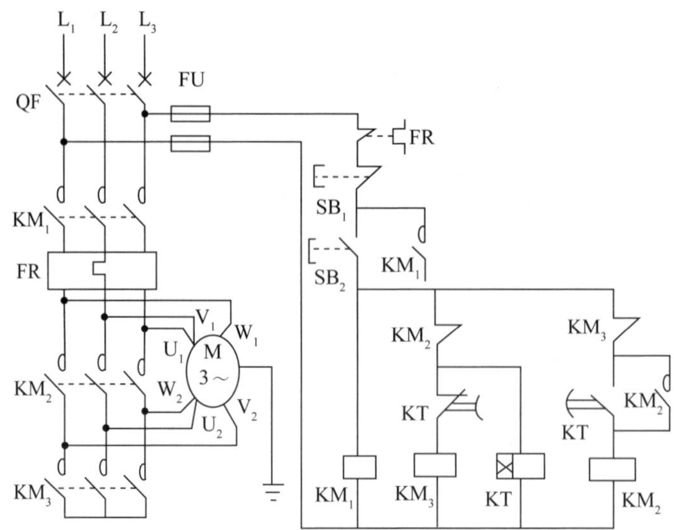

图5−19　时间继电器控制的自动Y−△降压启动原理图

工作原理分析如下：合上电源开关 QF，按下启动按钮 SB_2，KM_1 线圈得电，接触器 KM_1 主触头吸合并自锁，时间继电器 KT 与接触器 KM_3 线圈得电，电动机开始 Y 启动，KM_3 常闭触点断开，防止 KM_2 线圈得电。时间继电器经规定的时间动作，通电延时闭合的常闭触点断开，KM_3 失电，时间继电器 KT 通电延时闭合的常开触点闭合，KM_2 线圈得电，KM_2 主触头吸合，KM_2 常开触点自锁，KM_2 常闭触点断开，时间继电器 KT 线圈失电，电动机全压运行。如停止电动机运转，按下停止按钮 SB_1，KM_1、KM_2 线圈失电，交流接触器 KM_1、KM_2 主触头断开，电动机停止运转。

Y− △启动方式的优点是设备简单、成本低、维修方便、能频繁启动；缺点是启动转矩较小，只有直接启动时的 1/3，故只使用于正常运行时定子绕组为三角形接法的电动机空载或轻载启动。

3. 自耦降压启动

自耦降压启动就是补偿启动器，是利用自耦变压器降压启动的。它具有不同的电压抽头，如 80%、65% 的额定电压，以供选择不同的启动电压。其优点是启动电压的大小可通过改变自耦变压器的抽头来调整。正常运行时 Y 接法或△接法的电动机都可采用；缺点是结构复杂、价格昂贵、不允许频繁启动，一般规定：最长启动时间在 30 ～ 60s，两次启动的时间间隔不得少于 3min，操作应迅速、果断。自耦降压启动器一般适用于启动转矩要求较大的场合。

时间继电器控制自耦变压器降压启动原理图如图 5−20 所示。

工作原理分析如下：合上电源开关 QF，按下启动按钮 SB_2，KM_1 线圈得电，

同时 KM_2、KT 得电，电动机经自耦降压启动器降压启动，经一定时间，KT 通电延时闭合的常开触点闭合，KM_3 线圈得电，KM_3 主触头吸合，KM_3 辅助常闭辅助触点断开，KM_1、KM_2、KT 线圈失电，电动机全压运行。需停止电动机，按下 SB_1 停止按钮。

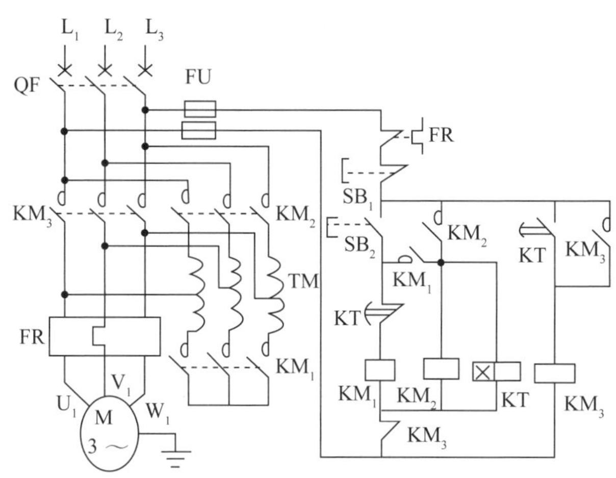

图5–20 时间继电器控制自耦变压器降压启动原理图

4. 延边三角形降压启动

延边三角形降压启动是采用具有这种启动方式的电动机，每相定子绕组除需引出首尾端头外，还需引出一个中间抽头，即需要有九个出线端头。它利用变更绕组的接法而达到降压启动的目的。启动时，把定子绕组的一部分接成△形，另一部分接成 Y 形接在△的延长边上，故称为延边三角形，当转速接近额定转速时使每相绕组均在额定电压下工作，如图 5–21 所示。

工作原理分析如下：在要求启动转矩较大的场合，可采用延边三角形降压启动电路，合上开关 QF，按下启动按钮 SB_2，KM_1 线圈得电动作，KM_1 主触头吸合，常开辅助触点闭合自锁，同时 KM_3、KT 获电，KM_3 的主触头将电动机绕组接成延边三角形减压启动。在 KT 到达整定时间之后，延时断开的常闭触点断开，使 KM_3 失电，常闭辅助触点闭合，同时 KT 延时闭合的常开触点闭合，KM_2 获电动作，其常开辅助触点闭合自锁，电动机绕组由延边三角形转换为三角形连接。需要停止按下 SB_1 即可。

由于三角形部分与延边部分的线圈匝数可按要求设计成不同的比值，所以每相绕组的电压高低有所不同，而相电压的高低又直接影响启动电流和启动转矩的大小。如果“Y”与“△”抽头比例为 1 ： 1，电源线电压为 380V 时，每相绕组的电压约为 1/ $\sqrt{2}$ 的线电压，约为 268V；当抽头比例为 1 ： 2 时，每相绕组的电压约为290V。可用不同的抽头比例来降低电动机线电压，以达到不同负载特性的需要。

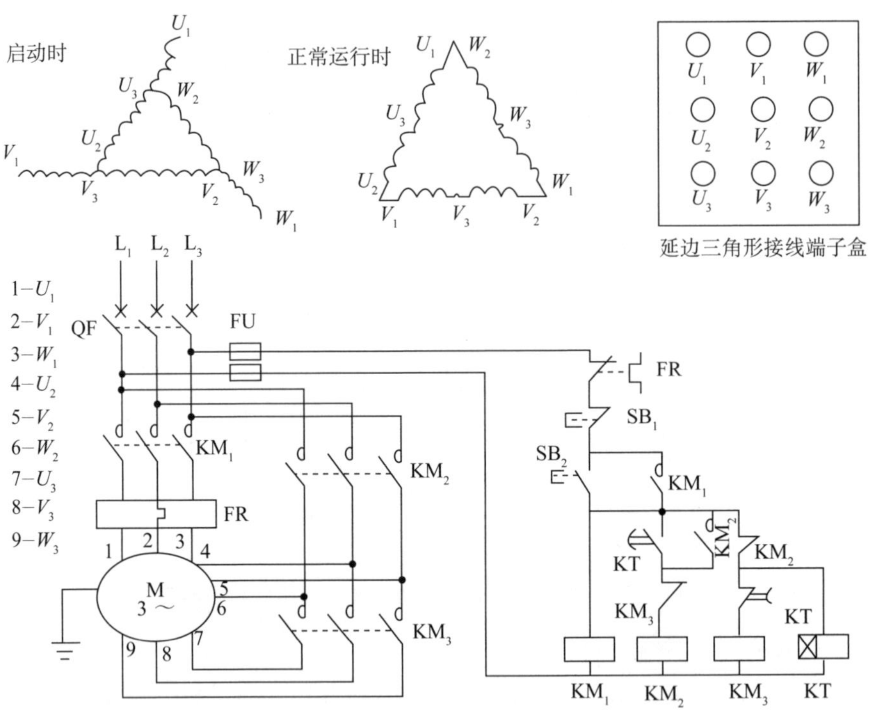

图5-21 延边三角形降压启动原理图（电动机本身有此功能）

延边三角形启动是通过电动机绕组本身的改接而实现降压的，所以极为经济，而且适用于频繁启动。但其抽头较多，结构复杂。

第三节 软启动器

软启动器是一种集电动机软启动、软停车、轻载节能和多种保护功能于一体的新颖电动机控制装置，它的主要构成是串接于电源与被控电动机之间的三相反并联晶闸管及其电子控制电路。运用不同的方法，控制三相反并联晶闸管的导通角，使被控电动机的输入电压按不同的要求而变化，可实现不同的功能。常用软启动器的外形图，如图5-22所示。

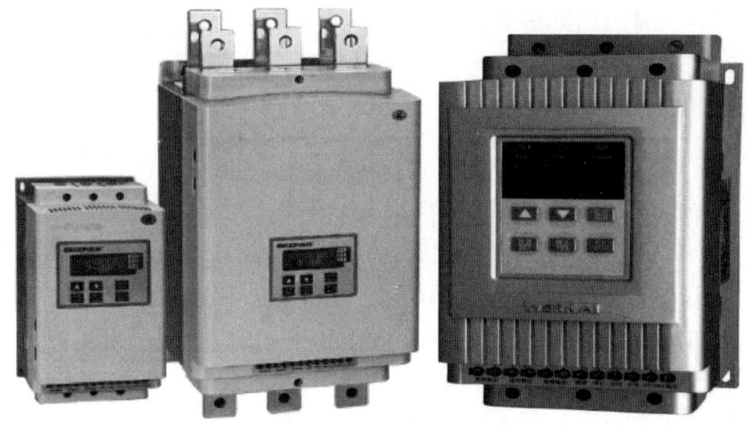

图5–22 软启动器外形图

一、软启动器的简述

电动机启动的瞬间，启动电流是额定电流的 4 ～ 7 倍。一台 30kW 的电动机启动时，30kW 就变成了 120 ～ 210kW。这对整个用电负荷、元器件承受能力都有非常大的影响。没有软启动器的时代，靠星三角降压启动器、自耦降压启动器等来达到目。它们能将启动电流降到 3 ～ 5 倍，但这种设备所用元器件较多，结构较复杂，占用的空间也很大，一台 150kW 以上的电动机降压启动柜，要占用一面柜子，在电动机数量多的环境，安放柜子就需要一个相当大的空间。

电动机软启动器，又称“固态软启动器”，利用可控硅以及集成元件组成。重量轻、体积小，安装方便，可靠地完成电动机的平滑启停。软启动器与变频器不同之处：变频器能使电动机调速，而软启动器不能。软启动器主要应用在功率较大而又不需要调速的电动机上。它主要的目的是降低启动电流。若用变频器，虽然同样可以达到目的，但成本高，采用星三角和自耦降压启动方式，又有许多不足，选用软启动器是既经济又简单的方法。

（一）软启动的几种方式

电动机的软启动主要采用如下方式：

（1）降低电源电压启动。

（2）降低电源频率启动。

（3）降低励磁电流启动。

软启动器主要采用可控硅移相来降低电动机电压，实现软启动。电动机的软启动，实质就是电动机以较低的电流慢速启动，这样对电网的冲击小，同时可以降低变压器和控制电路的负荷裕量，同时提高设备的使用寿命。一般交流电动机直接启动时，启动电流是运行电流的 4 ～ 7 倍，而采用软启动器，启动电流降低到 1 ～ 3 倍。

（二）电动机的软停车

1. 电动机停机

电动机停机时，传统的控制方式是通过瞬间停电完成的。有许多场合不允许电动机瞬间停车。例如：高层建筑、大楼的水泵系统，如果瞬间停机，会产生巨大的“水锤”效应，使管道，甚至水泵遭受到损坏。为减少和防止“水锤”效应,需要电动机逐渐停机,即软停车,采用软启动器就能满足此要求。在泵站中，应用软停车技术可避免泵站的“止回阀”损坏。

软停车功能是当晶闸管在得到停机指令后，从全导通逐渐地减小导通角，经过一定时间过渡到全关闭的过程。停车的时间根据实际需要可在 0 ～ 60s 的范围内调整。

2. 停车方式

（1）自由停车：接到停车指令后，电动机接线端子失去电压，电动机按转动惯量自由停车。

（2）软停车：软启动器接到停车指令后，使电动机的输出转矩逐渐平滑地在规定的时间降到零。使电动机及拖动设备平滑停车，对水泵设备来说能消除水锤现象。整个停车过程，程序控制其电流不超过电动机的运行电流，停车时间在 0 ～ 60s 范围内可通过键盘设定。

可见，软启动器实际上是一个调压器，输出只改变电压，并没有改变频率。这一点与变频器不同。另外，软启还可以做到一拖 N 台电动机。

（三）软启动器型号说明与使用安装条件

1. 微功耗软启动器型号

微功耗软启动器型号说明如图 5–23 所示。

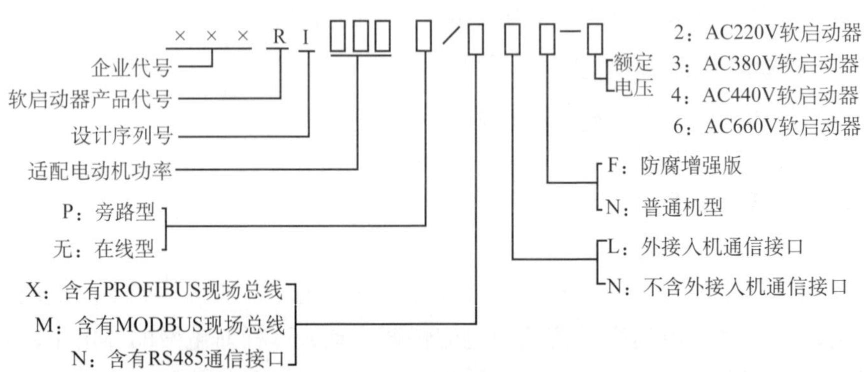

图5–23　软启动器型号说明

软启动器有国产的和进口的，进口软启动器有：ABB、AB、施耐德；国产软启动器有：西安西普 / 和平、雷诺尔、奥拓、西诺克、西驰等。

2. 微功耗软启动器使用条件与安装要求

1）使用条件

（1）进线电压（额定工作电压）：交流 220V/380V/440V/660V（频率：50Hz/60Hz）。

（2）适配电动机：三相异步鼠笼式电动机，电动机的额定功率应与软启动器额定功率相匹配。

（3）启动频次：每小时不超过 6 次。

（4）冷却方式：自然风冷，并在设备四周留有足够的散热空间。

（5）防护等级：IP20。

（6）环境温度：−15 ～ 40℃。

（7）环境湿度：相对湿度不大于 93% 且无凝露。

（8）使用场所：室内无腐蚀性气体和导电性粉尘。室内通风良好、震动小于 0.5g 的场所。

（9）海拔高度：海拔在 2000m 以下，如果海拔高于 2000m 则需要降容使用。

2）安装要求

（1）安装方向与距离：确保软启动器在使用中有良好的通风及散热条件，且应垂直安装。

（2）软启动器在柜内安装时，除上述要求外，还须选用上、下通风良好的柜体。

（3）严禁在软启动器输出端（U、V、W）接入电容器。

（4）检修软启动器下口线路时，必须切断输入电源。

（5）带金属外壳的软启动器在安装和使用时必须保证外壳可靠接地。

二、接线方式

软启动器的接线方式一般分为两种：旁路型与在线型。

（一）旁路型软启动器的接线

（1）旁路型软启动器的实体主回路接线，如图 5−24 所示。

软启动结束，接触器 KM 闭合，运行电流经 KM 主触头送至电动机。若要求电动机软停车，则先将交流接触器 KM 分断，然后再由软启动器对电动机实行软停车。由于交流接触器 KM 通电时，软启动器两端基本为等电位，这将延长了 KM 的触点寿命。另外，采用旁路接触器还可以避免电动机运行时软启动器产生的谐波；可避免晶闸管发热，延长其使用寿命（因晶闸管仅在启动、停车时工作）；一旦软启动器发生故障，可由旁路接触器做为应急备用，投入运行。

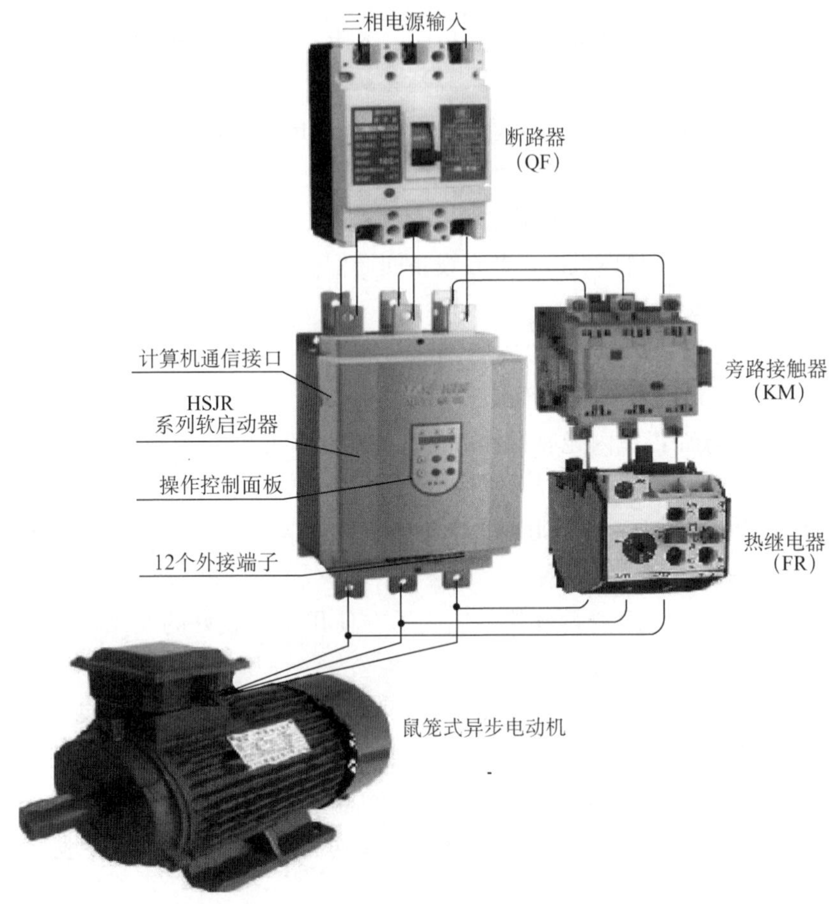

图5–24　旁路型软启动器的主回路接线示意图

（2）软启动 MCC 控制柜组成：

①输入端断路器。

②软启动器（包括电子控制电路及晶闸管）及软启动器的旁路接触器。

③二次侧控制电路（完成启动、停止等功能选择与运行），有电压、电流显示故障、运行、工作状态等指示灯显示。

（3）软启动器控制原理如图 5–25 所示。

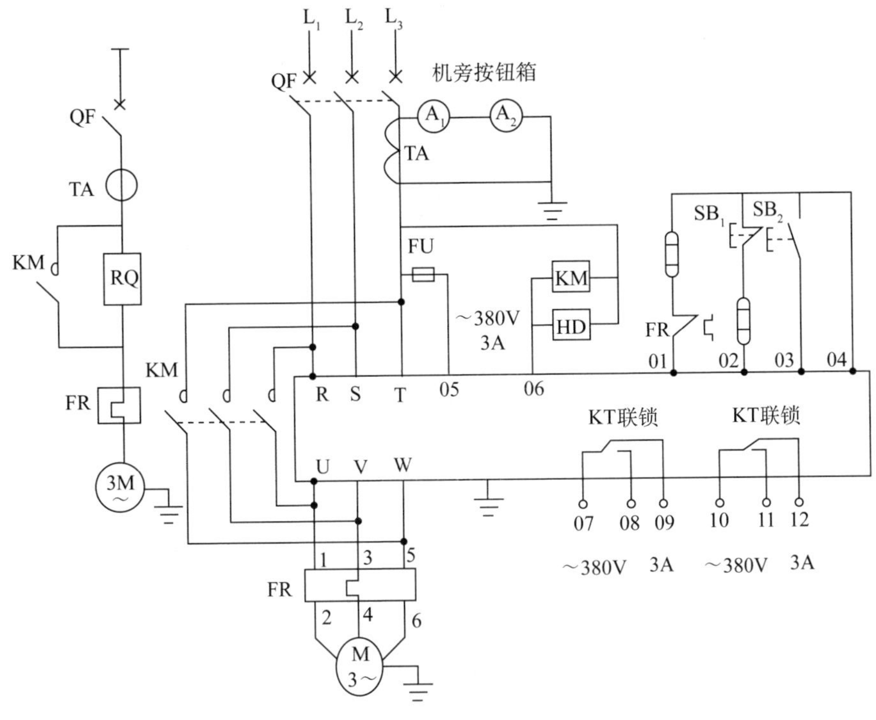

图5-25　旁路型软启动器接线原理图

①控制旁路接触器的接点是无源继电器输出点。

② 01 接点瞬停自复位可编程，接点断开为瞬停输入、02 接点断开为软停、03 接点接通为软启、04 接点为公用端。

③ 07 接点为公用端，07 和 08 接点为可编程继电器接点与软启动器同步延时动作。

④ 10 接点为公用端，10 和 11 接点为故障输出继电器接点。

⑤软启动内置短路保护。

⑥键盘 / 外接按钮操作转换设定。

⑦控制模式限流型和转矩控制型任意自选。

（二）在线型软启动器的接线

以雷诺尔 R1000 系列软启动器为例（该系列软启动器有一般启动型的 PSA、PSD 和重载启动型的 PSDH 型）。

（1）控制端子接线：有 12 个小型接线端子引出，包括控制信号的输入端子、软启动器状态信号的输出端子及模拟信号的输出端子，如图 5-26、图 5-27 所示。

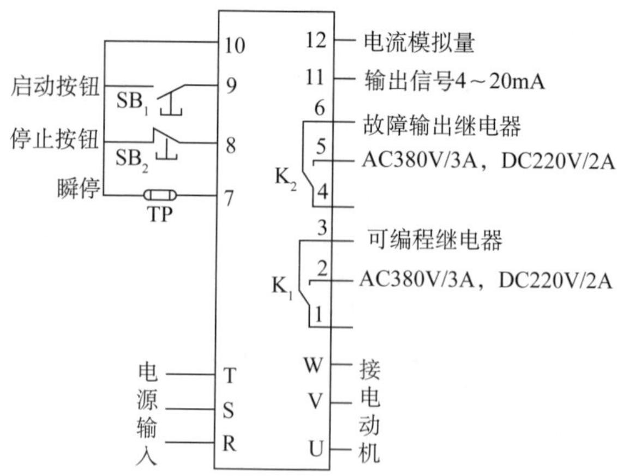

图5–26　软启动器启停分散控制接线图

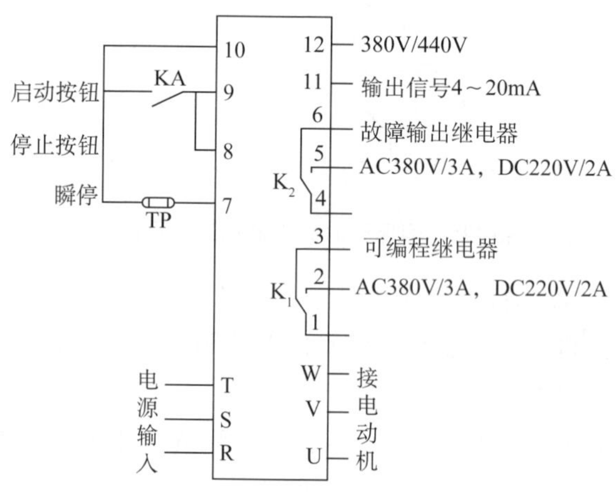

图5–27　软启动器启停合并控制接线原理图

（2）控制端子接线说明如图 5–26 所示。

①软启动器控制端子：9 号端子为启动器控制端子，闭合有效。将 10 号端子与 9 号端子连接则软启动器开始启动。

②软停车控制端子：8 号端子为软停车控制端子，断开有效。即 10 号端子与 8 号端子断开软启动器开始软停，如果将软停车时间设置为“0”，则为自由停车。

③继电器控制启停：将 8 号端子与 9 号端子并联通过一组继电器接点可控制启停，闭合为软启动，断开为软停车，软停车时间为“0”，继电器接点断开时则为自由停车。

④瞬停控制端子：7 号端子为瞬停控制端子，断开有效。图 5–27 中 TP 表示连接片，如果需要急停，控制将连接片 TP 打开，串接于继电器控制接点，当接点断开时（10 号端子与 7 号端子断开）无论有无软停时间，电动机均立刻自由停车。

⑤可编程继电器输出接点（K1 继电器）：一常开、一常闭，1 号端子为公共端子。此继电器可通软启动器菜单设定为“旁路输出”与“开始启动”中的任意一种。如果设置为（旁路运行）则此继电器的动作与内置旁路接触器的动作保持一致，并且不受“编程延时设定”项的影响。如设置为“开始启动”并且“编程延时设定”为“0”，则此继电器在软启动器开始启动时动作，软停结束时恢复；如“编程延时设定”为非 0 的数值 X，则此继电器在软启动器开始启动 X 秒后动作，软停结束时恢复。

⑥故障输出继电器（K2 继电器）：一常开、一常闭，4 号端子为公共端子。如果软启动器检测到可控硅击穿、电动机过载、缺相、三相不平衡、过电压、欠电压等故障时此接点动作。

⑦标准信号输出（4 ～ 20mA）：主回路电压为 AC220V、AC380V 或 AC440V 的雷诺尔 R1000 系列软启动器配有 4 ～ 20mA 标准信号输出端子（端子 11、端子 12），用于反馈电动机当前的运行电流，4mA 对应 0A，20mA 对应 4 倍的电动机额定电流，可提供 DCS、PWC 自动监控数字采集和控制使用的功能，也可以直接外接标准信号输入的数显电流表显示电动机的运行电流之用。

三、操作与故障

不同品牌的软启动器其结构性能、参数设置、功能操作、故障处理也不同，下面就常用的几种软启动器进行简单的描述。

（一）雷诺尔软启动器

1. 雷诺尔软启动器的参数设置

（1）起始电压（代码 00）：设定范围 30% ～ 80%，出厂值是 30%，一般轻负荷设置为 30%，重负荷设为 50%，特重负荷设为 80%，具体设置根据现场实际情况及个人经验设置。

（2）保护级别（代码 0C）：设定范围 1 ～ 5，出厂值是 1。这个保护主要用于电动机过载保护，电动机过载保护级别共分 5 个级别，设定范围 1 ～ 5，2 级为标准保护级别，设定为 1 级对电动机的最快速保护。可根据负载轻重的不同，设定不同的保护级别。级别越高，适用的负载就越重。

（3）负载调节率（代码 11）：设定范围 50% ～ 100%，出厂值为 100%，如选用的软启动额定参数不与实际电动机匹配时，为了使保护功能和显示参数的正确，应该重新设定负载调节率。如电动机功率为160kW，软启动的功率为200kW，其负载调节率就是80%（160/200）。

（4）上升时间（代码01）设定范围0～100s，出厂值为10s，具体设置根据现场实际情况及个人经验设置。

（5）限制倍数（代码04）设定范围150%～500%，出厂值250%，重载和限流模式有效。

限流倍数举例：电动机的额定电流为320A，软启动器的额定电流为400A，以电动机2.5倍的额定电流启动，其限流倍数就等于320×2.5/400=200%。

（6）停车时间（代码02）设定范围0～60s，出厂值2s；0为自由停车。

（7）瞬停设定（代码05）设定范围0～1，出厂值0s；0：瞬停无、1：瞬停有。

（8）启动模式（代码08）设定范围0～2，出厂值1；0：限流、1：电压、2：重载。

（9）控制方式（代码09）设定范围0～5，出厂值0；0：键盘、1：外控、2：键盘+外控、3：PC、4：键盘+PC、5：外控+PC。

（10）缺相控制（代码0A）设定范围0～1，出厂值1；0：缺相无、1：缺相有。

（11）故障继电器（代码12）设定范围0～1，出厂值0；0：常开、1：常闭。

2. 雷诺尔软启动器的控制面板与操作

键盘各功能按钮描述如图5–28所示。

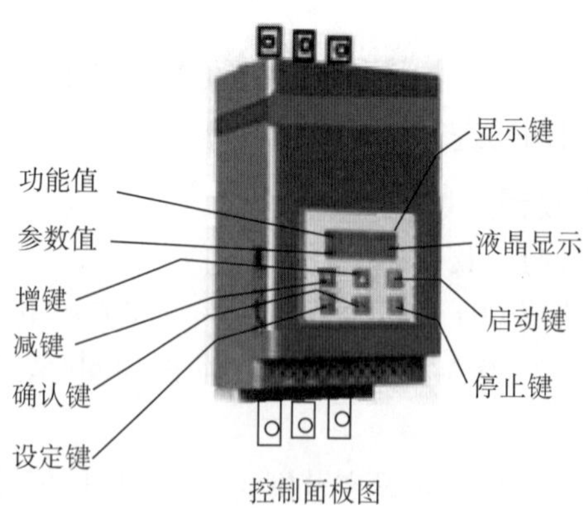

图5–28　R1000软启动器外形图

RQ—软启动器装置，M—电动机

（1）键盘：键盘是整个操作面板的载体，其上附有各种功能的按键。

（2）液晶显示：第一行为功能值，第二行为参数值。

(3) 启动键：系统通电后，伴有“嘀”的一声响，在正确接线及设置下，软启动器进入正常待机状态，面板显示为 × × × 正常待机；此时按下启动键即可启动电动机，面板显示为电动机正在启动 380V，400V 指示电动机的电压值，此时只有停止键才起作用。

(4) 停止键：在电动机运行状态下，若软停时间设定为 0s，按停止键可使电动机自由停车，软启动器返回正常待机状态；若软停时间设定为非 0 值，按下停止键后电动机进入软停车状态，面板显示软停机时的电压及电流，软停结束后，软启动器返回正常待机状态。软停过程显示为电动机正在停车（380V、220V），停止键兼有复位功能，在外部故障消失后可按下停止键，将软启动器由故障状态恢复到正常待机状态。

(5) 设定键：在非帮助状态下，按设定键进入设置菜单，显示为起始电压设定“30%”为程序参数设定菜单首项内容的功能值和参数值；按上、下键可选择到要改动的参数，再按设置键，参数值闪动，此时再按上、下键可修改参数值，参数修改完成后按确认键，软启连响两声表示此参数修改完成，之后返回待机状态。

(6) 确认键：非设定状态下，按确认键进入帮助菜单，此时显示为系统电源电压 380V，按增减键可依次显示软启动器的规格、版本等项目，再按确认键或停止键可退出帮助状态。在设定状态下，按确认键可以确定修改的参数值。

(7) 增减键：在设置及帮助状态下，按增、减键可选择功能值；设置状态下，还可选择参数值，在旁路运行时（非设定和帮助状态），按增、减键可依次显示为电动机的运行电流、电动机的视在功率、电动机的过载系数。电动机的过载系数，表示电动机过载时的热平衡系数，当此值超过 100% 时，软启动器进行过载保护。

(8) 按键操作有效时，将有声响提示，否则说明本状态下操作无效。

3. 雷诺尔软启动器的故障动作方式

(1) 只报警不停机：除设置出错、瞬停开路外，如在运行过程中软启动器检测到其他故障时，K2 继电器动作，但软启动器仍在保持运行状态。

(2) 既报警又停机：在运行过程中，软启动器检测到任何故障均停机，并显示相应的故障内容，K2 继电器动作，造成报警停机。

4. 雷诺尔软启动器的过载保护方式

(1) 初级保护：在运行过程中软启动器不进行电动机过载与三相失衡的保护。

(2) 轻载保护、标准保护与重载保护略（软启动器的型号不同，保护设置方式也不同）。

5. 雷诺尔软启动器的故障复位方式

（1）自动复位：发生故障后，软启动器经过“间隔恢复时间”中所设定的时间后，自动复位到正常待机状态。如电压过高、电压过低、瞬停开路故障设为实时监测项目，故障未解除时软启动器则不进行复位，故障解除后软启动器立即复位，不受间隔恢复时间的影响。

（2）手动复位：当发生故障后，则需要人工按动软启动器面板上的复位键，方能使软启动器到正常待机状态。如电压过高、过低、瞬停开路故障为实时监测项目，在检测到故障消失后软启动器显示为“故障解除”，需要手动复位。

（3）按住确认键不放通电开机，可恢复出厂值。

（4）设置状态下若超过 2 分钟没有按键操作，将自动退出设置状态。

（5）在软启和软停过程中不能设置参数。

（6）间隔恢复时间不应小于 10min。

（7）若不允许意外停止或启动，可将此设置为禁止启动停车。当外控允许时，外控端子图 5–25 中的（8）、（10）之间必须接一常闭按钮开关或短接，否则无法启动电动机。

6. 故障类型及说明

故障类型及说明见表 5–1。

表5–1　软启动器故障说明

序号	系统故障记录	说明
1	故障解除	刚刚发生过故障，现已解除，复位后可启动电动机
2	瞬停开路	将瞬停端子（7）与（10）连接或接于其他保护装置的常闭触点
3	软启过热	可控硅过热保护动作，等到可控硅冷下来再启动
4	启动超时	电动机启动时间超过60s，应提高限电流值或改变启动方式
5	输入缺相	检查电源进线与软启动连接是否良好
6	输出缺相	检查软启动与电动机的连接是否良好
7	三相失衡	输入电压或输出负载电动机相位不平衡
8	启动过流	负载过重或者电动机功率与软启动器不相匹配
9	电动机过载	电动机过载保护动作
10	电压过低	电源电压低于设定电压保护值
11	电压过高	电源电压高于设定电压保护值
12	设置出错	设置的参数不正确，应重新设置或恢复出厂值
13	输出短路	负载或可控硅短路，或负载过大
14	外停断开	外控停止线断开，检查外部故障

（二）施耐德软启动器的常见故障诊断

（1）故障代码 –F01（瞬停）：此故障是接线端子 7 和 10 开路，把接线端子 7 和 10 短接起来就可解决。引起此故障的原因一般是由于外部控制接线有误而导致的，如果不需要外控只需把软起内部功能代号“9”（控制方式）参数设置成“1”（键盘控制），就可以避免此故障。

（2）故障代码 –F02（启动时间过长）：此故障是软启动器的限流值设置得太低造成软启动器的启动时间过长，在这种情况下，把软启内部的功能代码“4”（限制启动电流）的参数设置高些，可设置到 1.5 ~ 2.0 倍，必须要注意的是电动机功率大小与软启动器的功率大小要匹配，如果不匹配，在相差很大的情况下，不要把参数设置到 4 ~ 5 倍，否则启动运行一段时间后会因电流过大而烧坏软启动器内部的硅模块或可控硅。

（3）故障代码 –F03（过热）：此故障是由于软启动器在短时间内的启动次数过于频繁所致。所以在操作软启动器时，启动次数每小时不要超过 12 次。

（4）故障代码 –F04（输入缺相）：引起此故障的因素有很多种。

①检查进线电源与电动机接线是否有松脱。

②输出是否接上负载，负载与电动机是否匹配。

③用万用表检测软启动器的模块或可控硅是否有击穿，触发门极电阻是否符合正常情况下的要求（一般在 20 ~ 30Ω 左右）。

④内部的接线插件是否松脱。

（5）故障代码 –F 05（频率出错）：此故障是由于软启动器在处理内部电源信号时出现了问题，引起了电源频率出错。出现这种情况需要请厂家来处理。

（6）故障代码 –F 06（参数出错）：此故障需重新开机输入一次出厂值，具体操作如下：

先断开软启动器控制电源（交流 220V），用一只手指按住软启动器控制面板上的“PRG”键不放，再送上软启动器的控制电源，在约 30s 后松开“PRG”键，即可。

（7）故障代码 –F 07（启动过流）：启动过流是由于负载太重启动电流超出了 500% 倍而导致的，解决办法：

把软启动器内部功能码“0”（起始电压）设置高些，或是再把功能码“1”（上升时间）设置“3”长些，可设为 30 ~ 60s。还有功能代码“4”的限流值设置是否适当，一般可设成 2 ~ 3 倍。

（8）故障代码 –F 08（运行过流）：主要原因可能是软启在运行过程中，由于负载太重而导致模块或可控硅发热过量。可检查负载与软启动器功率大小是否匹配。

（9）故障代码 –F 09（输出缺相）：主要是检查进线和出线电缆是否有松脱，软启输出相是否有断相或是电动机有损坏。

第四节 变频器

变频器是通过改变电源频率的方式来控制交流电动机的电力控制设备。变频器主要由整流、滤波、逆变、制动单元、驱动单元、检测单元、微处理单元等组成。也可简单认为变频器通常分为四个部分：整流单元、高容量电容、逆变器和控制器。

一、基本简介

变频器是应用变频驱动技术改变交流电动机工作电压的频率和幅度，来平滑控制交流电动机速度及转矩。

（一）工作原理

将电压和频率不变的交流电变换为电压和频率可变的交流电的装置称为“变频器”。它首先把三相交流电或单相交流电变换为直流电，再把直流电变换为三相或单相交流电，实现对交流异步电动机的软启动、变频调速、提高运转精度、改变功率因数、过流、过压、过载保护等。

根据异步电动机转子转速公式：$n=n_1\ (1-S)\ =\dfrac{60f}{p}\ (1-S)$

式中，n_1 为旋转磁场；S 为异步电动机的转差率；p 为磁极对数；转差率公式：$S=\ (n_1-n)\ /n_1$ 从式（5–1）可以得出，改变异步电动机的供电频率，可以改变其同步转速，实现调速。对异步电动机进行调速时，希望保持电动机的最大转矩不变，因而需要维持磁通恒定。根据电动机理论，三相异步电动机定子每相绕组感应电动势的有效值为：

$$E=4.44f N\varphi_m \tag{5–5}$$

式中 E——电动机定子每相绕组感应电动势的有效值，V；

f——电源频率；

N——定子每相绕组的有效匝数；

φ_m——每极磁通量。

由式（5–5）可知，若定子端电压 $U\approx E$ 不变，则随着 f 的升高，气隙磁通 φ_m 将减小，势必会导致电动机转矩下降，使电动机的利用率降低，同时电动机的最大转矩也降低，严重时会使电动机堵转。若维持定子端电压 U 不变而减小 f，则 φ_m 增加，将造成磁路过饱和，励磁电流增加，铁芯过热，这是不允许的。为此在调频的同时需要改变定子电压 U，以维持气隙磁通 φ_m 不变。因此，变频调速中的变频器，都具有调频和调压两种功能，简称 VVVF 型变频器。

（二）基本分类

一些新型器件，如 IGBT、IGCT、SGCT 等。由它们构成的高压变频器，性能优异，可以实现 PWM 逆变，甚至是 PWM 整流。

1. 按变换的环节分类

（1）交－直－交变频器，先把工频交流通过整流器变成直流，然后再把直流变换成频率电压可调的交流，又称间接式变频器，是目前广泛应用的通用型变频器。

（2）交－交变频器，将工频交流直接变换成频率电压可调的交流，又称直接式变频器。

2. 按直流电源性质分类

1）电压型变频器

电压型变频器特点是中间直流环节的储能元件采用大电容，负载无功功率将由它来缓冲，直流电压比较平稳，直流电源内阻小，相当于电压源，故称电压型变频器，选用于负载电压变化较大的场合。

2）电流型变频器

电流型变频器的特点是中间直流环节采用大电感作为储能环节，缓冲无功功率，扼制电流的变化，使电压接近正弦波，直流内阻较大，故称电流源型变频器。电流型变频器的特点是能扼制负载电流频繁而急剧的变化。常选用于负载电流变化较大的场合。

（三）变频器的接线及选用

1. 主电路接线

主电路接线，如图 5–29 所示。

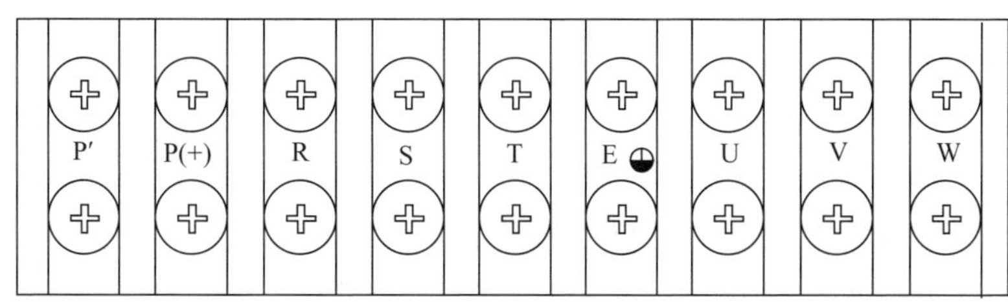

图5–29　变频器主电路接线图

(1) 变频器输入 (R、S、T)，输出 (U、V、W) 绝对不能接错。

(2) 将变频器接地端子应良好接地（如现场供电系统是零地共用，就单独取地线）。多台变频器接地，各变频器应分别和大地相连，不允许一台变频器的接地和另一台变频器的接地端连接后再接地。应将变频器的电源输入端子经过漏电保护开关接到电源上。

2. 控制电路的接线

(1) 模拟量控制线应使用屏蔽线，屏蔽一端接变频器控制电路的公共端 (COM)，或接变频器保护地端 (PE)，另一端悬空。

(2) 开关量控制线允许不使用屏蔽线，但同一信号的两根线必须互相绞在一起，绞合线的绞合间距应尽可能小。

3. 变频器的选用

目前，市场上的变频器种类很多如：西门子、罗克韦尔、LG、欧姆龙、丹佛斯、施耐德、ABB、艾默生、汇川、英威腾、欧瑞、东芝、三菱、日立、明电舍等，且同一公司又有许多不同型号，价格相差也很大。故选用变频器时不要认为档次越高越好，应当按照所拖动负载的特性选择合适的变频器。

变频器的容量选择应与电动机容量密切相关。变频器容量选择过小，则电动机潜力就不能充分发挥；相反，变频器容量选择过大，变频器的余量就显得没有意义，且增加了不必要的投资。

二、变频器的操作

以 ABB–ACS510 变频器为例进行说明。

（一）启动

启动部分用于配置变频器。这个操作将涉及参数设置，用于定义变频器如何工作和通信。根据控制和通信要求，启动过程有以下几步：

(1) 可通过选择用户宏，用默认的设置来定义一般的或可选的系统配置。

(2) 如果想重新定义个别参数可以通过使用控制盘手动选择来设置各个参数。

（二）控制盘

1. 基本型控制盘性能

(1) 带液晶显示的数字控制盘。

(2) 在任何时候能与变频器即插即拔。

(3) 拷贝功能 – 参数能上传到控制盘的存储器中，接着将参数从控制盘下载安装到其他的变频器中，或者用于系统的备份。

2. 基本控制盘

该控制盘为手动输入参数值提供了基本的工具。一般的变频器均有运行（RUN）、停止（STOP）、编程（PROG）、数据 / 确认（DATA/ENTER）、增加（UP、▲）、减少（DOWN、▼）等 6 个键，不同变频器操作键的定义基本相同。有的变频器还有监视（MONTTOR/DISPLAY）、复位（RESET）、寸动（JOG）、移位（SHIFT）等功能键，如图 5–30 所示。

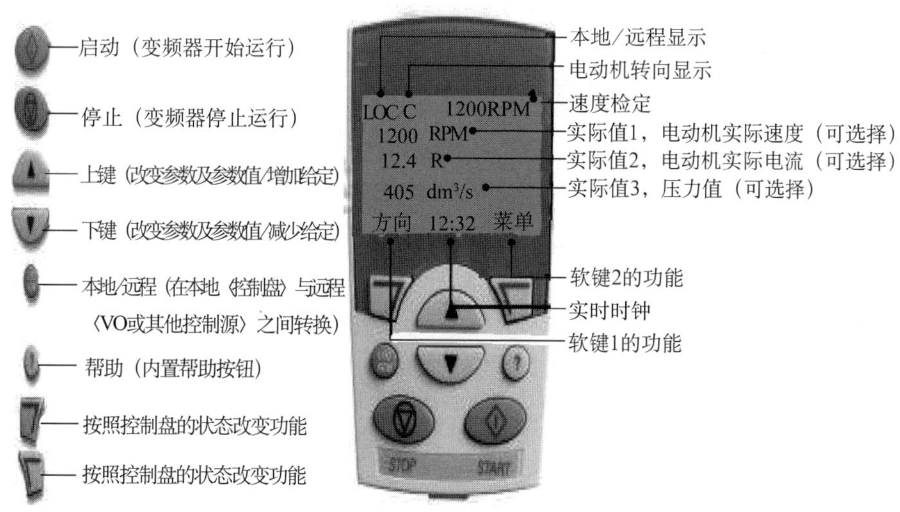

图5–30　基本型控制盘

（三）输出模式

为了进入控制模式（助手型控制器），按 EXLT（退出）键直到液晶屏显示下面的状态信息。

状态信息：顶行，液晶屏的顶行显示变频器的基本状态信息。

（1）LOC（本地）：表示变频器处于本地控制，即控制命令来自控制盘。

（2）REM（远程）：表示变频器处于远程控制，例如 L/O（X1）或现场总线。

（3）↗：显示变频器和电动机的旋转状态，见表 5–2。

表5–2　变频器和电动机的旋转状态

控制盘显示	含义
旋转箭头（顺时针或反时针）	①变频器正在运行；②电动机轴的方向为正转↗或反转↘
点状线闪烁旋转箭头	变频器正在运行但未到达设定点。
点状线固定箭头	给出启动命令，但电动机没有运行。即没有给出启动允许命令。

(4) 变频器的操作：LOC/REM－初次通电时，变频器处于远程控制模式(REM)，由控制端子排 ×1 来控制的。要进入本地控制（LOC），使用控制盘控制变频器，按下 LOC/REM 键，如果：

①先按下接着释放该键（闪烁显示“LOC”）变频器停止。使用给定模式来设置本地控制给定。

②按下该键保持 2s（当显示从“LOC”到“LOCr”状态时释放该键），变频器会保持先前的状态。变频器拷贝先前的远程控制地的启动 / 停止状态和给定值，作为本地控制命令最初值。

③按下 LOC/REM 键，重新回到远程控制状态下（REM）。

Start/Stop－按下 START 和 STOP 按键，启动或停止变频器。

Shaft direction－按下方向键 DIR ，改变变频器的旋转方向（参数 1003 必须被设定成 3“双向”）。

（四）参数模式

使用参数模式可设置参数值。

(1) 从输出模式开始，按下 MENR/ENTER（菜单 / 进入）键，交替显示可选模式：REF－给定、PAR－参数、COPY－拷贝。

(2) 使用上 / 下箭头键进入“PAR”（参数模式）。

(3) 按下 MENU/ENTER（菜单 / 进入）键。显示参数：“01”、…、“99”。

(4) 使用上 / 下箭头键逐步进入所要的参数组，例如，“03”。

(5) 按下 MENU/ENTER（菜单 / 进入）键，显示已选的参数组的一个数。例如“0301”。

(6) 使用上 / 下箭头键找到所需要修改的参数。

(7) 按下 MENU/ENTER（菜单 / 进入）键，采取下列二者之一的方式：

①按下后并保持 2s，或快速连续按动两次。则会显示时间参数值，并在参数值下带 SET 字样。

②只按一下 MENR/ENTER（菜单 / 进入）键将显示参数当前值 2 秒钟。在显示期间，再次按下 MENU/ENTER（菜单 / 进入）键也会加上 SET 字样。

(8) 使用上 / 下箭头键逐步设置所要的参数值。在 SET 状态下，同时按下上 / 下箭头键会显示缺省值。

(9) 在 SET 状态下，按下 MENU/ENTER（菜单 / 进入）键能存储所显示的参数值。如果按下 EXIT/RESET（退出 / 复位）键，先前的参数值，或者最后被存储的参数值，就作为有效值。

(10) 按 EXIT/RESET（退出 / 复位）键返回到输出模式。

三、变频器安装、故障检测、调试与维护

振动是对电子器件造成机械损伤的主要原因，对于振动冲击较大的场合，应采用橡胶等避振措施；作为防范措施，应对控制板进行防腐防尘处理，并采用封闭式结构；温度是影响电子器件寿命及可靠性的重要因素，特别是半导体器件，应根据装置要求的环境条件安装空调或避免日光直射。

（一）变频器的安装

1. 变频器的安装环境

（1）环境温度：−10 ～ 40℃。

变频器内部是大功率的电子元件，极易受到温度的影响。为了保证工作安全、可靠，最好控制在 40℃以下。如环境温度太高且温度变化太大时，变频器的绝缘性能将会降低。

（2）环境湿度：相对湿度不超过 90%（无结露）。必要时，在变频柜箱中增加干燥剂和加热器。

（3）振动和冲击：装有变频器的控制柜受到机械振动和冲击时，会引起电器接触不良。这时除了提高控制柜的机械强度、远离振动源和冲击源外，还应使用抗震橡皮垫，固定控制柜和内部电磁开关之类产生振动的元器件。

（4）电气环境：防止电磁波干扰与输入端过电压。

（5）其他条件：尽量保证无阳光直射，无腐蚀性气体，导电灰尘少，海拔低于 1000m 等。

2. 安装方式

（1）目前是最好的安装方式，因为可以起到很好的屏蔽作用，同时也能防尘、防潮、防光照等。

（2）单台变频器安装应尽量采用柜外冷却方式（环境比较洁净，尘埃少）。

（3）单台变频器采用柜内冷却方式时，变频柜顶端应安装抽风式冷却风扇，并尽量装在变频器的正上方（目的是便于空气流通）。

多台变频器安装应尽量并列安装，如必须采用纵向方式安装，应在两台变频器间加装隔板。不论用哪种方式，变频器都应垂直安装。

（二）故障检测

1. OH：机器过热

当遇到这种情况时，首先会想到散热风扇是否运转，风扇是否堵转，周围环境温度是否过高，变频器通风不良，温度检测电路故障。

2. POFF：欠电压

输入电源是否缺相，输入电源接线端子松动，输入电源电压波动大。检查

整流是否有问题，直流电压是否低于 380V。

3. OU：过压

首先要排除由于参数问题而导致的故障。例如减速时间过短，由于再生负载而导致的过压（加制动单元），检查输入侧电压是否有问题，查看电压检测电路是否出现了故障，一般的电压检测电路的电压采样点，都是中间直流回路的电压。

4. OCU、OCS：过电流

首先要排除由于参数问题而导致的故障。例如电流限制，加速时间过短都有可能导致过电流的产生。然后判断是否电流检测电路出现问题，如霍尔传感器，霍尔线故障。变频器输出侧是否短路。

5. OL：过载

加速时间太短，电动机负载太重，电动机有卡死现象。

6. HE：电流传感器故障

霍尔线没有接好，传感器损坏，电流检测电路有故障。

OCU1：硬件保护

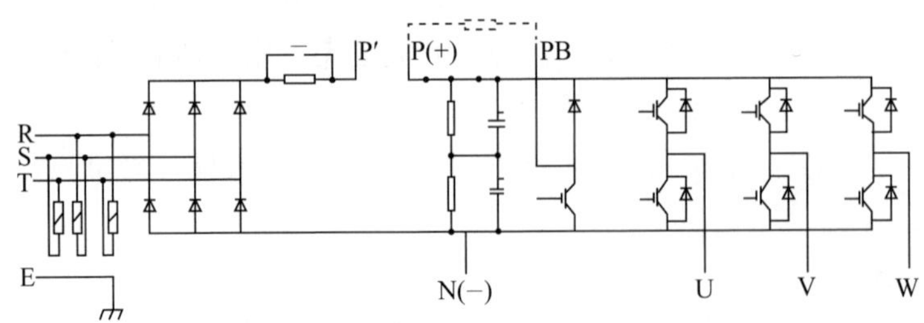

图5–31　变频器主回路故障简易测试图

7. 变频器三相输出有短路现象

变频器三相输出 *U*、*V*、*W* 相有短路现象，外部用电设备干扰，IGBT，IPM 模块损坏。

8. 变频器主回路故障简易测试

如图 5–31 所示。技术人员凭借数字式万用表根据图 5–31 可简单判断主回路器件是否损坏（主要是整流桥，IGBT，IPM）。为了人身安全，必须确保机器断电，并拆除输入电源线 R、S、T 和输出线 *U*、*V*、*W* 后方可操作。

首先把万用表打到“二极管”挡，然后通过万用表的红色表笔和黑色表笔按以下步骤检测：

(1) 黑表笔接触直流母线的负极 P（–），红色表笔依次接触 R、S、T，记录万用表上的显示值；然后再把红色表笔接触 N（–），黑色表笔依次接触 R、S、

T，记录万用表的显示值；六次显示值如果基本平衡，则表明变频器二极管整流或软启电阻无问题，反之相应位置的整流模块或软启电阻损坏，现象：无显示。

（2）红表笔接触直流母线的负极 P（−），黑色表笔依次接触 *U*、*V*、*W*，记录万用表上的显示值；然后再把黑色表笔接触 N（−），红色表笔依次接触 *U*、*V*、*W*，记录万用表的显示值；六次显示值如果基本平衡，则表明变频器 IGBT 逆变模块无问题，反之相应位置的 IGBT 逆变模块损坏，现象：无输出或报故障。

（三）变频器的调试与维护

变频器在调试运行过程中使用环境的变化：温度、湿度、烟雾等的影响，以及变频器内部元器件的老化等因素，可能会导致变频器发生各种故障。因此，在存储、使用过程中必须对变频器进行日常检查，并进行定期保养维护。

1. 变频器的调试及注意事项

变频器在调试时，应采取的基本步骤有带电源空载测试、带电动机空载运行、带负载试运行、与上位机联机统调等；完成这些步骤应注意的问题：

（1）在将变频器接通电源前需要检查它的输入、输出端是否符合说明书要求。

（2）是否有新的内容增加，认真阅读注意事项。

（3）检查接线是否正确和紧固。

2. 变频器接通电源试运行

变频器接通电源试运行（不接电动机），按运行（RUN）键运行变频器到 50Hz，用万用表测量变频器的输出（*U*、*V*、*W*）线电压应平衡（370 ~ 400V）。按停止键后，再接上电动机线。

3. 变频器带电动机空载运行

（1）设置电动机的功率、极数，要综合考虑变频器的工作电流。

（2）设定变频器的最大输出频率、基频、设置转矩特性。

（3）将变频器设置为自带的键盘操作模式，按寸动键、运行键、停止键，观察电动机是否反转，是否能正常地启动、停止。

（4）熟悉变频器运行发生故障时的保护代码，观察热保护继电器的出厂值，观察过载保护的设定值，需要时可以修改。

4. 带载试运行

（1）手动操作变频器面板上的运行 / 停止键，观察电动机运行 / 停止过程及变频器的显示窗，是否有异常现象。如果有异常现象，相应的改变预定参数后再运行。

（2）如果启动、停止电动机过程中变频器出现过流保护动作，应重新设定加速、减速时间。电动机在加、减速时的加速度取决于加速转矩，而变频器在启动、制动过程中的频率变化率是自行设定的。若电动机转动惯量或电动机负载变化，按预先设定的频率变化率升速或减速时，有可能出现加速转矩不够，从而造成电动机失速，即电动机转速与变频器输出频率不协调，从而造成过电流或过电压。因此，需要根据电动机转动惯量和负载合理设定加、减速时间，使变频器的频率变化率能与电动机转速变化率相协调。检查此项设定是否合理的方法是先按经验选定加、减速时间进行设定，若在启动过程中出现过流，则可适当延长加速时间；若在制动过程中出现过流，则适当延长减速时间。另一方面，加、减速时间不宜设定太长，时间太长将影响生产效率，特别是频繁启动、制动时。

(3) 如果变频器在限定的时间内仍然保护，应改变启动 / 停止的运行曲线，从直线改为 S 形、U 形线或反 S 形、反 U 形线。电动机负载惯性较大时，应该采用更长的启动停止时间，并且根据其负载特性设置运行曲线类型。

(4) 如果变频器仍然存在运行故障，应尝试增加最大电流的保护值，但是不能取消保护，应留有至少 10% ～ 20% 的保护余量。

(5) 如果变频器运行故障还是发生，应更换更大一级功率的变频器。

(6) 如果变频器带动电动机在启动过程中达不到预设速度，可能有两种情况。

①系统发生机电共振，可以从电动机运转的声音进行判断。采用设置频率跳跃值的方法，可以避开共振点。一般变频器能设定三级跳跃点。V/f 控制的变频器驱动异步电动机时，在某些频率段，电动机的电流、转速会发生振荡，严重时系统无法运行，甚至在加速过程中出现过电流保护使得电动机不能正常启动，在电动机轻载或转动惯量较小时更为严重。普通变频器均备有频率跨跳功能，可以根据系统出现振荡的频率点，在 V/f 曲线上设置跨跳点及跨跳宽度。当电动机加速时可以自动跳过这些频率段，保证系统能够正常运行。

②电动机的转矩输出能力不够，不同品牌的变频器出厂参数设置不同，在相同的条件下，带载能力不同，也可能因变频器控制方法不同，造成电动机的带载能力不同；或因系统的输出效率不同，造成带载能力有所差异。对于这种情况，可以增加转矩提升量的值。如果达不到，可用手动转矩提升功能，不要设定过大，电动机这时的温升会增加。如果仍然不行，应改用新的控制方法，比如日立变频器采用 V/f 比值恒定的方法，启动达不到要求时，改用无速度传感器空间矢量控制方法，它具有更大的转矩输出能力。

5. 变频器与上位机相连进行系统调试

在手动基本设定完成后，如果系统中有上位机，将变频器的控制线直接与上位机控制线相连，要考虑并将变频器的操作模式改为端子控制。根据上位机系统的需要，调定变频器接收频率信号端子的量程 0 ～ 5V 或 0 ～ 10V，以及变频器对模拟频率信号采样的响应速度。

在调试时可能会遇到这种情况，如上位机给出信号后，变频器不执行。因为有的上位机只接受交流信号，不接受直流信号，而变频器的控制信号大多是直流信号，这时可考虑外加继电器。

四、使用时应注意的事项

（1）如带动的设备是水泵，因水泵转速调节范围不宜太大，通常不低于额定转速的 50%。当转速低于 50%，水泵本身的效率明显下降。在调频时应避开泵组的机械共振频率，否则将会损坏水泵机组。

（2）由 SPWM 变频器驱动异步电动机时，因高次谐波的影响产生噪声。可在变频器和电动机之间装设补偿器，噪声可降低 5 ～ 10dB。

（3）由 SPWM 变频器驱动异步电动机时，电动机的电流比工频供电时大 5% 左右。电动机低速运行时冷却风扇能力又下降，使电动机温升增高。应采取措施限制负荷或减少运行时间。

（4）变频器周围环境温度应低于 35℃。当环境温度高于 35℃时，功率模块性能变差，尤其是长期运行的水泵，可能会损坏模块。

（5）选用变频器的容量要与电动机电流相匹配，并且可考虑提高容量 1 ～ 2 档次。尤其是工作环境温度高、常年连续运行的水泵更应该如此。

第六章

照明装置

照明是利用各种光源照亮工作和生活场所或个别物体的措施。照明的首要目的是创造良好的可见度和舒适愉快的环境，它包含“天然采光”和“人工照明”。无论是哪种光源都要考虑灯光的照度。所谓照度是指单位面积上接收到的光能量。照度符号是 E，照度单位是勒克斯（lx）。

计算式为：

$$E=\frac{\phi}{A} \tag{6-1}$$

式中 ϕ——光通量，单位是 lm；

A——照明面积，单位是 m^2；

E——照度，单位是 lx。

1 勒克斯相当于 $1m^2$ 被照面上光通量为 1 流明 (lm) 时的照度。

第一节　照明灯具

照明灯具已不仅局限于照明，还起到装饰的作用。照明灯具的品种有：吊灯、吸顶灯、台灯、落地灯、壁灯、射灯等；按配光分为直接照明型、半直接照明型、全漫射式照明型和间接照明型等。灯的颜色有：无色、纯白、粉红、浅蓝、淡绿、金黄、奶白等。

一、照明概述

在装饰装修选灯具时，不仅要考虑灯具的外形和价格，还要考虑亮度、不刺眼、安全、清澈柔和等。

（一）照明常用术语

1. 光

光是一种电磁波，是光源发出的辐射能中的一部分，即能产生视觉的辐射能，一般常称为“可见光”。

2. 色温

色温是以绝对温度 K 来表示，是将一标准黑体加热，温度升高至某一程度时，颜色开始由红—浅红 − 橙黄 − 白 − 蓝白 − 蓝，逐渐变化，利用这种光色变化的特性，光源的光色与黑体在某一温度下呈现的光色相同时，就将黑体当时的绝对温度称为该光源的色温。

3. 显色指数（Ra）

显色指数是用来衡量光源显现被照物体真实颜色的能力参数。显色指数（0 ～ 100）越高的光源对颜色的再现越接近自然原色。

4. 光通量（流明 lm）

光通量表示发光体发光的多少，流明是光通量的单位（发光越多，流明数就越大）。

5. 平均寿命

平均寿命也称额定寿命，它是指一批灯点亮至一半数量损坏不亮的小时数。

6. 光强

光强是指单位立体角内的光通量，单位：cd（坎德拉）。

7. 照度

照度是用来说明被照面上被照射的程度，通常用其单位面积内所接受的光通量来表示，单位为勒克斯（lx）或流明每平方米（lm/m^2）。

8. 亮度

亮度是用来表示物体表面发光（或反光）强弱的物理量，被视物体发光面在视线方向上的发光强度与发光面在垂直于该方向上的投影面积的比值，称为发光面的表面亮度，单位为坎德拉每平方米（cd/m^2）。

9. 发光效率

发光效率简称光效，是描述光源的质量和经济的光学量，它反映了光源在消耗单位能量的同时辐射出光通量的多少，单位是流明每瓦（lm/W）。

10. 光束角

光束角是指灯具光线的角度灯杯的角度。一般常见的有 10°、24°、38° 三种。

（二）家庭照明灯具布置要求

家庭灯光布置一般有个性化要求，所谓个性化，通常体现为某种特定的氛围或心理上的感受，像入口门厅、私人会客厅或餐厅等处是需要强调氛围效果的区域。在家居照明中能够明确提出统一要求的是一些要进行精细视觉作业的区域或空间，比如厨房中的操作台、浴室中的化妆区及家居中书写阅读区域。

1. 入口

入口通常用壁灯，安装在门的一侧或两侧壁面上，距地面 1.8m 左右。透明灯泡外用透明玻璃灯具，既美观又可以产生欢迎的效果。乳白色玻璃灯具使周围即明亮，又有安全感。

2. 走廊与楼梯

走廊比较窄小，如用壁灯则要注意突出的大小程度。长走廊选择用筒灯的比较多，在墙面上产生有规则的光与影，引导效果比较好。

有楼梯的地方由于楼梯的高度差要求有安全照明。特别是下楼梯时，注意不要发生踏空的事故，所以要使用不会产生眩光的灯具。不能安装在使踏面位于阴影的位置。走廊与楼梯的照明一般使用三路开关，在两个位置都可以控制。

3. 卫生间与浴室

卫生间和浴室的环境照明要求是有一定特殊性的。通常情况下，安装在房间顶上的防雾防湿吸顶灯可以满足环境照明的要求。镜子的上方或两侧可用防湿镜前灯。也有在镜子周围使用几盏低瓦数的防湿灯具。这样使包括在下巴以下部分都能照亮，适合化妆。

4. 厨房选择光源和灯具

一般在天花板的中间部位安装吸顶式荧光灯，以使整个房间内的光照分布均匀，灯具的侧面和底面覆盖控光透镜，让灯下和侧面都有合适的光照，灯具要做到防雾防湿。

一般使橱柜上的荧光灯直接照射操作台面，对灶台要做适当的遮挡，以避免眩光的影响。需要在灯具的出光口配置封闭式透光罩，以避免灰尘和油污的聚集。

5. 餐厅

餐厅的中心是餐桌。餐桌的照明灯具使用最多的是吊灯。根据餐桌的大小，可用 1 到 3 盏。如果餐厅不太大，这种吊灯完全可以兼作餐桌照明和一般照明。

餐厅通常选用色温为 3000K，显色指数在 80 以上的光源，能更好地突显食物的色泽。

6. 卧室

卧室是就寝的空间，第一要求是照明应起到催眠的效果。依房间使用方式不同，照明可满足就寝前看书、看电视、化妆、拿衣服等生活行为。建议一般照明与局部照明兼顾。

催眠用照明灯具本身的亮度不能太高，一般照明也不能太亮。卧室一般使用带罩的台灯可表现出所需的氛围。

7. 书房

书房是以视觉作业为主要目的的空间。计算机已普遍进入各个家庭的书房，所以书桌上的照明设计要以显示屏的亮度为主。计算机操作照明的亮度一般按纸面文本与键盘面、显示屏、显示屏的背景壁面的顺序依次增加。

8. 客厅

客厅是家居中使用频率最高的多功能空间。客厅的照明需要一室多灯，并需将开关电路分控，使照明效果与各种活动相配合。特别是房间越大越会同时进行各种不同的活动。要注意布灯时避免各种光线相互干扰。在与顶棚高度相比非常大的房间中，人们的视野大部分在顶棚表面，所以顶棚照明显得尤为重要。要注意不能选择易产生眩光的灯具。

9. 庭院与通道

庭院内考虑到白天的景观，照明要尽量隐藏在树木等内部。因此最好使用小型灯具，典型的有紧凑型荧光灯具。

10. 居住建筑照明标准值

居住建筑照明标准值见表 6–1。

表6-1 居住建筑照明标准值

房间或场所		参考平面及其高度	照度标准值（lx）	*Ra*
起居室	一般活动	0.75m水平面	100	80
	书写、阅读		300*	
卧室	一般活动	0.75m水平面	75	80
	床头、阅读		150*	
餐厅		0.75m餐桌面	150	80
厨房	一般活动	0.75m水平面	100	80
	操作台	台面	150*	
卫生间		0.75m水平面	100	80

注：* 宜用混合照明

（三）办公室照明

1. 办公室照明国家标准

办公室灯的照度，依据国家标准《建筑照明设计标准》GB 50034—2019，普通办公室，照度 300lx，高档办公室，照度 500lx。在设计时，高档办公室的照度设计的功率密度为 15 ～ 18W/m^2 普通办公室的照度设计的功率密度为 9 ～ 11W/m^2。

2. 办公场所照明要求

（1）选择合适的光源色温及显色指数，在办公场所中一般选择 >4000K 色温，显色指数选择 $Ra \geqslant 75$。

（2）照明水平：不同环境、不同场所，对灯光的要求各有不同。办公场所的照度应满足使用要求，一般为 500 ～ 1000lx。

（3）照明均匀度：合理布置灯具，使照度均匀，使办公室最大、最小照度与平均照度之差小于平均照度的 1/3。

（4）舒适度和眩光控制：在视野内有过高亮度或过大亮度比时，就会使人们感到刺眼的眩光。防止眩光的措施主要是限制光源亮度，合理布置光源。如使光源在视线 45 度范围以上，形成遮光角或用不透明材料遮挡光源。

（5）安全性：主要考虑灯具结构的安全性，电器的安全性，灯具是否符合国家标准，是否通过 3C 认证等。

（6）节能和环保；选用高光效光源，高效率、长寿命、配光合理灯具，高性能、长寿命附件等。

（四）灯种代号

1. 民用灯具的灯种类代号：代号 / 灯种

B/ 壁灯、L/ 落地灯、T/ 台灯、C/ 床头灯、M/ 门灯、X/ 吸顶灯、D/ 吊灯、

Q/ 嵌入式顶灯、W/ 未列入类。

2. 光源的种类及代号：代号 / 光源种类

G/ 汞灯、J/ 金属卤化物灯、Y/ 荧光灯、X/ 氙灯、H/ 混光光源、L/ 卤钨灯、N/ 钠灯、LED/ 灯、不注为白炽灯。

（五）使用和保养

（1）买回灯具后，先不要安装，应仔细看灯具的标记并阅读安装使用说明书，应按说明书的规定安装、使用灯具，否则有可能达不到预期的要求甚至发生危险。

（2）按标志提供的光源参数及时更换老化的灯管，发现灯管两端发红、灯管发黑或有黑影、灯管内色光跳动不亮时，应及时更换灯管，防止产生安全隐患。

（3）在清洁维护时应注意不要改变灯具的结构，也不要随便更换灯具的部件，在清洁维护结束后，应按原样将灯具装好，不要漏装、错装灯具零部件。

（4）灯具在使用中还要按照要求加强保养，才能延长其使用寿命。

①房间的灯管要经常用干布擦拭，并注意防止潮气入侵，以免时间长了出现锈蚀损坏或漏电短路的现象。

②装在厕所、浴室的灯具须装有防潮灯罩，这样，既安全又能延长其使用寿命。

③装在厨房的灯应特别注意防油烟，因为油垢的积聚会影响灯的散热和照度。

④浅色的灯罩透光度较好，但容易粘灰，要勤于清洗，以免影响光线的穿透度；灯具如果为非金属，可用潮湿布擦试，以免灰尘积聚，妨碍照明效果。

⑤在使用灯具时尽量不要频繁地开关，因为灯具在频繁启动瞬间，通过灯丝的电流都大于正常工作时的电流，使得灯丝温度急剧升高加速升华，从而会减少其使用寿命，因此要尽量减少灯具的开关。

第二节　电气照明装置施工及验收技术要求

电气照明装置的安装应按已批准的设计进行施工，当设计修改时，应经原设计单位同意，方可进行。

一、要求

（1）选用的设备、器材及其运输和保管应符合国家现行标准的有关规定，当设备和器材有特殊要求时，应符合产品技术文件的规定。设备及器材到达施工现场后，应按下列要求进行检查：

①技术文件应齐全。

②型号、规格及外观质量应符合设计要求和规程规定。

（2）在砖石结构中安装电气照明装置时，应采用预埋吊钩、螺栓、螺钉、膨胀螺栓、尼龙塞或塑料塞固定，严禁使用木楔，当设计无明确规定时，上述固定件的承载能力应与电气照明装置的重量相匹配。

（3）在危险性较大及特殊危险场所，当灯具距地面高度小于 2.5m 时，应使用额定电压为 36V 及以下的照明灯具，或采取保护措施。

（4）安装在绝缘台上的电气照明装置，其导线的端头绝缘部分，应伸出绝缘台的表面。

（5）电气照明装置的接线应牢固，电气接触应良好，TN−S 或 TN−C 系统中需要有保护接地的灯具、开关、插座等非带电金属部分，应有明显标志的专用接地螺钉。

（6）电气照明装置施工结束后，对施工中造成的建筑物、构筑物局部破损部分，应修补完整。

二、灯具的分类、安装、接线

布置和选择灯具时，应注意以后维修方便、使用安全并适应环境，尽可能达到美观大方经济实用。

（一）灯具概述

灯具包括灯泡（灯管）、灯座和灯罩。灯座是固定灯泡，提供电源通路、控制光通量的分配，使被照面的照度符合要求，避免刺眼的眩光。不同形状和颜色的灯罩还对建筑物起着美化装饰的作用。

按控制光通量在空间的分布，灯具分为直射灯具、漫射灯具和反射灯具三类。

（1）直射灯具：有反射性良好的不透明材料制成的灯罩，将光线通过灯罩内壁反射和折射，90%的光通量向下直射，如搪瓷、铝抛光和镀银镜面等。

（2）漫射灯具：为减少眩光，用漫射透光材料制成灯具，造型美观，光线柔和均匀，但光亮损失较多。

（3）反射灯具：灯具上半部用透明材料制成，下半部用漫射透光材料（甚至不透光材料）制成，使 90%以上光通量照到顶棚或其他反射器，再反射到工作面。

灯具按用途分为工厂灯、防爆灯、投光灯、交通灯、机床灯、柱灯及高速路上的高杆灯，写字楼、住宅建设中用的建筑灯，还有形式多样的各式各样的花灯等。

（二）灯具安装

（1）照明灯具可分为下列几种：

①敞开式照明灯具——无封闭灯罩的。

②封闭式照明灯具——有封闭灯罩，但其内外能自由出入空气的。

③密闭式照明灯具——空气不能进入灯罩的。

④防爆式照明灯具——密闭良好，能隔爆，并有坚固的金属网罩加以保护。

（2）布置和选用灯具时，应考虑维修方便和使用安全，根据周围环境，按下列规定选用：

①易燃和易爆的场所，采用防爆式灯具。

②有腐蚀性气体及特殊潮湿的场所，采用密闭式灯具，灯具各部件应作防腐处理。

③潮湿的厂房内和户外采用有凝结水放出口的封闭式灯具，或采用防水灯口的敞开式灯具。

④多尘的场所，根据粉尘的浓度及性质，采用封闭式或密闭式灯具。

⑤灼热多尘场所（如出钢、出铁、轧钢等场所），采用投光灯。

⑥可能受机械损伤的厂房内，采用有保护网的灯具。

⑦震动场所（如装有锻锤、空压机、桥式起重机等）的灯具应有防震措施（如采用吊链等软性连接）。

⑧除敞开式灯具外，其他各类灯具容量在100W及以上者，均应采用瓷质灯口。

（3）灯具及其配件应齐全，并应无机械损伤、变形、油漆脱落和灯罩破裂等缺陷。

（4）根据灯具的安装场所及用途，引向每个灯具的导线线芯最小截面应符合表6–2的规定。

表6–2　导线线芯最小截面

灯具的安装场所及用途		线芯最小截面（mm^2）	
		铜芯软线	铜线
灯头线	民用建筑室内	0.5	1.0
	工业建筑室内	0.5	1.0
	室外	1.0	1.0
移动用电设备的导线	生活用	0.5	+
	生产用	1.0	-

(5) 灯具不得直接安装在可燃构件上，当灯具表面高温部位靠近可燃物时，应采取隔热、散热措施。

(6) 在变（配）电所内，高压、低压配电设备及母线的正上方，不应安装灯具。

(7) 室外安装的灯具，距地面的高度不应小于 3m，当在墙上安装时，距地面的高度不应小于 2.5m。

(8) 螺口灯头的接线应符合下列要求：

①相线应接在中心触点的端子上，中性线应接在螺纹的端子上，开关应断相线。

②灯头的绝缘外壳不应有破损和漏电。

③对带开关的灯头，开关手柄不应有裸露的金属部分。

(9) 对装有白炽灯泡的吸顶灯具，灯泡不应紧贴灯罩，当灯泡与绝缘台之间的距离小于 5mm 时，灯泡与绝缘台之间应采取隔热措施。

(10) 灯具的安装应符合下列要求：

①采用钢管作灯具的吊杆时，钢管内径不应小于 10mm，钢管厚度不应小于 1.5mm。

②吊链灯具的灯线不应受拉力，灯线应与吊链编叉在一起。

③软线吊灯的软线两端应作保护扣，两端线芯应搪锡。

④同一室内或场所成排安装的灯具，其中心线偏差不应大于 5mm。

⑤日光灯和高压汞灯及其附件应配套使用，安装位置应便于检查和维修。

⑥灯具固定应牢固可靠，每个灯具固定用的螺钉或螺栓不应少于 2 个，当绝缘台直径为 75mm 及以下时，可采用一个螺钉或螺栓固定。

(11) 公共场所用的应急照明灯和疏散指示灯，应有明显的标志。无专人管理的公共场所照明应装设自动节能开关。

(12) 每套路灯应在相线上装设熔断器，有架空线引入路灯的导线，在灯具入口处应做防水弯。

(13) 36V 及以下照明变压器的安装应符合下列要求：

①电源侧应有短路保护，其熔断丝的额定电流不应大于变压器的额定电流。

②外壳、铁芯和低压侧的任意一端或中性点，均应作保护接地。

(14) 固定在移动结构上的灯具，其导线应敷设在移动构架的内侧，在移动构架时，导线不应受拉力和磨损。

(15) 当吊灯灯具重量大于 3kg 时，应采用预埋吊钩或螺栓固定，当软线吊灯灯具重量大于 1kg 时，应增设吊链。

(16) 投光灯的底座及支架应固定牢固，枢轴应沿需要的光轴方向拧紧固定。

(17) 金属卤化物灯的安装应符合下列要求：

①灯具安装高度应大于 5m，导线应经接线柱与灯具连接，且不得靠近灯具表面。

②灯管必须与触发器和限流器配套使用。

③落地安装的反光照明灯具，应采取保护措施。

（18）嵌入顶棚内的装饰灯具的安装应符合下列要求：

①灯具应固定在专设的框架上，导线不应贴近灯具外壳，且在灯盒内应留有余量，灯具的边框应紧贴在顶棚面上。

②矩形灯具的边框应与顶棚面的装饰直线平行，其偏差不应大于 5mm。

③日光灯管组合的开启式灯具，灯管排列应整齐，其金属或塑料的间隔片不应有扭曲等缺陷。

（19）固定花灯的吊钩，其圆钢直径不应小于灯具吊挂销、钩的直径，且不得小于 6mm。对大型花灯、吊装花灯的固定及悬吊装置，应按灯具重量的 1.25 倍做过载试验。

（20）安装在重要场所大型灯具的玻璃罩，按设计要求采取防止碎裂后向下溅落的措施。

（21）霓虹灯的安装应符合下列要求：

①灯管应完好，无破裂。

②灯管应采用专用的绝缘支架固定；且必须牢固可靠，专用支架可采用玻璃管制成，固定后的灯管与建筑物、构筑物表面的最小距离不应小于 20mm。

③霓虹灯专用变压器所供灯管长度不应超过允许负载长度。

④霓虹灯专用变压器的安装位置应隐蔽，且方便检修，但不应装在吊顶内，不应被非检修人员触及，安装时，其高度不应小于 3m，当小于 3m 时，应采取防护措施，在室外安装时，应采取防水措施。

⑤霓虹灯专用的变压器二次导线和灯管间的连接线应采用额定电压不低于 15kV 的高压尼龙绝缘导线。

⑥霓虹灯专用变压器的二次导线与建筑物、构筑物表面的距离不应小于 20mm。

（22）手术台无影灯的安装应符合下列要求：

①固定灯座螺栓的数量不应少于灯具法兰底座上的固定孔数，且螺栓直径应与孔径匹配。

②在混凝土结构中，预埋件应与主筋焊接。

③固定无影灯底座的螺栓应采用双螺母锁紧。

（23）手术台无影灯导线的敷设应符合下列要求：

①灯泡应有间隔地接在两条专用的回路上。

②开关至灯具的导线应使用额定电压不低于 500V 铜芯多股绝缘导线。

（三）照明

(1) 在坑洞内作业、夜间施工或自然采光差的场所，作业厂房、料具堆放场所、道路、仓库、办公室、食堂、宿舍等，应设一般照明、局部照明或混合照明；在一个工作场所内，不得只装设局部照明；在停电后，操作人员需要及时撤离现场的特殊工程，必须装设自备电源的应急照明。

(2) 现场照明应采用高光效、长寿命的照明光源，对需要大面积照明场所，应采用高压汞灯、高压钠灯、混光用的卤钨灯或金属卤化物灯。

(3) 照明器的选择应按下列环境条件确定：

①正常湿度时，选用开启式照明器。

②在潮湿或特别潮湿的场所，选用密闭型防水防尘照明器或配有防水灯头的开启式照明器。

③含有大量尘埃但无爆炸和火灾危险的场所，采用防尘型照明器。

④在振动较大的场所，选用防振型照明器。

⑤对有酸碱等强腐蚀的场所，采用耐酸碱型照明器。

(4) 照明器具和器材的质量均应符合有关标准、规范的规定，不得使用绝缘老化或破损的器具和器材。

(5) 照明灯具电源末端的电压偏移应符合下列数值：

①一般工作场所（室内或室外）的电压偏移允许值为额定电压值的 −5% ~ 5%，远离电源的小面积工作场所，电压偏移值允许为额定电压值的 −10% ~ +5%。

②道路照明、警卫照明或额定电压为 12 ~ 36V 的照明，电压偏移值允许为额定电压值的 −10% ~ +5%。

(6) 一般场所应选用额定电压 220V 的照明器，对下列特殊场所应使用安全电压照明器：

①隧道、人防工程、有高温、导电灰尘或灯具离地面高度低于 2.4m 等场所的照明，电源电压应不大于 36V。

②在潮湿和易触及带电体场所的照明电源电压应不大于 24V。

③在特别潮湿的场所、导电良好的地面、锅炉或金属容器内工作的照明电源电压不得大于 12V。

(7) 照明系统中的每一单相回路上，灯具和插座数量不应超过 25 个，并应在开关箱内装设脱扣电流为 15A 及 15A 以下的过电流保护。

(8) 使用行灯应符合下列要求：

①电源电压不超过 36V。

②灯体与手柄应坚固、绝缘良好、耐热、耐潮湿。

③灯头与灯体结合牢固，灯头无开关。

④灯泡外部有金属保护网。

⑤金属网、反光罩、悬吊挂钩固定在灯具的绝缘部位上。

(9) 照明变压器必须使用双绕组型，严禁使用自耦变压器或自耦调压器。

(10) 携带式变压器的一次侧电源引线应采用橡皮护套电缆或塑料护套软线，其中绿 / 黄双色线做保护地线用，中间不得有接头，长度不应超过 3m，电源插销应选用带接地触头的插销。

(11) 低压供电线路的中性线截面应与相线截面相等。

(12) 室内、外照明线路的敷设应符合下列要求：

①室内配线必须采用绝缘铜导线，采用瓷瓶、瓷（塑料）夹等敷设，距地面高度不应小于 2.5m。

②进户线过墙应穿管保护，距地面不得小于 2.5m，并应采取防雨措施。

③进户线的室外端应采用绝缘子固定。

④室内配线所用导线截面，应根据用电设备的计算负荷确定，但截面应不小于 $2.5mm^2$。

⑤潮湿场所或埋地非电缆配线必须穿管敷设，管口应密封，采用金属管敷设时必须作保护接地。

⑥钢索配线的吊架间距不应大于 12m，采用瓷夹固定导线时，导线间距不小于 35mm，瓷夹间距应不大于 800mm；采用瓷瓶固定导线时，导线间距应不小于 100mm，瓷瓶间距不应大于 1.5m，采用护套绝缘导线时，允许直接敷设于钢索上。

(13) 照明装置应符合以下要求：

①照明灯具的金属外壳必须做保护接地，单相回路的照明开关箱（板）内必须装设漏电保护器。

②室外灯具距地面不得低于 3m，室内灯具距地面不得低于 2.5m。

③路灯的每个灯具应单独装设熔断器保护，灯头线应作防水弯。

④荧光灯管管座应固定或用吊链悬挂，镇流器不得安装在易燃的结构物上。

⑤钠、铊、铟等金属卤化物灯具的安装高度应在 5m 以上，灯线应在接线柱上固定，不得靠近灯具表面。

⑥投光灯的底座应安装牢固，按需要的光轴方向将枢轴拧紧固定。

⑦螺口灯头及接线应符合下列要求：

a. 相线接在与中心触头相连的一端，中性线接在与螺纹口相连的一端；

b. 灯头的绝缘外壳不得有损伤和漏电。

⑧灯具内的接线必须牢固，灯具外的接线必须做可靠的绝缘包扎。

(14) 暂设工程的照明灯具应采用拉线开关，开关安装位置应符合下列要求：

①拉线开关距地面高度为 2 ~ 3m，与出、入口的水平距离为 0.15 ~ 0.2m，拉线的出口应向下。

②其他开关距地面高度为 1.3m，与出、入口的水平距离为 0.15 ~ 0.2m。严禁将插座与扳把开关靠近装设，严禁在床上装设开关。

（15）电器、灯具的相线必须经开关控制，不得将相线直接引入灯具。

（16）对于夜间影响飞机或车辆通行的在建工程或机械设备，必须安装设置醒目的红色信号灯，其电源应设在施工现场电源总开关的前侧。

（四）灯具接线

1. 白炽灯常用灯具接线

白炽灯常用灯具接线，见表 6–3。

使用注意事项（包括卤钨灯）：

（1）额定电压与供电电压相符，在 U_e 下平均寿命为 1000h。当电压上升 5%，其寿命减少 5%，当电压升高 10%寿命减至 28%（即 280h）。

（2）大于 100W 的灯需用瓷质灯口。

（3）钨丝冷态电阻比热态时少很多，故此类灯启动电流可达 $8I_e$ 以上。

（4）管形卤钨灯需水平安装，倾角不应大于 4°，否则影响灯的寿命。

表6–3　白炽灯常用灯具接线

名称用途	接线图	备　注
一个单联开关控制一个灯	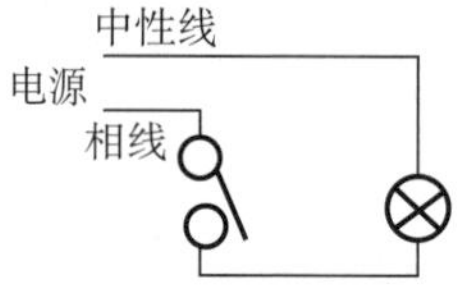 中性线 电源 相线	开关装在相线上，接入灯座中心簧片上，零线接入灯座螺纹口接线柱上
一个单联开关控制一个灯，接一个插座	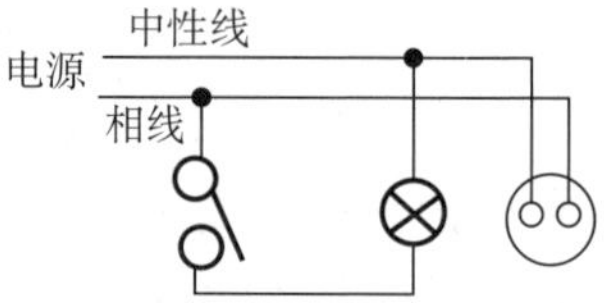 中性线 电源 相线	用线少，线路上有接头，工艺较复杂，容易松动，易产生高温，有发生火灾的危险
一个单联开关控制一个灯，接一个插座	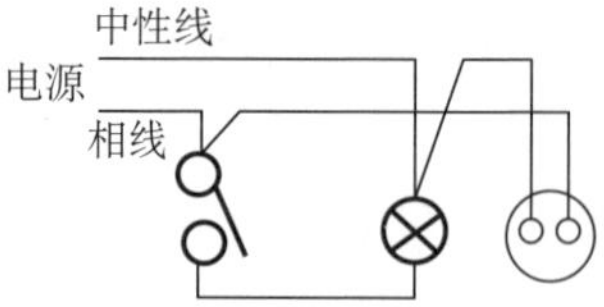 中性线 电源 相线	电路中无接头，较安全，但用线多
一个单联开关控制两个灯	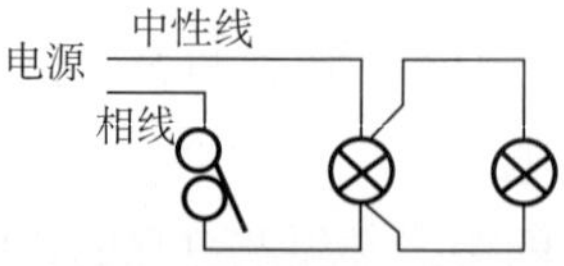 中性线 电源 相线	如超过两个灯，注意开关容量

续表

名称用途	接线图	备　注
两个单联开关，分别控制两个灯	电源 中性线 相线	多个开关及多盏灯，可延伸接线
1拖5遥控灯是由一个遥控器控制五个灯，适用于商店、住宅、宾馆等	遥控接收器 黑色线（输出零线） 黑色线（输入零线） 红色线（输入火线） 白色线（输出火线）	遥控器按键为：A、B、C、D、E、F、OFF、ON。 （1）按A（B、C、D、E）键接收器亮，再按A（B、C、D、E）键接收器关； （2）按F键所亮的灯组闪烁一下进入延时状态； （3）按OFF键A、B、C、D、E接收器断开，按ON键 A、B、C、D、E接收器关合

2. 照明灯接线

照明灯接线，如图 6–1、图 6–2 所示。

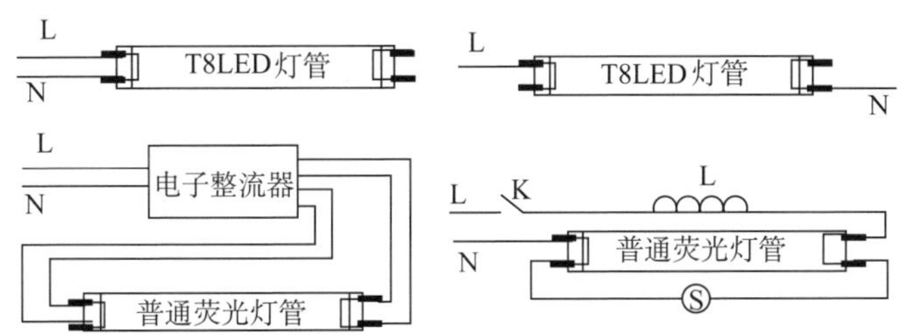

图6–1　单管日光灯接线

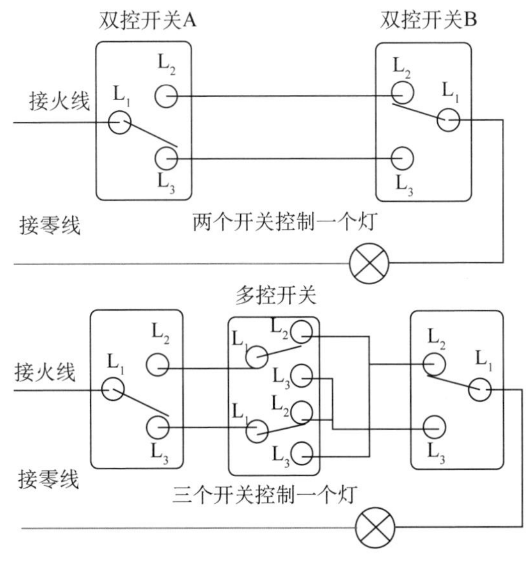

图6–2　双控灯、三控灯接线图

使用注意事项：

（1）含电磁式日光灯管的功率和镇流器、启辉器必须匹配，否则镇流器或灯管容易过热损坏。

（2）镇流器在工作过程中要注意散热，8W 及以下镇流器功耗为 4W；40W 以下镇流器功耗为 8W；100W 镇流器功耗为 20W。

（3）荧光灯不宜频繁开启，以免灯丝涂层受冲击过多，过分消耗而降低灯管寿命。

（4）适宜工作温度为 18 ~ 25℃。

（5）电压变动幅度不宜大于 ±5% U_e。

（6）100W 灯管运行中温度近 100 ~ 120℃，其他规格的灯管运行温度为 40 ~ 50℃。

（7）破碎灯管水银对环境有危害，应及时妥善处理。

3. 高压汞灯接线

高压泵灯接线如图 6–7 所示。

使用注意事项：

（1）外镇流式高压水银汞灯必须配用相应的镇流器，否则灯泡立即烧毁。

（2）灯泡外壳温度较高，标定 400W 的外壳表面温度为 150 ~ 200℃。

（3）灯可在任意位置点燃，最好垂直向下，水平点燃时其光效降低 50%，光通量减少 7%且易自燃。

（4）电压降低 5%亦可能自燃。

（5）外壳破碎后，放电管也可点亮，此时大量紫外线可对眼、皮肤造成辐射伤害。

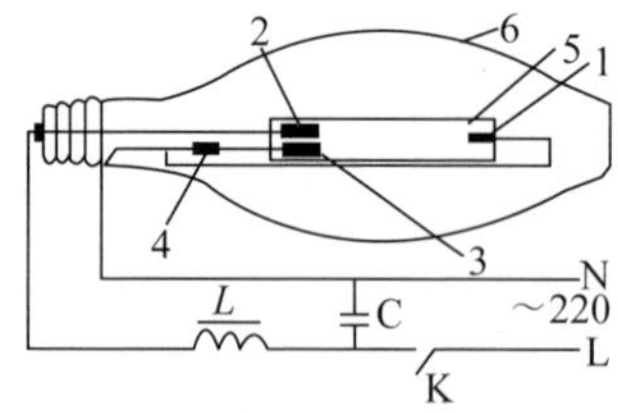

图6–3　高压汞灯接线

1、2–主电极；3– 辅助电极；4–电阻15～100kΩ
5–石英内管（放电管）；6–玻璃外壳（泡）

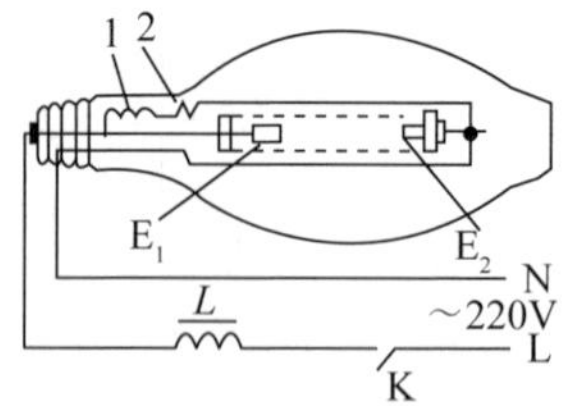

图6–4　高压纳灯接线

1–加热线圈；2–双金属片常闭接点；
E_1，E_2–钨丝电极；L–镇流器

4. 高压纳灯接线

高压纳灯接线如图 6–4 所示。

使用注意事项：

（1）电源电压变动不宜超过 ±5%，当电源电压上升 5%时，管压将增大，易引起自燃；降低时，光通量将减少，光色变差。

（2）灯在任何位置点燃，其光参数基本不变。

（3）配套设计灯具，反射光不宜通过放电管，否则将引起放电管因吸热而温度升高，并且容易自熄。

（4）灯泡、镇流器应相互匹配，关断后不能立即启动。

（5）灯管破碎后的水银应妥善处理。

5. T5 晶彩微型支架灯

（1）灯体采用高强度铝合金拉制而成，连接方式为阴阳式结构，确保灯具在使用时带电部件不被触及。

（2）电子镇流器采用贴片生产技术，镇流性能更加稳定可靠，使用寿命长。

（3）采用汞齐技术的三基色稀土灯管，灯管无明显汞斑、显色性好。

（4）安装：

①在安装灯具的地方，用木螺钉将两固定卡座安装到安装面，两安装卡座的安装距离应比灯具约小 120mm，如果灯具接成灯带，则应将安装卡座安装在同一条直线上。

②将灯具压入卡座内即可将灯具固定，并可根据需要将灯具沿灯体长度方向调整位置。

③该灯可以接成光带使用，两套灯具之间直接首尾连接，连接数量见 6–4 表。

④使用专用插头连接，打开电源开关即可使用。

表6–4 光带连接数量

型号	功率，W	额定电压，V	灯具外形尺寸，mm			连接数量，Pcs	最大总电流，A
			L	B	H		
HLZ/T2128E	28	220	1184	235	37	8	1.04

6. 节能灯

1）节能灯的安装使用

（1）更换前先关电源、安装时不要握住玻璃部分、不可用调光线路。

（2）警示用于密封灯具、不要安装在有水滴到的地方。

（3）不要安装在环境温度高达 40℃的地方。

2）安全注意事项

（1）节能灯使用电压范围：AC170 ~ 245V，最佳使用范围：AC220 ~ 240V。

（2）不可安装在可燃物内使用，任何情况下，灯具不能被隔热衬垫或类似材料盖住。

（3）通电后，不能正常点亮时，可用手旋转灯管，如果还不能排除故障，应更换一支相同规格的新灯管（维护时应判断电源）。

（4）节能灯具使用环境是 −15 ～ 40℃，湿度≤ 95%。

（5）灯具禁止在室外和雨水淋到的地方使用；

（6）建议使用配套灯管，使用其他品牌灯管，有可能影响产品性能及使用寿命；

（7）节能灯具不适用调光；

（8）灯具安装或连接完成后必须使用专用的带线电源插头。支架的进线端为带插针的一端，另一端不可作为电源进线端。

（五）照明配电箱（盘）

（1）照明配电箱（盘）内的交流、直流或不同电压等级的电源，应具有明显的标志。

（2）照明配电箱（盘）不应采用可燃材料制作，在干燥无尘的场所，采用的木制配电箱（盘）应经阻燃处理。

（3）导线引出面板时，面板线孔应光滑无毛刺，金属面板应装设绝缘保护套。

（4）照明配电箱（盘）应安装牢固，其垂直偏差不应大于 3mm；安装时，照明配电箱（盘）四周应无空隙，其面板四周边缘应紧贴墙面，箱体与建筑物、构筑物接触部分应涂防腐漆。

（5）照明配电箱底边距地面高度应为 1.5m，照明配电板底边距地面高度不应小于 1.8m。

（6）照明配电箱（盘）内，应分别设置中性线和保护地线（PE 线）汇流排，中性线和保护线应分别在汇流排上连接，不得绞接，应采用内六方螺栓连接并应有编号。

（7）照明配电箱（盘）上应标明用电回路名称。

三、照明线路的常见故障及检修

照明线路常因安装不合理或维修不及时，导致线路故障。常见的主要故障有：短路、断路和漏电。漏电与短路、断路存在不同程度上的差别，严重的漏电会造成短路，故出现漏电时应及时排除。

（一）照明线路的常见故障

1. 短路的主要原因

（1）接线错误，造成相线碰中性线，用电器具接线不好，接头零、火相碰或相线碰到金属外壳，造成短路。

(2) 灯头或开关进水，螺口灯头内松动，相碰零线或导线外绝缘受伤，在破损处碰线或相线接地。

2. 断路的原因

熔断丝烧断、接头松脱、断线、开关损坏、线头腐蚀严重造成断路，所使用的导线不符合质量要求。

3. 漏电

电路中出现漏电以后，用电的千瓦小时数比平时大得多。漏电主要是由绝缘不良引起的。电线和电器设备长期使用以后，绝缘会逐渐老化变质，因而产生漏电。

（二）照明线路常见故障的检修

(1) 首先判断是否漏电。可用绝缘摇表摇测，察看绝缘电阻值大小，或在被检查范围的总闸上接一只电流表，接通全部灯开关（取下所有灯泡）进行仔细观察。若电流表指针移动，则说明有漏电。指针偏转的多少，取决于电流表的灵敏度和漏电电流的大小，偏转多则说明漏电电流大。确定漏电后，可按照以下步骤进行查找：

①判断相线与中性线之间的漏电，还是相线与大地之间的漏电，或者是两者都有。以接入电流表检查为例，切断中性线，观察电流表的电流变化；电流表指示不变，是相线与大地之间的漏电；电流表指示零，是相线与中性线之间的漏电；电流表指示变小但不为零，则表明相线与中性线、相线与大地间均有漏电。

②确定漏电范围。取下分路熔断器或拉开断路器，电流表指示如不变，表明是总干线漏电；电流表的指示为零，则表明是分支路漏电；电流表的指示变小但不为零，则表明总线与分路均存在漏电。

③找出漏电点。先确定漏电的是分路或总干线后，依次拉开该线路灯具的开关，当拉开某一开关时，电流表的指示回零或变小，若回零则表明是该分支线漏电，变小则说明除该分支线漏电外还存在有其他漏电处。若所有灯具开关都拉开后电流表指示仍不变，则说明是该段干线漏电。

(2) 依照上述方法，依次把故障范围缩小到较短的线段或小范围之后，便可进一步检查该线路的绝缘，尤其是各个接头，以及电线穿墙处等是否导致漏电的情况。当查找到漏电点后，应及时妥善处理好。为预防照明线路的故障，要做到以下几点：

①定期检查线路的绝缘情况，发现问题及时排除，对导线连接处进行重点定期检查及修理。

②更换不良设备或绝缘损坏的线路，对个别配线进行改造，加装相应的漏电保护开关。

四、消防应急照明灯具

适用于安装在一般工业与民用建筑中的消防应急灯具，以应付突然性、事故性停电时使用，停电后为人员疏散或消防作业提供照明灯具。广泛用于酒店、宾馆、机场、医院、学校、工厂以及各种大型办公楼和高档娱乐场所等。

（一）主要技术指标

（1）额定电压：AC220V ± 10%，50Hz。

（2）主电功耗：<45W。

（3）适配于外壳防护等级为 IP30 的灯具。

（4）充电时间：<24h。

（5）应急光通量（90min 内）：≥ 50lm。

（6）应急时间：≥ 90min。

（7）使用环境温度：25℃ ±10℃。

（8）使用周围空气相对湿度：< 90%。

（9）电池（4.8V、1400mA · h）使用年限：依照《消防应急照明和疏散指示系统》GB 17945–2010 国家标准每四年更换一次电池（如果灯具在使用过程中，应急次数较少，根据应急放电时间判断，如应急时间满足要求，从环保的角度可不更换电池）。

（二）性能及状态简介

指示灯为三色指示灯，充电状态时亮红色，充满电时会自动转入绿色（主电状态），当灯具出现故障时指示灯会优先亮，黄色显示故障。

1. 主电

绿色指示灯，指示灯一直亮时，表示市电正常。灯具有电压自动转换电路，当市电电压下降到 140V 左右时，灯具会由主电状态转入应急状态，当市电电压上升到 170V 左右时，灯具会自动由应急状态恢复至主电状态。使用灯具时，应检查输入交流电压是否正常。

2. 充电

当灯具的交流输入端接通 AC220V 电源时，灯内的电路能够自动检测电池电量，根据电池电量决定充电电流和充电时间，以最佳方式给电池补充电量。电池处于充电状态时，红色指示灯点亮；当电池充满电时，红色充电指示灯熄灭。

3. 故障

黄色指示灯闪亮，并有声信号（每分钟响一次，每次持续 2 ~ 3s，音量在正前方 1m 处为 65 ~ 85db，只有将交流电断开，把故障排除后，声、光信号才会停止）。

主电状态时，下列情况均会指示故障，且各种状况下故障指示如下：

（1）电池未装、电池短路、电池失效时，故障指示灯以 3Hz 的频率闪烁。

（2）直流保险管开路时，故障指示灯以 3Hz 左右的频率闪烁。

（3）月自检时应急时间小于 30s，故障指示灯以 4Hz 左右的频率闪烁。

（4）年自检时应急时间小于 30min，故障指示灯常亮。

4. 自检功能

（1）灯具持续工作 48h 后每隔 30 ± 2s 能自动有主电工作状态转入应急工作状态并持续 35s ± 3s，然后自动恢复到主电工作状态，持续应急工作时间少于 30s 时，灯具会出现声、光信号，只有断开交流电源将故障排除后声、光信号才会终止。

（2）灯具持续主电工作每隔一年能自动由主电工作状态转入应急工作状态并持续至放电终止，然后自动恢复到主电工作状态；持续应急工作时间少于 30min 时，灯具会出现声、光信号，只有断开交流电源将故障排除后声、光信号才会终止。

（3）灯具可手动完成 4.（1）条、4.（2）条的自检功能，收到自检不影响自动自检计时，如灯具断电且应急工作至放电终止后，灯具在接通电源后重新开始计时。

5. 模拟按钮功能

（1）模拟主电供电故障，用户应根据消防部门的要求对应急灯进行定期检查。主电工作时，按住模拟按钮 2s 后，灯具进入模拟主电供电故障状态自动转入应急状态，松开后自动恢复原状态。

（2）连续按两次模拟按钮，灯具模拟月自检功能，绿色指示灯以 1Hz 的频率闪烁，灯具自动进入应急状态 35s ± 3s 后自动恢复至主电状态，当自检应急时间小于 30s 时，灯具会出现故障声和黄灯以 4Hz 的频率闪烁状态，表明电池容量不足，需要换电池。

（3）连续按三次模拟按钮，灯具模拟年自检功能，绿色指示灯以 3Hz 的频率闪烁，灯具自动应急直至电池过放电保护部分启动后自动恢复至主电状态，当应急时间小于 30min 时，灯具会出现故障声和黄灯常亮状态，表明电池容量不足，需更换电池。

电池未充满电时，进行月自检或年自检操作，灯具可能发出声、光故障信号，断电后声、光信号即会消除，进行自检操作时，灯具应处于满电状态。

（4）灯具进入应急状态时，按住模拟按钮2s，可关闭灯具的应急输出功能，该功能可有效地使电池不至于长期处于无电状态，延长了电池的寿命，且不影响灯具主电断电后的自动应急功能。

注：以上（1）（2）（3）条灯具在主电状态下进行，（4）条在灯具进入应急功能时进行。

6.过充电保护

灯具内部有精准地过充电保护，当电池充满电后，电路自动转入浮充状态，以保护电池。

7.过放电保护

灯具内电路有精准地过放电保护，当电池电压下降至一定程度时，过放电路会及时切断放电电路，关断电压不低于电池额定电压的80%。

（三）电池的更换方法

（1）断开交流电AC220V，拆开支架。

（2）从线路板上拔下连接电池的插头。

（3）拆下固定电池的螺丝，取下电池。

（4）更换不良电池。

（5）然后按照上述（3）、（2）、（1）的顺序安装即可。

（6）更换电池时注意电路板上所标的正负极。

（四）灯管的更换方法

（1）断开交流电AC220V，双手捏住灯管两端向同一方向旋转90º，取下坏的灯管。

（2）将新灯管两端分别放进灯座，双手捏住灯管两端向同一方向旋转90º即可。

（五）保养与维护

可使用棉布及酒精擦拭应急灯外壳，注意不能使用汽油，否则会损坏应急灯外壳及其他零件。请勿在雨水下，湿度大于或等于90%、有腐蚀的环境下使用。

（六）使用安装方法

（1）支架钻孔：

①在支架底部两端合适位置各钻一个ϕ5mm的安装孔。

②在支架侧面中部合适位置开一个ϕ14mm的指示灯孔。

③在支架连接块上各钻一个ϕ25mm的孔。

④在支架盖上对应位置钻两个ϕ35mm的孔。

（2）使电源盒从钻好的ϕ14mm的孔露出来，安装好电源盒，按接线图接线。

(3) 用钻好的两个 ϕ5mm 孔固定安装好支架，盖上支架盖，用螺钉锁紧支架盖，确保徒手不能拆下。

(4) 装上灯管，接通主电电源，灯具即进入主电亮灯和充电状态，然后按模拟按钮，试验灯具是否正常工作，充电完成后，工作电路会自动关闭主充功能，停电后灯具自动进入应急状态。

安装时应使灯具的电源线处于可靠的永久性连接，不应采取让非专业人员徒手可拆除的连接方式，带接地标志的灯具，应保证灯具具有可靠的接地。

(5) 接线如图 6–5 所示。

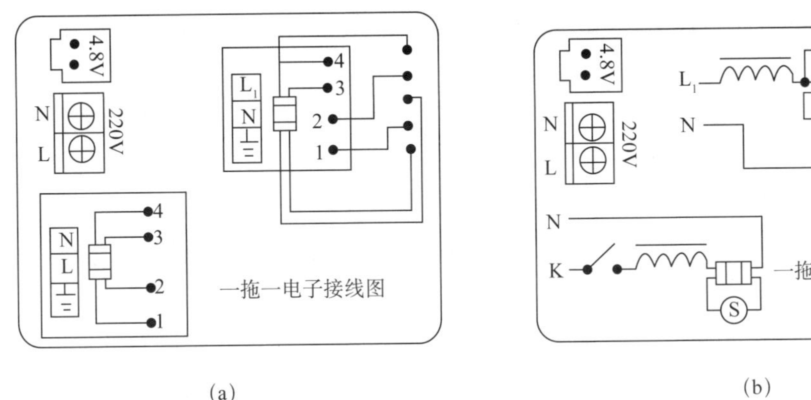

图6–5　消防应急照明接线图

五、LED系列消防应急标志灯具

(1) LED 系列消防应急标志灯具，电路设计采用集成电路主控，具有过充、过放、过流等自动保护，并匹配高能镍镉电池，免维护使用，光源采用高亮度 LED 作背光源，具有发光标志清晰明亮等优点，如图 6–6 所示。

(2) 主要技术指标：

①额定电压：AC220V/50Hz。

②应急转换时间：≥ 1s。

③充电时间：< 24h。

④功率：3W、5W、8W、15W、20W。

⑤应急时间：≥ 90min。

⑥使用环境：−10 ～ 50℃。

⑦使用周围空气相对湿度：<90%。

⑧使用电池：3.6V− 0.3A · h。

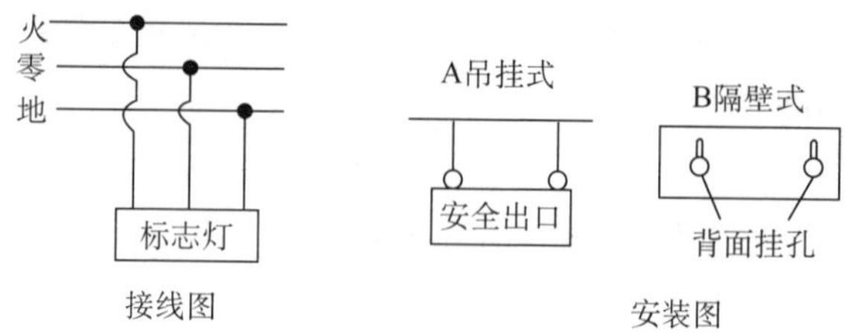

图6–6　LED系列消防应急灯

（3）使用说明：

①在使用前检查是否处于额定电压内，方可接通电源，接电后绿色指示灯为市电，红色灯为充电指示，按试验按钮，主电及充电指示灯，转为应急状态工作，表示灯具正常。

②在正常使用时，如发现黄色故障指示灯亮，表示灯具发生故障须及时检修：

a. 检查保险管是否完好；

b. 检查电池是否完好，如继续发亮则由专业人员检查修理。

c. 灯具使用前，电源是放空状态，用时须充电，充电时红色灯亮，充满时熄灭电路进入浮充电状态。

d. 如长时间不用灯具，应在 3 个月充放电一次，正常使用中应 6 个月进行一次放电操作，放电时间如小于额定时间的一半时，须更换电池，更换时注意电池的型号、极性、容量必须与原电池相符。

第三节　装饰、装修电气

在装饰、装修时，由于只考虑美观而忽略安全。装修完毕，在验收时对电气知识一知半解。为此，对装饰装修提出了一些要求。

即选用技术过硬的施工人员及单位；使用的电气产品应符合产品技术要求，绝缘强度能承受 2kV/1min 的耐压试验（灯具参考本章第二节内容）。

依照《建筑工程质量验收统一标准》GB 50300–2014。

一、对装饰、装修电气的概述

（一）防患

管线图纸要保留。装修中，自来水管、电线、电话线、有线电视线等，一般不是敷设在地板下，就是敷设在墙内，用水泥覆盖，然后再进行表面装潢。

这种全封闭的方式，造成了很多不安全隐患，给以后管线的维修带来了很大不便。

业主在购房时一般得不到一份完整的电气线路竣工图，在装修过程中不知布线的情况，对装修过程中安全用电和布线方面的知识一知半解。因此保留完整的管线走向图纸是避免今后出现问题和解决问题的前提条件，否则根本无从着手。同时，还要求施工人员应持有国家有关部门发放的电工证，严防无证施工。

（二）材质

最好选用铜质电线。目前大多数住宅内只预留一路电话线的入口，因此电话线的质量一定要有保证，暗设的电话线有必要加上防护套。如果配用 ISDN 的家庭，最好装修时也要埋好 ISDN 线并配好相应的宽带接口，以便连接专用电话机或利用 ISDN 适配器上网。不仅是电话线的质量要有保障，在开关和插座的选配上，最好选择品牌产品。

在卫生间等潮湿环境，一定要使用专用防潮插座。耗电量较大的空调等电器，要单独布线、使用专用插座。在装修中，应采用铜质电线；暗埋在墙壁内的塑料管，应选用硬质 PVC 管材。

（三）铺地板及布线

在布线施工中，如果地面是铺设木地板，应尽可能把导线敷设在踢脚板后面的墙脚，只在墙插、门口或穿墙部位等处预埋一小截线管通到踢脚板背后即可，线管中间不允许有死弯，管内预留引线铁丝，待到木地板铺完但尚未安装踢脚板时再把导线穿入。安装好踢脚板后不应看到任何走线的痕迹，要求外形美观。

由于铺设木地板是在装修工程的最后阶段进行，可以有效地防止在漫长的施工期间对线材造成意外损伤。业主以后换线、加线，拆下踢脚板就可施工。因为线管不走地板下面，所以不必切断实木（竹、复合）地板下的木龙骨，从而提高了施工质量，减少甚至避免了实木（竹、复合）地板一踩就响的可能。

如果地面是铺设地砖，布线最好要预埋线管。线管的作用不光是保护导线，还具有方便更换导线的作用。

(1) 暗管铺设需用 PVC 管，明线铺设必须使用 PVC 线槽。这样做可以确保隐蔽的线路不被破坏。敷设导线时，应使用不小于 BV−1.5 的铜线，如果是相线、零线、地线三根平行敷设，三条线的外面尽量用塑料管再包裹起来，可起到双重绝缘的目的。布线施工应在同一管内或同一线槽内，导线的数量不宜超过 4 根，而且弱电系统包括电话线、网络线、电视天线等与电力照明线不能同管敷设，以免弱电系统的信号受到干扰。

（2）导线接头应设在接线盒内。施工中，电线在塑料管中不能有缠绕、打结和出现接头。线路接头过多或处理不当是引起短路、断路的主要原因。如果墙壁的防潮处理不太好，还会引起墙壁潮湿带电，所以线路要尽量做绝缘及防潮处理，有条件的可以进行“涮锡”或使用接线端子连接。

（3）安装插座、开关时，必须要按“相线进开关，零线进灯头”及“左零右火上保护”的原则接线。相线、零线、保护线必须分色，原则上零线为浅蓝色，保护线为黄绿双色线，电源相线尽量采用红色线，分支火线尽量采用白色线。

（四）旧房装修

原有的铝线必须换成铜线。因为铝线极易氧化，其接头易打火。如果只换开关和插座，给以后的用电留下安全隐患。另外，足够的回路数对于现代家居生活是必不可少的。有足够的回路后，某一线路发生短路或其他问题时，不会影响其他回路的正常工作。根据使用面积，照明回路可选择两路或三路，电源插座三至四路，厨房和卫生间各走一路，空调回路两至三路，一个空调回路最多带两部空调。

二、住宅电器安装

（一）住宅供电系统的相关要求：

（1）城镇居民住宅用电容量按每户（建筑面积 60mm^2）预期用电负荷不小于 4kW。

（2）住宅供电系统应采用 TN–C–S、TN–S 系统接地方式，并进行总等电位连接。

（3）住宅区外线的配电线路应预留足够的备用容量，每根电缆的载流量应预留 25A 以上的流量。住宅楼内各配电干线，支干线的导线截面应按计算电流选择导线截面的基础上加大一个等级。

（4）住宅电气线路应采用符合安全和防火要求的敷设方式配线，导线应采用铜线，每套住宅应设电能表，每户电能表的表前导线截面积不应小于 6mm^2。

（5）每套住宅的空调电源插座、电器电源插座与照明应分路设计。分支回路导线截面不小于 2.5mm^2。条件许可时，住宅厨房电源插座和卫生间电源插座应设置独立回路。

（6）每套住宅应设置电源总断路器，表后回路分别装设带有过负荷保护和短路保护的断路器，电器电源插座回路应装设漏电保护装置，如图 6–7 所示。

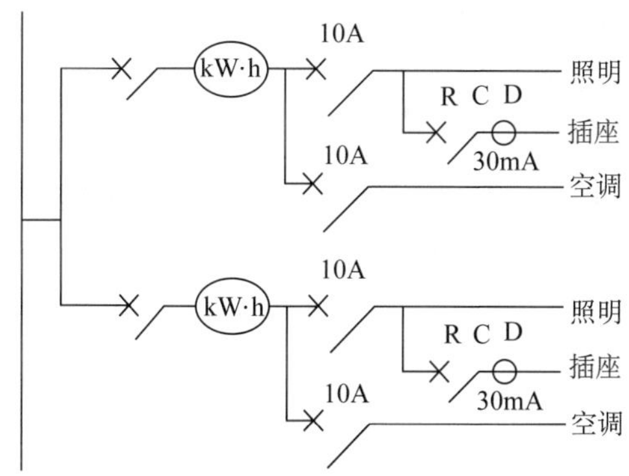

图6–7　电器电源插座回路漏电保护装置

每套住宅的用电负荷标准及电能表规格，不应小于表 6–5 的规定。

表6–5　用电负荷标准及电能表规格

套型	用电负荷标准，kW	电能表规格，A
一类	2.5	5（20）
二类	2.5	5（20）
三类	4.0	10（40）
四类	4.0	10（40）

住宅内电源插座的数量，不应小于表 6–6 的规定。

表6–6　电源插座的设置数量

部位	设置数量
卧室、起居室（厅）	一个单相三线和一个单相二线的插座两组
厨房、卫生间	防溅水型一个单相三线和一个单相二线的组合插座一组
布置洗衣机、冰箱、排气机械和空调器等处	专用单相三线插座各一个

（7）住宅建筑的公共部位应设人工照明，除高层住宅的电梯厅和应急照明外，均应采用节能型自动开关。

（8）多层住宅在首层设公用照明电能表，高层住宅公用照明与动力电能表统一计费。

（二）选择电能表、导线、配电箱、控制板、家庭信息系统与对讲系统

1. 电能表

目前大多数居民用电户使用的是供电部门装设的 5 ~ 20A、额定容量约为

4kW 的电表，这个容量可以满足一般家电的使用。对居住面积超过 150m^2 的用户，家用电器配置除一般的家用电器外，还配有家用中央空调或几台分体空调、电热水器等家用电器，就需要配大容量的电能表，每户装接容量不小于 10 ~ 40A 约 8kW，必要时可申请三相用电。但并不是容量越大越好，原因一，安装大容量电能表需要根据容量交纳供电补贴费；原因二，在提供更多电能的同时，导线的负担也相应增加。

2. 布线

如导线太细，线路上的电能损耗就会加剧，造成住户终端电压降低，影响家用电器的使用寿命。更严重的是，线径过小，会导致线路发热加剧，绝缘工作温度越高，电线的使用寿命越短，长期在高温下工作，将导致导线绝缘老化，短路和火灾事故增多。按照新的电气化居室要求，进户线截面不小于 10mm^2；厨房、卫生间室内导线不小于 6mm^2；其他导线不小于 4mm^2。室内配电分支回路的多少也是衡量住宅电气线路配置水平的重要指标。配电回路少，每个回路负荷电流增加，同样会产生上述导线升温的危害。但只要让电器分别使用不同的回路，即使某处电气线路出现故障，也不会影响整个居室的用电。

住宅配电箱应分别设置以下若干回路：厨房、卫生间、空调、其他电源插座及照明等，出线回路数不应少于 6 路。卫生间可设置独立回路插座供电热水器使用。同时，空调回路上的电源插座不宜超过 2 个。

3. 配电箱

配电箱不可能有一定的各式，只能根据实际需要而定。一般照明、插座、容量较大的空调或用电器各为一个回路，一般容量，空调两个合用一个回路。一般厨房、空调（无论容量大小）各占一个回路，并且在一些回路中应安排漏电保护。家用配电箱一般有 6、7、10 个回路，在此范围内安排开关，究竟选用何种箱体，应考虑住宅、用电器功率大小、布线等，并且还必须控制总容量在电表的最大容量之内。

4. 电源控制板

通过控制板可在床头控制照明、电视等电器，一般在宾馆中使用。其实，家庭中也可在卧室内配置床控板，方便生活起居。例如延时开关。

延时开关多用于走廊，主要有三种：

（1）按钮式，按动按钮，触发电路，灯亮，3 ~ 5min 后灯熄灭。

（2）光、声控式，天黑后，开关起作用，当有人走过发出一定强度响声时灯亮，3 ~ 5min 后灯熄灭；

（3）红外感应式，只要人在一个 90° 圆锥体范围内（距离 4m 以内）即可触发开关，而且只要人在此范围中，开关会反复触发使灯不熄，直至人离此范围

30 秒后才熄灭。因此，这类开关较前两种优越、方便，可以用于室内走入式衣柜或贮藏室内。上述延时开关适用于白炽灯或节能灯。

5. 家庭信息系统与对讲系统

信息箱配备高速及优质的配线模块和电缆，可为家庭提供语音、数据、安全、图像及视像。箱内选配：

（1）模块板（电话模块板、五类信息模块板、视频分配器）。

（2）跳线（五类跳线、视频同轴跳线）。

（3）设备（以太网集线器、射频分配器）。室内插座可选用不同类型模块，如五类、光纤、视频 F 头、BNC 同轴模块。根据住宅的需要选用信息箱将会提高生活的质量。

（4）一般住宅装有对讲系统，住户可经系统与来人对话，提高了安全保证。

（三）漏电保护器的安装

（1）按漏电保护器产品标志进行电源侧与负荷侧接线。

（2）带有短路保护功能的漏电保护器安装时，应确保有足够的灭弧距离。

（3）在特殊环境中使用的漏电保护器，应采取防腐、防潮、或防热等措施。

（4）电流型漏电保护器安装后，除应检查接线无误外，还应通过试验按钮检查其动作性能，并应满足要求。

（四）插座

有婴幼儿的家庭应选用带保护门的插座，可避免小孩用手指或铁丝等导电物体捅触插孔而引起触电。保护门遮蔽插孔，除非插头插入，否则单孔不能打开，提供了安全保护性能。

（1）插座的安装高度应符合设计规定，当设计无明确规定时，应符合下列要求：

①距地面高度不应小于 1.3m，托儿所、幼儿园及小学学校不应小于 1.8m，同一场所安装的插座高度应一致。

②车间及实验室的插座安装高度距地面不应小于 0.3m，特殊场所暗装的插座不应小于 0.15m，并列安装的相同型号的插座高度差不应大于 1mm。

③地插座应具有牢固可靠的保护盖板。

（2）插座的接线应符合下列要求如图 6–8 所示：

①单相两孔插座，面对插座的右孔或上孔与相线相接，左孔或下孔与中性线相接，单相三孔插座，面对插座的右孔与相线相接，左孔与中性线相接。

②单相三孔、三相四孔及三相五孔插座的保护接地线均应接在上孔，插座的接地端子不应与中性线端子连接。

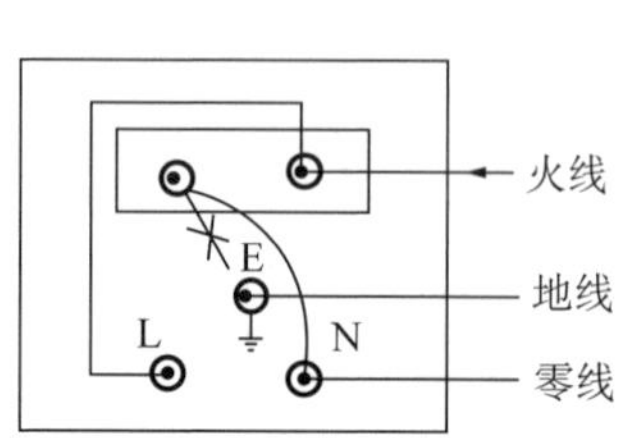

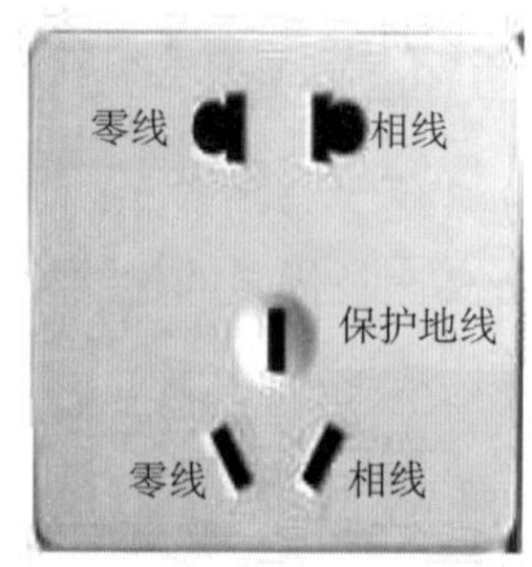

图6–8　单相三孔、五孔插座的接线

③交流、直流或不同电压等级的插座安装在同一场所时，应有明显的区别，且必须选择不同结构、不同规格和不能互换的插座，其配套的插头、应按交流、直流或不同电压等级区别使用。

④同一场所的三相插座，其接线的相位必须一致。

(3) 在潮湿场所，应采用密封良好的防水防溅插座。

（五）照明开关

因为住户在装修时，室内灯光的布置各异。可以选择1位、2位或多位开关，单极、双路开关，电铃开关，调光、调速开关，延时开关等。不同系列的开关除外形不同外，按钮的造型，大小均有变化，新颖的大跷板开关具有不错的视觉效果和舒适的手感，如图6–9所示。

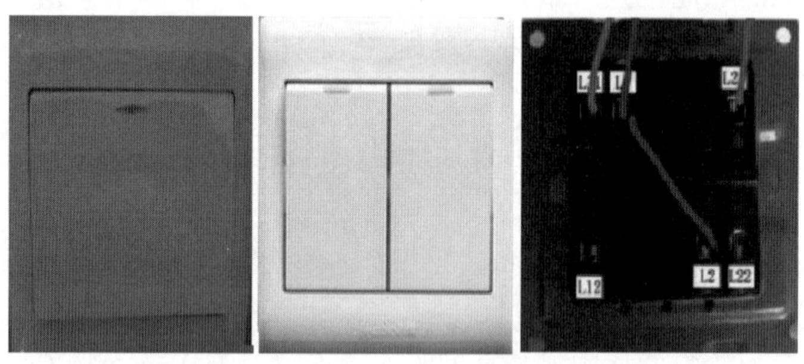

(a) 单联、两联、两联翘板开关接线外形图

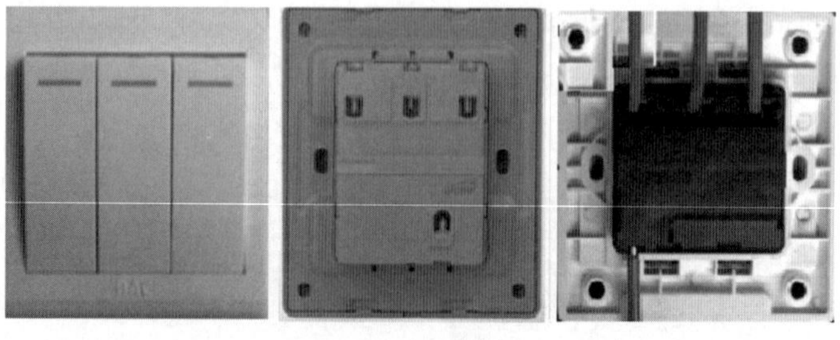

(b) 三联翘板开关外形及接线图

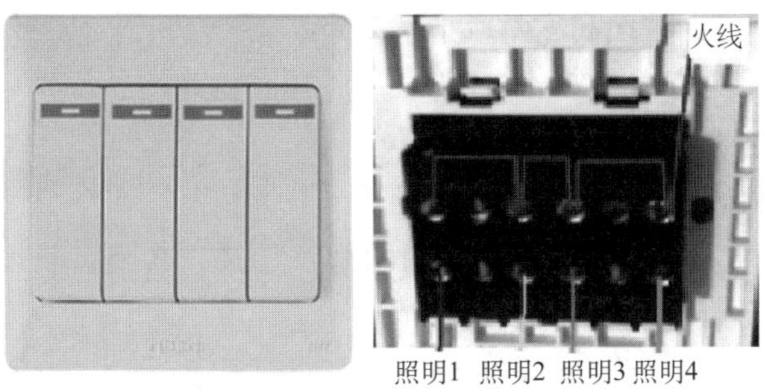

(c) 四联翘板开关外形及接线图

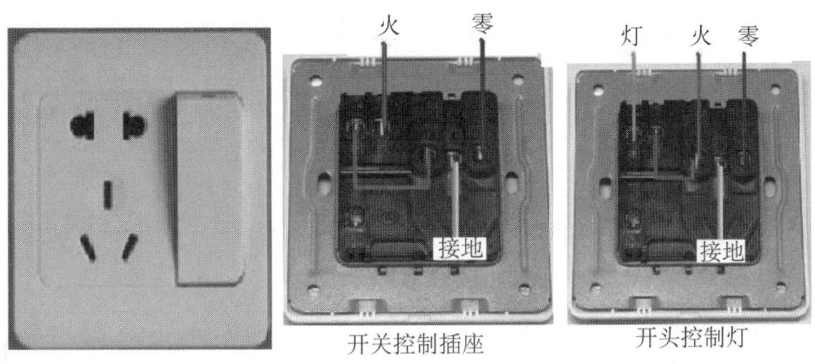

(d) 五孔一开插座外形及接线图

图6-9 照明开关接线及外形

(1) 安装在同一建筑物、构筑物内的开关，应采用同一系列的产品，开关的通断位置应一致，且操作灵活、接触可靠。

(2) 开关安装的位置应便于操作，开关边缘距门框的距离应为 0.15 ~ 0.2m，开关距地面高度应为 1.2m ~ 1.4m，拉线开关距地面高度应为 2 ~ 3m，且拉线出口应垂直向下。

(3) 并列安装的相同型号开关距地面高度不应大于 5mm，并列安装的拉线开关的相邻间距不应小于 20mm。

(4) 相线应经开关控制，民用住宅尽量不装设床头开关。

(5) 暗装的开关应采用专用盒，专用盒的四周不应有空隙，且盖板应端正，并紧贴墙面。

(六) 吊扇

(1) 吊扇挂钩应采用镀锌钢件，安装牢固，吊扇挂钩的直径不应小于吊扇悬挂销钉的直径，且不得小于 8mm。

(2) 吊扇悬挂销钉应装设防振橡胶垫，销钉的防松装置应齐全、可靠。

（3）吊扇扇叶距地面高度不应小于 2.5m。

（4）吊扇组装时，应符合下列要求：

①严禁改变扇叶角度。

②扇叶的固定螺钉应装设防松装置。

③吊杆之间、吊杆与电动机之间的螺纹连接，其啮合长度每端不得小于 20mm，且应装设防松装置。

（5）吊扇应接线正确，运转时扇叶不应有明显颤动。

三、工程交接验收

工程交接验收时，应对下列项目进行检查：

（1）各种规定的距离。

（2）各种支持件的固定。

（3）配管的弯曲半径，盒（箱）设置的位置。

（4）明配线路的允许偏差值。

（5）导线的连接和绝缘电阻。

（6）非带电金属部分的接地保护。

（7）黑色金属附件防腐情况。

（8）施工中造成的孔、洞、沟、槽的修补情况。

第七章

电容器与电抗器

电力电容器分为串联电容器和并联电容器，它们都能改善电力系统的电压质量和输电线路的输电能力，是电力系统的重要设备。电抗器在电路中起阻抗作用。在电力系统发生短路时，会产生数值很大的短路电流。采用电阻抗，能够保障非故障线路上的用户电气设备运行的稳定性。

在电容器前端串联电抗器是防止电容器和用电系统发生串、并联谐振，导致谐波被放大，使电容器过电流而被损坏，其次是串联电抗器还可以起到限制涌流的作用。

第一节　电容器基础知识

电容器是储存电荷、建立电场的电器。它的结构是由两片金属导体中间被绝缘物质隔开。两片金属导体称为极板，中间绝缘物质称为介质。它的图形符号如图 7–1 所示。

图7–1　电容器图形符号

一、电容器的概述

电容器主要用于提高功率因数，补偿无功功率，减少无功损耗，改善电压质量，提高供电设备的出力。当供电变压器的视在功率一定时，如果功率因数提高，可输出的有功功率也随之提高。

（一）电容量与电荷量

1. 电容量

电容器接通电源后，在两极板上集聚的电荷量 Q 与电容器两端电压 U_c 的比值称为电容量，用符号 C 表示，表达式由式（7–1）所示。

$$C=\frac{Q}{U_c} \tag{7–1}$$

式中　C——电容量，电容量的单位为法拉第，简称为“法”，用字母“F”表示。

Q——电荷量，电荷量的单位是库仑，简称“库”，用字母“C”表示。

U_c——电压，电压的单位是伏特，简称“伏”用字母“V”表示。

在实际应用中，法（F）的单位很大，一般用微法（μF）或皮法（pF）做单位。他们之间的关系为：

$$1\text{F}=10^6\mu\text{F}=10^{12}\text{pF}$$

2. 电荷量

电荷量是用于表示电荷多少的物理量，符号用字母 Q 表示，简称电量，通常正电荷的电荷量用正数表示，负电荷的电荷量用负数表示。任何带电体所带电量总是等于某一个最小电量的整数倍，这个最小电量叫做基元电荷，也称元电荷。

电荷量的计算式：

$$Q=It$$

式中　I——电流，A；

　　　T——时间，s。

（二）电容器的串联、并联

1. 电容器的串联

两个或两个以上的电容器依次相连，中间无分支的连接方式称为电容器的串联，如图 7–2 所示。

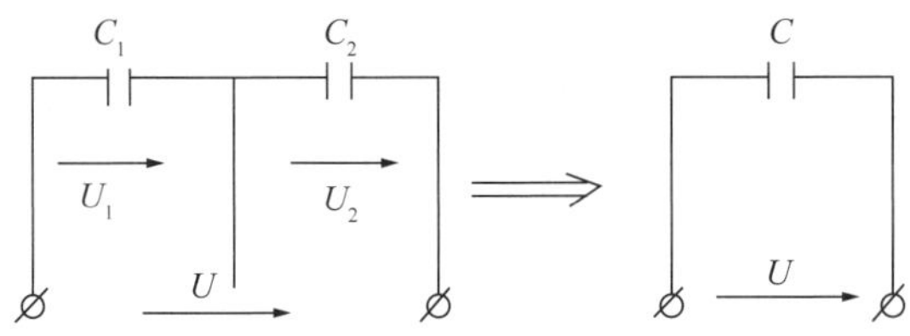

图7–2　电容器串联

电容器串联的特点：

（1）每个电容器上所带的电荷量相等，电容器串联后，总电荷量等于各电容器上所带电荷量。表达式为式（7–2）。

$$Q=Q_1=Q_2 \tag{7–2}$$

（2）电容器串联后两端的总电压等于各电容器上电压之和，见下式。

$$U=U_1+U_2 \tag{7–3}$$

（3）电容器串联后的总电容值的倒数等于各分电容器电容值倒数之和，见下式。

$$\frac{1}{C}=\frac{1}{C_1}+\frac{1}{C_2} \tag{7–4}$$

由式（7–4）可知，电容器串联后，其总电容量是减小的。

2. 电容器的并联

将两个或两个以上电容器相应的两端，接在同一电路的两点之间的连接方式称为电容器的并联，如图 7–3 所示。

电容器并联的特点如下：

（1）每个电容器两端电压都相等，并且等于所接电路两点之间的电压，见式（7–5）。

$$U=U_1=U_2 \tag{7–5}$$

（2）并联后总电荷量等于各并联电容器所带电荷量之和，见式（7–6）。

$$Q=Q_1+Q_2 \tag{7–6}$$

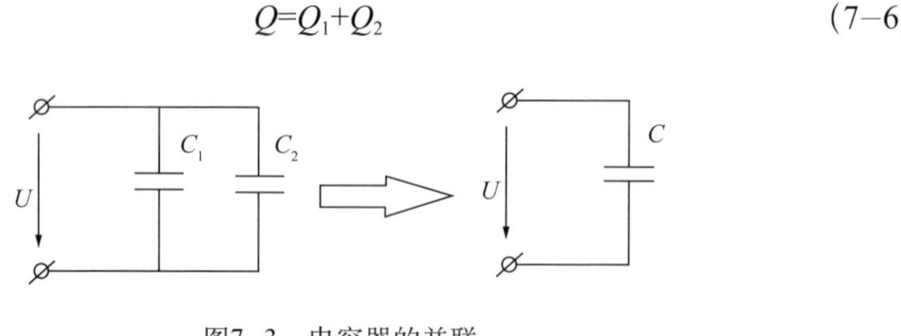

图7–3　电容器的并联

（3）并联后总电容量等于各并联电容器电容量之和，见式（7–7）。

$$C=C_1+C_2 \tag{7–7}$$

二、电容电路

有绝缘电阻很大、介质损耗很小的电容器组成的交流电路，可以近似认为是纯电容电路。电容器的应用十分广泛，在电力系统中常用它来调整电压、提高功率因数。

（一）纯电容器电路中的电压、电流和功率

1. 电压和电流的相位关系

当电容器接到交流电源上时，由于交流电压的大小和方向不断变化，电容器就不断地进行充放电，便形成了持续不断的交流电流，其瞬时值等于电容器极板上电荷的变化率，数学表达式见（7–8）。

$$i=\frac{\Delta q}{\Delta t} \tag{7–8}$$

式（7–8）中，Δq 为电容器上电荷量的变化值；Δt 为时间的变化值；

因为：　　$q=Cu_c$

所以：　　$i=C\frac{\Delta u_c}{\Delta t}$

式中，$\frac{\Delta u_c}{\Delta t}$是电容器两端电压的变化率。

由此可见，电容器上电流的大小与电压变化率成正比。假设在电容器两端加一正弦交流电压。通过对图 7–4（b）的电压、电流曲线图的分析，可以得知，电压与电流之间存在着相位差；即电容器上的电流超前于电容器两端电压 90°其向量图如图 7–4(c)所示。同时得知电容器上电流变化规律及频率与电压相同，均为正弦波。

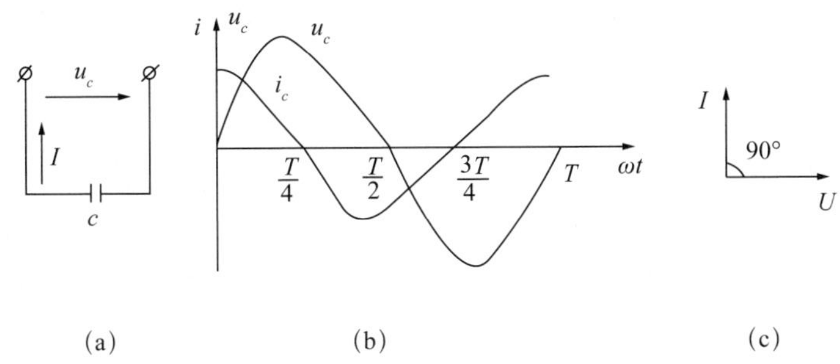

图7–4　电容电路及其电压、电流的波形图和向量图

2. 电压和电流的数学关系

在纯电容电路中，电容具有阻碍交流电流通过的性质，称作容抗，用符号“X_c”表示，单位是Ω，其数学表达式为式（7–9）。

$$X_c=\frac{1}{2\pi fC}+\frac{1}{\omega C} \tag{7–9}$$

容抗与频率成反比，所以，电容器对高频电流来说容易形成充放电电流，而对低频交流电流而言不容易形成充放电电流。纯电容电路中，容抗、电流有效值与电压有效值的关系表达式为式（7–10）。

$$I_C=\frac{U_C}{X_C}=2\pi fCU_C \tag{7–10}$$

3. 纯电容电路上的功率

在纯电容电路中，电容器不断地充放电，电源的电能只是与电容器内储存的电场能之间不断转换，其瞬时功率在一个周期内的平均值为零。即有功功率p_C=0，所以，它并没有消耗电源的电能。其瞬时功率的最大值也叫无功功率，用 Q_C 表示，单位是“乏”，用符号“var”表示，表达式为式（7–11），其瞬时功率波形如图 7–5 所示。

$$Q_C=U_CI_C \tag{7–11}$$

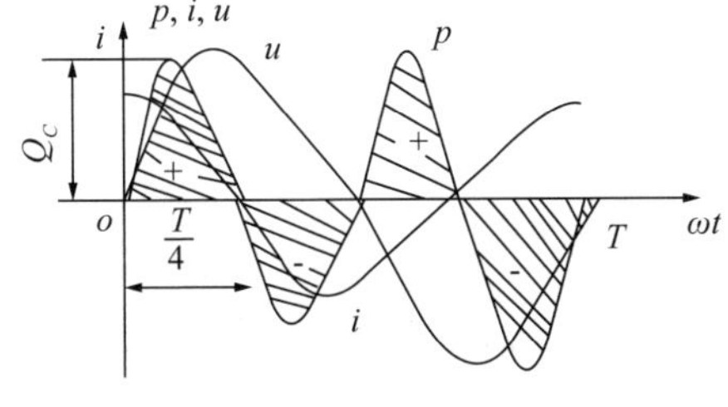

图7–5　瞬时功率波形图

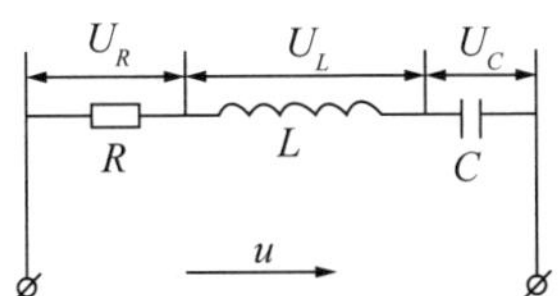

图7–6　R–L–C串联电路

无功率绝对不是无用的功率,它是具有电容（电感）的设备建立电场（磁场）、储存电荷（磁能）必不可少的工作条件。

（二）*R–L–C* 串联电路

由电阻 R、电感 L、电容 C 组成的串联电路，简称为 $R-L-C$ 串联电路，如图 7–6 所示。当电路接通交流电压 U 时，由于流过各元件上的电流均为 I，在电阻 R 两端产生的电压降 $U_R=IR$，电流 I 与电压 U_R 相位相同；在电感 L 的两端产生电压降 $U_L=IX_L$，电压 U_L 超前于电流 90°；在电容 C 两端产生电压降 $U_C=IX_C$，电压 U_C 滞后交流电流 90°。由于各元件上的电流为同一值，故电流为参考向量。在 R、L、C 上产生的电压降的向量关系，如图 7–7（a）所示。在串联电路中，总电压等于各分电压之和，由于各元件上电压的相位不同，所以只能用向量和的方法求得，表达式为式（7–12）。

$$\dot{U}=\dot{U}_R+\dot{U}_L+\dot{U}_C \tag{7–12}$$

根据 U_R、U_L、U_C 组成的电压三角形，如图 7–7（b）所示。

其总电压的大小，可由式（7–13）计算：

$$U=\sqrt{U_R^2+(U_L-U_C)^2} \tag{7–13}$$

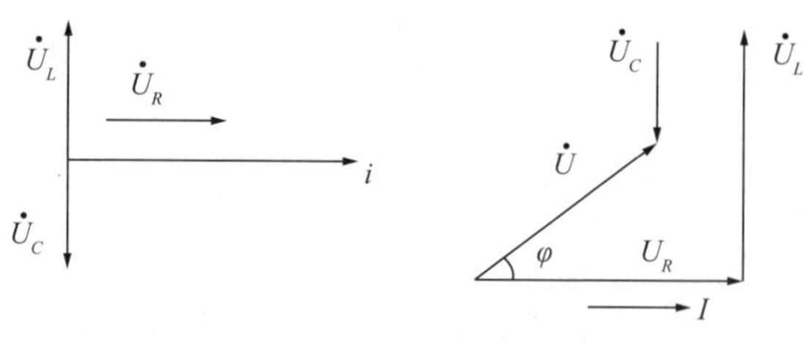

（a）向量图　　（b）电压三角形

图7–7　*R–L–C*串联电路电压向量关系

由 $U_R=IR$，$U_L=IX_L$，$U_C=IX_C$ 可得表达式（7–14）：

$$U=I\sqrt{R^2+(X_L-X_C)^2} \tag{7–14}$$

其中 $\sqrt{R^2+(X_L-X_C)^2}$ 可用字母 Z 表示，表达式为式（7–15）：

$$Z=\sqrt{R^2+(X_L-X_C)^2}=\sqrt{R^2+X^2} \tag{7–15}$$

表达式中的 Z 称为阻抗，单位是 Ω，它包括电阻和电抗两部分，表达式中 X 称为电抗，它是由感抗和容抗两部分组成的。

因为：$Z=\sqrt{R^2+X^2}$，$U=I\sqrt{R^2+X^2}$ 所以：$U=IZ$

在 $R-L-C$ 串联电路中，总电压有效值等于电路中电流有效值与阻抗的乘积。总电压 U 与电流 I 的相位关系可由图 7–7（b）来确定。先求出它的余弦函数 [式（7–16）]，然后再求出其角度。

$$\cos\varphi=\frac{R}{Z} \tag{7-16}$$

由式（7–16）可见，总电压 U 与电流 I 的相位差与 R、X_L、X_C 有关，其方向决定于 X_L 和 X_C 的差值。

当 $X_L>X_C$ 时，$\varphi>0$，X_L-X_C 和 U_L-U_C 均为正值，总电压超前于电流，电感的作用大于电容的作用，此时总电路呈现电感性。

当 $X_L<X_C$ 时，$\varphi<0$，X_L-X_C 和 U_L-U_C 均为负值，总电压滞后于电流，电容的作用大于电感的作用，此时总电路呈现电容性。

当 $X_L=X_C$ 时，$X_L-X_C=0$，$\varphi=0$ 和 $U_L-U_C=0$，这时总电压与电流同相，电路中的电流 $I=\dfrac{U}{R}$ 为最大值，此时总电路呈电阻性，这种状态称为串联谐振。其特点是电感或电容两端电压可能大于电源电压。所以也称为电压谐振。

（三）R、L 串联再与 C 并联

在交流电路中，当线圈中电阻不忽略，它和电容连接成并联电路，称为电阻、电感、电容并联电路，简称 $R-L-C$ 并联电路，如图 7–8（a）所示。在电路中，总电流分为两条支路，每一条支路上的电流可用欧姆定律的交流形式计算。

通过线圈支路上的电流为：

$$I=\frac{U}{\sqrt{R^2+X_L^2}} \tag{7-17}$$

式中　I——通过线圈的电流，单位是 A；

U——加在线圈两端电压，单位是 V；

R——与线圈串联的电阻，单位是 Ω；

X_L——线圈感抗，单位是 Ω。

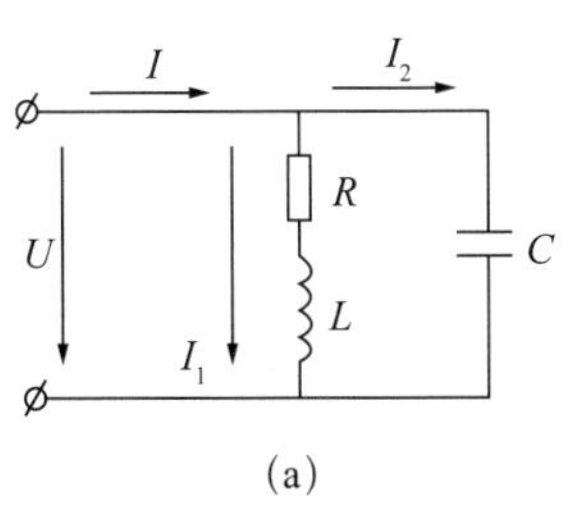

(a)

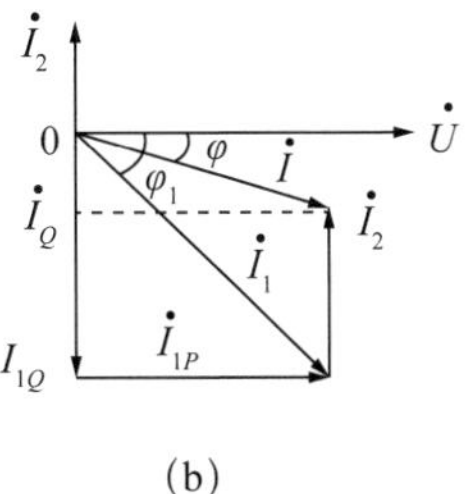

(b)

图7–8　R、L串联与C并联电路及电流向量图

通过电容支路上的电流为：

$$I_2 = \frac{U}{X_C} \tag{7–18}$$

式中 I_2——通过电容器的电流，单位是 A；

U——加在电容器两端电压，单位是 V；

X_C——电容的感抗，单位是 Ω。

根据并联电路的特点，电路总电流等于两条支路上的电流之和，由于 I_1 和 I_2 的相位不同，所以不能用代数和，只能用相量和的方法求电路总电流。因两条支路电压相同，故以电路电压为参考量，画出向量图，如图 7–8（b）所示。因支路电流 I_2 超前于电压 90°，其电流大小有电源电压和容抗决定，即 $I_2 = \frac{U}{X_C}$。由于电阻 R 的存在，所以电感支路电流 I_1 并非滞后电压 90°，而是滞后电压 φ_1，φ_1 的大小由电阻 R 与感抗 X_L 的比值来决定，可用公式 $\varphi_1=\arctan\left(\frac{X_L}{R}\right)$ 来计算。I_1 的大小是由电源电压和该支路的阻抗来决定，即：$I_1 = \frac{U}{Z} = \frac{U}{\sqrt{R^2 + X_L^2}}$。

在向量图上计算总电流时，可以先将 $\dot{I}_1$ 分解成有功分量 $\dot{I}_{1p} = (\dot{I}_{1p} = I_1 \cos\varphi_1)$ 及无功分量 $\dot{I}_{1Q} = (\dot{I}_{1Q} = I_1 \sin\varphi_1)$，则电路总的无功分量 $\dot{I}_Q = \dot{I}_{1Q} + \dot{I}_2$（在数值上为 $\dot{I}_Q = \dot{I}_{1Q} - \dot{I}_2$，总电流。

$$\dot{I} = \sqrt{(\dot{I}_1 \cos\varphi_1)^2 + (\dot{I}_1 \cos\varphi_1 - \dot{I}_Q)^2} \tag{7–19}$$

$\varphi < 0$，表示电流滞后电压 φ 角，电路呈感性；

$\varphi > 0$，表示电流超前电压 φ 角，电路呈容性；

$\varphi=0$，表示电流与电压相同，电路呈电阻性，此种状态为并联谐振或称为电流谐振。

从图 7–8（b）中可见，当感性负载与电容并联后，电路中的总电流与电源电压的相位角 φ 比并联电容前减少了，说明功率因数 $\cos\varphi$ 增大了。

综上所述，在电力系统中发生并联谐振时，在电感和电容元件中会流过很大的电流，因此会造成电路的熔断丝熔断或烧毁电器设备。

（四）电容检测方法

1. 指针式万用表检测电容方法

电容质量的优劣可以用万用表电阻挡进行检测。容量大（1μF 以上）的固定电容可用指针式万用的电阻挡（R × 1000）测量电容的两电极，性能良好的电容在测量时，表针应向阻值小的方向摆动，然后慢慢回到 ∞ 附近；交换测试笔再试一次，摆幅越大，表明电容的电容量越大；若测试笔一直碰触电容引线，表针应指在∞附近，否则，表明该电容有漏电现象；电阻值越小，说明漏电量越大，则电容质量越差；如在测量时表针根本不动，表明电容已失效或断路；如果表针摆动，不能回到起始点，则表明电容漏电量较大，其质量不佳。如未看清表针的摆动，可将红、黑表笔互换一次再测，此时表针的摆动幅度应略大一些，若在上述检测过程中表针无摆动，说明电容已断路；若表针向右摆动一个很大的角度，且表针停在那里不动(即没有回归现象)，说明电容已被击穿或严重漏电。

1）固定电容的检测

（1）检测 10pF 以下的小电容。

选用指针式万用表 R×10k 挡，用两表笔分别接触电容的任意两个引脚，阻值应为无穷大。若测出阻值(指针向右摆动)为零，说明电容漏电损坏或内部击穿。在测试时，要反复调换被测电容引脚才能明显地看到万用表指针的摆动。

对于容量较小的电容在测量时往往看不出表针摆动，此时，可以借助一个外加直流电压和用万用表直流电压挡进行测量，其方法如图 7–9 所示，把万用表调到相应的直流电压挡，负（黑）测试笔接直流电源负极，正（红）测试笔接被测电容的一端，另一端接电源正极。

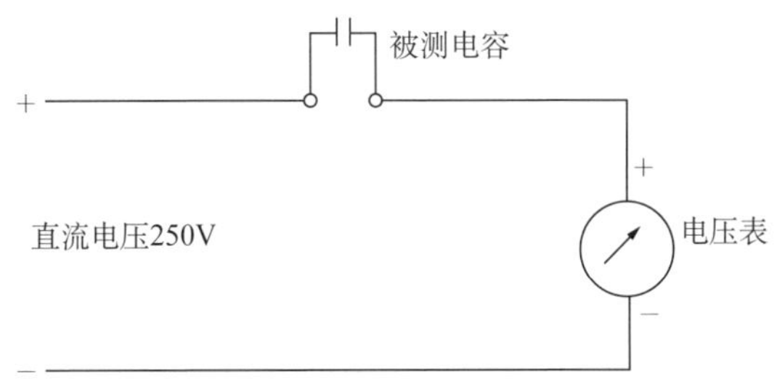

图7–9　小容量电容的检测方法

一只性能良好的电容在接通电源的瞬间，万用表的表针应有较大摆幅；电容的容量越大，其表针的摆幅也越大，摆动后，表针逐渐返回零位。如果电容在电源接通的瞬间，万用表的指针不摆动，说明电容失效或断路；若表针一直指示电源电压而不作摆动，表明电容已被击穿短路；若表针摆动正常，但不返回零位，说明电容有漏电现象，所指示的电压数值越高，表明漏电量越大。在测量容量小的电容所用的辅助直流电压不能超过被测电容的耐压，以免因测量而造成电容击穿损坏。

（2）检测 10PF ～ 0.01μF 固定电容。

万用表选用 R×1k 挡。两只三极管的 β 值均为 100 以上，且穿透电流要小。可选用 3DG6 等型号硅三极管组成复合管。万用表的红、黑表笔分别与复合管的发射极 e 和集电极 c 相接。由于复合三极管的放大作用，把被测电容的充放电过程予以放大，使万用表指针摆动幅度加大，从而便于观察。

（3）对于 0.01μF 以上的固定电容，可用万用表的 $R\times10$k 挡直接测试电容有无充电过程以及有无内部短路或漏电，并可根据指针向右摆动的幅度大小估计出电容的容量。

2）电解电容的检测

（1）因为电解电容的容量较一般固定电容大得多，一般情况下，1 ～ 47μF 间的电容，可用 $R\times1$k 挡测量，大于 47μF 的电容可用 $R\times100$ 挡测量。

（2）将万用表红表笔接负极，黑表笔接正极，在接触的瞬间，万用表指针即向右偏转较大偏度（对于同一电阻挡，容量越大，摆幅越大），接着逐渐向左回转，直到停在某一位置。此时的阻值便是电解电容的正向漏电阻，此值略大于反向漏电阻。电解电容的漏电阻一般在千欧以上，否则，将不能正常工作。在测试中，若正向、反向均无充电的现象，即表针不动，则说明容量消失或内部断路；如果所测阻值很小或为零，说明电容漏电大或已击穿损坏，不能再使用。

（3）对于正极、负极标志不明的电解电容，可利用上述测量漏电阻的方法加以判别。即先任意测一下漏电阻，然后交换表笔再测出一个阻值。两次测量中阻值大的那一次便是正向接法，即黑表笔接的是正极，红表笔接的是负极。

（4）使用万用表电阻挡，采用给电解电容进行正、反向充电的方法，根据指针向右摆动幅度的大小，可估测出电解电容的容量。

3）可变电容器的检测

（1）用手轻轻旋动转轴不应有时松时紧甚至卡滞现象。将转轴向前、后、上、下、左、右等各个方向推动时，转轴不应有松动的现象。

（2）用一只手旋动转轴，另一只手轻摸动片组的外缘，不应有任何松脱现象。转轴与动片之间接触不良的可变电容，不能再使用。

（3）将万用表置于 $R\times10$k 挡，一只手将两只表笔分别接可变电容的动片和定片的引出端，另一只手将转轴缓缓旋动几个来回，万用表指针应在无穷大位置不动。在旋动转轴的过程中，如果指针有时指向零，说明动片和定片之间存在短路点；如果碰到某一角度，万用表读数不为无穷大而是出现一定阻值，说明可变电容动片与定片之间存在漏电现象。

4）万用表欧姆挡检测法

（1）漏电电阻的测量。

①用万用表的欧姆挡（$R\times10$k 挡或 $R\times1$k 挡，视电容的容量而定），当两表笔分别接触电容的两根引线时，表针首先朝顺时针方向（向右）摆动，然后又慢慢地向左回归至 ∞ 位置的附近，此过程为电容的充电过程。

②当表针静止时所指的电阻值就是该电容的漏电电阻（R）。在测量中如表

针距无穷大较远，表明电容漏电严重，不能使用。有的电容在测漏电电阻时，表针退回到无穷大位置时，又顺时针摆动，这表明电容漏电更严重。一般要求漏电电阻 $R \geqslant$ 500k，否则不能使用。

③对于电容量小于 5000pF 的电容，万用表不能测它的漏电阻。

（2）注意事项。

在检测时手指不要同时碰到两支表笔，以避免人体电阻对检测结果的影响，检测大电容如电解电容时，由于其电容量大，充电时间长，所以当测量电解电容时，要根据电容容量的大小，选择适当量程，电容量越小，量程 R 越要放小，否则就会把电容的充电误认为击穿。检测容量小的电容时，由于容量小，充电时间短，充电电流很小，万用表检测时无法看到表针的偏转，所以此时只能检测电容是否存在漏电故障，而不能判断它是否开路，即在检测这类小电容时，表针应不偏，若偏转了一个较大角度，说明电容漏电或击穿。关于小电容是否存在开路故障，用这种方法是无法检测到的。可采用具有测量电容功能的数字万用表来测量。

2. 用数字万用表检测电容器

1）用电容挡直接检测

有些数字万用表具有测量电容的功能，其量程分为 2000p、20n、200n、2μ 和 20μ 五挡。测量时可将已放电的电容两引脚直接插入表板上的 Cx 插孔，选取适当的量程后就可读取显示数据。

2）用电阻挡检测

利用数字万用表也可观察电容的充电过程，这实际上是以离散的数字量反映充电电压的变化情况。设数字万用表的测量速率为 n 次 / 秒，则在观察电容的充电过程中，每秒钟即可看到 n 个彼此独立且依次增大的读数。根据数字万用表的这一显示特点，可以检测电容的好坏和估测电容量的大小。

使用数字万用表电阻挡检测电容的方法，此方法适用于测量 0.1 微法至几千微法的大容量电容。

（1）测量操作方法。

将数字万用表拨至合适的电阻挡，红表笔和黑表笔分别接触被测电容 Cx 的两极，这时显示值将从“000”开始逐渐增加，直至显示溢出符号“1”。若始终显示“000”，说明电容内部短路；若始终显示溢出，则可能是电容内部极间开路，也可能是所选择的电阻挡不合适。检测电解电容时需要注意，红表笔（带正电）接电容正极，黑表笔接电容负极。

（2）使用数字万用表估测电容量的实测数据。

选择电阻挡量程的原则是：当电容量较小时宜选用高阻挡，电容量较大时应选用低阻挡。若用高阻挡估测大容量电容，由于充电过程很缓慢，测量时间将持续很久；若用低阻挡检查小容量电容，由于充电时间极短，仪表会一直显示溢出，看不到变化过程。

3）利用数字万用表的蜂鸣器挡检测电解电容

将数字万用表拨至蜂鸣器挡，用两只表笔分别与被测电容的两个引脚接触，应能听到一阵短促的蜂鸣声，随即声音停止，同时显示溢出符号“1”，再将两只表笔对调测量一次，蜂鸣器应再发声，最终显示溢出符号“1”，此种情况说明被测电解电容基本正常；此时可再拨至 20MΩ 或 200MΩ 高阻挡测量一下电容器的漏电阻即可判断其好坏。

测试时，如果蜂鸣器一直发声，说明电解电容内部已经短路；若反复对调表笔测量蜂鸣器始终不响，仪表总是显示“1”，则说明被测电容内部断路或容量消失。

三、功率因数

在交流电路中，电压与电流之间的相位差 φ 的余弦 $\cos\varphi$ 称为功率因数。功率因数的大小与电路的负荷性质有关。

功率因数有两种常用的计算方法。

（1）瞬时功率因数的计算：

$$\cos\varphi = \frac{P}{S} = \frac{R}{Z} \tag{7-20}$$

（2）平均功率因数的计算：

$$\cos\varphi = \frac{W_P}{\sqrt{W_P^2 + W_Q^2}} \tag{7-21}$$

上式中 W_P 为有功电量、W_Q 为无功电量。

发电机、变压器等电器设备都是根据额定电压和额定电流设计的，都有固定的视在功率。功率因数越高，表示电源所发出的电能转换的有功电能越高；当功率因数越低，电源所发出的电能被利用的就越少，同时增加了线路电压损失和功率损耗。这就需要设法来提高电力系统的功率因数，提高发电设备的利用率。

利用电容器上的电流与电感负载上的电流在相位上相差 180° 的特点，可以减小线路上的无功电流，利用电容器上的无功功率来补偿电感性负载上的无功功率，达到提高系统中功率因数的目的。

第二节　电力电容器

在三相交流电路中，功率损耗与其功率因数有关，提高功率因数，将使功率损耗下降，能降低线路上和变压器的电能损失。

一、电力电容器的简介

补偿无功功率，提高功率因数；电感性负荷瞬时所吸收的无功功率，可由并联电容器瞬时所释放的无功功率中得到补偿，减少了电网的无功输出，从而提高电力系统的功率因数。另外还可以提高供电设备的出力；当供电变压器的视在功率一定时，如果功率因数提高，可输出的有功功率随之提高，最后降低功率损耗和电能损失保证电压质量。

（一）型号及含义

如图 7–10 所示，自愈式低电压并联电容器适用于频率 50Hz 或 60Hz 低压电力系统，主要用于提高功率因数、减少无功损耗、改善电压质量，挖掘变压器潜力等。如：低压金属化膜并联电容器，如 BSMJ、BKMJ、BCMJ、（YKDR、YJDR、YSDR）型等。

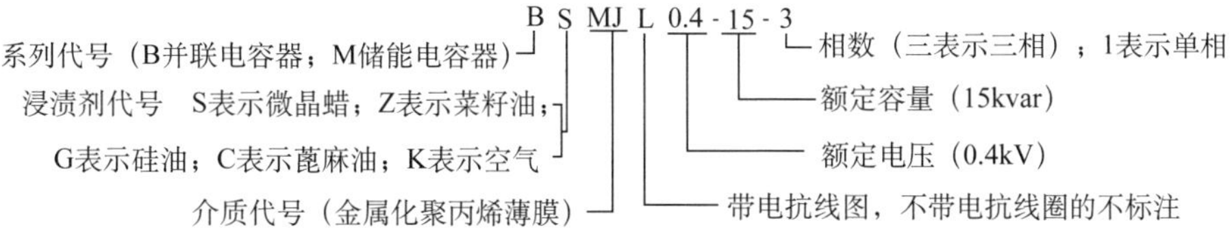

图7–10　电容器型号说明

以 BSMJ—0.4—15—3 为例：表示并联电容器，微晶蜡浸渍，固体介质为金属化聚丙烯薄膜，额定电压 0.4kV，标称容量 15kva，三相，户内用（使用环境，户内不标，户外标 W）。

（二）工作条件、结构特征、主要技术参数

1. 工作条件

（1）电容器从电源切除后一定要保证电容器剩余电压降至 10% 额定电压才允许再次投入，时间约需 200s，所以控制器要选用带有切除后再投入有强迫延时功能的控制器。如果采用一般控制器，要另装快速放电设施。对于采用等电位投切控制器的可以不受此限制。

（2）安装时，海拔高度应不超过 2000m。

（3）电容器应在良好通风条件下工作，不允许在密闭不通风环境下运行。

2. 结构特征

以 BSMJ–0.4–15–3 自愈式低压并联电容器为例，如图 7–11 所示。

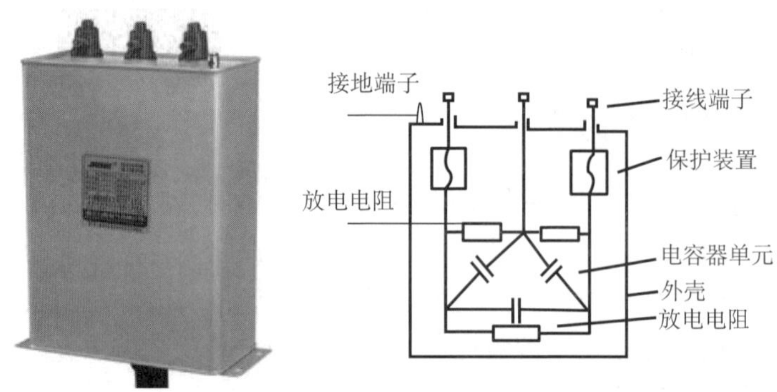

图7–11　BSMJ–0.4–15–3自愈式低压并联电容器外形图及内部结构

（1）电容器由电容元件、浸渍剂、过压力隔离器、放电电阻、外壳、接线端子六部分组成。电容元件是电容器的主体，它有二层金属化薄膜在绝缘芯棒上卷绕而成，两端头经过喷金作为电极引线构成电容单元；采用锌铝复合金属化膜，具有在电场作用下电容损失小的特点。金属化电容器与原来使用的电容器相比具有自愈特性，即在击穿时具有绝缘自恢复的能力，且体积小，重量轻。

（2）浸渍剂采用微晶石蜡，在常温下具有固态特性不漏油，又起到电绝缘并与大气有隔绝的作用。

（3）过压力隔离器：当电容器由于某种原因发生自愈失败箱壳鼓肚，过压力隔离器动作切断电源，防止电容器故障进一步扩大，避免发生爆炸。

（4）内置放电电阻，使电容器脱离电源后在 3min 内放电至 50V 以下。

（5）外壳：采用镀锡铁板（马口铁），外面再采用特殊防腐保护层，具有双防腐作用。

（6）接线端子：接线端子采用 O 形密封圈防止渗漏，电容器对地耐压水平达到 4.5kV 不击穿，导电杆直径具有足够的载流能力和更大的安全裕度。

3. 主要技术参数

（1）额定电压：230VAC、400VAC、525VAC、690VAC、750VAC、1050VAC、1200VAC 等。

（2）额定容量：0.4 ～ 0.69kV，有 0 ～ 60kvar，其他容量根据电压等级定。容量允许误差：–5% ～ + 10%。

（3）额定频率：50Hz 或 60Hz。

（4）损耗角正切值：20℃时 $\tan\alpha \leqslant 0.1\%$。

（5）耐受电压：极间 2.15 倍额定电压 5s，极壳间 $2U_n$+2kV 或 3kV，取较高方，10s。

（6）最高允许过电压：1.1 倍额定电压时，每 24 小时中不超过 8 小时；1.15 倍额定电压时，每 24 小时中不超过 30 分钟；1.2 倍额定电压时，不超过 5 分钟；1.3 倍额定电压时，不超过 1 分钟；工频加谐波时电流不超过最高允许电流值。

（7）最大允许电流：允许电流不超过 1.3 倍额定电流下运行。过渡过电流，考虑过电压，电容正偏差以及谐波的影响，过渡过电流最大不超过 1.43 倍额定电流。

（8）接法：△接、Y 接；Y 接中性点引出，三节段式，单相式等各种接法。

（三）电容器的补偿方式与接线

1. 电容器的补偿方式

低压电力电容器一般多采用三角形接法，常用的补偿方式可分为个别补偿、分散补偿和集中补偿三种。

1）个别补偿

个别补偿也称就地补偿，是在用电设备附近，按照用电设备无功功率的需求量装设电力电容器，与用电设备直接并联，两者同时投入运行或断开，使安装的电力电容器达到就地充分补偿的程度。采用个别补偿可以最大限度地减少因线路流过无功电流造成的电能损失，变压器、开关、线路的容量可相应降低，补偿效益最好。

其缺点是电力电容器利用率低；有可能产生自激过电压；投资费用较高。

2）分散补偿

分散补偿是将电力电容器接在车间配电母线上，电容器利用率较高，投资费用较少，但只能补偿供电线路和变压器的无功功率。

3）集中补偿

集中补偿是将电力电容器安装在变配电所内，补偿电容器按变配电所负荷选择。其安装所需容量比个别补偿或分散补偿所需量少，电力电容器的利用率高，但补偿效果差。

2. 电容器的补偿方式与接线

电容器的补偿方式与接线，如图 7–12 所示。

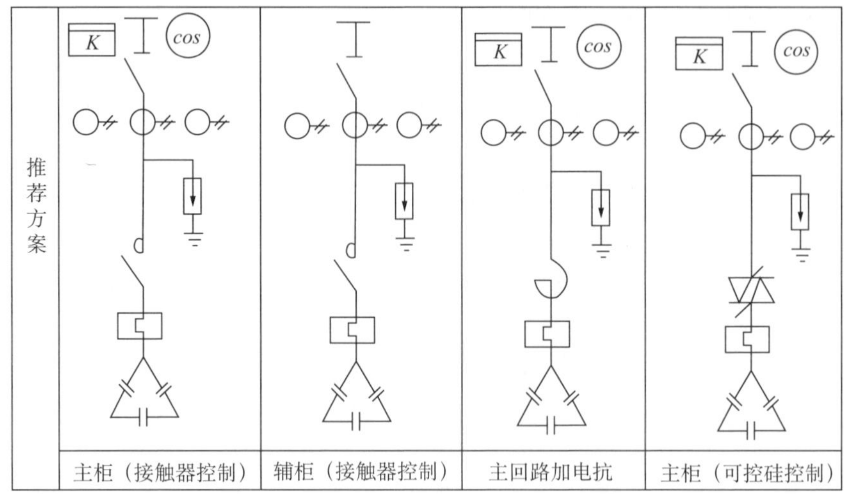

(a)

(b)

图7-12　电容器的补偿方式与接线图

二、电力电容器的运行

电容器环境温度不应超过 40℃；周围不应有腐蚀性气体或蒸气、不应有大量灰尘或纤维；安装环境应无易燃、易爆危险或强烈振动；电容器室应有良好的通风；电容器外壳和钢架均应连接 PE 线；电容器应有合格的放电装置；低压电容器可以用灯泡或电动机绕组作为放电负荷，放电电阻阻值不宜太高，经过

30s 放电后，电容器最高残留电压不应超过 50V；低压三相电容器内部为三角形接线；每台电容器应能分别控制、保护和放电。

（一）电容器的运行参数

电容器运行中电流不应长时间超过电容器额定电流的 1.3 倍。电压不应长时间超过电容器额定电压的 1.1 倍。电容器环境温度不应超过 40℃。电容器外壳温度不得超过生产厂家的规定值。

（二）电容器的投入或退出

正常情况下，根据线路上功率因数的高低、电压的高低投入或退出电容器。当功率因数低于 0.9，电压偏低时应投入电容器组；当功率因数高于 0.95 且有超前趋势，电压偏高时应退出电容器组。

当运行参数异常，超出电容器的正常工作条件时，应退出电容器。如果电容器三相电流明显不平衡，也应退出运行，进行检查。

发生下列故障情况之一时，电容器组应紧急退出运行：

（1）连接点严重过热甚至熔化。

（2）绝缘套管严重闪络放电。

（3）电容器外壳严重膨胀变形。

（4）电容器或其放电装置发出严重异常声响。

（5）电容器爆破。

（6）电容器起火、冒烟。

（三）电容器的操作

进行电容器操作应注意以下五点：

（1）正常情况下配电室停电操作时，应先退出电容器，后拉开各路出线开关；正常情况下配电室恢复送电时，先按顺序合上各路出线开关，后投入电容器。

（2）配电室事故停电后，应退出电容器。

（3）控制电容器的断路器跳闸后不得强行送电；熔断丝熔断后，未查明原因之前，不得更换熔断丝送电。

（4）电容器不允许在带有残留电荷的情况下合闸。否则，可能产生很大的电流冲击。电容器重新合闸前，至少应放电 3min。

（5）为了检查、维修的需要，电容器断开电源后，工作人员接近之前，不论该电容器是否装有放电装置，都必须用可携带的专门放电棒进行人工放电。

（四）电容器的选择及保护

1. 电容器的选择

（1）选择电容器时一定要按电容器的型号标注方法正确选用。

（2）电容器不能用实测电流值大小来判断电容器是否合格。应以微法表测量电容器的电容值来判断。三相电容器任意两个端子之间电容实测值应为电容器铭牌标注总电容值的 1/2，其误差在 −5%～＋10%以内。

（3）一般电容器为温度类别 C 类电容器，其最高环境温度不超过 50℃，24 小时内平均温度应不超过 40℃，一年内平均温度应不超过 30℃。

（4）电容器是谐波的低阻抗通道，在谐波下大量谐波注入电容器，使电容器过电流过电压，电容器还会使谐波放大甚至发生谐振，危及电网安全，并使电容器寿命下降。尤其是金属化电容器，应在串接抑制谐波的电抗器下使用。

（5）电容器额定电压的选用一定要根据线路电压，并且考虑电容器的投入会抬高电压；往往线路实际电压会高于线路标称电压很多。电容器电压等级的选用至少比线路标称电压高 5%，例如：380V 电网至少用 400V 的电容器，660V 电网至少用 690V 的电容器。尤其当电容器回路串有电抗器时，电容器端子上的电压会随所串电抗器的电抗率而相应提高，此时电容器额定电压应根据所串电抗率计算后确定。电容器额定电压的选择也不能一味追求选得越高越好，电压选高了而实际使用电压又较低时，将造成电容器的实际输出容量大为下降。

2. 电容器的保护

（1）低压电容器用熔断器保护时，单台电容器可按电容器额定电流的 1.5 ～ 2.5 倍选用熔体的额定电流；多台电容器可按电容器额定电流之和的 1.3 ～ 1.8 倍选用熔体的额定电流。

（2）电网谐波会对电容器组的运行产生很大影响，可能导致电容器组因过流而退出运行，这样不能有效的补偿无功功率，会导致功率因数下降及线损增加，也会造成电容器设备投资的浪费。因而，应合理配置电容器和电抗器，避免发生谐振，控制谐波电流放大，从而保证电容器、电抗器和整个电网的安全运行。

三、安装、使用及维护

（1）安装地点无易燃物品、无腐蚀性气体、无导电性或爆炸性灰尘的场所。

（2）电容器安装应离地 20mm 以上（不允许贴地安放），以便保证底部可进风散热。多台电容器装在一起时，两台电容器之间间距应保持在 30mm 以上，不允许紧贴安装。

（3）电容器端子与母排连接应用软导线连接并用接线鼻子过渡，以免故障电容器的电动力伤及完好电容器。

（4）接线螺母必须拧紧并用弹簧垫或用双螺母止松。

（5）连接导线以及其他相配电器的载流量应按 1.5 倍电容器额定电流选用。

（6）轻负荷时，即变压器处在空载或轻载时，不允许在未采取任何措施下投入电容器。严重时会发生三次或其他次谐波放大，这是比较危险的，烧毁变压器、损坏电容器或其他相连电器都有可能发生。

（7）功率因数控制型补偿控制器在轻负荷时会发生投切振荡，这将造成电容器、切换电容器的开关等出现反复无谓工作而损坏，振荡投切又危及电网用电稳定。尤其在采用单台较大容量组合时，这个投切振荡必然会发生。如果采用无功功率控制型补偿控制器，且电容器组选用不同容量组合，可以彻底避免振荡投切的发生。

（8）谐波是金属化电容器过早损坏的原因。当今电子时代，变频器、电视机、可控硅装置、电弧炉、中频炉、整流设备，日光灯整流器、计算机、复印机等都是谐波源。在有谐波场合下，谐波注入电容器使电容器过载，更为严重的是：电容器把谐波放大发生过电压，过电流，电容器局部放电性能下降，电容器将很快损坏，并且危及电网用电安全。在有谐波的场合必须串接抑制谐波的电抗器或采用装滤波装置后才能使用电容器。否则在不正常情况下电容器深受其害而有可能过早的损坏。

（9）投切电容器应采用把涌流限制到小于 20 倍额定电流的开关进行投切。金属化电容器由于其结构特别怕涌流，不允许用一般接触器或开关进行投切，应该用带串接电阻的电容器专用接触器。

（10）电容器呈容性。当与电网感性负载相连接时，容性和感性这两个参数在某一巧合时发生谐振，这是使用电容器时必须有所估计的。在电容器装置各分组容量设计时必须先进行工频和谐波谐振验算，避开谐振点。

（11）电容器并联到电网中可能造成电容器安装处的电压升高，所以电容器额定电压的选择一定要比电网标称电压高 5%以上。

（12）当电容器串有电抗器时会引起电容器端子上的电压升高，此时电容器额定电压要按所串电抗百分率作相应的升高。

（13）当电容器与电动机作固定连接时（俗称就地补偿），采用金属化电容器时一定要串抗涌流电抗器，否则电容器很容易被涌流冲坏。电容器容量的选择应低于电动机空载电流 0.9 倍选用，对于 Y/ △启动使用时，简单地并接在电动机上是错误的。

（14）不能根据所接电网电压和电流来判断电容器的好坏，应采用微法表进行测量验证。三相电容器任意两端子之间的电容应是额定电容的二分之一。单相电容器两端之间的电容就是额定电容。电容偏差在 −5% ~ +10%以内都是合格的。

（15）较高电压等级的电容器接于较低电网使用时电容电流会比铭牌标注的额定电流小，这是正常现象。例如：BSMJ−0.45−20−3 电容器额定电流为

25.7A，如果接于电网电压 0.38kV，电容电流就只有 21.6A。

（16）电容器从电源断开后仍有剩余电压存在，一定要待电容器经内装放电电阻放电完才允许触及，这个时间约为 5 分钟。同时触及电容器时必须对电容器再进行短路放电后才可以去接触。对停用的电容器进行测量前，也必须先对电容器短路放电后才能进行测量（有些接触不良的故障元件会随时显电），以免烧毁微法表或造成人身触电事故。当电容器与电动机作固定连接时，一定要等电动机停止转动才允许去接触电动机和电容器带电部分。

（17）每台电容器外壳应可靠接地，其导线截面积应符合 DL/T 842—2015《低压并联电容器装置使用技术条件》的标准规定。

（18）做好电容器使用日常维护和定期巡检工作。及时清除胶木接线头上的灰尘和污垢，注意电容器是否发热，如果温升过高或电容器严重漏液、鼓肚等，应及时将此台电容器退出运行，拆除并妥善存放。发现由于电容器电容严重下跌（例如下跌超过 50%）造成功率因数补偿不足时，应及时更换已损坏的电容器，否则将造成无功补偿不足而被罚款。

（19）电容器成套装置运输或安装使用时不准横放，必须竖放。

四、低压并联电容器的计算

（一）并联电容器电流的计算

1. 按电容器的标称容量和额定电压计算电流

单相：
$$I_C = \frac{Q}{U} \tag{7-22}$$

三相：
$$I_C = \frac{Q}{\sqrt{3}U} \tag{7-23}$$

式中 I_C——电容器额定电流，单位是 A；

Q——电容器标称容量，单位是 kvar；

U——电容器额定电压，单位是 kV。

2. 按电容器实际电容值和额定电压计算电流（交流频率为工频 50Hz）

单相：
$$I_C=0.314CU \tag{7-24}$$

三相：
$$I_C = \frac{0.314CU}{\sqrt{3}} \tag{7-25}$$

式中 I_C——电容器额定电流，单位是 A；

C——电容器实际电容值，单位是 μF；

U——电容器额定电压，单位是 kV。

【例 1】 有一台 BSMJ–0.4–15–3 并联电容器，铭牌电容值为 298.57μF，电源频率为 50Hz，试计算它的实际电流值。

解：U=0.4kV，C=298.57μF

$$I_C=\frac{0.314CU}{\sqrt{3}}=\frac{0.314\times 298.57\times 0.4}{\sqrt{3}}\approx 21.65(\mathrm{A})$$

【例 2】 按上例，根据标称容量计算它的电流值。

解：Q=15kVar，U=0.4kV

$$I_C=\frac{Q}{\sqrt{3}U}=\frac{15}{1.732\times 0.4}\approx 21.65(\mathrm{A})$$

（二）并联电容器补偿容量的计算

对电力用户的无功负荷进行补偿时，在变、配电所装设的电容器总容量，可由用户最大负荷月的平均有功功率（P_{cp}）、补偿前的最大负荷月的平均功率因数（$\cos\varphi_1$），以及补偿后欲达到的平均功率因数（$\cos\varphi_2$）来确定。其计算公式见下式。

$$Q=P_{cp}(\tan\varphi_1-\tan\varphi_2) \tag{7–26}$$

式中　Q——需加装设电容器的总容量，单位是 kvar；

P_{cp}——最大负荷月平均有功功率，单位是 kW；

$\tan\varphi_1$——补偿前月平均功率因数角 φ_1 的正切值；

$\tan\varphi_2$——补偿后月平均功率因数角 φ_2 的正切值。

其中 P_{cp}、$\tan\varphi_1$ 可由最大负荷月的有功及无功用电量求出。

【例 3】 某用户月平均负荷为 500kW。自然功率因数为 0.75，若把功率因数提高到 0.95，试计算：（1）应补偿电容器的总容量？（2）可选哪种型号和规格的电容器？（3）应选多少台？

解：已知 $\cos\varphi_1$=0.75，$\cos\varphi_2$=0.95，查三角函数表可求得：$\tan\varphi_1$=0.8819，$\tan\varphi_2$=0.3286

（1）需用并联电容器总容量为：

$Q=P_{cp}(\tan\varphi_1-\tan\varphi_2)=500\times(0.8819-0.3286)$

$=500\times 0.5533\approx 276.65$（kvar）

（2）对于 0.4kV 供电系统应选用 BSMJ–0.4–15–3 型电容器。

（3）应选用电容器的台数：$n=\dfrac{276.65}{15}=18.44$（台）

答：应选 19 台 BSMJ–0.4–15–3 型的电容器。

第三节　电抗器

电抗器也叫电感器，导体通电时在其所占据的一定空间内产生磁场，载流导体都有一定的感性。通电直导体的电感较小，产生的磁场不强，因此实际的电抗器是导线绕成螺线管形式，称空心电抗器；有时为了让螺线管有更大的电感，在螺线管中插入铁芯，称铁芯电抗器。电抗分为感抗和容抗，一般的归类是感抗器（电感器）和容抗器（电容器）统称为电抗器。

一、常用电抗器的概述

按结构及冷却介质、接法、用途进行分类。

（1）按结构及冷却介质分为：空心式、铁芯式、干式、油浸式等。例如：干式空心电抗器、干式铁芯电抗器、油浸铁芯电抗器、油浸空心电抗器、夹持式干式空心电抗器、绕包式干式空心电抗器等。

（2）按接法分为：并联电抗器和串联电抗器。

（3）按用途分为：限流电抗器、滤波电抗器、平波电抗器、功率因数补偿电抗器、串联电抗器、平衡电抗器、接地电抗器、消弧线圈、进线电抗器、出线电抗器、饱和电抗器、自饱和电抗器、可变电抗器（可调电抗器、可控电抗器）、轭流电抗器、串联谐振电抗器、并联谐振电抗器等。

（一）进线电抗器

（1）该进线电抗器为三相，均为铁芯干式，如图 7–13 所示。

图7–13　进线电抗器

（2）铁芯采用优质低损耗冷轧硅钢片，气隙采用环氧层压玻璃布板作间隔，以保证电抗器气隙在运行过程中不发生变化。铁芯式电抗器由于分段铁芯之间存在着交变磁场的吸引力，因此噪声一般要比同容量的变压器高出 10db 左右。

（3）线圈采用 H 级漆包扁铜线绕制，排列紧密且均匀，外表不包绝缘层，有较好的散热性能。

（4）进线电抗器的线圈和铁芯组装成一体后经过预烘→真空浸漆→热烘固化这一工艺流程，H 级浸渍漆绝缘，使电抗器的线圈和铁芯牢固地结合在一起，不但减小了运行时的噪声，而且具有极高的耐热等级，可确保电抗器在高温下安全无噪声地运行。

（5）进线电抗器芯柱部分紧固件采用无磁性材料，减少运行时的涡流发热现象。

（6）外露部件采取了防腐蚀处理，引出端子采用镀锡铜管端子。

（二）输出电抗器

（1）输出电抗器俗称马达电抗器，是限制电动机连接电缆的容性充电电流及使电动机绕组上的电压上升率限制在 540V/us 以内，一般功率为 4–90kW 变频器与电动机间的电缆长度超过 50m 时，应设置输出电抗器，如图 7–14 所示。

图7–14 输出电抗器

（2）用于钝化变频器输出电压，减少对逆变器中的元件（如 IGBT）的扰动和冲击。输出电抗器主要应用于工业自动化系统工程中，特别是使用变频器的场合，用于延长变频器的有效传输距离，有效抑制变频器的 IGBT 模块开关时产生的瞬间高压。

（3）为了增加变频器到电动机之间的距离可以适当加粗电缆，增加电缆的绝缘强度，尽量选用非屏蔽电缆。

（4）适用于无功补偿和谐波的治理。

（5）输出电抗器主要作用是补偿长线分布电容的影响，抑制输出谐波电流。

（6）有效地保护变频器和改善功率因数，能阻止来自电网的干扰，减少整流设备产生的谐波电流对电网的污染。

（三）输入电抗器

（1）限制变流器换相时电网侧的电压降。

（2）抑制谐波以及并联变流器组的解耦。

（3）限制电网电压的跳跃或电网系统操作时所产生的电流冲击。

（4）适用于无功功率补偿和谐波的治理。

（5）输入电抗器用来限制电网电压突变和操作过电压引起的电流冲击，对谐波起滤波作用，以抑制电网电压波形畸变。

（6）平滑电源电压中包含的尖峰脉冲，平滑桥式整流电路换相时产生的电压缺陷。

输入电抗器主要应用于工业 / 工厂自动化控制系统中，安装在变频器、调速器与电网电源输入电抗器之间，用于抑制变频器、调速器等产生的浪涌电压和电流，最大限度地衰减系统中的高次谐波及畸变谐波。

（四）电抗器的限流和滤波作用

电网容量的扩大，使得系统短路容量的额定值迅速增大。

（1）在 500kV 变电所的二次侧 35kV 侧，最大三相对称短路电流有效值接近 50kA。为了限制输电线路的短路电流，保护电力设备，必须安装电抗器，电抗器能够减小短路电流和使短路瞬间系统的电压保持不变。

（2）在电容器回路安装阻尼电抗器（即串联电抗器），电容器回路投入时起抑制涌流的作用。同时与电容器组一起组成谐波回路，起各次谐波的滤波作用。

（3）为抑制 5 次及以上高次谐波，常用额定电压 35kV，额定电感量 9.2mH，额定电流 382A 单相户外型阻尼电抗器，与 2.52Mvar 电容器对 5 次及以上高次谐波形成谐振回路，起抑制高次谐波的作用。

在国家标准《电抗器》JB3837–2016、IEC289–88 国际标准中均对阻尼电抗器的使用和技术条件做了规定。目前国内有些部门将阻尼电抗器称为串联电抗器，这是不合适的，因为上述标准中均没有串联电抗器这个名称。

二、接线与作用及使用寿命

（一）接线

A、B、C、X、Y、Z 六个端子，可以将 A、B、C 作为电抗器进线端，X、Y、

Z 作为电抗器出线端；也可以将 X、Y、Z 作为电抗器的进线端，A、B、C 作为电抗器的出线端。无进线、出线的顺序要求，对变频器不会有影响。只是注意一点：“A、B、C”“X、Y、Z”这两套端子，接线时不能互相交叉即可，如图 7–15 所示。

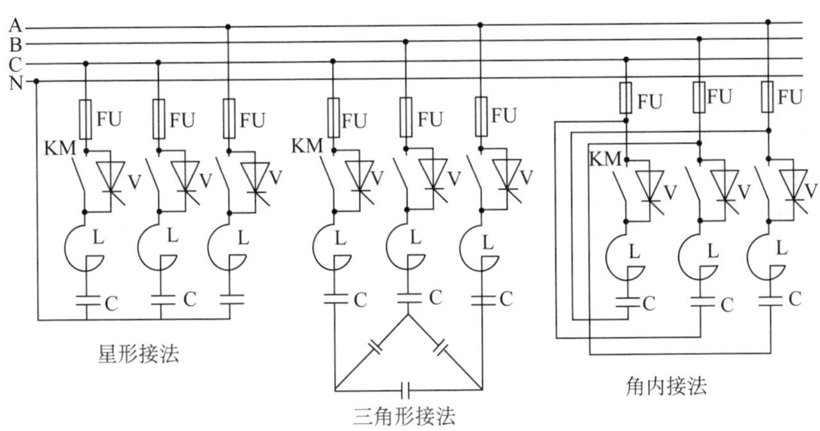

图7–15　电抗器与并联电容器的接线图

（二）电抗器的作用

电力网中采用的电抗器，是无导磁材料的空心线圈。根据需要布置为垂直、水平和品字形三种装配形式。在电力系统发生短路时，会产生数值很大的短路电流。如果不加以限制，很难保持电气设备的动态稳定和热稳定。因此，为了满足某些断路器遮断容量的要求，常在出线断路器处串联电抗器，增大短路阻抗，限制短路电流。

采用了电抗器，在发生短路时，电抗器上的电压降较大，起到了维持母线电压水平的作用，使母线上的电压波动较小，保证了非故障线路上电气设备运行的稳定性。

近年来，在电力系统中，为了消除由高次谐波电压、电流所引起的电容器故障，在电容器回路中采用串联电抗器的方法改变系统参数。

电容器串联电抗器的主要作用：

(1) 降低电容器组的涌流倍数和涌流频率，便于选择配套设备和保护电容器。根据《并联电容器装置设计规范》GB 50227–2017 标准要求应将涌流限制在电容器额定电流的 10 倍以下。为了不发生谐波放大，要求串联电抗器的伏安特性尽量为线性。

①可将涌流限制在额定电流的 10 倍以下，以减少电抗器的有功损耗。

②电抗器的体积小，便于安装在电容器柜内。

(2) 串联滤波电抗器，电抗器阻抗与电容器容抗调谐后，组成某次谐波的交流滤波器。滤除某次高次谐波，降低了母线上该次谐波的电压值，使线路上不存在高次谐波电流，提高电网的电压质量。

（3）抑制谐波的电抗器，首先清楚电网的谐波情况，查清周围用电户有无大型整流设备、电弧、炼钢等能产生谐波的设备，有无性能不良的高压变压器及高压电动机，尽可能实测一下电网谐波的实际量值，再根据实际谐波量来配置适当的电抗器。

铁芯电抗器电抗线性度较差，有噪声，空芯电抗器运行无噪声，线性度好，损耗小。标准规定空芯电抗器容量在 100kvar 以下时，每伏安损耗不大于 0.03W。

（4）由于设置了串联电抗器，减少了系统向并联电容器装置或电容器装置向系统提供短路电流值。

（5）可减少电容器组向故障电容器组的放电电流，保护电力电容器。

（6）可减少电容器组的涌流，有利于接触器灭弧，降低操作过电压的幅值。

（7）减小了由于操作并联电容器组引起的过电压幅值，有利于电网的过电压保护。

第八章

低压配电系统与保护装置

我国配电系统的电压等级一般以220kV及其以上的电压为输电系统，35kV、63kV、110kV为高压配电系统，10kV、6kV为中压配电系统，380V、220V为低压配电系统。国际电工委员会（IEC）第64技术委员会、国家标准（GB 14050—2008《系统接地的形式及安全技术要求》），将低压电网的配电系统按接地形式分为：IT、TT、TN三类配电系统。配电系统不同所使用的保护装置就有所不同。

第一节　低压配电系统

在 IT、TT、TN 三类配电系统中，TN 配电系统又分为 TN–C 配电系统，TN–S 配电系统，TN–C–S 配电系统。

第一个字母的含义表示电源侧中性点（电力系统）与大地之间的关系：

“I”表示电源侧中性点不接地或经高阻抗接地；“T”表示电源侧中性点直接接地。

第二个字母的含义表示电气装置的外露可导电部分与大地之间的关系：

“T”表示电气装置的外露可导电部分通过接地体与大地直接连接，此接地点在电气上独立于电源端的接地点。

“N”表示电气装置的外露可导电部分通过 PEN 线或 PE 线与电源端的接地点有直接的电气连接。

其他字母表示中性线和保护线的组合情况：

“C”表示在同一配电系统中，中性导体和保护导体是合一的，用字母 PEN 表示。

“S”表示在同一配电系统中，中性导体和保护导体从电源端接地点开始就完全分开，中性导体用字母“N”表示，保护导体用字母“PE”表示。

“C–S”表示在同一配电系统中，在靠近电源侧，中性线和保护线是合一的。在靠近负荷侧，中性导体和保护导体是分开的。由合一变分开时，在分开处应作一组重复接地。

一、低压配电系统的描述

低压配电系统是由多种低压配电设备（或元件）和配电设施所组成的变换电压和直接向终端用户分配电能的低压电力网络。

（一）IT 配电系统

这类配电系统，第一个字母“I”表示电源侧没有工作接地，或经过高阻抗接地。第二个字母“T”表示负载侧电气设备金属外壳直接接地的保护系统，如图 8–1 所示。

IT 方式供电系统在供电距离不是很长时，供电的可靠性高、安全性好。一般用于不允许停电的场所，或者要求严格且连续供电的地方。例如 10kV 及 35kV 的高压系统、矿山、井下、大型医院的低压配电系统。运用 IT 方式的供电系统，即使电源中性点不接地，一旦设备漏电，单相对地漏电电流仍然很小，不会破坏电

源电压的平衡，所以比电源中性点接地系统要安全。但是，如果用在供电距离很长时，供电线路对大地的分布电容就不可忽视了。在负载发生短路故障或漏电使设备外壳带电时，漏电电流经大地形成回路，保护设备不一定动作，这是危险的。只有在供电距离不太长时才比较安全。它不能直接提供 220V 电压，其保护和运行管理较为复杂，这种供电方式不适用于工地和民用建筑。

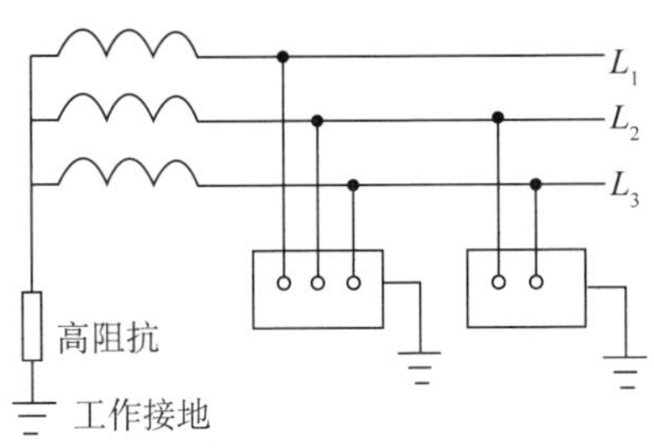

图8–1　IT配电系统

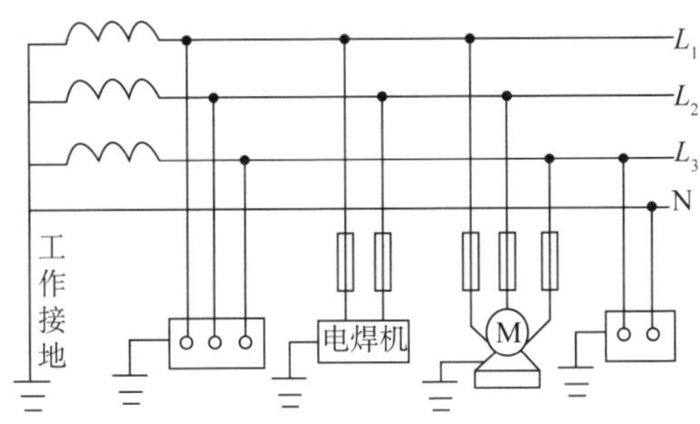

图8–2　TT配电系统

（二）TT 配电系统

电源端有一点直接接地，电气装置的外露可导电部分通过接地体直接接地，该接地点在电气上独立于电源端的接地点，如图 8–2 所示。这种配电系统，主要用在低压共用变压器配电系统和 110kV 及以上高压供电系统，这种供电系统的特点如下：

(1) 当电气设备的金属外壳带电（相线碰壳或设备绝缘损坏而漏电）时，由于有接地保护，可以大大减少触电的危险性。但断路器（自动开关）不一定能跳闸，造成漏电设备的外壳对地电压高于安全电压，属于危险电压。

(2) 当漏电电流比较小时即使有熔断器也不一定能熔断，所以必须采用漏电保护器（RCD）作保护，因此 TT 系统难以推广。

(3) TT 系统要求设备的工作接地和保护接地分开，接地装置耗用钢材多，而且难以回收、费工时，费料。

（三）TN 配电系统

电源侧有一点直接接地，电气装置的外露可导电部分通过中性导体或保护导体连接到此接地点。根据中性导体和保护导体的组合情况，TN 配电系统分为以下三种情况：

1.TN–S 配电系统

整个配电系统中，中性导体和保护导体是完全分开的，如图 8–3 所示，习惯叫法是三相五线制保护接零配电系统。在该系统中，中性导体应视为带电体，单相电路由中性导体构成电气通路，三相电路内中性导体流过不平衡电流。而保护导体在正常情况下是不带电的，只有当外露可导电部分故障带电后，保护导体才短时带电，在该系统中，电气装置的外露可导电部分和装置外带电部分，只能和保护导体作电气连接。这种配电系统的特点如下：

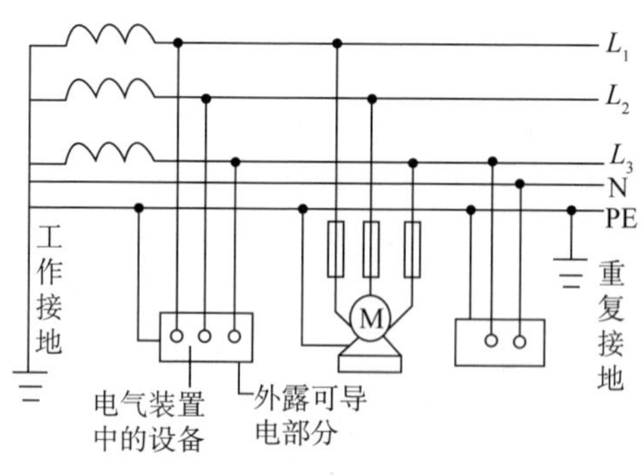

图8–3　TN–S配电系统

（1）系统正常运行时，保护线上没有电流，只是工作中性线上有不平衡电流。PE 线对地没有电压，所以电气设备金属外壳接零保护是接在专用的 PE 保护线上，安全可靠。

（2）工作中性线不只用作单相照明负载回路，还能保证负载为星形连接时不对称负载的相电压对称。如果没有中性线时，三相负载不对称，因各相负载两端相电压的大小由负载阻抗大小决定的，有的相电压可能高于负载的额定电压，有的相电压又可能低于负载的额定电压，造成负载无法正常工作，甚至使负载损坏。因此，负载不对称时必须保证中性线可靠连接，在实际工作中，一般用机械强度大的铜线作为中性线，而不允许在中性线上安装开关、保险丝或有接头。

（3）专用保护线 PE 不允许断线，也不允许与漏电开关有任何导线连接。

（4）干线上使用漏电保护器，工作中性线不得有重复接地，而 PE 线有重复

接地，但是不经过漏电保护器，所以 TN−S 系统供电干线上可以安装漏电保护器，PE 线不允许经过漏电保护器；TN−S 方式供电系统安全可靠，适用于工业与民用建筑等低压供电系统。

2.TN−C 配电系统

整个配电系统中，中性导体和保护导体是完全合一的，如图 8−4 所示，习惯叫法是三相四线制保护接零配电系统。在该系统中，电气装置外露可导电部分和装置外可导电部分，均与 PEN 线作电气连接。

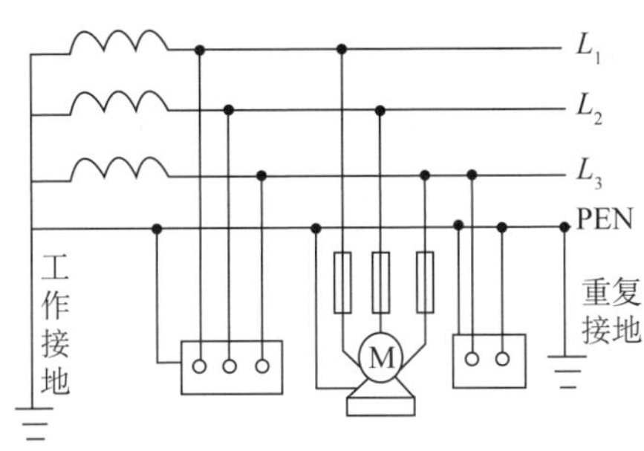

图8−4　TN−C配电系统

这种配电系统的特点如下：

（1）由于三相负载不平衡，工作中性线上有不平衡电流，对地有电压，造成与保护线连接的电气设备金属外壳有一定的电压；由上述情况，在系统运行时，不允许中性线断开或三芯电缆外加一根导线做中性线。因为低压四芯电缆的中性线除作为保护接地外还担负着解决三相不平衡电流；有时不平衡电流的数值比较大，所以中性线截面积一般为相线截面积的 30% ~ 60%，不允许采用三芯电缆外加一根导线做中性线的敷设方法。因为这样会使三相不平衡电流通过三芯电缆的铠装层从而使其发热，降低电缆的载流能力。

（2）如果工作中性线断线，三相不平衡，则保护接零的漏电设备外壳带电。

（3）如果电源的相线碰地，则设备的外壳电位升高，使中性线上的危险电位蔓延。

（4）TN−C 系统干线上使用漏电保护器时，工作零线后面的所有重复接地必须拆除，否则漏电开关合不上；而且，工作中性线在任何情况下都不得断线。所有此系统中的中性线只能让漏电保护器的上侧有重复接地。

（5）TN−C 供电系统只适用于三相负载基本平衡情况。因没有单独的 PE 线，所以不适宜住宅小区使用。

3.TN−C−S 配电系统

在整个配电系统中，一部分中性导体和保护导体是合一的，另一部分中性导体与保护导体是分开的；一般是在电源侧合一，在负荷侧分开，如图 8–5 所示，习惯上叫三相四线制变为三相五线制保护接零配电系统。在该系统中，电气系统外露可导电部分和装置外可导电部分在变化前接 PEN 线，变化后接 PE 线。这种配电系统的特点如下：

（1）由 PEN 线转为 N 线和 PE 线，工作零线（N 线）与专用的保护 PE 线虽然相连通，即使 N 线的不平衡电流较大时，电气设备的接零保护将受到中性线电位的影响，但变换后的 PE 线上没有电流，该段导线上没有电压降，因此，TN–C–S 系统可以降低电动机外壳对地电压，然而又不能完全消除这个电压，这个电压的大小取决于 N 线的负载不平衡的情况及 N 线这段线路的长度。负载越不平衡，当 N 线很长时，设备外壳对地电压偏移就越大。所以要求负载不平衡电流不能太大，而且在 PE 线上应作重复接地，如图 8–5 所示。

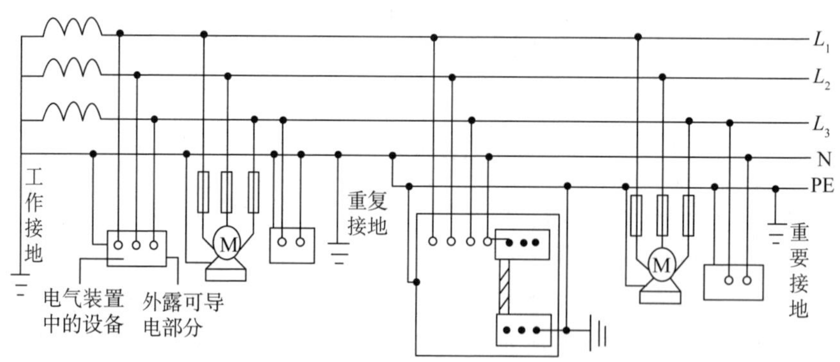

图8–5 TN–C–S配电系统

（2）PE 线在任何情况下都不能进入漏电保护器，因为线路末端的漏电保护器动作会使前级漏电保护器跳闸造成大范围的停电。

（3）对 PE 线除了在总箱处必须和 N 线相连接以外，其他各分箱处均不得把 N 线和 PE 线进行连接，PE 线上不允许安装开关和熔断器，也不得用其他自然导体兼作 PE 线。

二、保护导体的使用

（1）根据现场情况，经过技术、经济比较，可采用架空线路也可采用电缆线路。架空线路的导线排列顺序为面向负荷侧，从左到右为：L_1、N、L_2、L_3、PE。

（2）如采用电缆线路，最好采用五芯电缆供电；当采用四芯电缆供电时，可随电缆敷设一根与 N 线等截面积的保护导体，也可随电缆敷设一根 40mm × 4mm 的镀锌扁钢作为保护导体（PE 线）。

(3) 在同一配电系统中，严禁将设备的一部分外露可导电部分进行保护接地，而将另一部分外露可导电部分进行保护接零。

(4) 电压网络中最好实行分级安装漏电（电流动作型）保护器（即漏电开关）。若条件所限或投资确有困难时，则一般也应每户或每一单元装设一只漏电开关。末端分支线选用漏电开关主要用于人身漏电保护（通常为动作电流 30mA、动作时间小于 0.1s）。但从系统保护和防止火灾考虑，要求装设两只以上的漏电开关，同时还必须保证各级线路漏电开关动作的选择性（即级间配合）。

(5) 配电系统中的主干线及支干线应装设短路或过载保护，用户支线的保护可采用自动空气开关、熔断器或带有漏电保护的自动断路器。

(6) 在 TN–S 配电系统中，N 线上严禁安装可以单独断开的单极开关电器，当需要断开时，应装设相线和 N 线同时断开的保护电器。

(7) PE 线上严禁装设开关和熔断器；在任何情况下不允许作为负荷线；严禁使用大地作为相线、N 线、PEN 线和 PE 线；装置外的导电部分严禁作为 PE 线。

(8) 不得使用金属蛇皮管、保温管的金属网及外皮、低压网路中的铅皮作为 PE 线。

(9) 为识别各种导线的不同用途，相线（黄、绿、红）、工作中性线（蓝、黑）与保护线（黄绿双色线）均以不同的颜色加以区别，以防止相线与中性线混用或工作中性线与保护线混用。

第二节　过电压及防雷保护装置

在电力系统中，出现危及电气设备绝缘的电压称为过电压。过电压对电气设备和电力系统安全运行构成很大的威胁。当雷电流泄入大地时，在地面产生很高的冲击电流，对人体形成危险的冲击接触电压，人直接接触雷击必死无疑。雷电的危害一般分成两种类型：一是直接破坏作用，主要表现为雷电的热效应和机械效应；二是间接破坏作用，主要表现为雷电产生的静电感应和电磁感应。

一、过电压的分类

过电压按其产生的原因，可分为内部过电压和外部过电压（雷电过电压）。

内部过电压是在电力系统内部能量的传递或转化过程中引起的，与电力系统内部结构、各项参数、运行状态、停送电操作和是否发生事故等多种因素有关。外部过电压是指外部原因造成的过电压，通常指雷电过电压，它与气象条件有关，因此又称大气过电压。不同原因引起的内部过电压，其过电压数值大小、波形、频率、延续时间长短并不完全相同，防止对策也不同。

（一）雷电过电压的形成及类型

（1）雷电是雷云之间或雷云对地放电的一种现象，雷电放电时能量很强，电压可高达上百万伏，电流可达到数万安培。

（2）雷电的种类：直击雷、感应雷击（或闪电感应）、球雷、雷电侵入波。

①雷云对地面或地面上凸出物的直接放电，称为直击雷。

②感应雷击是地面物体附近发生雷击时，由于静电感应和电磁感应而引起的雷击现象。

③球雷是一种发红色或白色亮光的球体，以每秒数米的速度，在空气中飘行或沿地面滚动，能通过门、窗、烟囱进入室内，这种雷有时会无声消失，有时会碰到人、牲畜或其他物体发生剧烈爆炸。

④当雷击于架空线路或金属管道上，产生的冲击电压，沿线路或管道向两个方向迅速传播的雷电，称为雷电侵入波。

二、防雷保护装置

本章编写依据 GB 50057—2010《建筑物防雷设计规范》。

雷电防护系统是减少雷电对建筑物、装置等防护目标造成损害的系统。包括外部和内部雷电防护系统。外部雷电防护系统是建（构）筑物外部或本体的雷电防护部分，通常由接闪器、引下线和接地装置等组成，用于防直击雷。内部雷电防护系统是建（构）筑物内部的雷电防护部分，通常由等电位连接系统、共用接地系统、屏蔽系统、电涌防护器等组成，主要用于减小和防止雷电流在防护空间内所产生的电磁效应。

（一）接闪器

接闪器主要是指在打雷时吸引雷电流过来，并通过其后端连接的引下线泄入大地的，从而保证在其防护范围内的其他建筑物及人员免受直击雷侵害。在防雷保护装置中用以直接接受或承受雷击的金属物体和金属结构导体称为接闪器。接闪器有避雷针、避雷线、避雷带、避雷网等。连接接闪器与接地装置的金属导体称为引下线。所有接闪器都要经过接地引下线与接地体相连，并可靠接地。防雷保护装置的工频接地电阻不应超过 10Ω。

1. 避雷针

避雷针的作用就是引雷，对雷电场产生一个附加电场（这个附加电场由于雷云对避雷针产生静电感应而引起），使雷电场发生畸变，将雷云放电的通路由原来可能从被保护物通过的方向吸引到避雷针本身，使雷云向避雷针放电，然后由避雷针经引下线和接地体把雷电流泄放到大地中。这样就使被保护物免受直击雷击。避雷针实质就是引雷针，把雷电流引入地下，从而保护了线路、设备和建筑物等。

避雷针通常采用镀锌圆钢或镀锌钢管制成（一般采用圆钢），上部制成针尖形状。采用的圆钢或钢管的直径一般不应小于下列数值：

（1）针长 1m 以下：圆钢直径为 12mm；钢管直径为 15mm。

（2）针长 1 ~ 2m：圆钢直径为 16mm；钢管直径为 25mm。

（3）烟囱顶上的避雷针：圆钢直径为 20mm。

避雷针较长时，针体可由针尖和不同管径的钢管焊接而成。避雷针一般安装在支柱（电杆）上或其他构架、建筑物上，必须经引下线与接地体可靠连接。

避雷针有一定的保护范围，其保护范围以它对直击雷保护的空间来表示。

单支避雷针的保护范围可以用一个以避雷针为轴的圆锥形来表示，如图8–6所示。

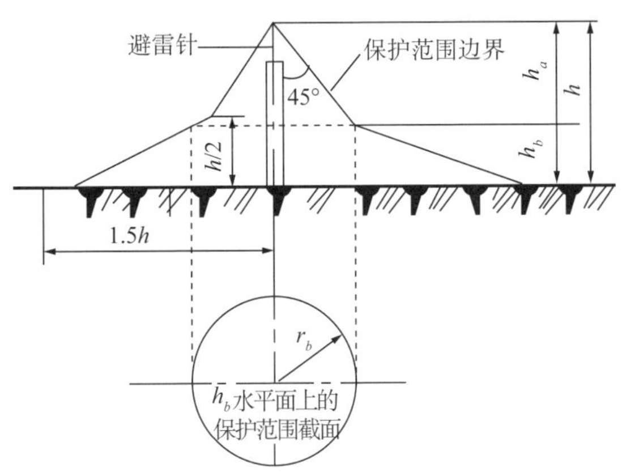

图8–6　单支避雷针的保护范围

避雷针在地面上的保护半径按下式计算：

$$r=1.5h \tag{8–1}$$

式中　r——避雷针在地面上的保护半径，m；

h——避雷针总高度，m。

避雷针在被保护物高度为 h_b 水平面上的保护半径 r_b 按下式计算：

当 $h_b>0.5h$ 时：

$$r_b=(h-h_b)p=h_ap \tag{8–2}$$

当 $h_b<0.5h$ 时：

$$r_b=（1.5h-2h_b）p \tag{8-3}$$

式中 r_b——避雷针在被保护物高度 h_b 水平面上的保护半径，m；

h_a——避雷针的有效高度，m；

p——高度影响系数，$h<30$m 时 $p=1$，30m$<h<$120m 时 $p=5.5/\sqrt{h}$。

【例 1】 一座 30m 高的水塔旁，有一座车间变电所，避雷针装在水塔顶上，车间变电所及距水塔距离尺寸如图 8–7 所示。试问水塔上的避雷针能否保护这座变电所？

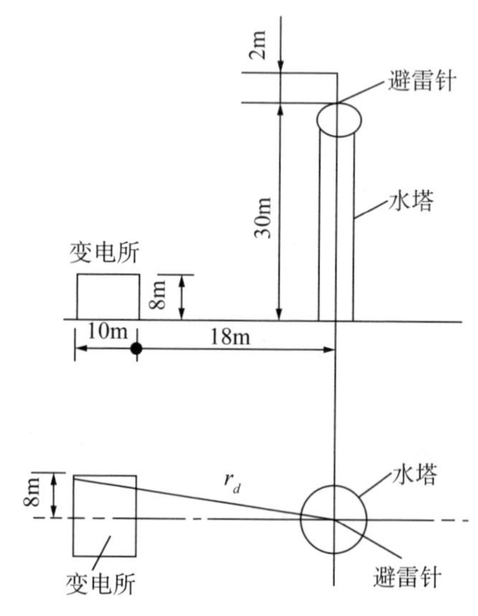

图8–7　避雷针保护范围

解：已知 h_b=8m　　h=30+2=32m

∵ h_b/h=8/32=0.25　又 0.25<0.5

∴可由式（8–3）求得被保护变电所高度水平面上保护半径为：

$$r_b=（1.5h-2h_b）p=（1.5\times32-2\times8）\times5.5/\sqrt{32}\approx31（\text{m}）$$

变电所一角离避雷针最远的水平距离为：

$$r=\sqrt{(10+18)^2+8^2}=29.12(\text{m})$$

因 31m ＞ 29.12m，所以变电所在避雷针的保护范围之内。

2. 避雷线

避雷线一般用截面不小于 $35mm^2$ 的镀锌钢绞线，架设在架空线路上，以保护架空电力线路免受直击雷。由于避雷线是架空敷设而且接地，所以避雷线又称为架空地线。

避雷线的作用与避雷针相同，只是保护范围较小。

3. 接闪器引下线

接闪器引下线的材料采用镀锌圆钢或镀锌扁钢，其规格尺寸应不小于下列数值：

圆钢直径为：8mm；扁钢截面积为：$48mm^2$，厚度为 4mm。

装设在烟囱上的引下线，其规格尺寸不应小于下列数值：

圆钢直径为 12mm；扁钢截面积为 $100mm^2$，厚度为 4mm。

4. 接闪器的安装

避雷针（接闪器）的安装主要包括避雷针的安装和避雷带（网）的安装。

1）避雷针的安装

(1) 建筑物上的避雷针和建筑物顶部的其他金属物体应连接成一个整体。

(2) 不得在避雷针构架上架设低压线路或通信线路。

2）避雷带和避雷网的安装

(1) 明装避雷带（网）安装适于安装在建筑物的屋脊、屋檐（坡屋顶）或屋顶边缘及女儿墙（平屋顶）等处。

①避雷带在屋面混凝土支座上的安装。

避雷带（网）的支座可以在建筑物屋面面层施工过程中现场浇制，也可以预制再砌牢或与屋面防水层进行固定。

②避雷带在女儿墙或天沟支架上的安装。

沿女儿墙安装时，应使用支架固定，并应尽量随结构施工预埋支架，支架的支起高度不应小于 150mm 。当条件受限制时，应在墙体施工时预留不小于 100mm × 100mm × 100mm 的孔洞，洞口的大小应里外一致。首先埋设直线段两端的支架，然后拉通线埋设中间支架，其转弯处支架应距转弯中点 0.25 ～ 0.5m。

直线段支架水平间距为 1 ～ 1.5m，垂直间距为 1.5 ～ 2m，且支架间距应平均分布。

避雷带（网）在建筑物天沟上安装使用支架固定时，应随土建施工先设置好预埋件，支架与预埋件进行焊接固定。

③避雷带在屋脊或檐口支座、支架上安装，使用混凝土支座或支架固定。

现场浇制支座，先将脊瓦敲去一角，使支座与脊瓦内的砂浆连成一体；支架固定时，需用电钻将脊瓦钻孔，再将支架插入孔内，用水泥砂浆填塞牢固。

支座和支架，水平间距为 1 ～ 1.5m，转弯处为 0.25 ～ 0.5m。

④引下线的上端与避雷带（网）的交接处，应弯曲成弧形再与避雷带（网）并齐进行搭接焊接。不同平面的避雷带（网）应至少有两处互相连接，连接应采用焊接。

建筑物屋顶上的突出金属物体，如旗杆、透气管、铁栏杆、爬梯、冷却水塔、电视天线杆等，这些部位的金属导体都必须与避雷带（网）焊接成一体。

避雷带（网）沿坡形屋面敷设时，应与屋面平行布置，避雷带（网）在转角处应随建筑造型弯曲，一般不宜小于90°，弯曲半径不宜小于圆钢直径的10倍，或扁钢宽度的6倍，绝对不能弯成直角。

⑤避雷带通过伸缩沉降缝的做法。

应将避雷带向侧面弯成半径为100mm的弧形，且支持卡子中心距建筑物边缘距离减至400mm，可以将避雷带向下部弯曲。

安装好的避雷带（网）应平直、牢固，不应有高低起伏和弯曲现象，平直度每2m检查段允许偏差值不宜大于3%。全长不宜超过10mm。

（2）暗装避雷带（网）的安装。

①用女儿墙压顶钢筋作暗装避雷带。

②高层建筑暗装避雷网的安装。

暗装避雷网是利用建筑物屋面板内钢筋作为接闪装置。而将避雷网、引下线和接地装置三部分组成一个钢筋大网笼，也称为笼式避雷网。

5. 引下线及其保护管的安装

防雷引下线的作用是将接闪器接受的雷电流引到接地装置。

1）引下线的安装

（1）引下线支持卡子及其预埋：将引下线固定在支持卡子上。卡子之间的距离为1.5 ~ 2m。

（2）引下线明敷设：调直、与卡子固定。

（3）引下线沿墙或混凝土构造柱暗敷设：先与接地体（或断接卡子）连接好，由下至上展放（或一段段连接）钢筋，敷设路径尽量短而直，可直接通过高层建筑物，要注意防备侧向雷击和采取等电位措施。

①应在建筑物首层起每三层设均压环一圈。可将结构圈梁钢筋与柱内充当引下线的钢筋进行连接（绑扎或焊接）作为均压环。

②没有组合柱和圈梁的建筑物，应每三层在建筑物外墙内敷设一圈12mm镀锌圆钢作为均压环，并与防雷装置的所有引下线连接。

（4）利用建筑物钢筋做防雷引下线：

①不能设置断接卡子测试接地电阻值，需在柱（或剪力墙）内作为引下线的钢筋上，另焊一根圆钢引至柱（或墙）外侧的墙体上，在距护坡1.8m处，设

置接地电阻测试箱。

②测试点测试接地电阻，若达不到设计要求，可在柱（或墙）外距地 0.8 ~ 1m 预留导体处加接外附人工接地体。

2）明装防雷引下线保护管的敷设

（1）明设引下线在断接卡子下部，应外套竹管、硬塑料管、角钢或开口钢管保护，以防止机械损伤，保护管深入地下不应小于 300mm。

（2）防雷引下线不应套钢管，以免接闪时感应涡流和增加引下线的电感，影响雷电流的顺利导通，如必须外套钢管保护时，必须在保护钢管的上、下侧焊跨接线与引下线连接成一体。

（二）避雷器

避雷器又称电压限制器，它与被保护的设备并联连接，其作用是保护设备免遭雷电冲击波袭击。当沿线路传入变电站的雷电冲击波超过避雷器保护水平时，避雷器首先放电，将雷电流经过导体安全的引入大地，利用接地装置使雷电压幅值限制在被保护设备雷电冲击水平以下，从而使电气设备受到保护。

避雷器按其发展的先后可分为：简单形式的保护间隙避雷器，它能在放电后自行灭弧；阀型避雷器它是将单个放电间隙分成许多短的串联间隙，同时增加了非线性电阻，提高了保护性；磁吹避雷器利用了磁吹式火花间隙，提高了灭弧能力，同时还具有限制内部过电压能力；氧化锌（ZnO）避雷器是利用氧化锌阀片理想的伏安特性，具有无间隙、无续流、残压低、能限制内部过电压等优点。

1. 氧化锌避雷器型号含义及参数

氧化锌避雷器型号含义及参数，如图 8-8 所示。

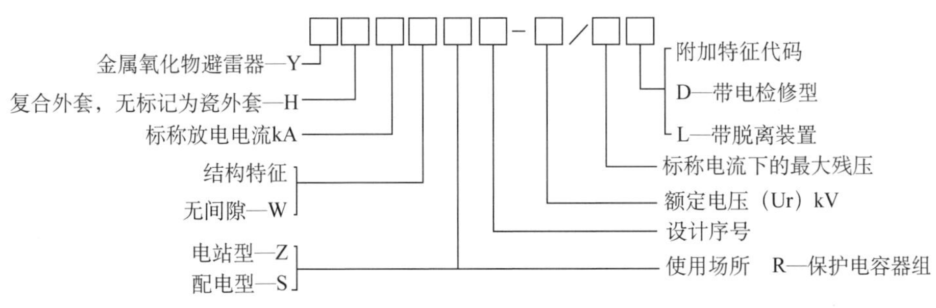

图8-8　氧化锌避雷器型号含义

1）常用氧化锌避雷器的型号含义

（1）HY5WS-17/50L 氧化锌避雷器的型号：H- 表示复合绝缘外套；Y- 表示金属氧化锌避雷器；5- 表示冲击放电电流为 5kA；W- 表示无间隙；S- 表示配电型；17- 表示避雷器的额定电压为 17kV；50- 表示避雷器的残压为

50kV；L－ 表示带脱离装置的氧化锌避雷器。

（2）Y10W2－200/520Y－ 表示氧化锌避雷器；10－ 标称放电电流；W－ 表示无间隙；2－ 表示设计序号；200－ 避雷器的额定电压；520－ 在标称放电电流下的最大残压。

（3）氧化锌避雷器的外形如图 8－9 所示。

图8－9　10kV、6kV、0.5kV氧化锌避雷器外形图

Y5W 型用于变、配电设备的过电压保护；Y5C 型用于中性点不接地系统的设备保护。

2）氧化锌避雷器的参数

（1）避雷器的操作冲击电流：视在波前时间大于 30μs 而小于 100μs、视在半峰值时间约为视在波前时间两倍的冲击电流。

（2）避雷器的持续电流：在持续运行电压下流过避雷器的电流。

（3）氧化锌避雷器的工频参考电流：用于确定氧化锌避雷器参数的工频参考电压的工频电流阻性分量的峰值。工频参考电流应足够大，使杂散电容对所测的避雷器和元件（包括设计的均压系统）的参考电压的影响可以忽略，该值由制造厂规定。

①工频参考电流与避雷器的标称放电电流及线路放电等级有关，对单柱避雷器，通常在 1 ～ 20mA 范围内。

②在工频电流波形因电压极性而不对称情况下，应以较大极性的电流来确定参考电流。

（4）氧化锌避雷器的工频参考电压：

在工频参考电流下测出的避雷器上的工频电压最大峰值除以 2。多元件串联组成的避雷器的参考电压是每个元件参考电压之和。

2. 氧化锌避雷器产品结构

氧化锌避雷器由主体元件、绝缘底座和接线板等组成，产品内部采用氧化锌非线性电阻片为主要元件。避雷器的主体元件是密封的，出厂时用氢质谱检漏仪逐个进行密封检查，避雷器带有压力释放装置，当产品在异常情况下而使内部压力升高时，能及时释放内部压力，避免瓷套爆炸。

3. 氧化锌避雷器特点

（1）复合外套金属氧化避雷器是采用了非线性伏－安特性十分优异的氧化锌电阻片，故而避雷器的陡波、雷电波、操作波下的保护特性均比传统的碳化硅避雷器有了极大的改善。特别是氧化锌电阻片具有良好的陡波响应特性，对陡波电压无迟延，操作残压低，没有放电分散性等优点。

（2）氧化锌避雷器采用整体硅橡胶模压制成型，密封性能好，防爆性能优异，耐污秽免清洗，并能减少雾天湿闪发生，耐电蚀抗老化，体积小重量轻，耐碰撞，便于安装和维护。是瓷套避雷器的更新换代产品。

（3）10kV 系统中，氧化锌避雷器可以并联于真空断路器，用于限制截流过电压。

（4）氧化锌避雷器外部有固定金属卡，安装时定位在横单上或支架上，上端螺栓接电源线，下端螺栓接引下线接地。

4. 氧化锌避雷器的分类

（1）氧化锌避雷器按额定电压值分为三类：

①高压类：指 35kV 以上等级的氧化锌避雷器，其系列产品大致可分为：500kV、220kV、110kV、66kV、35kV 五个等级。

②中压类：指 3kV ～ 35kV（不包括 35kV 系列的产品）范围内的氧化锌避雷器系列产品，大致可划分为：3kV、6kV、10kV、20kV 四个电压等级。

③低压类：指 3kV 以下（不包括 3kV 系列的产品）的氧化锌避雷器系列产品，大致可划分为 1kV、0.5kV、0.38kV、0.22kV 四个电压等级。

（2）按标称放电电流氧化锌避雷器可划分为 20kA、10kA、5kA、2.5kA、1.5kA 五类。

（3）按用途氧化锌避雷器可划分为系统用线路型、系统用电站型、系统用配电型、并联补偿电容器组保护型、电气化铁道型、电动机及电动机中性点型、变压器中性点型七类。

（4）按结构氧化锌避雷器可划分为两大类：

①瓷外套：瓷外套氧化锌避雷器按耐污秽性能分为四个等级，Ⅰ级为普通型、Ⅱ级为用于中等污秽地区（爬电比距 20mm/kV）、Ⅲ级为用于重污秽地区（爬电比距 25mm/kV）、Ⅳ级为用于特重污秽地区（爬电比距 31mm/kV）。

②复合外套：复合外套氧化锌避雷器是用复合硅橡胶材料做外套，并选用高性能的氧化锌电阻片，内部采用特殊结构，用先进工艺方法装配而成，具有硅橡胶材料和氧化锌电阻片的双重优点。

（5）按结构氧化锌避雷器分为三类：无间隙（W）、带串联间隙（C）、带并联间隙（B）。

（三）一般要求

（1）变（配）电所、电力线路应根据 GB/T 50064–2014《交流电气装置的过电压保护和绝缘配合设计规范》等有关标准安装过电压保护装置。

（2）变（配）电所、电力线路进行改建、改变运行方式时，应对以下各项进行检查、验算：

①直击雷保护范围。

②避雷器与被保护设备间的电气距离。

③避雷针与电气设备以及工作接地网的距离。

④主接线改变运行方式。

⑤架空电力线路环境有变化时，如交叉跨越地点有变动情况等。

（3）母线上避雷器与主变压器的电气距离应符合表 8–1 的规定：

表8–1　10kV避雷器与变压器的最大电气距离　　单位m

雷雨经常运行的进出线路数	1	2	3	4以上
最大电气距离	15	23	27	30

（4）35kV 及以上避雷器应分相装有动作指示器。每月应结合正常巡视检查避雷器动作情况并记录。雷雨后应及时检查并记录。

（5）避雷器必须按试验规程进行试验，合格后方可投入运行。

（四）防雷保护装置的巡视检查和运行维护

防雷保护装置的巡视检查应与被保护配电装置或电力线路巡视检查同时进行。防雷保护装置巡视检查内容如下：

（1）避雷器外绝缘瓷套及金属法兰应清洁完好，无裂纹及放电痕迹。

（2）避雷器引线连接螺丝及结合处应严密无裂纹。

（3）避雷器接地线截面应满足规程规定，不应锈蚀或断裂，与接地网连接可靠。

（4）避雷针周围 5m 范围内不准搭设临时建筑物。

（5）避雷针本体是否有断裂、锈蚀或倾斜。

（6）避雷针接地引下线连接是否完好，接地引下线的保护管是否符合要求。

（7）在避雷针、避雷线的架构上严禁装设未采取保护措施的通信线、广播线和低压电力照明线。

（8）排气型（管型）避雷器应检查：

①管身外部有无裂纹、闪络和放电烧伤痕迹。

②安装位置有无变动。

③接地引下线是否完好，排气孔上包盖的纱布是否完整。

④防雷保护装置的清扫检查应与配电装置或电力线路的清扫检查同时进行。

⑤室外安装的10kV避雷器，一般在雷雨季节结束（每年11月）拆下检查清扫，试验并妥善保存。

（五）防雷保护装置运行及事故处理

（1）发现避雷器有下列情况，应报上级主管部门安排处理：

①内部有异常音响及放电声。

②外瓷套严重破裂或放电闪络。

③引线接触不良。

（2）发现避雷器电导电流值超出规定范围或逐渐增加时，应及时上报有关部门。

（3）过电压保护装置在运行中发现避雷器瓷套有裂纹时，如天气正常，可将故障相避雷器退出运行，停电更换合格的避雷器。

（4）在雷雨时，因避雷器瓷质裂纹而造成闪络，但未引起系统永久性接地，在可能条件下应将故障相避雷器退出运行。

（5）避雷器在运行中突然爆炸，但尚未造成系统永久性接地或危及系统安全运行时，可在雷雨过后，拉开故障相的隔离开关，更换合格的避雷器。

（6）若已引起系统永久性接地，则应禁止使用隔离开关操作，需将故障避雷器退出运行。

（7）避雷器内部有异常声响或瓷套炸裂，而引起系统接地时，工作人员应避免靠近，此时可用断路器或采用人工接地转移的方法，将避雷器退出运行。

（8）发现避雷器动作计数器内部烧黑、烧毁，或接地引下线连接点处有烧痕、烧断等现象时，应对避雷器做电器特性试验或解体检查。

（六）防雷保护装置的预防性试验

金属氧化物避雷器的试验项目、周期和要求见表8–2。

表8–2　金属氧化物避雷器的试验项目、周期和要求

序号	项目	周期	要求	说明
1	绝缘电阻	1.变（配）电所避雷器每年雷雨季前 2.必要时	1.35kV以上，不低于2500MΩ 2.35kV及以下，不低于1000MΩ	采用2500V及以上的兆欧表
2	直流1mA电压（U_{1mA}）及0.75U_{1mA}以下的泄漏电流	1.变（配）电所避雷器每年雷雨季前 2.必要时	1.不得低于GB11032规定值 2.U_{1mA}实测值与初始值或制造厂规定值比较，变化不应大于±5% 3.0.75U_{1mA}以下的泄漏电流不应大于50μA	1.要记录试验时的环境温度和相对湿度 2.测量电流的导线应使用屏蔽线 3.初始值系指交接试验或投产试验时的测量值
3	运行电压下的交流泄漏电流	1.新投运的110kV及以上者投运3个月后测量1次；以后每半年1次；运行1年后，每年雷雨季前1次 2.必要时	测量运行电压下的全电流、阻性电流或功率损耗，测量值与初始值比较，有明显的变化时应加强监测，当阻性电流增加1倍时，应停电检查	应记录测量时的环境温度、相对湿度和运行电压。测量应在瓷套表面干燥时进行。应注意相间干扰的影响
4	工频参考电流下的工频参考电压	必要时	应符合GB11032或制造厂规定	1.测量环境温度20±15℃ 2.测量应每节单独进行，整相避雷器有一节不合格，应更换该节避雷器（或整相更换），使该相避雷器为合格
5	底座绝缘电阻	1.变（配）电所避雷器每年雷雨季前 2.必要时	自行规定	采用2500V及以上兆欧表
6	检查放电计数器动作情况	1.变（配）电所避雷器每年雷雨季前 2.必要时	测试3～5次，均正常动作，测试后计数器指示应调正到“0”	

（七）防雷保护装置的技术管理

1. 保护装置在投入运行前应建立的技术资料

（1）过电压保护装置原始设计计算依据。

（2）避雷针的保护范围计算及图纸。

（3）架空线路的过电压保护装置安装处所的详细记录，如被保护设备名称、台号或杆号以及过电压保护装置的型号等。

（4）防雷接地装置隐蔽工程竣工图纸、验收试验以及测量接地电阻记录。

2. 保护装置在运行中应具备的技术资料

（1）历次预防性试验记录。

（2）运行中发现的缺陷内容以及检修内容等记录。

（3）过电压保护装置的变更以及检修内容等记录。

（4）雷雨后进行特殊巡视的记录。

（5）多雷区低压电器设备过电压保护装置运行情况的分析。

（6）历次雷害事故的统计和事故原因分析报告。

（7）变（配）电所绝缘配合的分析资料。

三、浪涌保护器

浪涌保护器（电涌保护器）又称避雷器，简称（SPD）适用于交流50/60Hz，额定电压220/380V的供电系统（或通信系统）中，是电子设备雷电防护中不可缺少的一种装置，其作用是把窜入电力线、信号传输线的瞬时过电压限制在设备或系统所能承受的电压范围内，或将强大的雷电流泄流入地，保护设备或系统不受冲击。

（一）浪涌保护器命名、主要参数及接线图

（1）浪涌保护器的型号命名规则，如图8–10所示。

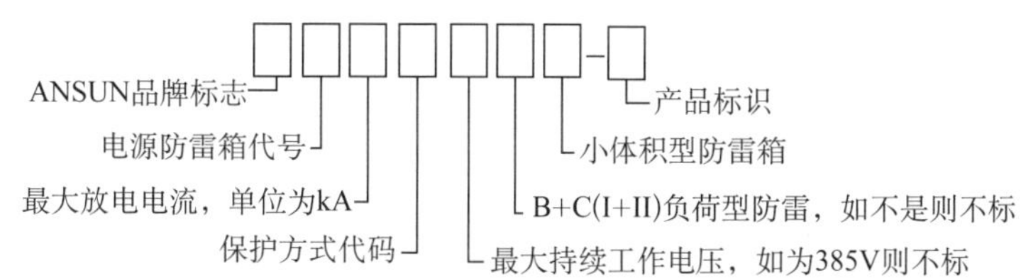

图8–10 浪涌保护器的型号命名规则

例如：AX120A320BCJ—T、V25–B+C、CDY1–20、TBP–400/100KA/4P、MYS4等；

（2）常用浪涌保护器的外形如图8–11所示。

（a）

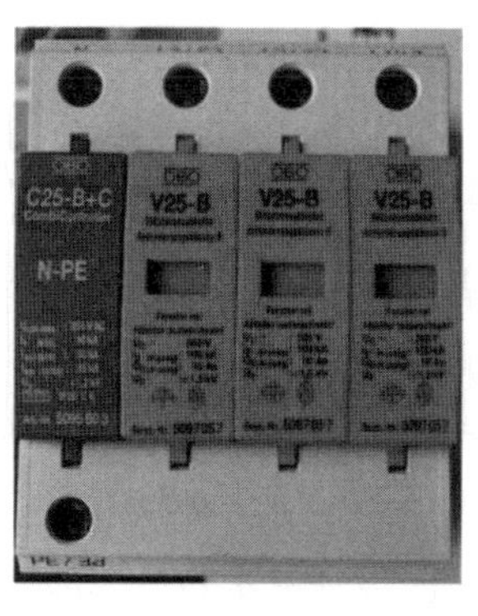

（b）

(c)

(d)

图8－11　常用浪涌保护器的外形图

（二）浪涌保护器的主要参数

（1）标称电压 U_n：与被保护系统的额定电压相符，在信息技术系统中此参数表明了应该选用的保护器的类型，它标出交流或直流电压的有效值。

（2）额定电压 U_c：能长久施加在保护器的指定端，而不引起保护器特性变化和激活保护元件的最大电压有效值。

（3）额定放电电流 I_{sn}：给保护器施加波形为 8/20μs 的标准雷电波冲击 10 次时，保护器所耐受的最大冲击电流峰值。

（4）最大放电电流 I_{max}：给保护器施加波形为 8/20μs 的标准雷电波冲击 1 次时，保护器所耐受的最大冲击电流峰值。

（5）响应时间 t_A：主要反映在保护器里的特殊保护元件的动作灵敏度、击穿时间，在一定时间内变化取决于 du/dt 或 di/dt 的斜率。

（6）数据传输速率 V_s：表示在一秒内传输多少比特值，单位：bps；是数据传输系统中正确选用防雷器的参考值，防雷保护器的数据传输速率取决于系统的传输方式。

（7）插入损耗 A_e：在给定频率下保护器插入前和插入后的电压比率。

（8）回波损耗 A_r：表示前沿波在保护设备（反射点）被反射的比例，是直接衡量保护设备同系统阻抗是否兼容的参数。

（9）最大纵向放电电流：指每线对地施加波形为 8/20μs 的标准雷电波冲击 1 次时，保护器所耐受的最大冲击电流峰值。

（10）最大横向放电电流：指线与线之间施加波形为 8/20μs 的标准雷电波冲击 1 次时，保护器所耐受的最大冲击电流峰值。

(11)在线阻抗:指在标称电压 U_n 下流经保护器回路阻抗和感抗的和。常称“系统阻抗”。

(12) 峰值放电电流：额定放电电流 I_{sn} 和最大放电电流 I_{max}。

(13) 漏电流：指在 75 或 80 标称电压 U_n 下流经保护器的直流电流。

（三）浪涌保护器安装接线图

浪涌保护器安装接线图，如图 8–12 所示。

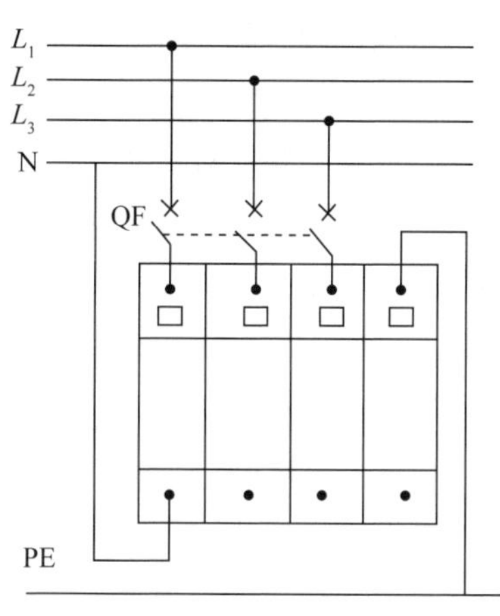

(a) SDP3+1接线图

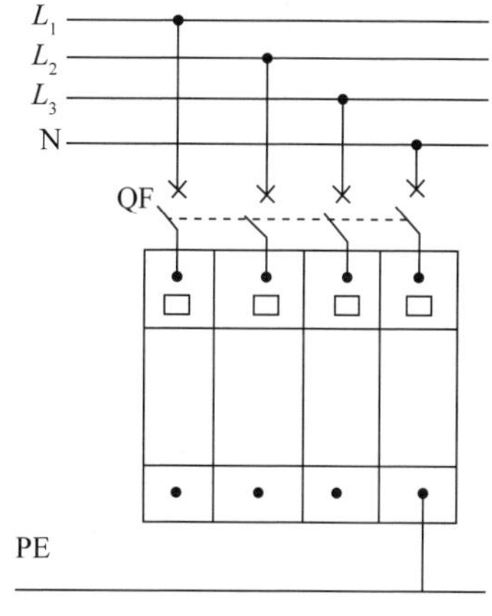

(b) SDP对地接线图

图8–12　浪涌保护器接线图

浪涌保护器的类型和结构不同用途也不同，它至少应包含一个非线性电压限制元件。用于浪涌保护器的基本元器件：放电间隙、充气放电管、压敏电阻、抑制二极管和扼流线圈等。

（四）浪涌保护器的分类

1. 按工作原理分类

按其工作原理分类，SPD 可以分为电压开关型、限压型及组合型。

(1) 电压开关型 SPD：在没有瞬时过电压时呈现高阻抗，一旦响应雷电瞬时过电压，其阻抗就突变为低阻抗，允许雷电流通过，也被称为“短路开关型SPD”。

(2) 限压型 SPD：当没有瞬时过电压时，为高阻抗，但随电涌电流和电压的增加，其阻抗会不断减小，其电流电压特性为强烈非线性，有时被称为“钳压型 SPD”。

(3) 组合型 SPD：由电压开关型组件和限压型组件组合而成，可以显示为电压开关型或限压型或两者兼有的特性，决定于所加电压的特性。

2. 按用途分类

按用途分类：电源线路 SPD 和信号线路 SPD 两种。

（1）电源线路 SPD：由于雷击的能量是非常巨大的，需要通过分级泄放的方法，将雷击能量逐步泄放到大地。在直击雷非防护区（LPZ0A）或在直击雷防护区（LPZ0B）与第一防护区（LPZ1）交界处，安装通过Ⅰ级分类试验的浪涌保护器或限压型浪涌保护器作为第一级保护，对直击雷电流进行泄放，或者当电源传输线路遭受直接雷击时，将传导的巨大能量进行泄放。在第一防护区之后的各分区（包含 LPZ1 区）交界处安装限压型浪涌保护器，作为二、三级或更高等级保护。第二级保护器是针对前级保护器的残余电压以及区内感应雷击的防护设备，在前级发生较大雷击能量吸收时，仍有一部分对设备或第二级保护器而言是相当巨大的能量，会传导过来，需要第二级保护器进一步吸收。同时，经过第一级防雷路的传输线路也会感应雷击电磁脉冲辐射。当线路足够长时，感应雷的能量就变得足够大，需要第二级保护器进一步对雷击能量实施泄放。第三级保护器对通过第二级保护器的残余雷击能量进行保护。根据被保护设备的耐压等级，假如两级防雷就可以做到限制电压低于设备的耐压水平，则需要做两级保护，假如设备的耐压水平较低，可能需要四级甚至更多级的保护。

（2）信号线路 SPD：信号线路 SPD 其实就是信号避雷器，安装在信号传输线路中，一般在设备前端，用来保护后续设备，防止雷电波从信号线路涌入损伤设备。

（五）浪涌保护器安装及作用

1.SPD 常规安装要求

（1）浪涌保护器采用 35mm 标准导轨安装，对于固定式 SPD，常规安装应遵循下述步骤：

①确定放电电流路径。

②标记在设备终端引起的额外电压降的导线。

③为避免不必要的感应回路，应标记每一设备的 PE 导体。

④设备与 SPD 之间建立等电位连接。

⑤要进行多级 SPD 的能量协调。

（2）为了限制安装后的保护部分和不受保护的设备部分之间感应耦合，需要进行测量。通过感应源与牺牲电路的分离、回路角度的选择和闭合回路区域的限制能降低互感，当载流分量导线是闭合回路的一部分时，由于此导线接近电路而使回路和感应电压而减少。

2.WBD1 系列 D 级浪涌保护器

WBD1 系列 D 级浪涌保护器（简称 SPD）适用于交流 50/60Hz，380V 及以下的 TN−S、TN−C−S、TT、IT 等供电系统，可作为 LPZ1、LPZ2 与 LPZ3 区界面处的等电位连接，当电涌保护器因过流过热，击穿失效时，失效脱离装置能自动的将其从电网上脱离，同时可视告警指示绿色（正常），红色（故障），模块可在有工作电压情况下更换。

第三节　接地装置与保护接零

接地是指用接地线和接地体将电力、架空输电线路、杆塔、避雷线、避雷器与大地相连接。一般将符合接地要求截面的金属导体埋入适合深度的地下，电阻值符合规定要求，则作为接地体。现在常用的人工接地体有铜包钢接地棒、铜包钢接地极、铜包扁钢、电解离子接地极、接地模块、“高导模块”等。

一、接地装置

接地装置是由接地连接线和接地体构成的总和。指埋设在地下的接地电极与由该接地电极到设备之间的连接导线的总称。其作用是将雷电流引入大地，并通过接地体向大地扩散，以保护输电线路及设备的正常运行。

（一）接地体的概述

接地体是指埋入地中并与大地接触的金属导体，分为自然接地体和人工接地体两种。

（1）直接与大地接触的各种金属构件、金属设施、金属管道、金属设备等可以兼作接地体，称为自然接地体。

（2）人工接地体指专门敷设的金属导体。按敷设方法不同，分为水平接地体和垂直接地体两种。

①水平接地体一般采用镀锌圆钢或镀锌扁钢。接地体的长度和根数根据接地电阻值的要求确定。接地体的埋深应不小于 0.6m。为了减少相邻接地体之间的屏蔽作用，接地体之间的距离不宜小于 5m。

②垂直接地体垂直敷设于地中。一般采用角钢或钢管，为了使接地体与大地连接可靠，接地体的长度不宜小于 2m。为了减少接地电阻，确保接地可靠，接地体不宜少于两根。为了减少接地体间的屏蔽作用，提高利用系数，接地体间的距离一般为其长度的两倍。为充分发挥接地体的散流作用，接地体顶端距地面应不小于 0.6m。

（二）接地体的分类

在电力系统中为了安全工作，应将电力系统及其电气设备的某些部分和大地进行连接，即称为接地。接地一般分为正常接地和故障接地两种。

（1）带电部分与大地之间发生的电气连接叫故障接地。例如：电气设备的带电部分与外露可导电部分或装置外可导电部分的电气连接；例如架空线路、电缆线路、室内布线的单相接地故障或单相接地短路、两相接地短路、三相接地短路等。故障接地可能造成人身触电事故和电气设备损坏事故。

（2）电气设备的正常接地是根据需要将低压系统的中性点直接接地，工作接地一般又分为功能性接地和保护性接地。

①所谓功能性接地是为了保证电气设备在正常或事故情况下可靠的工作并使其达到某种预期的固有功能效果的接地。

②保护性接地又分为保护接地和保护接零。

a. 保护接地是指在 IT 或 TT 系统中，电力系统有一点直接接地或电力系统中没有接地点，受电设备外露可导电部分通过保护线与电力系统无关的接地极进行的电气连接。

b. 保护接零是指在 TN 配电系统中，为了防止电气设备绝缘损坏或带电部分碰及外露可导电部分，使人身遭受触电危险，将电气设备的外露可导电部分，通过保护导体与电力系统的接地点进行的电气连接。根据配电系统的不同，保护接零在 TN–C 系统中接中性保护导体 PEN 线；在 TN–S 系统中接保护导体 PE 线。为了用电安全电气系统配置的保护方法一般有：保护接地、重复接地、工作接地、保护接零等。

另外还有其他接地，如防雷接地、电子设备接地（包括：信号接地、逻辑接地、屏蔽接地、功率接地、保护接地等）、电子计算机的接地、医疗电器设备的接地、防静电接地等。

（三）工作接地的作用

（1）能获得相应的相电压即 220V。

（2）能减轻一相接地的危险。若发生单相接地短路时故障相对地电压为零，其他两相对地电压不变。如果中性点不接地，当发生单相接地故障时，接地相对地电压为零，其他两相对地电压变为线电压，人触及非故障相时（380V）危险性极大。

（3）能迅速切除故障设备，在 TN 保护接零系统中，发生单相接地短路，由于通过保护线构成电气回路，保护线的阻抗又很小，单相接地短路电流很大，促使电源侧保护动作，开关断开。

（4）能降低线路的绝缘水平，使低压线路的绝缘配合按相电压来设计。

（5）能减轻高压窜入低压时对人体和设备构成的危险。

（四）接地电阻的测量和常用的降阻措施

接地电阻测量应使用接地电阻测量仪（接地摇表）。

1. 降低接地电阻的措施

（1）置换电阻率较低的土壤：用黏土、黑土或砂质黏土等电阻率较低的土壤，代替原有电阻率较高的土壤。置换范围是在接地体周围 0.5m 以内和接地体上部的 1/3 处。

（2）接地体深埋：如地层深处土壤电阻率较低时，则可采用此方法：应先实测深层土壤的电阻率是否符合要求外，还要考虑有无机械设备，能否适宜采用机械化施工，否则也无法进行深埋工作。

（3）使用化学降阻剂：在接地体周围土壤中加入低电阻系数的降阻剂，以降低土壤电阻率，从而降低接地电阻。

（4）外引式接地：如接地体附近有导电良好的土壤及不冰冻的湖泊、河流时，也可采用外引式接地。

2. 高导接地模块

高导接地模块是利用导电性能及土壤亲和性良好的天然矿物质磷片石墨及电解质材料，经专用机械设备高压冷凝制作而成，是活性接地的环保新型复合式专用接地体。其密度、抗腐蚀性、导电性、抗压强度和超大的表面积等各项技术指标均远优于目前市场其他接地体。可用于电力、高铁、清洁能源、电子、交通、军事、通信、建筑物、石油化工等各项领域需做接地保护的永久性接地体。

（五）接地装置的安装

1. 接地体的安装

1）接地体的加工

垂直接地体多使用角钢或钢管，长度宜为 2.5m，两接地体间距宜为 5m。通常情况下，在一般土壤中采用角钢接地体，在坚实土壤中采用钢管接地体。应将打入地下的一端加工成尖形。

2）挖沟

接地装置需埋于地表层以下，一般接地体顶部距地面不应小于 0.6m。一般沟深 0.8 ～ 1m，沟的上部宽 0.6m，底部宽 0.4m，沟的中心线与建筑物或构筑物的距离不宜小于 2m。

3）敷设接地体

沟挖好后应尽快敷设接地体，以防止塌方。接地体一般采用手锤打入地中，接地体与地面应保持垂直，防止接地体与土壤产生间隙，增加接地电阻影响散流效果。

2. 接地线敷设

人工接地线：采用扁钢或圆钢，并应敷设在易于检查的地方，且应有防止机械损伤及防止化学腐蚀的保护措施。自然接地线：建筑物的金属结构（梁、柱等）及设计规定的混凝土结构内部的钢筋、生产用的金属结构（起重机轨道、配电装置的外壳、走廊、平台、电梯竖井、起重机与升降机的构架、运输皮带的钢梁、电除尘器的构架等）、配线的钢管、电缆的金属构架及铅、铝包皮（通信电缆除外）等，接地干线敷设应距用电设备的接地支线的距离越短越好。当接地线与电缆或其他电线交叉时，其间距不小于 25mm。

在接地线与管道、公路、铁路等交叉处及其他可能使接地线遭受机械损伤的地方，均应套钢管或角钢保护，当接地线跨越有震动的地方，如铁路轨道时，接地线应略加弯曲，以便震动时有伸缩的余地，避免断裂。

（1）接地体间连接扁钢的敷设。

（2）接地干线与接地支线的敷设。

室外电气设备的接地一般敷设在沟内，采用焊接连接，接地干线与接地支线末端应露出地面 0.5m，以便接引地线。敷设完后应及时回填土夯实。

室内的电气设备接地多为明敷，也可埋地敷设或埋设在混凝土层中。明敷的接地线一般敷设在墙上、母线架上或电缆的桥架上。

①埋设保护套管和预留孔：穿过楼板或墙壁。

②预埋固定钩或支持托板。

分段固定，在墙上埋设固定钩或支持托板，然后将接地线（扁钢或圆钢）固定在固定钩或支持托板上。也可用膨胀螺栓，在接地扁钢上钻孔，用螺帽将扁钢固定在螺栓上。

固定钩或支持托板的间距，水平直线部分一般为 1 ~ 1.5m，垂直部分为 1.5 ~ 2m，转弯部分为 0.5m。沿建筑物墙壁水平敷设时，与地面保持 250 ~ 300mm 的距离，与建筑物墙壁应有 10 ~ 15mm 的间隙。所有电气设备都需要单独敷设接地支线，不允许将电气设备串联接地。

接地体（线）连接时的搭接长度为：

扁钢与扁钢连接为其宽度的两倍，当宽度不同时，以窄的为准，四面满焊；圆钢与圆钢连接为其直径的 6 倍；圆钢与扁钢连接为圆钢直径的 6 倍。

扁钢与钢管（角钢）焊接时，为了连接可靠，除应在其接触部位两侧进行焊接外，还应焊以由扁钢弯成的弧形（或直角形）卡子，或直接将接地扁钢本身弯成弧形（或直角形）与钢管（或角钢）焊接。

二、保护接零

保护接零应用于三相四线（五线）制，电力系统有一点直接接地的低压配电系统（公用系统除外），凡是由小区配电室供电的低压配电系统和高压用户的独立配电系统，应采用保护接零。

（一）保护接零原理

在 TN 配电系统中，为防止电气设备绝缘损坏或带电部分碰及外露可导电部分，使人身遭受触电危险，将电气设备的外露可导电部分，通过保护导体与电力系统的接地点进行电气连接，叫保护接零。

（1）在 TN 配电系统中，电气设备外壳采用保护接零，如图 8–13 所示，当电气设备因绝缘损坏碰及外露可导电部分时，由损坏相、外露可导电部分、保护导体、电源构成一个电气通路，由于保护导体阻抗很小，单相接地短路电流很大，足以使线路上的保护装置（如熔断器）迅速动作，将漏电设备的电源断开。

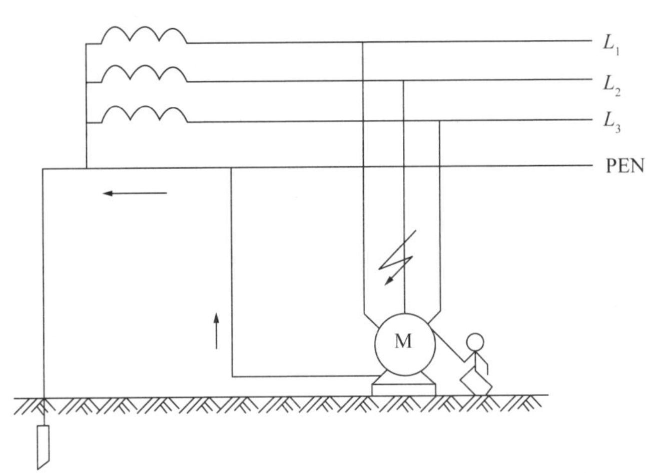

图8–13　TN系统中电气设备外露可导电部分采用保护接零

(2) 电力系统有一点接地的低压配电系统中，有的单位采用保护接地系统，如公用变压器。但大多数采用保护接零系统，如配电小区和专用变压器配电系统。

（3）在 1kV 及以下同一个低压配电系统中，电气设备外露可导电部分要么采用保护接地，要么采用保护接零，而不许将一部分采用保护接地，将另一部分采用保护接零。如图 8–14 所示，同时采用两种不同保护方式，即 M_1 采用保护接零（R_0=4Ω），M_2 采用保护接地（R_{Jd}=4Ω）。当 M_2 发生绝缘损坏，相线碰壳时，接地故障电流不是很大，约为 27.5A。这个电流使线路上的保护装置可能无法动作，这时故障设备外露可导电部分 M_2 上承受的电压为 110V。而中性点及所有采用保护接零的电气设备外露可导电部分所承受的电压为 110V。

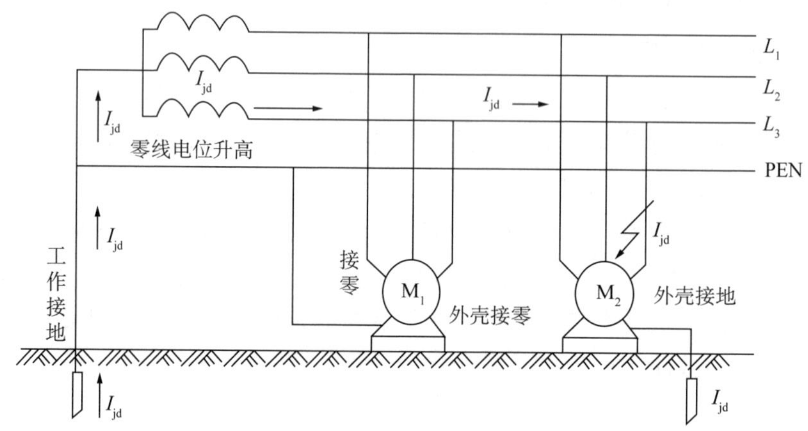

图8-14　同一配电系统中采用两种保护方式的危险性

所以，在中性点直接接地的同一配电系统中，如果将一部分电气设备外露可导电部分采用保护接地，另一部分电气设备外露可导电部分采用保护接零，当保护接地的电气设备外露可导电部分漏电时，将使所有保护接零的电气设备外露可导电部分及零线上都带有危险的电压，所以在同一配电系统中，不允许同时采用两种不同的保护方式。

（二）保护接零的安全要求

保护接零系统中，有 TN−C、TN−S、TN−C−S 三种配电系统，为提高保护接零的安全可靠性，在可能的条件下，应采用 TN−S 三相五线制配电系统。

无论采用哪一种保护接零配电系统，都要执行下列安全要求：

（1）PEN 线、N 线、PE 线截面应满足；

① PE 线应与相线同材质，其截面应满足热稳定要求，相线截面为 $16mm^2$ 及以下时，PE 线与相线同截面；相线截面为 $25mm^2$、$35mm^2$ 时，PE 线截面为 $16mm^2$、相线截面大于 $35mm^2$ 时，PE 线截面为相线截面的 1/2。

②单相回路中，N 线，PEN 线与相线同截面。

③三相四线或单相三线配电系统中，当用电负荷大部分为单相负荷时，PEN 线，N 线与相线同截面。以气体放电灯为主要负荷回路；N 线和相线同截面。采用晶闸管调光的三相四线制和单相三线制配电线路，其 N 线和 PEN 线为相线截面的 2 倍。

④当采用单芯导线作为固定装置的PEN线时，其截面为铜导线不小于 $10mm^2$、铝导线不小于 $16mm^2$。当采用多芯电缆线芯作为PE线时，其最小截面可为 $4mm^2$。

⑤接至用电设备的保护线，应选用黄/绿双色塑料软铜线，截面积不小于 $2.5mm^2$。

⑥架空线路的PE线应选用截面积不小于 $10mm^2$ 的铜线，穿管敷设的保护零线应选用截面不小于 $4mm^2$ 的铜线。若选用铝线时，截面应加大一级。

（2）在TN–S系统中，N线上严禁安装单独断开的单极开关电器，当需要断开时，应装设相线和N线同时断开的保护电器。

(3)在TN–C系统中PEN线及TN– C – S系统中的局部PEN线及局部N线，严禁单独断开及装设任何断开PEN线或N线的保护电器。

（4）PE线上严禁装设开关和熔断器,PE线在任何情况下不允许作为负荷线。

（5）严禁使用大地作为相线和PEN线、N线、PE线，PEN线、N线、PE线连接应牢固可靠。

（6）在TN–C系统中，重复接地应与PEN线作电气连接；在TN–S系统中，重复接地应与PE线作电气连接。

（7）不得使用金属蛇皮管、保温管的金属网及外皮以及低压网路中的铅皮作为PE线，装置外的导电部分，严禁作为PE线。

三、重复接地

重复接地是指在TN系统中，将PEN线或PE线一处或多处通过接地体与大地作再一次连接。

（一）重复接地的作用

重复接地是TN系统中必不可少的安全措施，它主要起下列作用：

1. 降低漏电设备外壳的对地电压

（1）电气设备外露可导电部分采用保护接零，如未装设重复接地如图8–15所示，当电气设备漏电时，线路继电保护装置动作前，尚未断开电源的一段时间内，外露可导电部分带有较高的电压，在数值上等于单相接地短路电流在PEN线上产生的电压降。一般情况下，PEN线截面为相线截面的1/2，则PEN线阻抗为相线阻抗的两倍，这时漏电设备外壳对地电压为157V。当有人触及漏电设备外露可导电部分，触电的危险性很大。即使相线和PEN线截面相等，PEN线阻抗等于相线阻抗，此时漏电设备外壳对地电压为110V，该电压仍然很危险。

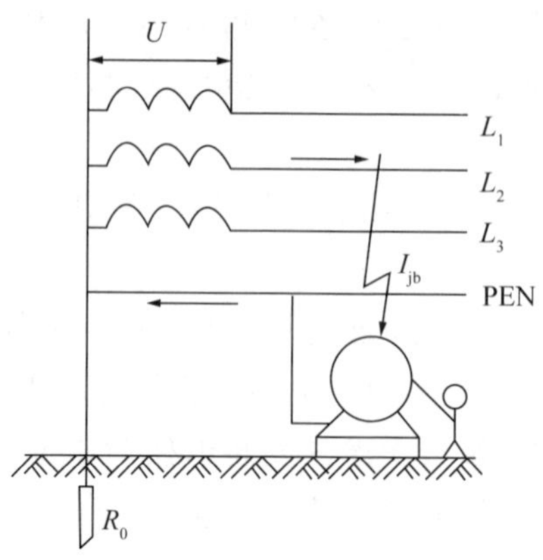

图8-15　无重复接地的保护接零

（2）当在 PEN 线上装设了重复接地，如图 8-16 所示，这时漏电设备外露可导电部分对地电压仅为 PEN 线上电压降的一部分。规程规定重复接地电阻不大于 10Ω，工作接地电阻 R_0 不大于 4Ω，当 PEN 线阻抗为相线阻抗 2 倍时，中性线上电压降为 147V，漏电设备外壳对地电压 105V。当 PEN 线和相线阻抗相等时，PEN 线上电压降为 110V，漏电设备外壳对地电压为 79V。虽然这个电压还高于规定的安全电压，比没有重复接地时已减少了。即降低了漏电设备外壳的对地电压，减少了触电危险。

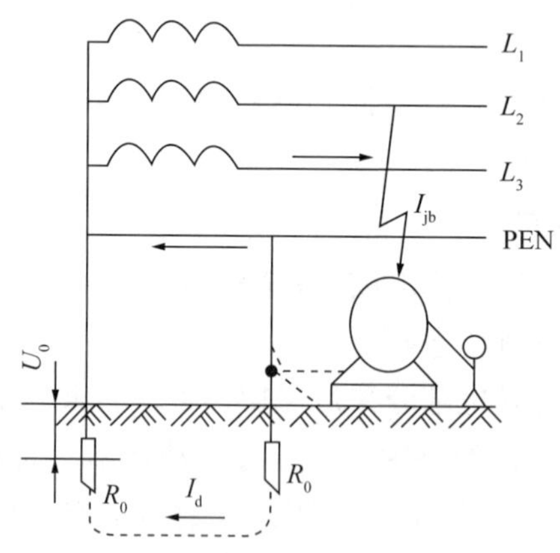

图8-16　有重复接地的保护接零

2. 减轻 PEN 线断线后可能出现的危险

电气设备外露可导电部分进行保护接零，如 PEN 线未装设重复接地，如图 8-15 所示，当 PEN 断线时，短线故障点后面的电气设备失去了接零保护，变成了在保护接零系统中，电气设备外露可导电部分既不接地、又不接零。如前所述一旦发生电气设备漏电，外露可导电部分对地电压将等于相电压，这是非常危险的。而断线故障点前面的电气设备外露可导电部分对地电压为零。

(1) 若在 PE 线上装设了重复接地，如图 8-16 所示，当 PEN 线断线时，断线故障点后面的电气设备失去了接零保护，但在保护接零系统中，形成了局部的保护接地。一旦发生电气设备漏电，接在 PEN 线断线处后的电气设备外露可导电部分对地电压为 157V，而接在 PEN 线断线前面的电气设备外露可导电部分对地电压为 63V。

PEN 线未做重复接地，当发生保护导体断线时，断电后面的电气设备漏电，所有断线点后面的电气设备外露可导电部分对地均呈现相电压，断点前面的电气设备外露可导电部分对地电压为零。当作了重复接地后，断线点后面的电气设备漏电，所有断线点后面的电气外露可导电部分对地电压明显降低，但断线点前面的所有电气设备外露可导电部分，对地均呈现出电压。可见装设重复接地后，使断线点后面的电气设备外露可导电部分漏电电压降低了，减轻了零线断线后出现的危险。

(2) 在 TN-C 系统中，减轻 PEN 线断线后，由于三相负荷不平衡引起中性点电压偏移，能保持三个相电压基本平衡。在正常情况下，PEN 线把电源中性点和负荷中性点连接起来，无论三相负荷平衡与否，零线均能起平衡电位的作用，使负荷中性点电位偏移较小。当 PEN 线断线时，如果 PEN 线上未装设重复接地，在三相负荷不平衡时，由于不平衡电流无路可回，中性点电位就向负荷大的方向偏移，使三个单相负荷电压不平衡，PEN 线上出现对地电压。当三相负荷严重不平衡时，PEN 线上的对地电压可能达到使人身触电的危险数值。如果 PEN 线上装设重复接地，当 PEN 线断线时，三相不平衡电流经过重复接地与电源构成回路，相当于另一条 PEN 线，使负荷中性点电位偏移较小，保持三个相电压基本平衡。

(3) 防止 PEN 线断线后，单相用电设备烧坏，采用重复接地后，即使三相负荷严重不平衡，也能保持三个相电压基本平衡，防止了负荷小的一相电压升高，避免了单相用电设备因高电压而烧坏。

3. 缩短故障持续时间

在保护接零系统中，将 PEN 线重复接地，由于重复接地和电源侧的工作接地构成了与 PEN 线的并联支路，当电气设备发生漏电时，减少了回路阻抗，增大了单相接地短路电流，加速线路继电保护装置动作，使故障持续时间缩短。线路越长，重复接地的这种效果越明显。

4. 改善防雷性能

低压架空配电线路的 PEN 线，在规程规定的地点进行重复接地，当该线路遭受雷击时，重复接地对雷电流起分流作用，可限制雷击过电压，改善防雷性能。

（二）对重复接地的要求

重复接地装置，当无自然接地体可利用时，应采用人工接地体。

（1）重复接地装置应充分利用自然接地体，当自然接地体电阻符合规程要求时，可不设人工接地体。发电厂、变电所、爆炸危险环境不允许利用自然接地体作为重复接地装置。

（2）变配电所和生产车间内部的重复接地装置，应采用环形布置，以降低电气设备漏电时周围地面的电位梯度，减少接触电压和跨步电压。

（3）每一组重复接地装置的接地电阻应不大于10Ω。同一保护接零系统中，规程规定重复接地点不少于三处。

（4）在TN-C系统中，应将PEN进行重复接地；在TN-S系统中，应将PE线进行重复接地。应将保护接零系统中，三相四线制的PEN线或三相五线制的PE、零线在下列地点进行重复接地。

①架空配电线路的电源处、配电干线和支线的终端、沿线每1km处。

②电缆和架空线路引入每个车间或大型建筑物内的总配电装置处。

③金属管配线时，将金属管路和PE线连接在一起，并作重复接地。

④塑料管配线时，PE线应单独敷设，并和N线相连作重复接地。

⑤铠装电缆的外皮，只作保护，和PE线连接并作重复接地。

⑥高低压架空线路同杆架设时，同杆架设端的两端低压PEN线应作重复接地。

四、等电位接地

所谓等电位就是设一个点为基点，另外两个点和它的电位差相等，那么另外两个点就是等电位。在电力系统中，有许多不同型号不同性能的电气设备同时工作。由于这些设备的工作状态不同，当发生故障时，不同的设备，其外露可导电部分可能有不同的电位，当人体接触这些设备时，会产生一定的接触电压，从而造成触电事故。

（一）等电位接地的术语

（1）等电位接地（等电位连接），使每个外露可导电部分及装置外导电部分的电位实质上相等的连接。

（2）总等电位连接，在建筑物电源进线处，将PE线、接地干线、总水管、煤气管、暖气管、空调立管以及建筑物基础、金属构件等作相互电气连接。

（3）辅助等电位连接，在某一局部范围内的等电位连接。

（4）等电位连接线，作为等电位连接线的保护导体。

（5）总接地端子、总接地母线，将保护导体接至接地设施的端子或母线上。保护导体包括总等电位连接线。

（二）等电位连接

（1）在每个厂矿、企业、民用建筑物中，电气设备、各种用电机械繁多、形形色色的管道错综复杂，如果某个电气设备可导电部分或装置外可导电部分发生带电，某些设备对地呈现高电压，某些设备呈现低电压，人体若触及，就有触电的危险。为了防止发生接触电压触电，在一个允许范围内，将所有外露可导电部分、装置外可导电部分、各种管道用导电体连接在一起，形成一个等电位空间，实际上就是保护线的再一次延伸和细化，这就是等电位连接。等电位连接分为总等电位连接和辅助等电位连接，其定义见术语。

（2）总等电位连接一般设总等电位连接箱，在箱内设一总接地端子排，该端子排与总配电柜的 PE 母线作电气连接，再由此端子引出足够的等电位连接线至各辅助等电位连接箱及其他需要做等电位连接的各种管线，等电位连接一般使用 40mm × 4mm 的镀锌扁钢。

（3）辅助等电位连接一般设辅助等电位连接箱，在该箱内再设一辅助接地端子排，该端子排与总等电位连接箱连接，再由此引出足够的辅助等电位连接线至各用电设备外露可导电部分、装置外可导电部分及其他需要等电位连接的设备，如各种管线（暖气片、洗手盆、浴盆、坐便器）的金属部分、插座保护导体以及相关的金属部件。等电位连接的系统图，如图 8–17 所示。

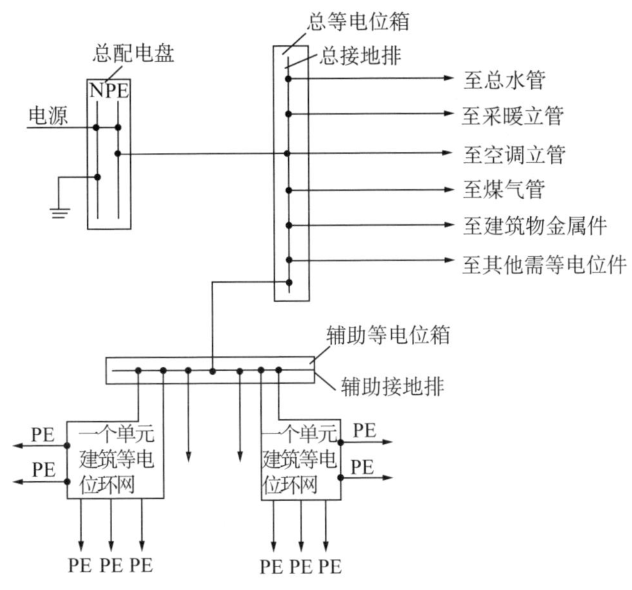

图8–17　等电位连接的系统图

需要指出的是，各种易燃、易爆管道不能作为电气上的自然接地体，一定要作等电位连接。

（三）对等电位连接的要求

在总等电位连接不能满足间接保护（故障情况下的电击保护）要求时，应采取辅助等电位连接。处于等电位连接作用区以外的TN、TT系统的配电线路系统，应采取漏电保护。

(1) 建筑物内的总等电位连接必须与下列导电部分相互连接：

①保护导体干线。

②接地干线和总接地端子。

③建筑物内的输送管道及类似金属件。

④集中采暖及空气调节系统的升压管。

⑤建筑物内金属构件等导电体。

⑥钢筋混凝土基础、楼板及平房的地板。

辅助等电位连接必须包括固定设备的所有能同时触及的外露可导电部分和装置外导电部分。等电位系统，必须与所有设备的保护导体（包括插座的保护导体）连接。

(2) 等电位连接线的截面应满足下列要求：

①总等电位连接主母线的截面不小于装置最大保护导体截面的1/2，但不小于6mm^2；若采用铜线，其截面不超过25mm^2；若为其他金属，其截面应能承受与之相等的截流量。

②连接两个外露可导电部分的辅助等电位线，其截面不小于接至该两个外露可导电部分较小保护导体的截面。

③连接外露可导电部分与装置外可导电部分的辅助等电位连接线，不应小于相应保护导体截面的一半；在某一个局部单元建筑内，等电位连接线应做成闭合环形。

第九章

变压器

变压器是用来升高或降低交流电压又能保持其频率不变的一种静止的电气设备，它是利用电磁感应原理将一种电压等级的交流电转变成另一种电压等级的交流电。变压器除能改变交流电压的大小外，还能改变交流电流和阻抗的大小，但不能改变频率。

第一节　变压器概述

在现实生活中需要高低不同的多种电压，电力系统为减少输电过程中的电能损失，必需用升压变压器将输电电压升高。输电电压越高，输送的距离就越远，输送的功率就越大。当电能输送到用电地区，又需要降压变压器将输电线路上的高电压降低到配电系统的电压，然后再经过配电变压器将配电系统的电压降低到用电器的电压以供用户使用。

一、变压器的型号、原理、分类、额定值

（一）变压器的型号

变压器的型号是由汉语拼音和阿拉伯数字组成，表示方法如图 9–1 所示。

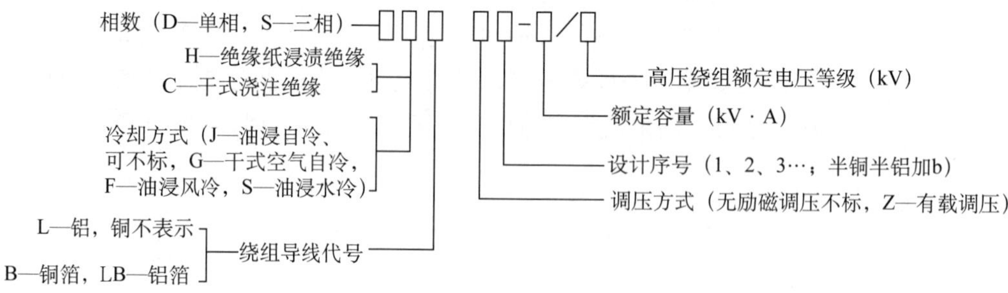

图9–1　变压器型号说明

例如：SH11–M、S11–M、S9–M、SZP、KS9、SFZ9、SC9、YB/022、CBW、SCB10 等。

（二）变压器的工作原理

变压器的工作原理是根据电磁感应原理工作的，下面以单相变压器为例分析变压器的工作原理，如图 9–2 所示。

当交流电源电压 $\dot{U}_1$ 加到一次侧绕组后，就有交流电流 $\dot{I}_1$ 通过该绕组，在铁芯中产生交变磁通 ϕ，这个交变磁通不仅穿过一次侧绕组，同时也穿过二次侧绕组，两个绕组分别产生感应电势 $\dot{E}_1$ 和 $\dot{E}_2$。这时，如果二次侧绕组与外电路的负荷（负载）接通，便有电流 $\dot{I}_2$ 流入负荷（负载），即二次侧绕组就有电能输出。

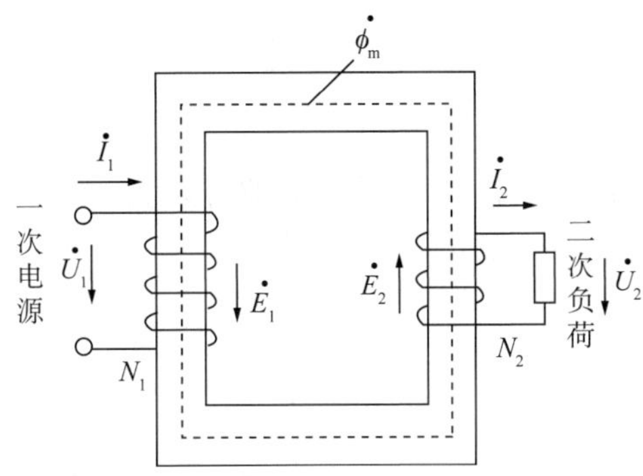

图9–2　单相变压器工作原理图

根据电磁感应定律可以导出：

一次侧绕组感应电势为：　$\dot{E}_1=4.44fN_1\phi_m$　(9–1)

二次侧绕组感应电势为：　$\dot{E}_2=4.44fN_2\phi_m$　(9–2)

式中　f——电源频率；

N_1——一次侧绕组匝数；

N_2——二次侧绕组匝数；

ϕ_m——铁芯中主磁通幅值。

由式（9–1）、式（9–2）两等式的比值得出：

$$\frac{E_1}{E_2}=\frac{N_1}{N_2} \tag{9–3}$$

由此可见，变压器一、二次侧的感应电势之比等于一、二次侧绕组匝数之比。由于变压器一、二次侧的漏电抗和电阻值都比较小，流过电流时产生的漏电抗压降和电阻压降也比较小，可以忽略不计，因此可近似地认为：一次电压有效值：$U_1\approx E_1$，二次电压有效值：$U_2\approx E_2$。

故：

$$\frac{U_1}{U_2}=\frac{E_1}{E_2}=\frac{N_1}{N_2}=K \tag{9–4}$$

式中　K——变压器的变比。

变压器一、二次侧绕组因匝数不同将导致一、二次侧绕组的电压高低不等，匝数多的一边电压高，匝数少的一边电压低，这就是变压器能够改变交流电压的道理。

如果忽略变压器的内损耗，可认为变压器二次侧输出功率等于变压器一次侧输入功率。

即：

$$U_1I_1=U_2I_2 \tag{9-5}$$

式中 I_1、I_2——变压器一次侧、二次侧电流的有效值。

从式（9–5）可得出：

$$\frac{I_1}{I_2}=\frac{N_2}{N_1}=\frac{1}{K} \tag{9-6}$$

从式（9–6）式可看出，变压器一、二侧电流之比与一、二次侧绕组的匝数之比成反比。变压器匝数多的一侧电流小，匝数少的一侧电流大。

以上分析可得：当一次侧绕组中的电流增大时，这个绕组在铁芯中产生的磁场就增强；这时，在二次侧绕组上就要产生感应电流，感应电流的方向与一次侧绕组中的电流方向相反。当一次侧绕组中的电流在减小时，电流在铁芯上产生的磁场也减弱；这时，在二次侧绕组中就产生了与一次侧绕组电流方向相同的电流，这个电流在铁芯上产生的磁场方向与一次侧绕组在铁芯中产生的磁场方向相同。这就是变压器的工作原理。

（三）变压器的分类

（1）按电压等级分：1000kV、750kV、500kV、330kV、220kV、110kV、66kV、35kV、20kV、10kV、6kV、0.66kV、0.4kV、0.22kV 等。

（2）按冷却方式分：干式变压器、油浸式变压器，其中干式变压器又分为：SCB 环氧树脂浇注干式变压器和 SGB10 非包封 H 级绝缘干式变压器。

（3）按铁芯结构材质分：硅钢叠片变压器、硅钢卷铁芯变压器、非晶合金铁芯变压器。

（4）按绕组形式分：双绕组变压器、三绕组变压器、自耦变压器。

（5）按相数分：单相变压器，三相变压器。

（6）按容量（指我国现在变压器的额定容量）分：3kV · A、5kV · A、10kV · A、15kV · A、20kV · A、25kV · A、30kV · A、40kV · A、50kV · A、80kV · A、100kV · A、125kV · A、160kV · A、200kV · A、250kV · A、315kV · A、400kV · A、500kV · A、630kV · A、800kV · A、1000kV · A、1250kV · A、1600kV · A、2000kV · A、2500kV · A、3150kV · A、4000kV · A、5000kV · A 等。

（7）按调压方式分：无载调压（无激磁调压）、有载调压。

（四）变压器的额定值

变压器在规定使用环境和运行条件下，主要技术数据一般都标注在变压器的铭牌上主要包括：额定容量、额定电压及其分接开关、额定频率、绕组联接组别以及额定性能数据（阻抗电压、空载电流、空载损耗和负载损耗）和总重。

（1）额定容量（kV·A），在额定电压额定电流下连续运行时，能输送的容量。

（2）额定电压（kV），变压器长时间运行时所能够承受的工作电压。为适应电网电压变化的需要，变压器高压侧都有分接抽头，通过调整高压绕组匝数来调节低压侧输出电压。

（3）额定电流（A），变压器在额定容量下，允许长期通过的电流值。

（4）空载损耗（kW），当以额定频率的额定电压施加在一个绕组的端子上，其余绕组开路时所吸取的有功功率。与铁芯硅钢片性能及制造工艺、和施加的电压有关。

（5）空载电流（%），变压器在额定电压下二次侧空载时，一次绕组中通过的电流，一般以额定电流的百分数表示。一般变压器的空载电流为额定电流的5%以下。

（6）负载损耗（kW），把变压器的二次绕组短路，在一次绕组额定分接位置上通入额定电流，此时变压器所消耗的功率。

（7）阻抗电压（%），把变压器的二次绕组短路，给一次绕组慢慢升高电压，当二次绕组的短路电流等于额定值时，此时一次侧所施加的电压。一般以额定电压的百分数表示。

（8）相数，三相以S表示，单相以D表示。

（9）频率，交流电1s内变化的周期数，中国标准频率f为50Hz，国外有60Hz的。

（10）温升与冷却，变压器绕组（或上层油温）与变压器周围环境温度之差，称为绕组（或上层油面）的温升。油浸式变压器绕组温升限值为65K、油面温升为55K，干式变压器绕组温升限值为100K。

（11）冷却方式，油浸自冷（指油变）、强迫风冷，水冷，管式、片式等。

（12）绝缘水平，绝缘水平的表示方法举例；高压额定电压为35kV级，低压额定电压为10kV级的变压器绝缘水平表示为：LI200 AC85/LI75 AC35，其中LI200表示该变压器高压雷电冲击耐受电压为200kV，工频耐受电压为85kV，低压雷电冲击耐受电压为75kV，工频耐受电压为35kV。目前，SCB环氧树脂浇注干式变压器产品的绝缘水平为LI75AC35，表示变压器的高压雷电冲击耐受电压为75kV，工频耐受电压为35kV，因为低压是400V，可以不考虑。

（13）联接组标，变压器一、二次绕组的相位关系，把变压器绕组连接成各种不同的组合，称为绕组的联接组别。为了区别不同的联接组别，常用时钟表示法，即把高压侧线电压的相量作为时钟的长针，固定在12点上，低压侧线电压的相量作为时钟的短针，短针指在哪个数字上，就作为该联接组别的标号。例如 D，yn11 表示一次绕组是三角形联接，二次绕组是带有中性点的星形联接，组号为 11 点。当一、二次绕组的连接方式相同（同为星形或三角形）只能组成偶数组别；接线方式不同（一组为星形连接另一组为三角形连接）只能组成奇数组别。目前国产配电变压器的接线组别号一般有 Y，yn0 和 D，yn11 两种。如图 9–3、图 9–4 所示。

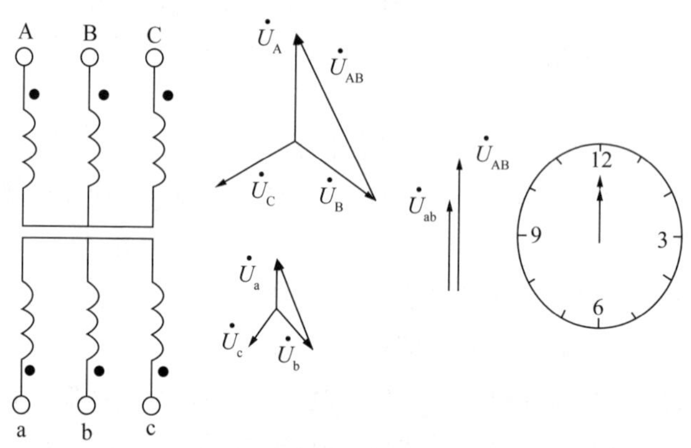

图9–3 Y，yn0变压器的接线组别及时钟表示法

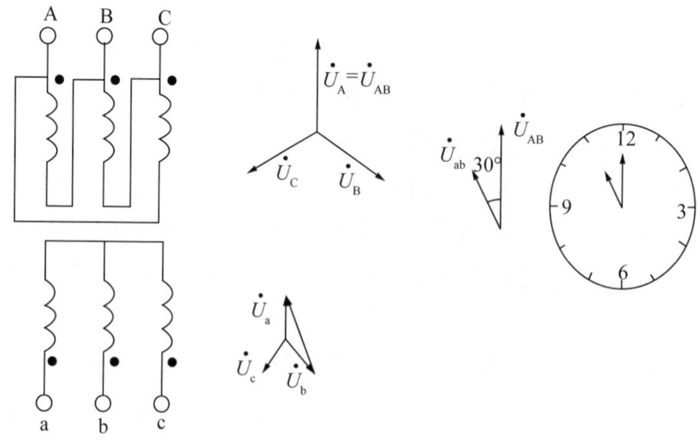

图9–4 D，yn0变压器的接线组别及时钟表示法

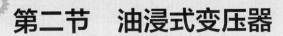

第二节　油浸式变压器

三相油浸式变压器采用全充油的密封型。波纹油箱壳体以自身弹性适应油的膨胀是永久性密封的油箱，油浸式变压器已被广泛地应用在各配电设备中。

一、概述

三相油浸式变压器的核心部分是由闭合铁芯和套在铁芯柱上的绕组组成。常用的型号有：S9、S11、S13、S15、S11–M 等。其中 S11–M 油浸式电力变压器在结构与设计等方面优越于其他变压器。现已被广泛应用。

S11–M 系列环型铁芯配电变压器的特点在于环型铁芯变压器的铁芯是采用专用设备，将硅钢片绕成三相三芯柱，铁芯无间隙，无接缝，变压器线圈采用专利设备，在封闭式铁芯上缠绕制成，整个变压器达到了节能、降耗和保护环境的目的，带“M”的全密封油浸式电力变压器，均有压力释放阀，是一种免维护的产品，特别适合农网改造。可作为城乡电网建设与改造工程及其他配电工程优选型号之一，如图 9–5 所示。

图9–5　S11–M油浸式变压器

（一）油浸式变压器正常使用条件

（1）海拔不超过 1000m 户内或户外。

（2）最高环境温度 +40℃，最高日平均温度 +30℃。

（3）最高年平均温度 +20℃，最低温度 –25℃。

（二）结构

（1）铁芯：采用三相三柱式内外框卷制结构，芯柱为多级阶梯圆形截面；铁芯卷制后经真空退火去除应力；槽形弯折夹件，拉螺杆拉紧器身；铁芯表面涂刷专用胶，保证铁芯不变形、不生锈。

（2）绕组及器身：低压绕组 1 ～ 6 根导线并绕的四层或双层圆筒式（500kV·A 及以下）或螺旋式（630kV · A 及以上）绕组；导线均采用无氧铜拉制；高低压绕组层间绝缘为菱格点胶纸；高压绕组轴向油道高低压间主空道油隙为撑条帘结构；铁轭绝缘与梯形垫块合为一体，使器身均匀受压；器身采用新型吊板定位结构，纵向和横向定位，确保器身稳固不位移。

（3）油箱：采用波纹油箱，密封式结构，不漏油，免维护。

（三）特点

（1）无储油柜，高度比同类产品低。

（2）变压器封装时，采用真空注油工艺，完全去除了变压器油箱中的潮气。密封后变压器不与空气接触，有效地防止氧气和水分进入变压器而导致绝缘性能下降（绝缘材料和油老化），因此不必定期进行油样试验。

（3）变压器高低压引线、器身等紧固部分都带自锁防松螺母，采取了不吊芯结构，器身与油箱紧密配合，能承受传输震动与颠簸。

（4）被水浸泡后，无须修复能立即投入运行。

（5）油箱有波纹油箱和膨胀式散热器两种型式供选择，波纹片与膨胀式散热器有冷却功能，还有“呼吸”功能，波纹片与膨胀式散热器的弹性可补偿因温度变化而引起油体积的变化。

（6）密封式：分为焊接式与可卸式两种供选择。

焊接式：油箱边沿与箱盖在全部试验合格后焊接。

可卸式：采用密封胶条与螺栓紧固密封油箱边沿与箱盖。

（7）箱盖装有高于高压套管油位的杆状注油塞。

（8）在正常寿命期内不需换油，提高了电网运行的安全性和可靠性。

（9）保护装置：

压力释放阀—当变压器超载或故障引起油箱内部压力达到 35kPa 时，压力释放阀便动作，可靠的释放压力，当压力减小到正常值时又恢复原状，保证了变压器的运行。

测温装置—变压器的箱盖上配有温度计专用底座。

（10）S11–M 油浸式电力变压器的空载损耗比 S9 下降 20% ～ 35% 以上，节能效果显著。

（11）S11–M 油浸式电力变压器的空载电流比 S9 下降 70% ~ 85%，改善了电网供电品质，降低线路损耗。

（12）噪声水平降低，为 30 ~ 45dB，有效地消除了噪声污染。

（13）过载能力超强。

（14）由于铁芯结构合理，损耗小，电流小，因此变压器温升很低。

（15）高压：6kV、6.3kV、10kV、10.5kV、11kV，低压：0.4kV 联结组别：Y.yno ± 5% 或 ± 2 × 2.5%。

（四）技术参数

S11–M 系列油浸式电力变压器技术参数见表 9–1。

表9–1　S11–M系列三相配电变压器技术参数

产品型号	额定容量kV·A	额定电压kV			联接组	空载损耗W	负载损耗W	空载电流%	重量，kg			轨迹mm	外形尺寸，mm
		高压kV	高压分接范围	低压kV					油重kg	器身重kg	总重kg		长×宽×高
S11–M–30/10	30	6 6.3 10	±5%	0.4	Y.yn0	100	600	2.1	85	160	355	400 × 400	1010 × 780 × 1130
S11–M–50/10	50					130	870	2.0	100	225	450	400 × 400	1100 × 790 × 1150
S11–M–63/10	63					150	1040	1.9	105	260	490	550 × 550	1090 × 820 × 1180
S11–M–80/10	80					180	1250	1.8	115	305	555	550 × 550	1090 × 850 × 1200
S11–M–100/10	100					200	1500	1.6	125	360	630	550 × 550	1110 × 645 × 1160
S11–M–125/10	125					240	1800	1.5	135	415	710	550 × 550	1150 × 670 × 1180
S11–M–160/10	160					280	2200	1.4	155	485	825	550 × 550	1250 × 710 × 1260
S11–M–200/10	200					340	2600	1.3	170	570	935	550 × 550	1280 × 730 × 1300
S11–M–250/10	250					400	3050	1.2	200	700	1130	550 × 550	1290 × 800 × 1330
S11–M–315/10	315					480	3650	1.1	225	800	1295	660 × 660	1320 × 840 × 1350
S11–M–400/10	400					570	4300	1.0	260	970	1590	660 × 660	1430 × 890 × 1420
S11–M–500/10	500					680	5150	1.0	285	1130	1840	660 × 660	1550 × 860 × 1490
S11–M–630/10	630					810	6200	0.9	430	1385	2340	820 × 820	1570 × 920 × 1530
S11–M–800/10	800					980	7500	0.8	500	1640	2750	820 × 820	1540 × 930 × 1560
S11–M–1000/10	1000					1150	10300	0.7	560	1780	3110	820 × 820	1780 × 1080 × 1610
S11–M–1250/10	1250					1360	12000	0.6	630	2115	3630	820 × 820	1900 × 1090 × 1700
S11–M–1600/10	1600					1640	14500	0.6	750	2600	4410	820 × 820	

二、油浸式变压器渗漏油

多年来变压器渗漏油现象时有发生，严重的渗漏不但降低了变压器的使用寿命，影响系统的安全、稳定运行，也对用户的经济效益造成了严重的影响。

（一）渗漏油的原因

(1) 橡胶密封件失效和焊缝开裂，变压器的焊点多、焊缝长，而油浸式变压器是以钢板焊接壳体为基础的多种焊接和连接的集合体。

(2) 密封胶件老化、龟裂、变形。变压器渗漏多发生在连接处，而95%以上主要是由密封胶件引起的。密封胶件质量的好坏主要取决于它的耐油性能，耐油性能较差的，老化速度就快，特别是在高温下，其老化速度就更快，极易引起密封件老化、龟裂、变质、变形，以至失效，造成变压器渗漏油。

(3) 变压器的制造质量。变压器在制造过程中，油箱焊点多、焊缝长、焊接难，焊接材料、工艺、技术等都会影响焊接质量，造成气孔、砂眼、虚焊、脱焊现象从而造成变压器渗漏油。

(4) 板式蝶阀质量欠佳。变压器另外一个经常发生渗漏的部位在板式蝶阀处，早期生产的变压器，使用的普通板式蝶阀连接面比较粗糙、单薄、单层密封，属淘汰产品，极易引起变压器渗漏油。

(5) 安装方法不当。法兰连接处不平，安装时密封垫四周不能均匀受力；人为造成密封垫四周螺栓非均匀受力；法兰接头变形错位，使密封垫一侧受力偏大，一侧受力偏小，受力偏小的一侧密封垫因压缩量不足极易引起渗漏。此现象多发生在瓦斯继电器连接处及散热器与本体连接处；还有一点就是密封垫安装时，其压缩量不足或过大，压缩量不足时，变压器运行温度升高油变稀，造成变压器渗油，压缩量偏大，密封垫变形严重，老化加速使用寿命缩短。

(6) 托运不当。托运及施工运输过程中零部件发生碰撞以及不正确吊装运输，造成部件撞伤变形、焊口开焊、出现裂纹等，引起渗漏油。

（二）渗漏油的类型

1. 空气渗漏

空气渗漏是一种看不见的渗漏，如套管头部、储油柜的隔膜、安全气道的玻璃以及焊缝砂眼等部位的进出空气的渗漏。空气中的水分和氧气等会慢慢地通过渗漏的部位渗透到体内，变压器内部与外边的密封被破坏，造成绝缘受潮和油加速老化等问题。

2. 油渗漏

(1) 内渗漏是指套管中的油或有载调压分接开关室的油向变压器本体渗漏。

(2) 外渗漏是指焊缝渗漏和密封件渗漏，这是最易发生也是最常见的渗漏现象。

3. 渗漏油的预防措施

1）选择材质良好的密封件

变压器检修及处理渗漏油时，应选择耐高温、耐油性能良好的密封件。国内变压器行业最常用的密封材料为丁腈橡胶，其耐油性能主要取决于丁腈橡胶中丙烯腈的含量，丙烯腈含量越高，耐油性能越好，硬度越大，越不易变形。

2）选择质量高的蝶阀

蝶阀选择 ZF80 型真空偏心蝶阀，与普通蝶阀相比，真空偏心蝶阀在机械强度、表面光洁度上都有了很大的提高，而且该产品还有一个优点，就是与变压器法兰接口处采用了双层密封，这样杜绝了变压器接口处的渗漏油问题。

3）采用电焊堵漏

对于变压器因铸造留下来的气孔、砂眼、焊缝、焊点出现的虚焊、脱焊、裂纹者，可用电焊进行堵漏。

4）规范密封件的更换工艺

对于不同型号和不同容量的变压器，无论是采用法兰连接还是螺纹连接，更换密封件前必须先清除连接面上的尘土和锈迹，将密封件清洗干净后，在密封件两面涂上密封胶，待密封胶干燥一段时间溶剂挥发后，将法兰、螺钉连接紧固。

5）提高安装工艺水平，杜绝因安装方法不当造成的渗漏

对法兰接口不平或变形错位的先校正接口，错位严重不能校正的可将法兰割下重焊,必须确保接口处平整。安装时密封垫压缩量为其厚度的 1/3 左右为宜。

第三节　干式变压器

干式变压器是指绕组或线圈外的绝缘介质为固体或空气的电力变压器，目前以固体成型为绝缘介质的使用较多。这类变压器具有难燃、耐潮、防霉（相对湿度可达 100%）、防尘、抗突发性短路、有的还具有耐雷电冲击等。

一、干式变压器的种类

目前，我国 10kV 系统常用的环氧树脂浇注的干式变压器主要有 SC、SCL、SCB、SCR 等型号。容量为 50 ～ 2500kV · A。干式变压器的工作原理和运行特性与油浸式变压器相同。

（一）干式变压器的分类

根据结构不同，干式变压器可分为开启式、封闭式和浇注式。

1. 开启式

开启式是常用的型式，其器身与空气直接接触，适用于比较干燥而清洁的室内环境（环境温度 20° 时，相对湿度不超过 80%），一般有空气冷和风冷两种冷却方式。

2. 封闭式

器身处在封闭的外壳内，与外部空气不直接接触，可用于较为恶劣的环境中。由于密封、散热条件差，主要用于矿山等场所。封闭式也可充 0.2 ~ 0.3MPa 的六氟化硫气体，并加以强迫循环。

3. 浇注式

浇注环氧树脂或其他树脂作为主绝缘，结构简单、体积小，适用于较小容量的用户。

（二）构造特点

SCB10 环氧树脂浇注干式变压器，如图 9–6 所示

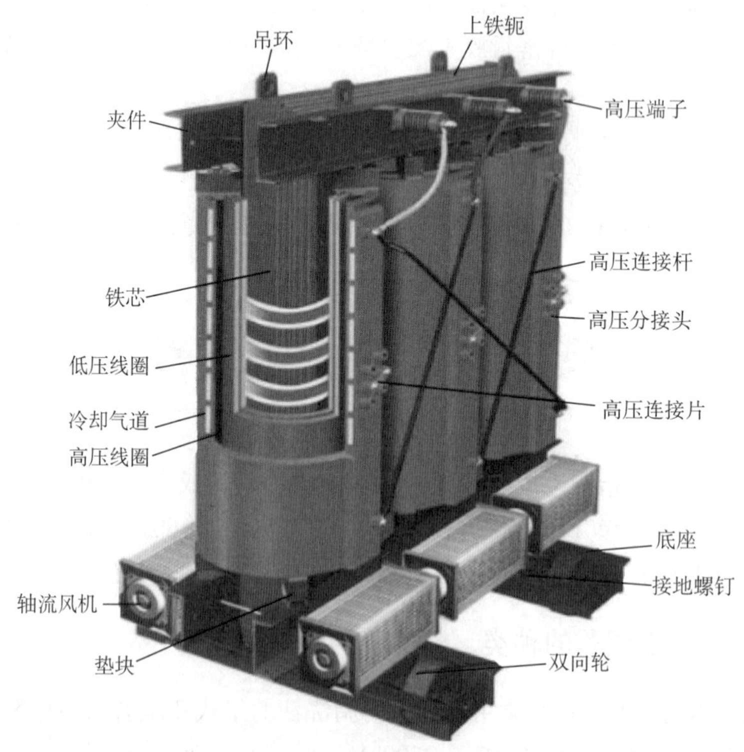

图9–6　SCB10环氧树脂浇注干式变压器

（1）干式变压器的绕组分为固体绝缘包封绕组与不包封绕组；两个绕组中，电压高的是高压绕组，电压低的是低压绕组。高压绕组分为同心式、交迭式；因同心式绕组简单，制造方便，所以一般的电力变压器均采用这种结构方式。高压绕组一般采用多层圆筒式或多层分段式结构。交迭式绕组，主要用于特种变压器。

（2）干式变压器的铁芯通常采用高导磁率晶粒趋向冷轧硅钢片、45° 全斜接缝无冲孔结构，使空载损耗下降。铁芯柱用绝缘带绑扎，铁芯、夹件及其他金属构件均用环氧防锈漆喷涂，防潮、不生锈、耐腐蚀。

（3）固体成型的干式变压器，一、二次绕组缠绕玻璃纤维，在高真空、除湿、脱气的条件下浇注环氧树脂，固化成型。绕组表面平滑、机械强度高、电气性能好。一、二次绕组间有冷却气道，F 级绝缘（最热点温度为 155℃）。

（4）干式变压器通常在二次绕组每相的上部埋有一个铂热电阻作为温度传感元件。与铂热电阻匹配的数字式巡回检测装置，可依次巡回检测三相绕组的温度，并能在任何一相绕组温度过热时发出报警信号。

（5）干式变压器的冷却条件可分为自然风冷（AN）和强迫风冷（AF），强迫风冷的配有专用温度器控制风机的启停。在强迫风冷条件下，变压器容量可提高 40% ~ 50%。

（三）技术参数

（1）使用频率：50/60Hz。

（2）空载电流：<4%。

（3）耐压强度：20000V/min 无击穿。

（4）绝缘等级：F 级（155℃）。

（5）连接方式：Y，yn0、D，yn11、自耦式。

（6）线圈允许温升：I00K。

（7）散热方式：自然风冷或温控自动散热。

（8）噪声系数：≤ 30dB。

（四）接线

（1）短接变压器的“输入”与“输出”接线端子用兆欧表测试其与地线的绝缘电阻。1000V 兆欧表测量时，阻值大于 2MΩ。

（2）变压器输入、输出电源线截面配线应满足其电流值大小的要求。

（3）输入、输出三相电源线应按颜色黄 、绿、红分别接至 A 相、B 相、C 相，零线应与变压器中性零线相接；接地线、变压器外壳以及变压器中心点相连接。

（4）先空载通电，观察测试输入输出电压符合要求。同时观察变压器内部是否有异响、打火、异味等非正常现象，若有异常，立即断开输入电源。

（5）当空载测试完成且正常后，方可接入负载。

（五）产品选用

1. 根据用电的性质选择变压器

（1）有一级或二级负荷时，宜装设二台及以上变压器，当其中任一台变压器断开时，其余变压器的容量能满足一级及二级负荷的用电。一级、二级负荷尽可能集中，不宜太分散。

（2）季节性负荷容量较大时，宜装设专用变压器。

（3）集中负荷较大时，宜装设专用变压器。如大型加热设备、大型 X 光机、电弧炼炉等。

（4）当照明负荷较大或动力和照明采用共用变压器严重影响照明质量及灯具寿命时，可设照明专用变压器。一般情况下，动力与照明共用变压器。

2. 根据使用环境选择变压器

（1）在正常介质条件下，可选用油浸式变压器或干式变压器。如工矿企业、农业的独立或附建变电所、小区独立变电所等。可供选择的变压器有 S9、S10、S11–M、SC（B）9、SC（B）10 等。

（2）在多层或高层主体建筑内，宜选用不燃或难燃型变压器，如 SC（B）9、SC（B）10、SCZ（B）9、SCZ（B）10 等。

（3）在多尘或有腐蚀性气体严重影响变压器安全运行的场所，应选封闭型或密封型变压器，如 SB 9、SH12–M 等。

（4）不带可燃性油的高、低配电装置和非油浸的配电变压器，可设置在同一房间内，此时变压器应带 IP2X 保护外壳。

3. 根据用电负荷选择变压器

（1）配电变压器的容量，应综合各种用电设备的设施容量，求出计算负荷（一般不计消防负荷），补偿后的视在容量是选择变压器容量和台数的依据。一般选择变压器的容量为用电负荷率的 80% 左右。此方法较简便，可作估算容量之用。

（2）GB/T 17468—2019《电力变压器选用导则》中，推荐配电变压器的容量选择，应根据 GB/T 1094.12—2013《电力变压器　第四部分：干式电力变压器负载导则》及计算负荷来确定其容量。

二、温度控制系统

干式变压器的安全运行和使用寿命，很大程度上取决于变压器绕组绝缘的安全可靠。绕组温度超过绝缘耐受温度使绝缘破坏，是导致变压器不正常工作的主要原因之一，因此对变压器运行温度的监测及其报警控制是十分重要的。

（一）特点

1. 风机自动控制

通过预埋在低压绕组最热处的 Pt100 热敏测温电阻测取温度信号。变压器负荷增大，运行温度上升，当绕组温度达 110℃时，系统自动启动风机冷却；当绕组温度低至 90℃时，系统自动停止风机。

2. 温度显示系统

通过预埋在低压绕组中的 Pt100 热敏电阻测取温度变化值，直接显示各相绕组温度（三相巡检及最大值显示，并可记录历史最高温度），可将最高温度以 4 ～ 20mA 模拟量输出。

（二）举例说明

LD–B10 系列干式变压器温度控制器（简称控制器）是专为干式变压器安全运行设计的一种智能控制器。该温控器采用单片机技术，利用预埋在干式变压器三相绕组中的三只铂热电阻来检测及显示变压器绕组的温升，能够自动启停冷却风机对绕组进行强迫风冷，并能控制超温报警及超温跳闸输出，以保证变压器运行在安全状态。

1. 技术指标

（1）测量范围：–30.0 ～ 240.0℃。

（2）测量精度:精度等级 1 级（温控器 0.5 级，传感器 B 级），分辨率 0.1℃。

（3）使用条件：环境温度，–20 ～ +55℃ ；相对湿度，< 95%（25℃）；电源电压，AC220V（±10%，–15%）；电源频率，50Hz 或 60Hz（±2Hz）。

（4）温控器功耗：≤ 8W。

（5）继电器触点输出：风机触点容量：7A/250V–AC；

控制输出容量：5A/250V–AC；5A/30V–DC（阻性）。

（6）Pt100 传感器引线采用三线制，其探头尺寸：ϕ3mm × 30mm 或 ϕ4mm × 40mm。

2. 功能与型号分类

功能与型号分类，见表 9–2。

表9–2　LD–B10功能与型号分类

型号	功能
D型（常规型）	三相巡回测量；三相巡回显示/最大值显示及两种功能相互切换；输入开路及故障自检显示并输出；超温跳闸显示并输出；风机手动/自动控制两种状态显示、输出及相互切换；各通道显示值数字补偿；“黑匣子”功能；风机定时启停控制功能；输出状态检测
E型	同D型，增加三路独立的4～20mA模拟电路输出

续表

型号	功能
F型	同D型，增加RS–485/232串行通信功能
G型	同D型，增加一路机房环境温度测量与控制
I型	同D型，增加一路变压器铁芯温度测量与报警

注：具体选型参照对应的型号，D、E、F、G、I 型是从具体功能上划分的，是属于功能字符，一般出现在型号的最后一位。

3. 显示与按键

（1）温控器工作状态显示（以常规 D 型温控器为例），如图 9–7 所示。

图9–7　D型温控器

D1：一位数码显示，显示测量相序及提示符。

D2：四位数码显示，显示测量及参数。

LD–B10 系列干式变压器温度控制器工作状态显示，见表 9–3。

表9–3　LD–B10系列干式变压器温度控制器工作状态显示

状态	显示器		LED灯	控制输出
	D1	D2		
进入功能操作	P	–Cd–	巡检/最大值灯亮	
正常巡检	相序	对应温度	巡检灯亮	
最大值显示	相序	对应温度	最大值显示灯亮	
手动启动风机	相序	对应温度	风机灯、手动灯亮	风机闭合
超过风机启动值	相序	对应温度	风机灯亮	风机闭合
超过高温报警值	相序	对应温度	报警灯亮	超温报警闭合
超过超温跳闸值	相序	对应温度	跳闸灯亮	超温跳闸闭合
超出测量范围	相序	–OH–或–OL–	故障灯亮	故障报警闭合
传感器开路	相序	–OP–	故障灯亮	故障报警闭合
温控器故障	相序	–Er–	故障灯亮	故障报警闭合

（2）LD–B10 系列干式电力变压器温度控制器按键功能，见表 9–4。

表9–4　LD–B10系列干式变压器温度控制器按键功能

SED	在正常故障状态时，按该键，温控转入参数设定状态，设定过程中按该键进入下一步
△	设定状态下，按一次该键，显示的参数值增1，按住该键不放，可进行快速增数。正常状态下按该键可切换风机处于手动控制状态或自动控制状态
▽	在设定状态下，按一次该键，显示的参数值减1，按住该键不放，可进行快速减数。正常工作状态下按该键可切换温控器处于最大值显示或各相巡回显示状态

注：在按键操作过程中，若不按任何键，约100s后温控器自动返回正常工作状态，同时设定无效。

三、干式变压器分接开关的调整与运行检查

（一）干式变压器分接开关的调整

（1）分接开关是通过改变一次绕组匝数，二次绕组匝数不变从而改变变压器的变比来改变二次电压的。干式变压器分接开关一般设有五个挡位，分别对应电压、百分数和变压比，见表9–5。

表9–5　干式配电变压器分接开关挡位

挡位	Ⅰ	Ⅱ	Ⅲ	Ⅳ	Ⅴ	变压器出厂时，通常将分接开关调整在Ⅱ挡位置
电压，V	10500	10250	10000	9750	9500	
百分数，%	105	102.5	100	97.5	95	
变压比	26.25	25.625	25	24.375	23.75	

（2）分接开关的调整原则是：当变压器二次侧电压过高时将分接开关由低挡位向高挡位依次调整（Ⅴ挡→Ⅳ挡→Ⅲ挡→Ⅱ挡→Ⅰ挡），当变压器二次侧电压过低时将分接开关由高挡位向低挡位依次调整（Ⅰ挡→Ⅱ挡→Ⅲ挡→Ⅳ挡→Ⅴ挡）。即“高往高调，低往低调”。分接开关分为有载调压和无载调压两种。必须注意，普通的无载调压分接开关必须在变压器停电的条件下才能进行调整。

利用分接开关来调整二次电压范围是有限的，而且是分挡依次调节。不宜频繁操作。因此这种调整只适于电压长期偏高或偏低时进行。

（3）分接开关的接点如果接触不好会导致接触电阻增加，当接点流过一次电流时就要发热。轻者会增加变压器的损耗，重者会使接点损坏。因此保证分接开关接点的良好接触，是调整分接开关重要的注意事项。判断分接开关接触是否良好的方法，是测量变压器高压出线端的线间电阻。线间电阻由两部分组成：一部分是绕组的导线电阻，另一部分是分接开关的接触电阻。一次绕组的导线电阻相对来说比较稳定的，因此，测量一次出线端的电阻实际上就可反映

出分接开关的接触电阻。变压器分接开关进行调整后，必须进行接触电阻的测量，确认合格后方可投入运行。

由于电网运行中存在电压的波动，造成变压器一次侧的电源电压不稳定，其二次电压也将相应的产生变化。如果二次电压过高或过低，将会对电气设备的正常运行产生影响。通过调整变压器分接开关的运行位置，可以使变压器二次电压接近标准额定值运行。

（二）变压器运行检查

（1）有无异常声音及振动。

（2）有无局部过热、有害气体腐蚀等，使绝缘表面爬电痕迹和碳化现象等造成的变色。

（3）变压器的风冷装置运转是否正常。

（4）高压、低压接头应无过热、电缆头应无漏电、爬电现象。

（5）绕组的温升应根据变压器采用的绝缘材料等级，监视温升不得超过规定值。

（6）支持瓷瓶应无裂纹、放电痕迹。

（7）检查绕组压件是否松动。

（8）室内通风、铁芯风道应无灰尘及杂物堵塞，铁芯无生锈或腐蚀现象等。

第四节　H级干式变压器

SG（B）10 非包封 H 级干式变压器是采用绝缘纸为基础的绝缘系统。在变压器的整个寿命期都保持极佳的电气性能和机械性能。绝缘纸不易老化，耐收缩及抗压缩，弹力强。可以确保变压器使用数年之后线圈仍保持结构紧密，并且能够承受短路的压力，如图 9–8 所示。

图9–8　H级干式变压器

一、结构

（1）铁芯材料选用 0.2mm 厚优质高导磁硅钢片 45° 全斜搭接，铁芯采用不冲孔、拉板结构；表面涂以绝缘漆，防潮防锈、损耗低、噪声小。运行噪声比国标下降 16dB 左右，可达国家一级居民区噪声要求。

（2）匝间、层间、段间绝缘以及绝缘筒等都用绝缘纸或成型件组成。

（3）高压线圈采用机械强度高、散热条件好的连续式结构，线圈绕制在成型绝缘筒上，采用绝缘纸包扁铜线做导体，层间采用绝缘纸材料，线圈经 VPI 真空压力浸渍成坚固整体，避免了多层圆筒式线圈层间电压高、散热能力差、容易热击穿、以及机械强度低的缺点，从而提高了产品运行的可靠性；防潮性能极佳，更能承受热冲击，永不龟裂，局部放电量 <5Pc，寿命期后易于分解回收。

（4）低压线圈为箔绕式结构，线圈采用优质铜箔和 H 级绝缘材料绕制而成，层间采用绝缘材质为绝缘系统，线圈经 VPI 真空压力浸渍成坚固整体，其机构特点是：

①线圈机械强度高，抗短路能力强。

②线圈抗热冲击能力强，提高了产品的寿命。

③线圈“防潮、防尘、防盐雾”能力强。

（5）器身采取特殊的阻隔、降低了噪声。

二、特点

（1）SG10 变压器无可燃性树脂，在使用过程中不助燃，能阻燃，不会爆炸及释放有毒气体、不会对环境、其他设备和人体造成危害，对湿度、灰尘、污染不敏感；运行无局部放电及永无龟裂的可能。

（2）高压线圈、低压线圈均选用 NOMEX 绝缘材料、并经 VPI 真空加压设备多次浸渍 H 级无溶剂浸渍漆，并多次高温烘培固化。产品为 H 级（180℃），而主要绝缘材料是 C 级（220℃），过负荷能力强，有很好的抗短路能力。在通风良好的情况下，允许过载 20% 运行。

（3）产品寿命结束后，钢、铁等材料易回收；所有使用的 NOMEX 纸燃烧时不会释放有毒物质；其他绝缘材料能降解、不污染环境；产品的损耗低、节能、噪声低等优点。

H 级类产品在我国未来的发展前景主要决定于产品的质量与价格。

注：NOMEX—间位芳香族聚酰胺纤维，我国称之为芳纶 1313，是美国杜邦公司发明并投入使用的，是一种良好的耐高温阻燃纤维，200℃以下能保持

原强度的 80% 左右，260℃下以持续使用 100 h 仍能保持原强度的 65% ～ 70%，广泛用于电气工业，是 H 级的优良绝缘材料。

第五节　变压器投运前检查、试运行及并列运行

变压器安装结束后，送电前必须按规定对全部电气试验项目进行试验，不合格者不得送电。安装后的变压器试运行通常是在其工作的电网内进行，不单独引入另外电网作电源。试运行的顺序应先作空载试运行，再做带负载试运行。

一、变压器投运前检查和试验

变压器带电前，应进行全面的检查，察看是否符合运行条件，如不符合，应立即处理。

（一）变压器电气试验

（1）测量线圈连同套管的直流电阻。

①测量应在各分接头所有位置进行；

② 1600kVA 以下的变压器，各线圈的直流电阻相互间差别均应不大于三相平均值的 2%，无中性点引出线时的线间差别，应不大于三相平均值的 1%；

③ 1600kVA 及以上的变压器相间差别应不大于三相平均值的 4%，线间差别应不大于三相平均值的 2%；

④三相变压器的直流电阻，可与产品出厂试验数值相比较，相应变化应不大于 2%。

（2）检查所有分接头的变比，与制造厂数据相比，应无显著差别，且应符合变压比的要求。

（3）检查变压器的接线组别，必须与变压器标志相符。

（4）测量变压器线圈的绝缘电阻和吸收比，应符合规范规定。并应和出厂所测数据无大差别。

（5）测量变压器线圈连同套管一起的介质损失角正切值 tgδ，应符合规范规定并和出厂试验数据无大差别。

（6）测量线圈连同套管一起的直流泄漏电流，读取 1min 的泄漏电流值，一般泄漏电流值不做规定。

（7）线圈连同套管一起做交流耐压试验，标准按规范进行。

（8）测量穿芯螺栓、轭铁夹件及绑扎钢带对轭铁、铁芯、油箱及线圈的绝

缘电阻，应在变压器吊芯时进行，并做吊芯记录。

（9）非纯磁性套管按规范做试验。

（10）有载调压切换装置的检查试验，应符合产品要求。

（二）变压器通电前的检查

（1）变压器储油柜、冷却器等各处的油阀应打开。再次排放空气，并检查各处应无渗漏油现象。

（2）变压器接地应良好，变压器油漆应完整，无锈蚀情况。

（3）套管瓷件应清洁，油位正常。

（4）调压开关置于运行要求挡位，并复测直流电阻值正常，带负荷调压装置指示应正确，动作试验不少于 20 次。

（5）冷却器运行正常，联动正确，电源可靠。

（6）变压器室油池内已铺好鹅卵石，事故排油管通畅。

（7）变压器引出线连接良好，相位、相序应符合要求。

（8）气体继电器安装方向正确，打气试验接点动作正确（气体继电器应进行试验并整定）。

（9）温度计安装结束，指示正常，整定值符合要求。

（10）二次回路接线正确，经试操作情况良好。保护装置经调试整定，确保灵敏可靠。

（11）变压器全部电气试验合格，再次取油样试验合格。

（12）变压器室内，应无其他杂物，并清扫干净，变压器上无遗留物品、工具等。

（13）送电部位和操作开关，均需相应挂警示牌。变压器一、二次侧所有开关均应处于分闸状态。

（14）通信电话应接通，保证通信可靠，调度迅速，准备好消防用具及灭火器材。

（15）送电前应编制送电方案、操作应有操作票。操作、监护和检查人员到位，各负其责。

（三）变压器空载投入冲击试验

变压器不能带负荷投入，所有负荷侧开关应全部拉开。规程规定变压器试运行前，必须进行全电压冲击试验，以考验变压器的绝缘和保护装置。

全电压冲击应有高压侧投入。五次冲击合闸时，应无异常情况，励磁涌流也不应引起保护装置误动作。如有异常情况应立即断电进行检查。第一次冲击时间应不少于 10min，并进行检查。无异常情况再每隔 5min 进行冲击一次，最后一次进行空载运行 24h。

变压器空载运行检查方法主要是听声音。正常时，发出嗡嗡声，而异常时有以下几种声音：

（1）声音比较大而均匀时，可能是外加电压比较高。

（2）声音比较大而嘈杂时，可能是铁芯某部位有松动。

（3）有嗞嗞声音时，可能是铁芯某部位和套管有表面闪络。

（4）有爆裂声响，可能是铁芯某部位有击穿现象，应严加注意，查出原因及时处理。

在冲击试验中操作人员应观察冲击电流的大小，电压表的指示。如在冲击过程中轻瓦斯动作，应取油样作气相色谱分析，以便做出判断。

冲击试验通过后，应空载运行 24 ~ 48h，一般时间长短视实际需要而定，如无异常便可带负荷运行。

（四）变压器交接验收应提供的资料及测试数据

安装交接中除特殊情况外，一般不再重新进行现场测试，需要提供交接验收时审查的技术资料有：

1. 安装过程及安装后的测试数据资料

备齐安装过程中及安装后绕组与套管的绝缘测试数据，整理成正规测试资料。

（1）绕组的绝缘电阻及吸收比数据。

（2）绕组连同套管的介质损失数据。

（3）绕组连同套管的泄漏电流数据。

（4）绕组连同套管的交流耐压试验数据（35kV 及以下的变压器）。

（5）非纯瓷套管的介质损失数据。

（6）铁芯、铁轭与夹紧螺杆对地（夹件）绝缘电阻数据。

2. 变压器的特性试验资料

（1）绕组的直流电阻测试值，但必须在所有分接位置上测量的数值。

（2）绕组各分接头的电压比。

（3）单相变压器的极性与三相变压器的组别测试数据及标志。

（4）空载电流及空载损耗数据。

（5）有载调压开关的动作原图资料。

（6）相位鉴定资料。

（7）冲击合闸时的电流与电压录示的波形图。

3. 绝缘油试验有关资料

（1）油的击穿强度试验单。

（2）油的介质损失角正切值（tgδ）。

（3）含水量及含气量测试数据单（超高压变压器必须测试）。

（4）油的色谱分析试验报告单（35kV 及以下可不测试）。

二、变压器试运行

（一）试运行准备工作

（1）安装收尾工作达标，交接验收合格，再次对变压器本体工作状态复查完毕，未发现安装缺陷，方可对变压器进行试运行。

（2）试运行前对电网保护装置通过试验和整定合格，如确定好变压器试运行引接电源方案，采取了相应的继电保护措施，对电网及变压器自身的保护、控制与闭锁装置进行试验完毕，各动作准确、可靠，方可进行试运行。

（二）变压器试运行

（1）试运行的电源可以从变压器的任一侧绕组引接，但电源侧应有完善的保护措施，以便在发生故障时，能把电源与变压器迅速断开。

（2）不同电压等级变压器试运行。

①电压为 10 ～ 35kV 的变压器空载运行时，由于其所带母线的三相对地电容不相等，会产生中性点位移，使三相电压不平衡，甚至引起接地保护动作，发出音响信号，这不是故障，变压器正式带负载运行此种现象将消失。

②对于 220kV 及以上的变压器在高压电网下试运行，如果电压互感器绕组的电感阻抗较大，大于母线对地的电容阻抗，引起空载变压器的中性点位移较大，有可能产生较高的谐振过电压，试运行时，特别注意这一点，应做好预防工作。

③对于强迫风冷或强迫油循环冷却的变压器，要检测空载下的温升。

a. 不开启冷却装置下，使变压器空载运行 12 ～ 24h，记录环境气温与变压器上部油温；

b. 当油温升至 75℃时，启动 1 ～ 2 组冷却器进行散热，继续测量记录油温，直到油温稳定为止。

（3）空载试运行无问题后，可转入负载试运行。

①负载的加入要逐步增加，一般从 25% 负载开始投运，接着增加到 50% ～ 75%，最后满负载试运行。

②在带负载运行中，随着变压器温度的升高，应陆续启动一定数量的冷却器。

③带负载试运行的时间，当达到满负载时起，运行 2h 即可。

④在带负载运行中，尤其满载试运行中，检查变压器本体及各组、附件均正常时，可结束带负载试运行工作。

（三）变压器试运行过程检验项目

1. 相位检定

变压器试运行前，应检查其相位是否与电网相位一致，尤其对两台以上并列运行的变压器，安装后更应仔细检定相位，把相位不同的变压器连接在一起，将造成相间短路。

2. 空载冲击合闸与分闸试验

通过这项试验来考核安装好的新变压器或大修好的变压器，是否能承受过电流时的电动力作用而无损伤；还考核其承受过电压作用后，绝缘强度未受损伤；以及该试验对继电保护进行一次验证。

3. 冷却装置运行方式试验

（1）是校核冷却器制造厂对空载下启动冷却器的规定是否符合实际。

（2）确定变压器在各种负载范围内应当投入的冷却器组数，作为以后正式运行的依据。

4. 气体继电器的报气检验

安装后的变压器在试运行中，可能气体继电器动作，其原因有两方面：

（1）在安装过程中，油箱、储油柜、调压开关、吸湿器及气体继电器在注油排气过程中，空气未排净，造成油箱内部与绝缘油中有空气存在，如这方面原因，可打开气体继电器的排气阀门，进行放气。

（2）如放气后仍未好转，气体继电器仍动作频繁，则需把积聚在气体继电器内的气体收集起来进行化验，当气体无色且不可燃，说明是空气未排尽，继续排气即可；如收集的气体有色，化验中为可燃气，说明变压器在试运行中可能发生新的故障，或变压器出厂后就有故障隐患，在安装前后的检测中未发觉，在试运行中暴露出来了。此时应取油样进行气相色谱分析，根据化验结果，判定故障类别排除故障。

5. 变压器试运行中检查及试验项目

（1）变压器与发电机单元连接时，在第一次投入时，一般应从零起逐渐升压，其他变压器均以全电压冲击合闸（中性点直接接地系统的变压器在冲击合闸时，中性点必须接地）。

（2）第一次通电后，运行时间应不少于 10min，以便倾听变压器内部有无杂音。

（3）变压器通常应在装有过电流保护装置的电源侧投入，使变压器遇到故障时能可靠跳闸。

（4）新变压器应进行全电压冲击合闸，而无异常情况，在冲击时应检查励磁涌流不致引起保护装置的误动作。

（5）必要时应进行变压器的并列操作，并列前应先核相。

（6）分析比较试运行前后变压器油的色谱数据，应无明显变化。

在变压器开始通电并带一定负荷运行 24h 所经历的全部过程都属于启动试运行，运行人员应对变压器加强巡视检查，试运行 24h 结束且运行正常，安装单位方可向运行部门进行移交。

三、干式变压器的并列运行

将两台或两台以上的变压器一次绕组相应接到同一电源上，二次绕组也相应地通过母联开关并接，对共同负载供电，即称作变压器的并列运行，如图 9–9 所示。

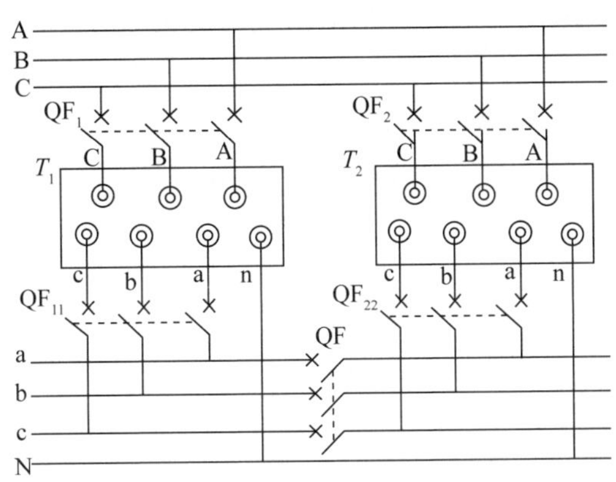

图9–9　变压器并列运行图

（一）变压器并列运行的作用

（1）变压器并列运行可以提高供电的可靠性。当一台变压器发生故障退出运行，可有其余变压器继续向负荷供电。

（2）变压器并列运行可以提高运行的经济性，当变压器的负荷率为 50% ~ 60% 时其效较高（铜损与铁损接近相等），变压器并列后可以通过控制变压器投入的台数，使变压器在高效率下运行。

（3）变压器并列运行可解决单台运行负荷不均的问题。

（二）变压器并列运行的条件

（1）运行变压器并列前必须进行核相。

（2）接线组别相同。

（3）变压比相等，其范围为≤ ±0.5%。

（4）短路阻抗相等，其范围为≤ ±10%。

（5）容量比不应超过 3 ∶ 1（对于配电变压器来说，如果两台变压器的负荷均未超过额定负荷运行时，容量比可适当大于 3 ∶ 1）。

（三）变压器并列运行条件的解析

以变压器并列运行接线示意图如图 9–9 所示，对变压器的并列运行条件进行解析。当断路器 QF 在合闸状态时，两台变压器即为并列运行。

(1) 变压器在初次并列前，首先要确认每台变压器的分接开关在相同的挡位上，且要与一次电源电压实际值相适应，此外还要经过核相。当一次接线确定后，利用核相器查出并确认二次的对应相，目的是把对应的相连接在一起。这是对第一个条件的分析。

(2) 仅满足变压器一、二次额定电压分别相等的条件，断路器 QF 两端的电压并不一定为零。只有在两台变压器的接线组别相同时，断路器 QF 两端的电压才为零。如果两台变压器对应的一、二次额定电压完全相同，但 1# 变压器的接线组别为“0”，2# 变压器的接线组别为“11”，当他们的一次绕组对应相接到一起后，可有二次电压相位差的矢量图如图 9—10 所示。断路器 QF 两端的电压为：

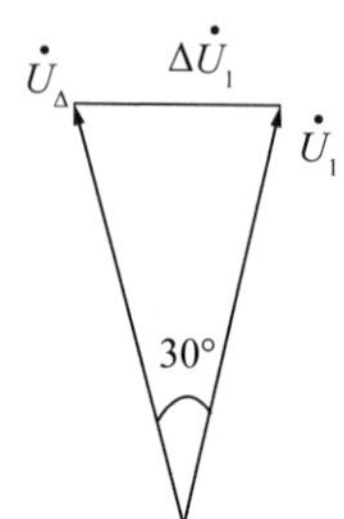

图9—10　Y，yn0与D，yn11二次电压相位差

$$\triangle U=2U_1\sin 15°=2\times 400\times 0.259=207\text{V}$$

这个数值超过了变压器并列运行电压比相等的要求。所以，只有接线组别相同的变压器，才能并列运行。这是对第二个条件的分析。

(3) 因为变压器的一次绕组接在同一电源上，所以当两台变压器的一、二次额定电压分别相等时，才允许将 QF 闭合，构成变压器的并列运行。虽然两台变压器铭牌上标注的一、二次额定电压分别相等，但是由于变压器制造工艺的原因使得它的参数也不完全一致。这样 QF 两端的电压就不为零。这时就有一个电流流过 QF，它并不流向负载，而是从一台变压器流出，通过 QF 后，流入另一台变压器。由于变压器有内阻抗，在环流的作用下，两台变压器的二次电压就会自动被拉平。但是环流会增加变压器的损耗，使变压器发热；另外环流占用了变压器的一部分容量，使变压器出力降低。因此必须限制环流。根据实际运行经验，并列运行的变压器实际的二次端电压误差不大于 0.5% 时，引起的环流对变压器的正常工作与出力不会造成明显的影响。这是对第三个条件的分析。

(4) 以上 (2)、(3) 条件只是保证变压器在空载时可以并列，可是变压器是具有内阻抗的电源，随着负载的增加，输出电压也下降。如果两台变压器的内阻抗不相等，那么它的外特性的斜率也不一样。在并列运行的条件下，二次电压是相等的，为了弥补二次压降的不同，两台变压器的输出电流也不相同。变压器的内阻抗是用其短路阻抗的百分数来表示的。短路阻抗的百分数小的相对输出电流要大，短路阻抗的百分数大的相对输出电流要小。由于负荷电流分配的不均匀，就有可能导致短路阻抗百分数小的变压器超载，而短路阻抗百分数大的变压器欠载。所以，要求并列运行的变压器的短路阻抗的百分数相等，规程规定相差不超过平均值的10%。这是对第四个条件的分析。

（5）一般来说，当并列运行的各台变压器容量差别过大时，其阻抗电压的百分数已超过允许的差值，所以规程规定：变压器并列运行时，各台变压器的容量比不得超过3 ：1。这是对第五个条件的分析。

（四）变压器的并列运行注意事项

（1）变压器在初次并列前，首先要确认各台变压器的分接开关必须在相同挡位上，且要与一次电源电压实际值相对应，此外还要经过核相。核相的目的是在一次接线确定之后，找出并确认二次的对应相，把对应相连接在一起。

（2）初次并列运行的变压器，要密切注视各台变压器的电流值，观察负荷电流的分配是否与变压器容量成正比，否则不宜并列运行。

第六节　变压器异常运行及常见故障处理

变压器在发生事故之前，一般都会有异常情况出现，因为变压器内部故障是有轻微发展为严重的。值班人员应随时对变压器的运行状况，进行监视和检查。通过对变压器声音、振动、气味、变色、温度及外部状况等现象的变化，来判断有无异常，分析异常运行原因、部位及程度，以便采取相应的措施，保证变压器的正常运行。

一、变压器异常运行及分析

（一）声音异常

变压器正常运行中有异常声音，通常有以下几种：

（1）电网发生过电压。发生单相接地或产生谐振过电压时，将产生不均匀的“尖叫声”。此时可结合电压表的指示变化，及系统情况进行综合判断，有过励磁保护时可能动作。

（2）过负荷是指变压器长期处于超过铭牌容量工作状态。过负荷经常会发生在发电厂持续缓慢提升负荷的情况下，冷却装置运行不正常，变压器内部故障等，最终造成变压器超负荷运行。变压器过负荷时，将使变压器发出沉重的电磁“嗡嗡”声。由此产生过高的温度则会导致绝缘过早老化，绝缘强度降低。

（3）变压器有杂声，声音比平时大或有其他明显的杂声，可能为铁芯紧固件或绑扎有松动、张力变化、硅钢片振动增大所致。

（4）变压器有局部放电声。若变压器内部或外表面发生局部放电，声音中就会夹杂有“噼啪”放电声。发生这种表面放电情况时，在夜间阴雨天可以看到变压器瓷套管附近有蓝色的电晕或火花，则说明污秽严重或设备接线接触不良。套管裙边对地电场强度较大也会发出“吱吱”的连续放电声。可在法兰铁颈处涂半导体漆，或采用类似措施降低电场强度。若是变压器内部放电，则是不接地的部件静电放电，或调压开关接触不良放电，应吊芯处理。

（5）若变压器的声音中夹杂有连续的有规律的撞击声或摩擦声，则可能是变压器外部某一部件（如冷却器附件、风扇等）不平衡引起的振动。

（6）若变压器的声音夹杂有水沸腾声，且温度急剧上升、油位升高，则应判断为变压器绕组发生短路故障，或调压开关因接触不良引起严重过热，应立即申请停用，检查处理。

（7）变压器有爆裂声。若变压器声音中夹杂有不均匀的爆裂声，则是变压器内部或表面绝缘击穿，应立即将变压器停用，检查处理。

（二）变压器常见故障处理

为了保证变压器的安全运行及操作方便，变压器高压、中压、低压各侧都装有断路器,及必要的继电保护装置 。当变压器的断路器（高压侧或高压、中压、低压三侧）跳闸后，调度及运行人员应采取下列措施：

（1）如有备用变压器的，应立即将其投入，以恢复供电，然后在查明故障跳闸的原因。

（2）无备用变压器的，应尽快转移负荷、改变运行方式，同时查明哪项保护动作。在检查变压器跳闸原因时，应查明变压器有无明显的异常现象、有无外部短路、线路故障、过负荷、有无明显的火光、怪声、喷油等现象。如确实证明变压器各侧断路器跳闸不是由于内部故障引起的，而是由于过负荷、外部短路或保护装置二次回路误动造成的，则变压器可不经内部检查重新投入运行。

如果不能确认变压器跳闸是上述外部原因造成的，则应对变压器进行事故分析，如通过电气试验。经检查分析能判断变压器内部无故障，应将变压器重新投入。整个操作过程应慎重。

如经检查判断为变压器内部故障，需对变压器进行吊壳（芯）检查，直到查出故障为止。

（三）定时限过流保护动作跳闸后处理

当变压器由于定时限过流保护动作跳闸时，应先复归事故音响，然后检查判断有无越级跳闸的可能，即检查各出线开关保护装置的动作情况，各信号继电器有无掉牌，各操作机构有无卡涩现象。如查明是因某一出线故障引起的越级跳闸，则应拉开故障出线的断路器，再将变压器投入运行，并恢复送电。如果查不出是否属越级跳闸，则应将所有出线的断路器全部拉开，并检查变压器其他侧母线及本体有无异常情况，若查不出明显故障时，则变压器可以在空载下试投送一次，试投正常后再逐条恢复线路送电。当在合某一路出线断路器时又出现越级跳闸，则应将该出线停用，恢复变压器和其余出线的供电。若检查中发现某侧母线有明显的故障征兆或主变压器本体有明显的故障时，不可合闸送电，应进一步检查处理。

（四）变压器着火后处理

变压器着火时，不论何种原因，首先拉开各侧断路器，切断电源，停用冷却装置，并迅速采取有效措施进行灭火。同时汇报调度及上级主管领导。若油溢在变压器顶盖上着火时，则应迅速开启下部阀门，将油位放置到火部位以下，同时用灭火设备以有效方法进行灭火。变压器因喷油引起着火燃烧时，应迅速用黄沙覆盖、隔离、控制火势蔓延，同时用灭火设备灭火。以上情况应及时通知消防部门协助处理，同时通知调度及上级主管领导以便投入备用变压器供电或采取其他转移负荷措施。

装有水喷淋灭火器装置的变压器，在变压器着火后，应先切断电源，再启动水喷淋系统。

（五）变压器的紧急拉闸停用

变压器有下列情况之一时，应紧急拉闸停止运行，并迅速汇报调度及上级主管领导。

（1）变压器声响明显增大，内部有爆裂声。

（2）严重漏油、油面下降到低于油位计的指示限度。

（3）套管有严重的破损和放电现象。

（4）运行温度急剧上升。

（5）变压器冒烟着火，应立即断开电源，停运冷却风扇，并迅速采取灭火措施，防止火势蔓延。

（6）当发生危及变压器安全故障而变压器的有关保护装置拒动时。

（7）当变压器附近的设备着火、爆炸或发生其他情况，对变压器构成严重威胁时。

（六）干式变压器故障举例分析

1. 铁芯对地绝缘电阻低

铁芯对地绝缘电阻低主要是由于环境空气湿度较大，变压器受潮导致绝缘电阻偏低。

解决方法：用碘钨灯放置在低压线圈下连续烘烤 12h，包括铁芯、高低压绕组因受潮导致绝缘电阻偏低的，烘烤完毕，绝缘电阻值会有所提高。

2. 出现铁芯对地绝缘电阻为零

金属之间有实连接如：由于毛刺、金属丝等，被漆带入到铁芯上，两端搭接在铁芯与夹件之间；底脚绝缘破损造成铁芯与底脚相连；有金属物掉入低压线圈内，造成拉板与铁芯相连。

解决方法：

(1) 用铅丝顺低压线圈及铁芯之间的通道往下顺捅，确定无异物后，检查底脚绝缘情况。

(2) 用电焊机地线端与接地片相连，用焊条点击底脚（电流约为 250A 左右），只一下可解决问题。

3. 送电冲击时，外壳与铺地铁板放电

外壳（铝合金）板材之间导通不够良好，属于接地不良。

解决方法：用 2500V（或 5000V）兆欧表将板材绝缘击穿或将外壳每个连接部位漆膜刮掉并用铜线连接接地。

4. 角接连接管烧毁

检查高压线圈烧黑部位，用电工刀或铁片刮掉最黑部位，如果去掉碳黑漏出红漆色，说明线圈内绝缘没有损坏，线圈暂为良好。通过测变比来判断线圈是否短路，如果变比正常，说明故障是由外部短路引起的拉弧并将角接管烧毁。

5. 直流电阻不平衡率超标

交接试验中，分接头螺栓松动，造成直流电阻不平衡率超标或测试方法问题。检查每个分接头内是否有树脂；螺栓连接是否紧固，特别是低压铜排连接螺栓；接触面是否有漆或其他异物，用砂纸把铜头面砂光；改变连接铜管粗细可改变直流电阻值（超标不多）；如果差别很大极有可能是分接头虚焊导致短路。

6. 现场送电注意事项

一般供电局送电 5 次，也有 3 次的，送电前检查螺栓紧固情况和铁芯上是否有金属异物；绝缘距离是否符合送电标准；电器功能是否运行正常；连线是否正确；摇测各部件绝缘是否符合送电标准；检查器身有无凝露现象；检查外壳有无可使小动物进入的漏洞（特别是电缆进线部位）；送电时有无放电声；每次送电声音由大到小，如果声音很大（只限在振动声音情况下）不排除以下几种可能：

(1) 外壳螺栓松动产生的噪声（特别注意低网）。

(2) 输出电压偏大（大约 420V 左右），通过调整分接位置解决，如果是 428V，将高压分接位置向上调节，调至 10.5kV 的挡位（10±2×2.5%/0.4 为例），即 2 ～ 3 分接位置（调节分接前用铜丝一端接地，一端放到高压连接电缆露铜部位进行放电后，再调节分接位置。即：高往高调，低往低倒）。

(3) 风机内有异物（小螺栓、钉子等）。

7. 变压器噪声的产生

变压器在运行中会有"嗡嗡"的响声，这就是噪声。它主要由铁芯中硅钢片的磁滞伸缩（带气隙铁芯还有电磁力）产生的。此外，绕组的电磁力及变压器相关附件传递（包括共振）也能引起噪声。对于现场处理变压器噪声过大的问题，先认真分析声音的来源，干式变压器通常情况下由本体及外壳共振产生噪声的情况较多，少数情况是由紧固件异常松动产生的噪声；针对这两种情况可现场对变压器各紧固件（螺杆、垫块、底脚螺栓、外壳各连接螺栓、风机内掉入异物、风机转子离心摆动、外壳底网掉入螺栓或螺栓松动等）进行全面检查并重新紧固到位，对共振产生的部位进行紧固或加设减振装置（垫胶垫）来减小并消除噪声。

8. 风机运行时的故障

在运行时风机可能会出现不工作的现象，此时应检查风机的控制线及电源线是否连接正确，并进行调整，见表 9–6。

表9–6　风机异常现象排除表

现象	可能原因	处理方法
启动及运行时有异响	1.风机内落入异物 2.风机扇叶因轴芯变形或脱离固定槽 3.固定螺栓松动	1.检查并清除 2.将轴芯复位，严重时进行更换 3.检查并将固定螺栓紧固
风机通电不运行	1.接线故障 2.风机电容器损坏 3.风机电动机损坏	1.检查并将电源线接好 2.更换电容 3.更换电动机

9. 铁芯及绕组绝缘电阻值低，见表 9–7。

表9–7　铁芯及绕组绝缘电阻值低处理表

现象	可能原因	处理方法
铁芯及绕组绝缘电阻值低	运输和仓储过程中变压器受潮	打开风机进行通风干燥，严重时可用碘钨灯进行烘干
铁芯对地放电	1.落入异物 2.铁芯对地绝缘件由于运输造成移位	1.检查并清除异物 2.调整并紧固绝缘件

10. 行程开关失灵或异常动作

行程开关是在变压器带电运行时，对操作人员进行保护的装置，如变压器带电，在打开任何一扇外壳门时，其行程开关的触头均应立即闭合，使报警回路接通并报警，见表 9–8。

表9–8　行程开关失灵或异常动作排除表

现象	可能原因	处理方法
开门后不报警（关门后仍报警）	1.行程开关连线不良 2.行程开关出现故障 3.行程开关固定不良	1.检查线路及接线端子，使其良好接触 2.更换行程开关 3.检查并紧固定位螺栓

11. 运行时温控器出现的故障

温控器在运行时可能会出现未超温报警（或超过报警温度不报警），未超温跳闸（或超过跳闸温度不跳闸）等现象。此时需要在变压器停止运行后察看温控器的设定温度值是否准确，测温元件是否准确放置。如不准确则将温控器的设定值重新调整，将温控器的测温元件重新放置合适位置。

12. 温控器出现的常见故障

（1）一相显示—OP—，说明三相感温探头中一相产生了故障，应更换传感电缆线。

（2）两相温度正常，一相温度偏高，通过温度补偿可以解决（输入密码：例如 1008 最多 20℃）。

（3）测试跳闸功能：模拟升温时跳闸不动作，可以通过降低设定温度于当前温度高 1℃，然后用手握住感温探头提温跳闸，功能动作可以通过万用表观察即可，见表 9–9。

表9–9　温控器常见故障排除表

故障现象	原因分析	处理
通电后显示器不亮	电源线未接好或电源欠压	检查输入电源
某相闪烁显示“–OP–”，故障指示灯亮	1.该相或三相传感器开路 2.传感器损坏	1.拧紧传感器接头螺栓 2.更换传感器
某相闪烁显示“–OH–”，故障指示灯亮	该相超出测量范围上限，传感器测量回路有较大的接触电阻	消除线路接触电阻
某相闪烁显示“–OL–”，故障指示灯亮	该相超出测量范围下限，传感器测量回路有短路	检查传感器测量线路
温控器闪烁显示“–Er–”	内部整定参数被修改或出现故障	与厂家联系
未达到开风机的温度，风机自动运行	1.风机处于手动开机状态 2.系统风机定时启停功能生效	1.按▲键可关闭风机 2.属于正常现象
手动启动风机后，不能手动关闭风机	此时的测量温度值正好介入自动启动、停止风机的温度之间	属于正常现象

续表

故障现象	原因分析	处理
三相测量温度不平衡	（铂）Pt100热电阻固定深度不同	调整、固定热电阻
固定显示一相温度值并且最大指示灯亮	温控器处于最大值显示状态	按▼键可以切换到三相巡回显示状态
进入某功能操作状态后，不知道该如何进行下一步或退出该状态	一直按SET键回到正常显示状态，退出功能操作状态。 进入参数设定功能退出时，确认没有修改超温跳闸温度值	
模拟升温至跳闸温度时，跳闸功能无动作	模拟升温时，为了避免造成变压器跳闸，不设此功能。检测跳闸功能可通过修改跳闸值稍高于常温，用手握住传感探头使此相升温超过跳闸值，跳闸功能动作，如不动作更换温控器	
温控器种类B10−系列	10D常规、10E（带4～20mA输出）、10F（带计算机接口RS485）、10I（带测铁芯温度）	

13. 通电运行中噪声大

检查铁芯是否夹紧，如未夹紧，则应夹紧铁芯。检查输入电压与对应接线端子是否吻合，如果输入为10500V，高压侧分接挡处于10000V挡位处，则会造成噪声偏大。

第七节　变压器的运行及维护

变配电所（室）是配电系统的重要组成部分，为了保证安全、提高系统及设备经济、合理的运行，必须加强对电力变压器的运行及维护。

一、油浸式变压器的运行及维护

对油浸式变压器进行日常运行及维护，及时清扫配电变压器的油污和高低压套管上的灰尘，检查压接螺栓是否紧固等。目的是防止在气候潮湿及阴雨天气时污闪放电，造成套管相间短路，高压熔断器熔断，致使配电变压器不能正常工作。

（一）变压器的外部检查

（1）检查油枕内和充油套管内油面的高度，封闭处有无渗漏油现象。

（2）检查变压器上层油温，变压器上层油温一般应在85℃以下（A级绝缘的变压器）。

（3）检查变压器的声音是否正常。变压器正常运行时，一般有均匀的嗡嗡声，这是由于交变磁通引起铁芯振动而发出的声音。

（4）检查绝缘套管是否清洁，有无破损裂纹及放电烧伤痕迹。

（5）检查一、二次侧母线接头接触良好，不过热。

（6）呼吸器应畅通，硅胶吸潮不应达到饱和（通过观察硅胶是否变色来鉴别，变色硅胶正常时为浅蓝色，水分饱和时为粉红色）。

（7）防爆管上的防爆膜应完整，无裂纹，无存油。

（8）外壳接地应良好。

（二）变压器负荷检查测量

（1）应通过监视仪表及时掌握变压器的运行情况，并按规程规定记录变压器的电流、电压数值。

（2）测量三相电流的平衡度，变压器三相电流表不平衡时，应监视最大一相电流。接线为 Y，yn0 和 D，yn11 的配电变压器，中性线电流允许值分别为额定电流的 25% 和 75%，或按制造厂规定。

（3）变压器运行电压一般不应高于该运行分接位置电压的 105%。

（三）变压器的巡视检查周期

（1）变配电所内的变压器，每班至少一次；每周至少进行一次夜间巡视（即闭灯试验检查）。

（2）无人值班的变配电所变压器，至少每周一次。

（3）站（所）外（包括郊区及农村）安装的变压器每周至少一次。

在下列情况下应对变压器进行特殊巡视检查：

（1）新安装或经过检修、改造的变压器在投运 72h 内。

（2）有严重缺陷时。

（3）气象突变（如大风、大雾、大雪、冰雹、寒潮等）时。

（4）雷雨季节，特别是雷雨后。

（5）高温季节、高峰负载期间。

（6）变压器过负荷运行时。

（四）变压器运行时的温度

变压器运行时，其绕组和铁芯产生的损耗转变成热量，一部分被变压器各部件吸收使之温度升高，另一部分则散发到介质中。当散发的热量与产生的热量相等时，变压器各部件的温度达到稳定，不再升高。

变压器运行时各部件的温度是不同的，绕组温度最高，铁芯次之，变压器油的温度最低。为了便于监视运行中变压器各部件的温度，规定以上层油温为允许温度。变压器的允许温度主要决定于绕组的绝缘材料。如变压器是采用 A 级绝缘材料的。对于 A 级绝缘材料，其允许最高温度为 105℃，由于绕组的平均温度一般比油温高10℃，同时为了防止油质劣化，所以规定变压器上层油温最高不超过95℃。而在正常状态下，为了使变压器油不致过速氧化，上层油温一般不应超过85℃。

变压器的温度与周围环境温度之差为温升。当变压器的温度达到稳定时的温升称为稳定温升。稳定温升大小与周围环境温度无关，它仅决定于变压器损耗与散热能力。所以，当变压器负载一定（即损耗不变），而周围环境温度不同时，变压器的实际温度就不同。我国规定周围环境最高温度为40℃。

对于A级绝缘的变压器，在周围环境最高温度为40℃时，其绕组的极限温升为65℃，而上层油温则为65℃ −10℃ =55℃。所以变压器运行时上层油温及其温升不超过允许值，即可保证变压器在规定的使用年限安全运行。

二、干式变压器的运行与维护

干式变压器退出运行后，一般不需要采取其他措施即可重新投入运行。变压器在高温下且正发生凝露现象，则必须经干燥处理后，才能重新投入运行。

（一）干式变压器运行标准

(1) 允许温升：变压器运行时，在正常条件下，不得超过绝缘材料所允许的温度。

(2) 允许负荷：允许变压器运行有连续稳定的负荷，即变压器运行时，一般要求不得超过铭牌所规定的额定值。

(3) 允许电压变动：运行中变压器外加电压一般不超过所在分接头额定值105%，并要求变压器二次侧电流不大于额定值。

(4) 绝缘电阻允许值：一般使用2500V（或5000V）兆欧表测量绝缘电阻值。目的是将运行过程中所测得的绝缘电阻值与运行前所确定的原始数据相比较。测量时，在环境温度相同的条件下，如果绝缘电阻值剧烈下降至初值的50%或更低，即认为不合适，需要进一步查明原因。

（二）干式变压器的定期检查

(1) 日常检查周期：有人值班的变配电所，对变压器每天至少检查一次。外部检查：变压器的“嗡嗡”声是否异常变大，有无新的杂音发生；电缆和母线连接处有无过热现象；变压器温升是否正常等。应根据电流表、电压表等来监视变压器的负荷。有人值班的变配电所内的变压器，应根据控制盘上的仪表监视变压器运行，并每小时抄表一次，如仪表不在控制室时，每班至少记录两次。此外，必须进行负荷调整。对于配电变压器，应在大负荷时测量其三相负荷，如发现不平衡，应重新分配。除负荷监视外，还必须对温升进行监视。安装在配电盘上的温度计，每班也应至少两次巡视检查。

（2）定期检查：一般干燥清洁的场所，每年至少应进行一次检查。在其他场合，例如有灰尘或混浊的空气中运行时，每 3 ～ 6 个月进行一次检查。检查部位包括：绕组、套管类及支持绝缘物、导线及接线导体、分接头端子处、温度计及感应器、冷却风扇等。

检查时，如果发现灰尘聚集过多，则必须清除以保证空气流通和防止绝缘击穿，但不得使用挥发性的清洁剂，特别注意清洁变压器的绝缘子、绕组装配的顶部和底部，应使用压缩空气吹净通风气道中的灰尘。压缩空气的流动方向与变压器运行时冷却空气的流动方向相反。检查紧固件、连接件是否松动，导电零件以及其他零部件有无生锈、腐蚀的痕迹。还要观察绝缘表面有无碳化、龟裂纹和爬电现象，必要时采取相应的措施进行处理。

（三）投运前的安全注意事项

（1）温度控制器及风机的电源应通过控制箱获得，而不要直接接在变压器上。

（2）变压器投入运行前，必须对变压器室的接地系统进行认真的检查，特别是变压器的铁芯和外壳。

（3）变压器无外壳时，要安放隔离栅栏。如果隔离栅栏是金属网，也要可靠接地。

（4）变压器外壳的门要关好，当有开门保护时，应将门限位开关接点串入跳闸或报警联锁回路。

（5）变压器室要有防小动物进入的措施，以免发生意外事故。

（6）变压器投入运行以后，禁止触摸变压器主体，以防事故发生。工作人员进入变压器室一定要穿绝缘靴。注意与带电部分的安全距离，不要触摸变压器。

（7）如发现变压器噪声突然增大，应立即注意变压器的负荷情况和电网电压情况，加强观察变压器的温度变化。

（四）干式变压器分接端子的切换

配电变压器在使用中如需切换分接端子的挡位，可按产品铭牌或高压绕组高压侧的分接区内所标志的序号进行操作，调整时必须在变压器断电情况下，采取安全技术措施后，将分接区的连接片移至所需分接挡位，并紧固到位。

1. 无载调压分接的分接范围

分接范围有 ±5% 和 ±2×2.5% 两种。用①、②、③…等代表。

在变压器分接区内相应两接线柱的中心，沿线圈轴向自上往下标有分接挡位的标志。若分接范围为 ±5%，分接挡位为“①、②、③”挡。②代表额定分接，此时高压侧为额定电压；①代表高压侧电压比额定电压高 5%；③代表高压侧比额定电压低 5%。同样，若分接范围为 $\pm 2\times 2.5\%$，分接挡位为“①、②、③、④、⑤”挡。③代表额定分接；②、①分别代表高压侧电压比额定电压高 2.5% 和 5%；④、⑤分别代表高压侧比额定电压低 2.5% 和 5%。

2. 切换干式变压器分接端子注意事项

（1）调换分接片时必须将 A、B、C、三相调整到同一分接挡位。

（2）分接片必须压接牢固。

（3）分接片不可用其他金属代替。

第十章

仪用互感器与电能计量

互感器是一种特殊的变压器。分为电压互感器和电流互感器两大类，是供电系统中测量仪表、保护、监控用的重要设备。电压互感器是将系统的高电压改变为标准的低电压（100V）用字母TV（或 PT）表示；电流互感器是将高压系统中的电流或低压系统中的大电流变为低压系统中的标准小电流（5A、1A），用字母 TA（或CT）表示；供测量仪表、继电保护、自动装置、计算机监控系统用，外形如图 10-1 所示。

（a）10kVJdz-10半封闭电压互感器图　　（b）lzzj9-10电流互感器

图10-1　10kV电压、电流互感器

第一节　电压互感器

电压互感器是利用电磁感应原理工作的，类似于一台降压变压器。互感器的高压绕组与被测电路并联，低压绕组与测量仪表、电压线圈并联。由于电压线圈的内阻抗很大，所以电压互感器运行时，相当于一台空载运行的变压器。故二次侧不能短路，否则绕组将被烧毁。

一、电压互感器的概述

（一）电压互感器型号字母含义

电压互感器型号字母含义如图 10–2 所示。

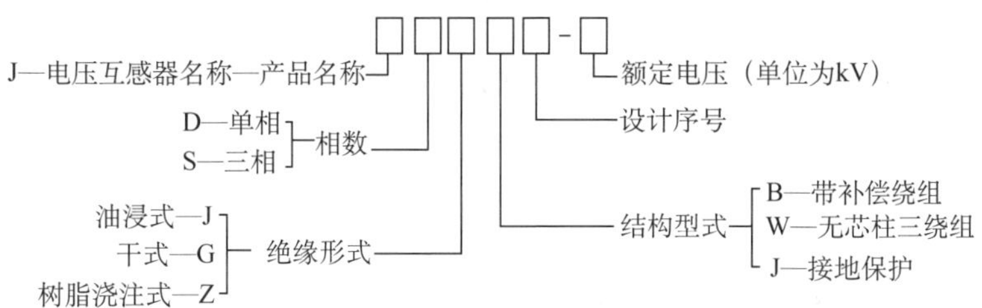

图10–2　电压互感器型号字母含义

例如：JSJW–10、JDZJ–10、JDZ–10 等。

（二）电压互感器容量

电压互感器的容量是指其二次绕组允许接入的负载功率单位以 VA 表示，分为额定容量和最大容量。

（三）电压互感器准确度

电压互感器的准确度等级是指在规定的一次电压和二次负荷变化范围内，负荷功率因数为额定值时，误差的最大限值。通常电力系统用的有 0.2、0.5、1、3、3P、5P 级等。0.2 级一般用于电能表计量电能；0.5 级一般用于测量仪表；1、3、3P、5P 级一般用于保护。数值越小，精确等级越高（依据中华人民共和国国家计量检定规程 JJG–1021–2007《电力互感器》）。

（四）电压互感器原理图及接线图

1. 电压互感器原理图

电压互感器原理图如图 10–3 所示。

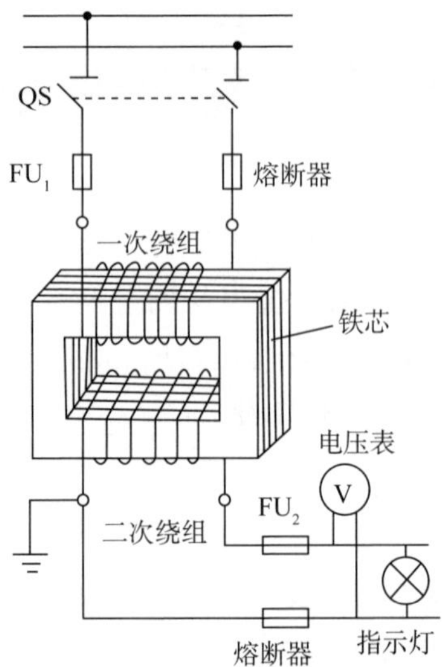

图10–3　双绕组电压互感器原理图

例如 10000/100 的电压互感器，一次绕组匝数多，二次绕组匝数少。

2. 电压互感器的接线图

电压互感器的接线图如图 10–4 所示。

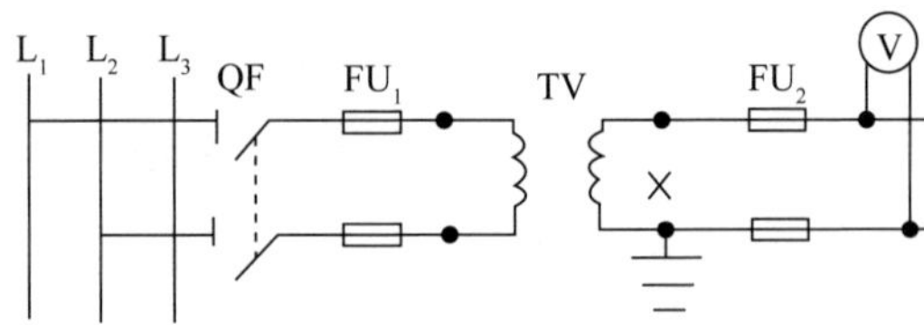

（a）一台单相电压互感器的接线图

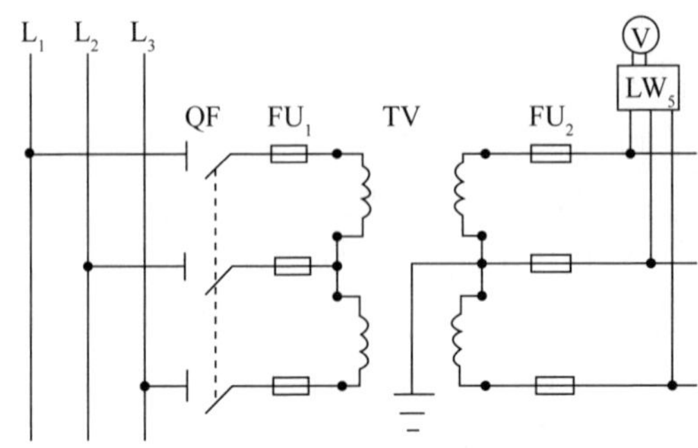

（b）电压互感器V–V接线图

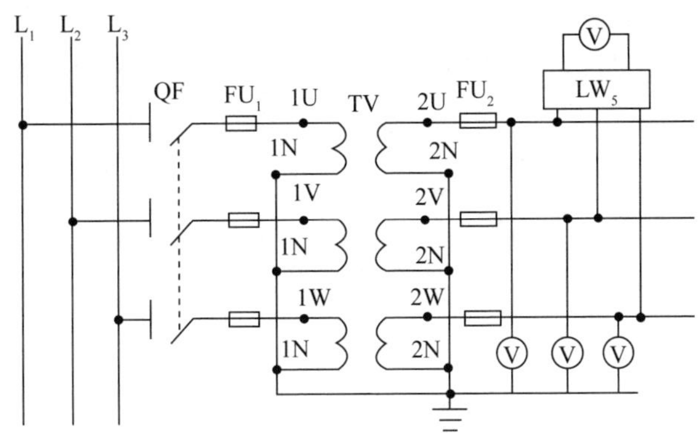

（c）电压互感器Y–Y接线图

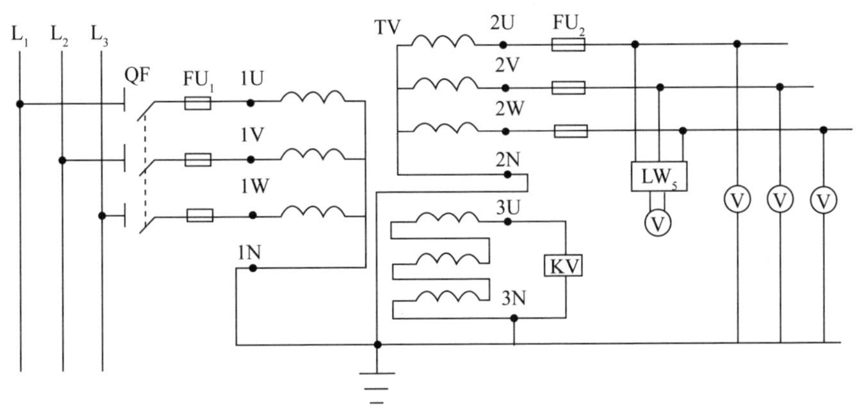

（d）三相五柱式电压互感器接线图

图10–4　电压互感器的接线图

（1）图 10–4（a）是一台单相电压互感器的接线，可以测量 35kV 及以下系统的线电压或 110kV 以上中性点直接接地系统的相对地电压。

（2）图 10–4（b）是两台单相电压互感器接成 V–V 形接线，电压互感器的一、二次绕组均连接成 V 形，又称为不完全三角形接线，这种接线只能测量线电压，不能测量相电压，常用于连接电能表、电压继电器、电压表等。由于一次线圈没有接地，就减少了系统中的对地励磁电流，避免产生操作（内部）过电压，为了保证安全，通常将二次绕组中相接地，这种接线方式，经济、简单，一般用于 10kV 小电阻大电流接地系统中（间接接地系统）。

（3）图 10–4（c）是一台三相三线柱电压互感器 Y–Y 形接线，可测量线电压、相电压，因为一次绕组的星形中性点接地。

（4）图 10–4（d）是三相五柱式电压互感器的接线，其一次绕组与基本二次绕组接成星形，且中性点接地，辅助二次绕组接成开口三角形。因此，三相五柱式电压互感器既能测量相电压又能测量线电压，还可以作为中性点不接地系统中对地绝缘监察以及实现单相接地的继电保护装置，辅助二次绕组，用来连接监察绝缘用的电压继电器。在系统正常运行时，开口三角形两端的零序电压接近于零。当系统发生一相接地故障时，开口三角形两端出现 40 ～ 100V 的零序电压，使继电器动作，发出接地告警信号，这种接线方式广泛用于 6 ～ 10kV 室内配电系统中。

二、电压互感器的注意事项、巡视检查及运行

（一）电压互感器运行注意事项

（1）电压互感器的一、二次接线应保证极性正确。当两台同型号的电压互感器接成 V 形时，必须注意极性正确，否则会导致互感器线圈烧坏。

（2）电压互感器的一、二次绕组都应装设熔断器（保护专用电压互感器二次侧除外）以防止发生短路故障。电压互感器的二次绕组不准短路。

（3）电压互感器二次绕组、铁芯和外壳都必须可靠接地，在绕组绝缘损坏时，二次绕组对地电压不会升高，以保证人身和设备安全。

（4）电压互感器二次回路只允许有一个接地点。若有两个或多个接地点，当电力系统发生接地故障时，各个接地点之间的地电位可能会相差很大，该电位差将叠加在电压互感器二次回路上，从而使电压互感器二次电压的幅值及相位发生变化，可能造成阻抗保护或方向保护误动或拒动。

（5）涉及计费的电能计量装置中电压互感器二次回路电压降应不大于其额定二次电压 0.2%；其他电能计量装置中电压互感器二次回路电压降应不大于其额定二次电压的 0.5%。

依据中华人民共和国电力行业标准 DL T 448–2016《电能计量装置技术管理规程》。

（二）电压互感器运行的巡视检查

（1）瓷套管是否清洁、完整、绝缘介质有无损坏、裂纹和放电痕迹。

（2）充油电压互感器的油位是否正常，油色是否透明，有无严重的渗、漏油现象。

（3）一次侧引线和二次侧引线连接部分是否接触良好。

（4）电压互感器内部是否有异常，有无焦糊味。

（三）电压互感器异常运行

运行中的电压互感器出现下列故障之一时，应立即退出运行：

（1）瓷套管破裂、严重放电。

（2）高压线圈的绝缘击穿、冒烟、发出焦煳味。

（3）内部有放电声及其他噪声，线圈、外壳之间、引线与外壳之间有火花放电现象。

（4）漏油严重，油标管中看不见油面。

（5）外壳温度超过允许温升，并继续上升。

（6）高压侧熔体连续两次熔断，当运行中的电压互感器发生接地、短路、冒烟着火故障时，对于 6kV ～ 35kV 装有 0.5A 熔体及合格限流电阻时，可用隔离开关将电压互感器切断，对于 110kV 以上的电压互感器，不得带故障将隔离开关拉开，否则，将导致母线发生故障。

（四）电压互感器停用主要事项

（1）停用电压互感器，应将有关保护和自动装置停用，以免造成装置失压误动作。为防止电压互感器反充电，停用时应将二次侧熔断丝取下，再拉开一次侧隔离开关。

（2）停用的电压互感器，在投入运行前应进行试验和检查，必要时，可先安装在母线上运行一段时间，再投入运行。

第二节　电流互感器

电流互感器是按电磁感应原理工作的，其结构与普通变压器相似，用字母 TA（或 CT）表示。它的一次绕组匝数很少，串联在线路里，其电流大小取决于线路的负载电流，由于接在二次侧的电流线圈的阻抗很小，所以电流互感器正常运行时，相当于一台短路运行的变压器。外形如图 10–5 所示。

（a）10kV电流互感器　　（b）0.66kV电流互感器

图10–5　10kV LDZ（X）(F) 2–10系列电流互感器、LMK1、2、3–0.66BH–100电流互感器

一、电流互感器的工作原理

电流互感器与普通双绕组的变压器在结构上不同点是电流互感器的一次匝数少，只有一匝或几匝，串接在被测电路中。一次绕组流过的电流与电流互感器的副边负载大小无关。副边匝数较多，常与测量仪表或继电器的电流线圈串联成闭合回路。由于所串联的各测量仪表及继电器电流线圈等效阻抗值很小，电流互感器接近于短路状态下运行。电流互感器运行中二次侧绕组需一点必须接地。原理图如图 10–6 所示。

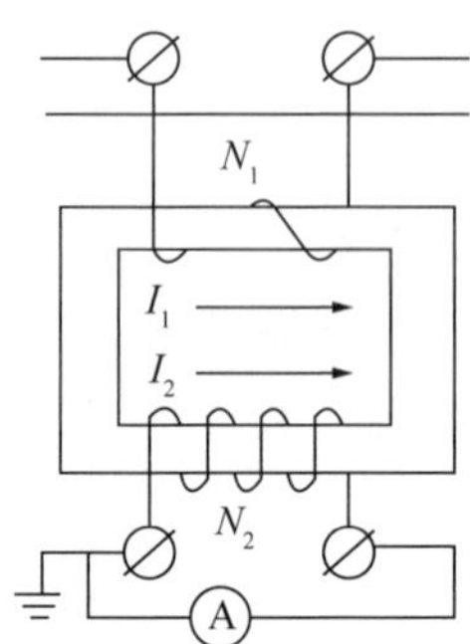

图10–6　电流互感器的原理图

二、电流互感器型号

电流互感器型号表示，如图 10–7 所示。

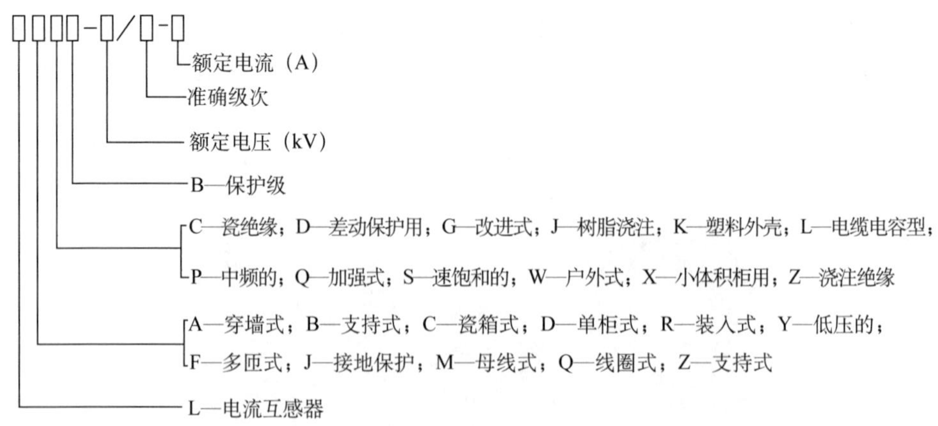

图10–7　电流互感器型号表示

例如：LQG–10、LZZJ9、LZZW、LDZ1–10、LZJC、LA、LAJ、LQG–0.5、LMK–0.5 等。

三、电流互感器的额定参数

电流互感器的容量，即允许接入的二次负载容量。

（一）额定电流

电流互感器的额定电流，有一次额定电流和二次额定电流。

电流互感器的一次额定电流应大于一次设备的最大负载电流。其一次额定电流越大，所能承受的短时动稳定及热稳定的电流值越大。

二次额定电流。目前，在电力系统中普遍采用的电流互感器二次额定电流有 5A 和 1A 两种，在各种条件相同的情况下，电流互感器的二次额定电流为 5A 时的二次功耗，为额定电流为 1A 时二次功耗的 25 倍。

（二）变流比

电流互感器的变流比，是指一次绕组的额定电流与二次绕组额定电流之比。电流互感器二次绕组的额定电流一般规定为 5A，变流比的大小取决于一次额定电流的大小。目前电流互感器的一次额定电流等级有：5A、10A、15A、20A、30A、40A、50A、75A、100A、150A、200A、(250A)、300A、400A、(500A)、600A、(750A)、800A、1000A、1200A、1500A、2000A、3000A、4000A、5000A、6000A、8000A、10000A、15000A、20000A、25000A。

（三）容量

电流互感器的容量，是指允许接入的二次负载的功率，用其视在功率 S 表示，单位是伏安。由于二次额定电流均为 5A，故通常用额定二次负载阻抗值（Ω）来表示电流互感器的容量。

（四）电流互感器准确度

电流互感器分为测量用的电流互感器和保护用的电流互感器。根据《电力互感器》（JJG 1021–2007）检定规程，测量用的电流互感器和保护用的电流互感器的标准准确度不同：标准计量仪表一般用 0.2、0.1、0.05、0.02、0.01 级，测量仪表一般用 0.5、3.0 级等，保护一般用 B 级、D 级、5PX 级等。

电流互感器的准确度等级，实际上是相对误差标准。例如，0.5 级的电流互感器是指在额定工况下，电流互感器的传递误差不大于 0.5%。准确度等级数值小，测量精度就高。用于继电保护设备的保护级电流互感器，应考虑暂态条件下的综合误差，一般选用 P 级或 TP 级。例如 5P20 是指在额定电流 20 倍时其综合误差为 5%。TP 级保护用的电流互感器的铁芯带有小气隙，在它规定的准确限额条件下（规定的二次回路时间常数及无电流时间等）及额定电流的某倍数下其综合瞬时误差最大为 10%。

四、电流互感器的接线

（1）一相式接线如图 10–8（a）所示。接线时，电流线圈流过的电流，反应一次电路对应相的电流，通常用于负荷平衡的三相电路中测量电流，或在继电保护中作为过负荷的保护接线。

（2）三相 Y 形接线如图 10–8（b）所示。这种接线中的三个电流线圈，正好反应各相流过的电流，广泛用于负荷不论平衡或不平衡的三相电路中，这种接线方式组成的继电保护电路，能对各种故障具有相同的灵敏度，特别广泛用于三相四线制系统，包括 TN–S 系统或 TN–C–S 系统中，供测量电流用。

（3）两相 V 形接线图 10–8（c）所示。这种接线也叫两相不完全 Y 形接线，在继电保护装置中，这种接线称为两相两继电器接线。因为继电器中流过的电流等于电流互感器二次电流，它反应的是相电流。U 相电流由 U 相电流表指示；W 相电流由 W 相电流表指示；V 相电流表接在 U、W 相电流表连接点与两台电流互感器连接点之间。由三相交流电路基本定律可知，电流 $I_u+I_v+I_w=0$，$I_u+I_w=-I_v$。此电流表指示值为 U 相和 W 相电流的矢量和，即为 V 相电流值。这种接法广泛用于 6 ～ 10kV 中性点不接地而负荷不论平衡与否的三相三线制电路中，供测量三相电流之用。

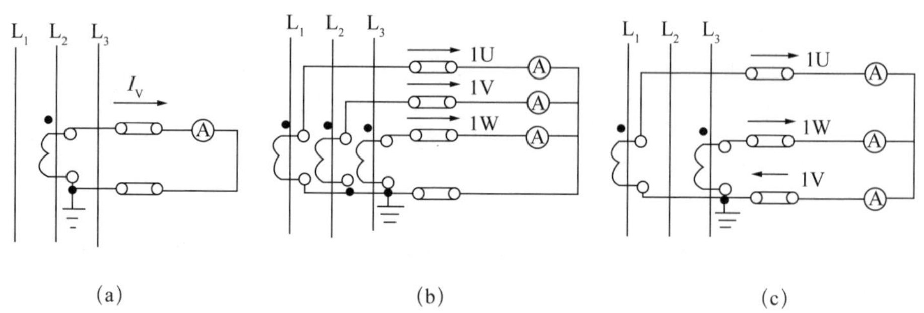

图10–8　电流互感器的三种接线原理图

五、电流互感器运行注意事项

（1）电流互感器的一次线圈串联接入被测电路，二次线圈与测量仪表连接，一、二次线圈极性应正确。

（2）二次侧的负载阻抗不得大于电流互感器的额定负载阻抗，以保证测量的准确性。

（3）电流互感器不能与电压互感器二次侧互相连接，以免造成电流互感器近似开路，出现高电压的危险。

（4）电流互感器二次绕组铁芯和外壳都必须可靠接地，以防一、二次线圈绝缘击穿时，一次侧的高压窜入二次侧，危及人身和设备的安全。而且电流互感器的二次回路只能有一个接地点，决不允许多点接地。

（5）电流互感器一次侧带电时，在任何情况下都不允许二次线圈开路，因此在二次回路中不允许装设熔断器或隔离开关。这是因为在正常运行情况下，电流互感器的一次磁势与二次磁势基本平衡，励磁磁势很小，铁芯中的磁通密度和二次线圈的感应电势都不高，当二次开路时，一次磁势全部用于励磁，铁芯过度饱和，磁通波形为平顶波，而电流互感器二次电势则为尖峰波，因此二次绕组将出现高电压，给人体及设备安全带来危险。

（6）电流互感器运行前的检查：

①套管无裂纹、破损现象。

②充油电流互感器外观应清洁，油量充足，无渗漏油现象。

③引线和线卡子及二次回路各连接部分应接触良好，不得松弛。

④外壳及二次侧应接地正确、良好，接地线连接应坚固可靠。

⑤按电气试验规程，进行全面试验并应合格。

（7）电流互感器巡视检查：

①各接头有无过热及打火现象，螺栓有无松动，有无异常气味。

②瓷套管是否清洁，有无缺损、裂纹和放电现象，声音是否正常。

③对于充油电流互感器应检查油位是否正常，有无渗漏现象。

④电流表的三相指示是否在允许范围之内，电流互感器有无过负荷运行。

⑤二次线圈有无开路，接地线是否良好，有无松动和断裂现象。

（8）电流互感器的更换：

①电流互感器在运行中损坏需要更换时，应选择电压等级与电网额定电压相同、变比相同、准确度等级相同、极性正确、伏安特性相近的电流互感器，并测试合格。

②由于容量变化而需要成组更换电流互感器时，应重新审核继电保护整定值及计量仪表的倍率。

六、零序电流互感器

零序电流互感器是用来检测零序电流的，因此称为零序电流互感器。在电力系统产生零序接地电流时与继电保护装置或信号配合使用。当电路中发生触电或漏电故障时，互感器二次侧输出零序电流，使所接二次线路上的设备保护动作，报警，切断电源。零序电流互感器外形如图 10–9 所示。

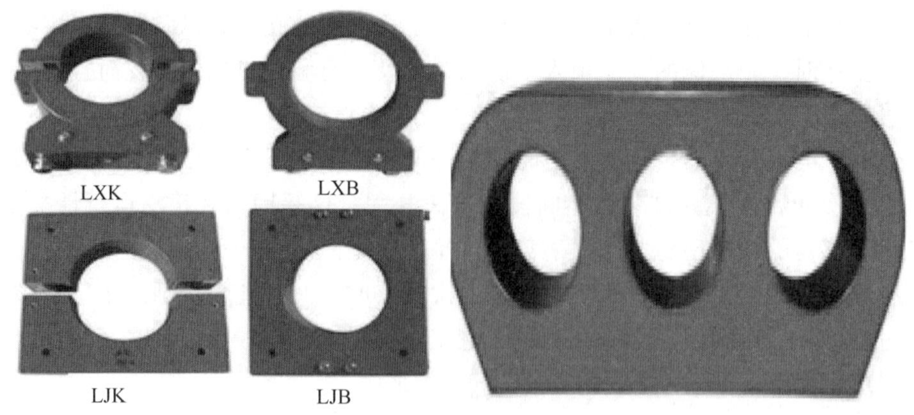

(a) HS系列零序电流互感器　　(b) LSZ三相一体零序电流互感器

图10−9　零序电流互感器外形图

(一) 以 HS−LJK、HS−LXK 系列零序电流互感器为例

HS−LJK、HS−LXK 系列零序电流互感器是电缆型，采用 ABS 工程塑料外壳、树脂浇注成全密封；绝缘性能好，外形美观；具有灵敏度高、线性度好、运行可靠、安装方便等特点；使用范围广泛，不仅适用于电磁型继电保护，还能适用于电子和微机保护装置。

(二) 保护原理

1. 应用

可在三相线路上各装一个零序电流互感器，或让三相导线一起穿过一个零序，也可在中性线 N 上安装一个零序，利用这些零序电流互感器来检测三相电流的矢量和，即零序电流 I_o，$I_A+I_B+I_C=I_o$，当线路连接的三相负荷完全平衡时，$I_o=0$；当线路连接的三相负荷不平衡时，则 $I_o=I_N$，此时的零序电流为不平衡电流 I_N；当某一相发生接地故障时，必然产生一个单相接地故障电流 I_g，此时检测到的零序电流 $I_o=I_N+I_g$ 是三相不平衡电流与单相接地电流的矢量和。

2. 安装

对于 IT 接地系统，由于发生单相接地故障时，接地电流不仅能沿着发生故障电缆的导体表面流回，而且也可能沿着非故障电缆的导体表面流回，故安装时必须将电缆头经零序接地，这样才能保证故障相和非故障相的电容电流通过接地点，即能防止区外故障时保护装置误动作，又能保证故障时装置可靠动作。对于 IT 接地系统，一般采用在中性线 N 上安装零序，对在低压侧母排的零序必须安装于中性线 N 与工作接地点（或重复接地）之间的母排上。如零序安装于配电屏的 N 线母排上，由于配电屏金属外壳一般直接与接地极相连，当母线发

生接地短路时，产生的故障电流 I_g 将沿着配电屏金属外壳→接地线→变压器中性点流动，而不经过零序，达不到所要实现的保护功能。

（三）使用方法和安装要求

（1）接地线应采用铜绞线或镀锡铜编织线，接地线的截面积不应小于 $25mm^2$，接地线应使用接地端子安装在接地排上。

（2）零序电流互感器安装时应注意同名端，电缆有零序电流互感器正面“P1或 S1”侧穿入，则 P1、S1 为同名端。

（3）应保证选用零序电流互感器内径大于电缆终端头外径。

（4）开口式零序电流互感器的两部分应配套使用不可与其他互感器互换。

（5）整体式零序电流互感器的安装应在电缆终端头制作前进行，电缆须穿过零序电流互感器。

（6）零序电流互感器应装在开关柜底板上面，应有可靠的支架固定。

（7）施工中尽量不要拆动零序电流互感器，如必须拆动，工作完毕必须恢复原状，防止造成电流互感器二次线圈开路。

（8）电缆终端头穿过零序电流互感器后，电缆终端头金属护层和接地线应对地绝缘，电缆接地线与电缆屏蔽的接地点在互感器以下时，接地线应直接接地，如图 10–10 所示。

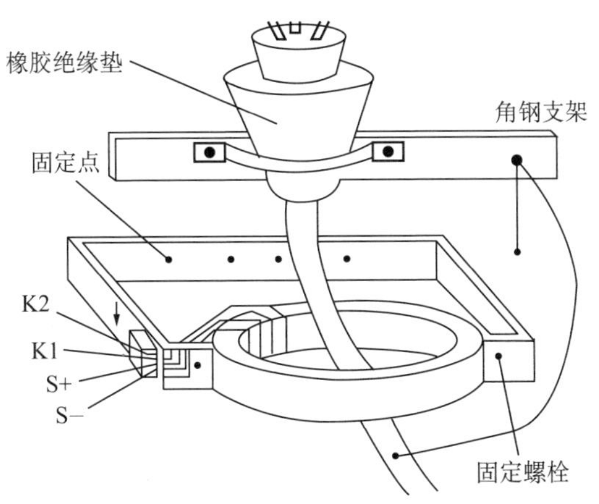

图10–10　接地点在零序电流互感器以下的安装与接线

（9）电缆终端头穿过零序电流互感器后，电缆终端头金属护层和接地线应对地绝缘，电缆接地线与电缆屏蔽的接地点在互感器以上时，接地线应穿过零序电流互感器后接地，如图 10–11 所示。

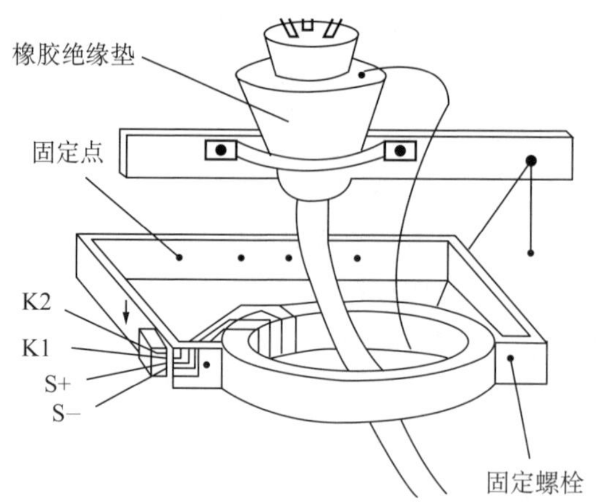

图10—11　接地点在零序电流互感器以上的安装与接线

（四）零序电流互感器与电流互感器的使用区别

零序电流互感器是一种线路故障电流监测器。一般只有一个铁芯与二次绕组，使用时，将一次三芯电缆穿过互感器的铁芯孔，二次通过引线接至专用的继电器，再由继电器的输出端接到信号装置或报警系统。在正常情况下，一次回路中三相电流基本平衡，所产生合成磁通近似于零。在互感器的二次绕组中无感应电流，当一次线路中发生单相接地等故障时，一次回路中产生不平衡电流，在二次绕组中感应微小的电流使继电器动作，发出信号。这个使继电器动作的电流很小（mA 级），称为二次电流或零序电流互感器的灵敏度（也可用一次最小动作电流表示）。

在 10kV 馈线开关柜中位于开关内侧的电流互感器，其接线方式一般分为两相或三相。该电流互感器由一次绕组（L_1、L_2）和二次绕组、铁芯并有硅橡胶浇筑而成。

电流互感器是将一次设备的大电流转换成二次设备使用的小电流，其工作原理相当于一个阻抗很小的变压器。其一次绕组与一次主电路串联，二次绕组接负荷。电流互感器的变比一般为 X/5A 或 X/1A，即可保证电流互感器二次侧电流不大于 5A 或 1A。

在电厂和变电站中，如果高压配电装置远离控制室，为了增加电流互感器的二次允许负荷，减小连接电缆的导线界面及提高精确等级，多选用二次额定电流为 1A 的电流互感器。相应的，微机保护装置也应选用交流电流输出为 1A 的产品。

在变电站中，电流互感器用于三种回路：微机保护、测量和计量，而这三种回路对电流互感器的准确级次要求是不同的。根据准确级次的不同可将电流

互感器的绕组划分为10P10（保护）、0.5（测量）和0.2（计量）。用于测量和计量的绕组着重于精度，用于保护的绕组着重于容量，以避免铁芯饱和影响实际变比。

电流互感器二次绕组的接线常用的有三种：完全星形接线、不完全星形接线和一相式接线。

第三节　有功电能表

国家智能电网的建设，未来几年内，机械式电能表、电子式电能表和机电一体式电能表将被电子式智能电能表取代。目前，家庭用户基本使用的是单相电能表，工业动力用户通常使用的是三相电能表。

一、有功电能表

用来计量某一时间段电能累计值的仪表俗称电度表。目前除了使用较普遍的机械式有功电能表之外，常用的还有电子式（IC卡）有功电能表（读数是由液晶板显示的）。

（一）一般要求

（1）电能计量装置应能保证正确计量电能和合理的计算电费，凡验收不合格者不准使用。供电部门根据用电单位的性质、电价分类，负责装设供用电计费用的电能计量装置。

（2）用电单位为10kV及以上电压等级的供电，变压器的总容量在630kV · A及以上时，应为高压计量。高压计量用户应设置专用的高压计量柜，并安装多功能电能表及远方采集装置。

（3）高压计量柜属供电部门计费用，其柜内的电能计量装置包括有功、无功等计量表计及计量用的电压互感器、电流互感器等设备由供电部门确定，对于10kV及以上的表计量所用互感器，可由用电单位自备，但应具有经供电部门检定，并具有有效期内的检定证书。电能计量方式和电流互感器的变比，应有供电部门确定。

（4）用电单位根据供电方案通知书负责电能表表位、附件位置以及二次线等设备的安装。

（5）凡是高压、低压计量带互感器者，应在二次电压、电流的二次回路中装设专用的接线端子盒。

(6) 电能计量用的互感器，二次负载不应超过额定值。

(7) 对于二次侧为双线圈的电流互感器，电能表应单独接用一套线圈。

(8) 35kV 及以上专用线路的用电单位，电能计量装置应设在该线路的首端。

(9) 在电能计量电源侧的所用变压器应单独装设电能计量装置。

（二）名牌和意义

有功电能表表盘表示含义："kW · h"为有功电能表的单位，1kW · h=1 度电。如图 10–12 所示："3687"为读数，"3"一般不在计算（或读数）范围内；"DD862—4 型"为有功电度表的型号；"220V"是说明此有功电能表在电压为 220V 的电路中使用；"10（20）A"是说明这块有功电能表的额定电流是 10A，在短时间内电流允许超过额定电流，但不允许超过 20A；"50Hz"是说明此有功电能表在频率为 50Hz 的交流电路中使用；"600revs/kW · h"是说明接在此有功电能表上的用电器，每消耗 1kW · h 的电能，电能表上的转盘就转动 600 转。

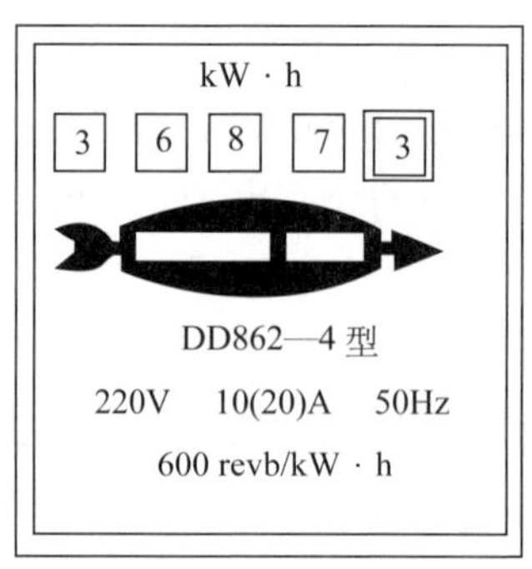

图10–12 有功电能表表盘表示含义

电能表前后两次的读数之差就是用电器在对应的这段时间内消耗的电能。

例如：上月读数 3667，本月读数 3687，上月至本月的用电量 =3687–3667=20 度电（kW · h）

在配带电流互感器与电压互感器的电度表中的实际用电量为：

实际用电量 =（本月电表读数 – 上月电表读数）× 电流互感器变比 × 电压互感器变比。

二、利用电能表计算电功

根据电能表的转数可以求出通过用电器的电流在某段时间内所做的功，或所消耗的电能。在计算时通常有两种方法：

（1）先根据每 kW · h 的转数求出表盘转一转所消耗的电能，再看表盘在一段时间内转了多少转，用上面两个数据相乘，所得乘积就是用电器在这段时间内消耗的电能。

（2）由于电能表转盘的转数与所通过的电流所做的功（或消耗的电能）成正比，因此可以先统一单位，然后列出比例式，再求解答案。

【例 1】 刘某在关闭微机房的总电闸时，发现如图 10–13 所示的有功电能表转盘在缓慢地转动，他利用手表估测了一下，2min 转盘转动了 5 转，求 2min 内消耗了多少 J（焦耳）电能？机房内有 20 台型号相同的电脑显示器处于待机状态，求一台电脑显示器的待机功率约为多少瓦。

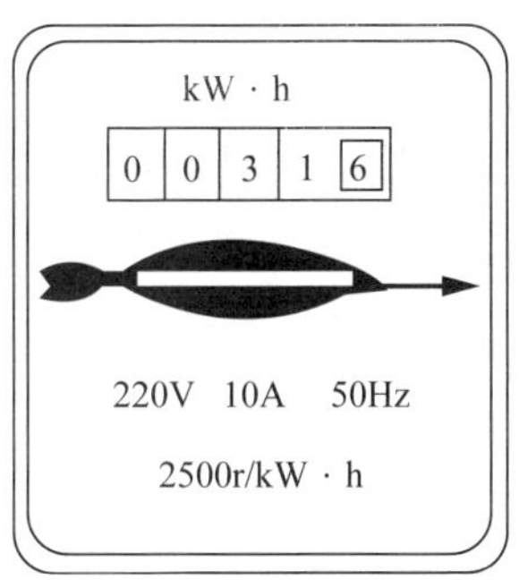

图10–13　有功电能表表盘

解：设 2min 内消耗的电能为 x；

由题意得：$\dfrac{1}{2500}=\dfrac{x}{5}x=0.002\text{kW}\cdot\text{h}=7.2\times10^3\text{J}$

每台显示器的待机功率：$P=\dfrac{W}{20t}=\dfrac{7.2\times10^3\text{J}}{20\times120\text{s}}=3\text{W}$

答案：2min 内消耗了 7.2×10^3J（焦耳）的电能，一台电脑显示器的待机功率约为 3W。

三、单相电子式电能表

（一）主要功能特点（DDS70 型单相电子式电能表系列 LCD 显示）

（1）性能优于 GB/T 17215.321—2021《电测量设备（交流）特殊要求　第 2 部分：静止式有功电能表》，通信规约符合 DL/T 645—2007《多功能电能表通信协议》等国家标准以及行业标准。

（2）6 位整数 2 位小数液晶显示。

（3）无源脉冲输出功能。

（4）光电脉冲指示功能。

（5）防窃电功能。

①历史电量记录，根据可编程的抄表日自动转存，存储 12 个抄表周期的历史电量。

②反向电量记录功能，记录反向电量发生的起止时间及发生的电量值。

③需量功能，记录抄表周期内的最大需量并存储历史记录。

④停电常显功能，无须外备电源可长时间显示电量值。

⑤停电情况下可通过红外及按键激活液晶显示。

⑥红外通信功能，通信距离大于 256 点。

⑦编程记录功能，自动记录历史的编程记录。

⑧液晶背光显示。

（二）读取 ddzy311c–z 型单相费控智能电能表数字

ddzy311c–z 型单相费控智能电能表是一款带预付费卡 + 载波通信功能的国网单相费控智能表。计量的电能数据比较多，一般以供电局的收费单据为依据，有几个收费项目就在电能表上读取几个电量数据。例如：正向有功总电量（现在普通的电能表只计量此数据）、尖、峰、平、谷的电量。

（1）计量计费功能：正反向有功电能计量和分时电能计量，并可设置组合有功计量。

（2）可设置费率时段功能：具有可定时切换的 2 套时区表、具有可定时切换的 2 套时段表、具有可定时切换的 2 套电价表、支持节假日公休日特殊费率设置、时区不少于 14 个，时段不少于 8 段，费率不少于 4 套。

（3）阶梯功能：具有可定时切换的 2 套阶梯表，阶梯数 4 个，阶梯电价按照当前结算周期有功组合总电能进行切换，当表计时间跨过结算日“1”时将当前结算周期有功组合总电能清零，重新计算阶梯电量。

（4）费控功能：当剩余金额小于或等于设定的报警金额时，报警灯常亮，当剩余金额为零或小于设定的透支门限金额时，电能表拉闸，同时拉闸灯与报警灯常亮，当电能表收到有效的续费信息后，先扣除透支金额，此时剩余金额大于设定值时（默认为零），方可允许合闸（插用户卡或长按轮显键 3 秒），恢复供电。

（三）以 IC 卡复费率电表为例

IC 卡复费率电能表是近年来的新产品，采用专用集成电路进行电能计量、专用 CPU 电路进行数据处理、显示和控制继电器动作。主要特点是性能可靠、准确度高、高过载、功耗低、体积小、重量轻和使用方便等。IC 卡复费率电能表外形如图 10–14 所示。

图10–14　IC卡复费率电能表

1. 用途和使用范围

供计量额定频率为 50Hz 的交流单相有功电能。适用于预付费以及与计算机联网等。

2. 主要技术参数

(1) 额定电压：220V ± 10，额定频率：50Hz。

(2) 额定电流：5（20）A，10（40）A。

(3) 仪表常数：1600r/kW · h。

(4) 环境温度：−10 ～ + 45℃。

(5) 相对湿度：不大于 85%。

(6) 等级：1.0 级，2.0 级。

(7) 具有防潜动逻辑电路。

(8) 使用寿命：大于或等于 8 年。

(9) 具有防窃电功能。

3. 工作原理

电能表由电能计量部分与微处理器部分两个主要功能块组成。电能计量部分使用单相电能测量专用集成电路，该电路产生与用电量成比例的脉冲序列，然后送至微处理器管理系统，IC 卡上的电量数据通过 IC 卡导入装置直接送至微处理器管理系统，最后由 CPU 运算后，提供状态显示和报警信号等。

4. 主要功能（电量显示）

1）电能表采用 4 位 LED 显示

轮显方式如下：

FL—跳闸标志、C—报警标志、HH—当前的时间、LL—当前的功率、Sd—剩余电量、Ad—总电量、Ud—本月尖电量、Hd—本月峰电量、Ld—本月谷电量、Pd—本月平电量。

2）功能特点

（1）电表只接受本系统卡，非本系统卡插入后，电表不会显示。

（2）本电表有很多参数可以读取。电量分 6 种（剩余电量、总、尖、峰、平、谷电量），还有上月的 6 种电量。

（3）当用户的剩余电量为 0 时，电表跳闸，用户必须到有关部门重新购电，数据保护采用全固态集成电路技术，无须电池，断电后数据可保持十年以上。

（4）电量提示：用户用电时，电能表中电量递减计数，当表中剩余电量等于报警电量时，跳闸断电一次，用户需插入 IC 卡，就可恢复供电，用户此时应及时购电。

（5）断电：当电能表中剩余电量为零时，电能表自动跳闸，中断供电，用户应直接插入电量有效电能卡。

（6）费率：四个（尖、峰、谷、平），可划分时段数：12 段（任意时段，可分别设为尖、峰或谷，未设置时间段为平时时段）。

3）记录非正常用电

当剩余电量为零，电表还在运行，电能表会记录过零电量，并在用户下次购电时回写到售电系统，便于电力部门做相应的处理。

4）用户抽检功能

售电软件可提供数据抽检用，参数并根据要求提供优先抽检的用户序列。

四、三相电子式电能表

电子式电度表功能强大，可计量正反有功、无功电量。

（一）基本原理

当信号采集器分别采集到电压和电流信号，经模数转换后，进行差乘得到瞬时参量（有功功率、无功功率），利用计量芯片，计量芯片中含数据处理器（DSP），在它的控制下，高速模数转换器将来自电压、电流采样电路的模拟信号转换为数字信号，对其进行数字积分运算和误差补偿，输出与能量相对应的频率信号或将能量转化为数值存于能量寄存器中，进行对时间的积分，即达到累计的电量。

（二）电子式三相多功能表使用 DSSD25（6EJ）、DTSD25（6EJ）

电子式三相多功能电能表是采用微电子技术、计算机技术和 SMT 制造技术，设计和制造的新一代电能表，它可以直接精确地测量正向、反向的有功电能以及正向和反向的无功电能，依据相应费率和需量等要求进行处理，并可显示当前各相电流电压及电网频率。全部性能指标符合 GB/T 17215.321—2021《电测量设备(交流)特殊要求　第 21 部分》国家标准对多功能电能表的各项技术要求，其通信符合 DL/T 645−2007《多功能表通信协议》的要求。该产品具有四种费率、12 个时段、多个时区及日时段表、百年日历时钟、红外遥控编程抄表、并具有 RS485 通信接口、手动停电唤醒等功能，其性能稳定、精确度高、操作方便，是适应电能管理现代化的理想计量仪表。

（三）主要功能

（1）分时计量和反向有功电能。

（2）可计量有功总电能及 A、B、C 分相有功电能。

（3）分时计量正向无功和反向无功电能、正向无功和反向无功计量方式可设置。

（4）分时计量正向有功、正向无功最大需量及其最大需量发生的时间。

（5）可编程多个时区、费率、日时段、公共假日及多套日时段表。

（6）可实时测量各相电流、电压、功率、功率因数等参数。

（7）具有失压、失流、编程、需量清零、电池工作时间和电表运行时间等时间记录。

（8）具有历史 12 个月正向有功用电量记录功能。

（9）具有有功和无功测试端口，光电隔离。

（10）可通过掌上电脑非接触式（红外通信）设表（预编程），抄表。

（11）具有 RS485 远程通信接口，通过 RS485 接口与 PC 机或掌上电脑进行通信。

（12）在停电的状态下不附加任何外置直流电源进行抄表，通过红外遥控器现场查看数据。

（13）具有事件报警及故障报警功能。

（14）通过 LCD 显示电能表的运行状态、各种参数设置情况和各种计量数据。

（15）可实现参数自动轮显，轮显的参数（最多 32 项）和轮显时间、顺序可任意设置。

（16）具有编程和编程禁止功能，电量清零及需量复位功能。

(17) 具有电量冻结、整点负荷等功能，可计量四个象限的无功，电池更换简单容易。

(18) 分时计量反向有功、反向无功最大需量及其最大需量发生的时间，可具有秒时钟输出功能。

(四) 电子式三相多功能表

电子式三相多功能表，DSSD25（6EJ）、DTSD25（6EJ）工作原理，如图10–15所示。

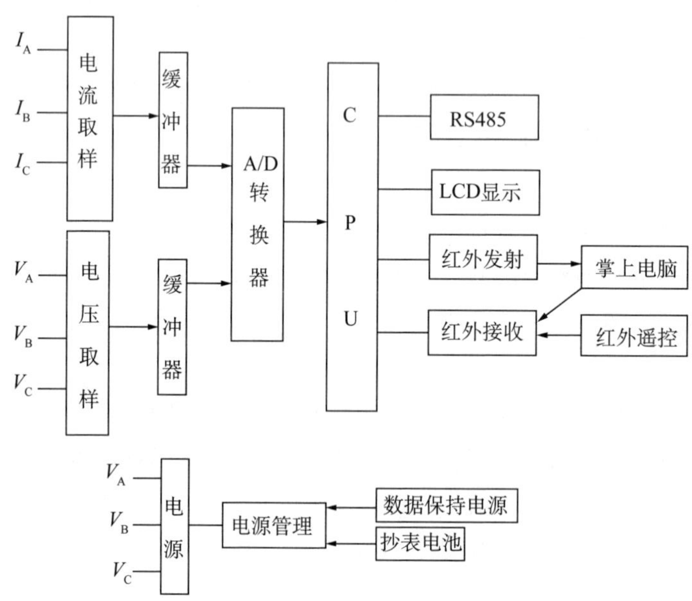

图10–15　电子式三相多功能电能表结构图

(五) 电子式三相多功能表的规格型号

电子式三相多功能电能表规格型号见表10–1。

表10–1　电子式三相多功能电能表规格型号

型号	类别	准确度等级		额度电压	标定电流
		有功	无功		
DSSD25	三相三线	005S 0.5 0.2	1 2	3×100V	3×0.3（1.2）A 3×1.5（6）A
DTSD25	三相四线	005S 0.5 0.2	1 2	3×57.7/100V 3×220/380V	3×0.3（1.2）A 3×1.5（6）A

（六）电子式三相多功能电能表技术指标

电子式三相多功能电能表技术指标见表 10–2。

表10–2　仪表的常数

<table>
<tr><th rowspan="2">型号</th><th colspan="2">规格</th><th colspan="2">电能脉冲常数</th></tr>
<tr><th>电压</th><th>电流</th><th>有功，imp/kWh</th><th>无功，imp/kvarh</th></tr>
<tr><td rowspan="2">DSSD25</td><td rowspan="2">3×100V</td><td>3×1.5（6）A</td><td>3200</td><td>3200</td></tr>
<tr><td>3×0.3（1.2）A</td><td>25600</td><td>25600</td></tr>
<tr><td rowspan="5">DTSD25</td><td rowspan="4">3×57.7/100V</td><td>3×1.5（6）A</td><td>6400</td><td>6400</td></tr>
<tr><td>3×0.3（1.2）A</td><td>3×0.3（1.2）A</td><td>3×0.3（1.2）A</td></tr>
<tr><td>25600</td><td>25600</td><td>25600</td></tr>
<tr><td>25600</td><td>25600</td><td>25600</td></tr>
<tr><td>3×220/380V</td><td>3×1.5（6）A</td><td>3200</td><td>3200</td></tr>
</table>

注：imp 是脉冲的英文 impulse 的缩写，电表的有功、无功脉冲常数。用 imp/kWh、kvarh 来表示脉冲输出常数，3200imp/kWh 表示每 3200 个脉冲代表一度电，也就是脉冲灯每闪 3200 下，电表走 1 度电。

（七）电子式三相多功能电能表电源端子

电子式三相多功能电能表电源端子接线如图 10–16 所示。

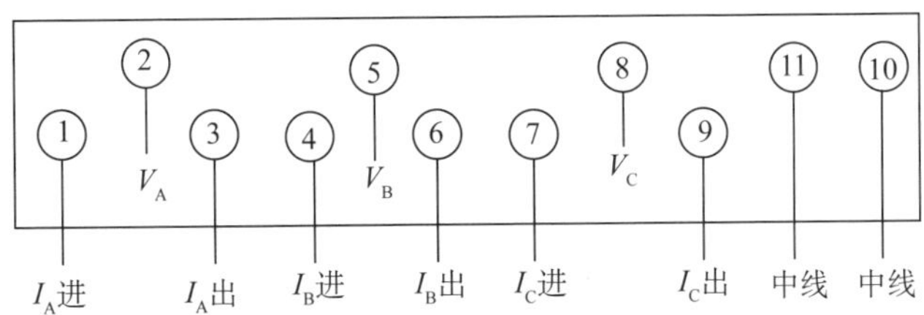

图10–16　电子式三相多功能电能表电源端子接线图

五、DS862　DT862三相有功电能表

DS862 型三相三线有功电能表，DT862 型三相四线有功电能表，为感应系电能表，适用于三相电网中，频率为 50Hz 的三相三线、三相四线交流有功电能的计量。

（一）型号规格和技术参数

仪表型号规格见表 10–3。

表10–3 仪表型号规格

规格 / 型号	参比电压	基本电流I_b（额定最大电流Imax）（A）	准确度等级按GB/T 17215.311–2008 GB/T 17215.200–2006
DS862–4型三相三线有功电能表	3×380	1.5（6）、5（20）、10（40）、15（60）、20（80）、30（100）	1.0级
DS862–4型三相四线有功电能表	3×220/380	1.5（6）、5（20）、10（40）、15（60）、20（80）、30（100）	1.0级

1. 启动

电能表在参比电压、参比频率及 $\cos\phi$=1 时，通入 0.5% 的电流，电能表的转子应启动和连续旋转，检查转子至少旋转一转，转动方向自左向右。

2. 潜动

电能表电流线圈无电流，电能表转子在参比电压的 80% 和 110% 之间的任一电压值时，不应旋转完整的一转。

3. 拒动

电能表在参比电压、参比频率及 $\cos\phi$=1 时，通入 0.5% 的电流或更大的电流，电能表的转子不动（电能表流过大电流时转子转动缓慢也属于拒动）。

4. 冲击电压试验

电能表所有线路对金属外壳外露部分，应能耐受标准冲击波形为 1.2/50μs，其峰值为 6kV，每次试验，极性相同，施加 10 次。

（二）交流耐压试验

（1）外壳对电流线路，电压线路间应能耐受参比频率为 50Hz 的实际正弦波形的交流电压 2kV 历时 1min 的试验。

（2）电能表串联线路与并联线路间应能耐受参比频率为 60Hz 的实际正弦波形的交流电压 2kV 历时 1min 的试验。

六、机械式有功电度表的接线

电能表接入被测电路时，电流线圈和电压线圈中有交变电流流过，这两个交变电流分别在它们的铁芯中产生交变磁通；交变磁通穿过铝盘，在铝盘中感应出涡流；涡流在磁场中受到力的作用，使铝盘得到转矩（主动力矩）转动。负载消耗的功率越大，通过电流线圈的电流越大，铝盘中感应出的涡流也越大，使铝盘转动的力矩越大。铝盘转动时，又受到永久磁铁产生的制动力矩的作用，制动力矩与主动力矩方向相反；制动力矩的大小与铝盘的转速成正比，铝盘转动得越快，制动力矩也越大。当主动力矩与制动力矩达到暂时平衡时，铝盘将

匀速转动。负载消耗的电能与铝盘的转数成正比。铝盘转动时，带动计数器，把消耗的电能指示出来。

（一）单相有功电度表的接线

（1）DD 型单相跳入式有功电度表接线图，如图 10−17 所示。

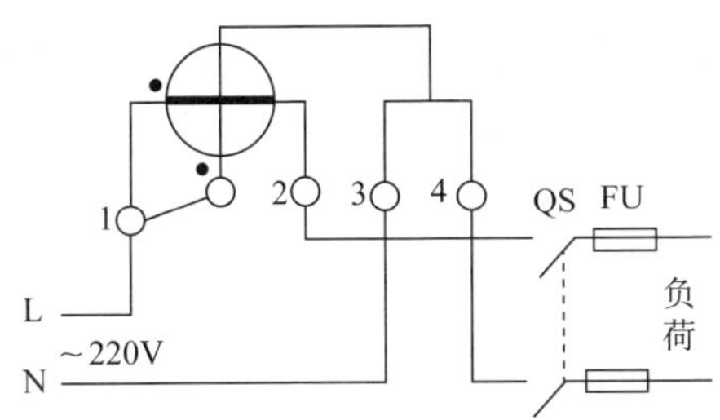

图10−17　DD型单相跳入式有功电度表接线图

（2）DD 型单相顺入式有功电度表接线如图 10−18 所示。

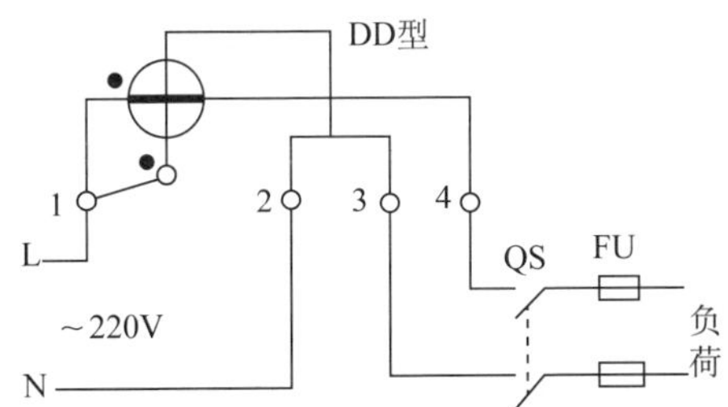

图10−18　DD型单相顺入式有功电度表接线图

（3）单相有功电度表经电流互感器接线如图 10−19 所示。

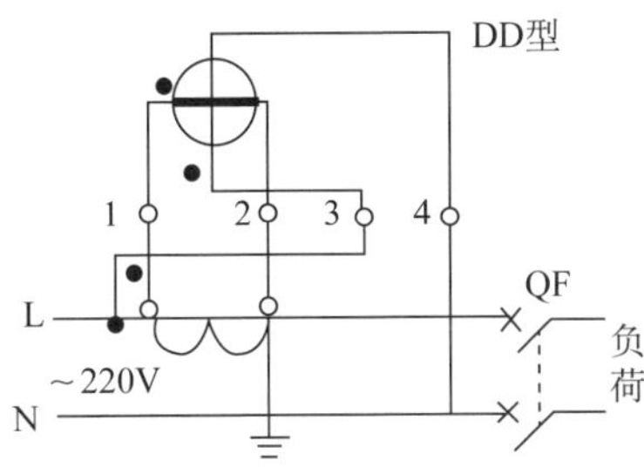

图10−19　DD型单相有功电度表经电流互感器接线图

①电流互感器应用 LQG 型的其精度应不低于 0.5 级，电流互感器的一次额定电流应等于或略大于其负荷电流。

②电流互感器的极性要用对，K_2 应接地或接零。

③电度表的额定电压应与电源电压一致，额定电流应为 5A。

④二次线应使用绝缘铜线，中间不得有接头其截面积为：电压回路应不小于 1.5mm²；电流回路应不小于 2.5mm²。

（4）单相有功电度表分直入式（全部负荷电流流过电流表的电流线圈）和经电流互感器的两大类：直入式电度表又分为跳入式和顺入式两种。电度表安装位置和安装环境应符合规程的要求，接线要求如下：

①直入式有功电度表，电度表的额定电压应与电源电压一致，额定电流应等于或略大于负荷电流。

②应使用绝缘铜线，导线截面积应满足负荷电流的需要，但不应小于 2.5mm²（有增容可能时，其截面积可适当再大一些）。

③相线、零线不可接错，表外线不得有接头。

附：（1）单相有功电度表应通过测量，判断是跳入式的还是顺入式的，或经电流互感器接线的。通过测量，判断出电压线圈和电流线圈所在的出线位置（电流线圈的电阻值近似为零，电压线圈的电阻值近似于 1000±200Ω）。

（2）直入式电度表导线的选用，按口诀（导线允许电流估算法）。

【例 2】 计算负荷电流为 18A，可用额定电流为 20A 单相有功电度表（如：DD28–20A），或用额定电流为 5A 的经电流互感器接线的单相有功电度表，如 DD28–5A 配用 20/5 的电流互感器（LQG–0.5 20/5）。

（二）直入式三相有功电度表的接线

直入式三相有功电度表有三相四线式（三相三元件）和三相三线式（三相两元件）两种。

1. 直入式三相四线（DT 型）有功电度表

直入式三相四线（DT 型）有功电度表的接线如图 10–20 所示。

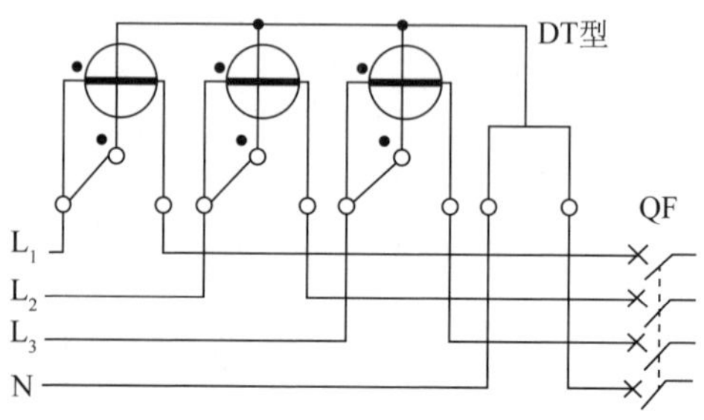

图10–20 DT型直入式三相四线有功电度表接线图

2. 直入式三相三线（DS 型）有功电度表

直入式三相三线（DS 型）有功电度表的接线如图 10–21 所示。

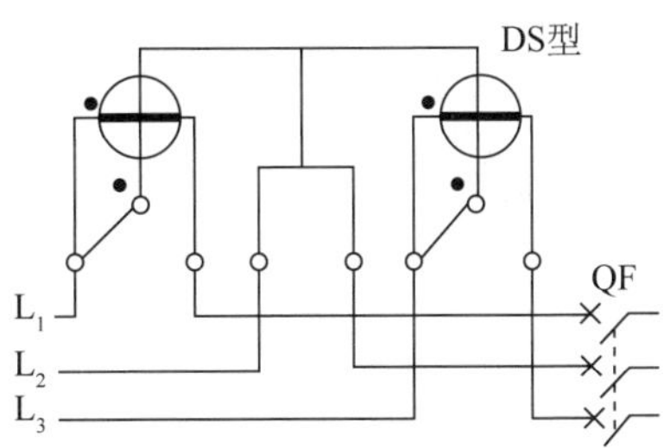

图10–21　DS型直入式三相三线有功电度表接线图

3. 接线要求

（1）电度表的额定电压应与电源电压一致，额定电流应等于或略大于其负荷电流。

（2）按正相序入表接线，表外线不得有接头。

（3）导线应使用绝缘铜线，其截面积应满足负荷电流的需求，但不得小于 $2.5mm^2$。

（4）三相四线有功电度表的零线必须进出表。

【例 3】（1）如三相四线负荷为 45A，选直入式电度表做有功电量的计量（表外线穿管），选 DT8–380/220–3 × 60A 的有功电度表，选用 BV–10 的导线。

（2）如三相三线负荷电流为 33A，选直入式有功电度表做有功电量的计量（表外线穿管），选 DS15–380V × 40A 的有功电度表，选用 BV–6 的导线（截面积为 $6mm^2$ 聚氯乙烯绝缘铜芯布电线）。

（三）三相有功电度表经电流互感器的接线

1. 三相四线有功电度表（DT 型）

三相四线有功电度表（DT 型）经电流互感器的接线，11 线表做 10 线接如图 10–22 所示。

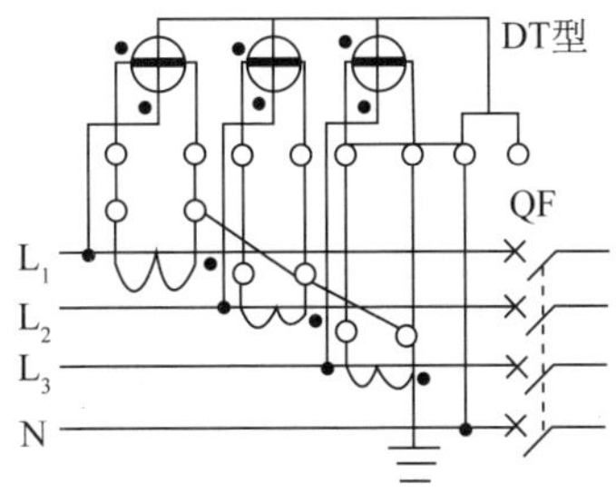

图10–22　DT型电度表经电流互感器接线图

2. 三相三线有功电度表（DS 型）

三相三线有功电度表（DS 型）经电流互感器的接线，8 线表做 7 线接如图 10–23 所示。

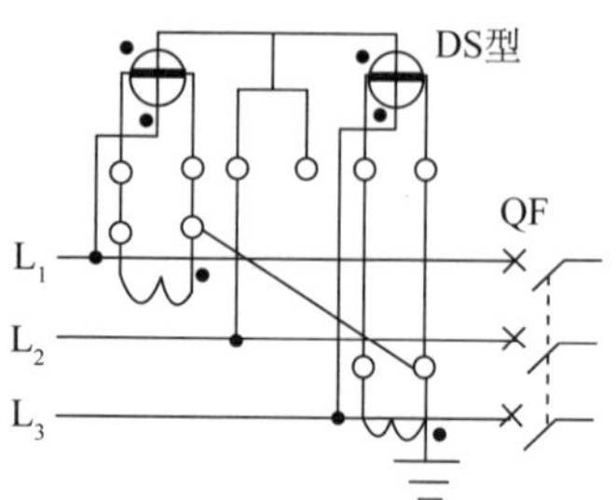

图10–23 DS型电度表经电流互感器接线图

3. 选件及接线要求

（1）电度表的额定电压与电源电压应一致，额定电流应为 5A。

（2）按正相序接线，有功电度表的电压连片必须拆除。

（3）电流互感器用 JQG 型的，精度应不低于 0.5 级，电流互感器的极性必须用对。

（4）二次线应使用绝缘铜线，中间不得有接头，其截面积：电压回路应不小于 $1.5mm^2$；电流回路应不小于 $2.5mm^2$。

（5）二次线应排列整齐，两端穿带有回路标记和编号的“标志头”。

（6）当计量电流超过 250A 时，其二次回路应经专用的端子接线，各相导线在专用端子上的排列顺序：自上至下，自左至右，为：A、B、C、N。

补充：DS 型三相三线有功电度表经电压互感器、电流互感器测三相有功、无功电能的接线原理图如图 10–24 所示。

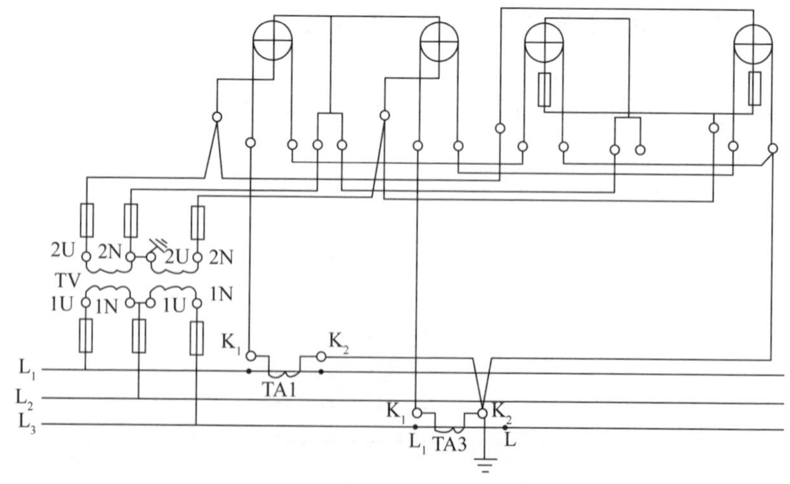

图10–24 经电压互感器、电流互感器测三相有功、无功接线图

七、电能表运行的一般规定

（1）计量用的各种表计，互感器和测量用的各种表计其精确度，应符合有关规定。

（2）用电单位受电端安装的计费计量装置，应由供电部门安装与管理，用电单位不得随意变动或拆封。否则按《中华人民共和国电力法》–2015 版的有关规定处理。

（3）用电单位发现计费电能表或互感器等在运行中出现异常现象和故障（如电压互感器熔断丝熔断、表不走等）时，应立即通知供电部门，电能表失准期间的电费应按《供电营业规则》–2016 办理。

（4）供计费电能表用的电压互感器，用电单位不得擅自停用和增加其他负荷。在特殊情况下需停用时，应取得供电部门的同意，并将停用事件记录准确。

（5）计费用的电能表的抄录工作，供电部门可委托用电单位值班人员代为进行，也可采用远方采集装置。

（6）计费用的电能表的校验及定期更换由国家授权部门负责进行。

八、对用电单位内部的计量仪表的规定

（1）用电单位内部的电能计量仪表与继电保护装置不得共用一套电流互感器线圈，若必须共用一组次级绕组时（应尽量采用二个次级绕组的电流互感器），继电保护装置应接在计量仪表之前。

（2）所选用的电能表应符合有关国家标准，不得使用淘汰产品。

（3）电能表（或电流互感器）所测的电路负荷经常在该装置额定电流的 10% 以下时，应考虑更换变比较小的电流互感器（或容量较小的电能表）。

（4）仅作为内部技术分析用，而与经济指标或电费计算无关的电能计量，除采用规定的接线外，在三相负荷平衡的线路中，可使用一具单相电能表计量电度（实用电度数为电能表记录的三倍）。

（5）电能计量用的互感器，二次负载不应超过额定值，电能表及表用互感器的准确等级应符合下列要求：

①有功电能表不能低于 2.0 级。

②无功电能表不应低于 2.0 ～ 3.0 级。

③电子式电能表不应低于 0.5 级。

④表用互感器低压不应低于 0.5 级。

（6）电能表均应经校验后加封印，电能表接线后，其端子接线盒也必须加封。

（7）在每一具电能表的外壳上或表尾端子接线盒盖内应标明它的接线图，

尤其是电压和电流线圈接线变动过的电能表，必须标明符合实际的接线图。

(8) 为保证电能计量的准确性，对新装、改装和拆换的电能表，必须采用正确的接线方式，并尽量按实际使用负荷，选择电流互感器及电能表。

(9) 高压电能计量的定期校验，容许在现场的环境条件和实际负荷下进行，对在实验室已校准合格的电能表，应在运行后一个月内在现场进行一次复校。

(10) 现场校验电能表时，除校验误差外，还应按规定进行综合误差的计算，同时检查接线的正确性和连接的可靠性以及倍率的正确性等。

(11) 运行中的电能表应进行定期现场校验，校验周期可参照如下规定：

①月用电量在 100×10^4kW · h 及以上的电能表，每三个月校验一次。

②月用电量在 10×10^4kW · h 及以上的电能表，每六个月校验一次。

③月用电量在 10×10^4kW · h 及以下的电能表，每一年校验一次。

(12) 标准电能表的定期校验每年至少一次，常用的每年可校验 2 ~ 4 次。

(13) 运行中的电能表在下列情况下应进行校验或检查：

①发现电能表表圆盘不转（无负荷除外）、反转（正常的反转除外）时。

②按下式用电秒表测定的每转秒数求出电力数后，与实际负荷比较超过 20% 以上时。

$$\text{计算电力(kW)}=\frac{PT\text{比}\times CT\text{比}\times 3600(\text{kWs}/\text{kWh})}{\text{被试表的常数(转}/\text{kWh})\times\text{每转秒数(s}/\text{转})}$$

③在负荷不变的情况下，与过去同期相比用电量有明显变化时。

(14) 当用电设备发生变化时，应根据变化后容量及负荷大小及时更换合适的电能表或电流互感器。

(15) 电能表现场校验的历次记录必须齐全，且妥善保存，卡片上的字迹应填写清楚整齐。用电单位有责任向供电部门提供有关记录。

第四节　电价与电费

电能是商品，电价、电费是电能价值的货币表现；电能计量既包含由电能计量装置确定电能量又包括计价方式。正确制定和执行电价，合理计算用电量和电费，不仅能保证电力企业的合理收入，而且能在经济上促使客户合理用电，切实提高电能的使用效益。

一、电价

国家实行分类电价和分时电价。对同一电网内的同一电压等级、同一用电类别的用户，执行相同的电价标准。

（一）电价规定

1. 电价政策

《中华人民共和国电力法》–2015版关规，电价实行统一政策、统一定价原则，分级管理。

2. 制定电价的基本原则

合理补偿成本，合理确定收益，依法计入税金，公平负担，简化价目、价种、便于计费，电价相对稳定。

（二）电价制度

1. 单一制电价

单一制电价是指只有一个电度电价，按用户每月实际用电量多少来计算电费，而不论用电量多少都执行同一种电价。但对于装机容量在100kVA及以上的用户，还需缴纳功率因数调整电费。

2. 两部制电价即基本电价与电度电价

（1）基本电价，反映的是电力成本中的容量成本，以用户用电的最高需求量或变压器容量来计算；

（2）电度电价，反映的是电力成本中的电能成本，以用户实际使用电量为单位来计算电费。对实行两部制电价的用户，还应包含功率因数调整电费。

3. 峰谷分时电价

它将每天24小时分成高峰时段、平时段和低谷时段，不同的时段实行不同的用电价格。目的是促进用户自觉调整用电时间，合理用电，以提高用电负荷率，提高经济效益。

（三）电价分类

1. 常见电价分类

常见电价分类如下：居民生活电价、非居民照明电价、商业电价、非工业电价、普通工业电价、大工业电价、农业生产及排灌电价。

2. 电价划分

电价一般分为：上网电价、输配电电价、销售电价。

（1）上网电价就是电网企业（供电局）向发电企业购买电的价格。

（2）输配电电价（线损）相当于电的运费，即为电的损耗。

（3）销售电价就是电用户购买电的价格。

即：销售电价 = 上网电价 + 输配电价 + 输配电损耗 + 政府性基金。

3. 上网电价

上网电价包括容量电价和电量电价。容量电价是指用户对系统固定费用的实际损耗如发电设备的折旧等，容量电价就是为了确保能够回收固定设备的成本，由政府制定。电量电价是指发电所需的变量。如：发电所用的能源成本的回收和电厂利润，由市场价格形成。

4. 输配电电价

输配电电价（在厂网分开阶段时）= 电网平均销售电价 – 平均购电价格（在竞价实施阶段 = 成本 + 收益）。

5. 销售电价

1）销售电价的调整

分为定期调整和联动调整。定期调整按年度，如果电价水平变化不大，则不调整；联动电价指的是当上网电价变动超过一定幅度，销售电价也随之相应调整，这种调整只限于一般工商业及其他特殊行业。

2）销售电价的分类

按最终用户分为：居民生活用电、一般工商业及其他用电、农业生产用电三种。目前各地市都有所差别，一般城市分为：居民生活用电、大工业用电、一般工商业及其他用电、农业生产用电四种，趸售用电单独分类。其中工业用电 = 电度电价 + 基本电价。电度电价就是用了多少度电 × 单价。电度电价在不同时段其电价也不一样，一般指峰谷电价；例如深夜（23：00 ～ 7：00）是谷电，因电量消耗量小，电价便宜，为了节约能源，提高利用效率，所以提倡利用谷电。

（1）基本电价

不用电也应交纳的部分电费，即使工厂这个月不用电，或者停产半年，但是线路是会继续老化的，而且电力公司还时刻准备着工厂恢复用电，如工厂恢复用电电力公司必须立刻给予恢复，所以应收取基本电价，以保证这些线路的折旧等。

（2）趸售电价

相当于批发价，以县级为单位，向上一级供电单位或电网以批发价格购电，然后在本行政区域内出售。（有的县级有趸售，有的县级没趸售）再向下出售时，分具体的用户类别：一般工商业及其他用电、工业用电、农业生产用电等，价格不同，即使同类用户，电压等级不同，价格也不一样，居民生活用电没有趸售价格。

二、电量与电费的计算

《中华人民共和国电力法》–2015 和《电力供应与使用条例》–2016，对电价、电费和电费的回收都做了明确的规定。供电企业按照结算电量与电力用户结算电费。《电力供应与使用条例》–2016 第三十九条规定：逾期未交清电费的，供电企业可以从逾期之日起每日按照电费总额的 1% ~ 3% 加收违约金，自逾期之日起计算，超过 30 日经催缴仍未交付电费的，供电企业可以按照国家规定的程序停止供电。

（一）电量的计算

结算电量 = 抄见电量 + 变压器损耗电量 + 线路损耗电量 + 其他未经计量装置记录的电量

1. 抄见电量

根据电力用户电能计量表所指示的数据进行计算的电量。

计算公式：抄见电量 =（电能表本月指示数 − 电能表上月指示数）× 倍数

2. 变压器损耗电量

变压器损耗电量主要是指高压供电用户，变压器由用户自备，产权属于用户；供电部门在变压器低压侧安装电能计量表；该表只能记录电能表以内的用电量，不包含变压器自身的损耗电量。因此需加计变压器损耗电量。变压器损耗电量分为有功损耗和无功损耗。

3. 线路损耗电量

按设备产权划分的原则，属于用户财产并由用户维护管理的线路，若计量点在用户变压器侧，应加计线路损耗。

（二）电费的计算

1. 单一制电价的电费计算方法

电费 = 用电量 × 相应电价

但对于装机容量在 100kVA 及以上的用户，还需缴纳功率因数调整电费。

2. 两部制电价的电费计算方法

（1）计算电量，根据抄表记录和相应倍数计算出当月用电量。

（2）计算电度电费值：电度电费值 = 目录电价 × 用电量。

对实行峰谷分时电价的用户，则应算出峰谷电度电费值。

（3）计算基本电费值。

①按变压器容量计费：基本电费 = 变压器容量 × 变压器容量的基本电价。

②按最大需求量计费：基本电费 = 最大需求量数 × 最大需求量的基本电价。

（4）计算电费值：电费值 = 电度电费 + 基本电费。

（5）计算功率因数调整电费值，计算出用户当月实际功率因数，根据用户应执行的功率因数标准，计算其减收（奖）或增收（惩）的电费值。

功率因数调整电度电费值 = 电费值 + 功率因数调整电费值

3. 峰谷分时电价的电费计算方法

高峰时段电度电费 = 高峰时段电量 × 高峰时段电价

平时段电度电费 = 平时段电量 × 平时段电价

低谷时段电度电费 = 低谷时段电量 × 低谷时段电价

对实行单一制电价的用户：电度电费 = 高峰时段电度电费 + 平时段电度电费 + 低谷时段电度电费；

对实行两部制电价的用户，若不执行分时电价：电度电费 = 目录电价 × 用电量；

若执行峰谷分时电价：峰谷电度电费 = 高峰时段电价 × 高峰时段电量 + 平时段电价 × 平时段电量 + 低谷时段电价 × 低谷时段电量。

知识链接

附一：商业（一般工商业）供电局电费单

用电客户电费缴费通知单							
用户编号	1000520502	用户名称	北京××房地产开发有限责任公司				
缴费号	1000520502	缴费户名	北京××物业公司				
用户地址	北京市朝阳区东三环北路23号				电费类别	正常电费	
应收月份	2016年3月						
计量点编号	12000011632			定比定量		父计量点编号	
电价类型	商业用电						
计量点地址	北京市朝阳区东三环×××号						
计量点电费	电度电费486806.19元+力调电费−4940.51=481835.68						
电能表编号	超表示数类型	上次抄表示数	本次抄表示数	冻结抄表示数	倍率	加减电量（千瓦时）	抄见电量（千瓦时）
3005772515	有功（总）	70.02	711.44	0	12000	0	497040
3005772515	有功（尖峰）	31.9	31.9	0	12000	0	0
3005772515	有功（峰）	241.83	257.91	0	12000	0	192960
3005772515	有功（谷）	156.53	166.72	0	12000	0	122280
3005772515	无功（总）	127.32	133.15		12000	0	69960
尖峰	0	0	0	0	0	1.5465	0
峰段	0	0	0	0	192960	1.4180	273655.87
谷段	0	0	0	0	122280	0.4058	49621.22
平段	0	0	0	0	181800	0.8995	163529.1
小计	0	0	0	0	497040		486806.20
电度电费中包括：代征各项基金和附加费用合计：34941.91元（单价合计0.0703元/千瓦时）							

计算功率因数有功电量（千瓦时）	计算功率因数无功电量（千瓦时）	实际功率因数	功率因数执行标准	功率因数执行方式	功率因数调整系数	参与功率因数调整的电费（元）	功率因数调整电费（元）
941280	113880	0.99	0.85	标准考核	−0.011	451864.28	−4970.51

附二：民用住宅自管户供电局电费单

某国际宾馆用电量统计

用户编号	0001681188		用户名称	×× × × ×		
缴费号	03995171		用户名称	×××××		
计量点编号	50310005525（202）					
电价类别	城镇居民生活用电			应收2016 年3 月（2016年3月21—4月20日）		
计量点电费	0.00　元					
电能表号	抄表示数	上次抄表示数	本次抄表示数	冻结抄表示数	倍率	加减电量（千瓦时）	抄见电量（千瓦时）
0500054029	有功（总）	5135.53	5171.92	0	5000	0	181950
电费分段标志	扣减电量（千瓦时）	变损电量（千瓦时）	线损电量（千瓦时）	楼道灯电（千瓦时）	结算电量（千瓦时）	电度电价（元/千瓦时）	电度电费（元）
尖峰	0	0	0	0	0	0	
峰段	0	0	0	0	0	0	
谷段	0	0	0	0	0	0	
平段	0	0	0	0	0	0.4633	
小计	0	0	0	0			
电度电费中包括：代收各种基金和附加费合计0元（单价合计0.0353千瓦时）							

第十一章

高压电器

高压电器是指电气设备的工作电压在 1200V 以上者。广泛应用于发电厂、变配电所。在高压电路传输和分配电能过程中起着控制和保护作用，其基本结构是由开断元件、支撑绝缘件、传动元件、操动机构和基座等五个部分组成。高压电器按照不同的用途可分为隔离开关、负荷开关、熔断器、断路器等。

第一节　高压熔断器

高压熔断器是一种当电路的电流超过规定值并经过一定时间后，熔体熔化而使电路断开的一种简单的保护电器，用来保护电气设备免受过载和短路电流的损害；按安装条件及用途可分为不同类型的高压熔断器。

高压熔断器型号表示及含义，如图 11–1 所示。

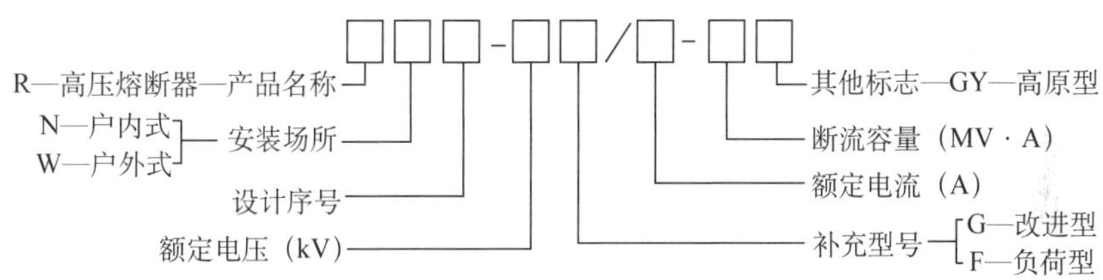

图11–1　高压熔断器型号含义

型号释义：X 表示限流式，R 表示熔断器，N 表示户内用，T 表示用于保护变压器，P 表示用于保护电压互感器，M 表示用于保护高压电动机。常用的 XRN 系列熔断器如图 11–2 所示。

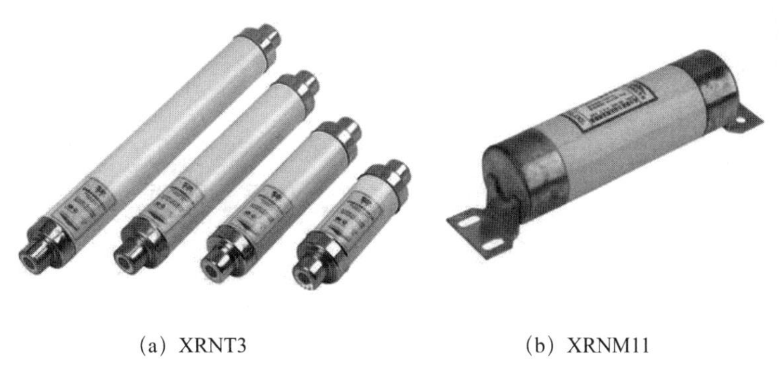

（a）XRNT3　　（b）XRNM11

图11–2　XRN系列熔断器外形图

一、类型

在 3 ~ 66kV 电站和变电所常用的高压熔断器有两大类：一类户内高压限流熔断器，额定电压等级分 3kV、6kV、10kV、20kV、35kV、66kV；常用的型号有 RN1、RN3、RN5、XRNM1、XRN T1、XRN T2、XRN T3 型，主要用于保护电力线路、电力变压器和电力电容器等设备的过载和短路；RN2 和 RN 4 型额定电流均为 0.5 ～ 1A，是保护电压互感器的专用熔断器。国外的型号有：保护变压器用的 SDLDJ、SFLDJ 等；保护电动机用的 WDFWO、WKFHO、WFLDJ、WDNHO 等。

（一）特点

1. XRN 系列熔断器

（1）XRN 系列熔断器，其工作电压 3 ～ 35kV，可与其他电器（负荷开关、真空接触器）串联使用，保护电力变压器、电压互感器及高压电动机的短路与严重过载。

（2）带有撞击器的 XRN 熔断器常与环网柜和箱变中的高压负荷开关串联使用。当发生短路电流或严重过负荷时，熔断器熔断，则负荷开关靠熔断器撞针触发跳闸，达到一相出现故障，三相同时断开的目的，避免线路或设备缺相运行。在安装或更换熔断器时，应注意熔断器上所表示的安装方向。

2. 户外高压喷射式熔断器

户外高压喷射式熔断器，是由红钢纸管和虫胶桑皮纸等产气材料组成，此类熔断器在熔体熔断产生电弧时，电弧烧损红钢纸产生气体，将电弧吹拉长，弧感抗改变相位，当电流过零时产生零休，才能开断电路，限流作用不明显。常用的跌落式熔断器有：RW 3、RW 4、RW 7、RW 9、RW 10、RW 11、RW 12、RW 13 和 PRW 系列等，上述熔断器其作用除与 RN 1 型相同外，在一定条件下还可以分断和关合空载架空线路、电缆线路、空载变压器和小负荷电流的设备，如图 11–3 所示。

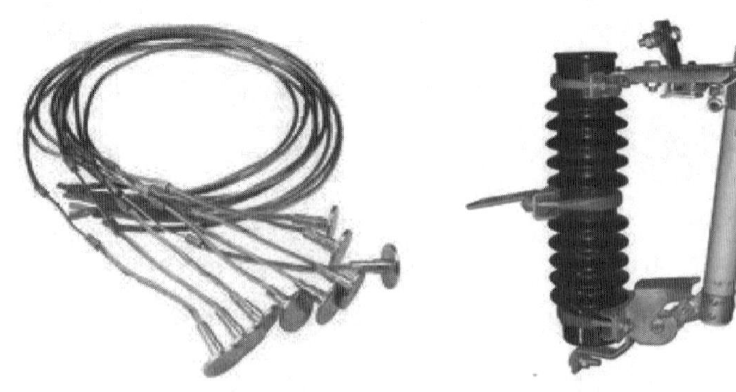

（a）RW系列熔断器熔断丝　　（b）RW系列熔断器装置

图11–3　RW系列熔断器

（二）用途及工作原理

1. 用途

高压熔断器主要用于高压输电线路、电力变压器、电压互感器等电器设备的过载和短路保护。

2. 工程原理

（1）主要有熔丝管、接触导电部分、支持绝缘子和底座等部分组成，熔丝管中填充有用于灭弧的石英砂细颗粒。熔件是利用熔点较低的金属材料制成的金属丝或金属片，串联在被保护电路中，当电路或设备过载或发生短路时，熔件发热熔化，从而切断电路，达到保护线路或设备的目的。以石英砂作为熔断器填充物的限流型熔断器是按 $U_e \approx U_{we}$ 的条件选择，这种情况下此类熔断器熔断产生的最大过电压倍数限制在规定的 2.5 倍相电压之内，此值并未超过同一电压等级电器的绝缘水平。

（2）户外式高压熔断器一般指跌落式熔断器，主要是保护输电线路和配电变压器之用。它由固定的支架和活动的熔断管组成，熔断管由红钢纸、桑皮纸板制成，中间衬以石棉。熔断丝两端各压接一段连接用的编织铜绞线，它穿过熔断管，用螺栓固定与上下两端的动触头，可动的上触头被熔断丝拉紧固定，并被上静触头上的“鸭嘴”中的凸撑卡住，熔断器处于“通路”状态；当熔断丝熔断时，熔管内产生电弧，熔管内壁在电弧作用下产生大量气体，气体高速向外喷出，产生强烈的去游离作用，在电流过零时将电弧熄灭。同时，熔断丝熔断以后，熔断管上的上触头松脱，由于熔管的自重而从上静触头的“鸭嘴”中滑脱，故称跌落式熔断器。

二、电流及保护特性选择

（1）保护配电设备（35kV 及以下电力变压器）：

$$I=K\,I_{eM}$$

式中　I——熔断器的额定电流，A；

I_{eM}——变压器额定工作电流，A；

K——可靠系数，不考虑电动机自启动时，取 1.1 ~ 1.3；考虑电动机自启动时，取 1.5 ~ 2.0。

按此条件选择可确保变压器在通过最大持续工作电流、通过变压器励磁涌流、电动机自启动或保护范围以外短路产生的冲击电流时，熔件不熔断，而且能保证前后级保护动作的选择性以及本段范围内短路时能以最短的时间切除故障。

（2）保护电力电容器：

$$I=K\,I_{c\cdot e}$$

式中　I——熔断器的额定电流，A；

$I_{c\cdot e}$——电容器回路的额定电流，A；

K——可靠系数，对于喷射式熔断器，取 1.35 ～ 1.5；对于限流型熔断器，当一台电容器时，系数取 1.5 ～ 2.0；当一组电容器时，系数取 1.3 ～ 1.8。

三、高压熔断器安装的一般规定

（一）户内高压熔断器安装的一般规定

（1）熔管与钳口应接触紧密。

（2）带有动作指示器的熔断器，指示器应向下安装，带有撞击器的应注意安装方向。

（3）熔管应无断裂或损伤、两端应装有防止脱落的护环。

（二）户外（跌开式）熔断器安装的一般规定

（1）与垂线的夹角一般为 15° ～ 30°。

（2）相间距离：室内 0.6m；室外 0.7m。

（3）对地距离：室内 3m；室外 4.5m。

（4）产品应经电气试验合格，各部元器件应完整，无裂纹、破损，掉管应灵活。

（5）装在被保护设备的上方时，与被保护设备外廓的水平距离应在 0.5m 以外。

（6）熔断丝位置应在消弧管的中部偏上。

第二节　高压隔离开关

隔离开关一般指的是高压隔离开关，即额定电压在 1kV 及以上的隔离开关，是高压开关电器中使用较多的一种电器，工作原理及结构比较简单，由于使用量大，工作可靠性要求高，对变电所、电厂的设计、建立和安全运行的影响均较大。

一、高压隔离开关的简述

隔离开关的特点是无灭弧能力，只能在没有负荷电流的情况下分、合电路。隔离开关可用于各级电压，主要用作改变电路连接或使线路或设备与电源隔离。

（一）分类

高压隔离开关按其安装方式的不同，可分为户外高压隔离开关与户内高压隔离开关。户外高压隔离开关指能承受风、雨、雪、污秽、凝露、冰及霜等，适合安装在户外使用。按其绝缘支柱结构的不同分为单柱式隔离开关、双柱式隔离开关、三柱式隔离开关，如图 11-4 所示。

(a) GN19—12系列隔离开关　　(b) 户外HGW1-12型

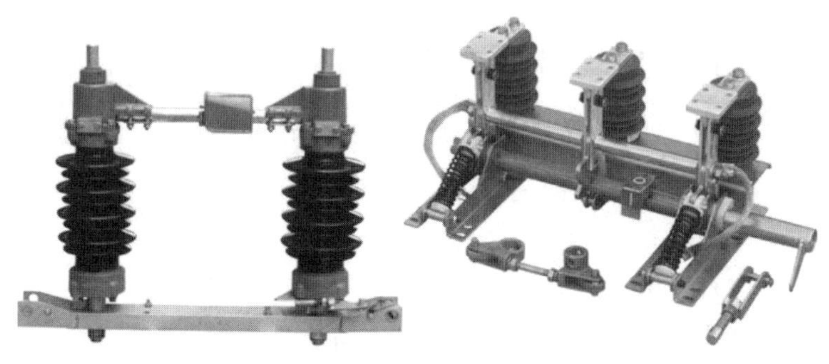

(c) GW4 10kV户外单级　　(d) JN15-12接地开关

图11-4 隔离开关外形图

常用的型号有：GN19-12、GN22-12D/400 50KA、GW4、JN15-12 等。

（二）特点

隔离开关没有专门的灭弧装置，不能切断负荷电流和短路电流，必须在断路器断开电路的前提下才可以操作隔离开关。在分闸位置时，触头间有符合规定要求的绝缘距离和明显的断开标志；在合闸位置时，能够承载正常负荷条件下的电流及在规定时间内异常条件（例如短路）下的电流。执行标准：IEV441-14-05。

二、应用

(1) 隔离开关与断路器配合，按系统运行方式的需要进行倒闸操作，以改变系统运行接线方式。

(2) 在 10kV 固定开关柜中，一般在断路器上侧、下侧各安装一组隔离开关，目的是要将断路器与电源隔离，形成明显的断开点；20 世纪 90 年代以前使用的断路器是油断路器，油断路器需要经常检修，故两侧就要有明显的断开点；一般情况下，出线柜是从上面的母线通过开关柜向下供电，在断路器前面需要一组隔离开关是要与电源隔离，但是，断路器的下面也有来电的可能，如通过其他环路的反送，或电容器等装置的反送，故断路器的下面也需要一组隔离开关。

(3) 隔离开关的触头全部暴露在空气中，具有明显的断开点，没有灭弧装置，因此不能用来切断负荷电流或短路电流，否则在高压作用下，断开点将产生强烈电弧，很难自行熄灭，甚至可能造成飞弧（相对地或相间短路），烧损设备，危及人身安全，这就是不允许“带负荷拉、合隔离开关”的原因。隔离开关还可以用来进行某些电路的切换操作，以改变系统的运行方式。例如：在双母线电路中，可以用隔离开关将运行中的电路从一条母线切换到另一条母线上，也可以用来操作一些小电流的电路。

三、隔离开关的配置与操作范围

（一）配置

(1) 固定柜中断路器的两侧均应配置隔离开关，以便在断路器检修时形成明显的断口与电源隔离。

(2) 中性点直接接地的电力变压器，均应通过隔离开关接地。

(3) 在母线上的避雷器和电压互感器，宜合用一组隔离开关，以保证电器和母线的检修安全，每段母线上宜装设 1 ～ 2 组接地刀闸。

(4) 接在变压器引出线或中性点的避雷器可不装设隔离开关。

(5) 当馈电线路的用户侧没有电源时，断路器通往用户的那一侧可以不装设隔离开关。但为了防止雷电过电压，有时也装设。

（二）操作范围

(1) 正常时可拉合电压互感器和避雷器。

(2) 可拉合 220kV 空载母线。

(3) 可拉合电网没有接地故障时的变压器中性点。

(4) 可拉合经开关或隔离开关闭合的旁路电流。

(5) 户外垂直分合式三联隔离开关，可拉合电压在 220kV 及以上励磁电流不超过 2A 的空载变压器和电容电流，不超过 5A 的空载线路。

(6) 10kV 户外三联隔离开关可拉合不超过 15A 的负荷电流。

四、维护

(1) 清扫瓷件表面的尘土，检查瓷件表面是否掉釉、破损，有无裂纹和闪络痕迹，绝缘子的铁瓷结合部位是否牢固。若破损严重，应进行更换。

（2）用汽油擦净刀片、触点或触指上的油污，检查接触表面是否清洁，有无机械损伤、氧化和过热痕迹及扭曲、变形等现象。

（3）检查触点或刀片上的附件是否齐全，有无损坏。

（4）检查连接隔离开关和母线、断路器的引线是否牢固，有无过热现象。

（5）检查软连接部件有无折损、断股等现象。

（6）检查并清扫操动机构和传动部分，并加入适量的润滑油。

（7）检查传动部分与带电部分的距离是否符合要求；定位器和制动装置是否牢固，动作是否正确。

（8）检查隔离开关的底座是否良好，接地是否可靠。

五、故障与处理

（一）故障

（1）接触部分过热。

（2）瓷质绝缘损坏和闪络放电。

（3）拒绝拉、合闸。

（4）错误拉合闸。

（二）原因与处理

（1）隔离开关在运行中过热：主要是负荷过大、接触电阻增大、操作时没有完全合好。

（2）接触电阻增大的原因：刀片和刀嘴接触处斥力很大，刀口合得不严，造成表面氧化，使接触电阻增大；其次隔离开关在拉、合过程中会引起电弧，烧伤触头，使接触电阻增大。

（3）判断隔离开关触头是否过热：根据隔离开关接触部分变色漆或试温蜡片的颜色变化来判断，也可根据刀片的颜色发暗程度来确定。现在一般根据红外线测温结果来确定。

（4）隔离开关触头、接点过热处理：发现触头、接点过热时，首先汇报调度及有关负责人，设法减少或转移负荷，加强监视，然后根据实际情况进行处理：

①双母线接线：如果一母线侧刀闸过热，通过倒换母线，将过热的隔离开关退出运行，停电检修。

②单母线接线：必须降低其负荷，加强监视，并采取措施降温，如条件许可，尽可能退出使用。

③带有旁路断路器的可用旁路断路器倒换。

④如果是线路侧隔离开关过热，其处理方法与单母线处理方法基本相同，应尽快安排停电检修。维持运行期间，应减小负荷并加强监视。

⑤对母线侧隔离开关触头、接点过热，在拉开隔离开关后，经现场检查，满足带电作业安全距离的，可带电解掉母线侧引下线接头，然后进行处理。

（5）隔离开关电动操作失灵检查处理：隔离开关电动操作失灵后，首先检查操作有无差错，然后检查操作电源回路、动力电源回路是否完好，熔断器是否熔断或松动，电气闭锁回路是否正常。

（6）隔离开关触头熔焊变形、绝缘子破损、严重放电。

处理：遇到这些情况应立即停电处理，在停电前应加强监视。

（7）隔离开关拒绝分、合闸处理：

①由于轴销脱落、楔栓退出、铸铁断裂等机械故障，或因为电气回路故障，可能发生刀杆与操作机构脱节，从而引起隔离开关拒绝合闸，此时应用绝缘棒进行操作，或在保证人身安全的情况下，用扳手转动每相隔离开关的转轴。

②当隔离开关拉不开时，如操动机构被冰冻结，可以轻轻摇动，并观察支持瓷瓶和机构各部分，根据发生变形和变位部位，找出障碍点。如障碍点发生在隔离开关的接触部分，则不应强行拉开，否则支持瓷瓶可能受破坏而引起严重事故，此时只能改变设备的运行方式加以处理。

③隔离开关合不到位：隔离开关合不到位，多数是机构锈蚀、卡涩、检修调试未调好等原因引起的，发生这种情况，可拉开隔离开关再重合。对220kV隔离开关，可用绝缘棒推入，必要时应申请停电处理。

第三节 高压负荷开关

负荷开关是介于断路器和隔离开关之间的一种开关电器，具有简单的灭弧装置，能切断额定负荷电流和一定的过载电流，但不能切断短路电流。

一、负荷开关分类

按照使用电压可分为高压负荷开关和低压负荷开关两种。本章主要介绍高压负荷开关。

高压负荷开关主要有6种，如图11–5所示。

（1）固体产气式高压负荷开关：利用开断电弧本身的能量使弧室的产气材料产生气体来吹灭电弧，其结构较为简单，适用于35kV及以下的配电系统。

(2) 压气式高压负荷开关：利用开断过程中活塞的压气吹灭电弧，其结构也较为简单，适用于35kV及以下的配电系统。

(3) 压缩空气式高压负荷开关：利用压缩空气吹灭电弧，能开断较大的电流，其结构较为复杂，适用于63kV及以上的配电系统。

(4) SF_6式高压负荷开关：利用SF_6气体灭弧，其开断电流大，开断电容电流性能好，但结构较为复杂，适用于10kV及以上的配电系统。

(5) 油浸式高压负荷开关：利用电弧本身能量使电弧周围的油分解气化并冷却熄灭电弧，其结构较为简单，但重量大，适用于35kV及以下的户外配电系统。

(6) 真空式高压负荷开关：利用真空作介质灭弧，电气寿命长，相对价格较高，适用于220kV及以下的配电系统。

(a) FZRN25−12真空负荷开关　　(b) FLN36−12六氟化硫负荷开关

图11−5　10kV负荷开关外形图

二、工作原理

(一) FZ (R) N25A−12/200 户内高压真空负荷开关（熔断器组合电器）

FZ (R) N25A−12系列高压真空负荷开关及组合电器，适用于三相交流12kV、50Hz的电力系统中，与成套配电设备及环网柜，组合式变电站等配套使用，广泛使用于城网建设改造工程、工矿企业、高层建筑和公共设施等，起着电能的分配、控制和保护作用。

具有开断能力大、安全可靠、电寿命长、可频繁操作、结构紧凑、体积小、重量轻、基本不需要维修等优点。具有开断额定电流、过载电流（FZN25−12DR/T125−31.5）和防止设备缺相的能力，开关有明显的隔离断口，配装具有关合能力的接地开关及电动弹簧操作机构，能够远动远控。

型号及其含义如图 11-6 所示。

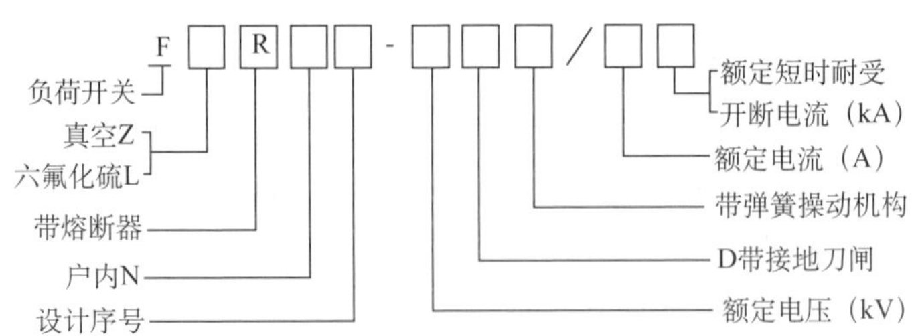

图11-6　负荷开关的型号和含义

常用负荷开关的型号：FZN21-12、FLN36-12、FZRN25-12、FZW32-40.5/1250 等。

（二）SF_6 负荷开关

1. 特点

FLN36-12 六氟化硫负荷开关是一种以 SF_6 气体为绝缘和灭弧介质的双断口旋转型负荷开关，适用于 10kV 的配电系统中。开关充以 450kPa 气压的 SF_6 气体后，永久密封，FLN36-12 型 SF_6 负荷开关适用于三相交流 50Hz，额定电压 12kV 的环网供电或双辐射供电系统中，用于关合和开断负荷电流及过载电流，也可用作关合和开断空载线路，空载变压器及电容器组等。负荷开关和限流熔断器串联组合可代替断路器使用，即由负荷开关承担关合和开断各种负荷电流，而由限流熔断器承担开断较大的过载电流和短路电流。开关垂直或水平安装不限，在环网柜内典型的安装方式是在电缆室和母线室之间置钢隔板水平安装。这种安装方式将母线与电缆接头之间相隔离，符合运行维护的安全要求。

（1）双断口、三工位、旋转式动触头。

（2）绝缘性能好，负荷开关由环氧树脂浇灌的上、下外壳密封而成，内部充以 450kpa 气压的 SF_6 气体，主回路和接地回路系统全部置以壳体内。

（3）安全性能好，如内部发生燃弧，在外壳后部有一个结构薄弱点，它将被冲开，随后柜体上面的泄压活门冲开并将过压气流导向柜外。

（4）手动、电动均可操作，操作方便可靠。三相整体安装，零部件数量少，调整安装方便，免维护，寿命长。

（5）环氧树脂由于其良好的机械、绝缘、耐老化及制造工艺简单等性能，已成为当今制造优质绝缘件的首选，而压力凝胶工艺由于充分发挥了环氧树脂的各项性能优势，当今国外、国内各种品牌的 SF6 负荷开关绝缘壳体无不由环氧树脂采用压力凝胶工艺制成。

（6）国内 SF_6 负荷开关回路电阻一般规定主回路电阻≤ 65μΩ，而国外同类产品≤ 42μΩ。

2. 组合使用

SF_6 负荷开关配合熔断器组合使用，由 SF_6 负荷开关来承担过载电流和正常工作电流的关合和开断，并且还要承担“转移电流”的开断。而变压器高压侧的短路保护和过载保护由高压限流熔断器来承担。一组 SF_6 负荷开关及三个带触发器的熔断器，只要任何一个触发器动作，其联动机构会使负荷开关三相同时自动分闸。

3. 注意事项

（1）垂直安装，开关框架、合闸机构、电缆外皮、保护钢管均应可靠接地（不能串联接地）。

（2）运行前应进行数次空载分、合闸操作，各转动部分无卡阻，合闸到位，分闸后有足够的安全距离。

（3）与负荷开关串联使用的熔断器熔体应选配得当，应使故障电流大于负荷开关的开断能力时保证熔体先熔断，然后负荷开关才能分闸。

（4）合闸时接触良好，连接部位无过热现象，巡检时应注意检查瓷瓶脏污、裂纹、掉瓷、闪络放电现象；开关上不能用水冲洗（户内型）。

第四节　（10kV）断路器

高压断路器是一种能够实现控制与保护双重作用的电器，在高压开关设备中是一种最复杂、最重要的电器，高压断路器是在正常或故障情况下接通或断开高压电路的专用电器。断路器的工作状态（断开或闭合）是由它的操作机构控制的。在继电保护装置的作用下，能自动的切断短路电流；大多数断路器在自动装置的控制下，还具有自动重合闸的功能。

一、高压断路器的类型、型号及含义

（1）高压断路器的种类繁多，分类方法一般为：按断路器的安装地点分为户内式和户外式两种；按断路器的灭弧介质分为油断路器、真空断路器、六氟化硫（SF_6）断路器等。

（2）高压断路器的型号及含义如图 11–7 所示。

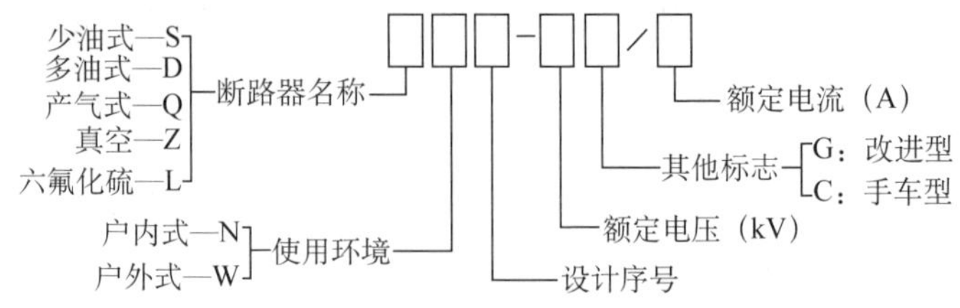

图11–7　断路器型号及含义说明

如：ZN4–10/1250 型断路器，表示该断路器为室内式真空断路器，设计序号为 4，额定电压为 10kV，额定电流为 1250A，还有 VD4–Z12.12.25、ZN12–12、VS1–12/630 等。

(3) 一台断路器表面都有一个铭牌标明该断路器的主要技术指标，其铭牌见表 11–1。

表11–1　VD4真空断路器的铭牌

出厂编号　Serial number　1YHP000009A6774
订单编号　Order　number　500412905/1001/001
制造年份　Prod　year　2009　GB1984—2003
VD4/Z12.12.25　IEC62271—100
真空断路器　Vacuum　Circuit-Breaker
额定电压：　Rated　vollage：12kV
额定电流　Rated　nomal　current：1250A
额定雷电冲击耐受电压　Rated　lightning　lmpulse with　stand　voltage：75kV
额定断路持续时间　Rated　of　shor-circuit：　4s
额定电流开断电流　Rated　short　circuit　breaking　current：25kA
额定断路开断电流的直流分量　Do component of the shoet-circuit　breaking　current：38%
额定电缆充电开断电流　Rated　cabie-charging　current：25A
额定操作顺序　Rated　oper　ating　sequence：　0～0.3s　CO-15s-CO
分级　Classification：M2/E2/C2
质量　Mass：118kg
温度等级　Temper　ature　class：15℃～40℃
合闸线圈　Shunt　release　on　voltage：220VDC
分闸线圈　Shunt　release　off　voltage：220VDC
储能电机　Charging　motor　voltage：220VDC
×××开关有限公司

二、技术参数

(1) 额定电压（kV）指允许断路器连续，正常工作时的线电压的额定值。

(2) 额定电流（A）指断路器允许长期通过的最大电流。在断路器长期通过这一电流时，其各部件的温升不应超过国家规定的允许值。

(3) 额定开断电流（kA）指断路器在额定电压下，能够可靠切断的最大电流值。

（4）额定遮断容量（MV · A）又称额定断流容量，或称额定开断容量。

（5）动稳定电流（kA）断路器在关合状态时,所允许通过的最大短路电流值。

（6）热稳定电流（kA）断路器在关合状态时，断路器在某一段时间内（1s、4s、5s、10s）所允许通过的最大电流值。

（7）合闸时间（s）：自发出合闸信号起，至断路器的主触头刚接触为止的一段时间，断路器的合闸时间一般≤ 0.2s。

（8）分闸时间（s）：从分闸线圈刚接通起，至断路器三相电弧完全熄灭为止的一段时间。断路器的固有分闸时间一般≤ 0.06s。

三、真空断路器（VD412kV、40.5kV）

利用真空作为灭弧与绝缘介质的断路器称为真空断路器。其操作机构为专用的、带有自由脱扣机构的直流操作机构，也可配备交流操动机构。一般用于额定电压为 10kV 及以下的高压配电系统中，作为变配电开关、投切高压电容器、控制电炉变压器以及切合高压电动机等，其外形如图 11–8 所示。

图11–8　VD4真空断路器外形图

（一）特征

真空断路器主要包括导电部分、真空灭弧室、绝缘部分、传动部分、框架以及操作机构等。为适应在高压开关柜中安装使用，真空断路器有固定式和手车式两种形式。

（1）真空断路器的灭弧是利用真空灭弧室高真空介质（其压强低于 0.1333pa 的稀薄气体）的高绝缘强度及在这种介质中电弧生成物的高扩散作用来完成的。

因为电弧电流过零后，触头间隙的真空介质可以迅速恢复。即使在很小的开距下，真空也有很高的绝缘强度，因此只要在电流过零点的数毫秒之前将真空灭弧室的触头分开，就能保证真空断路器的成功开断。

真空灭弧室的触头开距小，燃弧时间短，触头烧损轻微、行程小、体积小、质量轻，维护工作量小，防火、防爆、操作噪声小，仅需机构提供很少的操作功，保证了操作系统的低磨损量。

(2) 真空断路器的主要元件是真空灭弧室。真空断路器动、静触头安装在真空灭弧室内，其结构如图 11–9 所示。

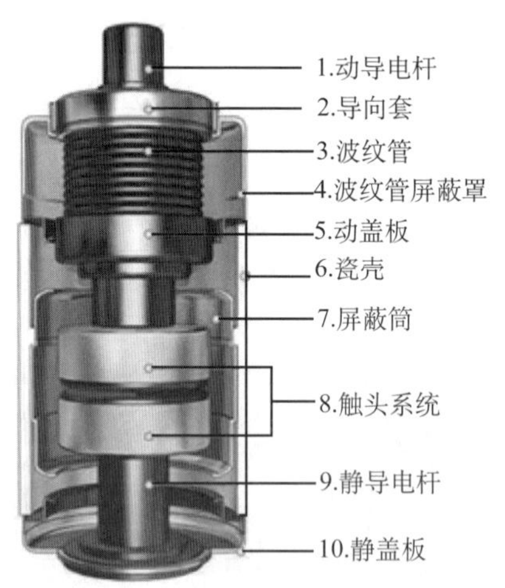

图11–9　真空灭弧室剖视图

（二）真空灭弧室结构

1. 真空灭弧室

真空灭弧室的结构像一个大的真空管，它是一个真空密闭容器。真空灭弧室的绝缘外壳主要用玻璃或陶瓷材料制成。玻璃材料制成的真空灭弧室的外壳具有容易加工、一定的机械强度、易与金属封接，透明性好等优点。因此，可使得断路器频繁操作。缺点是承受冲击的机械强度差。而陶瓷真空灭弧室的瓷外壳材料多用高氧化铝陶瓷，所以它的机械强度远大于玻璃，但与金属密封端盖的装配焊接工艺较为复杂。

(1) 图 11–9 中的“3”波纹管是真空灭弧室的重要部件，它的一端与动导电杆“1”焊接，另一端与动盖板“5”焊接，因此要求它既要保证动触头能做直线运动（10kV 真空断路器动、静触头之间的断开距离一般为 10 ~ 15mm），同时又不能破坏灭弧室的真空度。因此波纹管通常采用 0.12 ~ 0.14mm 的铬 – 镍 – 钛不锈钢材料经液压或机械滚压焊接成形，以保证其密封性。真空断路器在每次跳闸时，波纹管都会有一次伸缩变形，波纹管是易损坏的部件，它的寿命通常决定了真空断路器的机械寿命。

（2）触头材料对真空断路器的灭弧性能影响很大，通常要求它具有导电性好、耐弧性好、含气量低、导热性好、机械强度高和加工方便等特点。常用的触头材料是铜铬合金、铜合金等。

（3）静导电杆“9”焊接在静端盖“10”上，静端盖与绝缘瓷壳“6”之间密封。动触头杆与波纹管一端焊接，波纹管另一端与下端盖焊接，下端盖与绝缘外壳封闭，以保证真空灭弧室的密封性。断路器动触头杆在波纹管允许压缩变形的范围内运动，不破坏灭弧室的真空度。

（4）屏蔽筒“7”是包围在触头周围用金属材料制成的圆筒，它的主要作用是吸附电弧燃烧时释放出的金属蒸气，提高弧隙的击穿电压，并防止弧隙的金属颗粒喷溅到绝缘外壳内壁上，降低外壳的绝缘强度。

（5）因真空断路器具有较强的灭弧能力，在开断空载变压器和高压电动机时易产生截流过电压，所以在真空断路器的出线侧应装设氧化锌避雷装置。

2. 极柱整体浇注极

极柱整体浇注极通过一定技术使其避免了机械撞击、灰尘和潮气对真空灭弧室的影响，如图 11–10 所示。特殊设计的触头几何形状和触头材质，以及在很短的燃弧时间和极低的电弧电压下，使触头烧蚀程度非常低，延长了灭弧室的使用寿命。

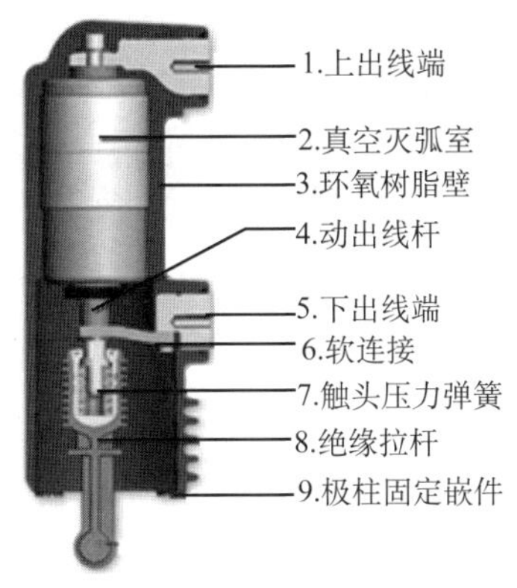

图11–10　真空断路器浇柱极

（三）断路器主要二次电器元件

断路器主要二次电器元件如图 11–11 所示。

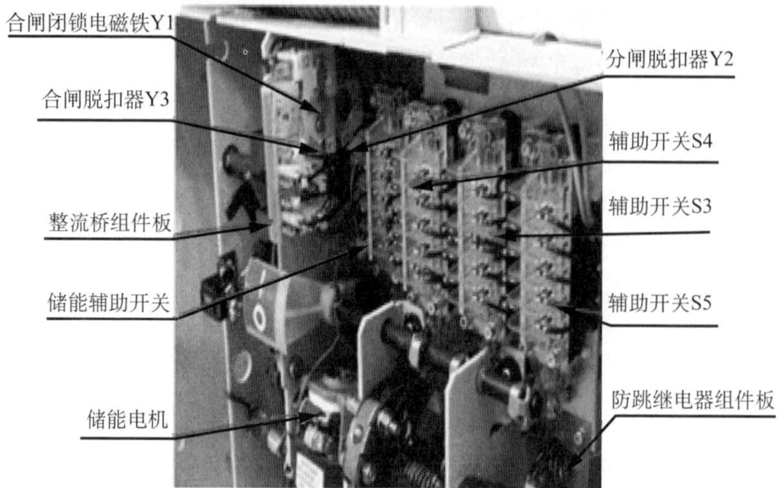

图11–11　断路器二次主要元件示意图

四、高压断路器的操作机构

如图 11–12 所示，为 10kV 配电室常用的真空断路器的弹簧储能操作机构示意图。

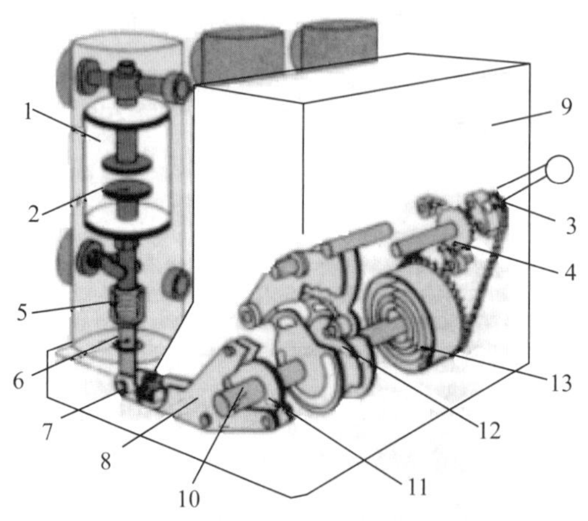

图11–12　断路器操作机构示意图

1—真空灭弧室；2—触头；3—传动链条；4—齿轮；5—触头压力弹簧；6—绝缘连杆；7—分闸弹簧；8—双臂移动连杆；9—机构外壳；10—主轴；11—凸轮；12—脱扣机构；13—盘簧

断路器的操作机构是一种用来帮助断路器合闸、分闸以及维持断路器合闸的设备，因此断路器的操作机构包括合闸机构、合闸保持机构、分闸机构。对10kV 变配电系统的断路器的操作机构，有弹簧操作机构，液压操作机构，永磁操作机构，还有电动操作机构。应用较为普遍的有电磁式和弹簧储能式两种。按照操作机构的电源类型又分为直流操作机构和交流操作机构两种。真空断路器的弹簧储能操作机构示意图。如图 11–12 所示。

（一）对断路器操动机构的一般要求

（1）合闸：在各种规定的使用条件下，操作机构应能使断路器可靠关合电路。

（2）合闸保持：断路器合闸完毕，操作机构应能使断路器触头可靠保持在合闸位置。

（3）分闸：操作机构接到分闸命令后，应能使断路器快速分闸，并能做到尽可能的省力。

（4）防跳跃：要求断路器操作机构具有防跳越措施，以避免再次或多次分、合故障线路而造成断路器事故。

（二）真空断路器操动机构的调整与操作

真空断路器的操作机构，一般采用四连杆的结构形式，在合闸过程中，合闸弹簧带动凸轮旋转，凸轮转动压缩四连杆动作，带动主轴转动合闸。而在分闸过程中，分闸扇形板转动，通过连杆推动四连杆，使得四连杆脱离平衡状态，四连杆迅速动作带动主轴转动分闸。

有的断路器操作机构的内部装有触头磨损状态指示线，从前面可以对触头磨损状况进行观察。

1. 真空断路器经调整后应达到的要求

（1）触头开距误差为：12 ± 1mm。

（2）超行程数值为：3 ± 1mm。

（3）三相触头不同期性不得超过 1mm 为宜。

（4）相间中心距离为：210 ± 2mm。

（5）平均合闸速度为：0.8 ～ 1.1m/s。

（6）平均分闸速度为：1.5 ～ 2.0m/s。

（7）各相导电回路直流电阻不得大于 80μΩ。

（8）合闸时触头弹跳时间不得大于 5m/s。

2. 断路器的操作

（1）推入手车：需要专用配备的手车把真空断路器推入开关柜内。

（2）柜体静触头：应在柜体静触头上均匀涂抹导电膏并确定静触头的安装位置，不能使断路器的一次导体受永久性的拉力、压力。

（3）航空插头（或称二次插头）：应在推入断路器、开通二次电源之前，确定航空插头插好到位。

（4）检查底盘车是否到位：

①撞板的位置应配合到位确定；

②断路器推进过程中，柜体静触头活门板开闭应灵活。

（5）接地限位杆的配合到位确定：当断路器在工作位置时，接地刀闸（211−7 或 221−7）不能闭合。

（6）合闸闭锁电磁铁作用：二次电源在满足要求时才能进行手动合闸，否则要人为解锁（将螺丝刀插入解锁孔解锁）。

（四）断路器的操作方法与动作说明

1. 断路器操作机构

断路器操作机构是用来控制断路器分闸（跳闸）、合闸和维持合闸状态的设备。其性能好坏将直接影响断路器的工作性能，因此操动机构应符合以下基本要求：

（1）足够的操作功：为保证断路器具有足够的合闸速度，操作机构必须具有足够大的操作功。

（2）较高的可靠性：断路器工作的可靠性，在很大程度上由操作机构来决定。因此要求操作机构具有动作快、不拒动、不误动而且动作迅速等特点。

（3）具有自由脱扣装置：自由脱扣机构装置是保证在合闸过程中，若继电保护装置动作需要跳闸时，能使断路器立即跳闸，而不受合闸机构位置状态的限制。自由脱扣装置是实现线路故障情况下合闸过程中快速跳闸的关键设备之一。

（4）断路器合闸与分闸操作通常是在配电装置前面板就地进行的，一般通过控制开关来实现。控制开关 SA 装于变配电装置的面板上。控制开关共有六个位置，即：分闸后、预备合闸、合闸、合闸后、预备分闸、分闸。

控制回路的接线对于各种类型的操作机构，其分闸电流差别不大，一般不大于 5A，但合闸电流的差别极大。弹簧储能操作机构的合闸电流小，而电磁操作机构是利用电磁力直接合闸的，其合闸电流很大，可能达到几十安或上百安。因此，电磁操作机构的合闸回路不能直接利用控制开关的触点来接通合闸线圈，而必须采用合闸接触器来实现。直流电磁操作机构控制线路如图 11−13 所示。

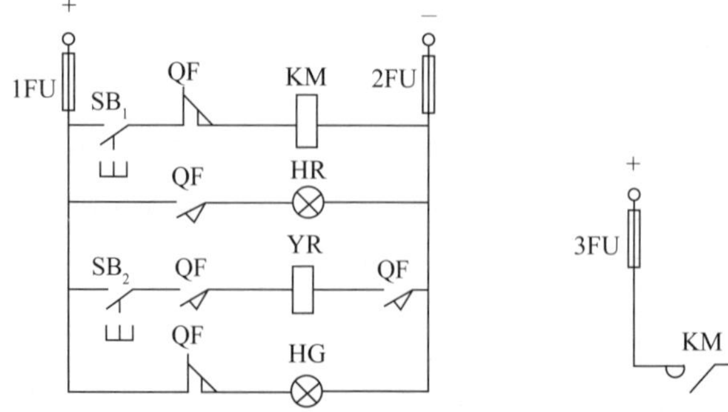

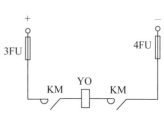

图11−13　直流电磁操作机构控制线路图

KM—合闸接触器；QF—断路器辅助触点；YR—分闸线圈；YO—合闸线圈；SB_1—合闸按钮；SB_2—分闸按钮；HR—红色信号灯；FU—熔断器；HG—绿色信号灯

2. 弹簧储能手动操作

(1)弹簧储能操作：插入储能手柄，上下压抬数次(通常7次左右)后会听到“咔喳”的声音。这时合闸弹簧储能指示由“白色未储能”变成“黄色已储能”，显示进入储能状态。

(2) 合闸操作：按下合闸按钮，断路器闭合，这时分合闸指示显示“合闸”，合闸储能指示显示“白色”未储能。

(3) 分闸操作：按下分闸按钮，断路器分闸。这时分闸指示显示“分闸”(0为分闸，1为合闸)。

3. 弹簧储能电动操作

(1) 弹簧储能操作：连接好断路器的控制回路，接通电源后，电动机立即转动，合闸弹簧开始储能。当储能指示显示由“白色”未储能变为“黄色”已储能后，合闸弹簧储能完毕，储能电动机立即停止转动。

(2) 合闸操作：发出合闸指令后，合闸线圈励磁，断路器合闸。合闸后电动机继续转动，直到合闸弹簧储能完成为止。分合闸指示显示“合闸”，合闸弹簧储能指示显示“黄色已储能”。

(3) 分闸操作：发出分闸指令后，分闸线圈励磁，断路器分闸，分合闸指示显示“分闸”。

五、真空断路器的参数

(1) VD4 真空断路器电器参数见表 11–2。

表11–2　真空断路器电气参数

<table>
<tr><td>序号</td><td colspan="2">名称</td><td>单位</td><td colspan="3">12kV系列</td><td colspan="2">40.5kV系列</td></tr>
<tr><td>1</td><td colspan="2">额定电压</td><td rowspan="6">kV</td><td colspan="3">12</td><td colspan="2">40.5</td></tr>
<tr><td rowspan="4">2</td><td rowspan="4">额定绝缘水平</td><td rowspan="2">雷电冲击耐受电压（峰值）</td><td>通用值</td><td colspan="2">隔离断口</td><td>通用值</td><td>隔离断口</td></tr>
<tr><td>75</td><td colspan="2">85</td><td>185</td><td>215</td></tr>
<tr><td rowspan="2">工频耐受电压(1min)</td><td>通用值</td><td colspan="2">隔离断口</td><td>通用值</td><td>隔离断口</td></tr>
<tr><td>42</td><td colspan="2">49</td><td>95</td><td>118</td></tr>
<tr><td>3</td><td colspan="2">额定频率</td><td>Hz</td><td colspan="5">50、60</td></tr>
<tr><td>4</td><td colspan="2">额定电流</td><td>A</td><td>630</td><td>1250</td><td>1600…2500、3150</td><td>3150、4000a</td><td>1250…2500、3150</td></tr>
<tr><td>5</td><td colspan="2">额定短路开断电流</td><td rowspan="2">kA</td><td>25、31.5</td><td>25、31.5、40</td><td>25、31.5、40、50</td><td>31.5、40、50</td><td>25、31.5</td></tr>
<tr><td>6</td><td colspan="2">短时耐受电流</td><td>25、31.5</td><td>25、31.5、40</td><td>25、31.5、40、50</td><td>31.5、40、50</td><td>25、31.5</td></tr>
<tr><td>7</td><td colspan="2">峰值耐受电流</td><td rowspan="2">kA</td><td>63、80</td><td>63、80、100</td><td>63、80、100、125</td><td>80、100、125</td><td>63、80</td></tr>
<tr><td>8</td><td colspan="2">短路关合电流（峰值）</td><td>63、80</td><td>63、80、100</td><td>63、80、100、125</td><td>80、100、125</td><td>63、81</td></tr>
</table>

续表

<table>
<tr><td>序号</td><td colspan="2">名称</td><td>单位</td><td colspan="2">12kV系列</td><td colspan="2">40.5kV系列</td></tr>
<tr><td rowspan="2">9</td><td colspan="2" rowspan="2">额定短路持续时间</td><td rowspan="2">S</td><td>组装式极柱I_s≤31.5kA</td><td>组装式极柱 I_s≥40kA</td><td>浇注式极柱</td><td>组装式极柱</td></tr>
<tr><td>4</td><td>3</td><td>4</td><td>3</td></tr>
<tr><td>10</td><td colspan="2">机械寿命</td><td>次</td><td colspan="4">10000</td></tr>
<tr><td>11</td><td colspan="2">短路开断电流开断次数</td><td>次</td><td colspan="3">50</td><td>20</td></tr>
<tr><td>12</td><td colspan="2">预期瞬态恢复电压</td><td></td><td colspan="4">按GB 1984—2014中7.13.5.1的规定</td></tr>
<tr><td>13</td><td colspan="2">额定电容器组开断电流</td><td rowspan="2">A</td><td colspan="2">630、800</td><td colspan="2">1000</td></tr>
<tr><td>14</td><td colspan="2">背对背电容器组开断电流</td><td colspan="2">400</td><td colspan="2">400</td></tr>
<tr><td>15</td><td colspan="2">额定开关电容器组涌流</td><td>kA</td><td colspan="2">20</td><td colspan="2">20</td></tr>
<tr><td>16</td><td colspan="2">额定电流充电开断电流</td><td>A</td><td colspan="2">50</td><td colspan="2">50</td></tr>
<tr><td rowspan="2">17</td><td rowspan="2">额定操作顺序</td><td>自动重合闸</td><td rowspan="2"></td><td colspan="4">分−0.3s−合分−180s−合分</td></tr>
<tr><td>非自动重合闸</td><td colspan="4">分−180s−合分−180s−合分</td></tr>
<tr><td colspan="8">a.需强制风冷</td></tr>
</table>

（2）VD4真空断路器机械特性参数见表11–3。

表11–3　机械特性参数

<table>
<tr><td>序号</td><td colspan="2">名称</td><td>单位</td><td>12kV系列</td><td>40.5kV系列</td></tr>
<tr><td>1</td><td colspan="2">触头开距</td><td>mm</td><td>12±1</td><td>14±1</td></tr>
<tr><td>2</td><td colspan="2">超行程</td><td>mm</td><td>4（+1.0～−1.5）</td><td>4（+0.5～−1.0）</td></tr>
<tr><td>3</td><td colspan="2">平均合闸速度a</td><td rowspan="2">m/s</td><td>0.8～1.1</td><td>0.8～1.1</td></tr>
<tr><td>4</td><td colspan="2">平均分闸速度b</td><td>1.5～2.0</td><td>1.5～2.0</td></tr>
<tr><td>5</td><td colspan="2">触头允许磨损厚度</td><td>mm</td><td>≤2.0</td><td>≤2.5</td></tr>
<tr><td>6</td><td colspan="2">触头合闸弹跳时间</td><td rowspan="3">ms</td><td>≤2.0</td><td>≤3.0</td></tr>
<tr><td>7</td><td colspan="2">相间合闸不同期</td><td>≤2.0</td><td>≤2.0</td></tr>
<tr><td>8</td><td colspan="2">相间分闸不同期</td><td>≤2.0</td><td>≤2.0</td></tr>
<tr><td>9</td><td colspan="2">分闸反弹幅值</td><td>mm</td><td>≤3.0</td><td>≤3.5</td></tr>
<tr><td rowspan="2">10</td><td rowspan="2">分闸时间</td><td>额定操作电压</td><td rowspan="4">ms</td><td>33～45</td><td>33～45</td></tr>
<tr><td>65%～120%额定电压</td><td></td><td></td></tr>
<tr><td rowspan="2">11</td><td rowspan="2">合闸时间</td><td>额定操作电压</td><td>55～67</td><td>55～67</td></tr>
<tr><td>80%～110%额定电压</td><td></td><td></td></tr>
<tr><td colspan="6">a.平均合闸速度的定义为：指合闸操作中，开关动静触头刚合前30%行程内，动触头的平均运动速度。
b.平均分闸速度的定义为：指分闸操作中，开关动静触头分离后的15%～60%行程之间，动触头的平均运动速度</td></tr>
</table>

（3）VD4 真空断路器主回路电阻值见表 11–4。

表11–4　主回路电阻出厂值

	单位	12kV组装式极柱系列					12kV浇注式极柱系列				40.5kV系列	
额定电流	A	630	1250	1600 2000	2500	3150 4000a	630	1250	1600 2000	2500	1250 1600	2000 3150/4000*
不含触臂电阻值	MΩ	30	24	20	17	16	26	25	20	16	28	17
含触臂电阻值	MΩ	72	53	31	28	25	68	55	30	28	60	35
a.强迫风冷型												

六、断路器检查与维护周期

（1）断路器现场不进行解体检修，只做维护及相应的试验；

（2）在运行过程中的检查和调整要视使用场所和操作频繁程度而定。对于那些运行环境良好、操作并不频繁的场所，建议每 2–3 年应进行一次常规维护；

（3）操作次数每个月达到 10 次以上时，则每年应进行一次常规维护，以保证正常运行；

（4）对于运行环境恶劣、分合操作特别频繁的场所，至少半年进行一次常规维护；

（5）临时性维护，出现下列情况之一时，应退出运行，进行维护和检修，并做相应的试验：绝缘不良、放电、闪络或击穿时；元器件损坏；断路器出现异常氧化、锈蚀现象；其他影响开关正常运行的异常现象。

（6）当 VD4 断路器满容量开断 12 次（50kA）、20 次（40kA）或 50 次（≤ 31.5kA）的短路故障电流后，应更换灭弧室。

七、巡视检查与维护检修项目（以ABB—10kV真空断路器为例）

（一）正常巡视

（1）分、合位置指示正确，并与当时的实际运行状态相符。

（2）支持绝缘子无裂纹及放电现象，绝缘杆、撑板、绝缘子应干净。

（3）真空灭弧室无异常，接地完好且引线接地部位无过热、引线弛度适中。

（4）手车式断路器绝缘外壳完好无损、无放电痕迹。

（二）特殊巡视

（1）新设备投入运行应相对缩短巡视周期，投入运行 24 小时后再转入正常巡视检查。

（2）变配电所应根据设备具体情况安排夜间巡视，夜间巡视应在无月亮的夜间闭灯进行。

（3）气温突变特别是雷雨季节雷电活动后和高温季节应加强巡视检查。

（4）有重要活动或高峰负荷期间应加强巡视检查。

（5）当断路器发生故障或事故经排除恢复送电后，应进行特殊巡视检查。

（三）维护检修项目

（1）进行5次机械合分操作：将手车置于“试验位置”，确保断路器在有控制电源的情况下进行5次分合闸操作，检查各项指示无异常情况。

（2）检查联锁功能。

①在断路器分闸和接地开关分闸时，手车才能从“试验位置”推入“工作位置。如断路器合闸时，如联锁正常，顺时针摇向“工作位置”的摇柄应只能摇动半圈。

接地开关合闸时，如联锁正常，顺时针摇向“工作位置”的摇柄应只能摇动一圈半。不可强行用力操作（最大扭矩25Nm）。

②在手车完全位于“试验位置”时，如联锁正常，手车横梁把手应能正常收缩。

③在手车横梁把手处于“展开位置”时，手车能够正常摇动。

④在断路器分闸时，手车才能从“工作位置”移向“试验位置。断路器合闸时，如联锁正常，逆时针摇向“试验位置”的摇柄应只能摇动半圈左右。

⑤在断路器手车完全位于“试验位置”或“工作位置”时，断路器才能合闸。手车位于“试验位置”和“工作位置”之间的任何位置时，联锁正常时断路器无法合闸。

⑥在断路器处于“工作位置”时，二次航空插头无法拔出。

⑦当断路器配有“手车闭锁电磁铁Y0”时，在没有解锁的情况下应无法摇动手车。

注意“手车闭锁电磁铁Y0”未解锁时，不要强行摇动手车。

（3）解除“手车闭锁电磁铁Y0”功能的操作方法如图11–14示意图所示。

①取下面板，按住Y0的衔铁，解除闭锁电磁铁的功能，同时摇动摇柄约一圈半即可松开衔铁，此时手车可继续摇动。

②“手车闭锁电磁铁Y0”仅在“试验位置”和“工作位置”才有效，中间位置无效。

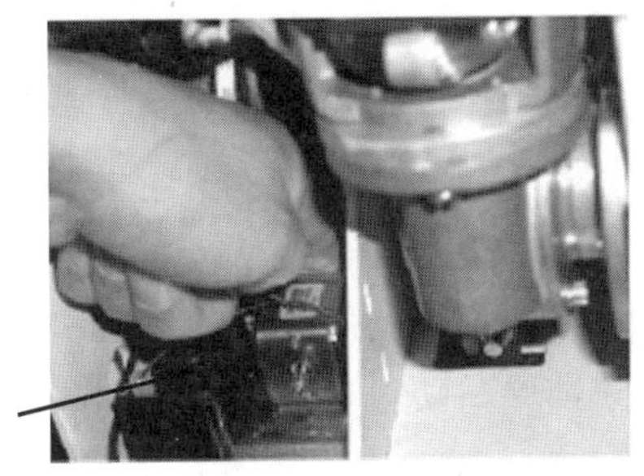

图11–14　解除Y0闭锁电磁铁示意图

(4) 检查分合闸脱扣器动作的正确性及其相应参数的试验方法。

①在分闸且已储能的状态下拔出航空插头，并接插头的4#、49#插针后另外再将14#、20#插针予以并接，将试验电压引入4#、14#插针，合闸脱扣器应能在80/85–110%额定电压（DC/AC）范围内正确动作，实现合闸。

②若进行合闸时间测试试验时，闭锁电磁铁应先给辅助电源，取消并接，否则将导致合闸时间过长。

③拆除上述的并接导线，在合闸状态下将试验电压引入31#、30#插针，分闸脱扣器应能在65/85–120%额定电压（DC/AC）范围内正确动作，实现分闸。当电源电压降低至额定值的30%时，不应脱扣。

(5) 二次电气元件动作的正确性：将断路器置于下表所示的测试条件下，切断辅助电源，拔下航空插头，然后用万用表电阻挡测试11–5表所列的二次电气元件。质量标准见表11–5。

表11–5　部分二次电气元件合格标准

序号	元件名称	测试条件	合格标准（航空插头插针号）	备注
1	储能辅助开关S1	已储能	24–34应接通	
2	辅助开关S3、S4、S5	断路器合闸	5–15（S3）、11–21（S4）、7–17（S5）应接通	S5是可选件
3	辅助开关S4、S5	断路器分闸	8–18（S4）、28–38（S5）应接通	S5是可选件
4	手车“工作位置”开关S9	手车置于工作位置	52–54应接通	
5	手车“试验位置”开关S8	手车置于试验/隔离位置	52–53应接通	

注意：以上所述的插针号系指10kV VD4真空断路器航空插头的插针编号，40.5kV的VD断路器的插针号可能略有差异，维修时请参阅出厂文件中的实际接线图。

(6) 机构与传动机构的检查。

①操作机构可执行的检查工作很少，实际操作仅限于外观检查的工作，执行检查工作之前必须确定断路器处于分闸状态，机构尚未储能，并切断辅助回

路电源。

②取下面板检查操动机构和传动机构的零件应无变形，紧固件（包括螺栓、螺母、卡簧、挡圈和弹簧销等）应锁紧，有松动的要锁紧到位。

③检查机构有无锈蚀。

（7）合闸联锁机构的检查。

检查联锁杆带动的闭锁杆与塑料凸轮之间的间隙应为2+1mm。间隙太大会影响手车处于中间位置时无法合闸的联锁功能及合闸时无法移动手车的联锁功能；间隙太小会影响手车处于“试验位置”和“工作位置”合闸操作的可靠性。

测量期间应注意安全，避免触及其他传动元件，以免机构误动。

（8）检查如图 11–15 所示的合闸联锁机构间隙。

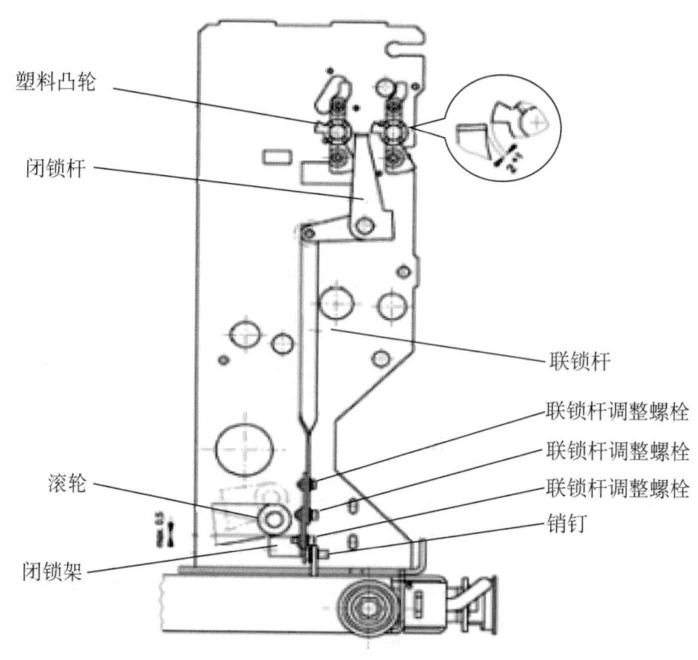

图11–15　合闸联锁机构图

（9）测量分合闸时间、分合闸同期性，断路器分合闸时间及分合闸同期性的参数见表 11–3。

（10）测量主回路直流电阻，断路器主回路电阻参数见表 11–4（直流 100A 压降法）。

（11）动触头的外观检查，动触头应无变形和烧蚀的痕迹，否则应予以更换。检查完毕后可用适量的 Isoflex Topas NB52（德国克鲁勃高速低温润滑脂）润滑脂涂敷接触表面。

（12）测量绝缘电阻，用 2500V 兆欧表测量中压回路的对地及相间绝缘电阻，其阻值应不小于 50MΩ；用 500V 兆欧表测量辅助回路的绝缘电阻，其阻值不应小于 0.5MΩ。

（13）主回路及辅助回路工频耐压试验，按出厂试验电压值的 85% 对断路器进行工频耐压试验。

八、异常现象及处理方法

（1）断路器不能储能，拒分，拒合现象，应先检查辅助控制电源是否正常，再按表 11−6 检查处理。排查异常现象时建议参阅出厂文件中所附的 VD4 断路器原理图。

（2）处理异常现象前须切断辅助控制电源并将断路器置于分闸及未储能状态。

（3）更换辅助开关时不要遗漏橡胶垫片及防震垫圈并应旋紧固定螺栓。

表11−6　异常现象及处理方法

序号	异常现象		原因	处理方法
1	不能储能	电动不能储能	储能限位开关S1损坏	未储能状态下，查看航空插头内25#−35#插针回路电阻（见表11−7序号1），如有异常，卸下操作面板后检查S1储能限位开关的两对动断接点31−32、41−42应接通，否则应予以更换。 S1的调整间隙见图11−16所示。
2		手动可以储能	储能电动机MO烧坏	电动机回路电阻见表11−7序号1，如有异常应检查原因并予以更换。 拔出连接导线，卸下如图11−17所示的三颗螺栓就可取出电动机。
3	拒合	电动合闸拒合，合闸脱扣器不动作	手车未到位	核对位置指示器的指示，将手车准确就位。
4			辅助开关S3触点故障	按原理图检测元件（原理图对应断路器处于分闸状态），如有异常应予以更换，S3的调整间隙如图11−16所示。
5			控制回路接线松动或航空插针脱落	卡紧松动的连线，航空插针脱落处理方法见第十一章第四节八、（8）航空插座更换。
6			合闸脱扣器Y3故障	排除此表序号3至序号5的原因后检查合闸脱扣器Y3的阻值应如表11−7序号3所示。如有异常应予以更换。 分、合闸脱扣器与合闸闭锁电磁铁装在同一块整流桥组件板上，取下整流桥组件板上的外引线，用M4的球头内六角螺丝刀卸下图11−18及图11−19所示的三颗M4螺栓，取出整流桥组件板就可更换上述元件，安装组件板前应按图11−21上述放置好Y2和Y3，以便安装组件板时脱扣器上的定位销准确落入机架上的定位孔。 注意恢复接线时要按原极性连接。

续表

序号	异常现象		原因	处理方法
7			合闸闭锁电磁铁Y1故障（注：Y1未接通，无法合闸）	合闸闭锁电磁铁Y1的阻值见表11−7序号2，更换。方法见表11−6序号6。
8			整流桥V1或V3故障	更换整流桥组件，见表11−6序号6。
9			KO自保持	柜体上继电器已经带有防跳回路，加上断路器上自有的防跳回路，使得两防跳回路重叠，进行合分闸操作后防跳回路自保持而不能再次进行合闸操作，取消断路器防跳如图11−28所示。
10			S2动作不到位	调整S2行程，调整时只需用尖嘴钳将S2的金属弹片稍微向外掰动1～2mm，用手按下Y1铁芯，可听见S2动作声音如图11−21所示。
11		电动合闸拒合，合闸脱扣器动作无力，手动合闸成功	合闸电压过低	检测回路接通时合闸脱扣器两端的电压是否低于额定值的65%。如有异常，应排除电源或回路内的故障。
12	拒分	电动分闸拒分，分闸脱扣器不动作	分闸脱扣器Y2损坏	分闸脱扣器Y2的阻值见表11−7序号6，如有异常应予以更换，操作方法见表11−6序号6。
13			辅助开关S4触点损坏	见表11−6序号4，S4的调整间隙如图11−16所示。
14			二次控制回路接线松动或航空插针脱落	卡紧松动的连线。航空插针脱落处理方法见第十一章第四节八、（8）航空插座更换。
			整流桥V2损坏	更换整流桥组件板，见此表序号6
15		电动分闸拒合，分闸脱扣器动作无力，手动分闸成功	分闸电压过低	检测回路接通时分闸脱扣器两端的电压是否低于额定值的65%。如有异常，应排除电源或回路内的故障。
16	手车故障问题	手车摇到工作位置时没有停止，可以继续摇动。	底盘丝杆上的定位块脱离止动铜滑块的卧槽，使得手车可继续摇动。	把手车底盘拆下，稍使丝杆抬高并用力摇动丝杆，可使定位块重新落回槽中，若铜滑块磨损严重必须更换。
17		手车无法从工作位置上摇出	丝杆与合闸联锁杆的间隙太小造成	拆开底盘后用力压联锁杆的后部舌片，使联锁杆能抬高一些。避开与丝杆的联锁。
18		手车不能从实验位置上拉到服务车上	手车没有摇到位或者横梁上的止动块故障，更严重的是横梁变形	查看位置指示器是否断路器到位或更换横梁上的止动块，更严重的需要更换手车底盘。

续表

序号	异常现象		原因	处理方法
19		手车只能摇动一圈半	（1）手车底盘地刀联锁舌片被导轨上地刀联锁块顶住。 （2）操作不当地刀联锁舌片变形	（1）调整导轨的地刀联锁块，使地刀联锁舌片能够充分弹出。 （2）矫正地刀联锁舌片，使其恢复正常状态。
20		断路器触臂根部对活门放电	断路器触臂根部对柜子触头盒放电	触头盒安装在主安装板上后，必须用玻璃胶填充静触头盒与金属安装板之间的空间以排出所有的空气，如图11–22所示

表11–7 元器件的电阻值

序号	元器件或回路 （二次插头插针号）	阻值≈Ω	
		DC 110V	DC220V
1	储能电动机M（25#-35#）	8	42
2	合闸闭锁电磁铁Y1	2k	9k
3	合闸脱扣器Y3	50	190
4	分闸脱扣器Y2	50	190

图11–16 合闸后尚未储能时辅助开关传动杆的间隙图

（4）更换储能电动机示意图，如图 11–17 所示。

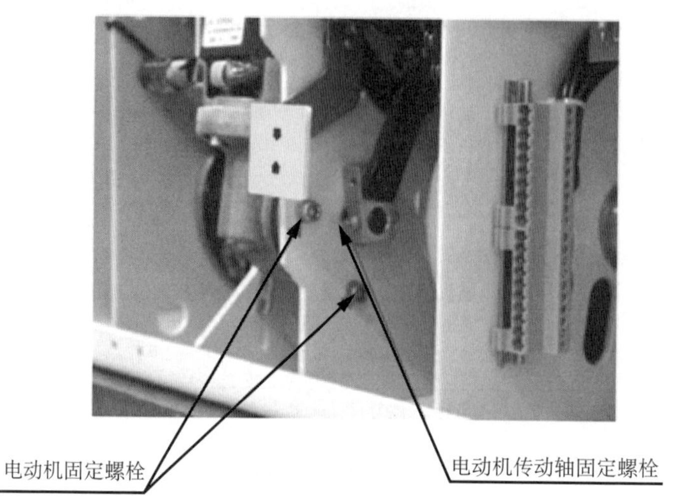

图11–17　更换储能电动机示意图

（5）更换整流模块和 Y1，Y2，Y3。

首先确认开关是否处于储能状态，如果开关已储能，先进行合分闸操作确保开关已不再处于储能状态。

用尖嘴钳拔下整流模块上的相应外接线（V1、V2、V3、V3–K01、V3–K0B、S2–2、共 9 根线），如图 11–18 所示，松开整流模块上的固定螺栓，此时可以把图 11–18、图 11–19 所示整个拆下。安装时保持 Y2，Y3 之间转动轴夹角为 90 度，如图 11–20 所示。

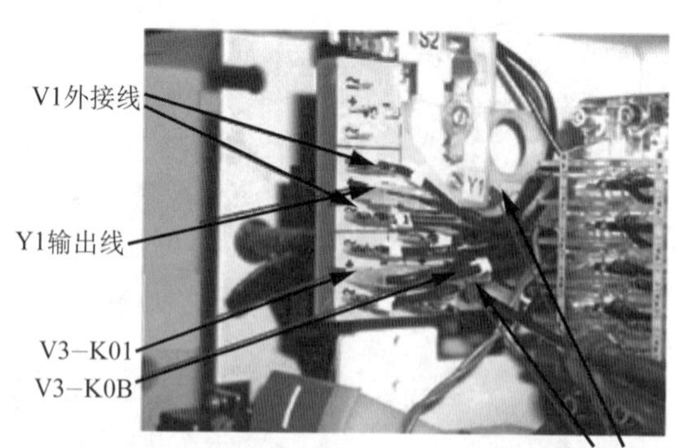

图11–18　整流桥组件板外接线示意图

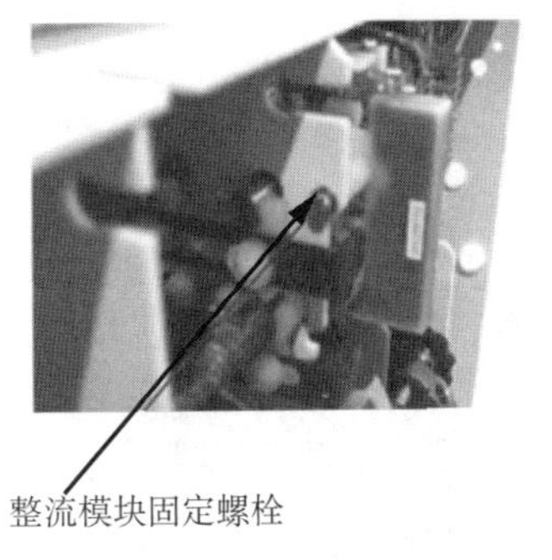
整流模块固定螺栓

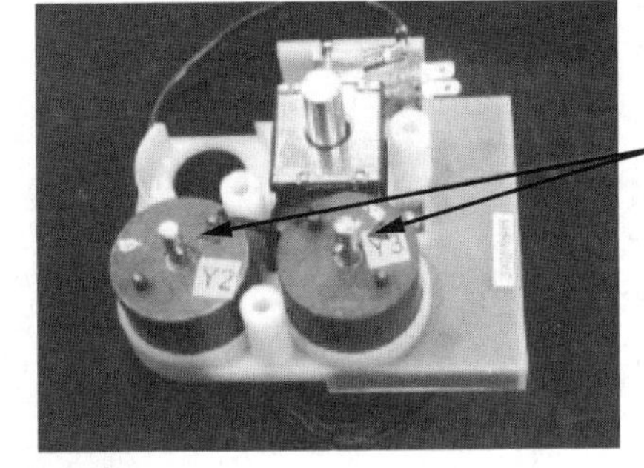
Y2，Y3转动轴
Y2
Y3

图11−19　整流桥组件板正面螺栓示意图　图11−20　Y2、Y3转动轴示意图

更换电磁铁 Y1，Y2，Y3 如图 11−21 所示。

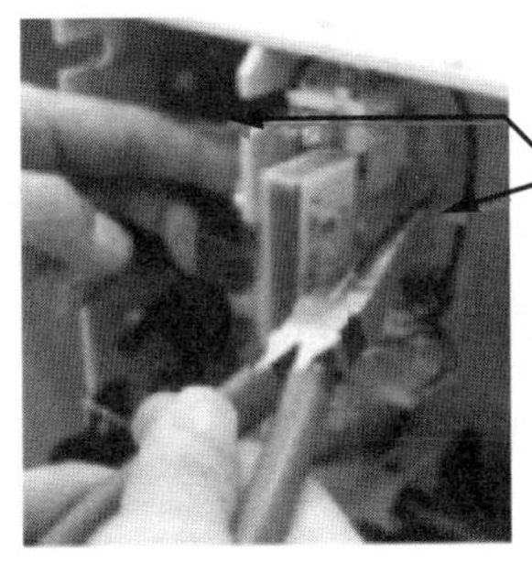
用尖嘴钳向外掰动Y1弹片，用手按下Y1铁芯，能听到S2动作声音

图11−21　调整S2不动作示意图

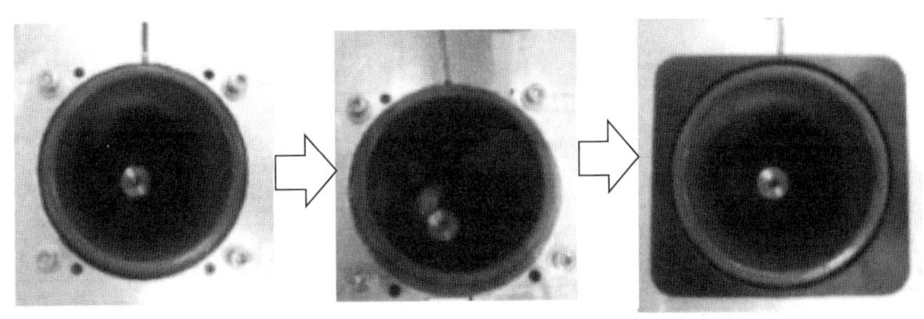

图11−22　填充静触头盒与金属安装板示意图

(6) 部分元器件更换。

①极柱更换（此处以 1206 型号为例）。

在合闸状态下，卸下断路器底盘，拆底盘时，拔下断路器本体与底盘相连的端子排，使用一字螺丝刀拆下如图 11−23 所示卡簧及金属垫片，旋下固定底盘的 4 个 M12 的内六角螺栓，便可卸下底盘。

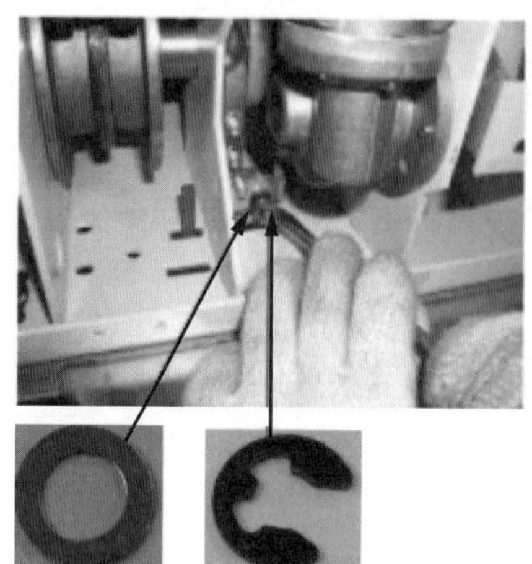
图11–23　拆卡簧及垫片示意图

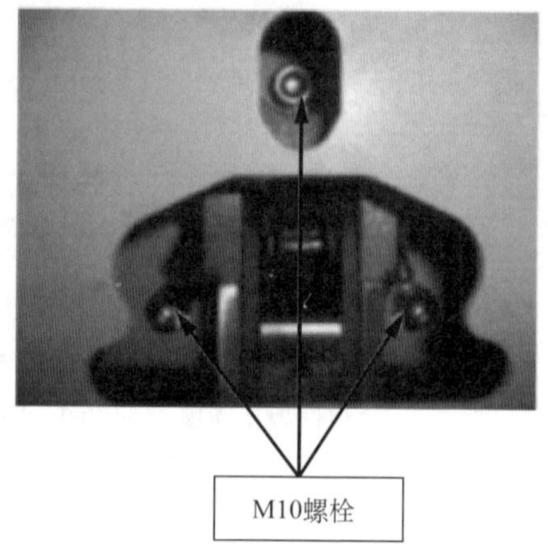

图11–24　固定极柱螺栓示意图

卸下底盘后，均匀的旋下固定极柱的 3 个 M10 螺栓，旋出时用手托住极柱防止滑落；注意不可一次性将每个螺栓旋出。将 3 个 M10 螺栓旋出后，取出销子的固定卡簧，将连接真空泡拉杆的销子取出，缓慢取出极柱。更换后，仍在合闸状态下，固定好销子后，均匀旋上 3 个 M10 螺栓，如图 11–24 所示。

②梅花触头更换。

使用一字螺丝刀，如图 11–25 所示分别将靠内的两根紧固弹簧小心取出，无需取下靠外的弹簧。注意在取出紧固弹簧时，一字刀不要碰到弹簧的连接处，否则可能会使得弹簧断开。安装时按顺序套回即可（图 11–26、图 11–27）。

图11–25　取出靠内两根弹簧示意图

图11–26　弹簧连接处示意图

图11–27 按序安装弹簧示意图

③ K0 的更换，在运行过程中发现 K0 异常需要更换时，将一字螺丝刀插入 K0 的端子排中，稍微向上挑起，便可将接于端子上的 5 根线取下，旋下固定 K0 的两个内六角螺栓。按原接线方式接于新 K0 上，如图 11–28 所示。

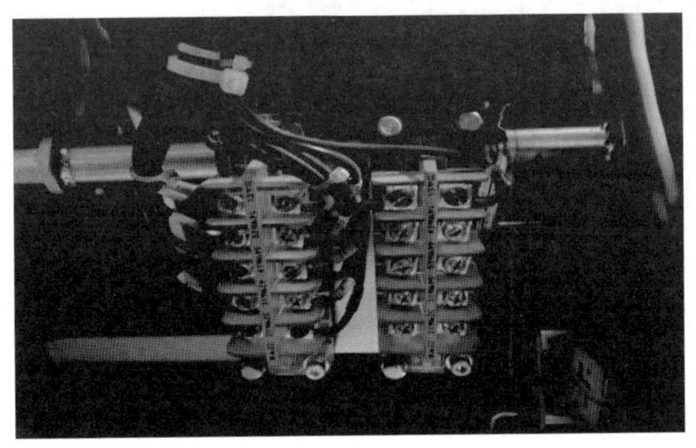

图11–28 取消断路器防跳示意图

(7) 电动底盘链条与离合器的更换。

①用尖嘴钳取下链条连接处的卡簧，如图 11–29 所示。

②用一字螺丝刀撬开链条的压片，取下销钉，链条即可解开，如图 11–30 所示。

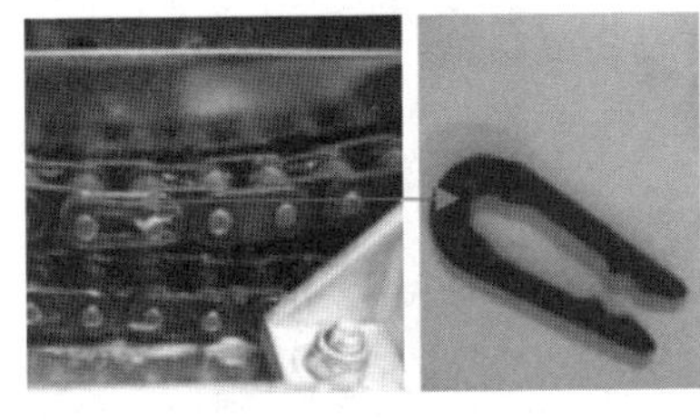

图11–29 解开链条卡簧示意图

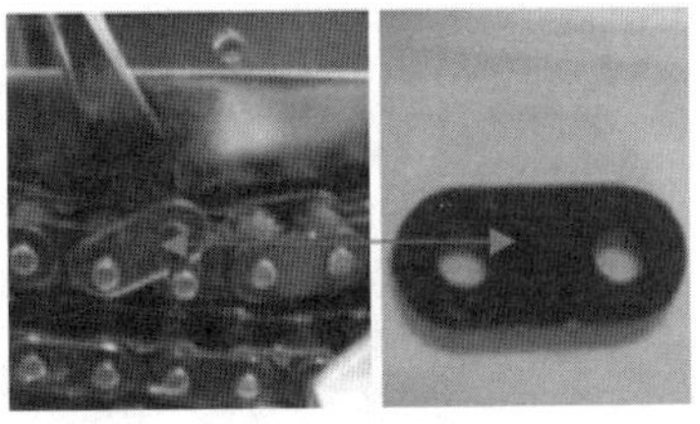

图11–30 解开链条压片示意图

③如图 11–31，将离合器拆下后，用手转动离合器上的齿轮，使离合器上

的链条在齿轮的转动下脱落，如图 11–32 所示。

(a)

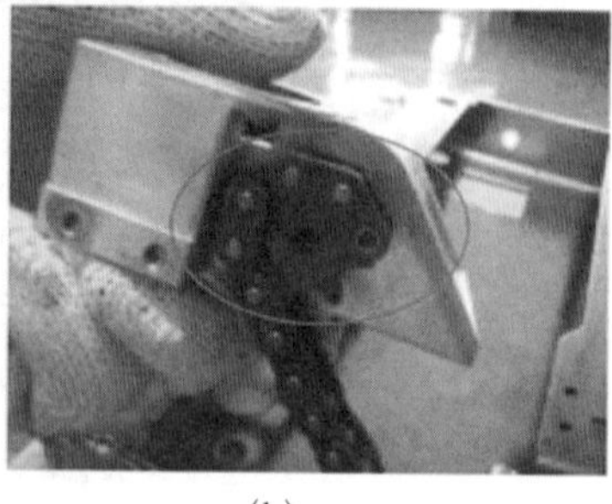
(b)

图11–31 链条与离合器脱落示意图

与底盘相连的链条应一手拉住链条，一手摇动断路器底盘使底盘上的链条脱落

图11–32 取下链条示意图

（8）航空插座更换。

用一字螺丝刀将航空插头背面的两个塑料卡槽挑起，便可取下后盖板。取插针时，若无专用工具，可用一硬物敲击航空插针，直至插针脱落。取下插针后检查插针卡套有无脱落，若脱落需更换插针卡套。如图 11–33、图 11–34、图 11–35 所示。

注意在敲击二次插针时确认垂直，防止将插针敲变形。

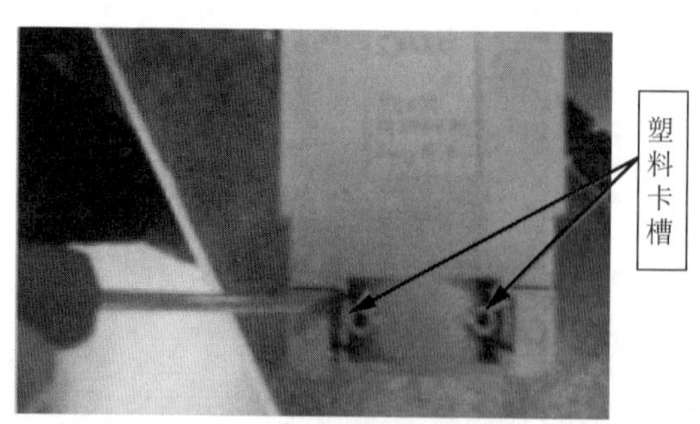
塑料卡槽

图11–33 取下塑料卡槽示意图

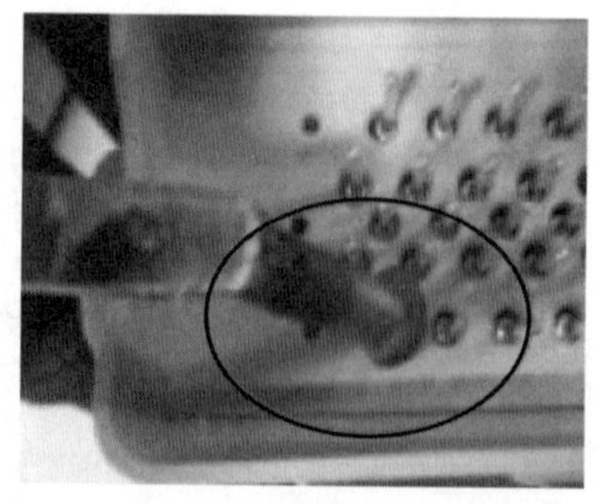

图11–34 取航空插针示意图

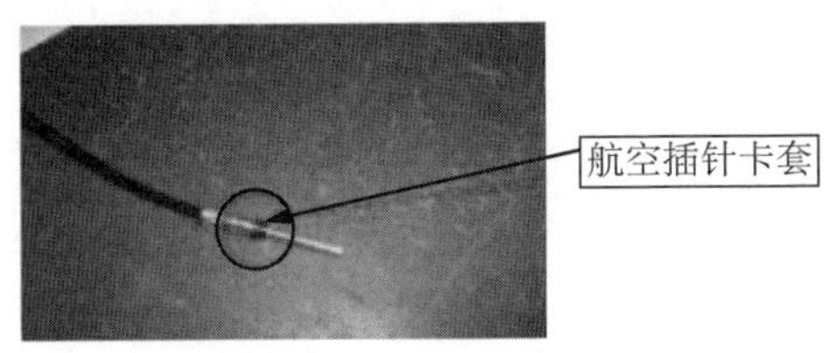

图11-35 航空插针示意图

九、工作安全注意事项

(1) 现场工作开始前，应先了解现场布局，停电、带电范围，接地线布置，控制电源断开情况，临时电源使用情况，现场监护人员是否到位，以及安全通道。

(2) 工作票上安全措施是否都已实施到位，应再次检查已做的安全措施是否符合要求，运行设备和检验设备之间的隔离措施是否正确完成，是否有明显的标志隔开。

(3) 检修设备停电，应把各方面的电源完全断开（任何运用中的星形接线设备的中性点，应视为带电设备）。禁止在只经断路器断开电源的设备上工作。应拉开隔离开关，手车开关应拉至试验或检修位置。与停电设备有关的变压器和电压互感器，应将设备各侧断开，防止向停电检修设备反送电。

(4) 工作时，应仔细核对要检修断路器的位置，严防走错地方。

(5) 断路器只有在分闸时才能推入或拉出断路器手车。

(6) 为防止意外事故，对在操动机构上进行的各项工作应格外小心，特别是平面蜗卷弹簧尚未完全释能的情况时。即使弹簧处于未储能状态，也仍然有一定的弹力存在。

(7) 当现场需要将手车移至工作台维修时，应防止人员砸伤、碰伤、撞伤和刮伤。

第十二章 继电保护装置与二次回路

继电保护装置是反映电力系统中各种电气设备故障和不正常运行状态的自动装置。当电力系统中的电力元件或电力系统本身发生了故障危及电力系统安全运行时，能够向运行值班人员及时地发出警告信号，或直接向所控制的断路器发出跳闸命令以终止这些故障发展的一种自动化措施和设备。实现这种自动化措施的成套设备，称为继电保护装置。在正常情况下，继电保护通过高压测量元件（电流互感器、电压互感器等变换元件）接入电路，通过流过被保护元件的负荷电流，监视发电、输电、变电、配电、用电等环节电气元件的运行。

二次回路由控制、保护、测量、信号回路构成。二次回路图包括原理接线图和安装接线图。

原理接线图又分为归总式原理接线图、展开式原理接线图两种。

(1) 归总式原理接线图：简称原理图，它以整体的形式表示各二次设备之间的电气联接，一般与一次回路的有关部分画在一起，设备的接点与线圈是集中画在一起的，能综合表明交流电压、电流回路和直流回路间的联系。

(2) 展开式原理接线图：以分散的形式表示二次设备之间的连接。一般常将展开图中二次设备的接点与线圈分散布置，而交流电压、交流电流、直流回路分别绘制。

(3) 安装接线图：包括屏面布置图、屏后接线图、端子排图等。

第一节　继电保护概述

电力系统发生故障时，通常伴有电流增大，电压降低以及电流与电压相位角改变等现象。通过比较这些基本参数在故障时与正常运行时的差别就可以构成各种不同原理的继电保护装置。继电保护装置一般由三部分组成：一是测量部分，其作用是测量被保护对象的工作状态；二是逻辑部分，其作用是判断被保护对象的工作状态，以决定保护装置是否应该动作；三是执行部分，其作用是根据逻辑部分所做出的判断，将跳闸或报警信号送到断路器的控制回路或报警信号回路。以上控制是通过继电器来完成的。

随着电子技术和计算机技术的发展，原来的电流、电压、接地、阻抗、频率继电器已被微机型继电保护测试装置取代，微机型测试装置是保证电力系统安全可靠运行的一种重要测试工具，微机型继电保护测试仪是一种新型智能化测试仪器，广泛运用于线路保护，主变差动保护，励磁控制等各个领域。微机继电保护测试仪采用开关电源，功放采用数字功放，体积小，重量轻，效率高。可对各种类型的电压、电流、频率、功率、阻抗、谐波、差动、同期等继电器以手动或自动方式进行测试，可模拟各种故障类型进行远距离、零序保护装置定值校验和保护装置的整组试验，可自动扫描微机和数字型变压器，具备 GPS 触发功能。可单机独立运行，也可连接其他电脑运行，主机内置高性能工控机和高速数字信号处理器，真 16 位 DAC 模块、新型模块式高保真大功率功放，自带 TFT 真彩色 LCD 显示器和嵌入式微机键盘。常用的微机综合机电保护装置如图 12–1 所示。

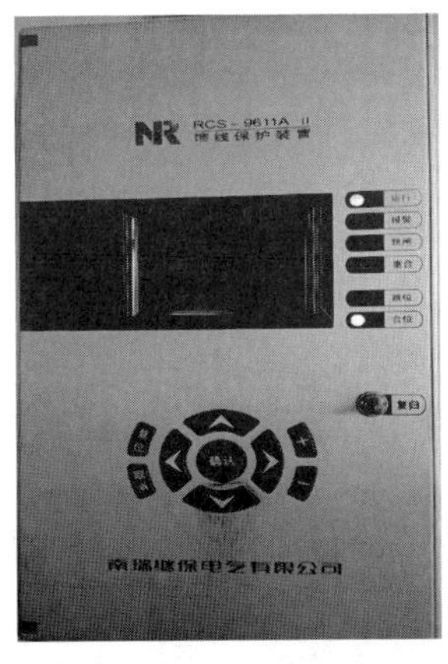

图12–1　微机综合机电保护装置

一、继电保护装置的任务和基本要求

继电保护是利用电力系统中各元件发生短路或异常情况时电气量（电流、电压、功率、频率等）的变化构成继电保护动作。另外，还有其他的物理量，如油浸式变压器油箱内故障时产生大量瓦斯和油流速度的增大或油压的升高。不管反应哪种物理量，继电保护装置都应发出报警信号或可靠动作。

（一）继电保护的主要任务

（1）在正常运行情况下，继电保护监视变电、配电、用电各个环节电气元件的正常运行。

（2）当电力系统运行中出现不正常运行状况时，如：中性点不接地系统发生单相接地故障、变压器过负荷、变压器温度过高等。继电保护装置瞬时或延时自动发出报警信号、可靠动作，告诉值班人员尽快处理。

（3）当电力系统发生故障时，如：电力系统单相接地短路、两相短路、三相短路、设备线圈内部发生匝间、层间短路等，继电保护可靠动作，使故障元件的断路器跳闸，切除故障点，防止事故扩大，保证非故障部分继续运行。

（4）为使故障切除后，被切除部分尽快投入运行，可借助继电保护和自动装置来实现自动重合闸及备用电源自动投入。

（二）对继电保护装置的基本要求

为保证电力系统的安全运行，使电气元件免遭破坏，对动作于断路器跳闸的继电保护提出如下要求。

1. 选择性

电力系统发生故障时，继电保护应有选择性的动作，切除故障部分，保证非故障部分继续运行，使停电范围尽量缩小。

2. 速动性

快速切除短路故障；减轻短路电流对电气设备的破坏程度；加速系统电压的恢复；提高电力系统和发电机并列运行的稳定性；使短路点电弧容易熄灭；提高自动重合闸成功率；缩短用户停电时间和减少电能损失；保证系统非故障部分的正常运行。

3. 灵敏性

指继电保护装置对其保护范围内的故障和不正常运行状态的反应能力。

4. 可靠性

电力系统在正常运行时，继电保护应处于准备动作状态，不应误动作。在继电保护范围外发生短路故障等不正常运行方式时，不应动作。在继电保护范围内发生短路故障和不正常运行方式时，应可靠动作。

二、保证继电保护工作可靠的措施

过去大量使用整流型或晶闸管型继电保护，这类保护装置的各种元件均是硬件组成，调试麻烦。现在多采用微机保护，而微机保护除了数字量的采集外、所有的计算、逻辑判断都是有软件完成的，成熟的软件一次性设计测试完好后，就不必要在投产前再逐项试验。所有微机保护装置都基本不用调试，需要调试的项目也在厂家完成，投运前做一次静态和动态试验就可以投入运行了。

（一）微机保护装置硬件系统的一般构成

从功能上划分，微机保护装置分为六个部分：模拟量输入系统（或称数据采集系统）、继电功能回路（CPU 主系统）、开关量输入 / 输出回路、人机接口回路、通信回路、电源回路，此装置构成示意图如图 12–2 所示。

模拟量输入系统的主要功能是采集被保护设备的电流互感器、电压互感器输入的模拟信号，并将此信号经过适当的预处理，然后转换为所需的数字量。CPU 主系统包括微处理器 CPU，只读存储器（EPROM）、随机存取存储器（TLAM）及定时器（TIMER）等。CPU 执行存放在 EPROM 中的程序，对由数据采集系统输入至 RAM 区的原始数据进行分析处理，以完成各种继电保护功能。开关量输入 / 输出回路由并行口、光电耦合电路及有接点的中间继电器等组成，以完成各种保护的出口跳闸、信号报警及外部接点输入等工作。人机接口部分主要包括打印、显示、键盘、各种面板开关等，其主要功能用于人机对话，如调试、定值调整、人对机器工作状态的干预等。人机接口应定时或在保护动作后打印或显示运行情况及保护执行结果。

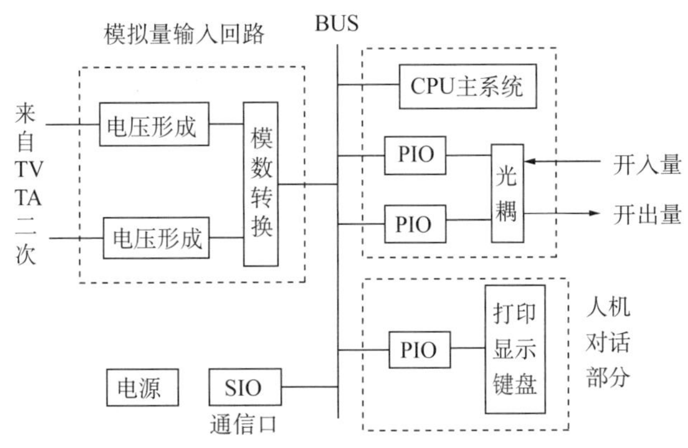

图12–2 微机保护硬件系统构成示意图

根据模数转换的原理不同，微机保护装置中模拟量输入回路有两种方式，一是基于逐次逼近 A/D 转换的方式，二是利用电压 / 频率变换（VFC）（ALF）、采样保持回路（S/H）、多路转换开关电路（MPX）及模数转换计数器等环节的方式，如图 12–3 所示。

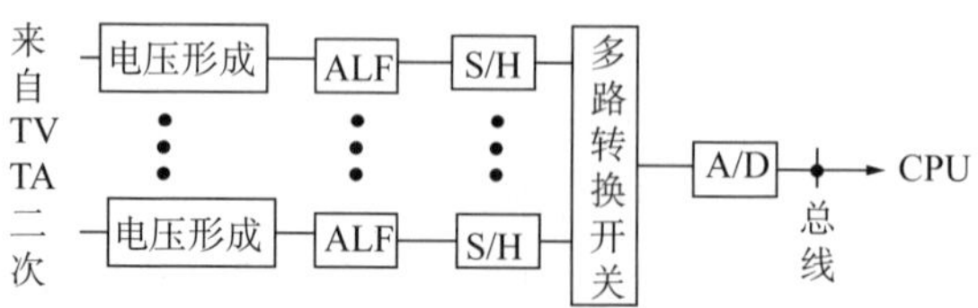

（a）模拟量输入回路框图（逐步逼近A/D转换方式）

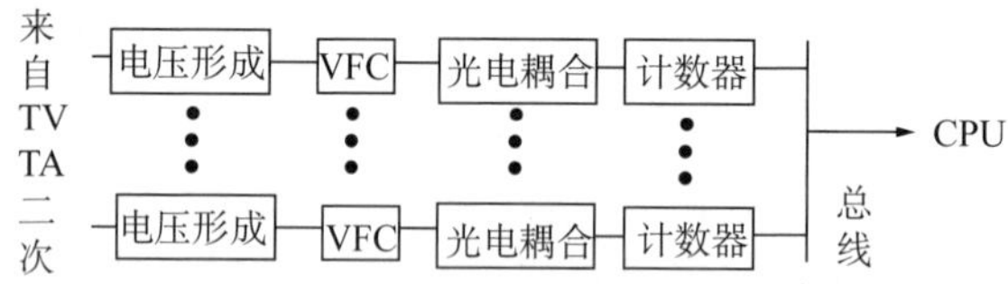

（b）模拟量输入回路框图（VFC原理的A/D转换方式）

图12–3 模拟量输入回路框图

（二）微机保护的主要功能

微机保护的主要功能包括保护、测控、信息三个方面。

1. 二段保护及三段保护

零序电流一段保护整定必须满足如下要求：

（1）避越正常及正常检修运行方式下线路末端（或两端母线）发生单相及两相接地故障时流过本线路的最大零序电流。

（2）避越单相重合闸周期内全相运行时的最大零序电流。如果要求在线路非全相运行时有不带时限的零序电流保护，而非全相运行时的最大零序电流又大于末端（或两端）接地故障时的零序电流时，则必须设置两个无时限的第一段零序电流保护，并分别是灵敏一段保护（按躲开末端故障整定）和不灵敏一段保护（按躲开非全相运行情况整定）。因为躲不过非全相运行的零序电流，在单相重合闸周期内灵敏一段必须退出运行，只保留不灵敏一段保护在非全相运行时继续工作。在非全相运行期间，保留能躲过非全相零序电流的无时限第一段保护，它是相邻线路后备保护逐级配合整定的基础段，在非全相运行期间不退出工作来保证相邻线路与其配合的二段保护在整定上不失配，而不发生无选择性的越级跳闸。在此前提下，设置灵敏一段是为了在第一次故障时加大无时限保护段的保护范围。因此，与综合重合闸配合使用的零序电流方向保护装置也必须有实现两个一段的可能性。

2．零序电流二段保护

（1）为了提高末端故障时的灵敏度，降低整定时间，在整定上只考虑与相邻线路的不灵敏一段保护配合。如此整定的二段电流保护，如果在本线路单相重合闸周期内其电流整定值和整定时限上都躲不过非全相运行，就必须退出运行。

（2）有的系统中，个别段线路上安装了不灵敏二段保护，它的启动电流值按躲过非全相运行的最大零序电流整定，因躲不过末端故障，所以要带一个时限段。在本线路单相重合闸期间,不灵敏二段不退出工作。设置不灵敏二段保护，主要是为了改善相邻后备段的整定配合条件。 在没有不灵敏二段的条件下，相邻线路的二段只能同本线路的不灵敏一段配合，而相邻线路的三段保护则需与本线路的重合闸后的三段配合。如果设有不灵敏二段时，相邻线路的二段或三段的整定都可以与它配合，从而改善了相邻线路的保护性能。 因此，零序电流保护装置要考虑实现两个二段的可能性。虽然要求既可以设置两个第一段，又可以设置两个第二段，但不灵敏一段和不灵敏二段不可能同时出现在一个保护装置中。

3. 零序电流后备段保护

零序电流方向保护装置各段是按逐级配合原则整定的，设置四段保护是必要的。国内有的电力系统采用三段式保护也可满足整定要求，对于旁路断路器上的保护而言，由于要代替的线路保护较多，一般要求多设几段。在保护装置内还设置了一个附加电流元件和时间元件，必要时，再增设一段保护。

4. 三段式电流保护

电流速断、限时电流速断和过电流保护都是反应电流增大而动作的保护，它们相互配合构成一整套保护，称为三段式电流保护。三段的区别主要在于启动电流的选择原则不同，其中速断和限时速断保护是按照躲过某一点的最大短路电流来整定的。而过流保护是按照躲过最大负荷电流来整定的。

5.110kV 及以下线路保护测控装置的功能

1）保护方面的主要功能

三段式可经低电压闭锁的定时限方向过流保护，其中第三段可整定为反时限；三段式可经方向闭锁的零序过流保护；三相一次重合闸，可以选择检同期、检无压或不检方式；过负荷保护；独立的过流或零序电流合闸加速保护，可以是重合闸前加速或重合闸后加速；分散的低周减载保护；独立的操作回路。

2）测控方面的主要功能

12 路自定义遥信开入采集，装置遥信变位，事故遥信、正常断路器遥控分合；小电流接地探测遥控分合；U_{AB}、U_{BC}、U_{CA}、I_A、I_C、I_0、P、Q、$\cos\phi$、f 等

10 个模拟量的遥测；开关事故分合次数统计及事件 SOE 等；四路脉冲输入。

3）信息方面的主要功能

装置描述的远方查看；装置参数的远方查看；保护定值、区号的远方查看、修改功能；保护功能软压板状态的远方查看、投退；装置硬压板状态的远方查看；装置运行状态的远方查看；远方对装置进行信号复归；故障录波。

6. 站用变压器或接地变压器的保护测控装置的功能

1）保护方面的主要功能

三段式复合电压闭锁的过流保护；高压侧正序反时限保护；过负荷报警，两段定时限负序过流保护；高压侧接地保护，包括三段式定时限零序过流保护，零序过压保护；低压侧接地保护，包括三段式定时限零序过流保护，零序反时限保护；低电压保护；非电量保护，包括重瓦斯跳闸，轻瓦斯报警，超温报警或跳闸；压力释放跳闸；一路备用非电量报警或跳闸；独立的操作回路及故障录波功能。

2）测控方面的主要功能

开关位置，弹簧未储能接点、重瓦斯、轻瓦斯、油温高、压力释放等非电量遥信开入；四路备用遥信开入接点；装置遥信变位以及事故遥信；变压器高压侧断路器正常遥控分合；小电流接地探测遥控分合；U_{AB}、U_{BC}、U_{CA}、I_A、I_C、I_0、P、Q、$\cos\phi$、f 等 10 个模拟量的遥测；开关事故分合次数统计及事件 SOE 等；四路脉冲输入。所谓 SOE 记录及事件顺序记录，当电力设备发生遥信变位时，电力保护设备或智能电力仪表会自动记录下变位时间、变位原因、开关跳闸时相应的遥测量值（如相应的三相电流、有功功率等），形成 SOE 记录，以便于事后分析。

第二节　10kV变（配）电所的继电保护

继电保护及安全自动装置（简称保护）是保证电力系统安全、稳定运行的必备条件和重要组成部分。10kV 配电系统中的主要故障形式为单相接地、两相短路和三相短路三种。

一、配电变压器的故障种类及保护异常现象

配电变压器的故障可分为内部故障和外部故障。内部故障有线圈的相间短路、匝间短路、铁芯间绝缘损坏引起变压器局部过热。外部故障有绝缘瓷套管

的故障、一次引线的故障。绝缘瓷套管故障可能引起相间短路故障或一相线圈碰壳等故障。

（一）配电变压器应装设的继电保护

10kV 配电故障信号一般包括：Ⅰ（Ⅱ）段事故总信号、201–2（202–2）小空开跳闸、201–2（202–2）母线失压报警、201（202）微型断路器跳闸、201（202）速断动作、201（202）过流动作、201（202）装置故障、201（202）零序动作、201（202）保护动作、44（55）微型断路器跳闸、211（221）微型断路器跳闸、211（221）装置故障、211（221）速断动作、211（221）过流动作、211（221）零序动作、211（221）高温跳闸、211（221）变压器门误动作、211（221）高温报警、245 微型断路器跳闸、245 装置故障、245 速断动作、245 过流动作、245–5 微型断路器跳闸、瓦斯保护、过负荷保护。

1. 电流速断保护

它是变压器的主保护，由保护安装处至变压器高压线圈一段内；包括高压开关柜的线路隔离开关、高压配电电缆、一次引线、高压瓷套管、高压线圈发生各种短路故障时，能起到保护作用，并作用于短路跳闸，电流速断保护安装在电源侧。

2. 瓦斯保护

它是变压器内部的主保护，瓦斯保护分两种，轻瓦斯保护动作于信号，重瓦斯保护可以动作于断路器跳闸，也可以切换到信号位置。当变压器高压侧采用负荷开关保护时，重瓦斯可以动作于信号。瓦斯保护是一种气体保护，与电力系统的电压无关，可用于直流操作回路，也可以用于交流操作回路。

3. 过电流保护

它是变压器电流速断的后备保护，称近后备保护；也是穿越性短路故障的后备保护，称远后备保护；又是变压器低压侧的主保护。过电流保护动作于断路器跳闸，过电流保护安装在电源侧，和电源速断保护共用一组电流互感器。

4. 过负荷保护

用来防止变压器过负荷，因正常过负荷一般均为三相同时过负荷，所以采用一相式接线，安装在电源侧，动作于信号。一般用于反映 400kV · A 及以上变压器过负荷。

5. 温度保护

容量在 1000kV · A 及以上的油浸式电力变压器，装设温度保护（干式变压器装设温度巡视检测仪）。变压器上层油温规定不超过 95℃。正常运行中，当上层油温超过 85℃时，电接点温度计动作发出预警信号。而干式变压器必须加温度保护装置，干式变压器通常在二次绕组每相的上部埋设一铂热电阻金属片作为温度传感元件，与铂热电阻匹配的数字式巡回检测装置，可依次巡回检测三相绕组的温度，并能在任何一相绕组温度过热时以发出预警、跳闸信号。

6. 零序电流保护

对于反应中性点直接接地变压器高压侧绕组接地短路故障，以及高压侧系统的接地短路故障，作为变压器主保护及相邻元件接地故障的后备保护。当同一个电力系统的单相接地电容电流大于 5A 时，应装设零序电流保护，该保护由装于电缆线路上的零序电流互感器供电，保护装置可动作于断路器跳闸，也可动作于信号。

（二）异常现象及处理

（1）电流某相插孔间报警灯亮并有报警声，此相电流开路或负载超过实际输出范围，检查接线及负荷后再试。

（2）功放电源投入或输出电压立即跳开功放，电源指示灯闪烁红光并有报警声：弹开功放按钮，检查电压回路有否短路或严重过载。

（3）测试过程中，跳开功放电源：首先软件停止操作输出，然后弹起功放按钮，自保护信号应复归，电源指示灯发绿光并停止报警声。再按下功放按钮，再继续试验。若弹起面板功放按钮后，不能复归自保护信号，或再次按下按钮后，自保护再次动作，应考虑是否大电流长时间输出。

二、防误操作闭锁装置运行

防误闭锁装置是利用自身设定的程序闭锁功能装设在高压电气设备上以防止误操作的机械装置，防误闭锁装置包括：微机防误、电气闭锁、电磁闭锁、机械联锁、机械程序锁、机械锁、带电显示装置等。防误闭锁装置一般应具备以下五种功能；防止带负荷拉合隔离开关、防止误拉合断路器、防止带电挂地线或合接地刀闸、防止带地线或接地刀闸在合位合闸送电、防止误入带电间隔。

（一）分类与特点

目前电力系统使用的防误闭锁装置主要有机械联锁式、电气联锁式、机械程序锁式、微机式等。

（1）机械联锁式防误闭锁装置，是最基本的防误闭锁方式。主要是利用设备的机械传动部位的互锁来实现的，它的优点是简单可靠易于实现。

（2）电气联锁式防误闭锁装置，主要是利用电磁锁和断路器、隔离开关及接地开关的辅助切换开关来实现的，每个电磁锁的控制回路中都串入相关的断路器、隔离开关及接地开关的辅助触点，以控制电磁锁的打开与否，从而达到防误的目的。

①优点：解决了机械联锁式防误装置所不能实现的结构独立的设备间的闭锁问题。

②缺点：投资较大，需要很多控制电缆并需要增加辅助切换开关的触点数目，另外，接线比较复杂可靠性差。

（3）机械程序锁防误闭锁装置，机械程序式防误闭锁装置主要是利用一把钥匙按顺序打开多把锁，或多把钥匙有机组合按顺序打开多把锁这一原理来实现的。

（4）微机式防误闭锁装置，微机防误闭锁装置是目前最新型、最先进的一种防误装置，主要是利用微型计算机（或单板机）加外围设备（如继电器、电磁锁等）来实现防误闭锁的。它的主要优点是使用灵活，功能齐全，同时具有音响报警和数字显示功能，并能满足各种特殊操作的要求。

（二）对运行人员的要求

（1）运行人员必须熟悉本配电室（所）配置的各种防误闭锁装置的结构、原理和所具备的功能，熟练掌握其正确的使用方法。

（2）操作时，应将防误闭锁装置按闭锁装置要求投入使用，进行操作。

（3）操作中遇到闭锁装置不开放时，应停止操作，应进行如下检查：

①是否走错间隔，操作设备是否有误，有无误操作。

②检查断路器有无问题，如开断状态是否正常、倒母线时母联断路器是否合上等。

③检查操作步骤是否正确，与当时的运行方式对照，是否相符。却因电气闭锁装置本身有缺陷。需要解锁时，应经负责人同意。

④防误闭锁装置使用的专用钥匙（包括紧急解锁钥匙）应妥善保管，不得随意乱放和丢失。

⑤对防误闭锁装置应加强运行维护，户外闭锁装置应定期加油防止生锈，装置故障或损坏后应及时修复，尽快投入使用。

（4）新建、扩建变（配）电所投产时，防误闭锁装置必须与主设备同时投入运行。

（5）防误闭锁装置有三种形式：电磁锁（编码插件）、机械联锁、微机防误闭锁装置。各站应建立防误闭锁装置台账。

（6）正常情况下防误闭锁装置必须投入运行，停用防误闭锁装置时，应经领导批准。

（7）防误闭锁装置因工作短时退出时，不允许进行倒闸操作，只能进行非计划性操作。

(8) 设备停电后,因检修工作需要使用解锁钥匙时,运行人员可以将钥匙（包括解锁钥匙）借给工作负责人，但工作完毕后，借用者必须将所操作的设备恢复到原位置，及时将钥匙交还运行人员，并与运行人员共同核对设备实际位置。

(9) 防误闭锁装置出现故障，应查明原因并主动排除，站内确实无法处理的应列缺陷表并及时上报。

(10) 微机闭锁装置出现不对应报警时，必须认真查找原因，不可随意改变记忆关系。

(11) 严禁把电脑钥匙提示的操作步骤作为操作依据。

(12) 严禁使用微机五防专用计算机从事其他工作。

(13) 变（配）电所的各值班应明确专门负责人，负责微机防误闭锁装置中的电脑钥匙、电池充电器的日常管理；电脑钥匙应经常保持清洁，电池并处于满容量状态。

三、自投装置运行

微机线路备自投保护装置使系统自动装置与继电保护装置相结合，是一种对用户提供不间断供电经济而又有效的技术措施，它在供电系统中得到广泛的应用。

（一）构成特点

微机线路备自投保护装置的核心部分采用高性能单片机，包括 CPU 插件、继电器出口板、交流电源插件、(显示面板插件）人机对话模块等构成。具有抗干扰性强、稳定可靠使用方便等优点。其液晶数显屏和备自投面板上所带的按键使得操作简单方便，也可通过 RS485 通信接口实现远程控制。

产品在不同的电压等级如 110kV、10kV、0.4kV 系统的供电回路中，使用时需要设定不同的电气参数，在选择备自投功能时则一定不可以投入低电压保护，以免冲突引起拒动或误动。备自投的条件首先有备用电源，其次当工作母线电压下降时有备自投跳开工作电源的断路器后才能投入备用电源或设备；另外一种情况是工作电源部分系统故障。保护动作跳开工作电源的断路器后才投入备用电源或设备。

（二）要求

备用电源的母线电压应满足要求。

(1) 自投装置在投入运行前，由专业人员将自投程序记入保护日志中，运行人员将其列入现场运行规程。

(2) 被调度设备的自投装置停用前应向调度部门申请，若设备损坏则应上报调度部门。

(3) 自投装置投入运行时的顺序：

①先投交流电源，后投直流电源。

②先投合闸压板，后投掉闸压板。

③停用时顺序相反。

(4) 无压掉闸回路采用两个低电压启动接点串联时，当其中一个低电压启动元件因正常操作或因事故异常造成低电压启动元件短时失压时，无压掉闸回路可不停用。

四、继电保护装置运行

(1) 电力系统中的设备投入运行前，必须先将主保护、后备保护及安全自动装置全部投入运行。

(2) 用电单位变（配）电所的主进断路器及影响电力系统运行的联络开关等，其保护整定值应由供电部门确定，试验和调整应由供电部门专业人员进行。

(3) 继电保护未经供电部门专业人员的同意，用电单位不得自行变动主进断路器的继电保护装置及其二次回路或改变其整定值。

(4) 具有自识别能力的用电单位，必须经供电部门同意后，方可调整和试验主进断路器等的继电保护装置。保护的整定值必须由供电部门提供，并应将试验报供电部门备案。

(5) 用电单位内部的继电保护装置中,其整定值应与主进断路器保护相配合，以免发生越级掉闸事故。

(6) 10kV 双电源允许合环倒路的调度用户，为防止倒闸过程中过电流保护装置动作跳闸，在并列过程中自行停用进线保护投入合环保护装置，当值值班员不再下令。

(7) 运行值班人员对继电保护的操作，一般只允许接通或断开保护压板、切换转换开关及卸、装熔断器的熔断丝等工作。

(8) 各种继电保护装置投入运行前，值班人员应清楚其原理、特性、保护范围和定值以及二次接线等。

(9) 当电力系统设备发生故障或异常时，运行人员应准确记录（先记录，后复归信号指示），并立即报调度及有关人员。

记录的内容：

①开关掉闸的时间、调度号、相别。

②保护装置信号和光字牌动作情况。

③自动装置信号和光字牌动作情况。

④电力系统的电流、电压及功率波动情况。

⑤一次设备、直流系统及二次回路的异常情况。

(10) 运行人员不得擅自打开运行中保护及自动装置的箱门或箱盖。

(11) 查找直流接地时，如确已查明保护盘内二次回路接地，应报有关调度，由专业人员处理。

(12) 在装有集成电路保护或微机保护的保护盘，室内不得使用无线通信设备。

(13) 发出直流消失信号时，应报调度申请停用相应保护并迅速查找原因。熔断器熔断（或空气断路器断开），应更换熔断器试发（或试投空气断路器），试发成功应报调度申请恢复保护：

①试发不成功，则应报调度及专业人员听候处理。

②熔断器未熔断（或空气断路器未断开），应立即报告有关调度及专业人员听候处理。

五、运行中的继电保护装置与配电装置同时巡视检查

（一）主要巡视检查的内容

(1) 各类继电器外壳有无破损裂纹，整定值的位置是否变动。

(2) 查看继电器接点有无卡阻、变位倾斜、烧伤以及脱轴、脱焊等情况。

(3) 感应型继电器的铝盘转动是否正常，经常带电的继电器接点有无大的抖动及磨损，线圈及附加电阻有无过热现象。

(4) 压板及转换开关的位置是否与运行要求一致。

(5) 各种信号指示是否正常。

(6) 直流母线电压是否正常。

(7) 有无异常声响及发热、冒烟和烧焦等气味。

(8) 晶体管保护装置的电源指示及闭锁指示灯是否正常。

（二）故障情况下对继电保护装置及二次回路定期检验和检查

(1) 一般 6 ~ 10kV 系统的继电保护装置应每两年进行一次校验。

(2) 对供电可靠性要求较高的 10kV 重要用电单位以及 35kV 及以上用电单位，每年进行一次校验。

（三）继电保护装置中异常运行与事故处理

(1) 运行中的继电保护装置和自动装置出现异常情况时，除应加强巡视并报告主管部门外，值班人员应采取果断措施，立即处理。

（2）系统故障继电保护装置动作断路器跳闸，应报告有关单位，并做详细记录。用电单位的主进断路器因继电保护装置动作而引起跳闸，应通知供电部门用电检查人员。

（3）因保护装置误动作而引起断路器跳闸后，应检查保护装置动作情况并报有关部门查明原因。恢复送电前必须将保护装置的所有掉牌信号全部复归。对特殊负荷情况，如电炉等的保护，可以不必履行上述手续。

（4）值班人员发现表针指示异常，如电流冲击、电压下降等，应立即检查信号装置（如光字牌等），判明是否发生故障。

（5）经检查判断，变压器的差动保护装置动作，是由于引线故障或电流互感器及其二次回路等原因造成。经过处理后，变压器可继续投入运行。

（6）如变压器气体保护装置动作后，仍不能明显的判定是变压器内部故障时，则应立即收集气体继电器内聚集的气体，并判定其性质。

（7）运行中的晶体管保护装置突然失去直流电源时，应查明熔断器是否正常后报主管部门，并将该装置的出口压板解除，待查明原因，逻辑元件工作正常时，方可投入压板继续运行。

（8）为全面分析事故，必须对继电保护装置的动作情况，进行细致的调查并做记录：

①保护装置动作时，系统有关部分的运行方式。

②故障发生的时间、地点、顺序、延续时间、故障种类和其他各种事故现象。

③开关跳、合闸的顺序和引起运行方式的变化。

④故障发生时，系统中出现的不正常现象，如振荡、电压和频率变化及失去负荷等。

⑤故障前、后有功和无功负荷的情况。

⑥发生事故时，断路器的跳闸保护装置虽已动作，但未引起跳闸。

⑦发生事故后，有必要应对保护装置进行事故校验，以便找出保护装置本身可能存在的问题。

六、继电保护装置的运行与维护

（一）继电保护装置的运行与维护

1. 继电保护装置运行、维护工作的主要内容

（1）对继电保护装置进行定期巡视、检查。

（2）对继电保护装置进行定期校验和事故校验。

（3）对继电保护装置进行整定值的改变。

（4）更换继电保护装置的损坏元件及处理临时缺陷。

（5）对继电保护操作电源、控制电源及断路器操动机构进行状态检测、巡视检查、运行处理。

2. 继电保护装置运行维护工作中的注意事项

（1）运行值班人员应熟悉继电保护装置的种类、工作原理、保护特性、保护范围和整定值。

（2）继电保护装置和自动装置，不能任意投入、退出或变更整定值。凡带有电压的电气设备，不允许处于无保护状态下运行。

（3）凡需要投入、退出的继电保护装置，应在接到调度或有关上级主管负责人的通知和命令后执行。

（4）凡需改变继电保护整定值时，应征得继电保护专业人员的许可。

（5）继电保护装置，在运行中有异常情况时，应加强监视，并立即报告主管负责人。

（6）运行值班人员，对继电保护装置的操作一般只允许进行下列操作：

①接通和断开保护压板。

②切换转换开关。

③装、卸熔断器的熔断丝。

（7）检修工作中，凡涉及供电部门定期检验的继电保护装置时，应有与现场设备相符合的图纸为依据，不允许凭记忆进行。

（8）继电保护运行中的各种操作，必须有两人进行。

（二）继电保护及二次回路的检查和校验

1. 检验及检查周期

为了保证继电保护动作的正确性，应对继电保护装置及二次回路进行定期停电检查和校验，周期如下：

（1）供电可靠性要求较高的10kV重要用户和供电电压在35kV及以上的变（配）电所的继电保护装置，应每年进行一次。

（2）在继电保护装置进行设备改造、更换、检修及发生事故后，应进行补充试验。

（3）对瓦斯继电器，一般每三年进行一次内部检查，每年进行一次充气试验。

（4）对变压器的瓦斯保护装置，应结合变压器大修时进行校验。

2. 校验和检查的内容

继电保护二次回路的校验和检查，一般应结合一次设备停电检修时进行，对运行中的继电保护装置校验和检查的主要内容如下：

（1）对继电器进行机械部分检查，继电器可动部分应灵活，时间继电器钟表机构应可靠。

(2) 对继电器进行电气特性试验，如对反时限过电流继电器作特性曲线试验。

摇测二次回路的绝缘电阻，选用 1000V 的兆欧表。交流二次回路中每一个电气连接回路，绝缘电阻值不低于 1MΩ；全部直流回路，绝缘电阻值不低于 0.5MΩ。

在摇测二次回路绝缘电阻时，应注意尽量减少拆线数量，但电源和地线必须断开。

二次回路熔断器检查，对于二次回路中熔断器不论交流直流回路，都要进行检查，检查接触情况及熔断丝额定电流是否符合要求。

电流互感器二次回路通电试验，以确定互感器工作在允许的准确等级范围内。

（三）继电保护装置的巡视与检查

(1) 有人值班的变（配）电所，每班至少巡检一次。

(2) 无人值班的变（配）电所，每周至少巡检一次。

(3) 特殊情况下，应适当增加巡检次数。

(4) 继电保护装置的巡视检查内容。

①各类继电器外壳无破损，应清洁无油垢。

②各类继电器的整定值的指示应正确，无变动。

③继电器接点无卡阻、变位、倾斜、烧伤、脱轴、脱焊等。

④感应型继电器圆盘转动正常，机械掉牌位置与运行状态相符合。

⑤长期带电的继电器接点无大抖动、磨损，无异常声响及发热。

⑥长期带电具有附加电阻的继电器，线圈和电阻无过热现象及冒烟和烧焦等气味。

⑦保护压板、切换片及转换开关位置应与运行位置相符。

⑧各种运行信号指示、光字牌、信号继电器指示运行正常。

附：以PA100⁺系列微机综合保护测控装置为例

$PA100^{+}$ 系列微机综合保护测控装置采用了计算机技术、电力自动化技术、通信技术等多种高新技术，集保护、测量、控制、监测、通信、事件记录、故障录波、远程 I/O 等多种功能于一体。可就地安装在开关柜上或集中组屏上，是构成变配电所和发电厂用电综合自动化系统的理想智能终端装置。

一、电流、电压继电器PA100$^+$系列微机综合保护测控装置

PA100$^+$ 系列综合微机保护测控装置针对被保护设备及保护要求的不同，分为以下各种型号：

（1）PA100$^+$–B1 适用于一般母联和带备自投功能母联的综合保护和测控。

（2）PA100$^+$–C 适用于中低压电容器的综合保护和测控。

（3）PA100$^+$–D 适用于发电机、电动机差动的综合保护和测控。

（4）PA100$^+$–F1 适用于馈线 / 母线分支的综合保护和测控。

（5）PA100$^+$–F2 适用于检同期合闸的馈线综合保护和测控。

（6）PA100$^+$–F3 适用于一般进线和一主一备带备用电源自投功能的进线保护和测控。

（7）PA100$^+$–F4 适用于变压器的后备综合保护和测控。

（8）PA100$^+$–M 适用于发电机、电动机的综合保护和测控。

（9）PA100$^+$–M1 适用于发电机、电动机的综合保护和测控（带差动保护）。

（10）PA100$^+$–T 适用于中低压变压器的综合保护和测控。

（11）PA100$^+$–T1 适用于中低压变压器的综合保护和测控（带差动保护）。

（12）PA100$^+$–T2 适用于大型双卷变压器差动保护和测控装置。

（13）PA100$^+$–V 适用 TV 监测装置。

（14）PA100$^+$–V2 同时监测两段母线电压的装置。

二、技术条件要求和参数

1. 环境条件

海拔高度＜ 2000m；环境温度 –10℃ ~ +45℃ ；相对湿度 50% ~ 95%；大气压力 86 ~ 106kpa；储存、运输及安装允许的环境温度为 –25 ~ +60℃。

2. 周围环境要求

装置使用地点应无爆炸、无腐蚀气体及导电尘埃、无严重霉菌、无剧烈震动源，无强电磁场存在，有防御雨、雪、风、沙、尘埃及静电的措施。

3. 电源要求

电源为交直流两用。

（1）交流电源：额定电压 85V ~ 265V；频率 50Hz，允许偏差 ±5%；波形正弦，波形畸变＜ 5%。

（2）直流电源：额定电压 100V ~ 250V；允许偏差 20%；纹波系数不大于 5%。

（3）单元功率消耗：小于 20W。

（4）交流电压功耗：小于 0.5VA/ 相。

(5) 交流电流功耗：小于 1VA/ 相（额定电流 5A）；小于 0.5VA/ 相（额定电流 1A)。

4. 出口继电器接点容量

(1) 分合闸出口继电器：允许长期通过电流 8A；切断电流：0.3A DC220V。

(2) 信号继电器 1 ~ 4，告警继电器允许长期通过电流 5A；切断电流 0.3A DC220V。

三、前面板布置及操作简介

(一) PA100⁺ 系列微机综合保护测控装置外形

PA100+ 系列微机综合保护测控装置外形如图 12–4 所示。

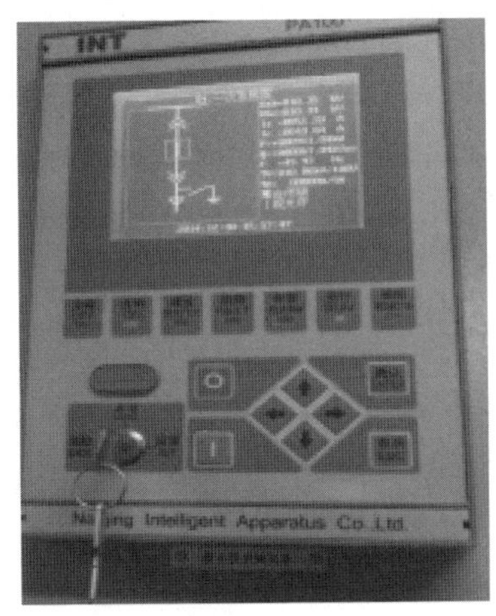

图12–4 PA100⁺微机综合保护测控装置外形

(二) PA100⁺ 系列微机综合保护测控装置前面板

PA100⁺ 系列微机综合保护测控装置前面板有以下六个部分组成，如图 12–5 所示。

(1) 320mm × 240mm 大屏幕图形液晶显示器 LCD，用于显示操作菜单、各种运行数据、参数、波形及状态。

(2) 七个 LED 工作状态指示灯，分别为：分闸、合闸、通信、故障、告警、运行及遥控。

(3) 编程接口。

(4) LCD 液晶背光电源亮度调节孔。

(5) 八只操作控钮分别为：分闸、合闸、方向键（→ ↑ ↓ ←）、确认、取消。

(6) 一把三位锁，用于设置本装置以下三种工作模式遥控、本地和设置。

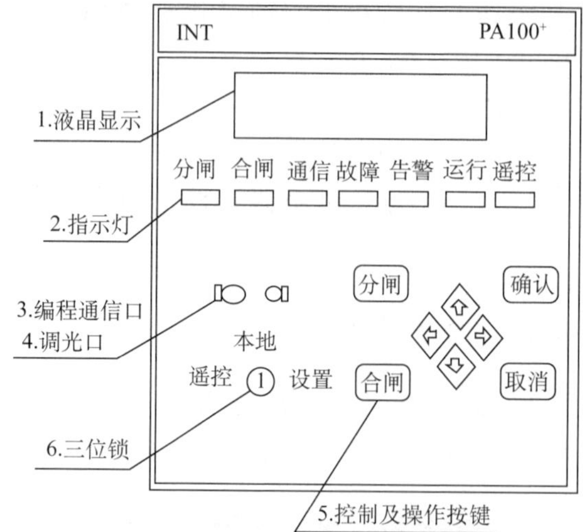

图12—5　PA100+微机综合保护测控装置前面板示意图

（三）前面板操作简介

1. LCD 简介

LCD 为 320mm × 240mm 点阵式图文液晶显示器，显示方式为蓝底白字，显示特点为全中文菜单结构，可显示各种功能菜单，并可显示各种数据、参数、波形、一次系统图、断路器状态、事件记录表等信息。设有液晶休眠功能，当无键盘操作的状态下 5min 后 LCD 自动休眠；当单元告警或有故障信号时，液晶也可以休眠。休眠时液晶上的字迹仍然可模糊看到。有键盘操作时 LCD 显示自动打开。

2. LED 简介

（1）运行 LED 指示灯：在单元正常工作时，为闪烁状态，颜色为绿色。当该指示灯不闪烁或常亮时表明单元为非正常工作状态，应立即处理、维护。

（2）故障 LED 指示灯：当单元检测到所监控的电力设备发生故障时，例如：线路短路、接地等，故障 LED 指示灯点亮，颜色为红色；同时装置弹出故障画面，提示用户故障的类型。

（3）告警 LED 指示灯：当单元检测到电力设备运行于不正常工作状态，如：过流、超温等而发出告警信号时，该指示灯点亮，颜色为红色。告警灯亮时，也会弹出画面。因故障一直存在，按面板的“确认”键无法复归，此时只能按面板上的“取消”键来查看故障信息，根据信息来排除故障。等故障排除后弹出告警画面自动消失。若检测到单元内部故障时该指示灯点亮，同时装置故障告警。

（4）通信 LED 指示灯：单元通过通信接口（RS422/RS485、以太网、CAN 口等）在总线上与 PC 通信时该灯将闪烁，指示颜色为绿色。

（5）遥控 LED 指示灯：单元的锁开关位于“遥控”位置时该灯点亮，颜色为绿色，此时本地操作（装置面板上的分合控制键）将不起作用。

（6）分闸 LED 指示灯：当单元检测到断路器信号为分闸状态时，分闸 LED 指示灯将点亮，颜色为绿色。进行本地操作合闸时，在“操作预令”状态下该指示灯闪烁。

（7）合闸 LED 指示灯：当单元检测到断路器位置信号为合闸状态时，合闸 LED 指示灯将点亮，颜色为绿色。进行本地操作分闸时，在“操作预令”状态下该指示灯闪烁。

3. 操作按键

（1）分合操作按键。

分合操作按键用于本地控制可操作的电力设备，如断路器的分合控制。在操作时面板上的锁必须在本地位置。操作过程分为操作预令和操作动令两个步骤：按键按第一下时启动操作预令，相应的分合闸指示灯闪烁，单元处于“操作预令”状态。此间，第二次按动同一操作按键（动令确认），单元方可执行相应操作。预令与动令操作时间必须在 0.5 ～ 5s 内，当时间少于 0.5s 时动令不被确认，当时间超过 5s，预令过程将自动结束，动令确认不被认可，操作步骤必须重新开始。

（2）面板操作功能键。

“方向键（→ ↑ ↓ ←）”“确认”“取消”面板操作功能键用于 LCD 显示翻屏以及光标移位指示，参数设定调整，口令录入等操作。

（3）为防止人员误碰，在变（配）电室环境中前面板所有操作按键都不应该过分灵敏，因此运行人员每一次按键动作都应按到位，以保证操作正确可靠。

4. 三位锁开关

三位锁开关指向“遥控”位置时，为允许遥控状态，断路器的分合操作有远方遥控实施，前面板的分合按键将不起作用。并可实现远方保护投退、遥控开关（通过内部遥控继电器 YKHJ、YKTJ 出口）、复归故障指示等下行控制。

三位锁开关指向“本地”位置时，为本地操作状态，此时断路器的分合操作由操作人员在本地通过前面板分合按键操作（通过内部控制继电器 YKHJ、YKTJ 出口）。

三位锁开关指向“设置”位置时，为允许设置状态，此时单元将进入设置工作状态。LCD 显示设定选择菜单，可在本地通过“方向键（→ ↑ ↓ ←）”“确认”“取消”键或在远方进行保护定值设置、修订等操作，并可将整定后的数据存于 EEPROM 中永久保存。

注：保护合闸出口（BHJ），在自投合闸、重合闸时动作；遥控分合闸出口（TKHJ、YKTJ），在按面板分合按键和后台通信遥控时动作。

5. LCD 液晶背光亮度调节孔

LCD 液晶显示会随外界温度的变化而变化，致使 LCD 在一定的环境温度下可能无法清晰显示内容。此时，可通过调节 LCD 背光亮度使屏幕清晰可见。

调节方法：拔出 LCD 背光亮度调节孔橡胶塞，用小一字螺丝刀插入此孔，调节电位器旋钮，调至 LCD 对比度适中。

四、安装调试

（一）综合保护继电器安装注意事项

在安装产品的开关柜或控制屏上按安装尺寸预留安装孔，从前面将综合保护继电器推入，再用螺钉固定。

（1）后盖板接线端子模拟量输入端和开关量输入端不能接错，X1 端子板上的模拟量输入为交流信号，X2 端子板上的开关量输入应注意区分无源接点还是有源接点。

（2）产品电源为 110V、220V 的交、直流两用，没有“+、−”之分。

（3）禁止带电插拔通信接头。

（二）调试注意事项

当保护动作或告警时，装置自动弹出保护动作信息窗口，并反显动作或者告警的保护。非电量保护动作，如图 12−6 所示。

（a）动作信息窗口

（b）动作信息窗口

（c）动作信息窗口

图12−6 菜单显示动作信息窗口

当保护动作后，装置的故障灯点亮、记录事件、录波结束、同时装置自动弹出保护动作信息窗口。装置复归分为就地复归和远方复归两种：

第一种就地复归又分为两种方式：

（1）当装置弹出画面时，通过按面板上“确认”来复归。

（2）到系统状态中的第 3 个子菜单时，再按面板上“确认”来复归。

第二种方式远程复归又分为两种方式：

（1）可以通过设置某个开入量为复归输入，通过硬回路来复归 。

（2）通过后台监控系统对其复归。

如果告警的保护动作，不需要跳闸，此时告警灯点亮、记录事件，装置也弹出保护告警信息窗口。

图 12–6（b）为 TV 监测告警。告警时装置不能复归，要彻底消除告警信号和弹出的画面，必须等排除故障后才可以。此时对于弹出画面可以按“取消”键后，再进行检查事件等相关的操作。

当弹出故障画面按“取消”键后，如果告警的故障没有解除或故障信号没有复归，装置在 20s 后将再次弹出故障画面。

五、主菜单介绍

主菜单显示如图 12–6（c）：共显示 10 个菜单，提供有关运行状况监测及保护投退定值整定的一些菜单以及设备运行时开入量、开出量的自定义菜单。

在主菜单界面下，被选择的子菜单呈反显状态，按“方向键（→ ↑ ↓ ←）”选择子菜单，再按“确认”键，即可进入相应的子菜单，屏幕显示相应的子菜单内容。在任一子菜单下，按“取消”键即可回到主菜单。

菜单采用如下树形结构如图 12–7 所示。

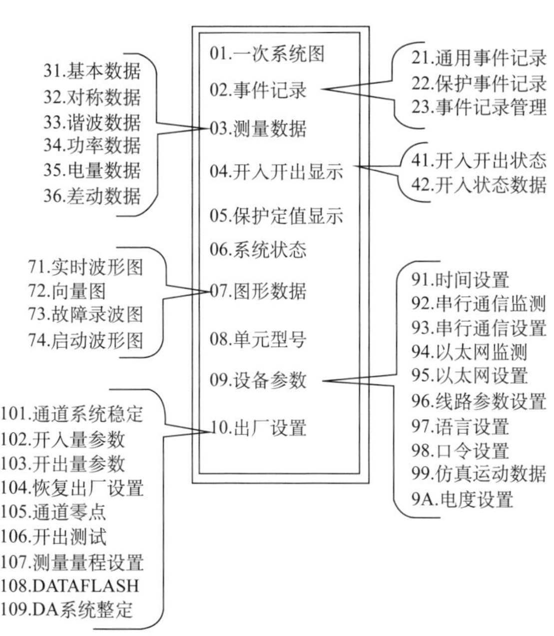

图12–7　主菜单显示示意图

六、微机保护监控装置的运行维护

当微机保护监控装置监测到配电系统出现异常运行时，为准确、迅速的判断故障，现将二次回路常用的继电器的字母表示描述如下：K– 中间继电器；KM– 交流接触器；TBJ– 防跳继电器；HJ– 簧片继电器；TJ– 跳闸继电器；TWJ– 跳闸位置继电器；TQ– 跳闸线圈；HQ– 合闸线圈。

（一）110kV 及以下线路保护测控装置的运行异常报警

当装置检测到下列异常状况时，发出运行异常信号，面板报警灯亮。

（1）线路电压报警：当重合闸方式为检无压或检同期时，并且线路有电流而无电压，则延时 10s 报线路电压异常。

（2）PT 断线：当正序电压小于 30V 而任一相电流大于 0.1A 时或负序电压大于 8V 时，延时 10s 报母线 PT 断线，发出运行异常信号，待电压恢复正常后装置延时 2s 自动把 PT 断线报警返回。

（3）频率异常：系统频率在 45Hz 以下或 52Hz 以上时延时 10s 报警。

（4）TWJ 异常：开关在跳位而线路有电流，延时 10s 报警。

（5）控制回路断线：装置检测既无合位又无分位时，延时 3s 报警。

（6）开关合闸压力低：合闸压力降低开入为 1，瞬时报警。

（7）开关跳闸压力低：跳闸压力降低开入为 1，瞬时报警。

（8）零序电流报警：零序电流报警功能投入时，零序电流大于整定值，经整定延时后报警。

（9）过负荷报警：过负荷报警功能投入时，任意相电流大于整定值，经整定延时后报警。

（10）接地报警：装置检测零序电压大于 30V 时，延时 15s 报警。

（二）站用变压器的保护测控装置的运行异常报警

当装置检测到下列异常状况时，发出运行异常信号，面板报警灯亮：

（1）弹簧未储能：弹簧未储能开入为 1，经整定延时后报警。

（2）PT 断线报警：当正序电压小于 30V 而任一相电流大于 0.1A 时或负序电压大于 8V 时延时 10s 报母线 PT 断线，发出运行异常告警信号，待电压恢复正常后装置延时 2s 自动把 PT 断线报警返回。

（3）控制回路断线：装置检测既无合位又无分位时，延时 3s 报警。

（4）TWJ 异常：开关在跳位而线路有电流，延时 10s 报警。

（5）频率异常：系统频率在 45Hz 以下或 52Hz 以上时延时 10s 报警。

（6）过负荷报警：过负荷报警功能投入时，任意相电流大于整定值，经整定延时后报警。

（7）零序电流报警：零序电流报警功能投入时，零序电流大于整定值，经整定延时后报警。

（8）接地报警：装置检测零序电压大于 30V 时，延时 15s 报警。

（9）超温报警：超温报警功能投入时，超温开入为 1 时，瞬时报警。

（10）轻瓦斯报警：轻瓦斯超温开入为 1 时，瞬时报警。

第三节　二次回路基本知识

二次回路由控制、保护、测量、信号回路构成。二次回路具有监视一次参数、反映一次状态，控制一次运行、保护一次安全的作用。因开关柜的主要部件为：真空断路器、电流互感器、电压互感器、微机测控保护装置、操作回路附件（把手、指示灯、压板等）、各种位置辅助开关等。其中，断路器与互感器安装在开关柜内部，微机保护、附件、电度表安装在继电仪表室的面板上，端子排与各种控制电源开关安装在继电仪表室内部，端子排通过控制电缆或专用插座与断路器机构相连接。所以要了解开关柜的二次接线，应需要两套图纸：微机综保厂家提供的保护原理图、接线图；开关柜厂家提供的二次原理图、配线图、端子排图、断路器操动机构原理图。

一、开关柜二次回路简述

二次设备通过电压互感器和电流互感器与一次设备取得电的联系。二次设备按照一定的规则连接起来以实现某种技术要求的电气回路称为二次回路。二次回路与一次回路相比具有电压低、电流小、元件多、接线复杂的特点。

（一）二次回路分类

1. 控制回路

控制回路是由控制开关和控制对象（断路器、隔离开关）的传递机构及执行（或操动）机构组成的。其作用是对一次开关设备进行“分”“合”闸操作。控制回路按自动化程度可分为手动和自动两种控制；按控制距离可分为就地控制和远方控制两种。

2. 继电保护和自动装置回路

继电保护和自动装置回路是由测量部分、比较部分、逻辑判断部分和执行部分组成的。作用是自动判别一次设备的运行状态，在系统发生故障或异常运行时，自动跳开断路器，切除故障或发出故障信号，故障或异常运行状态消失后，快速投入断路器，恢复系统正常运行。

3. 测量回路

测量回路是由各种测量仪表及其相关回路组成的。作用是指示或记录一次设备的运行参数，以便运行人员掌握一次设备的运行情况。

4. 中央信号回路

中央信号回路反映一、二次设备的工作状态。信号回路按信号性质可分为事故信号、预告信号等；按信号的显示方式可分为灯光信号和音响信号两种；按信号的复归方式可分为手动复归和自动复归两种。

（二）变配电室的操作电源

操作电源系统包括直流操作电源和交流操作电源。其作用是供给二次回路的工作电源。

1. 交流操作电源

交流操作电源是指在正常时由交流电压供给操作电源。它是将电压互感器二次 100V 电压，经容量为 1000VA 左右的控制变压器变压至 220V，作为正常时操作与信号的电源。

当一次设备或线路发生事故时，由变流器（电流互感器）给开关操动机构内的跳闸线圈提供动作电流，使得断路器跳闸。利用被保护的设备或线路发生短路故障时，电流互感器二次随之增大的电流，流过跳闸线圈作为跳闸能量来源（GL 型反时限过电流保护常采用此方式），交流操作电源适用于 10kV 及以下的简易配电室。

2. 直流操作电源

变配电室在正常时为交流电源，直流操作电源，经整流后变为直流 220V/110V，在交流电源消失后，有蓄电池提供直流电源，供给控制、保护、测量和信号之用。

二、二次回路系统

变配电室二次设备是对一次设备进行控制、调节、保护和监测，包括控制器具、继电保护和自动装置、测量仪表、信号器具等。

（一）对变配电室二次设备的规定

（1）二次端子箱、操作箱应有明显调度号，照明箱、动力箱应有明显标志。

（2）控制盘上线路出线模拟线底部应有线路名称，并按电压等级涂国家规定的相应色漆。

（3）控制盘、保护盘正面顶部应有运行编号及名称（控制盘可写电压等级），操作把手处应有明显的调度编号，盘后应有调度号。

（4）各种表计、继电器、压板和交直流熔断器以及电压、电流端子、按钮、切换开关等，应在标签框内标明专用符号及名称。

（5）控制盘、保护盘背面每个元件应有元件编号及与图纸对应的专用符号。

（6）在一面保护盘上装有两路及以上保护时，应在盘前、盘后用红漆画出警戒分界线，隔离端子排在分界处应写明编号及名称。

（7）二次电缆应有编号牌，编号牌应包括与图纸对应的编号名称、规范及电缆走向。

（8）直流盘、逆变电源盘、所内盘母线应涂相位标志，直流、所内出线开关手把、空气断路器、熔断器刀闸应标名称，熔断器还应标熔断丝容量（没有合适书写的地方应挂标志牌）。控制盘、保护盘二次线的编号应齐全、正确、清晰。

（9）交流、直流回路不得共用同一条电缆。

（10）室外控制电缆必须使用铠装电缆，变压器箱体上铺设的二次电缆非铠装的应采取防护措施。

（11）直埋的控制电缆应采取加盖板或穿管保护等措施。

（12）变电所采用静态保护装置时，其导线应采用屏蔽双线电缆，在导线和电缆的绝缘受到有侵蚀的地方，应采用耐油绝缘导线及电缆。

（13）室外操作箱、接线箱应严密，二次线应清洁不受潮，门锁及合页应定期加油，损坏应及时上报处理；雨季应定期打开操作箱、接线箱门，以便晾晒。

（14）变（配）电所内二次回路变更后，施工单位应将符合实际的竣工图纸交给运行人员。

（15）退出运行的设备应将二次线拆除，长期停用的设备应断开电源，对临时甩开的二次线应做好绝缘处理并有记录。

（16）控制盘、保护盘前、后应有足够的照明；盘的封堵必须满足防火要求。

（17）表计规范应与互感器相配合，指针式电流表应以红线标明最小元件极限值。

（18）运行中的变送器冒烟、有焦糊味应立即断开工作电源，取下该变送器电压回路的熔断器，短路其电流回路，立即上报有关部门。

（19）交流供电的变送器其工作电源应采用不间断电源（UPS 或逆变电源装置）。

（20）使用非阻燃的二次电缆时，在控制盘、保护盘电缆夹层上、下各1m处应涂防火涂料，控制盘、保护盘的电缆穿孔应采取防火措施。

（二）二次回路系统的检查与巡视

1. 二次回路系统运行前应检查

（1）二次回路及电缆均应摇测绝缘并合格，控制回路及信号回路传动应正确。

（2）检查项目：

①控制盘、保护盘的模拟线条颜色应符合标准，每列盘的两端应有边盘；

②盘上的设备、二次线及电缆小母线、标号、名称应用色漆标全并与实际设备相符；

③空气断路器、熔断器应完好，熔断器熔体应符合要求，接触牢固可靠；

④盘体接地良好，并与接地网连接；

⑤二次线端子排接线应牢固、接触良好；

⑥二次线应清洁、配线整齐；

⑦二次线导线及电缆应无损伤；

⑧二次电缆屏蔽层应可靠接地并符合有关规定。

2. 二次回路系统应与配电装置同时进行巡视检查

巡视检查内容：

（1）控制盘、保护盘：

①控制盘、保护盘上表示“合”“断”等的信号灯和其他信号指示应完好（红灯亮表示开关在合闸状态；绿灯亮表示开关在断开位置）；

②熔断器的熔断丝是否熔断；

③刀闸、开关及熔断器的接点处是否过热变色。

（2）操作手把：

①运行中的手把应与开关的位置、灯光信号、仪表的指示相对应；

②手把的连接导线应压接牢固，多股线不应有断股或支出等情况；

③手把在盘面上组装牢固可靠，操作时应灵活。

3. 二次回路系统应进行定期检查维护

（1）二次回路系统每年应定期检查一次，可结合停电清扫和检修或保护校验时进行。

（2）二次回路系统定期检查的项目：

①检查二次回路绝缘是否破损，并摇测绝缘电阻；

②各部连接点是否牢固；

③控制盘、保护盘及二次回路线的标志、编号等是否清楚正确，不清楚时，应核对后重新描写；

④盘上带有操作模拟板时，应检查与现场电气设备的运行状态是否对应；

⑤检查信号灯及其他信号器械及仪表指示是否正确，失效时应及时更换或检修；

⑥仪表松动或玻璃罩松动时应检修牢固，密封良好，并应清扫仪表及器械内的尘土。

(3) 盘上仪表指针不正常时，应查看同一回路仪表指示情况，从而判别仪表本身或二次回路是否存在故障。电压表表针不起或指示不正常，应检查熔断丝。有负荷时电流表指针不起应检查电流互感器二次是否开路。

(4) 控制盘、保护盘盘面及盘后应定期清扫除尘。

(5) 在二次回路系统上进行拆线检查、维护检修工作时，应持有与现场符合的图纸，并做好标记。

(6) 在二次回路系统上工作应遵守《电业安全工作规程》(GB26860–2016.发电厂和变电站电气部分) 的有关规定。

4. 运行中的二次回路应定期测量绝缘电阻（与校验保护装置同时进行）

每年至少进行一次并应符合下列规定：

(1) 交流二次回路内，每一个电气连接回路（包括回路内的各线圈）不应小于 0.5MΩ。

(2) 全部直流系统不得小于 1MΩ。

摇测二次回路的绝缘电阻应使用 1000V 兆欧表，如无 1000V 兆欧表时，也可用 500V 兆欧表代替。

(3) 摇测晶体管保护装置直流回路的绝缘电阻时，应用 500V 兆欧表，并将正、负极短接。禁止在正极、负极间摇测绝缘电阻。对微机保护装置，摇测前应拨出全部插件，摇测后，放电再将插件插回。

（三）二次回路系统异常运行及事故处理

(1) 当断路器位置指示灯不正常时，应迅速查明原因，如位置指示使用节能灯具时，在查找、更换过程中应防止灯具短路；如位置指示灯串联电阻断线时，应按原阻值更换，不得任意改变阻值。

(2) 仪表不起或指示不正常时，应查看同一回路仪表有无指示，如同一回路仪表有指示，表明仪表本身有故障；若同一回路仪表无指示或指示不正常，表明二次回路有故障；如熔断器熔断应立即更换，再次熔断应查明原因；若电流互感器二次回路开路应及时将其短路并进行处理。

(3) 设备异常运行及发生事故时，运行人员应认真监视各种仪表指示情况并做好记录。

三、二次回路原理图

电力系统的二次回路是个非常复杂的系统。为便于设计、制造、安装、调试及运行维护，通常在图纸上使用图形符号及文字符号按一定规则连接来对二次回路进行描述。这类图纸我们称之为二次回路接线图。

（一）二次回路图的分类

按图纸的作用，二次回路的图纸可分为原理图和安装图。原理图是体现二次回路工作原理的图纸，按其表现的形式又可分为归总式原理图及展开式原理图。安装图按其作用又分为屏面布置图及安装接线图。

继电保护接线图按其用途不同分为原理接线图、展开接线图、盘面布置图和安装接线图。原理接线图和展开接线图是一种接线的两种表达方式。在施工和运行过程中使用最多的是展开接线图。

1. 归总式原理图

简单的 10kV 线路过流保护原理图，如图 12–8 所示。

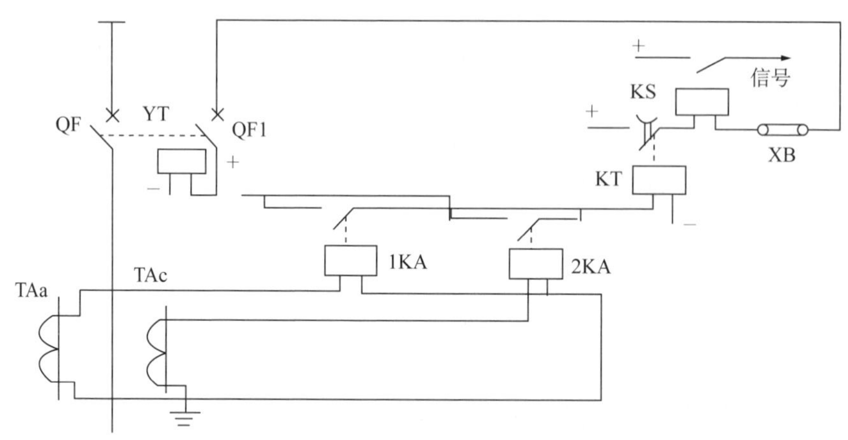

图12–8　10kV线路过流保护归总式原理图

其特点是将二次回路的工作原理以整体的形式在图纸中表示出来，例如相互连接的电流回路、电压回路、直流回路等，都综合在一起。因此，这种接线图的特点是能够使读图者对整个二次回路的构成以及动作过程都有一个明确的整体概念。缺点是对二次回路的细节表示不够，不能表示各元件之间接线的实际位置，未反应各元件的内部接线及端子编号、回路编号等，不便于现场的维护与调试，对于较复杂的二次回路读图比较困难。因此在实际使用中，广泛采用展开式原理图。

2. 展开式原理图

展开式原理图的特点是以二次回路的每个独立电源来划分单元进行编制的，如交流电流回路、交流电压回路、直流控制回路、继电保护回路及信号回路等。根据这个原则，必须将同属于一个元件的电流线圈、电压线圈以及接点分别画在不同的回路中，为了避免混淆，属于同一元件的线圈、接点等，采用相同的文字符号表示。展开式原理图接线清晰，易于阅读。

3. 阅读展开接线图的方法

二次回路图的逻辑性很强，在绘制时遵循一定的规律，读图时如能按此规律就很容易读懂。读图前首先要弄懂该图纸所绘继电保护的功能及动作原里、图纸上所标符号的含义，然后按照先交流、后直流，先上后下，先左后右的顺序读图。对交流部分，要先看电源，再看所接元件。对直流元件，要先看线圈，再看接点，每一个接点的作用都要查清。如有多张图纸时，有些元件的线圈与接点可能分布在不同的图纸上，不能疏漏。

（1）熟记图形符号、文字符号、图形编号。

（2）先读交流回路，后读直流回路。

读交流回路时：先读电流回路，后读电压回路。

读直流回路时：先读控制回路，后读信号回路。

（3）直流回路按流通方向从左到右，即从电源的正极经触点到线圈再回到电源的负极。

（4）电气元件的动作顺序是从上到下、从左到右。

（二）二次回路安装图

1. 屏面布置图

屏面布置图是加工制造屏柜和安装屏柜上设备的依据。上面每个元件的排列、布置，是根据运行操作的合理性，并考虑维护运行和施工方便来确定的，因此应按一定比例进行绘制，并标注尺寸。

2. 安装接线图

安装接线图是以屏面布置图为基础，以原理图为依据而绘制成的。它标明了屏柜上各个元件的代表符号、顺序号，以及每个元件引出端子之间的连接情况，它是一种指导屏柜上配线工作的图纸。为了配线方便，在安装接线图中对各元件和端子排都采用相对编号法进行编号，用以说明这些元件间的相互连接关系。

四、二次回路的编号

二次设备数量多，相互之间连接复杂。要将这些二次设备连接起来有效地方法是编号，按二次连接线的性质、用途和走向为每一根线按一定规律分配一个唯一的编号，就可以把二次线区分开来。按线的性质、用途进行编号叫“回路编号法”；按线的走向、按设备端子进行编号叫“相对编号法”。

（一）回路编号法

1. 回路编号原则

凡是各设备间要用控制电缆经端子排进行联系的，都要按回路原则进行编号。在屏顶上的设备与屏内设备的连接，也要经过端子排，此时屏顶设备可看作屏外设备，在连接线上同样按回路编号原则给予相应的标号。

2. 回路编号的作用

在二次回路图中，用得最多的就是展开式原理图。在展开式原理图中的回路编号和安装接线图端子排上电缆芯的编号是一一对应的，端子排上的一个编号就可以在展开图上找到对应这一编号的回路；同样，看到展开图上的某一回路，可以根据这一编号找到其连接在端子排上的各个点。

3. 回路编号的基本方法

（1）用 3 位或 3 位以下的数字组成，需要表明回路的相别或某些主要特征时，可在数字编号的前面（或后面）增注文字或字母符号。

（2）按等电位的原则标注，即在电气回路中，连于一点上的所有导线均标一相同的回路编号。

（3）电气设备的触点、线圈、电阻、电容等元件所间隔的线段，即视为不同的线段，一般给予不同的标号；当两端线路经过动断接点相连，虽然平时都是等电位，一旦接点断开，就变为不等电位，所以经动断触点相连的两段线路也要给予不同编号。对于在接线图中不经过端子而在屏内直接连接的回路，可不编号。

4. 直流回路编号细则

（1）对于不同用途的直流回路，使用不同的数字范围，如控制和保护用 001 ~ 009 及 100 ~ 599，励磁回路用 601 ~ 699。

（2）控制和保护回路使用的数字标号，按熔断器所属的回路进行分组，每一百个数分为一组，如 101 ~ 199，201 ~ 299，301 ~ 399……其中每段里面先按正极性回路（编为奇数）编号，如 101，103，133……，再编负极性回路（偶数）编号，如 100，102，104……，展开式原理图 12−9 中的 1、3、5、7、2、33 即是按规则编制的回路编号。

（3）信号回路的数字标号，按事故、位置、预告、指挥信号进行分组，按数字大小进行排列。

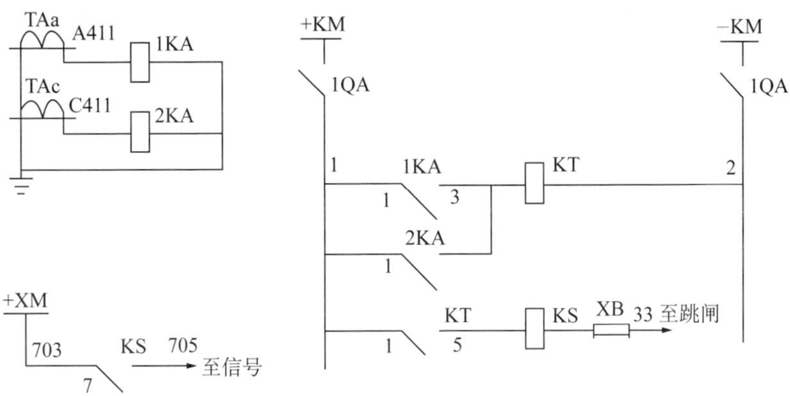

图12–9　过电流保护的展开式原理图

(4) 开关设备、控制回路的数字标号组，应按开关设备的数字序号进行选取。例如有 3 个控制开关 1KK、2KK、3KK，则 1KK 对应的控制回路数字标号选 101 ~ 199，2KK 所对应的选 201 ~ 299，3KK 所对应的选 301 ~ 399。对分相操作的断路器，其不同相别的控制回路常用在数字组后加小写的英文字母来区别，如 107a、355b 等。

(5) 正极回路的线段按奇数标号，负极回路的线段按偶数编号；每经过回路的主要降压部件（如线圈、绕组、电阻等），改变其极性，其奇偶顺序即随之改变。对不能表明极性或其极性在工作中改变的线段，可任选奇数或偶数。

(6) 对于某些特定的主要回路通常给予专用的标号组。例如：正电源 101、201，负电源 102、202；合闸回路中的绿灯回路为 105、205、305、405。

5. 交流回路编号细则

交流回路编号细则见表 12–1。

(1) 对于不同用途的交流回路，使用不同的数字组，在数字组前加大写的英文字母来区别其相别。例如电流回路用 400 ~ 599，电压回路用 600 ~ 799。电流回路的数字标号，一般以十个数字为一组，如 A401 ~ A409、B401 ~ B409、C401 ~ C409……A591 ~ 599、B591 ~ B599。

(2) 电流互感器和电压互感器的回路，均需在分配给他们的数字标号范围内，自互感器引出端开始，按顺序编号，例如 1TA 的回路标号用 411 ~ 419，2TA 的回路标号用 421 ~ 429 等。

(3) 某些特定的交流回路给予专用的标号组。如用“A310”标示 110kV 母线电流差动保护 A 相电流公共回路；“B3201”标示 220kVI# 母线电流差动保护 B 相电流公共回路；“C700”标示绝缘检查电压表的 C 相电压公共回路。

表12–1　交流回路数字编号

回路名称	互感器的文字符号	回路标号组				
		U相	V相	W相	中性线	零序
保护装置及测量表计的电流回路	TA	U401–409	V401–409	W401–409	N401–409	——
	1AT	U411–419	V411–419	W411–419	N411–419	——
	2AT	U421–429	V421–429	W421–429	N421–429	——
保护装置及测量表计的电压回路	TV	U601–609	V601–609	W601–609	N601–609	——
	1TV	U611–619	V611–619	W611–619	N611–619	——
	2TV	U621–629	V621–629	W621–629	N621–629	——
控制、保护信号回路	——	U1–399	V1–399	W1–399	N1–399	——

（二）相对编号法

相对编号常用于安装接线图中，供施工及运行维护人员使用。当甲、乙两个设备需要互相连接时，在甲设备的接线端子上写上乙设备的编号及具体接线端子的标号，在乙设备的接线端子上写上甲设备的编号及具体接线端子的标号，这种相互对应编号的方法称为相对编号法。用相对编号表示的二次安装接线图，其中以罗马数字和阿拉伯数字组合为设备编号。

1. 相对编号的作用

回路编号可以将不同安装位置的二次设备通过编号连接起来，对于同一屏内或同一箱内的二次设备，相隔距离近，相互之间的连线多，回路多，就使用相对编号：先把本屏或本箱内的所有设备按顺序编号，再对每一设备的每一个接线端子进行编号，然后在需要接线的接线端子旁写上接线端子编号以此来表达每一根连线。

2. 相对编号的组成

一个相对编号就代表一个接线端子，一对相对编号就代表一根连接线，对于一面屏、一个箱子，接线端子数百个，每个接线端子都得编号，编号要不重复、好查找，就必须统一格式，常用的是“设备编号”—“接线端子号”格式。

(1) 设备编号一种是以罗马数字和阿拉伯数字组合的编号，多用于屏（箱）内设备数量较多的安装图，如中央信号继电器屏、高压开关柜、断路器机构箱等。罗马数字表示安装单位编号，阿拉伯数字表示设备顺序号，在该编号下边，通常还有该设备的文字符号和参数型号。例如一面屏上安装有两条线路保护，把用于第一条线路保护的二次设备按从上到下顺序编为I1、I2、I3……，端子排编为I；把用于第二条线路保护的二次设备按从上到下的顺序编为II1、II2、

II3……端子排编为II。为对应展开图，在设备编号下方标注有与展开图相一致的设备文字符号，有时还注明设备型号。这种编号方式便于查找设备，但缺点是不够直观。

（2）另一种是直接编设备文字符号（与展开图相一致的设备文字符号）。用于屏（箱）内设备数量较少的安装图，微机保护将大量的设备都集成在保护箱里了，整面微机保护屏上除保护箱外就只有空气开关、按钮、压板和端子排，所以微机保护屏大都采用这种编号方式。例如保护装置就编为1n、2n、11n，空气开关就编为1K、2K、31K，连接片编为1LP、2LP、21LP等、按钮就编为1FA、2FA、11FA；属于1n装置的端子排就编为1D，属于11n装置的端子排就编为11D等。

（三）设备接线端子编号

每个设备在出厂时对其接线端子都有明确编号，在绘制安装接线图时就应将这些编号按其排列关系、相对位置表达出来，以求得图纸和实物的对应。对于端子排，通常按从左到右从上到下的顺序用阿拉伯数字顺序编号。

把设备编号和接线端子编号加在一起，每一个接线端子就有了唯一的相对编号。如接线端子

I1−a/15−1、11n7、1K−3、1LP−2、11FA−1，端子号I−1、I−13、11D6、11D37。每一对相对编号就唯一对应一根二次接线，如11D9和11n10、14−1和I−1。

（四）控制电缆的编号

在一座变电所或发电厂，二次回路的控制电缆也有一定的数量，为方便识别，需要对每一根电缆进行唯一的编号，并将编号悬挂于电缆根部。电缆编号由打头字母和横杠加上三位阿拉伯数字构成，如1Y−123、2SYH−112、3E−181A……。打头字母表示电缆的归属，如“Y”表示该电缆归属于110kV线路间隔单元，若有几个线路间隔单元，就以1Y、2Y、3Y进行区分；“E”表示220kV线路间隔单元；“2UYH”表示该电缆归属于35kV Ⅱ段电压互感器间隔。阿拉伯数字表示电缆走向，如121 ~ 125表示该电缆是从控制室到110kV配电装置的；180 ~ 189表示该电缆是连接本台配电装置（TA、刀闸辅助触点）和另一台配电装置（端子箱）的；130 ~ 149表示该电缆是连接控制室内各个屏柜的。有时还在阿拉伯数字后面加上英文字母表示相别。

为方便安装和维护，在电缆牌和安装接线图上，不仅要注明电缆编号，还要在其后标注电缆规格和电缆详细走向。

（五）小母线编号

在保护屏顶，大都安装有一排小母线，为方便取用交流电压和直流电源，

对这些小母线，也要用标号来识别。标号一般由英文字母表示，前面可加上表明母线性质的“+”“−”“～”号，后面加上表示相别的英文字母。如 +KM1 表示 I 段直流控制母线正极；1YMa 表示 I 段电压小母线 A 相；−XM 表示直流信号母线负极。

第四节　直流电源成套装置

发电厂和变电站中的电力操作电源一般采用的是直流电源，为控制负荷、动力负荷、直流事故、照明负荷等提供电源，是电力系统控制、保护的基础。直流屏由交流配电单元、充电模块单元、降压硅链单元、直流馈电单元、配电监控单元、监控模块单元及绝缘监测单元组成。主要应用于电力系统中小型发电厂、水电站、各类变电站，和其他使用直流设备的用户，适用于开关分合闸及二次回路中的仪器、仪表、继电保护和故障照明等场合。

一、直流屏

直流屏是直流电源操作系统的简称。通常称为智能免维护直流电源屏，简称直流屏，常用型号为 GZDW（G—柜子、柜体；Z—直流；D—动力或电力；W—微机型）。直流屏是提供稳定直流电源的设备。输入 380V 电源直接转化为 220V。在市电和备用电都无输入时，直接转化为蓄电池供电即直流 220V。

（一）直流屏的作用

高压配电室内的直流屏主要作用是为高压开关的合闸机构提供电源。例如，电磁式（CD）合闸机构（需要很大的直流电流）、弹簧储能式（CT）合闸机构（不需要大的直流电流，只要电压能满足储能电动机的正常工作就可以），还可以为高压开关柜顶部的直流小母线提供信号、控制、报警等回路的直流电源，以及一些继电保护和自动装置提供直流电源。

1. 直流电源柜的优点

直流电源柜相对于交流电源柜的优点是：

（1）直流电源柜不用考虑三相平衡问题。

（2）直流电源柜可以在交流电源正常的情况下给蓄电池组事先充满电，当交流电源停电时，由蓄电池馈电，仍能保证断路器的操作、控制、保护和监控用电，所以较为安全可靠。

2. 直流屏与应急电源的区别

（1）直流屏是提供直流电 DC220V、48V，主要作用是给高低压开关设备提供直流分合闸操作电源及电力仪器仪表的控制电源，及临时照明的作用。

（2）应急电源是提供交流 AC380/220V，主要作用是在市电断电后，短时间（一般 60 ~ 90min）内给负载提供交流应急电。所带负载一般为应急照明、金属灯、风机、电梯、防火卷帘门等电器设备。

（二）直流屏系统的组成和工作原理

（1）按功能分：交流输入单元、充电单元、微机监控单元、电压调整单元、绝缘监察单元、直流馈电单元、蓄电池组、电池巡检单元等。直流屏系统工作原理图如图 12–10 所示。

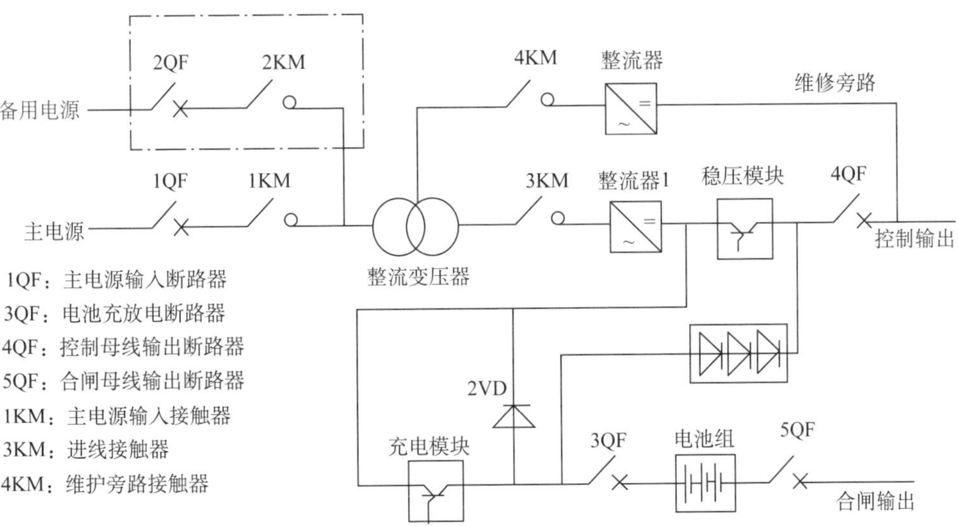

图12–10　直流屏系统工作原理图

（2）按屏分：充电柜、馈电柜及电池柜或直流屏、电池屏、中央信号屏等。

（3）正常情况下，由充电单元对蓄电池进行充电的同时并向经常性负载（继电保护装置、控制设备等）提供直流电源。

（4）当控制负荷或动力负荷需要较大的冲击电流（如断路器的分、合闸）时，由充电单元和蓄电池共同提供直流电源。

（5）当变（配）电所交流电中断时，由蓄电池组单独提供直流电源。

（三）技术参数

（1）交流测量精度：220V 及 380V ± 15% 范围内≤ 1.0%。

（2）直流测量精度：控母电压：110 ~ 240V 范围内≤ 0.5%。

合母电压：286 ～ 198V 范围内≤ 0.5%。

充电电压：286 ～ 198V 范围内≤ 0.5%。

电池电压：12.5V ± 10% 范围为≤ 0.5%。

控母、充电电流：10%Ie ～ 100%Ie 范围内≤ 0.5%。

（3）充电控制参数：调压口输出电压（DC）：0 ～ 8.0V 受控（100mA）。

（4）故障记录：64 条。

（5）接触器触点：220V/2A。

（四）工作条件

（1）工作电源：AC320 ～ 420V。

（2）试机电源及电源频率：AC320 ～ 420V、50Hz ± 10%。

（3）工作环境温度：0 ～ 45℃。

（4）空气相对湿度：≤ 85RH。

（5）运行场所：无强烈振动和冲动、无严重尘埃、无腐蚀性气体、无导电性和爆炸性介质、通风良好。

（五）型号说明

型号说明如图 12–11 所示。

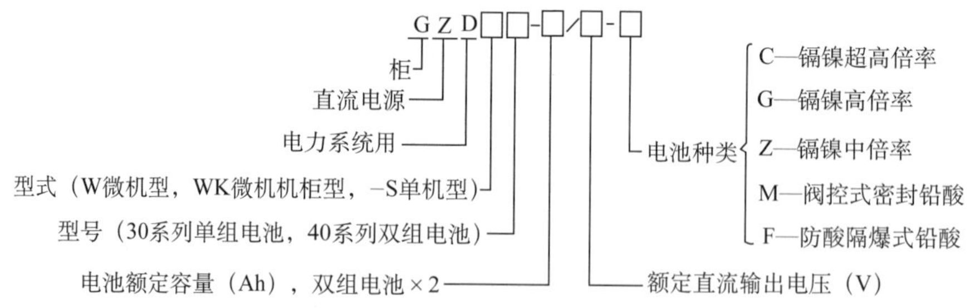

图12–11　直流电源柜型号说明

（六）调试

（1）首先检查一次和二次回路接线是否正确，主要检查以防弱电接口接上强电，应该接入直流信号却接入交流信号，另外注意短路问题。

（2）断开所有的断路器和保险，接通交流电源，测试交流双电源切换装置是否工作正常，双电源切换装置的下口电压是否正常。

（3）交流部分测试正常后，依次合上充电模块的交流开关，观察模块是否正常启动并测量模块输出电压和极性。

（4）充电模块启动正常并输出电压和极性正确后，接通电池组开关及各母线开关，测量电池组开关下口、合母、控母电压和极性是否正确，并观察电压表计是否方向正确。

（5）一次接通馈出开关，分别测量馈出开关对应的端子电压和电压极性是否正确。

（6）上述内容为一次回路的调试，上述步骤测量调试完毕后，接通监控电源。

（7）监控上电后，观察监控显示是否正常和各个检测模块是否工作正常。

（8）监控装置通电正常后，首先查看监控显示器上的报警信息，如有报警信息，则按照报警信息查找相关问题，如没有，则查看监控装置显示的电压值、带上负载的电流值、开关量信息等。

（9）监控上的主要模拟量、开关量信息经查看并测试正常后，开始测试直流母线的绝缘报警及支路接地阻值，一般 220V 系统可以用 25 ～ 100K 电阻测试，110V 系统可以用 7 ～ 100K 电阻测试。

（10）电池巡检测试，将规定路数的电池都接入电池巡检，测试整体性能，如现场条件不够，可以拿单节电池依次测试。

（11）检查元器件安装紧固、导线与元器件是否有松动及工艺问题。

（七）变配电室直流电源系统

变配电室直流电源系统主要由直流屏和电池屏构成。

1. 直流电源采用智能高频开关电源

（1）智能高频开关电源一般由以下几个单元组成：交流配电单元、整流单元、监控单元、直流馈电单元、降压单元、电池单元和绝缘监测单元。

（2）智能高频开关电源采用模块化设置：交流配电模块、监控模块、电源模块（分为供电、充电、调压、直流配电）。

（3）智能高频开关电源简要工作原理：交流电源输入后不降压，先经 EMI 滤波（抑制交流电网中的高频干扰对设备的影响，抑制高频开关电源对交流电网的干扰），再经全桥式整流，然后将直流逆变为高频交流，再经过第二次整流，最后经滤波后输出直流电压供给二次负载。

2. 电池采用阀控式铅酸蓄电池

阀控式蓄电池组在正常运行中以浮充电方式运行，利用浮充直流电源给电池组充电，在需要时由电池放电供给二次负载。为监视电池组的完好性，运行中应检查蓄电组的端电压、浮充电流值、每只蓄电池电压值、蓄电池组和直流母线的对地电阻值及绝缘状态，并有专业厂家定期进行核对性放电试验，以检查蓄电池的实际容量。

电池安全特性：当电池内部压力大于预定值时，安全阀自动开启，释放气体，内部气压降低后安全阀自动闭合，避免外部空气进入，在设备厂家规定使用期内免维护。

3. 中央信号报警系统

微机型报警系统设有查询操作间，可实现人机对话，具有体积小、低功耗、高灵敏度、接线简单等优点。记忆查询功能可以显示出近期发生的报警信号及发生的具体时间并按时间先后自动排序。

中央信号报警音响可选择高、低音，以区别断路器跳闸发出的事故信号和设备异常时发出的预告信号，报警音响还可选择手动消音或延时自动消声，有外接端子可直接驱动外接蜂鸣器 / 电铃；有几十路信号通道报警，直接驱动点亮相应光字牌，以及编程设定和通信功能等。

4. 变配电室光字牌的数量配置

变配电室光字牌的数量按需要配置，10kV 以下用电单位主要由以下几种：

（1）显示事故跳闸的光字牌：变压器过流保护跳闸、速断保护跳闸、零序保护跳闸、超温跳闸；主进开关如 201/202 过流保护跳闸、速断保护跳闸、零序保护跳闸；母联开关 245 过流保护跳闸、速断保护跳闸；出线开关如 211 过流保护跳闸、速断保护跳闸、零序保护跳闸等。

（2）显示运行异常的光字牌：电源电压过电压 / 欠电压、变压器温度升高、变压器门未关好、控制回路断线、事故电源失电、预告电源失电、事故总信号、直流总故障、综保装置异常、掉牌未复归等。配电变压器应装设的（继电保护）光字牌，详见第十二章第一节有关内容。

二、蓄电池组

根据不同电压等级的要求，蓄电池组由若干个单体电池串联组成，是直流系统的重要组成部分。

（一）蓄电池的概述

1. 电池容量的选择

1）根据操作机构选择

当高压合闸操动机构为 CD 系列时，其合闸电流在 98 ～ 120A，按照电力部标准，应满足瞬间两台同时合闸 240A，按 4 倍放电倍率计算，电池容量要大于 60AH。

当高压合闸操动机构为 CT 系列时，其合闸电流为几安到十几安，电池容量可适当小一些。

2）根据负荷选择

直流用电负荷决定了电池容量，根据经验数据（仅供参考）：

35kV 及以下变电站、开闭所为 65 ～ 100AH。

110kV 变电站为 100 ～ 200AH。

220kV 变电站为 200 ～ 300AH。

发电厂为 400 ～ 1000AH。

2. 使用

（1）蓄电池对温度要求较高，标准使用温度为 25℃，范围 +15 ～ +30℃。如温度太低，会使容量下降。温度每下降 1℃，其容量下降 1%；放电时，容量随温度升高而增加，但寿命降低。如果在高温下长期使用，温度每增高 10%，电池寿命约降低一半。

（2）不论在浮充还是在放电检修测试状态，都要保证电压、电流符合规定要求。电压或电流过高可能造成电池的热失控失火；过低会造成电池放电，都会影响电池寿命。

（3）防止短路或深度放电，因为电池的循环寿命和放电深度有关。放电深度越深循环寿命越短。在容量试验或放电检修中，通常放电达到容量的 30%～ 50%就可以了。

（4）避免大电流充放电，否则会造成电池极板膨胀变形，使得极板活性物质脱落，电池内阻增大并且温度升高，严重时将造成容量下降，寿命提前终止。

（5）阀控式密封蓄电池是贫液式电池，无法进行电解液比重测量，如何判定它的好坏，目前最可靠的方法还是放电法，也可以用电导仪测电池的内阻，但准确性较差。

3. 储存

（1）电池在安装前，可在 0 ～ 35℃环境下储存；但储存期不应超过六个月。超过六个月储存期的电池应补充电一次，即使进行补充电，最长保存时间不能超过 18 个月。

（2）存放地点应清洁、通风、干燥、并对电池有防尘、防潮、防碰撞等防护措施，严禁将电池置于封闭容器内。

（3）使用后废弃的电池，仍存有电量，谨防短路或产生火花，否则可能会着火爆炸。

（4）使用后的蓄电池要回收，不能随便丢弃。

4. 蓄电池的寿命

单体 12V 国产电池的浮充寿命一般为 3 ～ 5 年，单体 12V 进口电池的浮充寿命一般为 5 ～ 8 年，单体 2V 电池的寿命一般为 10 ～ 15 年，不同生产厂家、不同型号电池的寿命有较大的差别。

（二）蓄电池组回路接线及操作

（1）蓄电池的串、并连接线如图 12–12、图 12–13 所示。

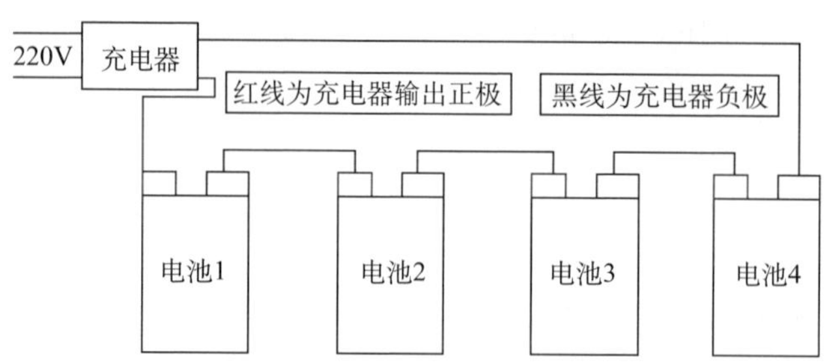

图12–12　蓄电池的串连接线

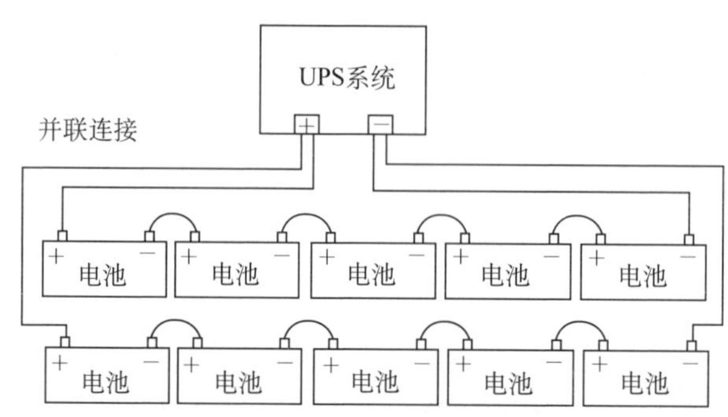

图12–13　蓄电池的并连接线

（2）蓄电池组回路操作。

①按设备二次接线图，将蓄电池分别串联接入，切勿反向串联或并联，严禁接错电池正极、负极。

②高频开关电源整流器工作正常后，投入蓄电池总开关，蓄电池组开始充电。微机电池检测单元启动工作，自动对蓄电池组检测管理，并将电池电压、充电电流、单体电池电压等数据传到微机监控单元上显示。

③新安装运行的蓄电池组必须进行均充电，以确保蓄电池组有足够的容量，均充电可通过微机监控单元进行操作。

（三）蓄电池组的供电试验及直流电源充电装置

1. 蓄电池组的供电试验

（1）切断交流电源，高频开关电源整流器停止工作，蓄电池组即可不间断地向直流母线供电。

（2）母线自动调压单元可自动调节控制母线电压，合闸母线电压跟随电池组电压变化。

（3）蓄电池组电压过低时，微机监控单元显示故障信息“电池电压异常”。

（4）恢复交流电源，高频开关电源整流器重新对蓄电池进行充电，蓄电池容量充足后设备自动转入浮充，以保证蓄电池组的最佳使用状态，随时能够给直流母线供电。

2. 直流电源充电装置

（1）一台蓄电池应装两台充电装置，一台做浮充，一台做备用；两组蓄电池宜装三台充电装置，正常时一台备用，另两台分别各带一组蓄电池及直流母线运行。

（2）浮充运行的蓄电池组其充电装置应工作在自动稳压状态。

（3）（变）配电室直流充电装置的交流电源来自所内的不同母线，并加装交流电源自投装置。

（4）（变）配电室内不具备互投功能的备用充电装置，正常时应将交直流电源断开；具有互投功能的充电装置，当工作充电装置故障，备用充电装置投入运行后，应将故障充电装置的交直流电源断开。

（5）充电装置运行中出现异常，如发生异常响声、充电装置输出电压或电流表表针出现规律性大幅摆动、出现异常气味、故障信号灯或光字牌亮时，则应将负荷倒至备用充电装置运行，并立即上报有关部门。

（6）充电装置出现不明原因的掉闸，在负荷倒至备用充电装置后，应空载进行一次试发，如试发不成功应立即上报有关部门。

（四）CDJ–D 型充电器特点

（1）充电电压挡分为三个标称电压挡：6V、12V、24V。

（2）充电器输入电压在 160 ～ 230V 范围内可正常充电。

（3）适用于 36 ～ 160Ah（7 片～ 19 片）蓄电池。

（4）充电电压、电流有 10 个挡连续可调，蓄电池充满后电流表指针回零。

（5）充电器后面装有散热风扇，冷却工作变压器。

（6）使用方法：

①在充电之前，首先分清被充蓄电池的正极、负极，正极接充电器“+”端，负极接充电器“–”端。如果接反将会烧毁充电器和蓄电池。

②把充电器电源插头插入电源（220V/50Hz）的插座，打开充电器开关，将输入电压调到“220V”这是充电器指定的标准充电电压。

③充电器共有 10 个电压挡，一般充电用 1 ～ 2 挡，快速充电用 3 ～ 10 挡，通常情况下，除蓄电池急用外，尽量不用，因为快速充电会使蓄电池极板活性物质脱落，缩短蓄电池的使用寿命。使用快速充电，连续使用时间不得超过 3 小时。

④充电电压分为 6V、12V、24V。在充电之前，首先确认被充蓄电池电压是 6V、12V 还是 24V，然后再选择正确的充电电压。

⑤当充电器电流表指针指示接近零，或发现被充蓄电池有沸腾现象时，此

时蓄电池已经充满。

⑥充电完毕后，先把“电压调节”挡调到“关”挡，然后取下充电夹子，最后拔下电源插头。

三、直流监测装置

（变）配电室值班人员交接班时应检查直流母线电压、蓄电池电压、充电装置输出电流，直流母线对地绝缘。

（一）（变）配电室直流系统绝缘监察

1. 直流系统的常规绝缘监察

（1）当直流系统绝缘良好时，正、负对地电压接近于零；当某极绝缘下降时，另外一极的对地电压应升高；如达到定值时，绝缘监察装置将发出“直流接地”的信号，应立即查找原因并及时处理。

（2）当发现两极的对地电压都升高时，且绝缘监察装置未发出“直流接地”信号，说明此时直流系统两极对地绝缘同时下降，运行人员应立即查找原因进行处理。

2. 微机直流系统的绝缘监督

（1）微机装置的报警信号应引入中央信号装置。

（2）系统中同时装有常规绝缘监督装置及微机直流接地监督装置，正常时只能投入一套装置，其接地点应能随装置进行切换；直流接地监督装置出现故障不能正常运行时，应立即报告有关部门。

3. 直流系统发生接地原因分析

正常情况下，直流系统绝缘应良好，不允许直流系统在接地情况下长期运行，当直流系统发生接地时，应分析可能造成的原因，并按如下原则查找：

（1）先找事故照明回路、信号回路、充电装置回路、后找其他回路。

（2）先找主回路，后找保护回路；先找室外设备，后找室内设备；先找简单回路，后找复杂回路。

（3）先找一般回路，后找重要回路。

（4）查找直流接地需停用保护时，如影响电力系统主网运行时，应得到领导批准后方可进行，停用保护的时间尽量短，运行人员只允许查至保护盘端子排处，防止保护误动作。

（二）直流屏操作

（1）高频开关电源整流器在交流电源工作后可自启动，也可以通过微机监控单元（启动按钮）手动操作启动 / 停止（启动是软启动需 3 ～ 4s）。

（2）高频开关电源整流器启动后，工作指示绿灯亮，整流器显示器显示充电电压（246V/124V），模块面板有 A/V 选择按钮，可选择显示器显示电流 / 电压。

（3）微机监控单元开机工作，检查各个技术参数是否正常，是否有故障报警，绝缘是否正常。

（4）微机监测正常后相继投入控制母线和合闸母线各回路开关，其对应的指示灯亮，表明系统全部回路接通正常。

（三）故障原因处理

1. 原因

（1）检查相关遥控操作记录，是否因人为的原因手动将输入电源置为二路交流电源输入，若是，取消相关操作后系统即恢复正常。可参考图 12–14 双路交流电源切换原理图。

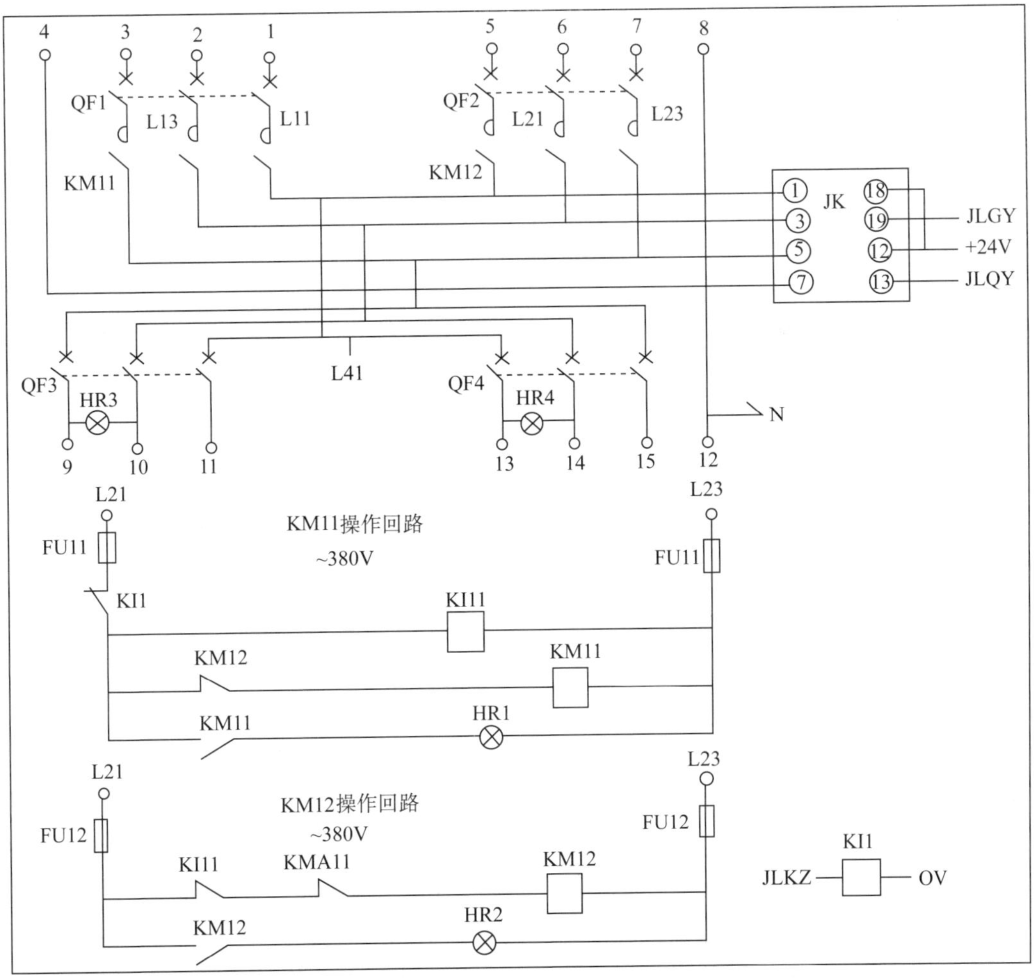

图12–14　双路交流电源自动切换原理

（2）使用万用表检查一路交流电源输出断路器输出端，测量点无相应电压，判断为断路器（QF）内部开路故障，更换相同型号规格的断路器即可。

（3）若使用万用表检查显示一路交流电源输入断路器正常，则应再检查KM11操作回路保护熔断器（FU1）输出端，若其端无相应电压，则判断为该熔断器损坏，排除KM11操作回路的故障后更换相同型号规格的熔断器，系统即可恢复正常工作。

现象：一路、二路交流电源输入断路器（QF1、QF2）均处于投入位置，一路交流电源失电，二路交流电源正常，但双电源切换系统不能切换到备用交流电源工作。

2. 处理方法

（1）使用万用表测量二路交流电源输入断路器输出端，若无相应电压判断为断路器损坏，使用相同型号的断路器更换即可。

（2）断路器输出端电压均正常，测量接触器KM12线圈两端，KM12线圈两端有相应电压，但接触器未动作，则判断为接触器线圈损坏断路，使用相同型号规格的接触器更换即可。

（3）断路器输出端电压均正常，测量接触器KM12线圈两端无响应电压，可能是因为接触器线圈损坏短路或其他原因等导致回路保护熔断器熔断，检查KM12操作回路，排除回路短路故障后更换相同型号的熔断器熔芯，系统恢复正常。

四、直流屏使用注意事项

（1）直流屏调试运行后，高频开关电源整流器应长期运行工作，对蓄电池组进行充电和对母线供电，使蓄电池组保持满容量的最佳工作状态，蓄电池组不能故意循环放电使用，以免蓄电池组因使用不当而损坏或大幅降低使用寿命。

蓄电池循环放电：将蓄电池充满后停止整流器工作，用蓄电池放电供母线负载，蓄电池放电到终止电压，又给蓄电池充电，如此循环使用。此行为会大幅度降低蓄电池的使用寿命。

（2）直流屏所配蓄电池闲置6个月后（包括未安装及安装后未运行的），必须对其进行补充电，以免蓄电池组因欠充而损坏或大幅度降低使用寿命。

（3）设备在变电所安装调试完成至变电所正式运行期间，必须保证交流电源正常供电，在交流电源失电时，必须人为断开蓄电池组总开关（QF31），以免长时间电池放电。交流电源失电期间严禁将蓄电池组单独作为变电所高低压设备的临时调试电源，以免电池组过放电而损坏蓄电池（变电所高低压设备调试需用直流电源时，应在高频开关电源整流器工作正常时进行)。

(4) 直流屏安装后蓄电池组严禁过放电，当蓄电池组电压低于（220V/100V）欠压告警“电池电压异常”时，应马上断开蓄电池组总开关（QF31），并在24小时内对蓄电池组进行充电，以免蓄电池过放电而损坏。

五、故障和解决办法

(1) 针对各类变电站直流屏，若显示交流空开跳闸，但并没有动作。

①接线是否正确可靠。

②控制模块工作状态是否正确。

③空开状态和接点是否正确。

(2) 只要保证直流屏进线交流电的供应，不用安装蓄电池，这种想法是不可取的。首先要充分认识到蓄电池是变电站内最可靠的直流电源，在变电站交流失电的情况下，蓄电池会给UPS系统、继电保护设备、事故照明和监控装置等供电，以达到应急的效果。其次蓄电池作为可靠的备用电源，可以弥补电磁开关合闸时所需的直流电源，防止直流母线电压瞬间下降而影响继电保护设备的正常运行。

(3) 合闸硅整流器或控制硅整流器失电。

①交流进线电源失电会产生合闸硅整流器、控制硅整流器、充电电源同时发出失电信号，电源恢复后即可消除。

②直流输出端空气开关脱扣或硅整流器直流输出端快速熔断器熔断，更换同规格的快速熔断器或合上空气开关，故障消除。

③如若交流电源缺相，直流输出电压只能达到额定值的60% ~ 70%，用万用表测硅整流器输入端三相电压即可，处理后便可恢复正常。

第十三章 高压成套配电装置

高压成套配电装置，又称高压成套配电柜。根据使用地点的不同，分为户内式、户外式两种，10kV 及以下的配电装置多为户内式。按柜体的结构形式分为开启式与封闭式两种；按断路器的安装方式分为固定式、手车式两类；手车式高压开关柜又分为落地式和中置式两种形式。按其结构特点可分为金属封闭式、金属封闭铠装式、金属封闭箱式和 SF_6 封闭组合电器等。在开关柜中可装设各种高压电器、测量仪表、保护电器、和控制开关等。一个（或两个）开关柜就构成一个单元回路，俗称一个间隔。使用时可按照主电路的设计方案，选用适合各种电路间隔的开关柜，可组成整个高压成套配电装置。

第一节　高压成套配电装置的概述

高压成套配电装置是由制造厂根据用户的要求制造的成套设备，它将电气一次主电路分成若干个单元，每个单元即为一个回路，通常每个回路包含母线、断路器、电流互感器、继电保护以及测控设备等，这些设备集中装配在一个整体柜体内，统称为高压开关柜。由多个高压开关柜在发电厂、变电所或配电室安装后组成的电力装置称为高压成套配电装置。按柜体结构分为金属封闭铠装式开关柜、金属封闭间隔式开关柜、金属封闭箱式开关柜和敞开式开关柜四大类。

一、对高压成套配电装置的技术要求

（1）柜体结构有足够的机械强度，不因操作一次侧元件而引起二次侧元件误动作。

（2）柜体结构有防止事故蔓延、扩大的措施，并能在一次侧不停电的情况下安全的检修二次侧设备。

（3）备有机械或电气安全联锁装置的，应保证按规定程序进行操作。如断路器合闸后不能操作隔离开关（或进行手车的推入、拉至），当断路器分闸后才能操作隔离开关（或进行手车的推入、拉至）。

（4）柜内一次回路的电气设备与母线及其他带电导体布置的距离均应符合规程要求。

（5）柜内所装电气与设备均应符合下列要求：

①安装条件符合该电气或设备本身的技术要求。

②正常工作条件下，电气与设备的游离气体、电弧和火花不得危及人身安全。

③柜上或柜内所装各种电气与设备，能单独方便地拆装更换。

（6）断路器与操动机构的安装方式，能保证不致因联动环节过多而影响断路器的分合闸速度及触头行程。

（7）小车式高压开关柜还应满足如下要求：

①同型号小车式开关柜的小车能够互换。

②小车应具有三种位置，工作位置（一次回路与二次回路均接通）、备用位置（一次回路不接通，小车与柜体隔离触头之间有安全距离，二次回路接通，小车上的断路器允许进行操作试验）和检修位置（小车退出柜外，一次回路和二次回路均断开）。

③柜内一次隔离触头有可靠的安全措施，能保证小车退出柜体后进柜检修人员的安全。

④小车体与柜体间有可靠的接地装置。

(8) 开关柜须设有防止电气误操作为主要目的的五防功能：

①防止带负荷拉（合）隔离开关。

②防止误分、合断路器。

③防止带电挂接地线。

④防止带接地线合闸送电。

⑤防止误入带电间隔。

(9) 开关柜在达到“五防”要求的同时，应遵循下列技术要求：

①优先采用机械闭锁。

②有紧急解锁机构。

③“五防”中除防止误分、误合断路器可采取提示性措施外，其他“四防”原则上采用强制性闭锁。

④“五防”闭锁不应影响开关分（合）闸速度特性。

⑤如用电磁闭锁，闭锁回路电源要与继电保护、控制信号回路分开。

⑥闭锁装置应尽量做到结构简单可靠，操作维修方便，尽可能不增加正常操作和事故处理的复杂性。

(10) 高压开关柜的一次和二次电气回路及其电器的绝缘强度，应能承受1min工频耐压试验而无击穿或闪络现象。

二、防止误操作闭锁装置

(1) 机电仪表室内应装有明显提示标志的操作按钮或“KK”转换开关，以防止误合、误分断路器。

(2) 断路器手车只有在试验（备用）位置或工作（运行）位置时，断路器才能进行分合闸操作，在断路器合闸后，手车推进机构会被锁住，可以防止带负荷推拉断路器手车。

(3) 只有当接地开关处于分闸状态时，断路器手车才能从试验（备用）位置推入工作（运行）位置，只有当断路器手车处于断开并在试验（备用）或检修位置时，接地开关才能进行合闸操作。实现了防止带电误合接地开关和接地开关处于闭合状态时误合断路器。

(4) 接地开关处于分闸状态时，电缆室门无法打开，防止了误入带电间隔。

（一）“五防”装置

1. 防止误分、误合断路器

断路器控制开关 SA 把手采用的是带程序锁的装置（操作 SA 把手其红绿翻牌，应与分、合对应），按程序进行操作时，方能将钥匙插入锁孔，该套锁的钥匙一面控制柜只有一把。只有当断路器处于分闸位置时，方可拔出。

2. 防止带负荷分、合隔离开关

隔离开关装有机械联锁及程序锁，顶柱装配和扇形板通过拉杆与断路器联动，阻止操作手柄上锁销抽出，起到联锁的作用。另外程序锁还保证了断路器分闸后，才能分断出线侧隔离开关。

3. 防止误入带电间隔

主柜带后柜，有前、后门，前门与母线隔离开关的操作手柄联锁，后门与前门联锁。

（1）前门采用机械传动的锁门机构及程序锁，该锁门机构闭锁及程序锁功能应满足：母线侧隔离开关合闸时，前门不能开启；前门未关闭好，母线侧隔离开关合不上；如需要（如带电测量）可人工解除闭锁，用解锁钥匙（万能钥匙）开启前门。

（2）后门（后柜门）采用程序锁与前门联锁，即停电操作时，只有母线侧隔离开关分闸，前门才能开启，前门开启后才能开启后门。送电操作时，只有先关好后门，才能关闭前门，前门关好后才能合上母线侧隔离开关。

4. 防止带电挂接地线

母线侧隔离开关和出线侧隔离开关分别加装了接地开关，只有隔离开关分断后（或断路器小车拉出后），接地开关才能合闸（接地），可以防止带电挂地线。

5. 防止带地线合闸送电

母线侧隔离开关和出线侧隔离开关分别加装了接地开关，只有在接地开关打开后，才能合上隔离开关，当接地开关在合闸位置时，小车只能推入到试验位置，可以防止带地线合闸送电。

三、固定式高压开关柜

GG–1A（F）型高压开关柜为防误型开关柜，装有防止电气误操作和保障人身安全的闭锁装置，即所谓的“五防”功能。开关柜操作顺序为：停电时，先拉开断路器、后拉开出线侧隔离开关，最后拉开电源侧隔离开关；送电时，先合上电源侧隔离开关，后合上出线侧隔离开关，最后合上断路器。柜内常用的主要设备有：断路器 VD4–12/630–25 型、高压熔断器 XRNP1–12/1A、继电保护 RCR313B 微机保护装置、电流互感器 LZZBJ9–10 AC、电压互感器

JDZ18−10Q、避雷器 HY5WZ2−17/43.5、接地开关 JN15−12/31.5−210、带电显示器 GXNE−12 等。GG−1A（F）开关柜，如图 13−1 所示。

图13−1　GG−1A（F）型高压开关柜

四、中置式高压开关柜

用于接受和分配 3 ~ 12kV 三相交流 50Hz 的网络电能并对电路实行控制保护及检测。继电器小室面板上可安装各种类型的微机综合保护装置，并可实现各种系统的智能化控制，具有遥控、遥信、遥测、遥调的功能。可配用的开关：VD4 型、VB2 型、VS1 型、HVF（韩国现代）、EV12 型真空断路器，具有防止带负荷推拉断路器手车、防止误分合断路器、防止接地开关处于闭合位置关合断路器、防止误入带电隔离室、防止在带电时误合接地刀闸的五防功能，如图 13−2 所示。

图13−2　KYN28A—12铠装移开式交流金属封闭开关柜

（一）使用环境

（1）环境温度 −10 ～ +40℃。

（2）海拔高度：不超过 1000m。

（3）相对湿度：日平均值不大于 95%，月平均不大于 90%。

①凝露不频繁，每月平均不超过两次，有轻度污秽。

②一般不出现每年平均不超过两次严重的污秽。

（4）地震烈度不超过 8 度。

（5）周围空气应不受腐蚀性、可燃气体、水蒸气等明显污染。

（二）特点

（1）具备完全铠装结构，低压与高压分离，充裕的电缆室，可安装多组电缆，电缆接线端子距地面最大高度可达 800mm。

（2）坚固可靠的五防联锁装置，在关闭的面板上可操作断路器，通过观察窗可看到断路器所处的状态。

（3）功能齐全的手车，100% 手车互换性，具有操作轻巧，动作平稳。

（4）维护简捷，易于安装母线和电缆，可升降的转运车，手车的推入，拉至和运输非常方便。

（5）全组装式的开关柜使用敷铝钢板，耐腐蚀、抗氧化，采用多重折边工艺，保证高强度的刚度。

（6）额定电压 10kV，最高电压 12kV。

（7）额定绝缘水平（1min 工频耐压：对地及相间 42kV，一次断口间 48kV；雷电冲击耐受电压：对地及相间 75kV，一次断口间 85kV）。

（8）额定短路开断电流 16kA、20kA、25kA、31.5kA、40kA、50kA。

（9）额定短路稳定电流 40kA、50kA、63kA、80kA、100kA、125kA。

（10）4S 热稳定电流 31.5kA。

（11）防护等级：外壳为 IP4X，手车室门打开时为 IP2X。`

（三）常用开关柜结构特点及型号解释

（1）KYN 户内交流金属铠装移开式开关设备（以下简称手车柜），是根据《3.6kV ～ 40.5kV 交流金属封闭开关设备和控制设备》GB/T 3906—2020，按 IEC298 与《交流金属封闭开关设备和控制设备》DL404–2018 标准设计制造的，满足水电部提出的高压开关柜应具有的“五防”功能要求。

（2）KYN–（F–C）型户内铠装双层移开式交流金属封闭开关设备，可与开关设备配套使用，构成组合式配电装置。它是一种双层铠装 F–C 开关柜，一面开关柜可容纳两台 F–C 手车，相当于两面单层柜的功能，占地面积同一面单层柜接近。具有结构简单，体积小，造型美观，绝缘水平高等优点。

(3) KYN28–12 柜体为铠装式结构，采用中置式布置，分为“四室、七车、一通道”。四个单独的隔室：断路器室，主母线室，电缆室和继电器仪表室，为使柜体具有承受内部故障电弧的能力，除继电器室外，各功能隔室均设有排气通道和泄压窗，一次触头为捆绑式圆触头。设备的外壳选用敷铝锌薄钢板，采取多重折边工艺，使整个柜体不仅具有精度高、极强的抗腐蚀性与抗氧化作用，柜体比其他同类设备柜体整体重量轻、机械强度高、外形美观，如图 13–3 所示。

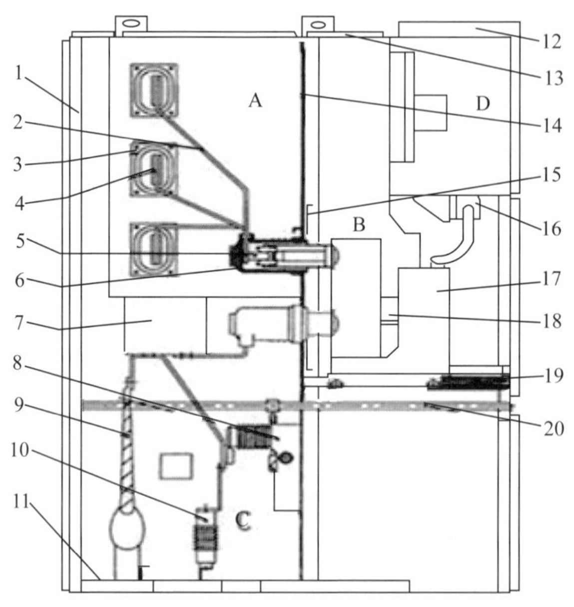

图13–3　KYN28铠装移开式交流金属封闭开关柜结构图

A—母线室；B—断路器手车室；C—电缆室；D—继电器仪表室；1—外壳；2—分支套管；3—母线套管；4—主母线；5—静触头装置；6—静触头盒；7—电流互感器；8—接地开关；9—电缆；10—避雷器；11—接地主母线；12—控制小母线室；13—泄压装置；14—装於式隔板；15—隔板（活门）；16—二次插头；17—断路器手车；18—加热装置；19—可抽出式水平隔板；20—接地开关操作机构

①断路器手车在推进或拉出过程中，无法合闸。

②断路器手车只有在试验位置或工作位置时，才能进行分、合操作而且在断路器合闸，手车无法从工作位置拉出。

③当接地开关处在分闸位置时，断路器手车才能从试验位置推入工作位置；仅当断路器手车处于试验位置或柜外时，接地开关才能进行分，合闸操作。

④接地开关处于分闸位置时，后门无法打开。

⑤手车在工作位置时，二次插头被锁定，不能被拨出。

断路器室底盘架两侧除设有供手车运动的固定导轨外，为便于对断路器进行观测检查，在固定导轨两侧专门设有可抽出的延伸导轨，当断路器分闸后，可将两根延伸导轨拉至柜外，这样手车即可从柜内直接移至柜外的延伸导轨上。

为保证开关柜内各种小车及部件按程序操作的正确性，开关柜设置了坚固可靠的机械联锁、活门联锁、断路器手车与控制回路插头联锁和接地开关与后门盖板的机械联锁。另外，开关柜后装有带电显示装置，提示防止误入带电间隔；上下活门外贴有提示性标志，提示上下触头盒是进线端或出线端。

（4）型号解释如图 13–4 所示。

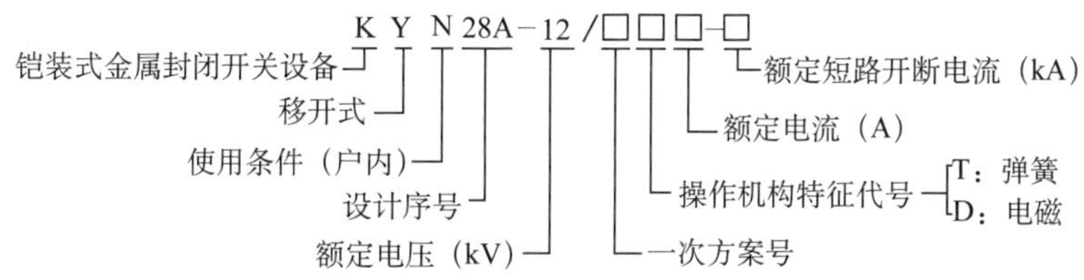

图13–4　铠装移开式交流金属封闭开关柜型号含义

例如：KYN1、KYN2、KYN10、KYN28 、KYN61、GBC 等以及各厂家自定义的型号。

（四）KYN28 铠装移开式交流金属封闭开关柜四室的功能

1. 母线室

主母线为分段母线。主母线和联络母线为矩形截面的铜排；用于大电流负荷时采用双根母排并联。通过支母线和静触头盒固定，不需要其他支撑。对于特殊需要，母线可用热缩绝缘套和端帽覆盖，相邻柜的母线用套管固定。这样连接母线间有空气缓冲，即使出现内部电弧时也能防止其贯穿熔化，套管能有效地把事故限制在隔离室内而不向其他柜蔓延。

2. 手车室

手车室两侧装设了导轨，对手车在断开 / 试验位置和工作位置间的平稳运动起导向作用。静触头盒前装有活门机构，上下活门在手车从断开 / 试验位置运动到工作位置过程中自动打开，当手车反方向运动时自动关闭形成有效隔离。在断路器室门关闭时，手车同样能被操作。门上开有紧急分闸操作孔，在故障情况下能手动分闸。通过门上的观察窗可以观察到手车所处位置及断路器的分、合指示及储能状态。

3. 电缆室

电缆室开关设备采用中置式，因电缆室空间较大，电流互感器、接地开关装在隔室后壁上，避雷器安装于隔室后下部。将手车和可抽出式水平隔板移开后，施工人员就能从正面进入柜内安装和维护。电缆室内的电缆连接导体，每箱可并 1 ~ 3 根单芯电缆。必要时每箱可并接 6 根单芯电缆。连接电缆的柜底配制开缝的可卸式非金属封板或不导磁金属封板，目的是确保施工方便。

4. 继电仪表室

继电仪表室内可安装继电保护控制元件、仪表以及有特殊要求的二次设备；二次线路敷设在线槽内并设有金属盖板，可使二次线与高压部分隔离；顶部可装设二次小母线。

（五）KYN28 铠装移开式交流金属封闭开关柜其他部件的功能

1. 手车

手车由断路器（或其他功能元件）、底盘车两部分组成。手车骨架采用薄钢板经 CNC 机床加工后组装而成。机械联锁安全、可靠、灵活。根据用途不同，手车分断路器手车、电压互感器手车、计量手车、隔离手车、电流互感器手车、避雷器手车、接地刀闸手车七种，同规格手车可以互换。手车在柜体内有试验位置和工作位置，每一位置都分别有定位装置，以保证联锁可靠，联锁机构可保证其他部件必须按照规定的操作程序进行操作方可进行。各种手车均采用涡轮、涡杆；摇动推进、退出，其操作轻便、灵活。手车需要移开柜体时，用一辆专用平台车，可以方便取出，进行各种检查、维护，整个小车体积小，检查、维护方便。断路器手车上装有真空断路器及其他辅助设备，当手车用平台车移入柜体断路器时便能可靠锁定在断开位置 / 试验位置，而且柜体位置显示灯便显示其所在的位置，只有完全锁定后才能摇动推进机构，将手车推进工作位置。手车进入工作位置。手车的机械联锁能可靠保证手车只有在分闸状态下，断路器才能移动，这样就使得开关柜满足“五防”的要求。

2. 二次插头

开关设备上的二次线与断路器手车的二次线的联络是通过二次插头来实现的。二次插头的动触头通过一个波纹管与手车相连，二次静触头座装设在开关柜断路器隔室的右上方。手车只有在试验位置时，才能给上和取下二次插头，手车处于工作位置时由于机械联锁的作用，二次插头被锁定，不能取下。断路器手车在二次插头未接通之前仅能进行分闸，由于断路器手车的合闸机构被电磁锁锁定，所以无法使其合闸。

3. 断路器手车与柜体之间有三种位置关系

（1）工作（运行）位置：断路器与高压柜内一次侧设备相连接（手车的上下触头与柜体内的静触头相连接），一经合闸后，母线经断路器与馈出线路构成导通状态。手车在工作（运行）位置时，二次插头被锁定不能拔出。

（2）试验（备用）位置：断路器与一次设备没有相连接（手车的上下触头与柜体内的静触头保持有安全距离），手车在此位置二次插头可以插在插座上，

断路器可以进行合闸、分闸、检验手车及二次系统的各项功能是否正常等各项操作，所以称为试验位置。

（3）检修位置：断路器位于高压柜之外，其一次触头和二次插头与高压柜彻底分开，断路器在此位置时，在做好安全措施的前提下，可以对断路器或高压柜的停电设备进行检修。

4.“一通道”泄压装置

在断路器室、母线室和电缆室上方均设有泄压盖板。泄压盖板的一端用金属螺栓紧固，另一端用塑料螺栓固定。当柜内发生故障时，柜内部的高压设备故障产生的气体很容易将泄压盖板用塑料螺栓固定的一端冲开，经通道释放柜内故障电气产生的压力。

5. 辅助装置

（1）DSN 系列户内电磁锁：是防止人员误操作、误入带电间隔的电控机构联锁装置，在高压柜内有电时，电磁锁机械部分锁住柜门，使柜门无法打开，避免各类事故的发生。

（2）柜内照明灯：通常安装在开关柜的柜后下门处，供运行值班人员巡视设备时使用。

（3）加热器：防止凝露的措施，为了防止开关柜在高湿度或温度变化较大的环境中产生凝露所带来的危险，在断路器室和电缆室内分别装设电加热器。

6. 带电显示装置

开关柜内可设有检测一次回路运行的可选择件即带电显示装置。该装置不但可以提示高压回路带电状况，而且还可以与电磁锁相配合，实现强制闭锁开关手柄。达到防止带电关合接地开关，防止误入带电间隔，从而提高了开关柜的防误性能。

（1）带电显示器型号命名，如图 13–5 所示。

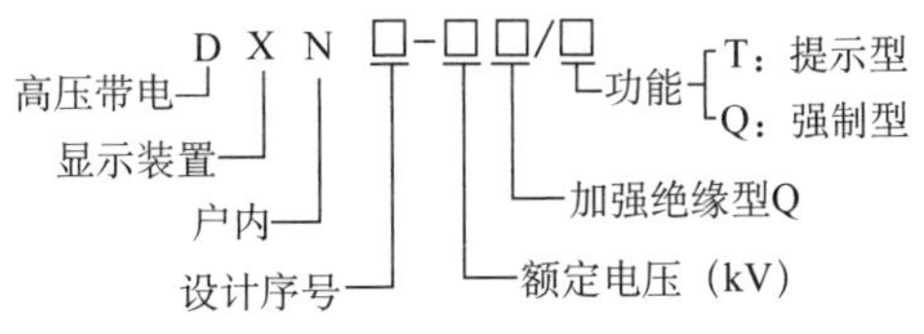

图13–5 带电显示器型号命名

常用带电显示器的型号：DXN9–12/Q、DXN9–12/T、GSN–10Q 等。

（2）开关柜一般需要装设监测一次回路带电状态的带电显示装置，该装置不但可以提示高压回路的带电状况，还可以与电磁锁配合实现强制闭锁手柄、门，提高了开关柜的防误性能。DXN 系列带电显示器通过电压传感器获取几十伏电压接至带电显示器上。带电显示器分为一般型 DXN—T 和强制闭锁型 DXN—Q。T 型作为提示性，Q 型通常与高压开关柜内的电磁锁配合使用，即在高压柜内有电的情况下，无法打开柜门，其接线如图 13–6 所示。

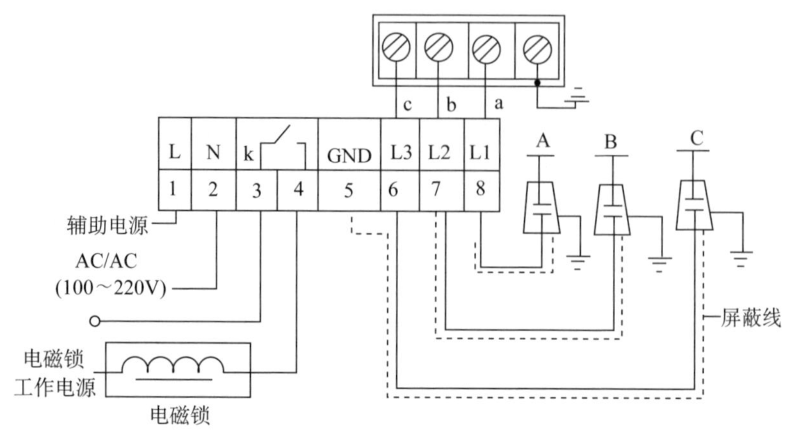

图13–6 带电显示器接线图

7. 开关柜的联锁装置

(1) 推进机构与断路器之间的联锁：为防止在断路器关合状态下推拉手车而造成带负荷推拉手车的恶性事故发生，开关柜手车上设有机械联锁装置。

断路器处于合闸状态时，断路器操动机构输出大轴的拐臂阻挡联锁杆向上运动，阻止联锁钥匙转动，使手车无法由固定位状态转变为移动状态，只有断路器在分闸才能改变手车的状态。当移动手车未进入定位位置或推进摇把未及时拔出时，手车也无法由移动状态转变为定位状态，同时，手车的机械联锁通过断路器内的机械联锁，挡住断路器的合闸机构，使电动或手动合闸均无法进行，从而保证了操作运行的安全。

手车与接地开关的联锁。为防止手车未退出时，合上接地开关或接地开关未打开就推入手车，开关柜设置了机械联锁装置。

操作者将手车由试验位置的固定位状态转变为移动状态时，如果接地开关处于合闸状态或接地开关摇把还没有取下，机械联锁将阻止手车状态的变化。只有分开接地开关取下摇把，手车才允许进入移动状态。手车进入移动状态后，机械联锁立即将接地开关的操作摇把插口封闭，这种状态一直保持到手车重新回到试验位置并定位才结束。

(2) 隔离手车的联锁：由于隔离手车没有分断、关合负荷电流的能力，为了避免隔离手车在相关断路器未分闸的情况下推拉，在隔离手车的前柜下门上装有电磁锁。电磁锁通过挡板把联锁钥匙插入口挡住，使小车无法改变状态。

只有当电磁锁有电（通常电源由相关断路器的常闭辅助触头控制）时，才能打开联锁操作隔离手车的推进机构。

8. 使用与维护

（1）操作程序：虽然开关柜设有操作程序的联锁，但在操作中还应严格遵守各项电气操作规程和开关柜所要求的操作程序，不可随意操作，更不应在操作受阻时强行操作。

①将断路器推入柜内：断路器手车准备有柜外推入柜内前，应认真检查断路器的状态是否完好，有无工具杂物遗漏在手车上。确认无误后将手车装在平台车上并锁定，将平台车推至柜前，并将其定位杆插入柜体中隔板的插孔，将平台车与柜体锁定，调整平台车升降至合适位置，然后解除手车与平台车的锁定，将手车平稳地推入柜内并与之锁定。当确认手车与柜体锁定后，解除平台车与柜体的锁定，推开平台车。

②手车在柜内的操作：手车在从平台车推入柜内后即处于断开位置，要将手车投入运行，首先应使手车处于试验位置，即应将二次插头插好，合上控制电源合上储能电源。此时可对断路器进行操作试验。如操作首先必须将所有柜门关闭并确认断路器处于分闸状态，然后打开推进机构操作孔挡板，插入操作摇把，顺时针摇动摇把直至超越离合器起作用使操作轴空转（或位置指示灯变红），此时主回路接通，断路器手车处于工作位置（热备用状态），可通过控制回路对其进行分、合操作。如需将手车从工作位置退出，首先应确定断路器已处于分闸状态，打开推进机构操作孔挡板，插入操作摇把，逆时针摇动摇把，直至超越离合器起作用使操作轴空转（或位置指示灯变绿），手车便退至试验位置，此时主回路断开，活门关闭（备用状态）。

③从柜内退出手车：如果准备从柜内退出手车，首先应确认手车已处于试验位置，然后取下二次插件并将其扣锁在手车上。将平台车推至柜前使其前部的定位杆插入柜体中隔板插孔并将平台车与柜体锁定，调整平台车升降至合适位置，解除手车与柜体的锁定，将手车平稳向外拉出。

④紧急手动分闸操作：在控制回路发生故障使断路器失去控制电源的情况下，可由操作人员到柜前对断路器进行紧急手动分闸，严禁在正常情况下采用手动分闸操作。

带有接地开关的断路器柜，操作平台车后将手车与平台车锁定，解除平台车与柜体的锁定，把平台车拉出后停稳。如手车需要用平台车运输较长距离时，在推动平台车过程中应格外小心，以免发生意外事故。

断路器柜内的分、合状态确认：断路器分、合状态可由断路器手车面板上的分合闸指示牌及继电仪表室门上的分合闸信号指示。

将手车推入柜体和从柜体内退出的程序与无接地开关的断路器柜完全相同，当手车在柜内操作和操作接地开关过程中应注意以下两点：

第一，手车在柜内的操作：当准备将手车推入工作位置时，除满足上述要求外，还应确认接地开关处于分闸状态，否则无法完成后续的操作。

第二，分合接地开关的操作：若要合接地开关时，首先应确认手车已退至试验位置或检修位置，然后解除手车与接地开关操作轴的锁定，插入接地开关操作手柄，顺时针转动 90°，接地开关合闸。

（2）联锁在使用中的注意事项：

①开关柜的联锁功能是以机械强制性闭锁为主，辅之以电气联锁和提示性联锁实现功能的，能满足“五防”的要求，但操作人员不能因此而无视操作规程的执行。

②开关柜的联锁功能是在正常的操作过程当中同时实现的，不需要增加额外的操作步骤。当发现操作受阻时，应首先检查是否有误操作的可能，而不应强行操作，以免损坏设备，甚至导致误操作事故的发生。

③有些联锁因特殊需要允许紧急解锁，但必须经主管技术负责人批准，紧急解锁的使用必须谨慎，不易经常使用，当使用时也要采取必要的防护措施，一经处理完毕应立即恢复联锁状态。

（六）10kV 高压开关柜的安装

1. KYN 型中置式开关柜的安装操作

KYN 型中置式开关柜为户内交流金属铠装移开式开关设备，由固定柜体和可移开式两大部分组成。开关柜有架空进线和电缆进线两种结构。电缆前接线方式时，开关柜靠墙安装，电缆后接线时，开关柜不靠墙安装。开关柜对电路具有控制、保护和测量等功能。

开关柜的手车在柜内移动和定位是靠矩形螺纹和螺杆实现的。手车在结构上可分固定和移动两部分。当手车有平台车装入柜体完成连接后，手车的固定部分与柜体前框架连接为一体。按规定的操作程序用专用的摇把顺时针转动矩形螺杆，推进手车向前移动，当手车到达工作位置时，定位装置阻止手车继续向前移动，手车可以在工作位置定位，位置指示灯指示红色。反之，逆时针转动矩形螺杆，手车向后移动，当固定部分与移动部分并紧后，手车可在试验位置定位。

2. 10kV 中置式开关柜安装注意事项

（1）开关设备的安装基础应符合《电力建设施工及技术规范　第 2 部分：锅炉机组》（DL/T 5190.2—2019）中的有关条款规定。

(2) 开关设备的安装基础浇筑一般要分两次浇灌混凝土：第一次为开关柜安装构件即角钢或槽钢构件安装基础；第二次浇灌混凝土是地面的补充层，一般厚度为 60mm，混凝土补充层的混凝土高度应低于构件平面 1 ～ 3mm。

(3) 柜体排列要求：单列时，柜前走廊以 2.5m 为宜；双列布置时，柜间操作走廊以 3m 为宜。

(4) 拼装顺序：按工程需要与安装图纸的要求，将开关柜运至需要安装的位置，如果一排较长组合排列（10 面以上），拼柜工作应从中间部位开始。

(5) 柜的安装程序：松开母线室顶盖螺栓，卸去顶盖。在母线室前面松开固定螺栓，卸下装卸式隔板。松开断路器室下面的可抽出式水平隔板的固定螺栓，并将水平隔板卸下，松开和移去电缆盖板。从开关设备左侧控制线槽移去盖板，右前方控制线槽盖板亦同时卸下，卸下吊装板及紧固件。在此基础上，一面接一面地安装开关柜，包括水平和垂直两个方面，开关柜安装不平度不得超过 2mm/m。当开关柜设备组合完全拼接结束时，可用 M12 地脚螺栓将其与基础框架相连或用电焊与基础框架焊牢。

3. 母线的安装

用清洁干燥的棉布擦拭母线，检查绝缘套管有否损伤，在连接部位涂上导电膏。一个接一个地安装母线，将母线段和对应的分支小母线接在一起，连接时应插入合适的垫块，用螺栓拧紧。

4. 接地装置

用预设的连接板将各柜的接地母线连接在一起。在开关柜内部连接所有需要接地的引线。将基础框架与接地母线相连，如果开关柜排列超过 10 面以上，必须有两个以上的接地母线，将接地开关的接地线与开关柜接地主母线连接。

第二节　高压环网柜

高压环网柜是为提高供电可靠性，使用户可以从两个方向获得电源，通常将供电网连接成环形。这种供电方式简称为环网供电。在工矿企业、住宅小区、港口和高层建筑等交流 10kV 配电系统中，因负载容量不大，其高压回路通常采用负荷开关或真空接触器控制，并配有高压熔断器保护。该系统通常采用环形网供电，所使用的高压开关柜一般习惯上称为环网柜。环网柜除了向本配电所供电外，其高压母线还要通过环形供电网的穿越电流（即经本配电所母线向相邻配电所供电的电流），因此环网柜的高压母线截面要根据本配电所的负荷电流与环网穿越电流之和选择，以保证运行中高压母线不过负荷运行。

一、环网开关设备（以下简称环网柜）的概述

单元柜的主开关、操作机构及元器件采用 FLN36–12D 型 SF_6 开关设备，柜体采用敷铝锌板经数控机床加工后铆接而成，防护等级达 IP3X，具有可靠的机械联锁和防误操作功能。具有体积小、重量轻、外形美观、操作简便、寿命长、无污染、少维护等特点。环网柜内装有六氟化硫负荷开关或六氟化硫负荷开关与熔断器组合电器，可以关合和开断额定负载电流、开断变压器的空载电流，组合电器配以熔断器后可一次性开断 31.5kA 短路电流，在电力系统中起控制和保护作用。

（一）环网柜型号含义

环网柜型号及含义如图 13–7 所示。

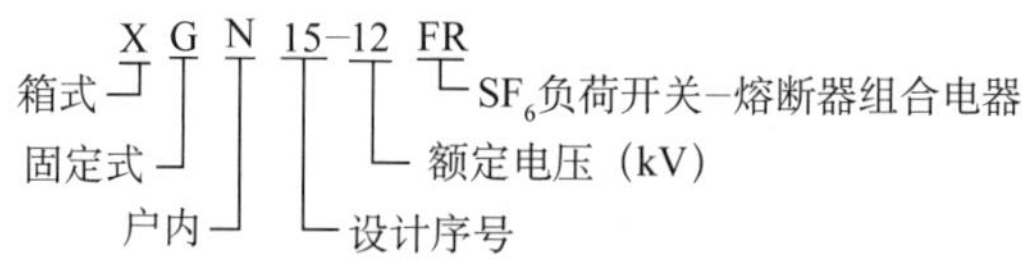

图13–7 环网柜型号含义

目前环网柜产品种类很多，如 HK–10、MKH–10、8DH–10、XGN–10、XGN–15、HXGN15、XGN2、XGN66、XGN88 等。

（二）特点

SF_6 环网柜是一种随意组合成多回路进出，具有切换、联络、保护电力系统功能的以负荷开关作为核心部件的空气绝缘或气体绝缘的中压电器组合设备。它的主回路核心部件是由 SF_6 负荷开关及附加的其他一次辅助电器组成。所有带电部件均在密封外壳内，可防潮气、污染、腐蚀性气体与蒸汽、尘土以及小动物；开关柜组合上的母线排位于 SF_6 气室内，各单元之间的连接采用绝缘的插入式实心母线；树脂铸封与绝缘的单相熔断器均装在开关柜外壳之外，因而能可靠防止相间故障；容易安装和扩展，无须进行现场 SF_6 充气工作。SF_6 环网柜按组合方式可分为可扩展型及不可扩展型，如：Safering（环网柜）和 Safeplus（ABB 环网柜）。按生产制造工艺的不同可分为共箱式（又名充气柜或 SF_6 全绝缘柜）及模块式，如：RM6 和 SM_6（Schneider– 施耐德）。

（三）环网柜的分类

环网柜一般分为空气绝缘和 SF_6 绝缘两种，用于分合负荷电流，变压器空载电流，一定距离的架空线路、电缆线路的充电电流，起控制和保护作用，是

环网供电和终端供电的重要开关设备。柜体中，配设空气绝缘的负荷开关主要有产气式、压气式、真空式，配设 SF_6 绝缘的负荷开关为 SF_6 式，由于 SF_6 气体封闭在壳体内，它形成的隔断断口不可见。环网柜中的负荷开关，一般要求三工位，即切断负荷，隔离电路、可靠接地。产气式、压气式和 SF_6 式负荷开关易实现三工位，而真空灭弧式只能开断，不能隔离，所以一般真空负荷环网开关柜在负荷开关前再加上一个隔离开关，以形成隔离断口。

二、XGN15−12环网柜

XGN15−12 型环网柜内含专门设计的 SF_6 开关装置，外壳选用进口敷铝锌钢板，经数控（CNC）机床加工而成。该型环网柜允许采用简便而经济的电缆终端，从而简化了满足各种功能要求的各单元之间的连接，是国家电网改造重点推荐的产品，如图 13−8 所示。

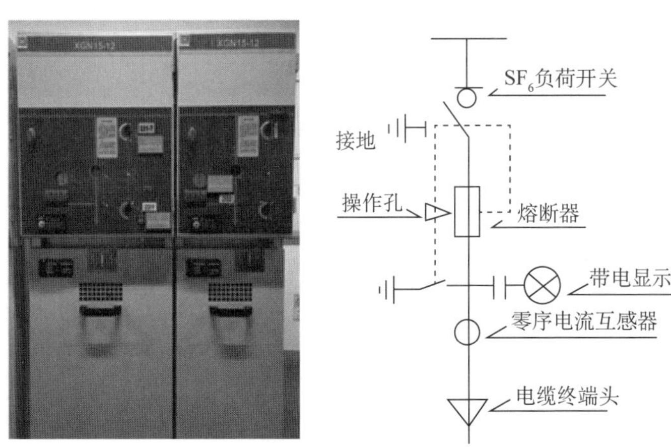

图13−8　XGN15−12环网柜

（一）XGN15−12 单元式六氟化硫环网柜

1. 环网柜操作规程

（1）高压环网柜操作时一人操作一人监护。

（2）操作者戴绝缘手套，穿绝缘靴，站在绝缘垫上。

2. 送电操作程序

（1）在给变压器送电前，应先检查变压器总出线开关在断开状态。

（2）取下“已接地”标识牌，拉开接地刀闸，(逆时针操作拉开接地刀)。

（3）检查接地刀闸确已断开。

（4）锁上接地刀闸。

(5) 取下负荷开关处“禁止合闸，有人工作”标识牌。

(6) 顺时针操作，将负荷开关合上。

(7) 检查三相指示灯在亮的状态。

(8) 锁上负荷开关。

(9) 根据负荷投入电容器组。

3. 停电操作程序

(1) 退出低压电容器组。

(2) 拉开低压各路出线开关。

(3) 拉开变压器低压总出线开关。

(4) 检查三相指示灯运行正常。

(5) 拉开负荷开关。

(6) 用手按上方红色按钮“OFF”听到负荷开关断开声响为止。

(7) 检查三相指示灯应无闪烁且熄灭。

(8) 锁上负荷开关锁。

(9) 打开接地刀闸锁。

(10) 顺时针操作合上接地刀闸。

(11) 检查接地刀闸指示在接地状态，挂上“禁止合闸，有人工作”“已接地”标识牌。

(12) 锁上接地刀闸。

(13) 全面检查操作质量。

(二) XGN15－12（Ⅱ型柜　三工位）环网柜操作说明

XGN15－12 环网柜操作说明如图 13－9 所示。

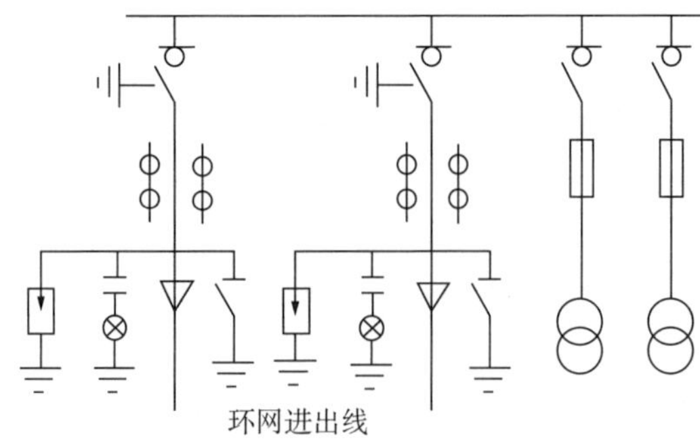

图13－9　XGN15－12环网柜主接线

1. 送电

(1) 接地开关分闸：将操作手把插入面板右上部接地开关操作孔内，逆时针转动可分闸，此时面板中心的分合指示牌呈 ⊘ 状，下门板被锁住。出线柜还应从下门板中央的视窗中，观察接地开关是否也已经分闸（下门闭锁：将操作手把插入面板右上部操作孔内，逆时针转动，面板中心的分合指示牌呈 ⊘ 状，下门板闭锁）。

（2）负荷开关合闸：将操作手把插入面板右下部负荷开关操作孔内，顺时针转动即可合闸。此时分合指示牌呈 ⦶ 状，带电显示器闪亮。

2. 停电

应根据先停低压，后停高压；先停负荷侧，后停电源侧的原则进行操作。

（1）负荷开关分闸：将操作手把插入负荷开关操作孔内，逆时针转动即可分闸。出线柜则应按下面板右下方的红色方形按钮使负荷开关分闸。分闸后，分合指示牌呈 ⊘ 状。带电显示器熄灭。

（2）下门解锁：负荷开关分闸后，如带电显示器闪亮，此时，严禁操作解锁。只有当外部电源断开后，带电显示器灯熄灭，方可将操作手把插入面板右上部操作孔内，顺时针操作。此时，分合指示牌应呈 ⦸ 状，下门联锁解除，可打开下门（或接地开关合闸，将操作手把插入接地开关操作孔内顺时针转动即可合闸。此时分合指示牌应呈 ⦸ 状）。

3. 警示

为保证人身安全及开关柜正常运行，应遵守下列规定：

（1）在合接地刀及挂接地线之前，请务必确认：

①主开关处于分闸位置；

②带电指示器显示线路无电压。

（2）加热器必须在运行前 48 小时投入，且在正常运行和备用时应全天候投入。

4. 注意事项

下门打开前务必明确：

（1）带电显示器运行正常并显示监视点无电压（灯熄）。

（2）柜体开关处于“接地位置时，向上提门把手即可开门。

（3）不准强行用力撬门，否则会损坏设备且危害人身安全。

三、预装式变电站（箱变）

箱式变电站是由高压开关设备、低压开关柜、配电变压器、电能计量设备等组合成紧凑的成套配电装置，用于城市高层建筑、城乡建筑、居民小区、矿山油田及临时施工用电等场所。在配电系统中，可用于环网配电系统，也可用于双电源或放射终端配电系统。常用的有美式箱变、和欧式箱变。

（一）美式箱变

美式箱变适用于对供电要求相对较低的多层住宅和其他不重要的建筑物用电。即使箱变发生故障，对居民的影响不大，但不适应于小高层和高层。

1. 箱变的接线形式

一路或两路 10kV 进线；单台变压器，容量一般选用 500 ～ 800kVA；低压出线电缆 4 ～ 6 路。

2. 箱变的主要部件

变压器、10kV 环网开关柜、10kV 电缆插头、低压箱体等主要部件组成。具有体积小、造价低、便于安装等优点。

3. 美式箱变的优缺点

（1）优点：体积小占地面积小、便于安放、便于伪装，容易与小区的环境相协调，可以缩短低压电缆的长度，降低线路损耗，还可以降低供电配套的造价。

（2）缺点：供电可靠性低，无电动机构，无法增设配电自动化装置，无电容器装置，对降低线损不利；噪声比Ⅲ型站和Ⅴ型站要高，因为Ⅲ型站和Ⅴ型站是将变压器安放在室内，起到隔音的作用；另外，Ⅲ型站和Ⅴ型站的集中电磁辐射被分解成多点辐射；由于不同容量箱变的土建基础不同，使箱变的增容不便；当箱变过载后或用户增容时，土建要重建。

（二）欧式箱变

欧式箱变又称户外成套变电站，也称组合式变电站，因其具有组合灵活、安装方便、占地面积小、无污染、免维护等优点，受到广泛重视。农网建设（改造）中，被广泛应用于城区、农村 10 ～ 110kV 中小型变（配）电所及流动作业变电所的建设与改造，易于深入负荷中心，减少供电半径，提高末端电压质量，特别适用于农村电网改造。

1. 箱变的接线形式

（1）单台配变形式 – 两路 10kV 进线。

单台变压器容量一般在 500 ～ 800kVA；低压出线电缆一般为 4 ～ 6 路。

（2）两台配变形式 – 两路 10kV 进线；两台变压器，每台变压器的容量在 500 ～ 800kVA；低压出线电缆一般为 8 ～ 12 路。

2. 设备特点

1）自动化程度高

全站智能化设计，保护系统采用变电所微机综合自动化装置，分散安装，可实现“四遥”，即遥测、遥信、遥控、遥调，每个单元均具有独立运行的功能，继电保护功能齐全，可对运行参数进行远方设置，对箱体内湿度、温度进行控制，满足无人值班的要求。

2）工厂预制化

设计时，只要设计人员根据变电站的实际要求，做出一次主接线图和箱外设备的设计，就可以选择由厂家提供的箱变规格和型号，所有设备在工厂一次安装、调试合格，真正实现变电所建设工厂化，缩短了设计制造周期；现场安装仅需箱体定位、箱体间电缆联络、出线电缆连接、保护定值校验、传动试验及其他需调试的工作，缩短了建设工期。

3）组合方式灵活

欧式箱变由于结构比较紧凑，每个箱均构成一个独立系统，这就使得组合方式灵活多变，可以全部采用箱式，即 35kV 及 10kV 设备全部箱内安装，组成全欧式箱变电所；也可以采用 35kV 设备室外安装，10kV 设备及控制保护系统箱内安装，这种组合方式，特别适用于农网改造中的旧所改造，即原有 35kV 设备不动，仅安装一个 10kV 开关箱即可达到无人值守的要求。

3. 设备安装

（1）箱变位置应建于负荷中心，根据小区负荷分布情况，计算出负荷矩，以此确定负荷中心，将箱变安装在负荷中心附近，可缩短供电半径，减少基建投资，减少电能损耗，提高电压质量。

（2）箱变使用地点不允许有强烈震动和冲击，不允许有较大的电磁感应强度，对于箱变地埋线路，应布置好各回路出线的敷设路径，并满足对地下设施的安全距离。

（3）使用地点不得有爆炸危险的物质，周围介质中不能含有腐蚀金属与破坏绝缘的气体及导电介质；

（4）箱体安装垂直倾斜角不应超过 5°，户外风速不超过 35m/s，空气相对湿度不得超过 90%（25℃）。

（5）箱变安装不需建设控制室和相应厂房，10kV 设备无架构，占地面积小，现场只需按厂家提供的箱变基础尺寸，制作钢筋混凝土基础。

（6）吊装根据标准重量及有关安全规程选用适当的起重设备，起吊钢丝绳之夹角小于 60°，起吊时应用绳索对角拉住箱变，以保证其平稳就位。

（7）欧式箱变出厂时已调试好，只需将箱变高压及低压电缆与箱变连接即可。

（8）箱体及主变周围应设置避雷针，并保证设备在其安全保护范围之内，在预制地基前应首先埋好接地网，其接地电阻应小于 4Ω，箱体就位后，应将箱体接地端子与之接牢。

4. 设备结构

低压室、变压器室、高压室是目字型布置，欧式箱变是将变压器及普通的高压电器设备装于同一个金属外壳箱体中，箱体中采用普通的高压负荷开关和熔断器、低压开关柜，所以欧式箱变体积较大。

5. 优点

噪声与Ⅲ型站和Ⅰ型站相当；辐射较美式箱变要低，因为欧式箱变的变压器是放在金属箱体内起到屏蔽作用；可以设置配电自动化，不但具有Ⅲ型站和Ⅰ型站的优点，而且还有美式箱变的主要优点。

6. 缺点

体积较大，不利于安装，对小区的环境布置有一定的影响。

7. 箱变比较

美式箱变与欧式箱变不同在于美式箱变是将变压器铁芯、高压负荷开关、保护用的熔断器等设备统一设计，放在同一注油箱中，具有以下特点：

（1）美式箱变体积小、结构紧凑，仅为国内同容量欧式箱变的1/3左右。

（2）美式箱变全密封、全绝缘结构，无须绝缘距离，可靠保护人身安全。

（3）美式箱变既可用于环网，又可用于终端，转换十分方便，提高了供电可靠性。

（4）过载能力强。

（5）损耗小，可选择S9、S11–M或SH型。

（6）采用双熔丝保护，降低运行成本。

（7）美式箱变是品字型布置，一侧开门。美式箱变分为前、后两部分：前面为高、低压操作间隔，操作间隔内包括高低压接线端子，负荷开关操作柄，无载调压分节开关，插入式熔断器，油位计等；后部为注油箱及散热片，将变压器绕组、铁芯、高压负荷开关和熔断器放入变压器油箱中。避雷器采用油浸式金属氧化物避雷器。变压器取消油枕，采取密封式油箱，油箱及散热器暴露在空气中。低压断路器采用塑壳断路器作为主断路器及出线断路器。

（8）保护方式简单：美式箱变高压侧采用熔断器保护，低压侧采用塑壳自动空气断路器保护，与我国10kV配变保护方式相同。高压熔断器保护变压器内部故障，自动空气断路器保护低压侧线路的过电流、短路、欠电压故障。

（9）由于箱变结构不同使用地点也不同，供电的网络也不同。由于美式箱变和欧式箱变的结构不同、可靠性不同，因此适用的场合也不同。当美式箱变的容量选用的较小而小区的建筑面积较大时，应用的箱变会增加很多，使架空线上支接的负荷点增多；当减少架空线的支接负荷点时必定要增加箱变的串接数量,从而造成网络结构薄弱。要克服小容量箱变而带来的网络结构薄弱的问题，最好使用环网站。

（10）欧式箱变的适用，欧式箱变适用于多层住宅、小高层、高层和其他较重要的建筑物。

第十四章 变配电室异常运行与倒闸操作

为应对10kV系统晃电事故、故障掉闸、异常运行及火灾事故等，提高值班运行人员在处理事故时的准确性及及时性，最大程度地降低事故对供电系统的影响，避免事故及异常运行的扩大化，以最快的速度处理紧急情况下的晃电事故、异常运行及火灾事故等，本章对10kV变配电室常见的故障及异常运行进行了概述。

依照《变配电室安全管理规范》DB 11527–2008对变（配）电所运行值班要求如下：

（1）用电单位35kV及以上电压等级的变（配）电所应安排专人全天值班。每班值班人员不少于2人，且应明确其中一人为值班长（当班负责人）。

（2）用电单位10kV电压等级的变（配）电所，设备容量在630kVA及以上者，应安排专人值班。值班方式可根据变（配）电所的规模、负荷性质及重要程度确定。

带有一类、二类负荷的变（配）电所、双路及以上电源供电的变（配）电所，应有专人全天值班。每班值班人员不少于2人，且应明确其中一人为值班长（当班负责人）。

负荷为三类的变（配）电所，可根据具体情况安排值班，值班人员不少于2人，但在没有倒闸操作等任务时，可以兼做用电设备维修工作。

（3）用电单位设备容量在500kVA及以下、单路电源供电、且无一类、二类负荷的变（配）电所，允许单人值班。条件允许时，可进行简单的高压设备操作，但不能进行临时性电气测量及挂接、拆除临时接地线等工作。

（4）实现自动监控的变（配）电所，运行值班可在主控室进行。需要进行10kV及以上设备和低压主开关、母联开关的倒闸操作、电器测量、挂、拆临时接地线等工作时，必须由二人进行，一人操作、一人监护。

低压供电的用户，配电设备可不设专人值班，但应随时保持有专业人员负责检查维护及巡视工作。

第一节　变（配）电所高压配电事故处理概述

运行中的高压配电装置发生异常情况时，值班员应迅速、准确地进行判断和处理，并向供电主管部门报告。凡属供电部门调度的设备发生异常，应报告调度所值班调度员，如威胁人身安全或设备安全运行时，先进行处理，然后立即向有关部门和领导报告。

一、断路器掉闸处理规定

事故后重点检查信号和继电保护动作情况，发生事故的开关（断路器）应检查指示是否与实际状态相符。检查事故范围内的设备情况，如导线有无烧伤、断股，设备的油位、油色、油压是否正常，有无喷油、瓷瓶闪络、断裂等情况；当架空线与电缆混合线路发生掉闸时，按架空线路的规定处理；变压器、电容器及全线为电缆线路的断路器掉闸时，不允许试送，待查明故障原因，排除故障后方可试送。

（一）配出架空线路的断路器掉闸

（1）装有一次重合闸而重合闸未成功者，允许试送一次；试送成功后，应及时进行线路巡视，查找事故原因；试送未成功时，不得再次试发，应排除故障后，方可送电。

（2）装有二次重合闸而重合再次未成功时，不允许试送（若重合闸未动作，可试送一次）。

（3）无重合闸或重合闸失灵者，可允许手动试送两次，但第二次试送应与第一次试送掉闸后相隔 1min，试发不成功时，未查明故障原因不得再次试送。

（4）油断路器掉闸时，喷油严重者，不准试送。

（二）断路器越级掉闸

（1）分路开关保护动作未掉闸，而造成主变压器或电源开关掉闸者，应先拉开该分路开关，如开关拉不开时，应拉开该开关的两侧刀闸（小车开关应设法将其机械联锁解除，将小车拉到备用或检修位置），还应拉开双电源线路开关及补偿装置开关，其他各路开关不需拉开，判别主变保护范围内设备无故障，试送主变压器或电源开关，并将试发结果及时报有关主管部门。

（2）分路开关保护无动作时，先检查主变保护范围内的设备，确无故障时，拉开各分路开关（包括补偿装置），试发主变（电源）开关再逐路试发各分路开关；

试发中如主变开关再次掉闸，拉开故障路，发出主变（电源）开关并报有关主管部门；发至最后一路时也应继续试发，分路开关与主变或电源开关同时掉闸时，应先拉开故障的分路开关，试送主变或电源开关。

在试送故障路分路开关前，应检查两级继电保护的配合情况。

（三）变（配）电所发生全站无电时，应按以下情况进行处理

1. 电源有电，电源断路器掉闸时

（1）各分路断路器的继电保护装置均未动作，应详细检查设备，排除故障后方可恢复送电。

（2）分路断路器的继电保护装置已动作，不论掉闸与否，可按越级掉闸处理。

2. 电源无电时

（1）电源断路器的继电保护装置已动作而未掉闸者，应立即拉开电源断路器，检查所内设备，查明故障点，待故障排除后、电源有电时，方可恢复送电或倒用备用电源供电。

（2）本所无故障者，可倒用备用电源供电，但应先拉开停电路的断路器，后合备用电源断路器。

（四）35kV 及以下中性点小电流接地系统发生单相接地时的处理方法

（1）从变（配）电所的表计及信号指示发现单相接地故障后，应立即检查站内设备有无接地，在查明站内设备无接地时，可用分路断路器按线路的重要程度一次拉路查找接地点。

（2）两台及以上变压器并列运行发生单相接地时，为了缩小影响范围应解开母联开关，判明是哪段母线系统接地。

（3）应采用断路器来断开接地点的电源，禁止使用隔离开关断开接地点电源。

（4）消弧线圈在单相接地情况下，运行时间应以铭牌数据为准，但一般不应超过 2h，若上层油温未超过 95℃时，可运行至上层油温为 95℃。

二、故障时值班员的工作

（1）一停一记。

①停止报警音响。

②记录事故发生的时间。

（2）四查。

①一查仪表（先查电流表、后查电压表）。

②二查光字牌。

③三查保护、信号继电器（过流、速断、零序、母联互投）。

④四查信号灯（红灯亮表示合闸，绿灯亮表示分闸，黄灯闪烁为故障）。

⑤目的：判断故障，有助于值班人员分析故障，解决故障。

（3）判断故障。

（4）处理故障（两复归）。

①复归开关操作手把。

②复归信号断电器保护还原。

（5）两检查。

①检查一次设备有无问题。

②检查母线电压。

③目的：了解线路性质（电缆线路，架空线路）。

（6）隔离或试发。

①架空线路故障可以试发，可重合两次，是指瞬时性故障（架空线路两次试发间隔时间 1min）。

②隔离：拉开断路器，再拉开隔离开关、（有明显的断开点）。电缆线路（属于永久性故障）电缆线路不允许试发，应采取隔离。

（7）是调度户的应使用专业术语向供电部门调度汇报。

（8）做好记录并及时向单位领导汇报。

注：试发是试送电；隔离是将故障线路或故障设备与电源分开（有明显的断开点）。

第二节　变配电室事故跳闸的分析、判断与处理

当运行中的高压配电装置发生紧急事故及威胁电网安全运行时，依据“保人身、保电网、保设备”的原则，为使值班人员迅速、正确地对故障线路及设备进行分析、判断和处理，其内容一般如下。

一、变压器与配电线路事故跳闸的分析与判断

变配电室发生开关跳闸，经详细检查后，未发现设备或线路有问题，可考虑开关有误动作的可能（如保护定值过小、直流多点接地、保护二次线短路等）；此时必须找出误动作的原因，了解事故范围并经分析判断，确认无误后，是否决定试发或隔离。

（一）变压器事故跳闸的分析与判断

1. 变压器速断保护动作跳闸

事故范围：从保护安装处至变压器一次高压线圈。

判断：在此范围内发生了两相及以上短路。

2. 变压器过流保护动作跳闸

过流保护动作跳闸原因较多，可能有以下几方面：

（1）事故范围一：从变压器二次线圈至变压器二次总开关之间。

判断：在此范围内发生了两相及以上短路。

（2）事故范围二：从保护安装处至变压器一次侧高压线圈。

判断：变压器低压侧总开关因某种原因拒动，越级到高压侧使过流保护动作跳闸，过流保护起到远后备保护作用。

3. 变压器零序保护动作跳闸

事故范围：从保护安装处至变压器。

判断：在此范围内发生了高压单相接地。

（二）配电线路事故跳闸的分析与判断

1. 线路速断保护动作跳闸

事故范围：从保护安装处至线路近端。

判断：发生两相及以上短路。

2. 线路过流保护动作跳闸

过流保护动作跳闸原因较多，可能有以下几个方面：

（1）事故范围一：线路远端。

判断：发生两相及以上短路。

（2）事故范围二：从保护安装处至线路近端。

判断：速断保护因某种原因拒动，过流保护动作使断路器跳闸，过流保护起到近后备作用。

（3）事故范围三：下级线路。

判断：下级线路发生短路而保护拒动，越级到本级保护，使过流保护动作跳闸，过流保护起到远后备作用。

3. 线路零序保护动作跳闸

事故范围：从保护安装处至线路全部。

判断：在此范围内发生了高压单相接地。

特别提示：变配电室发生变压器开关跳闸、全线电缆线路开关跳闸、电容器开关跳闸其三项有一项出现开关跳闸则不准试送，必须查明原因。

（三）事故跳闸

1. 事故跳闸的现象

（1）听到事故信号报警（蜂鸣器或喇叭）。

（2）跳闸路的开关柜如红灯灭、电流表回零、断路器机构指示“分”、带电显示器三相灯灭、相关保护动作掉牌；信号屏光字牌显示“××× 开关跳闸”、“××× 保护动作”；后台监控反映开关变位；微机保护装置显示开关跳闸时故障电流。

（3）闻到异常气味（故障在室内时）。

2. 事故处理的程序

（1）解除音响，记录时间，查看掉牌，恢复手把。

（2）隔离故障，检查故障，处理故障。

（3）处理完毕，确认无误，逐级送电。

3. 事故处理的要求

（1）迅速切除事故根源，解除对人身和设备的威胁，防止事故扩大。

（2）立即采取可行措施，尽快恢复用户供电（倒变压器、倒电源、倒母线、启用应急电源）。

（3）及时做好事故记录，并汇报相关部门。

二、八种故障案例分析

八种故障案例是以一次额定电压为 10kV，二次额定电压为 0.4kV，1＃（201 路）电源供 1T，2＃（202 路）电源供 2T，母联 245、445 根据具体情况投入运行。在处理事故时技术措施、安全措施应得当。

【例 1】 201 线路故障无电

运行方式：201 受电带 4＃母线，202 受电带 5＃母线，211、221、401、402、分列运行，201、211、401 无压掉闸，母联 245 开关冷备、低压联络 445 开关热备，备用电源自投运行。

（一）事故现象

（1）铃、喇叭响。

（2）10kV 故障、信号未复归、201 无压掉闸、245 自投动作、201–9 电压断线且光字牌点亮。

（3）201 绿灯闪光，245 红灯闪光。

（4）保护盘 201 无压掉闸、245 自投信号灯亮。

（5）201 电流表回零，245、202 电流表有指示。

（二）操作

（1）停止音响，记录时间；检查光字牌、表计、灯光及保护动作情况并做好记录。

（2）复归保护及开关操作手把；退出 201 开关无压掉闸及 245 开关自投压板。

（3）检查 201、245 开关无异常。

（4）检查 10kV4 #、5 #母线电压应正常，检查 201 开关线路无电压。

（5）将以上情况报告调度及主管部门。

（6）将 201、201–2 小车拉至备用位置。

（7）填写相关记录。

【例 2】 1 #变压器高压套管相间故障

运行方式：201 受电带 4 #母线，202 受电带 5 #母线，211、221、401、402 开关分列运行，211、401 无压掉闸，母联开关 245 冷备，低压联络 445 开关热备，备用电源自投运行，1 #变压器为油浸式变压器，2 #变压器为干式变压器。

（一）事故现象

（1）铃、喇叭响。

（2）10kV 故障、信号未复归、低压自投动作、1 #主变保护动作掉闸、2 #主变过负荷光字牌点亮。

（3）211、401 绿灯闪光，445 红灯闪光。

（4）保护盘 211 速断保护、445 自投信号灯亮。

（5）211 电流表回零。

（二）操作

（1）停止音响，记录时间；检查光字牌、表计、灯光及保护动作情况并做好记录。

（2）复归保护及开关操作手把。

（3）检查 1 #变压器电源设备，发现变压器高压套管短路。

（4）检查低压母线电压正常。

（5）检查 211 开关，211 开关应拉开，将 211 小车拉至备用位置。

（6）检查 401 开关，401 开关应拉开，将 401 小车拉至备用位置。

（7）将以上情况报调度及主管部门，并监视 2 #变负荷情况。

（8）填写相关记录。

（9）将 1 #变转检修。

【例 3】 2 #变超温掉闸

运行方式：201 受电带 4 #母线，202 受电带 5 #母线，211、221、401、402 分列运行，221、402 无压掉闸，母联开关 245 冷备，低压联络 445 热备，备用电源自投运行，1 #变压器为油浸式变压器，2 #变压器为干式变压器。

（一）事故现象

（1）铃、喇叭响。

（2）10kV 故障、信号未复归、低压自投动作、2 #变保护动作掉闸、2 #变超温报警、1 #变过负荷光字牌点亮。

（3）221、402 绿灯闪光。

（4）保护盘 221 超温掉闸、445 自投信号灯亮、2 #变超温报警。

（5）221、402 电流表回零。

（二）操作

（1）停止音响，记录时间；检查光字牌、表计、灯光及保护动作情况并做好相关记录。

（2）复归保护及开关操作手把。

（3）检查 2 #变压器，变压器温度达到掉闸温度。

（4）检查低压母线电压正常。

（5）检查变压器室温度是否正常，如不正常应通风降温。

（6）检查 221 开关，拉开 221 开关，将 221 小车拉至备用位置。

（7）检查 402 开关，拉开 402 开关，将 402 小车拉至备用位置。

（8）将以上情况报调度及主管部门，并监视 1 #变负荷情况。

（9）填写相关记录。

（10）将 2 #变转为检修。

【例 4】 1 #变内部相间故障

运行方式：201 受电带 4 #母线，202 受电带 5 #母线，211、221、401、402 分列运行，211、401 无压掉闸，母联开关 245 冷备，低压联络 445 开关热备，1 #变压器为油浸式变压器，2 #变压器为干式变压器。

（一）事故现象

（1）铃、喇叭响。

（2）10kV 故障、信号灯复归、低压自投动作、1 #变保护动作掉闸、1 #主变轻瓦斯动作、2 #变过负荷光字牌点亮。

（3）211、401 绿灯闪光，445 红灯闪光。

（4）保护盘 211 速断保护、445 自投信号灯亮。

（5）211 电流表回零。

（二）操作

（1）停止音响，记录时间；检查光字牌、表计、灯光及保护动作情况并做好记录。

（2）复归保护及开关操作手把。

（3）检查 1 #变压器电源设备，发现变压器防爆管喷油，外壳变形。

（4）检查低压母线电压正常。

（5）检查 211 开关应拉开，将 211 小车拉至备用位置。

（6）检查 401 开关应拉开，将 401 小车拉至备用位置。

（7）将以上情况报告调度及主管部门，并监视 2 #变负荷情况。

（8）填写相关记录。

（9）将 1 #变转为检修。

【例 5】 212 线路远端相间瞬时性故障

运行方式：201 受电带 4 #母线，202 受电带 5 #母线，211、221、401、402 分列运行，212 无压掉闸，母联开关 245 冷备，低压联络 445 热备，1 #变压器为油浸式变压器，2 #变压器为干式变压器。

（一）事故现象

（1）铃、喇叭响。

（2）10kV 故障、信号未复归。

（3）保护盘 212 过流保护信号灯亮。

（4）212 绿灯闪光。

（5）212 电流表回零。

（二）操作

（1）停止音响，记录时间；检查光字牌、表计、灯光及保护动作情况并做好记录。

（2）复归保护及开关操作手把。

（3）检查 10kV 4 #母线及各出线电压、2 #变压器等设备无异常。

（4）检查 212 开关无异常。

（5）试合 212 开关，情况正常。

（6）检查 212 开关合闸正常。

（7）检查 212 电流表指示，记录电流值。

（8）检查 402 开关无异常。

（9）试合 402 开关，试发正常。

（10）检查 402 开关合闸正常。

（11）检查 402 电流表指示，记录电流值。

（12）填写相关记录。

【例 6】 212 线路近端相间瞬时性故障

运行方式：201 受电带 4 #母线，202 受电带 5 #母线，211、221、401、402 分列运行，221、402 无压掉闸，母联开关 245 冷备，低压联络 445 开关热备，备用电源自投运行，1 #变压器为油浸式变压器，2 #变压器为干式变压器。

（一）故障现象

（1）铃、喇叭响。

（2）10kV 故障、信号未复归。

（3）保护盘 212 速断保护信号灯亮。

（4）212 绿灯闪光。

（5）212 电流表回零。

（二）操作

（1）停止音响，记录时间；检查光字牌、表计、灯光及保护动作情况并做好记录。

（2）复归保护及开关操作手把。

（3）检查 10kV 4 #母线及各出线电压、2 #变压器等设备无异常。

（4）检查 212 开关无异常。

（5）试合 212 开关，情况正常。

（6）检查 212 开关合闸正常。

（7）检查 212 电流表指示，记录电流值。

（8）检查 402 开关无异常。

（9）试合 402 开关，情况正常。

（10）检查 402 开关合闸正常。

（11）检查 402 电流表指示，记录电流值。

（12）填写相关记录。

【例 7】 222 线路远端相间永久性故障

运行方式：201 受电带 4 #母线，202 受电带 5 #母线，211、221、401、402 分列运行，221、402 无压掉闸，母联开关 245 冷备，低压联络 445 开关热备，备用电源自投运行，1 #变压器为油浸式变压器，2 #变压器为干式变压器。

（一）故障现象

（1）铃、喇叭响。

（2）10kV 故障、信号未复归。

（3）保护盘 221 速断保护信号灯亮。

（4）221 绿灯闪光。

（5）221 电流表回零。

（二）操作

（1）停止音响，记录时间；检查光字牌、表计、灯光及保护动作情况并做好记录。

（2）复归保护及开关操作手把。

（3）检查 10kV 5 #母线及各出线电压、4 #变压器等设备无异常。

（4）检查 221 开关无异常。

（5）试合 221 开关，喇叭、铃响，221 开关再次掉闸，现象同前。

（6）记录时间、停止音响。

①检查光字牌、表计、灯光及保护动作情况并做好记录。

②复归保护及操作手把。

③检查 10kV 5 #母线及各出线电压、2 #变压器等设备无异常。

（7）检查 221 开关无异常。

（8）（应与第一次试合掉闸相隔 1 分钟），第二次试合 221 开关，喇叭、铃响、开关再次掉闸，现象同前，记录时间，停止音响。

①检查光字牌、表计、灯光及保护动作情况做好记录。

②复归保护及操作手把。

③检查 10kV 5 #母线及各出线电压、2 #变压器等设备无异常。

④检查 221 开关无异常。

（9）检查 221 开关在分位，将 221 小车拉至备用位置。

（10）填写相关记录。

【例 8】 221 线路近端相间永久性故障

运行方式：201 受电带 4 #母线，202 受电带 5 #母线，211、221、401、402 分列运行，221、402 无压掉闸，母联开关 245 冷备，低压联络 445 开关热备，备用电源自投运行，1 #变压器为油浸式变压器，2 #变压器为干式变压器。

（一）故障现象

（1）铃、喇叭响。

（2）10kV 故障、信号未复归光字牌点亮。

（3）保护盘 221 速断保护信号灯亮。

（4）221 绿灯闪光。

（5）221 电流表回零。

（二）操作

(1) 停止音响，记录时间；检查光字牌、表计、灯光及保护动作情况并做好记录。

(2) 复归保护及开关操作手把。

(3) 检查 10kV 5 #母线及各出线电压、2 #变压器等设备无异常。

(4) 检查 221 开关无异常。

(5) 试合 221 开关，喇叭、铃响，221 开关再次掉闸，现象同前。

(6) 记录时间、停止音响。

①检查光字牌、表计、灯光及保护动作情况并做好记录。

②复归保护及操作手把。

③检查 10kV 5 #母线及各出线电压、2 #变压器等设备无异常。

(7) 检查 221 开关无异常。

(8)（应与第一次试合掉闸相隔 1 分钟），第二次试合 221 开关，喇叭、铃响、开关再次掉闸，现象同前，记录时间，停止音响。

①检查光字牌、表计、灯光及保护动作情况并做好记录。

②复归保护及操作手把。

③检查 10kV 5 #母线及各出线电压、2 #变压器等设备无异常。

④检查 221 开关无异常。

(9) 检查 221 开关在分位，将 221 开关拉至备用位置。

(10) 填写相关记录。

第三节　变配电室倒闸操作

电气设备有运行、热备用、冷备用和检修四种状态。将电气设备由一种状态转换到另一种状态，需要进行一系列的操作。如拉、合断路器和隔离开关；拉、合直流操作回路；退出或投入继电保护装置和自动装置；拆除或装设临时接地线等。这一系列的操作称为电气设备的倒闸操作。

一、倒闸操作的基本知识

（一）电气设备状态

(1) 运行状态：指设备相应的断路器和隔离开关（不包括接地刀闸）在合上位置。

（2）热备用状态：电气设备的断路器及相关的接地开关断开，断路器两侧相应隔离开关处于合上位置，（手车柜手车已推入检修位置）其特点是断路器一经合闸就可以接通主回路。

（3）冷备用状态：电气设备的断路器和隔离开关全部断开时的状态（手车柜手车在备用位置），设备处于完好状态，随时可以投入运行。

（4）检修状态：电气设备的断路器和隔离开关均处于断开位置，安全措施已完成。即接地线已悬挂或接地刀闸已合上、手车柜手车已拉至检修位置、悬挂了相关的标识牌等。

（二）倒闸操作的目的与内容

1. 倒闸操作的目的

倒闸操作是使电气设备改变运行状态的直接手段，目的是使电气设备由一种状态转换到另一种状态，或改变电气一次系统运行方式所进行的一系列操作。

2. 倒闸操作的内容

（1）拉开或合上断路器与隔离开关。

（2）装设或拆除接地线（合上或拉开接地开关）。

（3）切换保护回路，包括投入或停用继电保护和自动装置，以及保护定值改变等。

（4）安装或拆除控制回路或电压互感器回路的熔断器。

（5）改变变压器有载开关或消弧线圈分接头位置等。

二、变配电所倒闸操作的基本要求与顺序

倒闸操作的正确与否，关系到操作人员的安全和设备的正常运行。如发生误操作事故，后果极其严重。因此，电气运行人员一定要精心操作、安全第一，严格按照倒闸操作票进行操作。

（一）倒闸操作的基本要求

1. 倒闸操作的一般规定

（1）电气操作应根据上级或调度命令执行。

（2）电气操作应由两人同时进行，对设备较为熟悉者作为监护人，另一人为操作人。

（3）重要的倒闸操作，值班人员操作时，应由值班负责人监护。

（4）电气操作必须使用合格的操作票，操作时严格按操作票顺序执行。

（5）倒闸操作前，应根据操作票的顺序在模拟板上进行核对性操作。操作时，应先核对设备名称、编号，并检查断路器或隔离开关的原拉、合位置与操作票

所写的是否相符。操作中，应认真监护、复诵，每操作完一步应由监护人在操作项目前用红笔划“√”。

（6）操作中产生疑问时，必须向调度员或电气负责人报告，弄清楚后再进行操作。不准擅自更改操作票。不准随意解除闭锁装置。

（7）操作电气设备的人员与带电导体应保持规定的安全距离，同时应穿防护工作服和绝缘靴，并根据操作任务采取相应的安全措施。

（8）封闭式配电装置进行操作时，对开关设备每一项操作均应检查其位置指示装置是否正确，发现位置指示有错误或怀疑时，应立即停止操作，查明原因，排除故障后方可继续操作。

（9）事故处理可不用操作票，但应按上级或调度发布的操作命令正确执行。

（10）在交接班、系统出现异常、事故及恶劣天气情况下尽量避免操作。

（11）倒闸操作应尽量不影响或少影响系统的正常运行和对用户的供电。

（12）受供电部门调度的用电单位，变配电所的值班员应熟悉电气设备调度范围的划分。凡属供电部门调度的设备，均应按调度员的操作命令进行操作。

（13）不受供电部门调度的双电源（包括自发电）用电单位，严禁并路倒闸（倒路时应先停常用电源，后合备用电源）。

（14）雷电时，禁止进行倒闸操作。

2. 倒闸操作的技术规定

（1）送电时应先合电源侧的开关设备，后合负荷侧的开关设备。

（2）停电时应先拉负荷侧的开关设备，后拉电源侧的开关设备。

（3）设备送电前必须将有关继电保护投入。

（4）操作隔离开关时，断路器必须在断开位置。送电时，应先合隔离开关，后合断路器，停电时，拉开顺序与此相反。

（5）在操作过程中，发现误合隔离开关时，不允许将误合的隔离开关再拉开；发现误拉隔离开关时，不允许将误拉的隔离开关再合上。

（6）断路器两侧的隔离开关的操作顺序规定如下：送电时，先合电源侧隔离开关，后合负荷侧隔离开关；停电时，先拉负荷侧隔离开关，后拉电源侧隔离开关。

（7）不允许打开机械闭锁手动分、合断路器。

（8）变压器两侧断路器的操作顺序规定如下：停电时，先停负荷侧断路器，后停电源侧断路器；送电时顺序相反。

（9）变压器并列操作中应先并合电源侧断路器，后并合负荷侧断路器；解列操作顺序相反。

（10）停用电压互感器时应考虑有关保护、自动装置及计量装置。

（11）倒闸操作中，应注意通过电压互感器二次、UPS 不间断电源装置和所内变二次侧返回电源至高压侧。

（12）双路电源供电的非调度用户，严禁倒闸并路。

（13）在倒母线时，隔离开关的拉合步骤是先逐一合上需转换至一组母线上的隔离开关，然后逐一拉开在另一组母线上运行的隔离开关，这样可以避免因合、拉同一出线隔离开关而造成误操作事故。

（14）双母线结构的变电所，当出线断路器由一条母线倒换至另一条母线供电时，应先合母线联络断路器，而后再切换出线断路器母线侧的隔离开关。

（15）当采用电磁机构电动操作闭合高压断路器时，应观察直流电流表的变化，合闸后电流表应返回。连续操作高压断路器时，应观察直流母线电压的变化。

（16）单极隔离开关及跌开式熔断器的操作顺序规定如下：停电时，一拉开中相，二拉开下风侧边相，三拉开上风侧边相；送电时，顺序与此相反。

用各种隔离开关和跌开式熔断器拉、合电气设备时，应按照制造厂的说明和试验数据确定的范围进行操作。缺乏资料时可参照下列规定（指系统正常运行情况下的操作）：

①可以拉、合电压互感器、避雷器。

②可以拉、合母线充电电流和开关的旁路电流。

③可以拉、合变压器中性点直接接地点。

隔离开关和跌开式熔断器可以拉、合的空载变压器以及空载架空线路和电缆线路的范围，应不大于表 14−1、表 14−2、表 14−3 的数值。

表14−1　35−110kV隔离开关拉、合空载变压器或空载架空线路的范围

名称	110kV带消弧角三联隔离开关	35kV带消弧角三联隔离开关	35kV室外单级隔离开关	35kV室内三联隔离开关	GW5−35隔离开关
拉、合空载变压器，kVA	20000	5600	/	1000	5600
空载架空线路，km	/	32	12	5	/
拉、合人工接地后无负荷接地线，km	/	20	12	5	/

表14−2　10kV隔离开关和跌开式熔断器拉、合空载电缆线路长度表

电缆截面，mm^2 / 名称	3×35	3×50	3×70	3×95	3×120	3×150	3×185	3×240
室外隔离开关或跌开式熔断器，m	4400	3900	3400	3000	2800	2500	2200	1900
室内三联隔离开关，m	1500	1500	1200	1200	1000	1000	800	/

表14–3　10kV隔离开关和跌开式熔断器拉、合空载变压器或空载线路范围

名称	室外三联隔离开关	室外单极隔离开关	室内三联隔离开关	跌开式熔断器
拉、合空载变压器，kVA	500	500	315	500
拉、合空载架空线路，km	10	10	5	10

（17）10kV 开关柜带电显示器的使用规定。

①凡装有鉴定合格且运行良好的带电显示器，可作为线路有电或无电的依据。

②所内正常操作时，拉开断路器前检查三相监视灯全亮，拉开断路器后检查三相监视灯全灭，即可认为线路无电。

③当断路器由远方操作拉开或事故掉闸后，如:带电显示器三相监视灯全灭，即可认为线路无电。

④使用带电显示器验电应列入操作步骤，如:检查 211 带电显示器三相灯亮、检查 211 带电显示器三相灯灭；带电显示器应定期进行检查，如线路有电而其三相监视灯有一相或多相不亮时应及时处理、更换；在未恢复正常前，该带电显示器不得作为验电依据，必须使用验电器验电。

（二）倒闸操作的顺序

变配电所的倒闸操作主要是依据调度命令和变配电所设备、线路检修、清扫、继电保护调试、绝缘试验及其他相关工作的工作票。变配电所的倒闸操作可参照下列步骤进行：

1. 接受倒闸操作命令

根据倒闸操作任务或调度命令内容抄入任务栏中，核对当时的运行方式是否与任务相符。

（1）接受调度命令，应由上级批准的人员进行，接令时先问清下令人姓名、下令时间，并主动报出站名和姓名。

（2）接令时应随听随记，记录在“调度名记录”中，接令完毕，应将记录的全部内容向下令人复诵一遍，并得到下令人认可。

（3）接受调度令时，操作人应在旁监听。

（4）调度令有疑问时，应及时与下令人共同研究解决，对错误应提出纠正，未纠正前不准执行。

2. 执行倒闸操作票任务

由站长或值长组织全体在班人员做好如下工作：

（1）明确操作任务和停电范围，并做好分工。

（2）拟定操作顺序，确定挂地线部位、组数及应设的遮拦、标识牌，明确

工作现场临近带电部位，并订出相应的措施。

（3）考虑保护和自动装置相应变化及应断开的交、直流电源和防止电压互感器、所内变二次反送高压的措施。

（4）分析操作过程中可能出现的问题和应对措施。

（5）根据调度命令（受供电调度的用电单位）写出操作票草稿（非调度单位根据工作任务需要自行写出），由全体人员讨论通过，站长或值长审核批准。

3. 填写操作票程序

（1）操作票由操作人填写。

（2）操作票任务栏应根据调度命令内容按本所现场规定的术语填写，也可将调度命令记录本中的内容抄入任务栏中。

（3）操作顺序应根据调度命令并参照本所典型操作票和事先准备的操作票草稿的内容进行填写。

（4）操作票填写后，由操作人和监护人共同审核复查，并经值长审核无误后，监护人和操作人分别签字，并填入开始操作时间。

4. 核对模拟图板程序

（1）在模拟图板做核对性操作前，应全面核对当时的运行方式是否与调度命令相符。

（2）在模拟图板做核对性操作，由监护人根据操作顺序逐项下令，由操作人复令执行，图板上无法模拟的步骤，也应按操作顺序进行下令、复令。

（3）在模拟图板做核对性操作后，再次核对新运行方式与调度令是否相符。

（4）拆、挂地线，图板上应有明显标志。

5. 操作监护程序

（1）每执行一步，应按下列步骤进行：

①监护人手持操作票将操作人带至操作设备处指明调度号，下达操作命令。

②操作人手指操作部位，同时重复命令，监护人审核复诵内容和手指部位正确后，下达“执行”命令。

③操作人执行操作。

④监护人和操作人共同检查操作质量，远方操作只检查相应的信号装置。

⑤监护人在本操作步骤顺序号前面的指定部位划执行勾后，再通知操作人下一步骤操作内容。

（2）操作中遇有事故或异常，应停止操作，如因事故、异常影响原操作任务时，应报告调度，并根据调度令重新修改操作票。

（3）设备检修后，恢复送电操作前应认真检查设备状况及一、二次设备的拉合位置与工作前是否相符，有无遗留接地线。

6. 质量检查程序

(1) 操作完毕检查操作质量，远方操作的设备也必须到现场检查。

(2) 查无问题，应在最后一张操作票上填入终了时间，在最后一步下边加盖“已执行”章（不得压步骤）。

(3) 在调度命令记录本内填入终了时间。

(4) 报告调度员操作完毕。

三、填写倒闸操作票的要求、内容及注意事项

变（配）电所的倒闸操作，应按有关规定执行。操作票是防止误操作（错拉、错合断路器；带负荷拉、合隔离开关；误入带电间隔；带电挂地线；带地线合闸送电等）的主要技术措施。变（配）电所进行倒闸操作应填写操作票。

（一）填写操作票的要求

(1) 变（配）电所的一切操作须得到电气负责人或供电部门调度员的命令或许可（指受供电部门调度的用户、许可人及时填入值班记录簿）。

(2) 变（配）电所的架空或电缆出线上进行工作而要求停电时，值班人员必须在接到工作负责人的书面要求后，填写操作票，方可进行操作。

(3) 操作票应按操作顺序填写，禁止使用铅笔填写。

(4) 操作票的内容应包括操作任务、操作设备名称及调度号操作顺序、发令人、操作人、监护人及操作时间等。

(5) 操作票应进行编号，已操作的应注明“已执行”。操作票保存期限应不少于1年。

（二）操作票的填写内容

(1) 拉开或合上断路器、隔离开关或插头，拉、合开关后检查断路器位置（遥控拉、合断路器操作以检查断路器信号为准）。

(2) 验电和挂、拆地线（或拉、合接地刀闸）。

(3) 手车式断路器拉至或推入运行位置前检查开关在断开位置。

(4) 投、停所用变压器或电压互感器二次熔断器或负荷开关。

(5) 投、停断路器控制、信号电源。

(6) 切换继电保护装置操作回路。

(7) 保护及自投装置运行、保护及自投装置停用。

(8) 两条线路或两台变压器在并列后检查负荷分配（并列前、解列后应检查负荷情况，但不列入步骤）情况。

（9）母线充电后带负荷前检查母线电压应列入操作步骤，不包括旁路母线。

（10）投、停遥控装置。

（11）手车断路器拉至或推入时，控制、合闸和 TA 插件的给上、取下。

（12）高、低压定相或核相。

（13）调度下令悬挂的标识牌。

（14）恢复供电时，在合刀闸之前列入“检查待恢复供电范围内接地线、短路线已拆除”。

（三）填写操作票的注意事项

（1）挂地线的位置以隔离开关位置为准，称“XX 线路侧”，按实际位置填写。

（2）母线上挂地线时，应挂在其隔离开关母线侧的引线上，称“在 XXX–X 隔离开关母线侧挂 X 号接地线一组”。

（3）操作地线称“验”“挂”“拆”。如：在 211–2 线路侧验电，在 211–4 断路器侧挂 1 号接地线。

（4）断路器、隔离开关称“拉开”“合上”。如：拉开 211，合上 211–4。

（5）手车断路器称“推入”“拉至”。如将 211 手车推入备用位置，推入运行位置。拉至备用位置，拉至检修位置。

（6）手车断路器的运行位置指两侧插头已经插入插嘴，相当于刀闸合好。

（7）手车断路器的备用（试验）位置指开关两侧插头离开插嘴，但手车未全部拉至柜外。

（8）手车断路器的检修位置则指手车已全部拉出柜外。

（9）操作压板称“保护运行”“保护停用”及“保护改投”。

（10）操作交、直流熔断器和手车式断路器插件称“给上”“取下”。

四、倒闸操作标准术语的应用举例

运行人员与调度联系时，应使用调度术语。操作票每一个项目栏内只准填写一项操作内容。

（一）固定式高压开关柜倒闸操作标准术语

1. 高压隔离开关的拉合

（1）合上：合上 201–2（具体应检查操作质量，不填票）。

（2）拉开：拉开 201–2（具体应检查操作质量，不填票）。

2. 高压断路器的拉合

（1）合上：分为二个序号项目栏填写，合上 201；检查 201 应合上。

（2）拉开：分为二个序号项目栏填写，拉开 201；检查 201 应拉开。

3. 全站由运行转检修

全站由运行转检修的验电、挂地线，验电、挂地线的具体位置以隔离开关位置为准，称“线路侧”“断路器侧”“母线侧”“主变侧”，如图 14–1 所示。

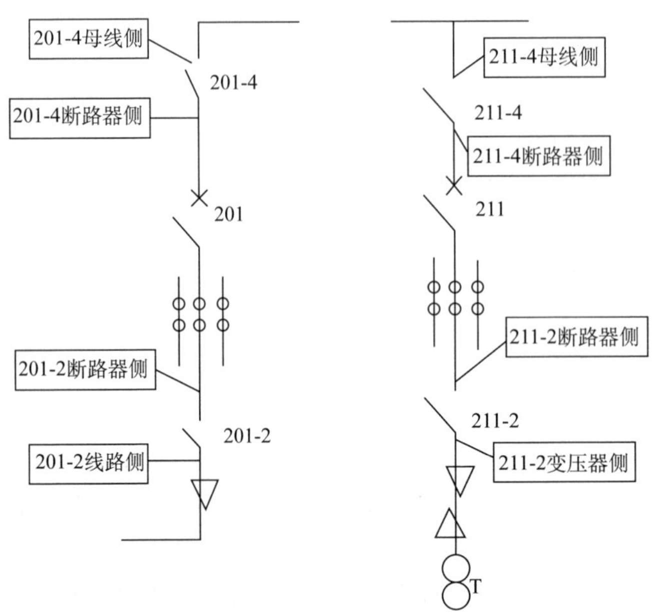

图14–1　悬挂临时接地线的位置

（1）在 201–2 线路侧验电，确无电压。

（2）在 201–2 线路侧挂 1# 地线一组。

4. 全站由检修转运行时拆除的接地线

（1）拆除 201–2 线路侧 1# 地线一组。

（2）检查待恢复供电范围内的接地线，短路线已拆除。

5. 出线开关由运行转检修时的验电、挂地线

（1）在 211–4 断路器侧验电应无电。

（2）在 211–4 断路器侧挂 1# 接地线一组。

（3）在 211–2 断路器侧验电应无电。

（4）在 211–2 断路器侧挂 2# 接地线一组。

（5）取下 211 控制（操作）保险。

（6）取下 211 合闸保险（CD10）；或拉开 211 储能电源开关（CT7、CT8）。

6. 出线开关由检修转运行时拆除的接地线

（1）拆除 211–4 断路器侧 1# 接地线一组。

（2）拆除 211–4 断路器侧 2# 接地线一组。

（3）检查待恢复供电范围内接地线，短路线已拆除。

（4）给上 211 控制（操作）保险。

（5）给上 211 合闸保险（CD10）；或合上 211 储能电源开关 CT7，CT8。

7. 配电变压器由运行转检修验电，挂地线

（1）在 1T10kV 侧验电应无电。

（2）在 1T10kV 侧挂 1# 接地线一组。

（3）在 1T0.4kV 侧验电应无电。

（4）在 1T0.4kV 侧挂 2# 接地线一组。

8. 配电变压器由检修转运行拆除接地线

（1）拆除 1T10kV 侧 1# 接地线一组。

（2）拆除 1T0.4kV 侧 2# 接地线一组。

（3）检查待恢复供电范围内的接地线，短路线已拆除。

9. 合环七步令

属于供电部门的调度户，在得到调度员许可后，方可进行合环操作，又称合环七步令。

（1）解除运行路继电保护。

（2）解除备用路继电保护。

（3）合上备用路。

（4）查环流。

（5）拉开运行路。

（6）恢复原运行路继电保护。

（7）恢复原备用路继电保护。

（二）手车式高压开关柜倒闸操作标准术语

1. 手车式断路器操作术语

手车式断路器操作术语包括“推入”“拉至”。

（1）将 211 手车推入试验位置。

（2）将 211 手车推入工作位置。

（3）将 211 手车拉至试验位置。

（4）将 211 手车拉至检修位置。

2. 手车断路器二次插件种类及操作术语

（1）二次插件的种类：当采用 CD 型直流电源操作机构时，有控制插件、合闸插件、TA 插件，当采用 CT 型交流操作机构时有控制插件、TA 插件；KYN28 中置式开关柜只有一个综合二次控制插件，因此可统称为“控制插件”。

（2）二次插件的操作术语称：“给上”“取下”。

（三）电力系统的调度术语

1. 报数：

报数 1（称为 – 幺）、2（称为 – 两）、3（称为 – 三）、4（称为 – 四）、5（称为 – 五）、6（称为 – 六）、7（称为 – 拐）、8（称为 – 八）、9（称为 – 九）、0（称为 – 洞）。

2. 复诵命令

值班人员在接受值班调度员发布的调度命令时，依照命令的步骤和内容，给值班调度员复诵一遍。

3. 回复命令

值班人员在接受值班调度员发布的调度命令时，向值班调度员报告已执行完的调度命令与步骤、内容和时间。

4. 拒绝命令

值班人员发现值班调度发布的调度命令是错误的，如执行将危及人身、设备和系统的安全，拒绝接受该调度命令。

5. 电气设备的运行状态

设备的开关及刀闸都在合位，电源至受电端电路接通（包括辅助设备如电压互感器、避雷器等）。

6. 电气设备热备用状态

设备仅开关断开而刀闸仍在合位（开关小车、刀闸小车在工作位置）。

7. 电气设备冷备用状态

设备的开关及刀闸都在分位（开关小车、刀闸小车在备用位置）。

(1)“开关冷备用”或“线路冷备用”时，接在开关或线路上的电压互感器高、低压保险一律取下，高压刀闸也拉开。

(2) 无高压刀闸的电压互感器当“低压断开”后即处于“冷备用”状态。

8. 电气设备检修状态

设备的所有开关、刀闸均拉开，挂好保护接地线或合上接地刀闸。

第四节　KYN28A–12金属铠装中置移开式开关柜倒闸操作票

10kV 双电源供电高压计量单母线断路器分断主接线图（含高压联络 245），如图 14–2 所示。

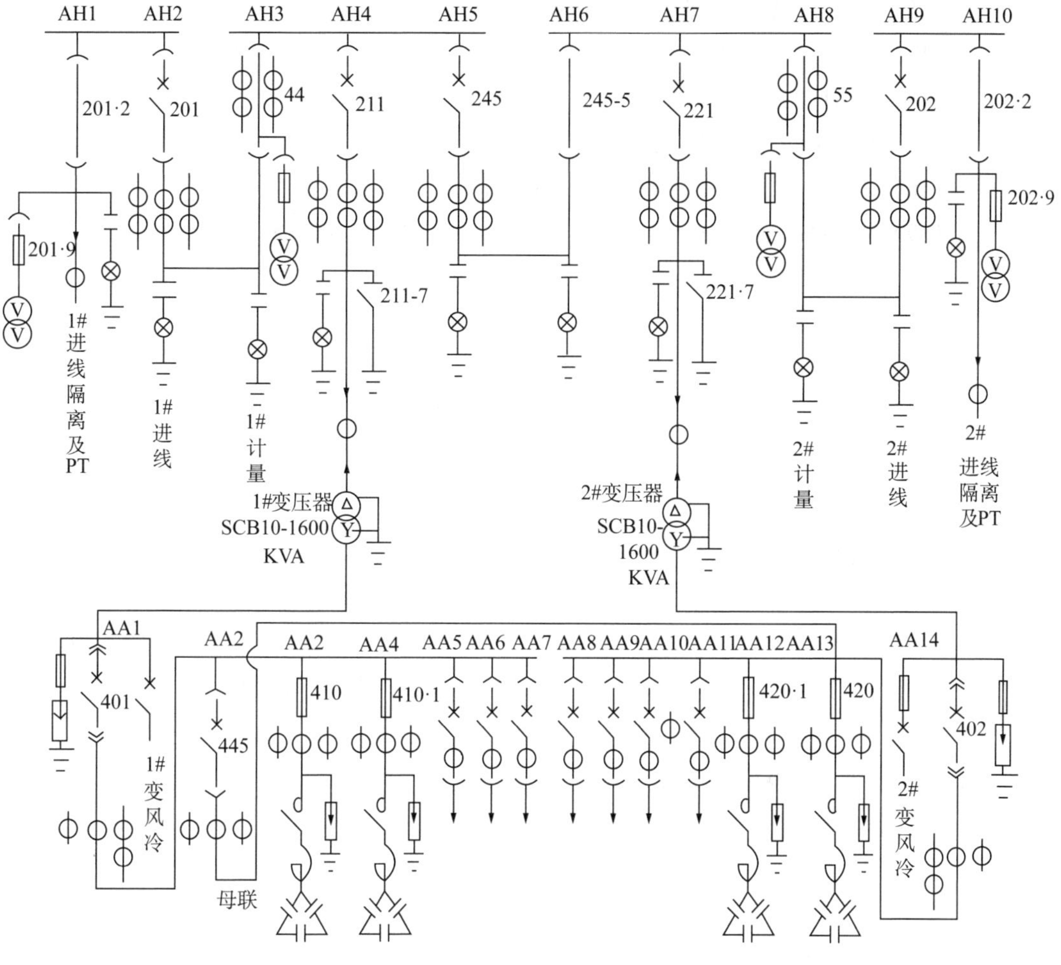

图14−2　10kV双电源供电高压计量单母线断路器分断主接线图

（1）真空断路器 VD4/Z12.12.25（或 NVU12−25KA）。

（2）弹簧储能操作机构 CT19a，DC220V（断路器配带）。

（3）LZZQB8−10，0.2S 级 /0.2S 级计量柜用的电流互感器。

（4）LZZQB8−10，0.5/10P1.5 级继电保护用的电流互感器。

（5）JSZ11−10R/0.1，0.2 级电压互感器（计量用）JSZ11−10R/0.1。

（6）JDZ11−10A/0.1 级电压互感器。

（7）XRNP1−12/1A 电压互感器专用熔断器。

（8）JN15−12/210 出线柜接地开关。

（9）避雷器 HY5WZ2−17/43.5。

（10）电压计量仪 DT2−100/C。

（11）高压带电显示器 DXN8B。

（12）0 ~ 12kV 电压表 SQ72B–A。

（13）电流表 SQ72B–A。

（14）KLH–120A、100/5、5VA、10P5 型零序电流互感器。

（15）温湿度控制器 WHD96–22C。

（16）PA100+ 型综合数字继电保护装置。

（17）WDZB–YJV22–8.7/10kV 型，3 × 120 交联聚氯乙烯电缆。

（18）211、221 保护：零序保护、过流、速断、变压器高温报警、变压器超温跳闸。

（19）高压母线 TMY–3（100 × 10）。

（20）回路编号 WH–1（一路电源）–4（第 4 面柜）。

一、全站停电

（一）操作任务一

1. 全站停电操作。

现运行方式：201 受电带 10kV4 # 母线，202 受电带 10kV5 # 母线，1T、2T 分列运行带全负荷，245 开关冷备，445 联络开关热备，控制手把自投手复。

终结运行方式：201–2、202–2、201–9、202–9、201、202、245、245–5、211、221、401、402、445 小车拉至备用位置。

2. 操作顺序

操作顺序见表 14–4。

表14–4　操作任务一的操作顺序

序号	操作步骤	序号	操作步骤
1	退出0.4kV4＃母线电容器组	12	拉开402开关
2	拉开0.4kV4＃母线各出线开关	13	检查402开关应拉开
3	退出0.4kV5＃母线电容器组	14	将402小车拉至备用位置
4	拉开0.4kV5＃母线各出线开关	15	检查402小车在备用位置
5	检查445开关应拉开	16	检查245、245-5在备用位置
6	将445小车拉至备用位置	17	检查201、202、211、221三相带示器正常
7	检查445小车在备用位置	18	拉开211开关
8	拉开401开关	19	检查211线路侧带电显示器三相灯灭，211开关应拉开
9	检查401开关应拉开	20	将211小车拉至备用位置
10	将401小车拉至备用位置	21	检查211小车在备用位置
11	检查401小车在备用位置	22	拉开201开关

续表

序号	操作步骤	序号	操作步骤
23	检查201开关应拉开	31	检查221小车在备用位置
24	将201小车拉至备用位置	32	拉开202开关
25	检查201小车在备用位置	33	检查202开关应拉开
26	将201—9小车拉至备用位置	34	将202小车拉至备用位置
27	将201—2小车拉至备用位置	35	检查202小车在备用位置
28	拉开221开关	36	将202—9小车拉至备用位置
29	检查221带电显示器三相灯灭，221开关应拉开	37	将202—2小车拉备用位置
30	将221小车拉至备用位置	38	全面检查操作质量

（二）操作任务二

1. 全站停电操作。

现运行方式：201 受电带 10kV4 #母线，1T 运行带全负荷，202–2、202–9 小车在运行位置，202、221、402、245、245–5 小车在备用位置，445 开关合位。

终结运行方式：201–2、202–2、201–9、202–9、201、202、245、245–5、211、221、401、402、445 小车拉至备用位置。

2. 操作顺序

操作顺序见表 14–5。

表14–5　操作任务二的操作顺序

序号	操作步骤	序号	操作步骤
1	退出0.4kV5#母线电容器组	12	检查401小车在备用位置
2	拉开0.4kV5#母线各出线开关	13	检查211三相带电显示器正常
3	退出0.4kV4#母线电容器组	14	拉开211开关
4	拉开0.4kV4#母线各出线开关	15	检查211线路侧带电显示器三相灯灭，211开关应拉开
5	拉开445开关	16	将211小车拉至备用位置
6	检查445开关应拉开	17	检查211小车在备用位置
7	将445小车拉至备用位置	18	拉开201开关
8	检查445小车在备用位置	19	检查201开关应拉开
9	拉开401开关	20	将201小车拉至备用位置
10	检查401开关应拉开	21	检查201小车在备用位置
11	将401小车拉至备用位置	22	将201—9小车拉至备用位置

续表

序号	操作步骤	序号	操作步骤
23	将201—2小车拉至备用位置	26	将202—2小车拉至备用位置
24	检查402、221、202、245、245-5小车在备用位置	27	全面检查操作质量
25	将202—9小车拉至备用位置		

（三）操作任务三

1. 全站停电操作

现运行方式：202 受电带 10kV5 #母线，1T 运行带全负荷，201、221、402 在备用位置，201−2、201−9、245−5 小车在运行位置，245、445 开关合位。

终结运行方式：201−2、202−2、201−9、202−9、201、202、245、245−5、211、221、401、402、445 小车拉至备用位置。

2. 操作顺序

操作顺序见表 14−6。

表14−6　操作任务三的操作顺序

序号	操作步骤	序号	操作步骤
1	退出0.4kV5＃母线电容器组	18	检查402、221、201小车在备用位置
2	拉开0.4kV5＃母线各出线开关	19	检查245线路侧三相带电显示器正常
3	退出0.4kV4＃母线电容器组	20	拉开245联络开关
4	拉开0.4kV4＃母线各出线开关	21	检查245线路侧带电显示器三相灯灭，245开关应拉开
5	拉开445开关	22	将245小车拉至备用位置
6	检查445开关应拉开	23	检查245小车在备用位置
7	将445小车拉至备用位置	24	将245—5小车拉至备用位置
8	检查445小车在备用位置	25	拉开202开关
9	拉开401开关	26	检查202开关应拉开
10	检查401开关应拉开	27	将202小车拉至备用位置
11	将401小车拉至备用位置	28	检查202小车在备用位置
12	检查401小车在备用位置	29	将202—9小车拉至备用位置
13	检查211线路侧三相带电显示器正常	30	将202—2小车拉至备用位置
14	拉开211开关	31	将201—9小车拉至备用位置
15	检查211线路侧带电显示器三相灯灭，211开关应拉开	32	将201—2小车拉至备用位置
16	将211小车拉至备用位置	33	全面检查操作质量
17	检查211小车在备用位置		

（四）操作任务四

1. 全站停电操作

现运行方式：201 受电带 10kV4 #母线，1T、2T 分列运行带全负荷，202–2、202–9、245–5 在运行位置，202 开关在备用位置，245 开关合位，445 联络开关热备操作手把自投手复。

终结运行方式：201–2、202–2、201–9、202–9、201、202、245、245–5、211、221、401、402、445 小车拉至备用。

2. 操作顺序

操作顺序见表 14–7。

表14–7　操作任务四的操作顺序

序号	操作步骤	序号	操作步骤
1	退出0.4kV5#母线电容器组	21	检查245三相带电显示器正常
2	拉开0.4kV5#母线各出线开关	22	拉开245开关
3	退出0.4kV4#母线电容器组	23	检查245带电显示器三相灯灭，245开关应拉开
4	拉开0.4kV4#母线各出线开关	24	将245小车拉至备用位置
5	检查445开关应拉开	25	检查245小车在备用位置
6	将445小车拉至备用位置	26	将245—5小车拉至备用位置
7	检查445小车在备用位置	27	检查211线路侧三相带电显示器正常
8	拉开402开关	28	拉开211开关
9	检查402开关应拉开	29	检查211线路侧带电显示器三相灯灭，211开关应拉开
10	将402小车拉至备用位置	30	将211小车拉至备用位置
11	检查402小车在备用位置	31	检查211小车在备用位置
12	拉开401开关	32	拉开201开关
13	检查401开关应拉开	33	检查201开关应拉开
14	将401小车拉至备用位置	34	将201小车拉至备用位置
15	检查401小车在备用位置	35	检查201小车在备用位置
16	检查221线路侧三相带电显示器正常	36	将201—9小车拉至备用位置
17	拉开221开关	37	将201—2小车拉至备用位置
18	检查221线路侧带电显示器三相灯灭，221开关应拉开	38	将202—9小车拉至备用位置
19	将221小车拉至备用位置	39	将202—2小车拉至备用位置
20	检查221小车在备用位置	40	全面检查操作质量

二、由运行转检修，并执行安全技术措施

（一）操作任务一

1.1＃变压器由运行转检修，并执行安全技术措施

现运行方式：201受电带10kV4＃母线，202受电带10kV5＃母线，1T、2T分列运行带全负荷，245冷备，445热备。

终结运行方式：202受电带10kV5＃母线，2T运行带全负荷，第一电源及1T备用。245冷备，201、445合位，445操作手把在手动位置。

2. 操作顺序

操作顺序见表14–8。

表14–8　操作任务一的操作顺序

序号	操作步骤	序号	操作步骤
1	检查2T能带全负荷	14	拉开211开关
2	退出0.4kV4＃母线电容器组	15	检查211线路侧三相带电显示器灯灭，211开关应拉开
3	拉开0.4kV4＃母线各出线开关	16	将211小车拉至备用位置
4	将445操作手把由自投手复（或自投自复）转为手动	17	检查211小车在备用位置
5	拉开401开关	18	在211开关处挂“禁止合闸，有人工作”标识牌
6	检查401开关应拉开	19	在401变压器侧验电应无电压
7	将401小车拉至检修位置	20	在401变压器侧挂1＃接地线一组
8	检查401小车在检修位置	21	在401开关处，挂“禁止合闸，有人工作”标示牌
9	合上445开关	22	在401开关处挂“已接地”标识牌
10	检查445开关应合上	23	合上211—7接地刀闸
11	合上0.4kV4＃母线各出线开关	24	检查211—7接地刀闸应合上
12	投入0.4kV4＃母线电容器组	25	在211开关处挂“已接地”标识牌
13	检查211线路侧带电显示器正常	26	全面检查操作质量

（二）操作任务二

1.2＃变压器由运行转检修，并执行安全技术措施

现运行方式：201受电带10kV4＃母线，202受电带10kV5＃母线，1T、2T分列运行带全负荷，245冷备，445热备。

终结运行方式：201受电带10kV4＃母线，1T运行带全负荷，第二电源及2T备用。245冷备，202、445合位，445操作手把在手动位置。

2. 操作顺序

操作顺序见表 14–9。

表14–9　操作任务二的操作顺序

序号	操作步骤	序号	操作步骤
1	检查1T能带全负荷	14	拉开221开关
2	退出0.4kV5＃母线电容器组	15	检查221线路侧三相带电显示器灯灭，221开关应拉开
3	拉开0.4kV5＃母线各出线开关	16	将221小车拉至备用位置
4	将445操作手把由自投手复（或自投自复）转为手动	17	检查221小车在备用位置
5	拉开402开关	18	在221开关处挂“禁止合闸，有人工作”标识牌
6	检查402开关应拉开	19	在402变压器侧验电应无电压
7	将402小车拉至检修位置	20	在402变压器侧挂1＃接地线一组
8	检查402小车在检修位置	21	在402开关处挂“已接地”标识牌
9	合上445开关	22	在402开关处，挂“禁止合闸，有人工作”标示牌
10	检查445开关应合上	23	合上221—7接地刀闸
11	合上0.4kV5＃母线各出线开关	24	检查221—7接地刀闸应合上
12	投入0.4kV5＃母线电容器组	25	在221开关处挂“已接地”标识牌
13	检查221线路侧带电显示器正常	26	全面检查操作质量

（三）操作任务三

1. 211 由运行转检修，并执行安全技术措施

现运行方式：201 受电带 10kV4 ＃母线，202 受电带 10kV5 ＃母线，1T、2T 分列运行带全负荷；245 冷备，445 热备。

终结运行方式：202 受电带 10kV5 ＃母线，2T 运行带全负荷，201–2、201–9 小车在运行位置，201、245–5 小车在备用位置，245 冷备，445 合位，445 操作手把在手动位置。

2. 操作顺序

操作顺序见表 14–10。

表14–10　操作任务三的操作顺序

序号	操作步骤	序号	操作步骤
1	检查2T能带全负荷	3	拉开0.4kV4＃母线各出线开关
2	退出0.4kV4＃母线电容器组	4	将445操作手把由自投手复（或自投自复）转为手动

续表

序号	操作步骤	序号	操作步骤
5	拉开401开关	21	将211小车拉至检修位置
6	检查401开关应拉开	22	拉开201开关
7	将401小车拉至检修位置	23	检查201开关应拉开
8	检查401小车在检修位置	24	将201小车拉至备用位置
9	合上445开关	25	检查201小车在备用位置
10	检查445开关应合上	26	在401变压器侧验电应无电压
11	合上0.4kV4＃母线各出线开关	27	在401变压器侧挂1＃接地线一组
12	投入0.4kV4＃母线电容器组	28	在401开关处挂“已接地”标识牌
13	检查211线路侧带电显示器正常	29	在401开关处，挂“禁止合闸，有人工作”标示牌
14	拉开211开关	30	合上211—7接地刀闸
15	检查211线路侧三相带电显示器灯灭，211开关应拉开	31	检查211—7接地刀闸应合上
16	将211小车拉至备用位置	32	在211开关处挂“已接地”标识牌
17	检查211小车在备用位置	33	在211柜内摆放“止步，高压危险”标示牌
18	拉开211控制电源	34	在211柜前设置临时遮拦
19	拉开211储能电源	35	全面检查操作质量
20	取下211二次插头		

（四）操作任务四

1. 221 由运行转检修，并执行安全技术措施

现运行方式：201 受电带 10kV4 ＃母线，202 受电带 10kV5 ＃母线，1T、2T 分列运行带全负荷，245 冷备，445 热备；

终结运行方式：201 受电带 10kV4 ＃母线，1T 运行带全负荷，202–2、202–9 小车在运行位置，202、245–5 小车在备用位置，245 冷备，445 合位，445 操作手把在手动位置。

2. 操作顺序

操作顺序见表 14–11。

表14–11　操作任务四的操作顺序

序号	操作步骤	序号	操作步骤
1	检查1T能带全负荷	3	拉开0.4kV5＃母线各出线开关
2	退出0.4kV5＃母线电容器组	4	将445操作手把由自投手复（或自投自复）转为手动

续表

序号	操作步骤	序号	操作步骤
5	拉开402开关	21	将221小车拉至检修位置
6	检查402开关应拉开	22	拉开202开关
7	将402小车拉至检修位置	23	检查202开关应拉开
8	检查402小车在检修位置	24	将202小车拉至备用位置
9	合上445开关	25	检查202小车在备用位置
10	检查445开关应合上	26	在402变压器侧验电应无电压
11	合上0.4kV5＃母线各出线开关	27	在402变压器侧挂1＃接地线一组
12	投入0.4kV5＃母线电容器组	28	在402开关处挂“已接地”标识牌
13	检查221线路侧带电显示器正常	29	在402开关处，挂“禁止合闸，有人工作”标示牌
14	拉开221开关	30	合上221—7接地刀闸
15	检查221线路侧三相带电显示器灯灭，221开关应拉开	31	检查221—7接地刀闸应合上
16	将221小车拉至备用位置	32	在221开关处挂“已接地”标识牌
17	检查221小车在备用位置	33	在221柜内摆放“止步，高压危险”标示牌
18	拉开221控制电源	34	在221柜前设置临时遮拦
19	拉开221储能电源	35	全面检查操作质量
20	取下221二次插头		

（五）操作任务五

1. 202 由运行转检修，并执行安全技术措施

现运行方式：201 受电带 10kV4 ＃母线，202 受电带 10kV5 ＃母线，1T、2T 分列运行带全负荷；

终结运行方式：201 受电带 10kV4 ＃母线，1T 运行带全负荷，202–2、202–9、221、245–5 小车在备用位置，245 冷备，445 合位，445 操作手把在手动位置。

2. 操作顺序

操作顺序见表 14–12。

表14–12　操作任务五的操作顺序

序号	操作步骤	序号	操作步骤
1	检查1T能带全负荷	3	退出0.4kV5＃母线电容器组
2	检查245、245—5小车在备用位置	4	拉开0.4kV5＃母线各出线开关

续表

序号	操作步骤	序号	操作步骤
5	将445操作手把由自投手复（或自投自复）转为手动	21	将202小车拉至备用位置
6	拉开402开关	22	检查202小车在备用位置
7	检查402开关应拉开	23	拉开202控制电源
8	将402小车拉至备用位置	24	拉开202储能电源
9	检查402小车在备用位置	25	取下202二次插头
10	合上445开关	26	将202小车拉至检修位置
11	检查445开关应合上	27	将202—9小车拉至备用位置
12	合上0.4kV5＃母线各出线开关	28	将202—2小车拉至备用位置
13	投入0.4kV5＃母线电容器组	29	合上221—7接地刀闸
14	检查221线路侧带电显示器正常	30	检查221—7接地刀闸应合上
15	拉开221开关	31	在221开关处挂“已接地”标识牌
16	检查221线路侧带电显示器三相灯灭，221开关应拉开	32	在221开关处挂“禁止合闸，有人工作”标识牌
17	将221小车拉至备用位置	33	在202柜内摆放“止步，高压危险”标识牌
18	检查221小车在备用位置	34	在202柜前设置临时遮拦
19	拉开202开关	35	全面检查操作质量
20	检查202开关应拉开		

（六）操作任务六

1. 201由运行转检修，并执行安全技术措施

现运行方式：201受电带10kV4＃母线，202受电带10kV5＃母线，1T、2T分列运行带全负荷，245冷备，445热备。

终结运行方式：202受电带10kV5＃母线，2T运行带全负荷，201–2、201–9、211、245–5小车在备用位置，245冷备，445合位，445操作手把在手动位置。

2. 操作顺序

操作顺序见表14–13。

表14–13　操作任务六的操作顺序

序号	操作步骤	序号	操作步骤
1	检查2T能带全负荷	3	退出0.4kV4＃母线电容器组
2	检查245、245—5小车在备用位置	4	拉开0.4kV4＃母线各出线开关

续表

序号	操作步骤	序号	操作步骤
5	将445操作手把由自投手复（或自投自复）转为手动	21	将201小车拉至备用位置
6	拉开401开关	22	检查201小车在备用位置
7	检查401开关应拉开	23	拉开201控制电源
8	将401小车拉至备用位置	24	拉开201储能电源
9	检查401小车在备用位置	25	取下201二次插头
10	合上445开关	26	将201小车拉至检修位置
11	检查445开关应合上	27	将201—9小车拉至备用位置
12	合上0.4kV4＃母线各出线开关	28	将201—2小车拉至备用位置
13	投入0.4kV4＃母线电容器组	29	合上211—7接地刀闸
14	检查211线路侧带电显示器正常	30	检查211—7接地刀闸应合上
15	拉开211开关	31	在211开关处挂“已接地”标识牌
16	检查211线路侧带电显示器三相灯灭，211开关应拉开	32	在211开关处挂“禁止合闸，有人工作”标识牌
17	将211小车拉至备用位置	33	在201柜内摆放“止步，高压危险”标识牌
18	检查211小车在备用位置	34	在201柜前设置临时遮拦
19	拉开201开关	35	全面检查操作质量
20	检查201开关应拉开		

三、由检修转运行

（一）操作任务一

1. 全站由检修转运行

现运行方式：201、202、245、211、221、401、402、445、201–2、201–9、202–2、202–9、245–5 小车在检修位置。

终结运行方式：201 受电带 10kV4 # 母线，2T 运行带全负荷，202–2、202–9、245–5 小车在运行位置，211 小车在备用位置，245、221、445 合位，445 操作手把转为手动位置。

2. 操作顺序

操作顺序见表 14–14。

表14–14　操作任务一的操作顺序

序号	操作步骤	序号	操作步骤
1	取出201、202、211、221、401、402柜内“止步，高压危险”标识牌	30	检查245小车在备用位置
2	取下211、221、401、402开关处“已接地”标识牌	31	给上245二次插头
3	拉开211–7接地刀闸	32	合上245控制电源
4	检查211–7接地刀闸应拉开	33	合上245储能电源
5	拉开221–7接地刀闸	34	将245小车推入运行位置
6	检查221–7接地刀闸应拉开	35	检查245小车在运行位置
7	拆除401变压器侧1#接地线一组	36	合上245开关
8	拆除402变压器侧2#接地线一组	37	检查245开关应合上
9	检查待恢复供电范围内的接地线短路线已拆除	38	检查221开关应拉开
10	检查2T能带全负荷	39	将221小车推入备用位置
11	将201–2小车推入运行位置	40	检查221小车在备用位置
12	将201–9小车推入运行位置	41	合上221二次插头
13	检查201–2线路侧带电显示器正常	42	合上221控制电源
14	检查10kV1＃电源电压正常	43	合上221储能电源
15	检查201开关应拉开	44	将221小车推入运行位置
16	将201小车推入备用位置	45	检查221小车在运行位置
17	检查201小车在备用位置	46	合上221开关
18	给上201二次插头	47	检查221线路侧带电显示器三相灯亮，221开关应合上
19	合上201控制电源	48	听2T空载运行3min声音正常
20	合上201储能电源	49	将402小车推入运行位置
21	将201小车推入运行位置	50	检查402小车在运行位置
22	检查201小车在运行位置	51	检查2T0.4kV侧三相电压正常
23	合上201开关	52	合上402开关
24	检查201三相带电显示器正常	53	检查402开关应合上
25	检查201开关应合上	54	合上0.4kV5＃母线各出线开关
26	检查10kV4#母线电压正常	55	投入0.4kV5＃母线电容器组
27	将245–5小车推入运行位置	56	将445操作手把转为手动位置
28	检查245开关应拉开	57	将445小车推入运行位置
29	将245小车推入备用位置	58	检查445小车在运行位置

续表

序号	操作步骤	序号	操作步骤
59	合上445开关	69	合上202储能电源
60	检查445开关应合上	70	将211小车推入备用位置
61	合上0.4kV4＃母线各出线开关	71	检查211小车在备用位置
62	投入0.4kV4＃母线电容器组	72	给上211二次插头
63	将202–2小车推入运行位置	73	合上211控制电源
64	将202–9小车推入运行位置	74	合上211储能电源
65	将202小车推入备用位置	75	将401小车推入备用位置
66	检查202小车在备用位置	76	检查401小车在备用位置
67	给上202二次插头	77	全面检查操作质量
68	合上202控制电源		

（二）操作任务二

1. 全站由检修转运行

现运行方式：201、202、245、211、221、401、402、445、201–2、201–9、202–2、202–9、245–5 小车在检修位置。

终结运行方式：202 受电带 10kV5 ＃母线，1T 运行带全负荷，201–2、201–9、245–5 小车在运行位置，221 小车在备用位置，245、211、445 合位，445 操作手把转为手动位置。

2. 操作顺序

操作顺序见表 14–15。

表14–15　操作任务二的操作顺序

序号	操作步骤	序号	操作步骤
1	取出201、202、211、221、401、402柜内“止步，高压危险”标识牌	9	检查待恢复供电范围内的接地线短路线已拆除
2	取下211、221、401、402开关处“已接地”标识牌	10	检查1T能带全负荷
3	拉开211–7接地刀闸	11	将202–2小车推入运行位置
4	检查211–7接地刀闸应拉开	12	将202–9小车推入运行位置
5	拉开221–7接地刀闸	13	检查202–2线路侧带电显示器正常
6	检查221–7接地刀闸应拉开	14	检查10kV2＃电源电压正常
7	拆除401变压器侧1#接地线一组	15	检查202开关应拉开
8	拆除402变压器侧2#接地线一组	16	将202小车推入备用位置

续表

序号	操作步骤	序号	操作步骤
17	检查202小车在备用位置	48	听1T空载运行3min声音正常
18	给上202二次插头	49	将401小车推入运行位置
19	合上202控制电源	50	检查401小车在运行位置
20	合上202储能电源	51	检查1T0.4kV侧三相电压正常
21	将202小车推入运行位置	52	合上401开关
22	检查202小车在运行位置	53	检查401开关应合上
23	合上202开关	54	合上0.4kV4＃母线各出线开关
24	检查202三相带电显示器正常	55	投入0.4kV4＃母线电容器组
25	检查202开关应合上	56	将445操作手把转为手动位置
26	检查10kV4#母线电压正常	57	将445小车推入运行位置
27	将245-5小车推入运行位置	58	检查445小车在运行位置
28	检查245开关应拉开	59	合上445开关
29	将245小车推入备用位置	60	检查445开关应合上
30	检查245小车在备用位置	61	合上0.4kV5＃母线各出线开关
31	给上245二次插头	62	投入0.4kV5＃母线电容器组
32	合上245控制电源	63	将201-2小车推入运行位置
33	合上245储能电源	64	将201-9小车推入运行位置
34	将245小车推入运行位置	65	将201小车推入备用位置
35	检查245小车在运行位置	66	检查201小车在备用位置
36	合上245开关	67	给上201二次插头
37	检查245开关应合上	68	合上201控制电源
38	检查211开关应拉开	69	合上201储能电源
39	将211小车推入备用位置	70	将221小车推入备用位置
40	检查211小车在备用位置	71	检查221小车在备用位置
41	给上211二次插头	72	给上221二次插头
42	合上211控制电源	73	合上221控制电源
43	合上211储能电源	74	合上221储能电源
44	将211小车推入运行位置	75	将402小车推入备用位置
45	检查211小车在运行位置	76	检查402小车在备用位置
46	合上211开关	77	全面检查操作质量
47	检查211线路侧带电显示器三相灯亮，211开关应合上		

（三）操作任务三

1. 221开关由检修转运行

现运行方式：201受电带10kV4＃母线，1T运行带全负荷，202–2、202–9、211小车在运行位置；202、221、245、245–5小车在备用位置。

终结运行方式：201、211、202、221、401、402合位，1T、2T分列运行带全负荷，245–5小车在备用位置，245冷备，445热备操作手把自投手复。

2. 操作顺序

操作顺序见表14–16。

表14–16　操作任务三的操作顺序

序号	操作步骤	序号	操作步骤
1	取下221柜内“止步！高压危险”标识牌	20	检查221小车在运行位置
2	拉开221-7接地刀闸	21	合上221开关
3	检查221-7接地刀闸应拉开	22	检查221线路侧带电显示器三相灯亮，221开关应合上
4	取下221开关处“已接地”标识牌	23	听2T空载运行3min声音正常
5	取下402开关处“禁止合闸，有人工作”标识牌	24	退出0.4kV5＃母线电容器组
6	检查待恢复供电范围内接地线短路线已拆除	25	拉开0.4kV5＃母线各出线开关
7	检查202、221、245开关应拉开	26	检查445操作手把在手动位置
8	将202小车推入运行位置	27	拉开445开关
9	检查202小车在运行位置	28	检查445开关应拉开
10	合上202开关	29	将402小车推入运行位置
11	检查202带电显示器三相灯亮	30	检查2＃变0.4kV侧三相电压正常
12	检查202开关应合上	31	检查402小车在运行位置
13	检查10kV5＃母线电压正常	32	合上402开关
14	将221小车推入备用位置	33	检查402开关应合上
15	检查221小车在备用位置	34	合上0.4kV5＃母线各出线开关
16	给上221二次插头	35	投入0.4kV5＃母线电容器组
17	合上221控制电源	36	36.将445控制开关转至自投手复位置
18	合上221储能电源	37	全面检查操作质量
19	将221小车推入运行位置		

（四）操作任务四

1. 1T 由检修转运行

现运行方式：201 受电带 10kV4 #、5 #母线，2T 运行带全负荷，202-2、202-9 小车在运行位置，202、211、401 开关备用。

终结运行方式：201、211、202、221、401、402 合位，245 冷备，445 热备操作手把自投手复。

2. 操作顺序

操作顺序见表 14-17。

表14-17　操作任务四的操作顺序

序号	操作步骤	序号	操作步骤
1	取下211开关处“禁止合闸，有人工作”标识牌	23	检查245小车在备用位置
2	取下211开关处“已接地”标识牌	24	将245-5小车拉至备用位置
3	拉开211-7接地刀闸	25	将202小车推入运行位置
4	检查211-7接地刀闸应拉开	26	检查202小车在运行位置
5	取下401开关处“禁止合闸，有人工作”标识牌	27	检查202带电显示器三相灯亮
6	取下401开关处“已接地”标识牌	28	合上202开关
7	拆除401变压器侧1＃接地线一组	29	检查202开关应合上
8	检查待恢复供电范围内接地线短路线已拆除	30	检查10kV5＃母线电压正常
9	退出0.4kV4＃母线电容器组	31	合上221开关
10	拉开0.4kV4＃母线各出线开关	32	检查221线路侧带电显示器三相灯亮，221开关应合上
11	退出0.4kV5＃母线电容器组	33	听2T空载运行3min声音正常
12	拉开0.4kV5＃母线各路出线开关	34	检查2＃变0.4kV侧三相电压正常
13	检查445操作手把在手动位置	35	合上402开关
14	拉开445开关	36	检查402开关应合上
15	检查445开关应拉开	37	合上0.4kV5＃母线各出线开关
16	拉开402开关	38	合上0.4kV5＃母线电容器组
17	检查402开关应拉开	39	将211开关推入运行位置
18	拉开221开关	40	检查211开关在运行位置
19	检查221开关应拉开	41	合上211开关
20	拉开245开关	42	检查211线路侧带电显示器三相灯亮，211开关应合上
21	检查245开关应拉开	43	听1T空载运行3min声音正常
22	将245小车拉至备用位置	44	检查1＃变0.4kV侧三相电压正常

续表

序号	操作步骤	序号	操作步骤
45	合上401开关	48	投入0.4kV4#母线电容器组
46	检查401开关应合上	49	将445操作手把转至自投手复位置
47	合上0.4kV4#母线各出线开关	50	全面检查操作质量

四、停电倒闸

（一）操作任务一

1. 原运行电源及变压器转备用，原备用电源及变压器转运行（停电倒闸）

现运行方式：201 受电带 10kV4 #母线，1T 运行带全负荷，245、202、221、402 冷备，202–2、202–9 小车在运行位置，445 合位操作手把手动位置。

操作终结运行方式：202 受电带 10kV5 #母线，2T 运行带全负荷，245、201、211、401 冷备。201–2、201–9 小车在运行位置，445 合位操作手把手动位置。

2. 操作顺序

操作顺序见表 14–18。

表14–18　操作任务一的操作顺序

序号	操作步骤	序号	操作步骤
1	检查245、202、221开关在备用位置	16	将211小车拉至备用位置
2	检查2T能带全负荷	17	检查211小车在备用位置
3	退出0.4kV5#母线电容器组	18	检查201三相带电显示器正常
4	拉开0.4kV5#母线各路出线开关	19	拉开201开关
5	退出0.4kV4#母线电容器组	20	检查201开关应拉开
6	拉开0.4kV4#母线各路出线开关	21	将201小车拉至备用位置
7	拉开445开关	22	检查201小车在备用位置
8	检查445开关应拉开	23	检查202三相带电显示器正常
9	拉开401开关	24	将202小车推入运行位置
10	检查401应拉开	25	检查202小车在运行位置
11	将401小车拉至备用位置	26	合上202开关
12	检查401小车在备用位置	27	检查202开关应合上
13	检查211线路侧三相带电显示器正常	28	检查10kV5#母线电压正常
14	拉开211开关	29	将221小车推入运行位置
15	检查211线路侧带电显示器三相灯灭 211开关应拉开	30	检查221小车在运行位置

续表

序号	操作步骤	序号	操作步骤
31	合上221开关	38	合上0.4kV5＃母线各路出线开关
32	检查221线路侧带电显示器三相灯亮221开关应合上	39	投入0.4kV5＃母线电容器组
33	听2T空载运行3min声音正常	40	合上445开关
34	将221小车推入运行位置	41	检查445开关应合上
35	检查2＃变0.4kV侧三相电压正常	42	合上0.4kV4＃母线各路出线开关
36	合上402开关	43	投入0.4kV4＃母线电容器组
37	检查402开关应合上	44	全面检查操作质量

（二）操作任务二

1. 原运行电源及变压器转备用，原备用电源及变压器转运行（停电倒闸）

现运行方式：202受电带10kV5＃母线，2T运行带全负荷，245、201、211、401冷备，201–2、201–9小车在运行位置，445合位操作手把手动位置。

操作终结运行方式：201受电带10kV4＃母线，1T运行带全负荷，245、202、221、402冷备。202–2、202–9小车在运行位置，445合位操作手把手动位置。

2. 操作顺序

操作顺序见表14–19。

表14–19　操作任务二的操作顺序

序号	操作步骤	序号	操作步骤
1	检查245、201、211开关在备用位置	13	检查221三相带电显示器正常
2	检查1T能带全负荷	14	拉开221开关
3	退出0.4kV4＃母线电容器组	15	检查221带电显示器三相灯灭221开关应拉开
4	拉开0.4kV4＃母线各路出线开关	16	将221小车拉至备用位置
5	退出0.4kV5＃母线电容器组	17	检查221小车在备用位置
6	拉开0.4kV5＃母线各路出线开关	18	检查202三相带电显示器正常
7	拉开445开关	19	拉开202开关
8	检查445开关应拉开	20	检查202开关应拉开
9	拉开402开关	21	将202小车拉至备用位置
10	检查402应拉开	22	检查202小车在备用位置
11	将402小车拉至备用位置	23	检查201三相带电显示器正常
12	检查402小车在备用位置	24	将201小车推入运行位置

续表

序号	操作步骤	序号	操作步骤
25	检查201小车在运行位置	36	检查1#变0.4kV侧三相电压正常
26	合上201开关	37	合上401开关
27	检查201开关应合上	38	检查401开关应合上
28	检查10kV4#母线电压正常	39	合上445开关
29	将211小车推入运行位置	40	检查445开关应合上
30	检查211小车在运行位置	41	合上0.4kV4#母线各路出线开关
31	合上211开关	42	投入0.4kV4#母线电容器组
32	检查211开关应合上	43	合上0.4kV5#母线各路出线开关
33	听1T空载运行3min声音正常	44	投入0.4kV5#母线电容器组
34	将401小车推入运行位置	45	将445操作手把转至手动位置
35	检查401小车在运行位置	46	全面检查操作质量

（三）操作任务三

1. 原运行电源及变压器转备用，原备用电源及变压器转运行（停电倒闸）

现运行方式：201 受电带 10kV4 #母线，2T 运行带全负荷，202、211、401 冷备，202–2、202–9、245–5 小车在运行位置，245、445 合位，445 操作手把在手动位置。

操作终结运行方式：202 受电带 10kV5 #母线，1T 运行带全负荷，201、221、402 冷备，201–2、201–9、245–5 小车在运行位置，245、445 合位操作手把手动位置。

2. 操作顺序

操作顺序见表 14–20。

表14–20　操作任务三的操作顺序

序号	操作步骤	序号	操作步骤
1	检查202、211、401开关在备用位置	7	拉开445开关
2	检查1T能带全负荷	8	检查445开关应拉开
3	退出0.4kV4#母线电容器组	9	拉开402开关
4	拉开0.4kV4#母线各路出线开关	10	检查402开关应拉开
5	退出0.4kV5#母线电容器组	11	将402小车拉至备用位置
6	拉开0.4kV5#母线各路出线开关	12	检查402小车在备用位置

续表

序号	操作步骤	序号	操作步骤
13	检查221三相带电显示器正常	32	检查245开关应合上
14	拉开221开关	33	将211小车推入运行位置
15	检查221开关应拉开	34	检查211小车在运行位置
16	将221小车拉至备用位置	35	合上211开关
17	检查221小车在备用位置	36	检查211带电显示器三相灯亮；211开关应合上
18	检查245三相带电显示器正常	37	听1T空载运行3min声音正常
19	拉开245开关	38	将401小车推入运行位置
20	检查245开关应拉开	39	检查401小车在运行位置
21	检查201三相带电显示器正常	40	检查1＃变0.4kV侧三相电压正常
22	拉开201开关	41	合上401开关
23	检查201开关应拉开	42	检查401开关应合上
24	将201小车拉至备用位置	43	合上0.4kV4＃母线各路出线开关
25	检查201小车在备用位置	44	投入0.4kV4＃母线电容器组
26	将202小车推入运行位置	45	合上445开关
27	检查202小车在运行位置	46	检查445开关应合上
28	合上202开关	47	合上0.4kV5＃母线各路出线开关
29	检查202开关应合上	48	投入0.4kV5＃母线电容器组
30	检查10kV5＃母线电压正常	49	全面检查操作质量
31	合上245开关		

（四）操作任务四

1. 原运行电源及变压器转备用，原备用电源及变压器转运行（停电倒闸）

现运行方式：202 受电带 10kV5 ＃母线，1T 运行带全负荷，201、221、402 冷备，201–2、201–9、245–5 小车在运行位置，245、445 合位操作手把手动位置。

操作终结运行方式：201 受电带 10kV4 ＃母线，2T 运行带全负荷，202、211、401 冷备，202–2、202–9、245–5 小车在运行位置，245、445 合位，445 操作手把手动位置。

2. 操作顺序

操作顺序见表 14–21。

表14–21　操作任务三的操作顺序

序号	操作步骤	序号	操作步骤
1	检查201、221、402开关在备用位置	26	将201小车推入运行位置
2	检查2T能带全负荷	27	检查201小车在运行位置
3	退出0.4kV5＃母线电容器组	28	合上201开关
4	拉开0.4kV5＃母线各路出线开关	29	检查201开关应合上
5	退出0.4kV4＃母线电容器组	30	检查10kV4＃母线电压正常
6	拉开0.4kV4＃母线各路出线开关	31	合上245开关
7	拉开445开关	32	检查245开关应合上
8	检查445开关应拉开	33	将221小车推入运行位置
9	拉开401开关	34	检查221小车在运行位置
10	检查401应拉开	35	合上221开关
11	将401小车拉至备用位置	36	检查221三相带电显示器灯亮，221开关应合上
12	检查401小车在备用位置	37	听2T空载运行3min声音正常
13	检查211三相带电显示器正常	38	将402小车推入运行位置
14	拉开211开关	39	检查402小车在运行位置
15	检查211带电显示器三相灯灭211开关应拉开	40	检查2＃变0.4kV侧三相电压正常
16	将211小车拉至备用位置	41	合上402开关
17	检查211小车在备用位置	42	检查402开关应合上
18	检查245三相带电显示器正常	43	合上0.4kV5＃母线各路出线开关
19	拉开245开关	44	投入0.4kV5＃母线电容器组
20	检查245开关应拉开	45	合上445开关
21	检查202三相带电显示器正常	46	检查445开关应合上
22	拉开202开关	47	合上0.4kV4＃母线各路出线开关
23	检查202开关应拉开	48	投入0.4kV4＃母线电容器组
24	将202小车拉至备用位置	49	全面检查操作质量
25	检查202小车在备用位置		

附录

智能化配电室智能技术

第一节 智能化配电室的概述

近年来，随着用电量及新增配电室数量的逐年增加，电力设备在运行中，潜伏的电力事故及安全隐患呈上升趋势，电力事故时有发生。特别是10/0.4kV的中压配电室故障率更为突出，再加上10/0.4kV的配电室是物业项目的动力心脏，这样就更加显示出配电室的安全运维是物业公司设备运行管理的重要内容，加强配电室运行管理，防止电气安全事故发生是物业公司工程管理的重中之重。

依照《变配电室安全管理规范》DB11527–2008对变（配）电所运行值班要求如下：

(1) 用电单位35kV及以上电压等级的变（配）电所应安排专人全天值班。每班值班人员不少于2人，且应明确其中一人为值班长（当班负责人）。

(2)用电单位10kV电压等级的变(配)电所,设备容量在630kV·A及以上者,应安排专人值班。值班方式可根据变(配)电所的规模、负荷性质及重要程度确定。

带有一类、二类负荷的变（配）电所、双路及以上电源供电的变（配）电所，应有专人全天值班。每班值班人员不少于2人，且应明确其中一人为值班长（当班负责人）。

负荷为三类的变（配）电所，可根据具体情况安排值班，值班人员不少于2人，但在没有倒闸操作等任务时，可以兼做用电设备维修工作。

(3) 用电单位设备容量在500kV · A及以下、单路电源供电、且无一类、二类负荷的变（配）电所，允许单人值班。条件允许时，可进行简单的高压设备操作，但不能进行临时性电气测量及挂接、拆除临时接地线等工作。

(4) 实现自动监控的变（配）电所，运行值班可在主控室进行。需要进行10kV及以上设备和低压主开关、母联开关的倒闸操作、电器测量、挂、拆临时接地线等工作时，必须由二人进行，一人操作、一人监护。

然而现实当中却面临人员短缺、员工年龄偏大、后续补充困难等情况，随着用工成本的不断攀升，人员成本与用工缺口的矛盾越来越大。另外，现有值班电工在解决低压电器故障方面尚可，但存在过分依赖于经验与厂家，缺乏数据分析支撑等现实问题，抢修的被动性比较突出。以上问题和情况一直困扰工程运行管理人员。通过市场调查、广泛了解，供配电行业近两年针对10/0.4kV的中压配电室推出的配电室智能化运维技术解决了以上的难题，这一技术是通过互联网与机器人技术，建立基于云监管的配电室集约化管理，实现无人值班、少人值守的配电室运行管理模式，变“被动抢修”为“主动运维”的运维模式。

但是，这种新技术上市，许多单位再选商、投入、安装、验收、运行等方面茫然、条理不清，急需经验资料作为技术支撑，鉴于这种经验技术短缺现状的存在，现将该方面的内容简单描述如下，仅供广大读者参考。

一、从政策层面是可行的

由 GB/T 31989–2015《高压电力用户用电安全》8.3.1 条款“用户可根据变（配）电站的设备规模、自动化程度、操作的简繁程度和用电负荷的级别，设置相应的集控站或监控中心，变（配）电站内采用无人值班、少人值守的运行管理模式。集控站或监控中心应安排全天 24h 专人值班，每班不少于 2 人，且应明确其中 1 人为值长”。

“未设置集控站或监控中心的用户，10KV 电压等级且变压器容量在 630KVA 及以上的配电室，应安排全天 24h 专人值班，每班不少于 2 人，且应明确其中 1 人为值长。最低人员要求不少于 8 人”。

由调查数据可知，目前北京市电力公司负责运行管理的 10kV 及以上变配电站基本已经通过集成方式远程监控，实现了无人值班运行模式。

二、从配电室运行管理上是可行的

（1）目前的值班模式对于人员数量的要求比较多，人工巡检工作效率不如自动化运行模式高效。

（2）如果采用智慧配电运维的 24h 监控运行管理模式，在减少人员数量上效果是比较显著的，同时可大幅度提升数据采集的及时性与监测的时效性，可以更快更好的处理各种异常和故障，并且对事故的分析也能提供更全面、更准确的数据支持。

三、从技术上是可行的

（1）电力系统自动化推广，目前来看，数据采集技术是成熟和可靠的。

（2）利用互联网技术，将设备和设备之间通过加装信息传感设备，实时采集，任何需要监控、连接、互动的物体或过程，与互联网结合形成的一个巨大网络，实现物与物、物与人，所有的物品与网络的连接，方便识别、管理和控制。

总之，智慧配电运维作为自动化手段，依靠的云端服务器和机器人技术，是一个智能化的“哑巴”，不会数据造假，不会偷懒；只会如实的反应数据变化情况，可以方便快捷的将各历史时段进行调用、查看。对突发故障，可以做到秒级通过短信、微信、网页等及时通知，同时智慧配电运维系统平台线 24h 值班人员在故障发生后 5min 内电话通知到相关人员，在通知的同时，通过同步调用故障相关部位的电流、负荷、温度等曲线明确故障点。人工值班不可能完全做到 24h 不间断，且存在巡视盲区，设备安全无法有效确保。智慧配电运维 24h 远程在线监管可以有效解决该问题，以智能替代人力，把传统的“人工抄表”转换为“线上抄表”，且可以增加巡视抄表的频次，实时掌握设备运行状态，提高值班效率。通过智慧配电运维系统平台线上监管，实现了对配电室全生命周期的管理。线上监管实现了对电力运行状态、设备状态、环境状态等数据的 24h 远程监管，并利用云平台软件对数据进行分析、存储，从而实现事故报警、环境评分等功能，如图附图 –1 所示。

附图–1　专业维修（一）

线下维护是应用“互联网 +”的服务模式，通过“技术 + 经验”的手段，变配电室运维从“被动抢修”为“主动运维”，是一种集约化管理和规模化效应在电力服务领域应用的典范，如图附图 –2 所示。

附图–2　专业维修（二）

如图附图 -3 所示为智慧配电室数据采集系统图。

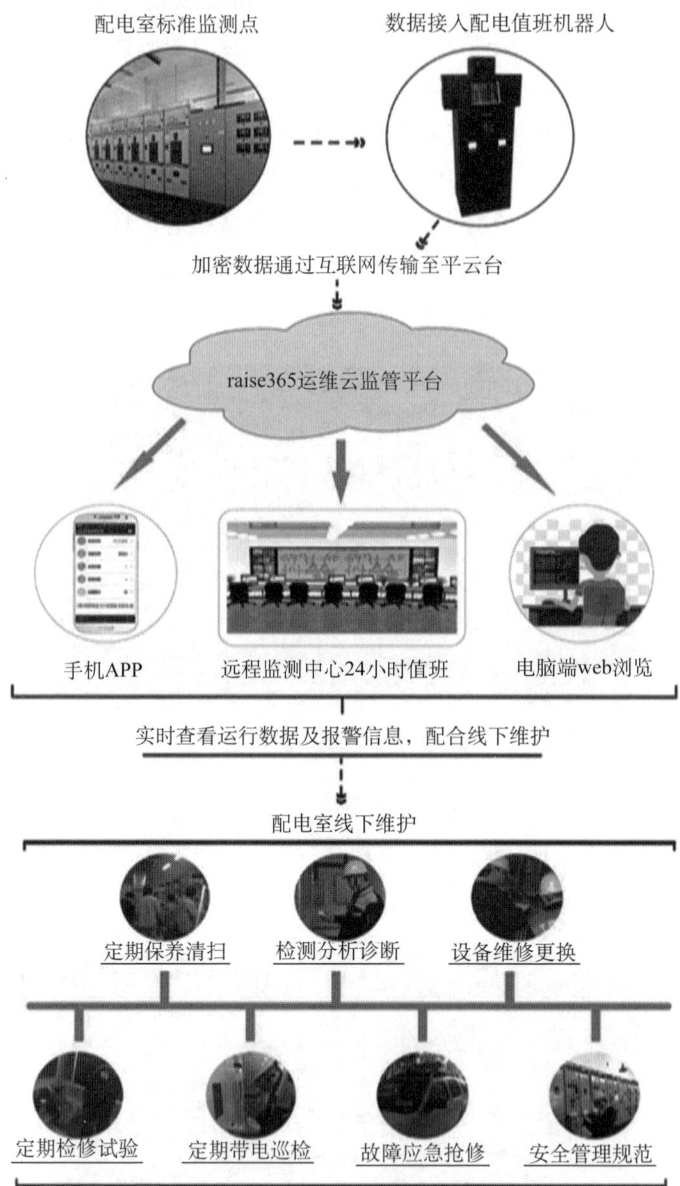

附图-3　智慧配电室数据采集系统图

第二节　运维系统应达到的要求或技术条件

一、投标单位应达到的要求或条件

（1）投标单位应具备承装、承修、承试四级及以上资质。

（2）投标单位应提供具体作业人员相关证书及入网作业资质。

二、运维业务应遵循的标准

《高压电力用户用电安全》GB/T 31989—2015；

《配电自动化系统技术规范》DL/T 814—2013；

《信息技术设备的安全》GB 4943—2011；

《远动终端设备》GB/T 13729—2019；

《远动设备及系统》DL/T 634.5104—2009；

《微电网接入配电网运行控制规范》GB/T 34930—2017；

《电气装置安装工程 母线装置施工及验收规范》GB 50149—2016；

《20kV 及一下变配电室设计规范》GB 50053—2017；

《配电网运维规程》QGDW—1519—2014。

三、整体要求

（1）系统应具备高度的集成化、自动化、智能化。

（2）系统应具有良好的实用性、兼容性、扩展性以及安全性。

（3）全部硬件设备需采用工业级成熟产品。

（4）软件平台应为一个开放式的云平台，以便以后更多、更新的设备接入系统。

四、云平台系统应达到的要求或条件

（1）云平台系统软件应为投标单位自有，应能提供软件著作权证明。

（2）云平台系统软件应提供终身的免费升级服务。

（3）所有信息应能通过网页浏览器查看，而无须安装其他软件。

（4）告警类信息应能至少提供网页、短信、移动端 3 种不同的告警信息推送。

（5）告警类短信推送应能不依赖于网络。

（6）授权生效时间应不大于 5s。

（7）一次图页面刷新时间应不大于 5s。

（8）主要查询响应时间应不大于 10s。

（9）告警类、开关变位信息反应时间应不大于 20s。

（10）地图页面响应时间应不大于 30s。

（11）网页端遥测刷新时间应不大于 5min。

五、软件系统应具备的功能

（一）实时监测功能

（1）应能通过地图形式显示所有配电室站点的位置，各配电室的地理位置以及当前的主要设备运行状态且应有图标显示。并能通过鼠标驻留了解每个站点的当前总功率、告警情况信息；当点击配电室站点图标时，应能进入配电室监控界面。

（2）配电室监控界面应显示配电室一次系统图、变压器数据表、环境数据图表、监测点数据表、配电室整体评价、告警信息表、当前功率曲线、登录信息。

（3）一次系统图应能显示每回路的开关状态、电压电流、功率、功率因数等信息；当开关状态发生变化时，应能以闪烁等方式提醒，并能做确认处理；一次系统图应以单线图形式展示。

（4）变压器数据表应显示每台变压器的功率、温度、不平衡度、负荷率等信息。

（5）环境数据表应显示配电室的环境温湿度、水位监测等信息。

（6）监测点数据表应能显示所有监测点的当前数据。

（7）告警信息表应显示当前的告警信息，累计告警数量，累计未处理告警数量；对于未处理告警应能进行确认处理。

（8）功率曲线应能选择不同的功率进行对比展示。

（二）配电室整体状态评价

软件应能根据巡检、检修情况、日常巡视情况、计划执行情况、当前告警状态、电力设备运行周期状态等信息对配电室进行自动评价；状态评价应区分安全、注意、严重等级别。

（三）曲线

曲线应能展示日、月、年曲线；

曲线应能对不同监测点进行对比分析；

曲线应能对同一测点进行不同历史时期进行同比、环比分析；

应能对告警信息进行趋势展示分析、构成展示分析；

应能对设备进行使用年限、类别构成、资产金额进行分析展示；

应能对巡检、检修的设备缺陷进行构成展示分析。

（四）报表系统

报表应分日报、月报、年报；

报表系统应能生成各监测数据点的日报表；数据点日报表应包含整点时刻值、当日最大值、最大值时刻、最小值、最小值时刻、平均值；

日报表还应包括告警数据表、巡检、检修工作汇总表；

月报、年报表应包含电度报表、告警数据表、巡检、检修工作汇总表；

电度报表应为计算统计的日或月度、年度用电量；

报表应具备自定义内容，报表导出应采用标准的 EXCEL 格式；

报表还应包括设备的履历报表、缺陷报表、台账报表。

（五）巡检、检修工作

应能进行巡检、检修工作的年、月、周的计划制定；

应能进行巡检、检修工作的派发、审核、录入；

巡检、检修工作应能具体到每台设备的具体工作内容。

（六）设备管理

应具备设备的基础资料录入、巡检检修结果录入、缺陷录入；

能够具备设备的更换、维修等履历管理。

（七）移动端系统

系统需提供移动端的浏览功能。应能通过移动端进行当前状态、总功率、告警情况、配电室安全状态查看等功能。

六、采集系统应采集的信息

（一）环境

（1）每个配电室的温度、湿度。

（2）处于低洼、水泵房附件的配电室还应能监控到水浸信号。

（3）有消防风险的还应监控到烟感信息。

（4）有条件的还应监控门禁信息。

（二）变压器

（1）干变：各相温度、风机开启状态、超温跳闸信号。

（2）油变：上层油温。

（三）直流屏

（1）状态量：均浮充状态、充放电状态、绝缘状态、电压告警。

（2）模拟量：交流电压、电池电压、控母电压、电池电流。

（四）高压柜

（1）保护动作信号：速断、过流、零序过流。

（2）开关信号：断路器位置、手车位置、接地刀位置。

（3）模拟量信息：各相电压、电流、频率、功率因数、有功功率。

（五）低压进线柜

（1）开关信号：断路器位置。

（2）模拟量信息：各相电压、电流、频率、功率因数、有功功率、无功功率、有功电度、无功电度。

（六）电容柜

（1）开关信号：电容柜开关位置。

（2）模拟量信息：各相电压、电流、功率因数、无功功率。

（3）有条件的应接入电容柜温度、各电容投切位置。

（七）低压母联柜

（1）开关信号：开关位置。

（2）模拟量信息：各相电流。

（八）低压重点馈出回路

（1）开关信号：开关位置。

（2）模拟量信息：各相电压、电流、频率、功率因数、有功功率、无功功率、有功电度、无功电度。

（3）重点回路主要包括空调、机房、商户或者其他应重点关注的回路。

（九）低压一般馈出回路

（1）开关信号：开关位置。

（2）有条件的可监视 B 相电流或者全部电量。

七、采集传输设备（机器人、DTU）应达到的要求或条件

（1）应提供专业的第三方检测机构提供的检测报告。

（2）应提供不低于 5 年的质量保证期。

（3）应能与不同类型的微机保护、各种电力多功能仪表接口，能通配电站多种外设诸如直流屏、交流屏、变压器控制器、智能断路器接口。还应包括对

接收数据的预处理，合理性校核等功能。

(4) 能对包括有功功率，无功功率，电流，电压，变压器温度，电网频率、环境温湿度、水位等模拟量；断路器位置，刀闸位置，各种保护信号装置主电源停电信号，保护自动装置动作信号，各种SOE数据等状态量；各种脉冲量、数字量；微机保护动作信息，保护定值，保护故障信息，保护自诊断信息等进行接收、处理。

(5) 能够以IEC60870、MODBUS、CDT等常用电力通信规约标准以及OPC服务、XML文档等各种协议类型通过网络转发，网络转发的类型及内容可以自定义；能对通过网络转发的数据进行加密、压缩传输、应支持断点续传。

(6) 能够在不依赖网络的同时，将各种包括断路器位置、微机保护动作信息、保护故障信息，电源停电信号等异常信息通过短信形式直接发送给监控人员；短信发送应设置发送级别，即能根据信息的影响范围确定发送人员范围；短信接收人员级别应不低于四个级别，人数不少于6人。

(7) 须能对配电室及内部高压开关设备、低压开关设备、直流电源系统、变压器等实施全面的24h实时监控。

(8) 须有完善的温湿度采集体系：可实现现场室内温、湿度采集和变压器温度的采集。

(9) 应具备当地化的配电监控系统功能，能够就地化显示、就地化存储，存储时间应大于三年。

八、施工及服务需求

(1) 施工方应提供具体的改造方案与改造设备明细。

(2) 监控设备在规定的年限内施工方全方位维护保养（应约定具体内容）。

(3) 当配电室出现故障时，应在最短的时间内第一时间通知甲方。

(4)设备的使用寿命应不小于10年,并应提供相应的参数供配电室人员确认。

(5) 根据需要设置相应的通信接口。

(6) 项目施工结束后，施工方应及时将设备相关资料移交对方，、竣工验收应提供值班机器人接口数据。

(7) 开发手机实时监控APP，并且能够实现手机报警提示。

(8) 施工方应给对方提供授权账号。

(9) 施工方应提供配电室现场监控系统与远传监控系统，并且提供维保期内的系统升级与调试。约定故障情况到场时间，简单故障立即排除，较复杂状况或更换配件要有最长时限，同时要有应急处理办法，保证临时使用。